plurall

CB074502

Parabéns!
Agora você faz parte do **Plurall**, a plataforma digital do seu livro didático! Acesse e conheça todos os recursos e funcionalidades disponíveis para as suas aulas digitais.

Baixe o aplicativo do **Plurall** para Android e IOS ou acesse **www.plurall.net** e cadastre-se utilizando o seu código de acesso exclusivo:

AASK4VQMB

Este é o seu código de acesso Plurall. Cadastre-se e ative-o para ter acesso aos conteúdos relacionados a esta obra.

@plurallnet

@plurallnetoficial

SOMOS EDUCAÇÃO

conecte LIVE

Matemática

CIÊNCIA E APLICAÇÕES

GELSON IEZZI

Engenheiro metalúrgico pela Escola Politécnica da Universidade de São Paulo.
Licenciado em Matemática pelo Instituto de Matemática e Estatística da Universidade de São Paulo.
Ex-professor da Pontifícia Universidade Católica de São Paulo.
Ex-professor da rede particular de ensino de São Paulo.

OSVALDO DOLCE

Engenheiro civil pela Escola Politécnica da Universidade de São Paulo.
Ex-professor da rede pública do Estado de São Paulo.
Ex-professor de cursos pré-vestibulares.

DAVID DEGENSZAJN

Licenciado em Matemática pelo Instituto de Matemática e Estatística da Universidade de São Paulo.
Professor da rede particular de ensino de São Paulo.

ROBERTO PÉRIGO

Licenciado e bacharel em Matemática pela Pontifícia Universidade Católica de São Paulo.
Ex-professor da rede particular de ensino.
Ex-professor de cursos pré-vestibulares em São Paulo.

NILZE DE ALMEIDA

Mestra em Ensino de Matemática pela Pontifícia Universidade Católica de São Paulo.
Licenciada em Matemática pelo Instituto de Matemática e Estatística da Universidade de São Paulo.
Professora da rede pública do Estado de São Paulo.

1

Editora Saraiva

Editora Saraiva

Direção geral: Guilherme Luz
Direção editorial: Luiz Tonolli e Renata Mascarenhas
Gestão de projeto editorial: Viviane Carpegiani
Gestão e coordenação de área: Julio Cesar Augustus de Paula Santos e Juliana Grassmann dos Santos
Edição: Marcela Maris, Erika Di Lucia Bártolo e Rodrigo Macena
Gerência de produção editorial: Ricardo de Gan Braga
Planejamento e controle de produção: Paula Godo, Roseli Said e Marcos Toledo
Revisão: Hélia de Jesus Gonsaga (ger.), Kátia Scaff Marques (coord.), Rosângela Muricy (coord.), Ana Paula C. Malfa, Arali Gomes, Carlos Eduardo Sigrist, Celina I. Fugyama, Daniela Lima, Flavia S. Vênezio, Gabriela M. Andrade, Heloísa Schiavo, Hires Heglan, Luiz Gustavo Bazana, Maura Loria, Patrícia Travanca, Paula T. de Jesus, Raquel A. Taveira, Sueli Bossi e Vanessa P. Santos
Arte: Daniela Amaral (ger.), André Gomes Vitale (coord.) e Claudemir Camargo Barbosa (edição de arte)
Diagramação: Setup
Iconografia: Sílvio Kligin (ger.), Roberto Silva (coord.), Douglas Robinson Cometti (pesquisa iconográfica)
Licenciamento de conteúdos de terceiros: Thiago Fontana (coord.), Flavia Zambon (licenciamento de textos), Erika Ramires, Luciana Pedrosa Bierbauer, Luciana Cardoso Sousa e Claudia Rodrigues (analistas adm.)
Tratamento de imagem: Cesar Wolf e Fernanda Crevin
Ilustrações: Casa de tipos, CJT/Zapt, Ilustra Cartoon, Samuel Silva e Sic Comunicação
Design: Gláucia Correa Koller (ger.), Erika Yamauchi Asato, Filipe Dias (proj. gráfico) e Adilson Casarotti (capa)
Composição de capa: Segue Pro
Foto de capa: Look Studio/Shutterstock, WhiteMocca/Shutterstock

Avenida das Nações Unidas, 7221, 1º andar, Setor A –
Espaço 2 – Pinheiros – SP – CEP 05425-902
SAC 0800 011 7875
www.editorasaraiva.com.br

Dados Internacionais de Catalogação na Publicação (CIP)
(Câmara Brasileira do Livro, SP, Brasil)

Matemática ciência e aplicações 1 : conecte live / Gelson Iezzi....[et al.]. -- 3. ed. -- São Paulo : Saraiva, 2018. -- (Coleção Conecte)

Outros autores: David Degenszajn, Nilze de Almeida, Osvaldo Dolce, Roberto Périgo.
Suplementado pelo manual do professor.
Bibliografia.
ISBN 978-85-472-3393-8 (aluno)
ISBN 978-85-472-3394-5 (professor)

1. Matemática (Ensino médio) I. Iezzi, Gelson. II. Degenszajn, David. III. Almeida, Nilze de. IV. Dolce, Osvaldo. V. Périgo, Roberto. VI. Série.

18-17080 CDD-510.7

Índices para catálogo sistemático:

1. Matemática : Ensino médio 510.7
Maria Alice Ferreira – Bibliotecária – CRB-8/7964

2023
Código da obra CL 800850
CAE 627933 (AL) / 627934 (PR)
3ª edição
10ª impressão

Impressão e acabamento: EGB Editora Gráfica Bernardi Ltda.

Uma publicação SOMOS EDUCAÇÃO

Apresentação

Caros alunos,

É sempre um grande desafio para um autor definir o conteúdo a ser ministrado no Ensino Médio, distribuindo-o pelos três anos. Por isso, depois de consultar as sugestões da Secretaria de Educação Básica (entidade pertencente ao Ministério da Educação) e de ouvir a opinião de inúmeros professores, optamos pelo seguinte programa:

Volume 1: noções de conjuntos, conjuntos numéricos, noções gerais sobre funções, função afim, função quadrática, função modular, função exponencial, função logarítmica, complemento sobre funções, progressões, Matemática comercial e financeira, semelhança e triângulos retângulos e trigonometria no triângulo retângulo.

Volume 2: a circunferência trigonométrica, razões trigonométricas na circunferência, trigonometria em triângulos quaisquer, funções trigonométricas, transformações geométricas, equações e inequações trigonométricas, funções trigonométricas inversas, matrizes, sistemas lineares, determinantes, áreas de superfícies planas, Geometria espacial de posição, prismas, pirâmide, complemento sobre poliedros, cilindros, cones, esfera, análise combinatória, binômio de Newton e probabilidade.

Volume 3: Geometria analítica plana, estatística descritiva, números complexos, polinômios e equações algébricas e tópicos de Geometria plana.

Ao tratar de alguns assuntos, procuramos apresentar um breve relato histórico sobre o desenvolvimento das descobertas associadas ao tópico em estudo. Já em capítulos como os que tratam de funções, Matemática financeira e estatística descritiva, entre outros, recorremos a infográficos e matérias de jornais e revistas, como forma de mostrar a aplicação da Matemática em outras áreas do conhecimento e no cotidiano. São textos de fácil leitura que despertam a curiosidade do leitor e que podem dialogar sobre temas transversais, como cidadania e meio ambiente.

No desenvolvimento teórico, procuramos, sempre que possível, apresentar os assuntos de forma contextualizada, empregando uma linguagem mais simples. Entretanto, ao formalizarmos os conceitos em estudo (os quais são abundantemente exemplificados), optamos por termos com maior rigor matemático.

Tivemos também a preocupação de mostrar as justificativas lógicas das propriedades apresentadas, omitindo apenas demonstrações exageradamente longas, incompatíveis com as abordagens feitas atualmente no Ensino Médio. Cada nova propriedade é seguida de exemplos e exercícios resolvidos, por meio dos quais é explicitada sua utilidade.

Quanto às atividades, tanto os exercícios como os problemas estão organizados em ordem crescente de dificuldade.

A obra é ainda complementada por um Manual do Professor, no qual são apresentados, de forma detalhada, os objetivos gerais da coleção e os objetivos específicos de cada volume, além dos principais documentos oficiais sobre o Ensino Médio, uma bibliografia comentada para o professor, sugestões de atividades e a resolução de todos os exercícios e problemas do livro.

Mesmo com todo o esforço feito para o aperfeiçoamento desta obra, nós, autores, sabemos que sempre existirão melhorias a fazer. Para isso, é importante conhecermos a opinião de professores e alunos que utilizaram nossa coleção em sala de aula, de forma que receberemos qualquer crítica ou sugestão que seja enviada à nossa editora.

Os autores

Conheça seu livro

Abertura do capítulo

A imagem de *abertura* relaciona o conteúdo abordado no capítulo com temas do cotidiano, como tecnologia, história, arquitetura e arte.

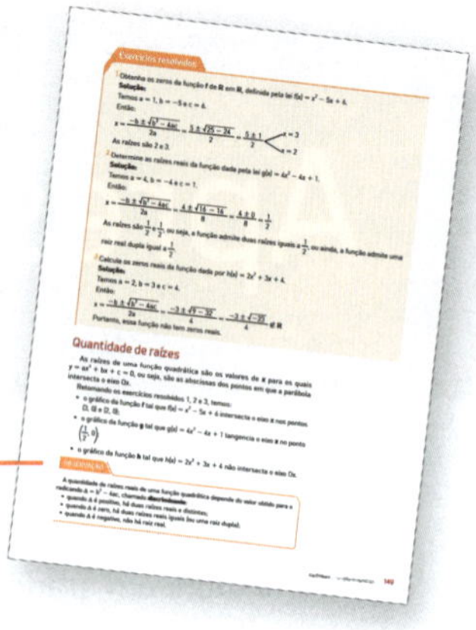

Observação

Observações aparecem em momentos oportunos para complementar o estudo, apresentando informações adicionais sobre o conteúdo.

Um pouco de história

Um pouco de história coloca o leitor em contato com os processos de construção do conhecimento matemático, destacando os nomes que contribuíram para a resolução de problemas enfrentados pela humanidade no decorrer do tempo.

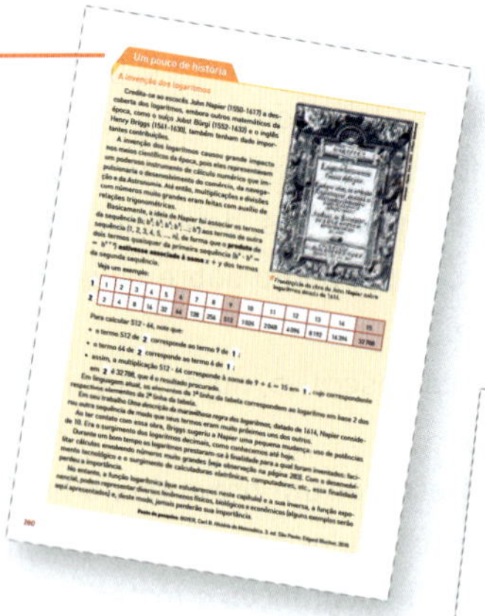

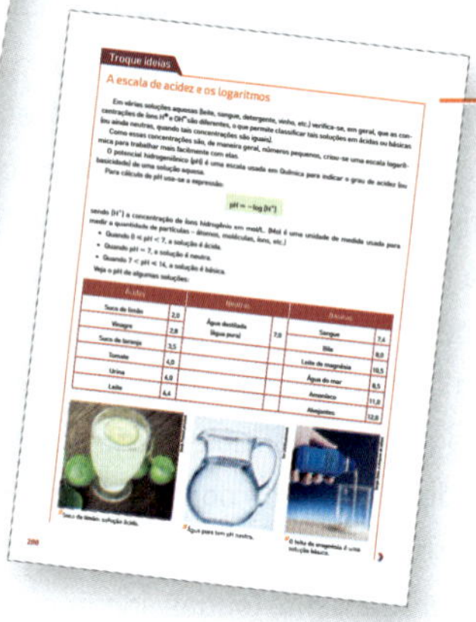

Troque ideias

Esta seção propõe atividades em grupo e busca despertar a curiosidade do leitor, a fim de construir novos conceitos ou aprofundar conteúdos já apresentados.

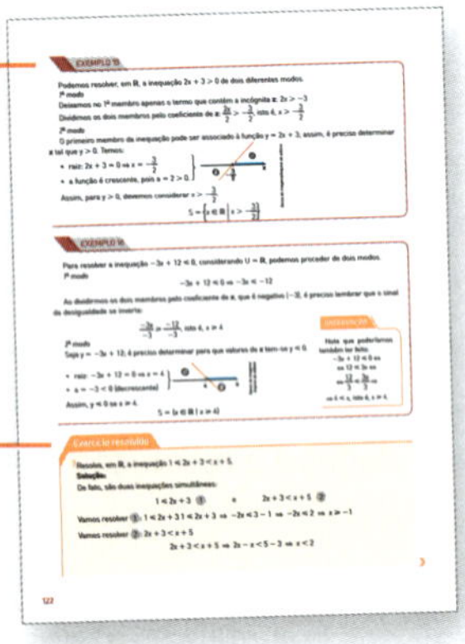

Exemplos e exercícios resolvidos

Em todos os capítulos, há exemplos e exercícios resolvidos que auxiliam o leitor a entender melhor os conceitos estudados e ampliam seu repertório de técnicas de resolução de problemas.

Exercícios

Há uma grande variedade de exercícios teóricos e práticos relacionados a cada tópico apresentado. Eles estão organizados em ordem crescente de dificuldade e têm por objetivo consolidar o assunto estudado.

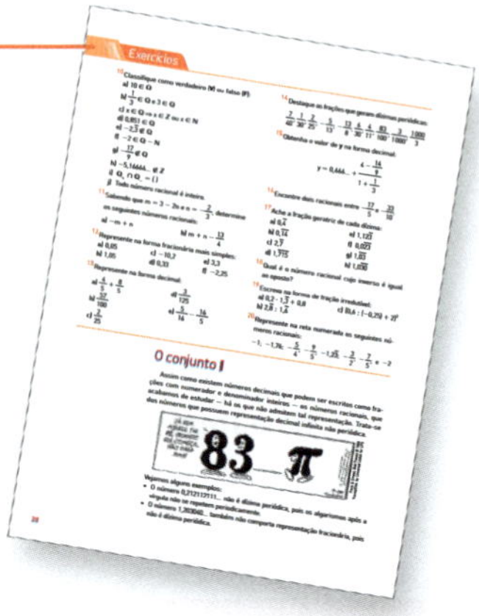

Aplicações

Nesta seção há textos ou infográficos que ilustram o emprego de conhecimentos matemáticos em outros campos, expondo elos entre a Matemática e ciências como a Química, a Física e a Economia.

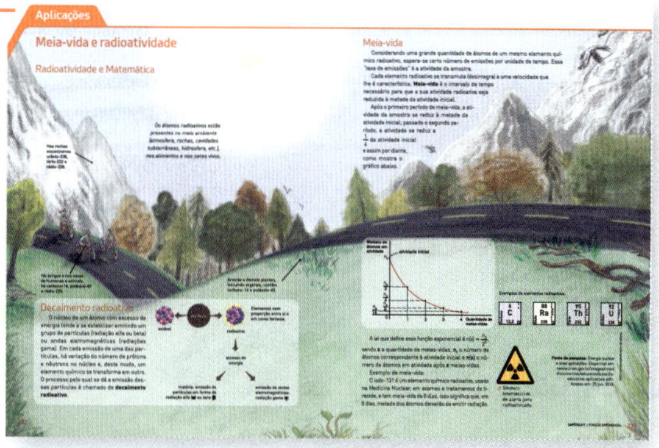

Um pouco mais sobre

A seção *Um pouco mais sobre*, no final de determinados capítulos, oferece a oportunidade de complementar ou aprofundar alguns dos conteúdos abordados.

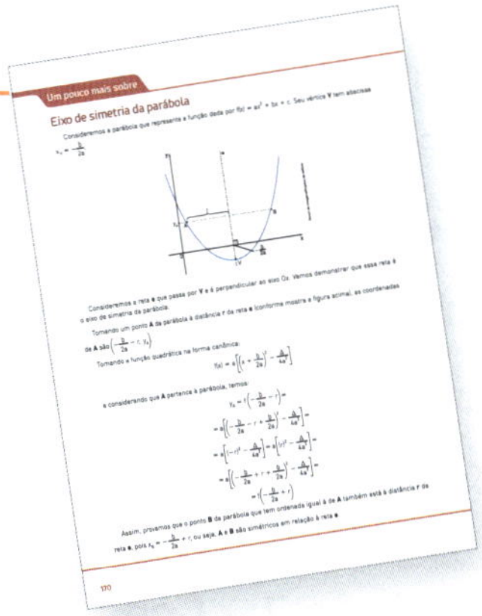

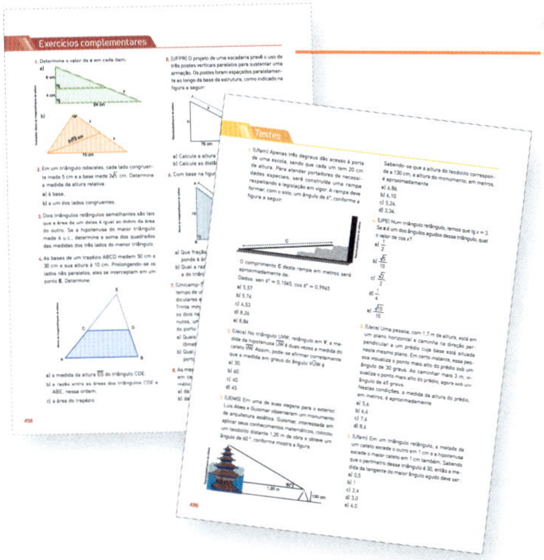

Exercícios complementares e Testes

Estas seções apresentam grande variedade de exercícios dissertativos e objetivos sobre o conteúdo do capítulo, auxiliando o aluno na sua preparação para alguns dos principais exames e vestibulares nacionais.

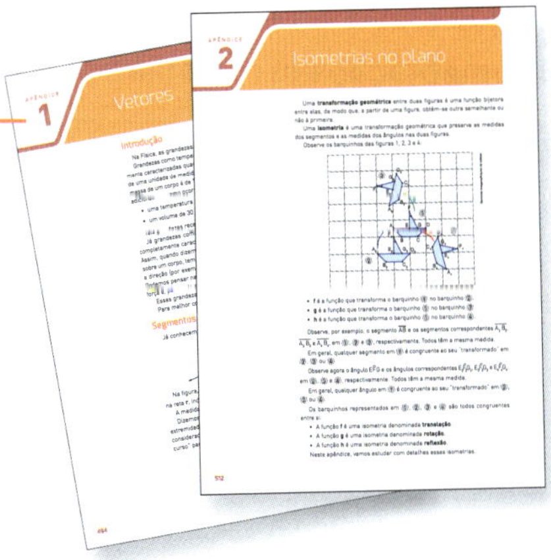

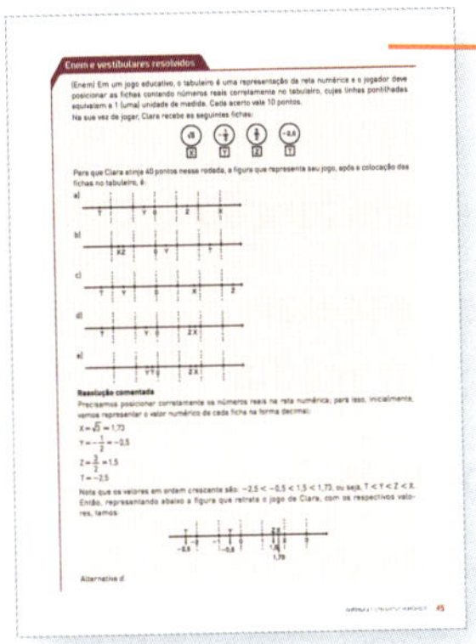

Enem e vestibulares resolvidos

Esta seção exibe, de maneira detalhada, a resolução de questões de algumas das provas mais importantes do país.

Apêndices

Os *apêndices* oferecem ao leitor a possibilidade de aprofundar seus conhecimentos matemáticos, expondo conteúdos complementares aos estudados no Ensino Médio.

Sumário

Primeira parte

Segunda parte

CAPÍTULO 1

Noções de conjuntos

Scanrail1/Shutterstock

Bancos de dados são conjuntos de dados armazenados em computadores que podem ser manipulados por meio de algoritmos que apresentem, por exemplo, operações de reunião, intersecção e diferença de conjuntos. Essas operações entre conjuntos serão estudadas neste capítulo.

Introdução

De uso corrente em Matemática, a noção básica de conjunto não é definida, ou seja, é aceita intuitivamente, sendo, por isso, chamada **noção primitiva**. Ela foi utilizada primeiramente por Georg Cantor (1845-1918), matemático nascido em São Petersburgo, Rússia, mas que passou a maior parte da vida na Alemanha. Segundo Cantor, a noção de conjunto representa uma coleção de objetos bem definidos e discerníveis, chamados elementos do conjunto.

Pretendemos aqui introduzir alguns conceitos que também consideramos primitivos:

- **conjunto**: designado, em geral, por uma letra latina maiúscula (A, B, C, ..., X, Y, Z);
- **elemento**: designado, em geral, por uma letra latina minúscula (a, b, c, ..., x, y, z);
- **pertinência**: a relação entre elemento e conjunto, denotada pelo símbolo $\in$, que se lê "pertence a".

Assim, por exemplo, se **A** é o conjunto das cores da bandeira do Brasil, representadas por **v** (verde), **a** (amarelo), **z** (azul) e **b** (branco), podemos falar que **v**, **a**, **z**, **b** são elementos de **A**, o qual pode ser representado colocando-se os elementos entre chaves, como segue:

$$A = \{v, a, z, b\}$$

Dizemos, então, que $v \in A$, $a \in A$, $z \in A$ e $b \in A$.

OBSERVAÇÃO

Os símbolos $\notin$ e $\neq$ são usados para expressar as negações de $\in$ e $=$, respectivamente.
No exemplo apresentado sobre as cores da bandeira do Brasil, temos $v \neq a$, $v \neq z$, $v \neq b$, $a \neq z$, $a \neq b$, $b \neq z$ e, se designarmos a cor preta por **p**, temos que $p \notin A$ (lê-se **p** não pertence a **A**).

Além de poder ser descrito enumerando-se um a um seus elementos, como mostrado no exemplo anterior, um conjunto pode ser designado por uma propriedade característica de seus elementos. Nesse caso, podemos representá-lo da seguinte maneira:

A = {x | **x** é cor da bandeira do Brasil}
↓
lê-se: tal que

Igualdade de conjuntos

Dois conjuntos **A** e **B** são iguais se todo elemento de **A** pertence a **B** e, reciprocamente, todo elemento de **B** pertence a **A**.

Assim, por exemplo:

- se A = {a, b, c} e B = {b, c, a}, temos que A = B;
- se A = {x | x − 2 = 5} e B = {7}, temos que A = B;
- se **A** é o conjunto das letras da palavra "garra" e **B** é conjunto das letras da palavra "agarrar", temos que A = B. Note que, em um mesmo conjunto, não precisamos repetir elementos. Apesar de a palavra "garra" ter cinco letras e a palavra "agarrar" ter sete, temos {g, a, r, r, a} = {a, g, a, r, r, a, r} = {a, g, r}.

OBSERVAÇÕES

- Há conjuntos que possuem um único elemento, chamados **conjuntos unitários**, e há um conjunto que não possui elementos, chamado **conjunto vazio** e indicado por { } ou ∅. Por exemplo:

  a) São conjuntos unitários:

  A = {5} B = {x | **x** é capital da França} = {Paris}

  b) São conjuntos vazios:

  C = {x | x ≠ x} = ∅ D = conjunto das cidades de Goiás banhadas pelo oceano Atlântico = ∅
- Há conjuntos cujos elementos são conjuntos. Por exemplo:

  F = {∅, {a}, {c}, {a, b}, {a, c}, {a, b, c}}

  Assim, temos: ∅ ∈ F; {a} ∈ F; {c} ∈ F; {a, b} ∈ F; {a, c} ∈ F e {a, b, c} ∈ F.
  Observe que a ∉ F e c ∉ F, pois **a** e **c** não são elementos do conjunto **F**. Logo, a ≠ {a} e c ≠ {c}.
- Note que os conjuntos {a} e {{a}} não são iguais.

Exercícios

1. Indique se cada um dos elementos $-4, \frac{1}{3}$, 3 e 0,25 pertence ou não a cada um destes conjuntos:

A = {x | **x** é um número inteiro}

B = {x | x < 1}

C = {x | 15x − 5 = 0}

$D = \left\{x \,\middle|\, -2 \leq x \leq \frac{1}{4}\right\}$

2. Considerando que F = {x | **x** é estado do Sudeste brasileiro} e G = {x | **x** é capital de um país sul-americano}, quais das sentenças seguintes são verdadeiras?

a) Rio de Janeiro ∈ F
b) México ∈ G
c) Lima ∉ G
d) Montevidéu ∈ G
e) Espírito Santo ∉ F
f) São Paulo ∈ F

3. Em cada caso, reescreva o conjunto enumerando seus elementos:

A = {x | **x** é letra da palavra "beterraba"}

B = {x | **x** é nome de um estado brasileiro cuja letra inicial é **p**}

$C = \left\{x \,\middle|\, x = \frac{a}{b}\right.$, em que **a** e **b** são números inteiros, $\left. a \neq b,\ 1 < a < 4 \text{ e } 1 < b < 4\right\}$

4. Dado $H = \{-1, 0, 2, 4, 9\}$, reescreva cada um dos conjuntos seguintes enumerando seus elementos.

$A = \{x \mid x \in H \text{ e } x < 1\}$

$B = \left\{x \,\middle|\, x \in H \text{ e } \dfrac{2x - 1}{3} = 1\right\}$

$C = \{x \mid x \in H$ e **x** é um quadrado perfeito$\}$

$D = \{x \mid x \in H \text{ e } x < 0\}$

$E = \{x \mid x \in H \text{ e } 3x + 1 = 10\}$

5. Classifique em verdadeira (**V**) ou falsa (**F**) cada uma das sentenças seguintes:

a) $0 \in \varnothing$

b) $\{a, b\} \in \{a, b, c, d\}$

c) $\{x \mid 2x + 9 = 13\} = \{2\}$

d) $a \in \{a, \{a\}\}$

e) $\{x \mid x < 0 \text{ e } x \geq 0\} = \varnothing$

f) $\varnothing \in \{\varnothing, \{a\}\}$

6. Em cada caso, identifique os conjuntos unitários e os vazios.

$A = \{x \mid x = 1 \text{ e } x = 3\}$

$B = \{x \mid$ **x** é um número primo positivo e par$\}$

$C = \left\{x \,\middle|\, 0 < x < 5 \text{ e } \dfrac{3x + 5}{2} = 4\right\}$

$D = \{x \mid$ **x** é capital da Bahia$\}$

$E = \{x \mid$ **x** é um mês cuja letra inicial do nome é **p**$\}$

$F = \left\{x \,\middle|\, \dfrac{2}{x} = 0\right\}$

Subconjuntos – relação de inclusão

Consideremos os conjuntos $A = \{x \mid$ **x** é letra da palavra "ralar"$\}$ e $B = \{x \mid$ **x** é letra da palavra "algazarra"$\}$; ou seja:

$$A = \{r, a, l\} \text{ e } B = \{a, l, g, z, r\}$$

Note que todo elemento de **A** é também elemento de **B**. Nesse caso, dizemos que **A** é um **subconjunto** ou uma **parte** de **B**, o que é indicado por:

$A \subset B$ (lê-se: **A** está contido em **B**, ou **A** é um subconjunto de **B**, ou **A** é uma parte de **B**),

ou, ainda:

$B \supset A$ (lê-se: **B** contém **A**)

De modo geral, temos:

> $A \subset B$ se todo elemento de **A** também é elemento de **B**.

O símbolo $\subset$ é chamado **sinal de inclusão** e estabelece uma relação entre dois conjuntos.

A relação de inclusão entre dois conjuntos, **A** e **B**, pode ser ilustrada por meio de um diagrama de Venn, como na figura abaixo.

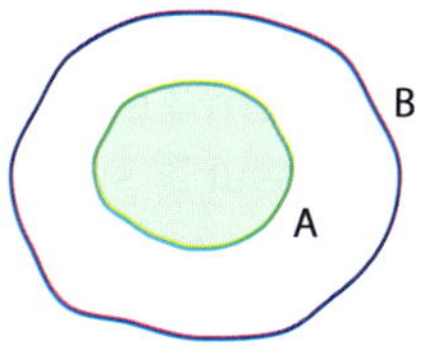

$A \subset B$

Banco de imagens/Arquivo da editora

Os símbolos $\not\subset$ e $\not\supset$ são as negações de $\subset$ e $\supset$, respectivamente. Assim, temos:

$A \not\subset B$ (lê-se **A** não está contido em **B**) se pelo menos um elemento de **A** não pertence a **B**.

OBSERVAÇÃO

John Venn (1834-1923), matemático e lógico inglês, usou uma região plana limitada por uma linha fechada e não entrelaçada para representar, em seu interior, os elementos de um conjunto. Essa representação é conhecida como **diagrama de Venn**.

Assim, por exemplo, temos a figura a seguir, que mostra uma representação do conjunto $A = \{0, 2, 4, 6, 8\}$ por meio de um diagrama de Venn.

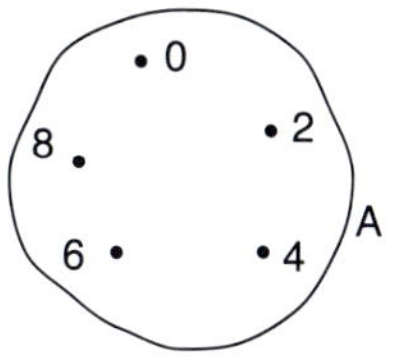

Banco de imagens/Arquivo da editora

Propriedades da relação de inclusão

Quaisquer que sejam os conjuntos **A**, **B** e **C**, temos:

- $\varnothing \subset A$
- **Reflexiva**: $A \subset A$.
- **Transitiva**: Se $A \subset B$ e $B \subset C$, então $A \subset C$.
- **Antissimétrica**: Se $A \subset B$ e $B \subset A$, então $A = B$.

Veja os exemplos a seguir.

EXEMPLO 1

Dados os conjuntos $A = \{0, 1, 2, 3\}$, $B = \{0, 1, 2, 3, 4, 5\}$ e $C = \{0, 2, 5\}$, temos:

a) • $A \subset B$, pois todo elemento de **A** pertence a **B**;
- $C \not\subset A$, pois $5 \in C$ e $5 \notin A$;
- $B \supset C$, pois todo elemento de **C** pertence a **B**;
- $B \not\subset A$, pois $4 \in B$ e $4 \notin A$, e também $5 \in B$ e $5 \notin A$.

b) Os conjuntos **A**, **B** e **C** podem ser representados pelo diagrama de Venn acima.

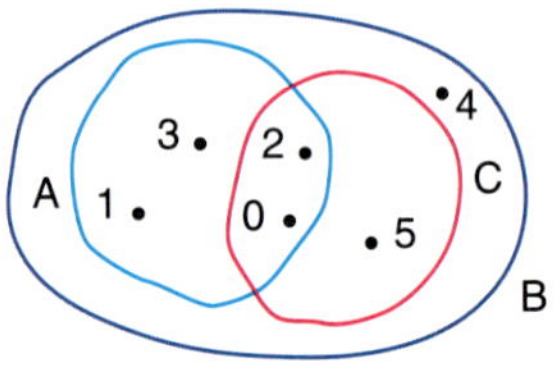

Banco de imagens/Arquivo da editora

EXEMPLO 2

Sejam **B** o conjunto de todos os brasileiros, **A** o conjunto dos brasileiros que dirigem automóveis e **S** o conjunto das pessoas que nasceram no Sul do Brasil.

Como mostra o diagrama ao lado, **S** e **A** são partes de **B**, ou seja, $S \subset B$ e $A \subset B$.

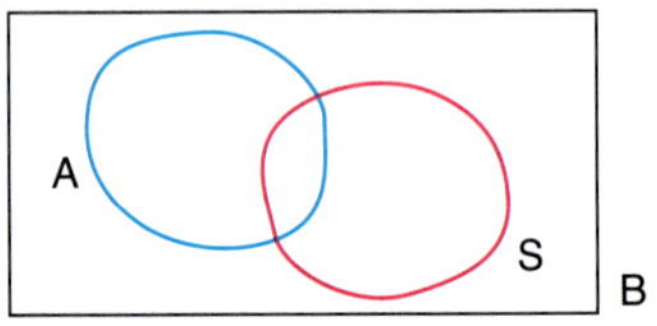

Banco de imagens/Arquivo da editora

Note que:

- $S \not\subset A$, porque existem brasileiros que nasceram no Sul e não dirigem automóveis;
- $A \not\subset S$, porque existem brasileiros que dirigem automóveis e não nasceram no Sul do país;
- $S \subset B$ e $A \subset B$, porque tanto os elementos de **S** quanto os de **A** fazem parte do conjunto dos brasileiros.

EXEMPLO 3

Dados os conjuntos $F = \varnothing$, $G = \{a\}$, $H = \{a, b\}$ e $J = \{a, b, c\}$:

- o único subconjunto de **F** é o conjunto $\varnothing$;
- são subconjuntos de **G** os conjuntos $\varnothing$ e $\{a\}$;
- são subconjuntos de **H** os conjuntos $\varnothing$, $\{a\}$, $\{b\}$ e $\{a, b\}$;
- são subconjuntos de **J** os conjuntos $\varnothing$, $\{a\}$, $\{b\}$, $\{c\}$, $\{a, b\}$, $\{a, c\}$, $\{b, c\}$ e $\{a, b, c\}$.

Observe que:

- **F** tem 0 elemento e $2^0 = 1$ subconjunto;
- **G** tem 1 elemento e $2^1 = 2$ subconjuntos;
- **H** tem 2 elementos e $2^2 = 4$ subconjuntos;
- **J** tem 3 elementos e $2^3 = 8$ subconjuntos.

Generalizando, se um conjunto **X** tem **n** elementos, ele possui 2^n subconjuntos.

OBSERVAÇÃO

Dado um conjunto **A**, podemos formar um conjunto cujos elementos são todos os subconjuntos de **A**. Esse conjunto é chamado **conjunto das partes de** A e é indicado por P(A).

Assim, por exemplo, se $A = \{1, 2, 3\}$, então seus subconjuntos são $\varnothing$, $\{1\}$, $\{2\}$, $\{3\}$, $\{1, 2\}$, $\{1, 3\}$, $\{2, 3\}$ e $\{1, 2, 3\}$. Logo, o conjunto das partes de **A** é: $P(A) = \{\varnothing, \{1\}, \{2\}, \{3\}, \{1, 2\}, \{1, 3\}, \{2, 3\}, \{1, 2, 3\}\}$

Exercícios

7. Sendo $M = \{0, 3, 5\}$, classifique as sentenças seguintes em verdadeiras (**V**) ou falsas (**F**).

a) $5 \in M$
b) $3 \subset M$
c) $\varnothing \in M$
d) $0 \in M$
e) $\varnothing \subset M$
f) $0 = \varnothing$
g) $0 \in \varnothing$
h) $0 \subset M$

8. Responda:

a) Use um diagrama de Venn para representar os conjuntos **A** e **B**, tais que **A** é o conjunto dos países da América do Sul e **B** é o conjunto dos países do continente americano.

b) Reproduza o diagrama obtido no item anterior e nele destaque o conjunto dos países do continente americano que não se localizam na América do Sul.

9. Se **A**, **B**, **C** e **D** são conjuntos não vazios, para cada uma das situações seguintes faça um diagrama de Venn que as represente.

a) $D \subset A \subset C \subset B$
b) $D \subset A \subset B$, $C \subset B$ e $C \not\subset A$

10. Sendo $A = \{1, 2\}$, $B = \{2, 3\}$, $C = \{1, 3, 4\}$ e $D = \{1, 2, 3, 4\}$, classifique em verdadeiras (**V**) ou falsas (**F**) as sentenças abaixo:

a) $B \subset D$
b) $A \subset B$
c) $A \not\subset C$
d) $D \supset A$
e) $C \not\supset B$
f) $C = D$

11. São dados os conjuntos: $A = \{x \mid$ **x** é um número ímpar positivo$\}$ e $B = \{y \mid$ **y** é um número inteiro e $0 < y \leq 4\}$.

Determine o conjunto dos elementos **z**, tais que $z \in B$ e $z \notin A$.

12. Dado o conjunto $A = \{a, b, c\}$, em quais dos itens seguintes as sentenças são verdadeiras?

a) $c \notin A$
b) $\{c\} \in A$
c) $\{a, c\} \subset A$
d) $\{a, b\} \in A$
e) $\{b\} \subset A$
f) $\{a, b, c\} \subset A$

13. Dados os conjuntos $X = \{1, 2, 3, 4\}$, $Y = \{0, 2, 4, 6, 8\}$ e $Z = \{0, 1, 2\}$:

a) determine todos os subconjuntos de **X**, cada qual com exatamente três elementos;
b) dê três exemplos de subconjuntos de **Y**, cada qual com apenas quatro elementos;
c) determine o conjunto $P(Z)$.

14. Considere as sentenças seguintes:

I. $\varnothing = \{x \mid x \neq x\}$
II. $\varnothing \subset \{\varnothing\}$
III. $\varnothing \in \{\varnothing\}$
IV. $\varnothing \subset \varnothing$

Quais dessas sentenças são verdadeiras?

15. Dado o conjunto $U = \{0, 1, 2, 3\}$, classifique em verdadeira (**V**) ou falsa (**F**) cada uma das seguintes afirmações sobre **U**:

I. $\varnothing \in U$
II. $3 \in U$ e $U \supset \{3\}$
III. Existem 4 subconjuntos de **U** que são unitários.
IV. O conjunto $P(U)$ tem 8 elementos.

Interseção e reunião

A partir de dois conjuntos **A** e **B** podemos construir novos conjuntos cujos elementos devem obedecer a condições preestabelecidas.

Por exemplo, dados os conjuntos **A** e **B**, podemos determinar um conjunto cujos elementos pertencem simultaneamente a **A** e a **B**. Esse conjunto é chamado **interseção** de **A** e **B** e indicado por $A \cap B$, que se lê "**A** interseção **B**" ou, simplesmente, "**A** inter **B**". Assim, define-se:

$$A \cap B = \{x \mid x \in A \text{ e } x \in B\}$$

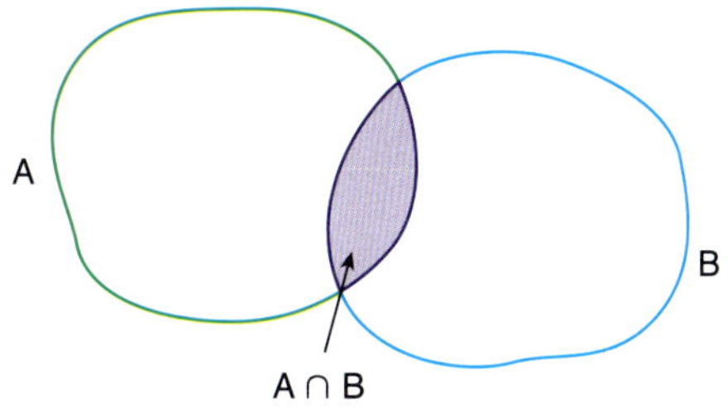

Banco de imagens/Arquivo da editora

OBSERVAÇÃO

O conectivo **e**, que na definição é colocado entre as duas sentenças ($x \in A$ e $x \in B$), indica que as condições que ambas apresentam devem ser obedecidas. Ele pode ser substituído pelo símbolo $\wedge$.

Há dois casos particulares:

- $A \subset B$

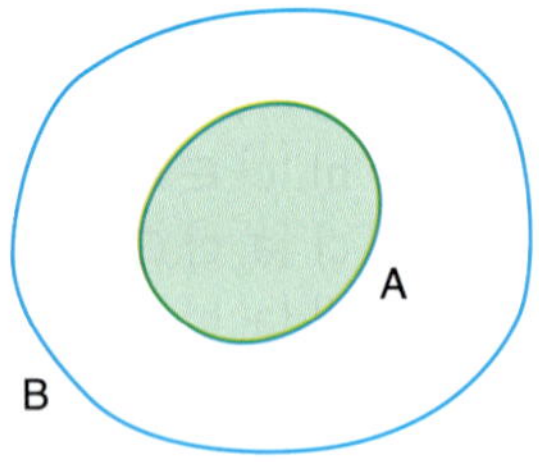

$A \cap B = A$

- **A** e **B** não têm elementos comuns.

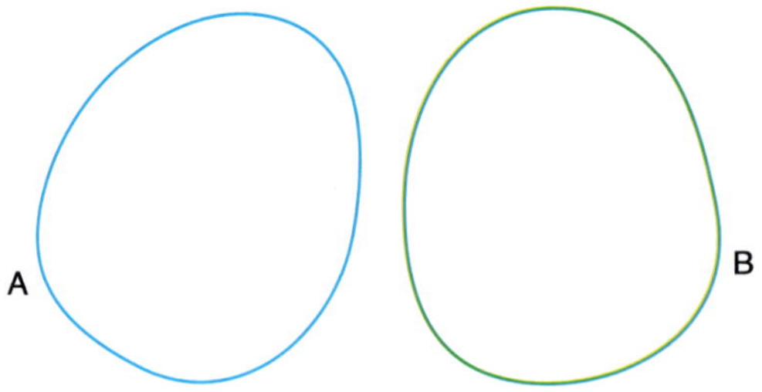

Nesse caso, $A \cap B = \varnothing$ e **A** e **B** são disjuntos.

Ilustrações: Banco de imagens/Arquivo da editora

Veja os exemplos a seguir.

EXEMPLO 4

Dados os conjuntos $A = \{-2, -1, 0, 1, 2\}$, $B = \{0, 2, 4, 6, 8, 10\}$ e $C = \{1, 3, 5, 7\}$, temos:

- $A \cap B = \{0, 2\}$
- $A \cap C = \{1\}$
- $B \cap C = \varnothing$ (Note que **B** e **C** são conjuntos disjuntos.)

Os diagramas de Venn que representam os conjuntos $A \cap B$, $A \cap C$ e $B \cap C$ são:

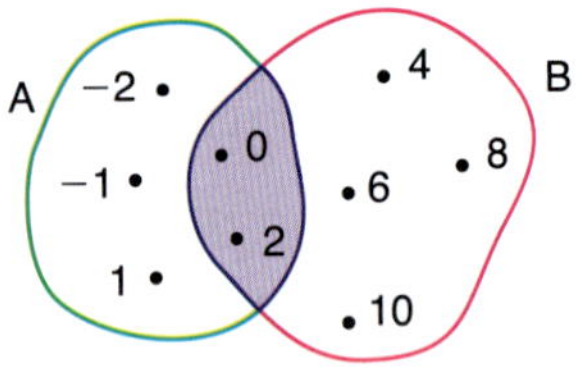

$A \cap B$

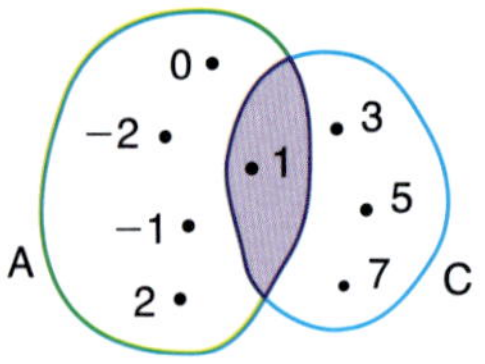

$A \cap C$

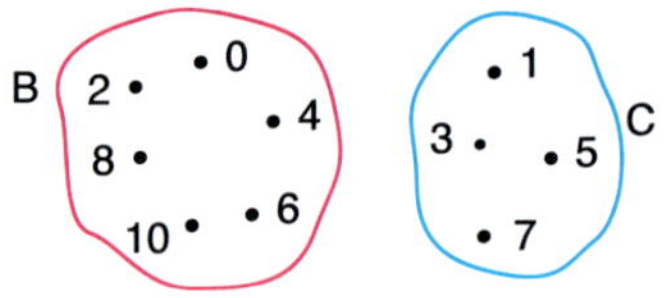

$B \cap C = \varnothing$

Ilustrações: Banco de imagens/Arquivo da editora

EXEMPLO 5

De modo geral, indica-se por n(A) o número de elementos de um conjunto **A**. Assim, por exemplo, se $A = \{1, 2\}$, $B = \{3\}$ e $D = \{2, 3, 4\}$, então:

- como $A \cap B = \varnothing$, ou seja, **A** e **B** são disjuntos, tem-se $n(A \cap B) = 0$;
- como $A \cap D = \{2\}$, tem-se $n(A \cap D) = 1$.

Lembrando que dentro de um conjunto não precisamos repetir elementos, dizer que $n(A) = x$ significa dizer que o conjunto **A** possui **x** elementos distintos entre si.

EXEMPLO 6

Sendo **F** o conjunto das pessoas que gostam de suco de laranja e **G** o conjunto das pessoas que gostam de suco de uva, podemos considerar que **F** e **G** são subconjuntos de um mesmo conjunto **U**, ou seja, todos os elementos de **F** e **G** pertencem a **U**.

Esse conjunto **U** é chamado **conjunto universo**.

Assim, no caso dos conjuntos **F** e **G** considerados, **U** poderia ser, entre outros, o conjunto das pessoas que moram no estado do Rio de Janeiro (fluminenses). Então, temos:

F = {x ∈ U | **x** gosta de suco de laranja} e G = {x ∈ U | **x** gosta de suco de uva}
Uma interpretação do diagrama representativo dos conjuntos considerados é:

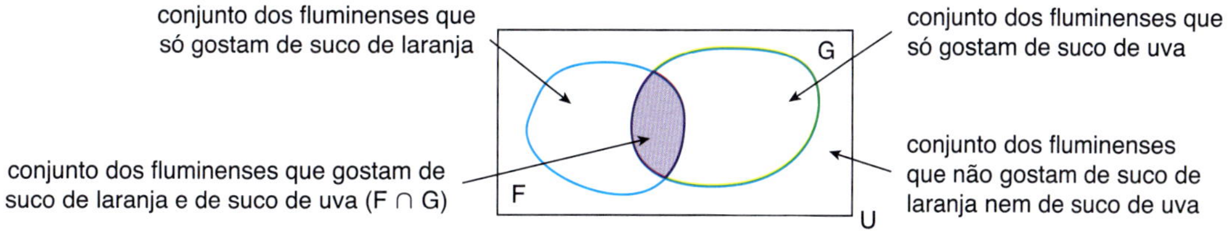

Banco de imagens/Arquivo da editora

A partir de dois conjuntos, **A** e **B**, também se pode obter um novo conjunto cujos elementos pertencem a pelo menos um dos conjuntos dados, ou seja, ou pertencem somente a **A**, ou somente a **B**, ou a ambos (A ∩ B). O conjunto assim obtido é chamado **reunião** (ou **união**) de **A** e **B** e indicado por A ∪ B, que se lê "**A** união **B**" ou "**A** reunião **B**". Assim, define-se:

A ∪ B = {x | x ∈ A ou x ∈ B}

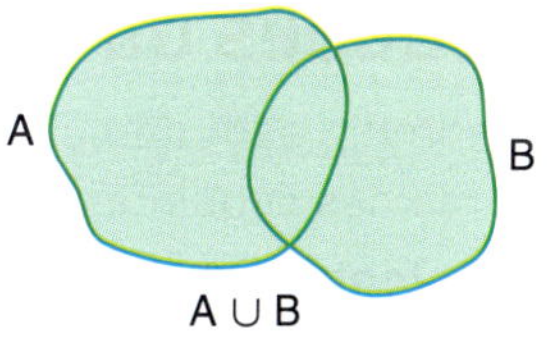

Há dois casos particulares:

- A ⊂ B

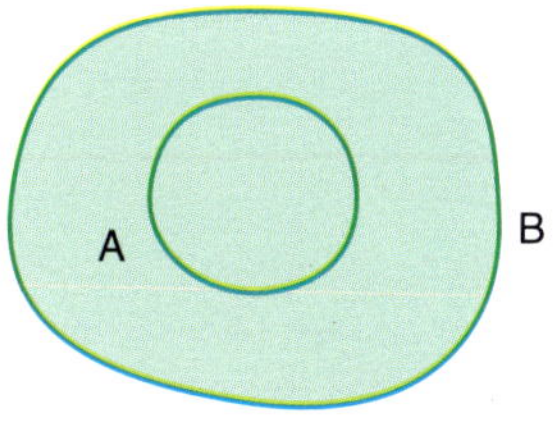

A ∪ B = B

- A ∩ B = ∅ (**A** e **B** disjuntos)

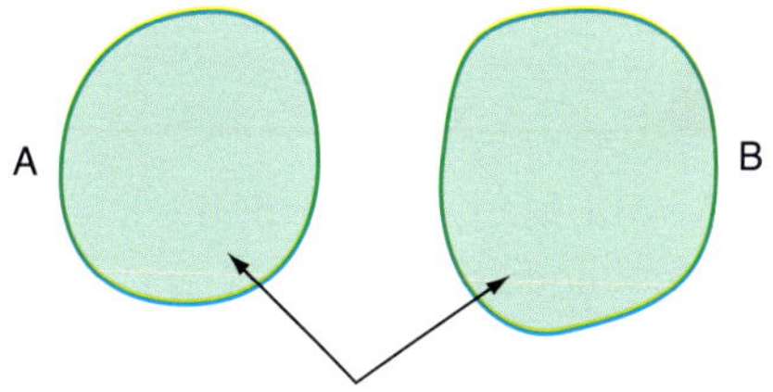

A ∪ B

Ilustrações: Banco de imagens/Arquivo da editora

Exercício resolvido

1. Dados os conjuntos A = {1, 2, 3, 4}, B = {6, 7, 8}, C = {0, 1, 2, 3, 4, 5} e D = {3, 4, 6, 8}, determine:

a) A ∪ B

b) A ∪ C

c) B ∪ D

d) A ∪ (C ∪ D)

Solução:

a) A ∪ B = {1, 2, 3, 4, 6, 7, 8}

b) A ∪ C = {0, 1, 2, 3, 4, 5} = C

c) B ∪ D = {6, 7, 8, 3, 4}

d) A ∪ (C ∪ D) = A ∪ {0, 1, 2, 3, 4, 5, 6, 8} = {0, 1, 2, 3, 4, 5, 6, 8}

OBSERVAÇÕES

- O conectivo **ou**, que na definição é colocado entre as duas sentenças ($x \in A$ ou $x \in B$), indica que pelo menos uma delas deve ser obedecida. Ele pode ser substituído pelo símbolo $\vee$.
- Quaisquer que sejam os conjuntos **A** e **B**, temos: $A \subset (A \cup B)$ e $B \subset (A \cup B)$.
- Se $A \cup B = \varnothing$, então $A = \varnothing$ e $B = \varnothing$, e reciprocamente, se $A = \varnothing$ e $B = \varnothing$, então $A \cup B = \varnothing$.
- Pelo diagrama ao lado, vê-se que:

$$A = X \cup (A \cap B) \text{ e } A \cup B = X \cup B$$

Como $X \cap (A \cap B) = \varnothing$, então temos:

$$n(A) = n(X) + n(A \cap B) \quad (1)$$

Como $X \cap B = \varnothing$, então temos:

$$n(A \cup B) = n(X) + n(B) \quad (2)$$

Assim, de (1) temos: $n(X) = n(A) - n(A \cap B)$, que, substituído em (2), resulta em:

$$n(A \cup B) = n(A) + n(B) - n(A \cap B)$$

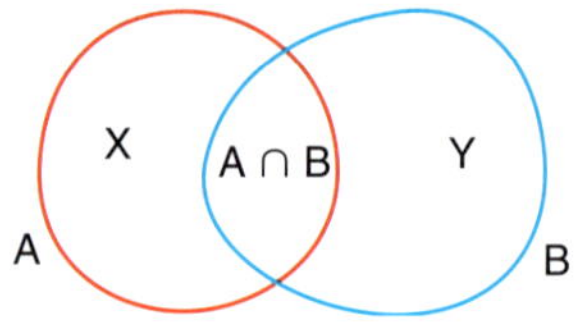

Banco de imagens/Arquivo da editora

Propriedades da interseção e da reunião

Vamos admitir, sem demonstração, que, para quaisquer conjuntos **A**, **B** e **C**, vale cada uma das seguintes propriedades:

- **Idempotente**: $A \cap A = A$ e $A \cup A = A$
- **Comutativa**: $A \cap B = B \cap A$ e $A \cup B = B \cup A$
- **Associativa**: $A \cap (B \cap C) = (A \cap B) \cap C$ e $A \cup (B \cup C) = (A \cup B) \cup C$
- **Distributiva**: $A \cap (B \cup C) = (A \cap B) \cup (A \cap C)$ e $A \cup (B \cap C) = (A \cup B) \cap (A \cup C)$

Exercícios resolvidos

2. São dados os conjuntos $A = \{a, b, c\}$, $B = \{c, d, f\}$ e $C = \{a, f, g\}$.
Determine um conjunto **X**, sabendo que:
- **X** tem três elementos e $X \subset \{a, b, c, d, f, g\}$;
- $A \cap X = \{c\}$, $B \cap X = \{c, f\}$ e $C \cap X = \{f, g\}$.

Solução:

Se $A \cap X = \{c\}$, temos: $a \notin X$, $b \notin X$ e $c \in X$ (1)

Se $B \cap X = \{c, f\}$, temos: $d \notin X$, $c \in X$ e $f \in X$ (2)

Se $C \cap X = \{f, g\}$, temos: $a \notin X$, $f \in X$ e $g \in X$ (3)

Como **X** tem três elementos e $X \subset \{a, b, c, d, f, g\}$, então, de (1), (2) e (3), conclui-se que:

$$X = \{c, f, g\}$$

3. Responda:

a) Seja $D(x)$ o conjunto dos divisores positivos do número inteiro **x**. Determine $D(18) \cap D(24)$.

b) Se **x** e **y** são números inteiros, os conjuntos $D(x)$ e $D(y)$ podem ser disjuntos?

Solução:

a) Como $D(18) = \{1, 2, 3, 6, 9, 18\}$ e $D(24) = \{1, 2, 3, 4, 6, 8, 12, 24\}$, então: $D(18) \cap D(24) = \{1, 2, 3, 6\}$.
Note que, como o maior elemento do conjunto $D(18) \cap D(24)$ é o número 6, então dizemos que 6 é o **máximo divisor comum** de 18 e 24 (indica-se: $mdc(18, 24) = 6$).

b) Não, pois, se **x** e **y** são números inteiros, então ambos admitem, pelo menos, o divisor 1, ou seja, $D(x) \cap D(y) \neq \varnothing$.

4. Dos 650 alunos matriculados em uma escola de idiomas, sabe-se que 420 cursam inglês, 134 cursam espanhol e 150 não cursam inglês nem espanhol. Determine o número de alunos que:

a) cursam inglês ou espanhol;

b) cursam inglês e espanhol;

c) cursam espanhol e não cursam inglês;

d) cursam apenas inglês ou apenas espanhol.

Pixtal/Keystone Brasil

Solução:

Considerando **U** o conjunto dos alunos matriculados na escola, **I** o conjunto dos alunos que cursam inglês e **E** o conjunto dos alunos que cursam espanhol, temos: $n(U) = 650$, $n(I) = 420$ e $n(E) = 134$.

Para auxiliar a resolução, vamos observar o diagrama de Venn representado abaixo.

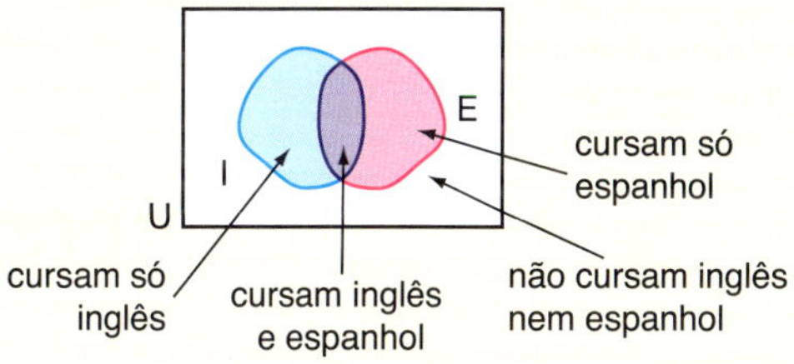

Banco de imagens/Arquivo da editora

a) Calculando $n(I \cup E)$:
$n(I \cup E) = n(U) - 150 = 650 - 150 = 500$

b) Calculando $n(I \cap E)$:
Como $n(I \cup E) = n(I) + n(E) - n(I \cap E)$, então:
$n(I \cap E) = n(I) + n(E) - n(I \cup E) = 420 + 134 - 500 = 54$

c) Dos 134 alunos que cursam espanhol, 54 também cursam inglês. Como $134 - 54 = 80$, então 80 alunos cursam espanhol e não cursam inglês.

d) Dos 420 alunos que cursam inglês, 54 também cursam espanhol. Como $420 - 54 = 366$, então 366 alunos cursam apenas inglês. Vimos no item *c* que 80 alunos cursam apenas espanhol; assim, o número de alunos procurado é $366 + 80 = 446$.

Exercícios

16. Dados os conjuntos $A = \{p, q, r\}$, $B = \{r, s\}$ e $C = \{p, s, t\}$, determine os conjuntos:

a) $A \cup B$ c) $B \cup C$ e) $A \cap C$

b) $A \cup C$ d) $A \cap B$ f) $B \cap C$

17. Sendo **A**, **B** e **C** os conjuntos dados no exercício anterior, determine:

a) $(A \cap B) \cup C$ c) $(A \cap C) \cup (B \cap C)$

b) $A \cap B \cap C$ d) $(A \cup C) \cap (B \cup C)$

18. Dado $U = \{-4, -3, -2, -1, 0, 1, 2, 3, 4\}$, sejam $K = \{x \in U \mid x < 0\}$, $L = \{x \in U \mid -3 < x < 2\}$ e $M = \{x \in U \mid x \geqslant -1\}$, determine:

a) $K \cap L \cap M$ c) $M \cup (L \cap K)$

b) $K \cup L \cup M$ d) $(L \cup K) \cap M$

19. Dos 36 alunos do primeiro ano do Ensino Médio de certa escola, sabe-se que 16 jogam futebol, 12 jogam voleibol e 5 jogam futebol e voleibol. Quantos alunos dessa classe não jogam futebol ou voleibol?

20. Sobre os 48 funcionários de certo escritório, sabe-se que: 30 têm automóvel, $\frac{1}{3}$ são do sexo feminino e $\frac{3}{4}$ do número de homens tem automóvel. Com base nessas informações, responda:

a) Quantos funcionários são do sexo feminino e têm automóvel?

b) Quantos funcionários são homens ou têm automóvel?

21. Se **A**, **B** e **C** são conjuntos quaisquer, classifique cada uma das sentenças seguintes em verdadeira (**V**) ou falsa (**F**):

a) $A \cup \varnothing = A$ e) $(B \cup C) \subset B$

b) $B \cap \varnothing = \varnothing$ f) $(A \cap B) \subset (A \cup B)$

c) $(A \cap B) \subset B$ g) $\varnothing \not\subset (A \cap B)$

d) $B \supset (A \cup B)$ h) $(A \cup B) \subset (A \cup B \cup C)$

22. Dados os conjuntos $A = \{1, 2, 3\}$, $B = \{3, 4\}$ e $C = \{1, 2, 4\}$, determine o conjunto **X** sabendo que: $A \cup X = \{1, 2, 3\}$, $B \cup X = \{3, 4\}$ e $C \cup X = A \cup B$.

23. Determine o número de conjuntos **X** que satisfazem a relação $\{1, 2\} \subset X \subset \{1, 2, 3, 4\}$.

24. Em uma pequena cidade há apenas dois mercados. Um levantamento mostrou que 70% dos moradores compram no mercado **A**, 48% compram no mercado **B** e 4% compram em mercados fora da cidade. Determine o percentual de moradores que compram em exatamente um dos mercados da cidade.

25. Em uma comunidade são vendidos três tipos de leite: **A**, **B** e **C**. Uma pesquisa de mercado revelou a preferência dos consumidores, conforme mostra a tabela abaixo:

Tipo de leite	A	B	C	**A** e **B**	**B** e **C**	**A** e **C**	**A**, **B** e **C**	Nenhum dos três
Número de consumidores	179	213	156	101	56	72	29	44

Determine:

a) o número de entrevistados nesta pesquisa;

b) o número de pessoas que consomem **A** ou **B**;

c) o número de pessoas que consomem ao menos dois tipos de leite;

d) o número de pessoas que não consomem leite tipo **A**.

Diferença

Dados os conjuntos **A** e **B**, podemos determinar um conjunto cujos elementos pertencem ao conjunto **A** e não pertencem ao conjunto **B**. Esse conjunto é chamado **diferença** entre **A** e **B** e indicado por $A - B$, que se lê "**A** menos **B**". Assim, define-se:

$$A - B = \{x \mid x \in A \text{ e } x \notin B\}$$

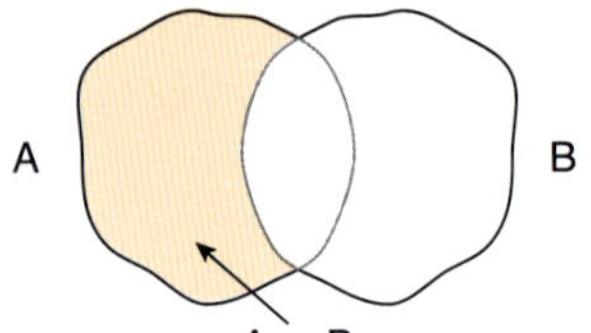

Ilustrações: Banco de imagens/Arquivo da editora

Há três casos particulares:

- $A \subset B$

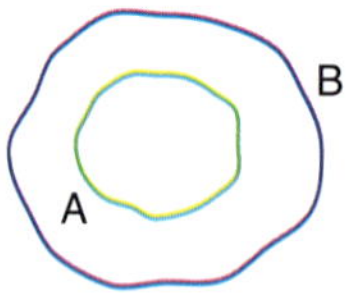

$A - B = \varnothing$

- **A** e **B** disjuntos

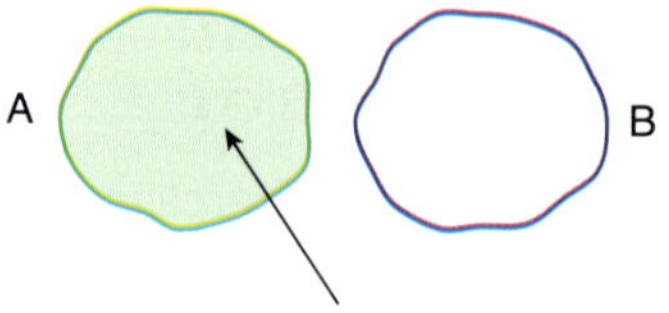

$A - B = A$

- $B \subset A$

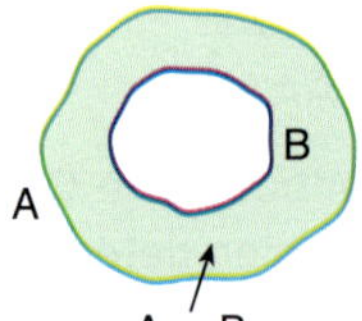

$A - B$

OBSERVAÇÕES

- No terceiro caso, em que $B \subset A$, o conjunto $A - B$ é chamado **complementar** de **B** em relação a **A**. Indica-se: $C_A^B = A - B$, se $B \subset A$.
- Sendo **A** um subconjunto de um conjunto universo **U**, então $C_U^A = U - A$ pode ser representado pelo símbolo $\overline{A}$, que se lê "**A** barra". Assim, $\overline{A} = C_U^A = U - A$. Note que para todo elemento **x** do conjunto universo **U**, se $x \in \overline{A}$, então $x \notin A$ e, por contraposição, se $x \in A$, então $x \notin \overline{A}$.

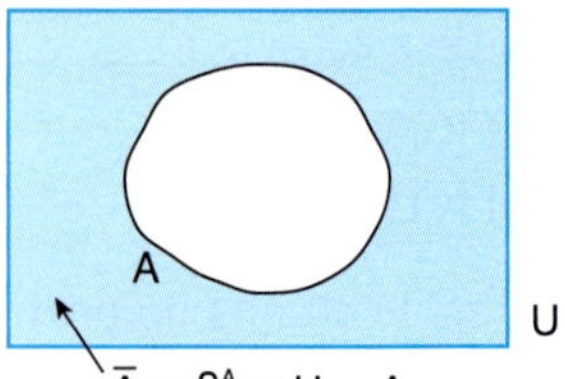

$\overline{A} = C_U^A = U - A$

Banco de imagens/Arquivo da editora

Exercícios resolvidos

5. Dados os conjuntos A = {1, 2, 3, 4, 5}, B = {3, 4, 5, 6}, C = {2, 3} e D = {0, 7, 8}, determine:

a) A − B
b) A − C
c) B − A
d) C − D
e) C − A
f) D − D
g) $\complement_B^C$

Solução:

a) A − B = {1, 2}
b) A − C = {1, 4, 5} (Nesse caso, A − C = $\complement_A^C$, pois C ⊂ A.)
c) B − A = {6}
d) C − D = {2, 3}, pois, como C ∩ D = ∅, C − D = C.
e) C − A = ∅, pois C ⊂ A.
f) D − D = ∅
g) $\complement_B^C$: não se define, pois C ⊄ B.

6. Dados os conjuntos A = {1, 2, 3, 4}, B = {3, 4, 5, 6, 7} e U = {0, 1, 2, 3, 4, 5, 6, 7, 8, 9}, em cada caso vamos determinar os elementos do conjunto indicado.

a) $\complement_U^{(A \cap B)}$
b) $\complement_U^A \cup \complement_U^B$

Solução:

a) Como A ∩ B = {3, 4}, então $\complement_U^{(A \cap B)}$ = U − (A ∩ B) = {0, 1, 2, 5, 6, 7, 8, 9}.
b) Como $\complement_U^A$ = U − A = {0, 5, 6, 7, 8, 9} e $\complement_U^B$ = U − B = {0, 1, 2, 8, 9}, então:

$$\complement_U^A \cup \complement_U^B = \{0, 1, 2, 5, 6, 7, 8, 9\}$$

Os resultados encontrados nos itens *a* e *b* ilustram a validade da seguinte propriedade:

$$\complement_U^{(A \cap B)} = \complement_U^A \cup \complement_U^B$$

Exercícios

26. Dados os conjuntos A = {a, b, c}, B = {a, c, d, e}, C = {c, d} e D = {a, d, e}, classifique cada uma das sentenças seguintes em verdadeira (**V**) ou falsa (**F**).

a) A − B = {b}
b) B − C = {a, e}
c) D − B = {c}
d) $\complement_A^C = \varnothing$
e) $\complement_B^{\varnothing}$ = {a, c, d, e}
f) $\complement_B^D$ = {c}
g) (A ∩ B) − D = {a, d, e}
h) B − (A ∪ C) = {e}
i) $(\complement_B^C) \cup (\complement_B^D)$ = {a, c, e}

27. Dados os conjuntos A = {2, 4, 8, 12, 14}, B = {5, 10, 15, 20, 25} e C = {1, 2, 3, 18, 20}, determine:

a) A − C
b) B − C
c) (C − A) ∩ (B − C)
d) (A − B) ∩ (C − B)

28. Dados os conjuntos A = {1, 2, 3, 4}, B = {4, 5} e C = {3, 4, 5, 6, 7}, determine o número de subconjuntos de (A − B) ∩ C.

29. Desenhe um diagrama de Venn para três conjuntos **X**, **Y** e **Z**, não vazios, satisfazendo as condições: Z ⊂ Y, X ⊄ Y, X ∩ Y ≠ ∅ e Z − X = Z.

30. Considerando o conjunto universo U = {−2, −1, 0, 1, 2, 3, 4, 5} e dados R = {x ∈ U | x ⩽ 3}, S = {x ∈ U | **x** é ímpar} e T = {x ∈ U | −2 ⩽ x < 1}, determine:

a) R ∩ S
b) R ∪ T
c) R − T
d) T − S
e) $\complement_R^T$
f) $\complement_S^R$
g) $\overline{S}$
h) (R ∩ T) − S
i) T ∪ (R − S)
j) (R − S) ∪ (S − R)
k) $\overline{T} \cap \overline{R}$
l) $\overline{S}$ ∩ (T − S)

31. Dados os conjuntos A = {1, 2, 3, 4, 5}, B = {1, 2, 4, 6, 8} e C = {2, 4, 5, 7}, obtenha o conjunto **X** tal que X ⊂ A e A − X = B ∩ C.

32. Sejam **A** e **B** subconjuntos de um conjunto universo **U**. Se **U** tem 35 elementos, **A** tem 20 elementos, A ∩ B tem 6 elementos e A ∪ B tem 28 elementos, determine o número de elementos dos conjuntos.

a) B
b) A − B
c) B − A
d) $\overline{A}$
e) $\overline{B}$
f) $\overline{A \cap B}$
g) $\overline{A - B}$
h) $\overline{A} \cap \overline{B}$

Enem e vestibulares resolvidos

(Enem) Numa escola com 1 200 alunos foi realizada uma pesquisa sobre o conhecimento desses em duas línguas estrangeiras, inglês e espanhol.

Nessa pesquisa constatou-se que 600 alunos falam inglês, 500 falam espanhol e 300 não falam qualquer um desses idiomas.

Escolhendo-se um aluno dessa escola ao acaso e sabendo-se que ele não fala inglês, qual a probabilidade de que esse aluno fale espanhol?

a) $\frac{1}{2}$ b) $\frac{5}{8}$ c) $\frac{1}{4}$ d) $\frac{5}{6}$ e) $\frac{5}{14}$

Resolução comentada

Para resolver esse problema precisamos, entre os 1 200 alunos entrevistados, escolher um que não fale inglês e determinar a probabilidade de que fale espanhol.

Do enunciado sabemos que dos 1 200 alunos, 300 não falam nenhum dos dois idiomas, 600 falam inglês e 500 falam espanhol.

Precisamos calcular o número **x** de alunos que falam inglês e também espanhol, para que possamos conhecer o número total de alunos que não falam inglês.

Vamos representar a situação descrita no problema pelo diagrama de Venn, em que 600 − x é o número de alunos que só falam inglês e 500 − x, o número de alunos que só falam espanhol.

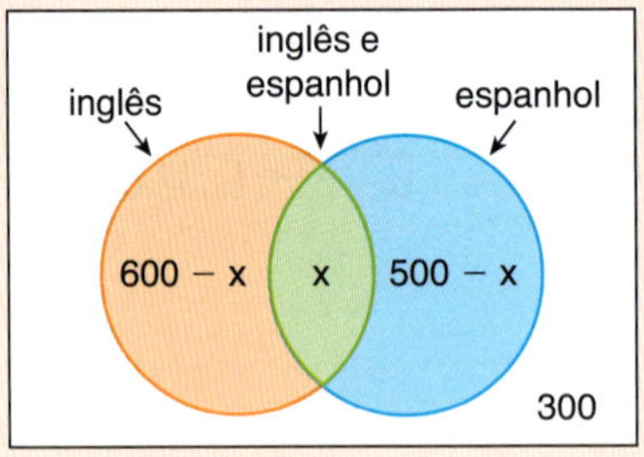

Ilustrações: Banco de imagens/Arquivo da editora

Dos 1 200 alunos, 300 não falam esses idiomas, então o número total de alunos que falam inglês e/ou espanhol é 900.

Então: $600 - x + x + 500 - x = 900$

Portanto, $x = 200$ é o número de alunos que falam inglês e espanhol.

Completando o diagrama, temos:

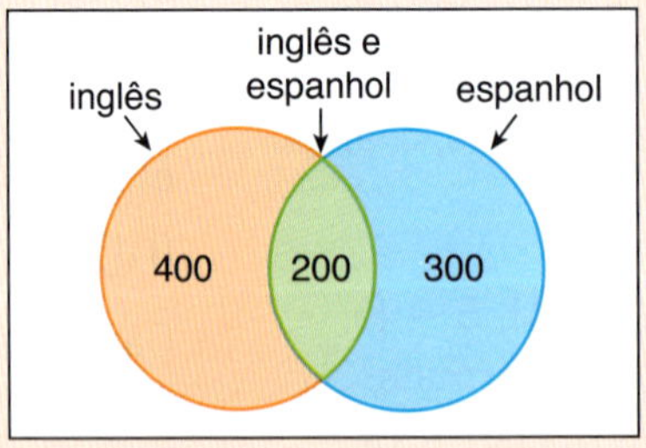

O número de alunos que não falam inglês é igual à soma da quantidade de alunos que não falam nenhuma das duas línguas (300) e a de alunos que só falam espanhol (300), totalizando 600 alunos.

Então, ao escolher um aluno ao acaso que não fale inglês (600), a probabilidade de que fale espanhol (300) é:

$$P(A) = \frac{\text{número de casos favoráveis}}{\text{número de casos possíveis}}$$

$$P(A) = \frac{300}{600} = \frac{1}{2}$$

Alternativa *a*.

Exercícios complementares

1. Dados **U**, **A** e **B** abaixo, copie o diagrama no caderno para cada item e pinte a região correspondente aos conjuntos:

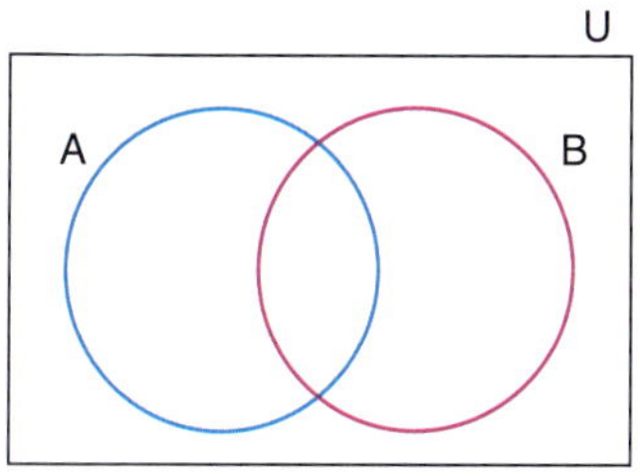

Banco de imagens/Arquivo da editora

a) $\overline{A} = \complement_U^A$

b) $U - (A \cup B)$

c) $\overline{A \cap B}$

d) $\complement_B^{A \cap B}$

e) $\complement_U^{\overline{A} \cup \overline{B}}$

2. Se **A** é subconjunto de **B**, determine o conjunto $\complement_{A \cup B}^{A} \cup A$.

3. Dados dois conjuntos **A** e **B**, chama-se **diferença simétrica** entre **A** e **B** o conjunto:

$$\underbrace{A \,\Delta\, B}_{\text{lê-se: } \mathbf{A} \text{ delta } \mathbf{B}} = (A - B) \cup (B - A)$$

Em cada caso, determine $A \,\Delta\, B$:

a) $A = \{1, 2, 3, 4\}$ e $B = \{1, 3, 5\}$

b) $A = \{0, 2, 4, 6, 8\}$ e $B = \{4\}$

c) Pinte, no diagrama a seguir, a região correspondente ao conjunto $A \,\Delta\, B$:

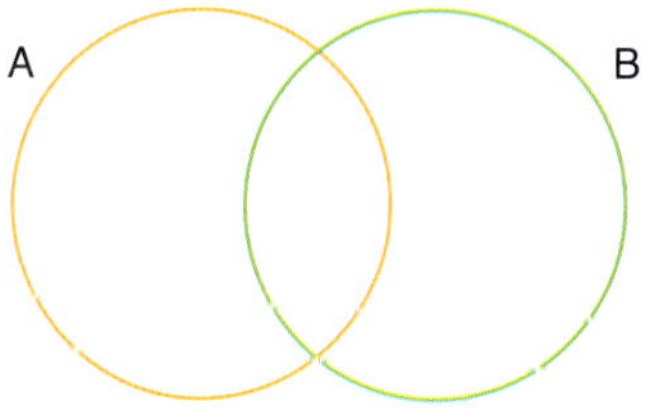

Banco de imagens/Arquivo da editora

4. Use um diagrama de Venn para representar três conjuntos **X**, **Y** e **Z** que satisfazem as condições: $X \cap Y \neq \varnothing$, $X \cap Z \neq \varnothing$ e $Y \cap Z = \varnothing$

5. Um conjunto **A** possui 256 subconjuntos. Determine, em cada caso, o número de subconjuntos de um conjunto **B** que possui:

a) um elemento a mais que **A**;

b) a metade dos elementos de **A**;

c) o dobro dos elementos de **A**.

6. Dois conjuntos **A** e **B**, não disjuntos, são tais que $n(A) = 3n - 1$, $n(B) = 4n - 1$, $n(A \cup B) = 35$ e $n(A \cap B) = n - 1$.
Quantos elementos de **A** não pertencem a **B**?

7. (Ufes) Em um grupo de 57 pessoas, 3 pessoas gostam de arroz-doce, brigadeiro e cocada; 7 pessoas gostam de brigadeiro e cocada; 8 pessoas gostam de arroz-doce e cocada; 10 pessoas gostam de arroz-doce e brigadeiro. O total de pessoas do grupo que gostam de cocada é 15, de brigadeiro é 25 e de arroz-doce é 30. Calcule o número de pessoas do grupo que

a) gostam de pelo menos um dos três doces;

b) não gostam de nenhum dos três doces;

c) gostam de arroz-doce, mas não gostam nem de brigadeiro nem de cocada.

8. (Uerj) Em uma escola circulam dois jornais: *Correio do Grêmio* e *O Estudante*. Em relação à leitura desses jornais, por parte dos 840 alunos da escola, sabe-se que:

- 10% não leem esses jornais;
- 520 leem o jornal *O Estudante*;
- 440 leem o jornal *Correio do Grêmio*.

Calcule o número total de alunos do colégio que leem os dois jornais.

9. Sejam os conjuntos **A** e **B** tais que $A - B$ tem 42 elementos, $A \cap B$ tem 15 elementos e $A \cup B$ tem 66. Nessas condições, qual é o número de elementos de $B - A$?

10. Sabe-se que dois conjuntos **A** e **B** são tais que: **B** tem 50 elementos, $A \cap B$ tem 24 e $A \cup B$ tem 85. Qual é o número de elementos do conjunto **A**?

11. (UFMG) Uma pesquisa foi feita com um grupo de pessoas que frequentam, pelo menos, uma entre três livrarias **A**, **B** e **C**. Foram obtidos os seguintes dados:

- das 90 pessoas que frequentam a livraria **A**, 28 não frequentam as demais;
- das 84 pessoas que frequentam a livraria **B**, 26 não frequentam as demais;
- das 86 pessoas que frequentam a livraria **C**, 24 não frequentam as demais;
- oito pessoas frequentam as três livrarias.

a) **DETERMINE** o número de pessoas que frequentam apenas **UMA** das livrarias;

b) **DETERMINE** o número de pessoas que frequentam, pelo menos, **DUAS** livrarias;

c) **DETERMINE** o total de pessoas ouvidas nessa pesquisa.

12. (UFPE) Os 200 estudantes de uma escola que praticam esportes escolhem duas dentre as modalidades seguintes: futebol, handebol, basquete e futebol de salão. Entretanto, nenhum estudante da escola escolheu futebol e basquete ou handebol e futebol de salão. Sabendo que 65% dos alunos escolheram futebol, 60% escolheram futebol de salão, 35% escolheram basquete e 25% dos jogadores de handebol também jogam basquete, quantos são os alunos da escola que jogam futebol e futebol de salão?

13. (Unicamp-SP) Três candidatos, **A**, **B** e **C**, concorrem à presidência de um clube. Uma pesquisa apontou que, dos sócios entrevistados, 150 não pretendem votar. Dentre os entrevistados que estão dispostos a participar da eleição, 40 sócios votariam apenas no candidato **A**, 70 votariam apenas em **B**, e 100 votariam apenas no candidato **C**. Além disso, 190 disseram que não votariam em **A**, 110 disseram que não votariam em **C**, e 10 sócios estão em dúvida e podem votar tanto em **A** como em **C**, mas não em **B**. Finalmente, a pesquisa revelou que 10 entrevistados votariam em qualquer candidato. Com base nesses dados, pergunta-se:

a) Quantos sócios entrevistados estão em dúvida entre votar em **B** ou em **C**, mas não votariam em **A**? Dentre os sócios consultados que pretendem participar da eleição, quantos não votariam em **B**?

b) Quantos sócios participaram da pesquisa? Suponha que a pesquisa represente fielmente as intenções de voto de todos os sócios do clube. Escolhendo um sócio ao acaso, qual a probabilidade de que ele vá participar da eleição mas ainda não tenha se decidido por um único candidato? (Sugestão: utilize o diagrama de Venn fornecido abaixo)

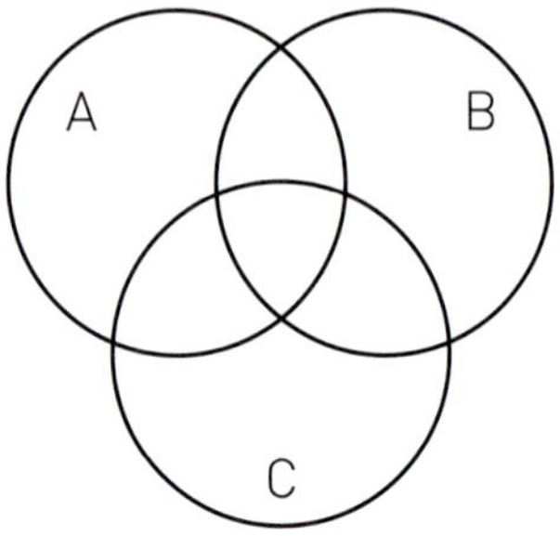

Banco de imagens/Arquivo da editora

14. Uma pesquisa sobre alguns meios de locomoção, realizada com 450 moradores de uma cidade, revelou que:

- 96 pessoas usam apenas metrô;
- 34 pessoas usam apenas carro próprio e metrô;
- 55 pessoas usam apenas ônibus e carro próprio;
- 105 pessoas usam apenas ônibus e metrô;
- o número de pessoas que utilizam apenas ônibus é o quádruplo do número de pessoas que usam apenas carro próprio. Este último por sua vez, é o dobro do número de pessoas que utilizam os três meios.

Determine o número de pessoas que:

a) utilizam exatamente um meio de transporte;

b) não utilizam ônibus.

Testes

1. (Uece) Uma pesquisa com todos os trabalhadores da FABRITEC, na qual foram formuladas duas perguntas, revelou os seguintes números:

205 responderam à primeira pergunta;

205 responderam à segunda pergunta;

210 responderam somente a uma das perguntas;

um terço dos trabalhadores não quis participar da entrevista.

Com estes dados, pode-se concluir corretamente que o número de trabalhadores da FABRITEC é:

a) 465.
b) 495.
c) 525.
d) 555.

2. (UFU-MG) De uma escola de Uberlândia, partiu uma excursão para Caldas Novas com 40 alunos. Ao chegar em Caldas Novas, 2 alunos adoeceram e não frequentaram as piscinas. Todos os demais alunos frequentaram as piscinas, sendo 20 pela manhã e à tarde, 12 somente pela manhã, 3 somente à noite e 8 pela manhã, à tarde e à noite. Se ninguém frequentou as piscinas somente no período da tarde, quantos alunos frequentaram as piscinas à noite?

a) 16.
b) 12.
c) 14.
d) 18.

3. (UEPG-PR) Numa pesquisa realizada com 60 pessoas sobre a preferência pelos produtos **A** e **B**, constatou-se que:

- o número de pessoas que gostam somente do produto **A** é o dobro do número de pessoas que não gostam de nenhum dos dois produtos;
- o número de pessoas que gostam somente do produto **B** é o triplo do número de pessoas que gostam de ambos os produtos;
- o número de pessoas que gostam de pelo menos um dos produtos é 48.

Nesse contexto, assinale o que for correto [indique a soma correspondente às alternativas corretas].

(01) O número de pessoas que gostam do produto **B** é 20.
(02) O número de pessoas que gostam do produto **A** é 30.
(04) O número de pessoas que não gostam de nenhum dos produtos é 12.
(08) O número de pessoas que gostam de ambos os produtos é 6.

4. (UFRN) Num grupo de amigos, quatorze pessoas estudam Espanhol e oito estudam Inglês, sendo que três dessas pessoas estudam ambas as línguas. Sabendo que todos do grupo estudam pelo menos uma dessas línguas, o total de pessoas do grupo é:

a) 17.
b) 19.
c) 22.
d) 25.

5. (UPM-SP) Se $A = \{x \in \mathbb{Z} \mid x \text{ é ímpar e } 1 \leq x \leq 7\}$ e $B = \{x \in \mathbb{R} \mid x^2 - 6x + 5 = 0\}$, então a única sentença falsa é:

a) O conjunto das partes da interseção dos conjuntos **A** e **B** é $P(A \cap B) = \{\{1\}, \{5\}, \{1, 5\}\}$.
b) O conjunto complementar de **B** em relação a **A** é $C_A^B = \{3, 7\}$.
c) O conjunto das partes do complementar de **B** em relação a **A** é $P(C_A^B) = \{\varnothing, \{3\}, \{7\}, \{3, 7\}\}$.
d) O conjunto **A** interseção com o conjunto **B** é $A \cap B = \{1, 5\}$.
e) O número de elementos do conjunto das partes da união dos conjuntos **A** e **B** é $n[P(A \cup B)] = 16$.

6. (UFSJ-MG) Dados três conjuntos **A**, **B** e **C**, não vazios, com $A \subset B$ e $A \subset C$, então é sempre correto afirmar que:

a) $A \subset (B \cap C)$.
b) $B = C$.
c) $B \subset C$.
d) $A = (B \cap C)$.

7. (FEI-SP) Uma escola de línguas oferece somente dois cursos: Inglês e Francês. Sabe-se que ela conta com 500 estudantes e que nenhum deles faz os dois cursos simultaneamente. Destes estudantes, 60% são mulheres e destas, 10% cursam Francês. Sabe-se que 30% dos estudantes homens também cursam Francês. Neste caso, o número de estudantes homens que cursam Inglês é:

a) 60.
b) 410.
c) 140.
d) 320.
e) 270.

8. (Uepa)

Uma pesquisa foi realizada com 200 pacientes em diversos consultórios médicos quanto ao uso dos seguintes aplicativos para celulares: **A** – Informações sobre alimentação, **B** – Registro de níveis de estresse físico e psicológico e **C** – Controle do horário da medicação. Essa pesquisa revela que apenas 10% dos entrevistados não fazem uso de nenhum dos aplicativos; 30% dos entrevistados utilizam apenas o aplicativo **A**; 10 pacientes utilizam apenas o aplicativo **B**; $\frac{1}{4}$ dos pacientes utilizam apenas o aplicativo **C** e 36 pacientes fazem uso dos três aplicativos.

(Texto Adaptado: Revista *Época*, nº 795.)

Sabe-se que a quantidade de pacientes que utilizam apenas os aplicativos **A** e **B**, **A** e **C** e **B** e **C** é a mesma, portanto, o número de pacientes entrevistados que fazem uso de pelo menos dois desses aplicativos é:

a) 21.
b) 30.
c) 36.
d) 48.
e) 60.

9. (PUC-RJ) Uma pesquisa realizada com 245 atletas, sobre as atividades praticadas nos seus treinamentos, constatou que 135 desses atletas praticam natação, 200 praticam corrida e 40 não utilizavam nenhuma das duas modalidades no seu treinamento.

Então, o número de atletas que praticam natação e corrida é:

a) 70.
b) 95.
c) 110.
d) 125.
e) 130.

10. (Uern) Em um vestibular para ingresso no curso de engenharia de uma determinada universidade, foi analisado o desempenho dos 1 472 vestibulandos nas provas de Português, Matemática e Física, obtendo-se o seguinte resultado:

- 254 candidatos foram aprovados somente em Português;
- 296 candidatos foram aprovados somente em Matemática;
- 270 candidatos foram aprovados somente em Física;
- 214 candidatos foram aprovados em Português e Física;
- 316 candidatos foram aprovados em Matemática e Física;
- 220 candidatos foram aprovados em Português e Matemática;
- 142 candidatos foram reprovados nas três disciplinas.

O número de alunos aprovados nas três disciplinas, e, portanto, aptos a ingressarem no curso de engenharia, é:

a) 98.
b) 110.
c) 120.
d) 142.

11. (UEMG) Em uma enquete sobre a leitura dos livros selecionados para o processo seletivo, numa universidade de determinada cidade, foram entrevistados 1 200 candidatos. 563 destes leram "Você Verá", de Luiz Vilela; 861 leram "O tempo é um rio que corre", de Lya Luft; 151 leram "Exílio", também de Lya Luft; 365 leram "Você Verá" e "O tempo é um rio que corre"; 37 leram "Exílio" e "O tempo é um rio que corre"; 61 leram "Você Verá" e "Exílio"; 25 candidatos leram as três obras e 63 não as leram. A quantidade de candidatos que leram apenas "O tempo é um rio que corre" equivale a

a) 434.
b) 484.
c) 454.
d) 424.

12. (ITA-SP) Sejam **X**, **Y**, **Z** e **W** subconjuntos de $\mathbb{N}$ tais que: $(X - Y) \cap Z = \{1, 2, 3, 4\}$, $Y = \{5, 6\}$, $Z \cap Y = \varnothing$, $W \cap (X - Z) = \{7, 8\}$ e $X \cap W \cap Z = \{2, 4\}$. Então o conjunto $[X \cap (Z \cup W)] - [W \cap (Y \cup Z)]$ é igual a:

a) $\{1, 2, 3, 4, 5\}$.
b) $\{1, 2, 3, 4, 7\}$.
c) $\{1, 3, 7, 8\}$.
d) $\{1, 3\}$.
e) $\{7, 8\}$.

13. (UFRN) Uma escola de ensino médio tem 3 600 estudantes, assim distribuídos:

- 1 200 cursam o 1º ano, 1 200 cursam o 2º ano, e 1 200 cursam o 3º ano;
- de cada série, metade dos estudantes são do sexo masculino e metade do sexo feminino;
- de cada sexo, metade dos estudantes estuda Inglês e metade estuda Francês;

Considere que, em cada série, a quantidade de alunos de Inglês e Francês é a mesma;

O número de estudantes dessa escola que estão cursando o 3º ano ou que não estudam Francês é:

a) 3 000.
b) 600.
c) 1 200.
d) 2 400.

14. (UEL-PR) Um instituto de pesquisas entrevistou 1 000 indivíduos, perguntando sobre sua rejeição aos partidos **A** e **B**. Verificou-se que 600 pessoas rejeitavam o partido **A**; 500 pessoas rejeitavam o partido **B** e que 200 não tinham rejeição alguma. O número de indivíduos que rejeitam os dois partidos é:

a) 120 pessoas.
b) 200 pessoas.
c) 250 pessoas.
d) 300 pessoas.
e) 800 pessoas.

15. (UFJF-MG) Uma agência de viagens oferece aos seus primeiros clientes, na primeira semana do ano, três pacotes promocionais: Básico, Padrão e Luxo. No regulamento da promoção há uma cláusula que não permite que o cliente que opte por apenas 2 pacotes, simultaneamente, adquira os pacotes Padrão e Luxo. No final da semana, constatou-se que:

- 37 clientes ficaram com pelo menos um dos pacotes promocionais;
- 13 clientes adquiriram, simultaneamente, os pacotes Básico e Padrão;
- 19 clientes ficaram com apenas um pacote.

A quantidade de clientes que adquiriram, simultaneamente, apenas os pacotes Básico e Luxo foi de:

a) 5.
b) 6.
c) 18.
d) 24.
e) 32.

16. (FGV-SP) Uma pesquisa de mercado sobre determinado eletrodoméstico mostrou que 37% dos entrevistados preferem a marca **X**, 40% preferem a marca **Y**, 30% preferem a marca **Z**, 25% preferem **X** e **Y**, 8% preferem **Y** e **Z**, 3% preferem **X** e **Z** e 1% prefere as três marcas. Considerando que há os que não preferem nenhuma das três marcas, a porcentagem dos que não preferem **X** nem **Y** é:

a) 20%.
b) 23%.
c) 30%.
d) 42%.
e) 48%.

17. (Uneb-BA)

	Dia 1	Dia 2	Dia 3	Dia 4
Quantidade de pessoas presentes	56	62	48	74

De um grupo de agentes comunitários de saúde recrutados para participar de um seminário de atualização realizado ao longo de quatro dias, cada pessoa deixou de comparecer em exatamente dois dias.

Nessas condições e com base na frequência diária dos participantes, apresentada na tabela, pode-se afirmar que o número de pessoas que não compareceram no quarto dia foi igual a

a) 25.
b) 26.
c) 32.
d) 46.
e) 48.

18. (Ufes) Em um grupo de 93 torcedores:

- todos torcem pelo Flamengo, pelo Cruzeiro ou pelo Palmeiras;
- ninguém torce pelo Flamengo e pelo Cruzeiro ao mesmo tempo;
- exatamente 12 desses torcedores torcem por dois dos três times;
- o número de torcedores que torcem apenas pelo Flamengo é o dobro do número de torcedores que torcem pelo Palmeiras;
- pelo menos 4 torcedores torcem apenas pelo Cruzeiro.

Com base nessas informações, é correto afirmar que o número máximo possível de torcedores do Palmeiras no grupo é:

a) 27.
b) 29.
c) 31.
d) 33.
e) 35.

19. (UFPA) Em uma turma de cinquenta alunos de Medicina, há dezoito cursando Anatomia, quinze cursando Citologia e treze cursando Biofísica. Seis alunos cursam simultaneamente Anatomia e Citologia, cinco cursam simultaneamente Citologia e Biofísica e quatro cursam simultaneamente Anatomia e Biofísica. Dezesseis alunos não cursam nenhuma destas disciplinas.

O número de alunos que cursam, simultaneamente, exatamente duas disciplinas é

a) 31.
b) 15.
c) 12.
d) 8.
e) 6.

20. (Cefet-MG) Na figura a seguir, os conjuntos **A**, **B**, **C** e **D** estão representados por 4 quadrados que se intersectam.

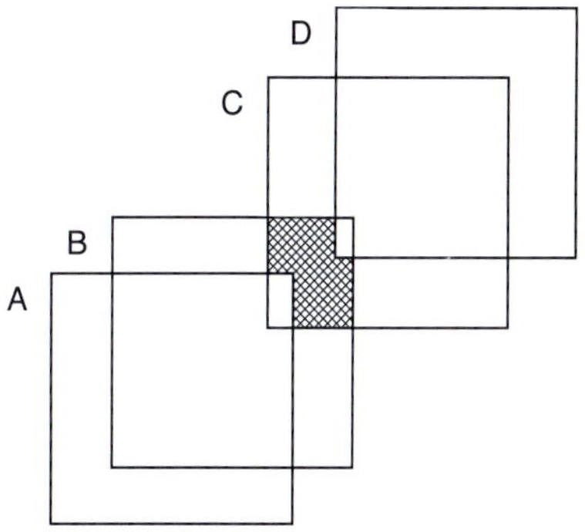

Banco de imagens/Arquivo da editora

Dessa forma, a região hachurada pode ser representada por

a) $(B \cup C) \cap (A \cup D)$.
b) $(A - B) \cup (C - D)$.
c) $(B \cap C) - (A \cup D)$.
d) $(B \cup C) - (A \cup D)$.

21. (Ufscar-SP) Um levantamento realizado pelo departamento de Recursos Humanos de uma empresa mostrou que 18% dos seus funcionários são fumantes. Sabendo-se que 20% dos homens e 15% das mulheres que trabalham nessa empresa fumam, pode-se concluir que, do total de funcionários dessa empresa, os funcionários do sexo masculino representam

a) 30%.
b) 35%.
c) 40%.
d) 45%.
e) 60%.

CAPÍTULO

2 Conjuntos numéricos

YBC7302, courtesy of the Yale Babylonian Collection/AGB Photo Library

As tábuas de argila, como a representada na imagem (Coleção Babilônica da Universidade de Yale nº 7302), mostram que os antigos babilônios (c. 2000 a.C.) já sabiam que a razão entre o comprimento e o diâmetro de uma circunferência era constante e estimavam esse valor como 3. Alguns séculos depois, essa constante ficou conhecida como π, que é um número irracional. Há infinitos elementos no conjunto dos números irracionais, um dos conjuntos que serão estudados neste capítulo.

Denominamos **conjuntos numéricos** os conjuntos cujos elementos são números que apresentam algumas características comuns entre si.

Estudaremos os conjuntos dos números **naturais**, dos **inteiros**, dos **racionais** e dos **irracionais**. Por fim, apresentaremos o conjunto dos números **reais**, presente em grande parte do estudo abordado nesta coleção.

O surgimento do conjunto dos números naturais deveu-se à necessidade de contar objetos. Os outros conjuntos numéricos, em geral, surgiram também por necessidade, como ampliações daqueles até então conhecidos.

O conjunto $\mathbb{N}$

O conjunto dos **números naturais** é:

$$\mathbb{N} = \{0, 1, 2, 3, 4, ..., n, ...\}$$

em que **n** representa o elemento genérico do conjunto.

O conjunto $\mathbb{N}$ possui infinitos elementos e pode ser representado por meio da reta numerada.

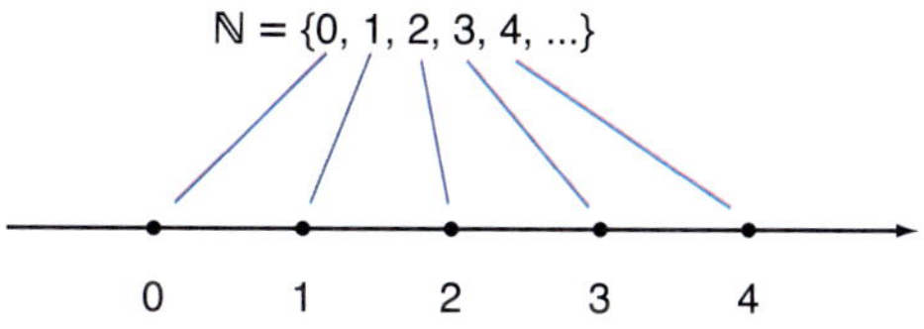

O conjunto dos números naturais possui alguns subconjuntos importantes.

- O conjunto dos números naturais não nulos:

$$\mathbb{N}^* = \{1, 2, 3, 4, ..., n, ...\}; \mathbb{N}^* = \mathbb{N} - \{0\}$$

Observe que o símbolo ***** (asterisco) à direita do símbolo do conjunto, como em $\mathbb{N}^*$, indica que foi retirado dele o elemento **zero**.

- O conjunto dos números naturais pares:

$$\mathbb{N}_p = \{0, 2, 4, 6, ..., 2n, ...\}, \text{ com } n \in \mathbb{N}$$

Observe que, para todo $n \in \mathbb{N}$, 2n representa um número par qualquer.

- O conjunto dos números naturais ímpares:

$$\mathbb{N}_i = \{1, 3, 5, 7, ..., 2n + 1, ...\}, \text{ com } n \in \mathbb{N}$$

Observe que, para todo $n \in \mathbb{N}$, $2n + 1$ representa um número ímpar qualquer.

- O conjunto dos números naturais primos:

$$P = \{2, 3, 5, 7, 11, 13, ...\}$$

No conjunto dos números naturais estão definidas duas operações cujos resultados são sempre números naturais: a adição e a multiplicação. Note que, adicionando-se dois elementos quaisquer de $\mathbb{N}$, a soma pertence a $\mathbb{N}$. Observe também que, multiplicando-se dois elementos quaisquer de $\mathbb{N}$, o produto pertence a $\mathbb{N}$. Em símbolos, temos:

$$\forall m, n \in \mathbb{N}, \quad m + n \in \mathbb{N} \quad e \quad m \cdot n \in \mathbb{N}$$

O símbolo $\forall$ significa qualquer.

Essa característica pode ser assim sintetizada:

> $\mathbb{N}$ é fechado em relação à adição e à multiplicação.

Porém, o mesmo raciocínio não vale em relação à subtração. Por exemplo, embora $5 - 2 = 3 \in \mathbb{N}$, não existe um número natural **x** tal que $x = 2 - 5$.

Por esse motivo, faz-se necessária uma ampliação do conjunto $\mathbb{N}$, surgindo daí o conjunto dos números inteiros.

O conjunto $\mathbb{Z}$

O conjunto dos números **inteiros** é:

$$\mathbb{Z} = \{..., -4, -3, -2, -1, 0, 1, 2, 3, 4, ...\}$$

Observe que todo número natural é também um número inteiro, isto é, $\mathbb{N}$ é subconjunto de $\mathbb{Z}$ ($\mathbb{N} \subset \mathbb{Z}$ ou $\mathbb{Z} \supset \mathbb{N}$).

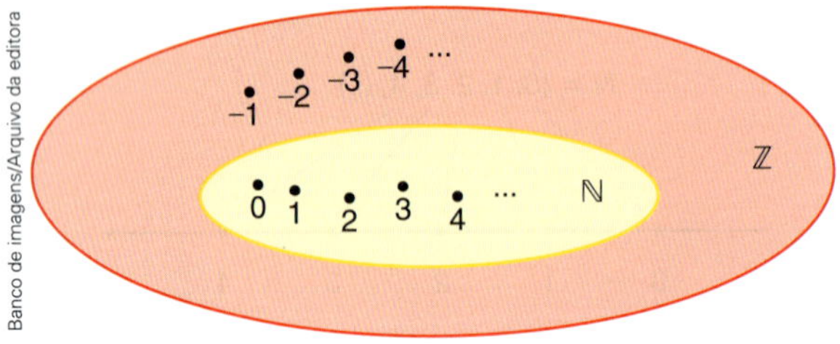

A representação geométrica do conjunto dos inteiros é feita a partir da representação de $\mathbb{N}$ na reta numerada; basta acrescentar os pontos correspondentes aos números negativos:

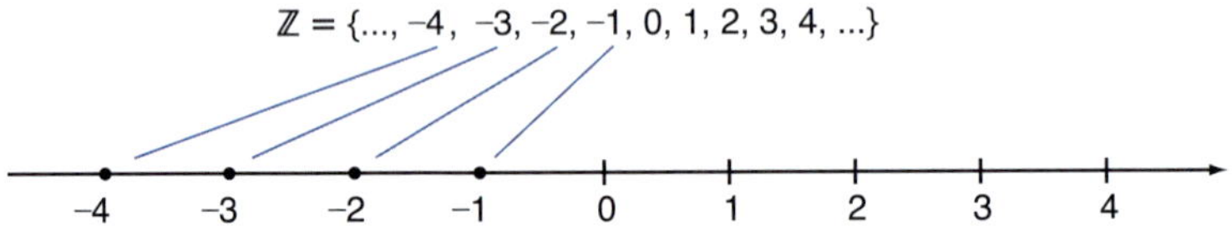

O conjunto dos números inteiros possui alguns subconjuntos notáveis:

- o conjunto dos números inteiros não nulos:

$$\mathbb{Z}^* = \{..., -4, -3, -2, -1, 1, 2, 3, 4, ...\}; \mathbb{Z}^* = \mathbb{Z} - \{0\}$$

- o conjunto dos números inteiros não negativos:

$$\mathbb{Z}_+ = \{0, 1, 2, 3, 4, ...\}$$

- o conjunto dos números inteiros (estritamente) positivos:

$$\mathbb{Z}_+^* = \{1, 2, 3, 4, ...\}$$

- o conjunto dos números inteiros não positivos:

$$\mathbb{Z}_- = \{..., -5, -4, -3, -2, -1, 0\}$$

- o conjunto dos números inteiros (estritamente) negativos:

$$\mathbb{Z}_-^* = \{..., -5, -4, -3, -2, -1\}$$

- o conjunto dos inteiros múltiplos de 4:

$$M(4) = \{..., -8, -4, 0, 4, 8, 12, ...\} = \{4 \cdot m;\ m \in \mathbb{Z}\}.$$

Observe as seguintes relações:

$$\mathbb{Z}_+ = \mathbb{N}$$
$$\mathbb{Z}_+^* = \mathbb{N}^*$$

Números inteiros opostos

Dois números inteiros são ditos **opostos** um ao outro quando sua soma é zero. Assim, geometricamente, são representados na reta por pontos que distam igualmente da origem.

Podemos tomar como exemplo o número 2.

O oposto do número 2 é -2, e o oposto de -2 é 2, pois $2 + (-2) = (-2) + 2 = 0$.

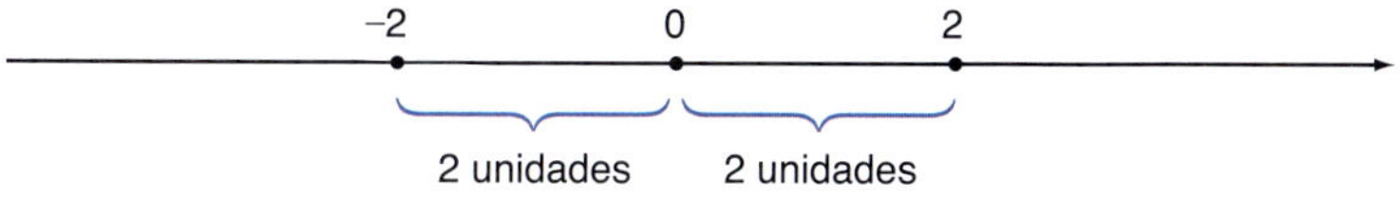

No geral, dizemos que o oposto, ou **simétrico**, de **a** é $-a$, e vice-versa.

Módulo de um número inteiro

Se $x \in \mathbb{Z}$, o **módulo** ou **valor absoluto** de **x** (indica-se: $|x|$) é definido pelas seguintes relações:

- Se $x \geqslant 0$, o módulo de **x** é igual ao próprio valor de **x**, isto é, $|x| = x$.
- Se $x < 0$, o módulo de **x** é igual ao oposto de **x**, isto é, $|x| = -x$.

Acompanhe os exemplos:

$|\underbrace{7}| = 7$ ↳ positivo

$|\underbrace{-12}| = -(-12) = 12$ ↳ negativo

$|\underbrace{63}| = 63$ ↳ positivo

$|\underbrace{-3}| = -(-3) = 3$ ↳ negativo

$|0| = 0$

Interpretação geométrica

Na reta numerada dos números inteiros, o módulo de **x** é igual à distância **d** entre **x** e a origem.

$|7| = 7$

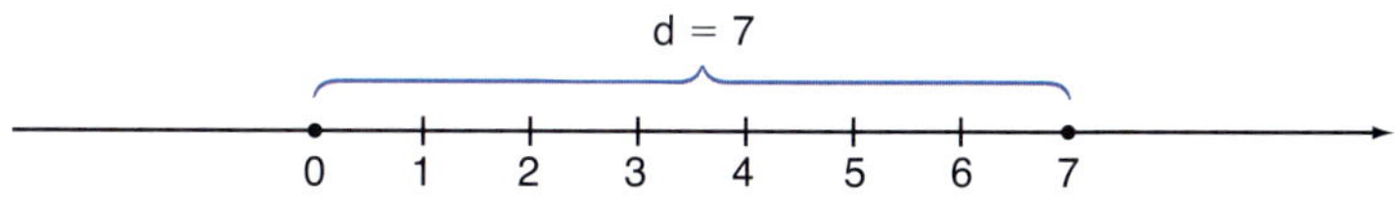

$|-12| = 12$

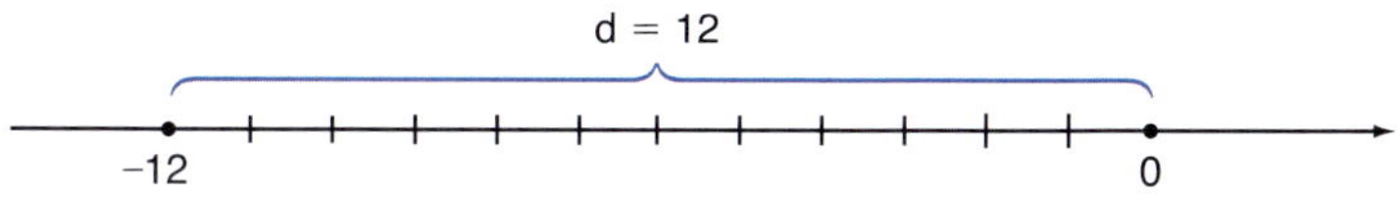

É fácil notar que dois números inteiros opostos têm mesmo módulo.

Exercícios resolvidos

1. Dados os inteiros $a = -3$ e $b = +2$, determine:

a) $a + b$
b) $a \cdot b$
c) $a - b$
d) $b - a$
e) $-a$
f) $-b$
g) $|a|$
h) $|b|$
i) $|a - b|$

Solução:

a) $a + b = -3 + (+2) = -3 + 2 = -1$
b) $a \cdot b = -3 \cdot (+2) = -3 \cdot 2 = -6$
c) $a - b = -3 - (+2) = -3 - 2 = -5$
d) $b - a = +2 - (-3) = 2 + 3 = 5$
e) $-a = -(-3) = 3$
f) $-b = -(+2) = -2$
g) $|a| = |-3| = 3$
h) $|b| = |2| = 2$
i) $|a - b| = |-5| = 5 = |b - a|$

2. Sejam os conjuntos $A = \{x \in \mathbb{Z} \mid -3 < x \leq 2\}$ e $B = \{x \in \mathbb{N} \mid x \leq 4\}$.
Determine $A \cup B$ e $A \cap B$.

Solução:

Observemos, inicialmente, que:

$$A = \{-2, -1, 0, 1, 2\}$$
e
$$B = \{0, 1, 2, 3, 4\}$$

Desse modo, temos:

$$A \cup B = \{-2, -1, 0, 1, 2, 3, 4\} = \{x \in \mathbb{Z} \mid -2 \leq x \leq 4\}$$
$$A \cap B = \{0, 1, 2\} = \{x \in \mathbb{N} \mid x \leq 2\}$$

Observe que podemos também escrever:

$$A \cup B = \{x \in \mathbb{Z} \mid -3 < x < 5\};$$
$$A \cap B = \{x \in \mathbb{N} \mid x < 3\}.$$

Exercícios

1. Determine $A \cap B$ e $A \cup B$, sendo:

a) $A = \{x \in \mathbb{N} \mid x \geq 5\}$ e $B = \{x \in \mathbb{N} \mid x < 7\}$

b) $A = \{x \in \mathbb{Z} \mid x > 1\}$ e $B = \{x \in \mathbb{Z} \mid x \geq 3\}$

c) $A = \{x \in \mathbb{Z} \mid x < 10\}$ e $B = \{x \in \mathbb{N}^* \mid x < 6\}$

d) $A = \{x \in \mathbb{N} \mid 2 < x \leq 5\}$ e $B = \{x \in \mathbb{Z} \mid 1 \leq x < 4\}$

2. Descreva cada conjunto por meio de uma característica comum a todos os seus elementos.

a) $A = \{0, 1, 2, 3, 4\}$

b) $B = \{0, 1, 2, 8, 9, 10\}$

c) $C = \{-1, 0, 1, 2, 3, 4\}$

d) $D = \{-3, 3\}$

3. Calcule:

a) $-5 - 3 \cdot (-2)$

b) $|-11|$

c) $|7 - 4| + |4 - 7|$

d) $2 + 5 \cdot (-3) - (-4)$

e) $-11 - 2 \cdot (-3) + 3$

f) $-8 + 3 \cdot [2 - (-1)]$

g) $|2 + 3 \cdot (-2)| - |3 + 2 \cdot (-3)|$

h) $|5 - 10| - |10 - (-5)| - |-5 - (-5)|$

4. Responda.

a) O valor absoluto de um número **x** inteiro é igual a 18. Quais são os possíveis valores de **x**?

b) Quais são os números inteiros cujos módulos são menores que 3?

5. Um conjunto de números naturais tem **x** elementos, todos distintos entre si. Entre estes, sete são pares, três são múltiplos de 3 e apenas um é múltiplo de 6. Qual é o valor de **x**?

6. Sejam $a = |-8|$, $b = -6$ e $c = |5|$. Calcule:

a) $a + b$

b) $b \cdot c$

c) $c - a$

d) $a \cdot b + c$

e) $b - a \cdot c$

f) b^2

g) $|b - c|$

h) $|a - b|$

7. Quantos algarismos são utilizados para numerar as primeiras 206 páginas de um livro?

8. Classifique as afirmações seguintes em verdadeiras (**V**) ou falsas (**F**):

a) Todo número primo é ímpar.

b) Se dois números inteiros têm o mesmo módulo, então eles são iguais.

c) O quadrado de um número natural não nulo é sempre maior do que o próprio número.

d) O cubo de um número inteiro não nulo é sempre maior que o quadrado desse número.

e) Se $a \in \mathbb{Z}$, $b \in \mathbb{Z}$ e $a > b$, então $a^2 > b^2$.

9. Uma empresa de *call center* comprou 1 200 ingressos de uma peça de teatro e 1 344 ingressos para um filme no cinema. A empresa vai distribuí-los de brinde como incentivo aos seus funcionários. Sabe-se que:

- cada operador deve receber ingressos para somente uma das opções;
- todos os operadores contemplados devem receber a mesma quantidade de ingressos;
- cada operador contemplado receberá ao menos 2 ingressos.

Sabendo que todos os ingressos foram distribuídos, determine:

a) o número máximo de operadores que poderão receber os brindes;

b) o número mínimo de operadores que poderão receber os brindes e, nesse caso, quantos brindes cada um receberá.

Troque ideias

Investigação e argumentação em Matemática

A proposição "Se **a** e **b** são números inteiros pares quaisquer, então a soma a + b é um número par" é sempre verdadeira?

Para se concluir que a proposição é sempre verdadeira, é suficiente constatar que ela é válida para alguns casos particulares?

$$8 + 2 = 10;\ (-16) + 48 = 32;\ 120 + 122 = 242;\ (-4) + (-8) = -12;\ 0 + 6 = 6, \text{ etc.}$$

Do ponto de vista da Matemática, prevalece o método dedutivo, em que uma propriedade matemática só é validada por meio de uma **demonstração**. Na Matemática, uma propriedade (ou um teorema) é uma proposição do tipo "Se **p** então **q**", em que **p** é a **hipótese** e **q** é a **tese**. A demonstração é uma sequência (finita) de passos lógicos que permitem, a partir de **p**, concluir que **q** é verdadeira.

Na proposição inicial, a hipótese é "**a** e **b** são números inteiros pares quaisquer" e a tese é "a + b é um número par".

Acompanhe a demonstração dessa propriedade.

Como **a** é um número inteiro par, podemos escrevê-lo na forma $a = 2 \cdot k$, em que $k \in \mathbb{Z}$.

Analogamente escrevemos $b = 2 \cdot q$, em que $q \in \mathbb{Z}$.

Daí:

$$a + b = 2 \cdot k + 2 \cdot q = 2 \cdot \underbrace{(k + q)}_{\in \mathbb{Z}}$$

Como **k** e **q** são inteiros, a soma k + q é um número inteiro e, desse modo, a + b é um número par.

Nem toda proposição matemática é verdadeira. Veja a seguinte:

"Se **a** é um número inteiro múltiplo de 3, então **a** é múltiplo de 6."

Podemos verificar que a proposição é falsa, pois existem múltiplos de 3 que não são múltiplos de 6, como 3, 9, 15, 21, etc. Cada um desses valores corresponde a um **contraexemplo**.

- A seguir são apresentadas algumas proposições envolvendo elementos do conjunto dos números inteiros. Decida se elas são verdadeiras ou falsas, exibindo uma demonstração para as verdadeiras e um contraexemplo para as falsas.

a) Se **a** e **b** são números inteiros ímpares, então a soma a + b é um número par.

b) Se **a** é um número inteiro par, então $\mathbf{a}^2$ é um número par.

c) Se **a** é um número inteiro múltiplo de 6, então **a** é múltiplo de 3.

d) Se **a** é um número inteiro divisível por 5, então **a** é divisível por 10.

e) Se **a**, **b** e **c** são números inteiros e consecutivos, então a soma a + b + c é um número inteiro múltiplo de 3.

f) Se **a** e **b** são números inteiros e consecutivos, então $a^2 + b^2$ é um número ímpar.

g) Se **n** é um número natural qualquer, então $n^2 + n + 41$ é um número primo.

O conjunto $\mathbb{Q}$

O conjunto $\mathbb{Z}$ é fechado em relação às operações de adição, multiplicação e subtração, mas o mesmo não acontece em relação à divisão: embora $(-12) : (+4) = -3 \in \mathbb{Z}$, não existe número inteiro **x** para o qual se tenha $x = (+4) : (-12)$. Por esse motivo, fez-se necessária uma ampliação do conjunto $\mathbb{Z}$, da qual surgiu o conjunto dos números racionais.

O **conjunto dos números racionais**, identificado por $\mathbb{Q}$, é inicialmente descrito como o conjunto dos quocientes entre dois números inteiros, em que o divisor é diferente de zero. Por exemplo, são números racionais:

$$0,\ \pm 1,\ \pm\frac{1}{2},\ \pm\frac{1}{3},\ \pm 2,\ \pm\frac{2}{3},\ \pm\frac{2}{5},\ \text{etc.}$$

Podemos escrever, de modo mais simplificado:

$$\mathbb{Q} = \left\{\frac{p}{q} \,\middle|\, p \in \mathbb{Z} \text{ e } q \in \mathbb{Z}^*\right\}$$

Dessa forma, podemos definir o conjunto $\mathbb{Q}$ como o conjunto das frações $\frac{p}{q}$; assim, um número é racional quando pode ser escrito como uma fração $\frac{p}{q}$, com **p** e **q** inteiros e $q \neq 0$.

Quando $q = 1$, temos $\frac{p}{q} = \frac{p}{1} = p \in \mathbb{Z}$, o que mostra que $\mathbb{Z}$ é subconjunto de $\mathbb{Q}$. Assim, podemos construir o diagrama:

Banco de imagens/Arquivo da editora

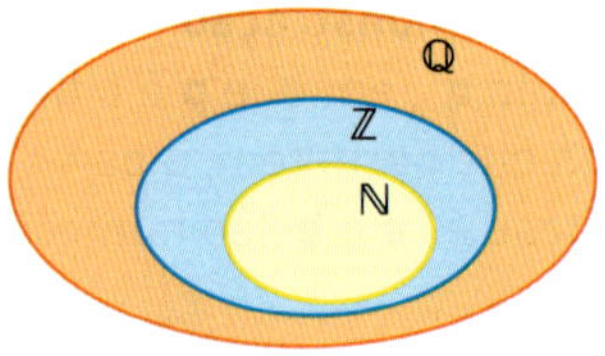

$\mathbb{N} \subset \mathbb{Z} \subset \mathbb{Q}$

No conjunto $\mathbb{Q}$ destacamos os seguintes subconjuntos:

- o conjunto dos números racionais não nulos:

$$\mathbb{Q}^* = \left\{\frac{p}{q} \,\middle|\, p, q \in \mathbb{Z}^*\right\};\ \mathbb{Q}^* = \mathbb{Q} - \{0\}$$

- o conjunto dos números racionais não negativos:

$$\mathbb{Q}_+ = \left\{\frac{p}{q} \,\middle|\, p \in \mathbb{Z}_+ \text{ e } q \in \mathbb{Z}_+^* \text{ ou } p \in \mathbb{Z}_- \text{ e } q \in \mathbb{Z}_-^*\right\}$$

- o conjunto dos números racionais positivos:

$$\mathbb{Q}_+^* = \left\{\frac{p}{q} \,\middle|\, p, q \in \mathbb{Z}_+^* \text{ ou } p, q \in \mathbb{Z}_-^*\right\}$$

- o conjunto dos números racionais não positivos:

$$\mathbb{Q}_- = \left\{\frac{p}{q} \,\middle|\, p \in \mathbb{Z}_+ \text{ e } q \in \mathbb{Z}_-^* \text{ ou } p \in \mathbb{Z}_- \text{ e } q \in \mathbb{Z}_+^*\right\}$$

- o conjunto dos números racionais negativos:

$$\mathbb{Q}_-^* = \left\{\frac{p}{q} \,\middle|\, p \in \mathbb{Z}_+^* \text{ e } q \in \mathbb{Z}_-^* \text{ ou } p \in \mathbb{Z}_-^* \text{ e } q \in \mathbb{Z}_+^*\right\}$$

O conjunto $\mathbb{Q}$ é fechado para as operações de adição, multiplicação e subtração.

Como não se define "divisão por zero", o conjunto $\mathbb{Q}$ não é fechado em relação à divisão. No entanto, o conjunto $\mathbb{Q}^*$ é fechado em relação à divisão.

Representação decimal das frações

Tomemos um número racional $\frac{p}{q}$, tal que **p** não seja múltiplo de **q**. Para escrevê-lo na forma decimal, basta efetuar a divisão do numerador pelo denominador. Nessa divisão podem ocorrer dois casos:

1º) O quociente obtido tem, após a vírgula, uma quantidade finita de algarismos e o resto da divisão é zero. Exemplos:

- $$\frac{2}{5} \rightarrow \begin{array}{l|l} 2 & 5 \\ \hline 20 & 0{,}4 \\ \ \ 0 & \end{array};\ \frac{2}{5} = 0{,}4$$

- $$\frac{35}{4} \rightarrow \begin{array}{l|l} 35 & 4 \\ \hline \ \ 30 & 8{,}75 \\ \ \ \ \ 20 & \\ \ \ \ \ \ \ 0 & \end{array};\ \frac{35}{4} = 8{,}75$$

- $$\frac{1}{8} \rightarrow \begin{array}{l|l} 1 & 8 \\ \hline 10 & 0{,}125 \\ \ \ 20 & \\ \ \ \ \ 40 & \\ \ \ \ \ \ \ 0 & \end{array};\ \frac{1}{8} = 0{,}125$$

Quando isso ocorrer, os decimais obtidos são chamados **decimais exatos**.

Observe que acrescentar uma quantidade finita ou infinita de algarismos iguais a zero, à direita do último algarismo diferente de zero, não altera o quociente obtido. Veja, no exemplo, algumas representações possíveis para o número racional $\frac{2}{5}$:

$$\frac{2}{5} = 0{,}4 = 0{,}40 = 0{,}400 = 0{,}400000...$$

Inversamente, podemos identificar o decimal exato 0,4 com a fração $\frac{4}{10}$, que, simplificada, reduz-se a $\frac{2}{5}$. Do mesmo modo: $8{,}75 = \frac{875}{100} = \frac{35}{4}$; $1{,}2 = \frac{12}{10} = \frac{6}{5}$.

2º) O quociente obtido tem, à direita da vírgula, uma infinidade de algarismos, nem todos iguais a zero, e não é possível obter resto igual a zero na divisão. Exemplos:

- $$\frac{2}{3} \rightarrow \begin{array}{l|l} 2 & 3 \\ \hline 20 & 0{,}6666... \\ \ \ 20 & \\ \ \ \ \ 20 & \\ \ \ \ \ \ \ 2 & \end{array} \qquad \frac{2}{3} = 0{,}6666... = 0{,}\overline{6}$$

- $$\frac{167}{66} \rightarrow \begin{array}{l|l} 167 & 66 \\ \hline \ \ 350 & 2{,}53030... \\ \ \ \ \ 200 & \\ \ \ \ \ \ \ \ \ 20 & \\ \ \ \ \ \ \ \ \ 200 & \\ \ \ \ \ \ \ \ \ \ \ \ \ 20 & \end{array} \qquad \frac{167}{66} = 2{,}53030... = 2{,}5\overline{30}$$

- $$\frac{11}{9} \rightarrow \begin{array}{l|l} 11 & 9 \\ \hline \ \ 20 & 1{,}222... \\ \ \ \ \ 20 & \\ \ \ \ \ \ \ 20 & \\ \ \ \ \ \ \ \ \ 2 & \end{array} \qquad \frac{11}{9} = 1{,}222... = 1{,}\overline{2}$$

Observe que, nesses casos, ocorre uma repetição de alguns algarismos. Os decimais obtidos são chamados decimais periódicos ou **dízimas periódicas**; em cada um deles, os algarismos que se repetem formam a parte periódica, ou período da dízima. Para não escrever repetidamente os algarismos de uma dízima, colocamos um traço horizontal sobre seu primeiro período.

Quando uma fração é equivalente a uma dízima periódica, ela é chamada **geratriz** dessa dízima. Nos exemplos anteriores, $\frac{2}{3}$ é a fração geratriz da dízima periódica $0,\overline{6}$; $\frac{11}{9}$ é a fração geratriz da dízima periódica $1,\overline{2}$; etc.

Para uma fração (irredutível) gerar uma dízima periódica, é necessário que, na decomposição do denominador da fração equivalente irredutível, haja algum fator diferente de 2 e de 5.

Representação fracionária das dízimas periódicas

Vamos apresentar alguns exemplos de transformação de dízimas periódicas em frações.

EXEMPLO 1

Seja a dízima $x = 0,\overline{8}$ (1):

Multiplicamos ambos os membros de (1) por 10: $10x = 10 \cdot 0,\overline{8} = 8,\overline{8}$ (2)

Subtraindo membro a membro (1) de (2), temos:

$$10x - x = 8,\overline{8} - 0,\overline{8}$$

$$9x = 8 \Rightarrow x = \frac{8}{9}$$

EXEMPLO 2

Com a dízima $z = 0,\overline{96}$, consideramos $100z = 96,\overline{96}$ e subtraímos as equações membro a membro da seguinte maneira:

$$100z - z = 96,\overline{96} - 0,\overline{96}$$

$$99z = 96$$

$$z = \frac{96}{99} = \frac{32}{33}$$

EXEMPLO 3

Seja a dízima periódica $t = 2,0454545...$ (1)

Temos:

$$\begin{cases} 10 \cdot t = 20,4545... & (2) \\ 1000 \cdot t = 2045,4545... & (3) \end{cases}$$

Subtraindo (2) de (3), temos:

$$990t = 2025 \Rightarrow t = \frac{2025}{990} = \frac{45}{22}$$

Representação geométrica do conjunto dos números racionais

Daremos exemplos de números racionais e os localizaremos na reta numerada, que já contém alguns números inteiros assinalados:

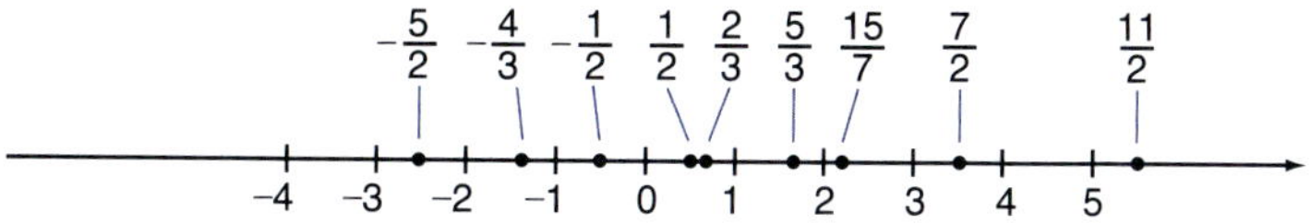

Podemos notar que entre dois inteiros consecutivos existem infinitos números racionais e, também, que entre dois racionais quaisquer há infinitos racionais. Por exemplo, entre os racionais $\frac{1}{2} = 0,5$ e $\frac{2}{3} = 0,\overline{6}$, podemos encontrar os racionais $\frac{5}{9} = 0,\overline{5}$, $\frac{3}{5} = 0,6$ e $\frac{61}{100} = 0,61$, entre outros.

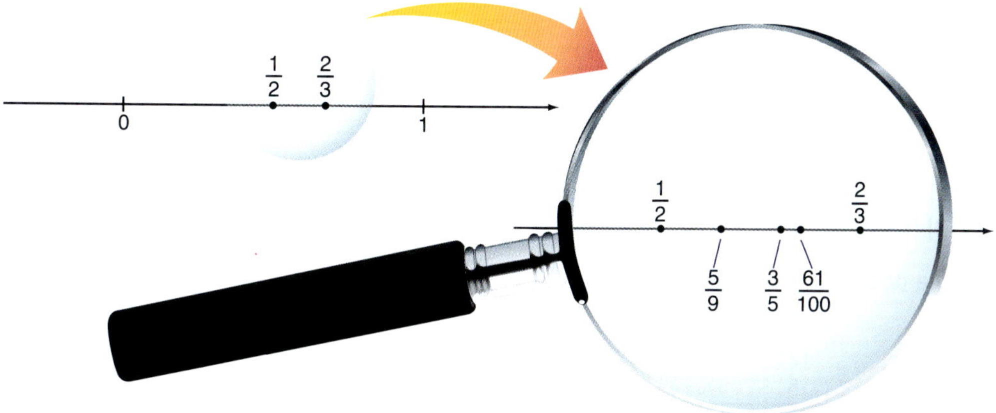

CJT/Zapt/Arquivo da editora

Um procedimento comum para achar um número racional compreendido entre outros dois racionais é calcular a **média aritmética** entre eles; no caso, temos:

$$\frac{\frac{1}{2} + \frac{2}{3}}{2} = \frac{\frac{3+4}{6}}{2} = \frac{\frac{7}{6}}{2} = \frac{7}{12}$$

Oposto, módulo e inverso de um número racional

Os conceitos de oposto e módulo, já estudados para os números inteiros, também são válidos para um número racional qualquer.

Assim, por exemplo:

- O oposto de $-\frac{3}{4}$ é $\frac{3}{4}$.
- O oposto de $\frac{17}{11}$ é $-\frac{17}{11}$.
- $\left|-\frac{7}{8}\right| = \left|\frac{7}{8}\right| = \frac{7}{8}$
- $\left|-\frac{1}{3}\right| = \left|\frac{1}{3}\right| = \frac{1}{3}$

Dois números racionais são ditos **inversos** um do outro quando o produto entre eles é igual a 1.

Por exemplo, $\frac{5}{6}$ e $\frac{6}{5}$ são inversos um do outro; 2 é o inverso de $\frac{1}{2}$, e $-\frac{5}{3}$ é o inverso de $-\frac{3}{5}$.

Observe que dois números inversos entre si têm necessariamente mesmo sinal.

Exercícios

10. Classifique como verdadeiro (**V**) ou falso (**F**):

a) $10 \in \mathbb{Q}$

b) $\frac{1}{3} \in \mathbb{Q}$ e $3 \in \mathbb{Q}$

c) $x \in \mathbb{Q} \Rightarrow x \in \mathbb{Z}$ ou $x \in \mathbb{N}$

d) $0,851 \in \mathbb{Q}$

e) $-2,\overline{3} \notin \mathbb{Q}$

f) $-2 \in \mathbb{Q} - \mathbb{N}$

g) $-\frac{17}{9} \notin \mathbb{Q}$

h) $-5,16666... \notin \mathbb{Z}$

i) $\mathbb{Q}_+ \cap \mathbb{Q}_- = \{\ \}$

j) Todo número racional é inteiro.

11. Sabendo que $m = 3 - 2n$ e $n = -\frac{2}{3}$, determine os seguintes números racionais:

a) $-m + n$

b) $m + n - \frac{13}{4}$

12. Represente na forma fracionária mais simples:

a) 0,05

b) 1,05

c) −10,2

d) 0,33

e) 3,3

f) −2,25

13. Represente na forma decimal:

a) $\frac{4}{5} + \frac{8}{5}$

b) $\frac{57}{100}$

c) $\frac{2}{25}$

d) $\frac{3}{125}$

e) $\frac{5}{16} - \frac{16}{5}$

14. Destaque as frações que geram dízimas periódicas:

$$\frac{7}{40}; \frac{1}{30}; \frac{2}{25}; -\frac{5}{13}; -\frac{13}{8}; \frac{6}{30}; \frac{4}{11}; \frac{83}{100}; \frac{3}{1000}; \frac{1000}{3}$$

15. Obtenha o valor de **y** na forma decimal:

$$y = 0,666... + \frac{4 - \frac{14}{9}}{1 + \frac{1}{3}}$$

16. Encontre dois racionais entre $-\frac{17}{5}$ e $-\frac{33}{10}$.

17. Ache a fração geratriz de cada dízima:

a) $0,\overline{4}$

b) $0,\overline{14}$

c) $2,\overline{7}$

d) $1,\overline{715}$

e) $1,12\overline{3}$

f) $0,0\overline{23}$

g) $1,\overline{03}$

h) $1,0\overline{30}$

18. Qual é o número racional cujo inverso é igual ao oposto?

19. Escreva na forma de fração irredutível:

a) $0,2 \cdot 1,\overline{3} + 0,8$

b) $2,\overline{8} : 1,\overline{6}$

c) $[0,6 : (-0,25) + 2]^2$

20. Represente na reta numerada os seguintes números racionais:

-1; $-1,76$; $-\frac{5}{4}$; $-\frac{9}{5}$; $-1,2\overline{3}$; $-\frac{3}{2}$; $-\frac{7}{5}$ e -2

O conjunto $\mathbb{I}$

Assim como existem números decimais que podem ser escritos como frações com numerador e denominador inteiros — os números racionais, que acabamos de estudar — há os que não admitem tal representação. Trata-se dos números que possuem representação decimal infinita não periódica.

Vejamos alguns exemplos:

- O número 0,212112111... não é dízima periódica, pois os algarismos após a vírgula não se repetem periodicamente.
- O número 1,203040... também não comporta representação fracionária, pois não é dízima periódica.

- Os números $\sqrt{2} = 1,4142135...$, $\sqrt{3} = 1,7320508...$ e $\pi = 3,141592...$, por não apresentarem representação infinita periódica, também não são números racionais. Lembre-se de que o número π representa o quociente entre a medida do comprimento de uma circunferência e a medida do seu diâmetro.

Um número cuja representação decimal infinita não é periódica é chamado **número irracional**, e o conjunto desses números é representado por $\mathbb{I}$.

A representação decimal do número $\sqrt{2}$, apresentada anteriormente, não garante, aparentemente, que $\sqrt{2}$ seja irracional. Apenas como exemplo, vamos demonstrar esse fato.

Demonstração:

Usaremos uma demonstração conhecida como **redução ao absurdo**, que consiste em formular uma hipótese, supostamente verdadeira, e a partir dela, por meio de encadeamento lógico, chegar a uma proposição contrária a essa hipótese. Dessa contradição, deduz-se que a hipótese formulada é falsa.

Suponhamos, por absurdo, que $\sqrt{2} \in \mathbb{Q}$; nessas condições, teríamos $\sqrt{2} = \frac{p}{q}$ (1), com $p \in \mathbb{Z}$ e $q \in \mathbb{Z}^*$.

Vamos supor, ainda, que $\frac{p}{q}$ seja fração irredutível, isto é, mdc(p, q) = 1. Elevando ao quadrado os dois membros de (1), obtemos: $2 = \frac{p^2}{q^2} \Rightarrow p^2 = 2q^2$ (2).

Como $q \in \mathbb{Z}^*$ e $2q^2$ é par, conclui-se que $\mathbf{p}^2$ é par; logo, **p** é par e $p = 2k$, $k \in \mathbb{Z}$.

Substituindo em (2):

$$(2k)^2 = 2q^2 \Rightarrow 4k^2 = 2q^2 \Rightarrow q^2 = 2k^2 \Rightarrow q^2 \text{ é par}$$

Assim, **q** é par.

Então, se **p** e **q** são pares, a fração $\frac{p}{q}$ não é irredutível, o que contraria a hipótese. A contradição veio do fato de termos admitido que $\sqrt{2}$ é um número racional, ou seja, $\sqrt{2}$ não pode ser racional.

Logo, $\sqrt{2}$ é irracional.

OBSERVAÇÃO

É comum aproximar números irracionais a números racionais. Por exemplo, o número irracional π pode ser aproximado aos números racionais 3,1; 3,14; $\frac{22}{7}$, 3,2; 3; etc.

Para o número irracional $\sqrt{2}$ são usuais as seguintes aproximações racionais:

- 1,4 é uma aproximação de $\sqrt{2}$ por falta, pois $1,4^2 = 1,96 < 2$;
- 1,41 é uma aproximação de $\sqrt{2}$ por falta, pois $1,41^2 = 1,9881 < 2$;
- 1,42 é uma aproximação de $\sqrt{2}$ por excesso, pois $1,42^2 = 2,0164 > 2$.

Observe que $1,41^2 < 2 < 1,42^2$ e $1,41 < \sqrt{2} < 1,42$. Como $1,42 - 1,41 = 0,01$, dizemos que, ao usar o valor 1,41 (ou 1,42) para $\sqrt{2}$, estamos cometendo um erro inferior a 0,01.

Com o auxílio de uma calculadora, obtenha outras aproximações de $\sqrt{2}$, por falta e por excesso.

Em vários momentos nesta coleção, principalmente em exercícios, você vai se deparar com aproximações racionais para números irracionais que, em geral, são usadas para facilitar alguns cálculos.

O conjunto ℝ dos números reais

O conjunto formado pela reunião do conjunto dos números racionais com o conjunto dos números irracionais é chamado **conjunto dos números reais** e é representado por ℝ.

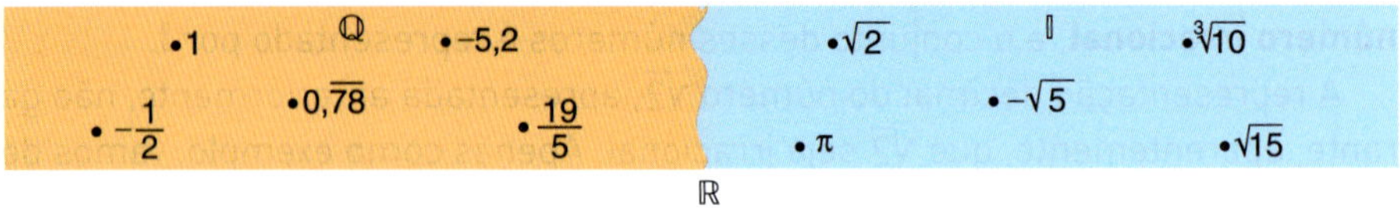

Assim, temos:

$$\mathbb{R} = \mathbb{Q} \cup \mathbb{I}, \text{ sendo } \mathbb{Q} \cap \mathbb{I} = \varnothing$$

Se um número real é racional, não é irracional, e vice-versa.

Temos: $\mathbb{N} \subset \mathbb{Z} \subset \mathbb{Q} \subset \mathbb{R}$ e $\mathbb{I} \subset \mathbb{R}$

Observe: $\mathbb{I} = \mathbb{R} - \mathbb{Q}$

Além desses ($\mathbb{N}$, $\mathbb{Z}$, $\mathbb{Q}$ e $\mathbb{I}$), o conjunto dos números reais apresenta outros subconjuntos importantes.

- o conjunto dos números reais não nulos:

$$\mathbb{R}^* = \{x \in \mathbb{R} \mid x \neq 0\} = \mathbb{R} - \{0\}$$

- o conjunto dos números reais não negativos:

$$\mathbb{R}_+ = \{x \in \mathbb{R} \mid x \geqslant 0\}$$

- o conjunto dos números reais positivos:

$$\mathbb{R}_+^* = \{x \in \mathbb{R} \mid x > 0\}$$

- o conjunto dos números reais não positivos:

$$\mathbb{R}_- = \{x \in \mathbb{R} \mid x \leqslant 0\}$$

- o conjunto dos números reais negativos:

$$\mathbb{R}_-^* = \{x \in \mathbb{R} \mid x < 0\}$$

Observe que cada um desses cinco conjuntos contém números racionais e números irracionais.

OBSERVAÇÃO

Se **a** é um número racional não nulo e **b** é um número irracional qualquer, temos:

- a + b é irracional;
- a · b é irracional;
- $\frac{a}{b}$ e $\frac{b}{a}$ são irracionais.

Por exemplo, sendo $a = 3$ e $b = -\sqrt{2}$, temos:

- $3 + (-\sqrt{2}) = 3 - \sqrt{2} \in \mathbb{I}$
- $-3 \cdot \sqrt{2} \in \mathbb{I}$
- $-\frac{3}{\sqrt{2}} \in \mathbb{I}$ e $-\frac{\sqrt{2}}{3} \in \mathbb{I}$

Representação geométrica do conjunto dos números reais

Retomemos a reta numerada, com alguns números racionais (inteiros ou não) já assinalados. Vamos marcar nela alguns números irracionais:

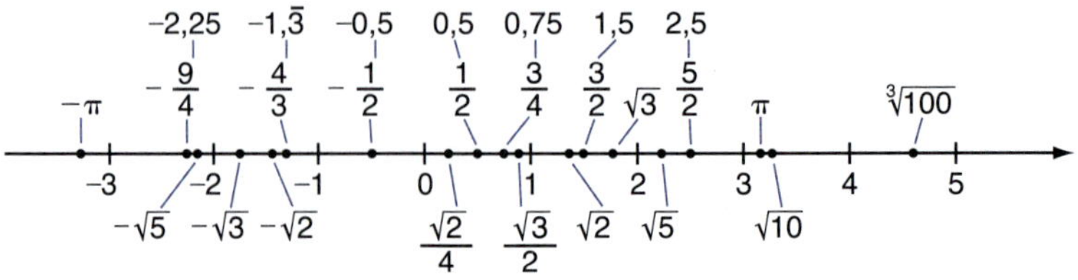

Os conceitos de números opostos, números inversos e módulo de um número foram apresentados nos conjuntos pertinentes. Todos se aplicam (e do mesmo modo) aos números reais, de maneira geral.

Por exemplo:

- O oposto de $\sqrt{5}$ é $-\sqrt{5}$, pois $\sqrt{5} + (-\sqrt{5}) = 0$.
- $|-\pi| = |\pi| = \pi$
- O inverso de $\sqrt{2}$ é $\frac{1}{\sqrt{2}} = \frac{\sqrt{2}}{2}$, pois $\sqrt{2} \cdot \frac{\sqrt{2}}{2} = 1$.

OBSERVAÇÃO

Os conjuntos numéricos aqui apresentados serão amplamente utilizados nesta obra. Por exemplo, ao resolvermos uma equação, devemos estar atentos ao seu **conjunto universo** (**U**), pois este define os possíveis valores que a incógnita pode assumir. Por exemplo, a equação $2x - 1 = 0$ não apresenta solução se $U = \mathbb{Z}$; no entanto, se $U = \mathbb{Q}$ (ou $U = \mathbb{R}$), ela apresenta $x = \frac{1}{2}$ como solução.

Exercícios

21. Represente, na reta numerada, os seguintes números reais:

$$\sqrt{20},\ 4,\ \frac{9}{2},\ \frac{23}{5},\ \frac{\pi^2}{2},\ 5,\ \frac{17}{4}$$

Entre os números acima, quais são irracionais?

22. Classifique cada número real seguinte em racional ou irracional:

a) $\sqrt{50}$

b) $\sqrt{7^2}$

c) $1 + 2\pi$

d) $(\sqrt{3} + 1)^2$

e) $\sqrt{\frac{20}{80}}$

f) $0,25 : 0,\overline{25}$

g) $(\sqrt{2} + 1) \cdot (\sqrt{2} - 1)$

h) $(0,\overline{3})^2$

i) $\sqrt{3} \cdot \sqrt{5}$

j) $\sqrt{2} + \sqrt{7}$

k) $\sqrt{2} + 7$

23. Seja $x \in \mathbb{R}^*$. Classifique como verdadeira (**V**) ou falsa (**F**) as afirmações seguintes:

a) o oposto de **x** é sempre negativo.

b) $\mathbf{x}^2$ é sempre maior que **x**.

c) o dobro de **x** é sempre menor que o triplo de **x**.

d) o inverso de **x** pode ser maior que **x**.

e) $x + 2$ pode ser menor que **x**.

24. Classifique os conjuntos seguintes em vazios ou unitários:

a) $\{x \in \mathbb{N} \mid x^3 = -8\}$

b) $\{x \in \mathbb{R}_- \mid x^4 = 16\}$

c) $\left\{x \in \mathbb{Z} \,\middle|\, -\frac{1}{5} \leqslant x \leqslant \frac{2}{3}\right\}$

d) $\{x \in \mathbb{R} \mid x^2 < 0\}$

e) $\{x \in \mathbb{R} \mid |x| = -4\}$

f) $\{x \in \mathbb{Q} \mid x^5 = 0\}$

g) $\left\{x \in \mathbb{Q} \,\middle|\, \frac{1}{x} = 2\right\}$

h) $\left\{x \in \mathbb{Z} \,\middle|\, x^3 = \frac{1}{8}\right\}$

25. Sendo $x = 1 : 0,05$ e $y = 2 : 0,2$, classifique os números reais seguintes em racional ou irracional:

$A = \sqrt{\frac{x}{y}}$; $B = \sqrt{x - \frac{x}{y}}$; $C = A \cdot B$; $D = \frac{B}{A}$; e $E = A + D$

26. Usando uma calculadora, obtenha aproximações racionais, por falta e por excesso (ao menos duas de cada), do número irracional $\sqrt{3}$ com erro inferior a:

a) 0,01

b) 0,001

27. Coloque os números reais **a**, **b**, **c** e **d** abaixo em ordem crescente:

a é o inverso de $-\frac{3}{5}$; **b** é o oposto de $\frac{4}{3}$;

c é o dobro de $-\frac{\sqrt{2}}{3}$; e $d = -|-1|$

Intervalos reais

O conjunto dos números reais possui também subconjuntos denominados **intervalos**, os quais são determinados por meio de desigualdades.

Sejam os números reais **a** e **b**, com $a < b$.

- Intervalo aberto de extremos **a** e **b** é o conjunto $]a, b[= \{x \in \mathbb{R} \mid a < x < b\}$.

$$]3, 5[= \{x \in \mathbb{R} \mid 3 < x < 5\}$$

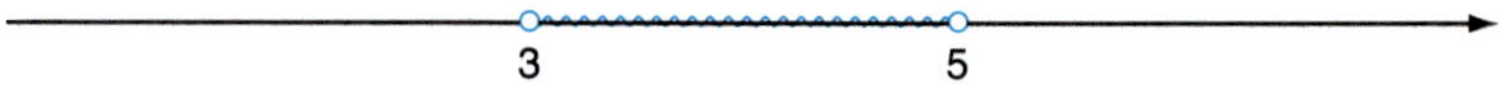

Note as "bolinhas vazias"; elas excluem os valores 3 e 5.

- Intervalo fechado de extremos **a** e **b** é o conjunto $[a, b] = \{x \in \mathbb{R} \mid a \leqslant x \leqslant b\}$.

$$[3, 5] = \{x \in \mathbb{R} \mid 3 \leqslant x \leqslant 5\}$$

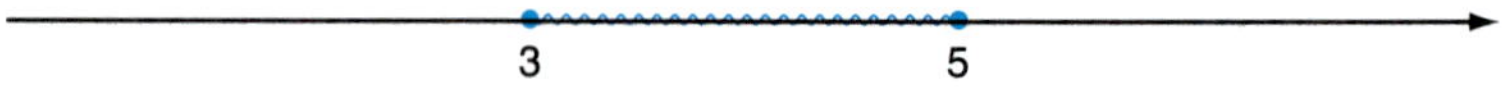

Note as "bolinhas cheias"; elas incluem os valores 3 e 5.

- Intervalo aberto à direita e fechado à esquerda de extremos **a** e **b** é o conjunto $[a, b[= \{x \in \mathbb{R} \mid a \leqslant x < b\}$.

$$[3, 5[= \{x \in \mathbb{R} \mid 3 \leqslant x < 5\}$$

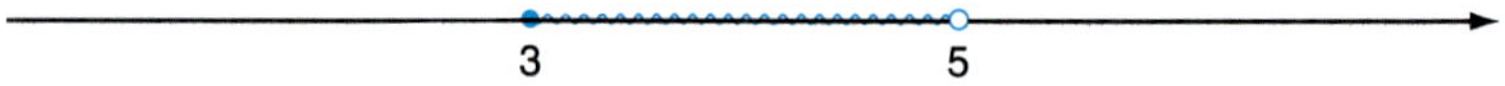

- Intervalo aberto à esquerda e fechado à direita de extremos **a** e **b** é o conjunto $]a, b] = \{x \in \mathbb{R} \mid a < x \leqslant b\}$.

$$]3, 5] = \{x \in \mathbb{R} \mid 3 < x \leqslant 5\}$$

Existem ainda os seguintes intervalos:

- $]-\infty, a] = \{x \in \mathbb{R} \mid x \leqslant a\}$

$$]-\infty, 3] = \{x \in \mathbb{R} \mid x \leqslant 3\}$$

Observe que esse intervalo determina uma semirreta (à esquerda) com origem em 3.

- $]-\infty, a[= \{x \in \mathbb{R} \mid x < a\}$

$$]-\infty, 3[= \{x \in \mathbb{R} \mid x < 3\}$$

- $[a, +\infty[= \{x \in \mathbb{R} \mid x \geqslant a\}$

$$[3, +\infty[= \{x \in \mathbb{R} \mid x \geqslant 3\}$$

Observe que esse intervalo determina uma semirreta (à direita) com origem em 3.

- $]a, +\infty[= \{x \in \mathbb{R} \mid x > a\}$

$$]3, +\infty[= \{x \in \mathbb{R} \mid x > 3\}$$

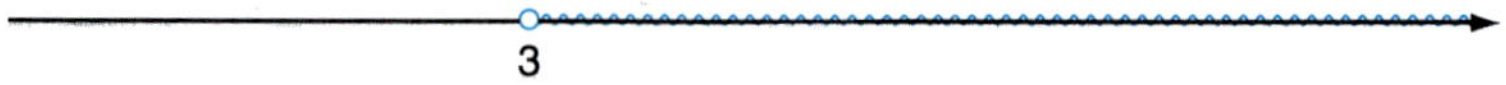

Na resolução de inequações e de outros problemas em que são necessárias operações como união, interseção, etc. entre intervalos, podemos utilizar a representação gráfica.

Exercício resolvido

3. Dados os intervalos: $A = \{x \in \mathbb{R} \mid -1 \leq x < 3\}$, $B = \{x \in \mathbb{R} \mid x > 1\}$ e $C =]-\infty, 2]$, podemos representá-los como se vê a seguir.

A: ●────────○ −1 3
B: ────○────── 1
C: ──────────● 2

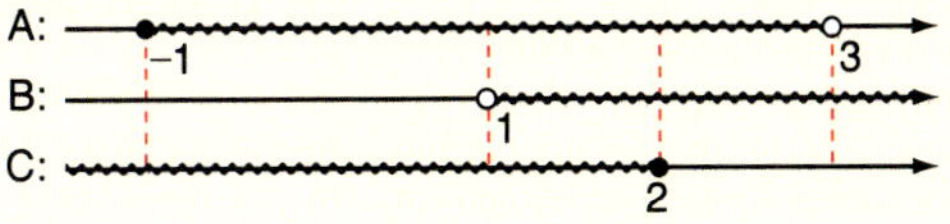

Determine:
a) $A \cap B$;
b) $A \cap C$;
c) $B \cap C$;
d) $A \cap B \cap C$;
e) $A \cup B$;
f) $A \cup C$;
g) $B \cup C$;
h) $A \cup B \cup C$.

Solução:
a) $A \cap B$:]1, 3[
b) $A \cap C$: [−1, 2]
c) $B \cap C$:]1, 2]
d) $A \cap B \cap C$:]1, 2]
e) $A \cup B$: [−1, +∞[
f) $A \cup C$:]−∞, 3[
g) $B \cup C$: $\mathbb{R}$
h) $A \cup B \cup C$: $\mathbb{R}$

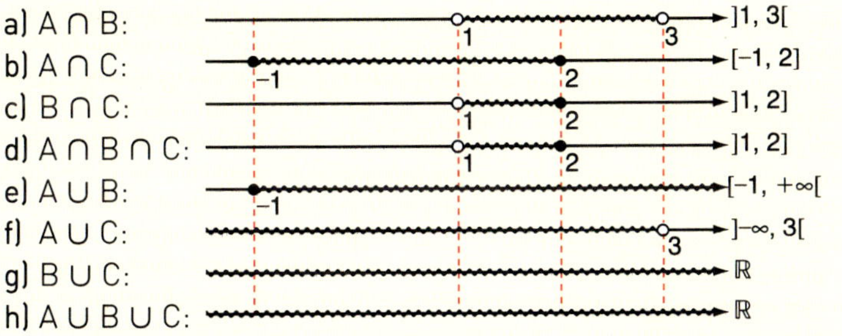

Exercícios

28. Represente graficamente cada um dos seguintes intervalos:
a) $]-3, 5]$
b) $\left]-\infty, \dfrac{2}{3}\right[$
c) $\left[\dfrac{7}{5}, +\infty\right[$
d) $]0, 2[$
e) $[-1, 1[$
f) $]\sqrt{2}, 5[$

29. Descreva, por meio de uma propriedade característica, cada um dos conjuntos representados a seguir:

a) ●────────→ −2

b) ←────────● $3\sqrt{2}$

c) ○────────● $-\dfrac{1}{4}$ 1

d) ○────────● $-\dfrac{3}{4}$ 0

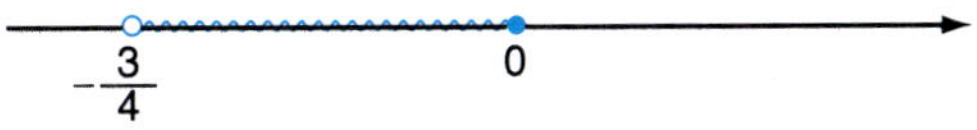

30. Sejam $A = \{x \in \mathbb{R} \mid x > -2\}$ e $B = \left]-3, \dfrac{4}{3}\right]$.
Determine:
a) $A \cup B$
b) $A \cap B$
c) $A - B$
d) $B - A$

31. Com relação ao exercício anterior, determine a quantidade de números inteiros pertencentes a $A \cap B$.

32. Represente, por meio de uma operação, os intervalos entre os conjuntos abaixo representados:

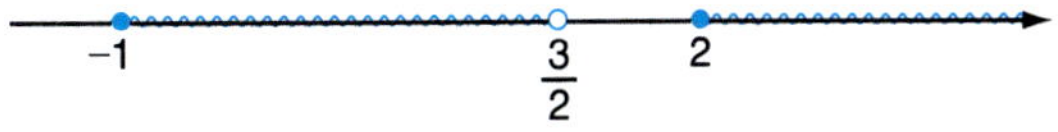

●────○────● −1 $\dfrac{3}{2}$ 2

33. Sejam $A = [-3, 1]$, $B = \left]\dfrac{1}{10}, \dfrac{3}{2}\right]$ e $C = [-1, +\infty[$.
Represente cada conjunto abaixo por meio de uma propriedade característica.
a) $A \cap B$
b) $B \cap C$
c) $A - B$
d) $C - A$
e) $A \cup B \cup C$
f) $A - (B \cup C)$
g) $A \cap B \cap C$
h) $B - C$

Um pouco de história

O número de ouro

Um número irracional bem conhecido por suas inúmeras aplicações e curiosidades é o número de ouro, na maioria das vezes representado pela letra grega ϕ (lê-se: fi).

$$\phi = 1{,}61803...$$

Na **escola pitagórica** grega (século V a.C.), era bastante difundida a ideia de dividir um segmento em **média** e **extrema razão**.

ESCOLA PITAGÓRICA

Pitágoras (570 a.C.-497 a.C.) foi um filósofo e matemático grego, fundador da escola pitagórica de pensamento.

A RAZÃO ÁUREA E O NÚMERO ϕ APARECEM NOS LIVROS:

- *LIBER ABACI* (1202), de Fibonacci
- *DE DIVINA PROPORTIONE* (1509), de Luca Pacioli

Busto de Pitágoras, Museus Capitolinos, Roma.

Thinkstock/Getty Images

MÉDIA E EXTREMA RAZÃO (razão áurea)

Para dividir um segmento $\overline{MN}$ de medida μ em média e extrema razão, é preciso determinar o ponto **P**, tal que:

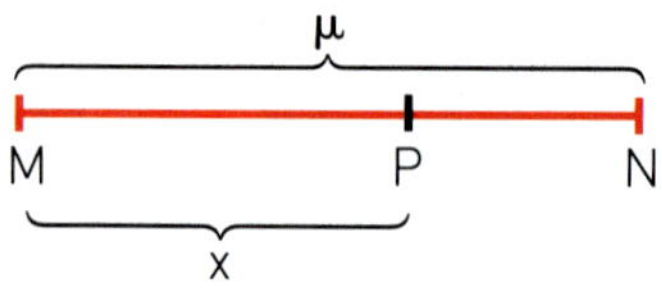

$$\frac{PN}{MP} = \frac{MP}{MN}$$

Considerado MP = x, segue a proporção:

$$\frac{\mu - x}{x} = \frac{x}{\mu} \Rightarrow x^2 + \mu x - \mu^2 = 0$$

Resolvendo essa equação do 2º grau na incógnita **x**:

$$x = \frac{-\mu \pm \sqrt{\mu^2 - 4(-\mu^2)}}{2} \overset{x > 0}{\Rightarrow}$$

$$\Rightarrow x = \frac{\mu(-1 + \sqrt{5})}{2} \Rightarrow$$

$$\Rightarrow \frac{x}{\mu} = \frac{-1 + \sqrt{5}}{2} \Rightarrow$$

$$\Rightarrow \frac{\mu}{x} = \frac{1 + \sqrt{5}}{2} = \phi = 1{,}618...$$

RETÂNGULO ÁUREO

Um retângulo áureo é aquele em que a razão entre as medidas de suas dimensões é $\phi = 1{,}61803...$

Os gregos usavam essa razão como critério estético. Até hoje é considerada a razão mais harmoniosa.

O retângulo de lados **C** e **ℓ** a seguir tem medidas próximas de um áureo:

$$\frac{C}{\ell} \simeq 1{,}63$$

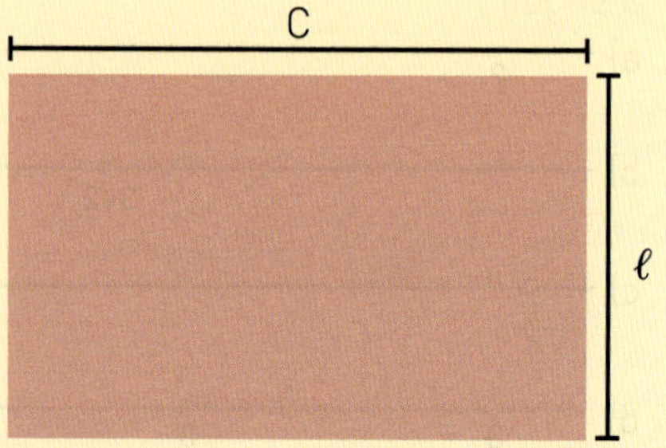

Fonte de pesquisa: BOYER, Carl B. *História da Matemática*. 3ª ed. São Paulo: Edgard Blucher, 2010.

Enem e vestibulares resolvidos

(Enem) Em um jogo educativo, o tabuleiro é uma representação da reta numérica e o jogador deve posicionar as fichas contendo números reais corretamente no tabuleiro, cujas linhas pontilhadas equivalem a 1 (uma) unidade de medida. Cada acerto vale 10 pontos.

Na sua vez de jogar, Clara recebe as seguintes fichas:

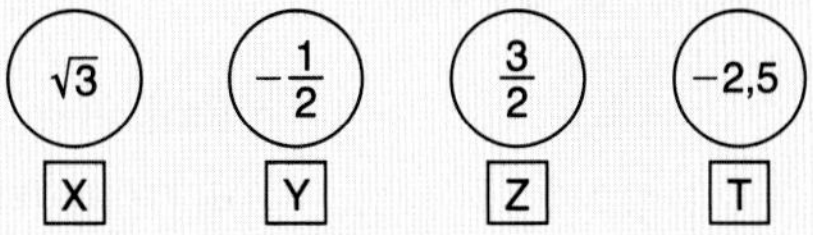

Para que Clara atinja 40 pontos nessa rodada, a figura que representa seu jogo, após a colocação das fichas no tabuleiro, é:

a)

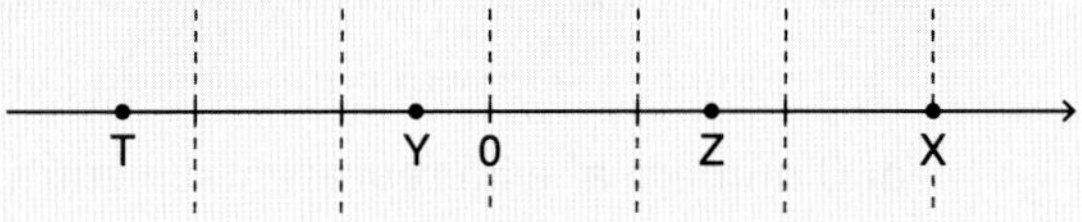

b)

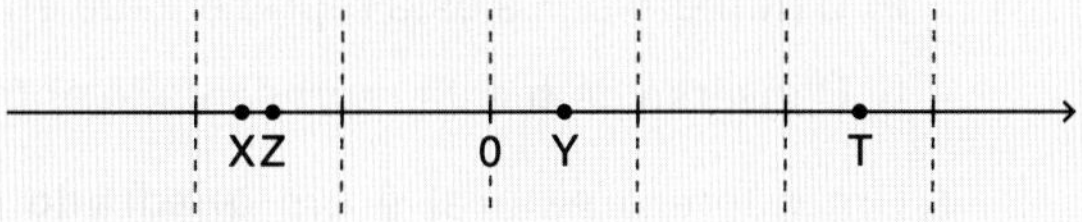

c)

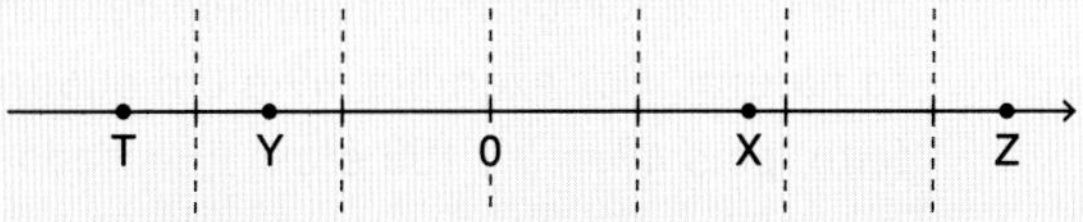

d)

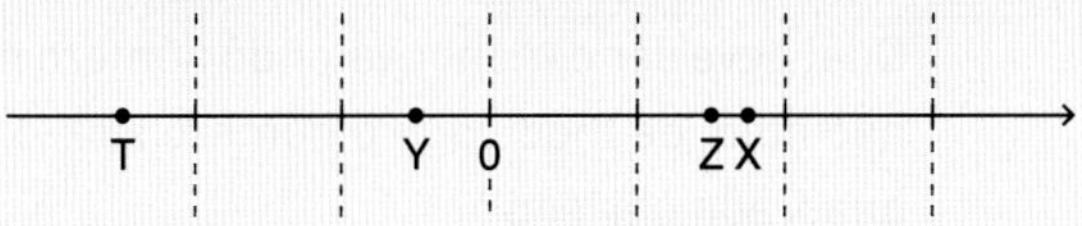

e)

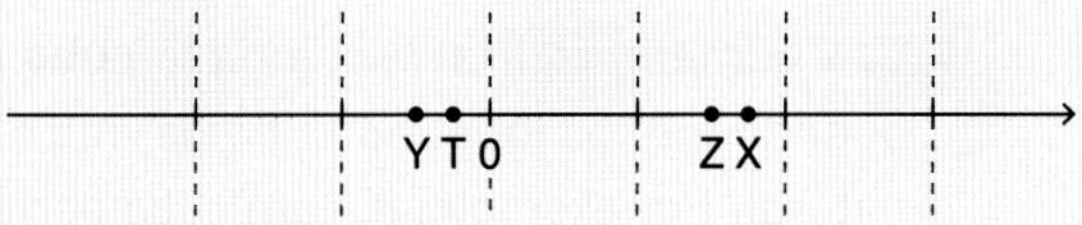

Resolução comentada

Precisamos posicionar corretamente os números reais na reta numérica; para isso, inicialmente, vamos representar o valor numérico de cada ficha na forma decimal:

$X = \sqrt{3} \simeq 1,73$

$Y = -\dfrac{1}{2} = -0,5$

$Z = \dfrac{3}{2} = 1,5$

$T = -2,5$

Note que os valores em ordem crescente são: $-2,5 < -0,5 < 1,5 < 1,73$, ou seja, $T < Y < Z < X$. Então, representando abaixo a figura que retrata o jogo de Clara, com os respectivos valores, temos:

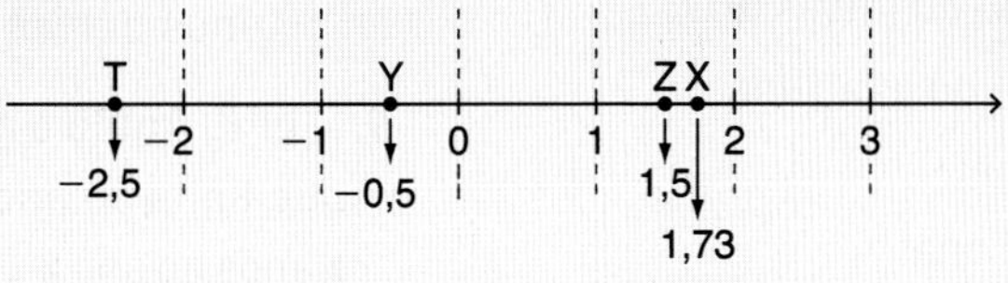

Alternativa *d*.

Exercícios complementares

1. Dados os intervalos

$R = \left]-\infty, -\frac{1}{2}\right[$, $S = [-3, 1[$ e $T = \{x \in \mathbb{R} \mid x \geqslant -1\}$:

a) represente graficamente os intervalos **R**, **S** e **T**;

b) determine $R \cup S \cup T$;

c) determine $R \cap S \cap T$;

d) determine $(R - S) \cup (S - T)$.

2. (Uerj) O cartão pré-pago de um usuário do metrô tem R$ 8,90 de crédito. Para uma viagem, foi debitado desse cartão o valor de R$ 3,25, correspondente a uma passagem. Em seguida, o usuário creditou mais R$ 20,00 nesse mesmo cartão.

Admitindo que o preço da passagem continue o mesmo, e que não será realizado mais crédito algum, determine o número máximo de passagens que ainda podem ser debitadas desse cartão.

3. (UEL-PR) Os povos indígenas têm uma forte relação com a natureza. Uma certa tribo indígena celebra o Ritual do Sol de 20 em 20 dias, o Ritual de Chuva de 66 em 66 dias e o Ritual da Terra de 30 em 30 dias.

A partir dessas informações, responda aos itens a seguir.

a) Considerando que, coincidentemente, os três rituais ocorram hoje, determine a quantidade mínima de dias para que os três rituais sejam celebrados juntos novamente.

Justifique sua resposta apresentando os cálculos realizados na solução deste item.

b) Hoje é segunda-feira. Sabendo que, daqui a 3 960 dias, os três rituais acontecerão no mesmo dia, determine em que dia da semana ocorrerá esta coincidência.

Justifique sua resposta apresentando os cálculos realizados na solução deste item.

4. Sejam **x** um número racional qualquer e **y** um número irracional qualquer. Classifique as afirmações em verdadeiras (**V**) ou falsas (**F**).

a) $y \cdot \sqrt{3}$ pode ser racional ou irracional.

b) $x + y$ é sempre irracional.

c) $y - x^2$ não pode ser racional.

d) $x \cdot y$ só é racional se $x = 0$.

e) $x^3 \cdot y^2$ não pode ser racional.

5. Os números reais **a** e **b** estão representados na reta seguinte:

Classifique em verdadeiras (**V**) ou falsas (**F**) as afirmações seguintes.

a) O número $\frac{a}{b}$ está representado à esquerda de **a**.

b) O número $\mathbf{b}^2$ está representado à direita de 1.

c) O número $a + b$ está representado entre **a** e 0.

d) O número $\mathbf{a}^2$ está representado entre **b** e 1.

e) O número $b - a$ está representado entre **b** e 1.

f) O inverso de **b** está representado entre **b** e 1.

6. Um número natural é um **quadrado perfeito** quando ele for igual ao quadrado de outro número natural. Por exemplo, 49 é um quadrado perfeito, pois $49 = 7^2$; 100 é um quadrado perfeito, pois $100 = 10^2$; etc.

Qual deve ser o menor valor do número natural **x**, não nulo, de modo que o número $280 \cdot x$ seja um quadrado perfeito?

7. Um número natural é chamado **cubo perfeito** quando ele for igual ao cubo de outro número natural. Por exemplo, 8 é um cubo perfeito, pois $8 = 2^3$.

Qual é o menor valor possível do número natural **n**, não nulo, de modo que $48 \cdot n^2$ seja um cubo perfeito?

8. Faça o que se pede a seguir.

a) Determine o menor valor do número natural **z** tal que $(540^2 \cdot z)$ seja, simultaneamente, um cubo e um quadrado perfeito.

b) Considerando os números inteiros de 1 a 1 000 000, determine a quantidade de números que não são quadrados perfeitos ou cubos perfeitos.

9. (UFPE) Antônio nasceu no século vinte, e seu pai, que tinha 30 anos quando Antônio nasceu, tinha **x** anos no ano $\mathbf{x}^2$. Considerando estas informações, analise as afirmações seguintes e classifique em verdadeiro (**V**) ou falso (**F**):

a) O pai de Antônio nasceu no século vinte.

b) O pai de Antônio nasceu em 1936.

c) O pai de Antônio tinha 44 anos em 1936.

d) Antônio nasceu em 1922.

e) Antônio nasceu em 1936.

10. Na estrada, um veículo de passeio percorre 12 quilômetros com um litro de combustível. Depois de percorrer 216 quilômetros de uma rodovia, o motorista desse veículo observou que o ponteiro do marcador, que indicava $\frac{7}{8}$ do tanque, passou a indicar $\frac{1}{2}$.

a) Qual é a capacidade desse tanque?

b) Se o carro percorresse 9 quilômetros por litro de combustível, que fração do tanque o ponteiro indicaria?

11. (FGV-SP) Uma pulga com algum conhecimento matemático brinca, pulando sobre as doze marcas correspondentes aos números das horas de um relógio. Quando ela está sobre uma marca correspondente a um número não primo, ela pula para a primeira marca a seguir, no sentido horário. Quando ela está sobre a marca de um número primo, ela pula para a segunda marca a seguir, sempre no sentido horário.
Se a pulga começa na marca do número 12, onde ela estará após o 2014º pulo?

12. (UFPR) Um método numérico bastante eficiente para se obter o valor aproximado da raiz quadrada de um número $a > 0$ consiste em duas etapas:

Etapa 1: escolher o valor inicial $x_0 > 0$;

Etapa 2: calcular as aproximações seguintes por meio da expressão $x_{n+1} = \frac{x_n^2 + a}{2 \cdot x_n}$, sendo **n** um número natural.

a) Calcule $\mathbf{x_1}$ e $\mathbf{x_2}$ para $a = 5$ e $x_0 = 2$.

b) Nas condições do item anterior, verifique que $|(x_2)^2 - 5| < 10^{-3}$.

13. Em uma calculadora, a tecla de divisão não está funcionando. Deseja-se dividir um número **x** por 40. Isso é possível se multiplicarmos **x** por qual número? E se quiséssemos dividir o número **x** por 1,25?

14. Sendo $S = \left]-\frac{\pi}{2}, \frac{\pi}{2}\right[$ e $T = \left[\frac{\pi}{4}, 2\pi\right]$, determine:

a) o(s) número(s) inteiro(s) pertencente(s) a $S \cap T$.

b) $S - T$ e $\complement_S^T$, se existir.

c) $T - S$ e $\complement_T^S$, se existir.

15. Em um colégio, há 456 alunos matriculados na 1ª série do ensino médio distribuídos entre o período matutino e o noturno. Para participar de uma competição esportiva, inscreveram-se $\frac{15}{17}$ dos alunos do matutino e $\frac{7}{23}$ dos alunos do noturno.

Quantos alunos do noturno **não** vão participar da competição?

16. Sejam **a**, **b** e **c** números reais não nulos.

Analise as afirmações seguintes, classificando-as em **V** ou **F**:

a) Se $a^2 = b^2$, então $a = b$.

b) Se $a > b$, então $a \cdot c > b \cdot c$.

c) Se $a > b$, então $a^2 > b^2$.

d) Se $a \cdot b = a \cdot c$, então $b = c$.

e) Se $0 < a < b$, então $a^2 < b^2$.

17. (Uerj) Admita dois números inteiros positivos, representados por **a** e **b**. Os restos das divisões de **a** e **b** por 8 são, respectivamente, 7 e 5.

Determine o resto da divisão do produto $a \cdot b$ por 8.

18. (Unesp-SP) O número de quatro algarismos 77XY, onde **X** é o dígito das dezenas e **Y** o das unidades, é divisível por 91. Determine os valores dos dígitos **X** e **Y**.

19. (UFJF-MG) A soma dos algarismos de um número **N** de três algarismos é 18, o algarismo da unidade é duas vezes maior do que o algarismo da dezena. Trocando-se o algarismo das centenas com o algarismo das unidades obtemos um número **M** maior que **N** em 198 unidades. Determine o número **N**.

Testes

1. (Uerj) O segmento XY, indicado na reta numérica abaixo, está dividido em dez segmentos congruentes pelos pontos **A**, **B**, **C**, **D**, **E**, **F**, **G**, **H** e **I**.

Admita que **X** e **Y** representem, respectivamente, os números $\frac{1}{6}$ e $\frac{3}{2}$.
O ponto **D** representa o seguinte número:

a) $\frac{1}{5}$

b) $\frac{8}{15}$

c) $\frac{17}{30}$

d) $\frac{7}{10}$

2. (Enem) Cinco marcas de pão integral apresentam as seguintes concentrações de fibras (massa de fibra por massa de pão):

- Marca **A**: 2 g de fibras a cada 50 g de pão;
- Marca **B**: 5 g de fibras a cada 40 g de pão;
- Marca **C**: 5 g de fibras a cada 100 g de pão;
- Marca **D**: 6 g de fibras a cada 90 g de pão;
- Marca **E**: 7 g de fibras a cada 70 g de pão.

Recomenda-se a ingestão do pão que possui a maior concentração de fibras.

Disponível em: www.blog.saúde.gov.br. Acesso em: 25 fev. 2013.

A marca a ser escolhida é:
a) A.
b) B.
c) C.
d) D.
e) E.

3. (Uece) No sistema de numeração decimal, a soma dos dígitos do número inteiro $10^{25} - 25$ é igual a
a) 625.
b) 453.
c) 219.
d) 75.

4. (Fuvest-SP) Sejam **a** e **b** dois números positivos. Diz-se que **a** e **b** são equivalentes se a soma dos divisores positivos de **a** coincide com a soma dos divisores positivos de **b**.
Constituem dois inteiros positivos equivalentes:

a) 8 e 9.

b) 9 e 11.

c) 10 e 12.

d) 15 e 20.

e) 16 e 25.

5. (FGV-SP) Na reta numérica indicada a seguir, todos os pontos marcados estão igualmente espaçados.

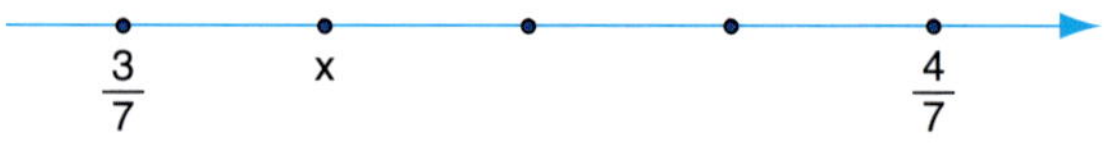

Sendo assim, a soma do numerador com o denominador da fração irredutível que representa **x** é igual a

a) 39.

b) 40.

c) 41.

d) 42.

e) 43.

6. (Enem) Um arquiteto está reformando uma casa. De modo a contribuir com o meio ambiente, decide reaproveitar tábuas de madeira retiradas da casa. Ele dispõe de 40 tábuas de 540 cm, 30 de 810 cm e 10 de 1 080 cm, todas da mesma largura e espessura. Ele pediu a um carpinteiro que cortasse as tábuas em pedaços do mesmo comprimento, sem deixar sobras, e de modo que as novas peças ficassem com o maior tamanho possível, mas de comprimento menor que 2 m.
Atendendo o pedido do arquiteto, o carpinteiro deverá produzir

a) 105 peças.

b) 120 peças.

c) 210 peças.

d) 243 peças.

e) 420 peças.

7. (Fuvest-SP) A igualdade correta para quaisquer **a** e **b**, números reais maiores do que zero, é

a) $\sqrt[3]{a^3 + b^3} = a + b$

b) $\dfrac{1}{a - \sqrt{a^2 + b^2}} = -\dfrac{1}{b}$

c) $\left(\sqrt{a} - \sqrt{b}\right)^2 = a - b$

d) $\dfrac{1}{a + b} = \dfrac{1}{a} + \dfrac{1}{b}$

e) $\dfrac{a^3 - b^3}{a^2 + ab + b^2} = a - b$

8. (Epcar-MG) Considere os seguintes conjuntos numéricos $\mathbb{N}$, $\mathbb{Z}$, $\mathbb{Q}$, $\mathbb{R}$, $\mathbb{I} = \mathbb{R} - \mathbb{Q}$ e considere também os seguintes conjuntos:

$A = (\mathbb{N} \cup \mathbb{I}) - (\mathbb{R} \cap \mathbb{Z})$

$B = \mathbb{Q} - (\mathbb{Z} - \mathbb{N})$

$D = (\mathbb{N} \cup \mathbb{I}) \cup (\mathbb{Q} - \mathbb{N})$

Das alternativas abaixo, a que apresenta elementos que pertencem aos conjuntos **A**, **B** e **D**, nesta ordem, é

a) -3; $0{,}5$ e $\dfrac{5}{2}$

b) $\sqrt{20}$; $\sqrt{10}$ e $\sqrt{5}$

c) $-\sqrt{10}$; -5 e 2

d) $\dfrac{\sqrt{3}}{2}$; 3 e $2{,}\overline{31}$

9. (UFPR) Rafaela e Henrique participaram de uma atividade voluntária que consistiu na pintura da fachada de uma instituição de caridade. No final do dia, restaram duas latas de tinta idênticas (de mesmo tamanho e cor). Uma dessas latas estava cheia de tinta até a metade de sua capacidade e a outra estava cheia de tinta até $\dfrac{3}{4}$ de sua capacidade. Ambos decidiram juntar esse excedente e dividir em duas partes iguais, a serem armazenadas nessas mesmas latas. A fração que representa o volume de tinta em cada uma das latas, em relação à sua capacidade, após essa divisão é:

a) $\dfrac{1}{3}$.

b) $\dfrac{5}{8}$.

c) $\dfrac{5}{6}$.

d) $\dfrac{4}{3}$.

e) $\dfrac{5}{2}$.

10. (Enem) O ábaco é um antigo instrumento de cálculo que usa notação posicional de base dez para representar números naturais. Ele pode ser apresentado em vários modelos, um deles é formado por hastes apoiadas em uma base. Cada haste corresponde a uma posição no sistema decimal e nelas são colocadas argolas; a quantidade de argolas na haste representa o algarismo daquela posição. Em geral colocam-se adesivos abaixo das hastes com os símbolos **U**, **D**, **C**, **M**, **DM** e **CM** que correspondem, respectivamente, a unidades, dezenas, centenas, unidades de milhar, dezenas de milhar e centenas de milhar, sempre começando com a unidade na haste da direita e as demais ordens do número no sistema decimal nas hastes subsequentes (da direita para a esquerda), até a haste que se encontra mais à esquerda.

Entretanto, no ábaco da figura, os adesivos não seguiram a disposição usual.

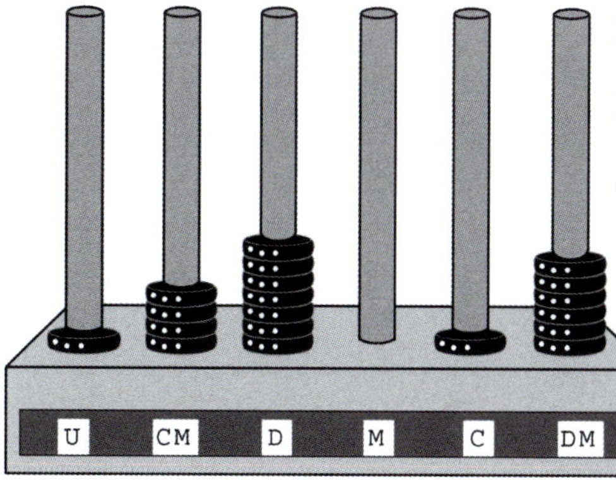

Nessa disposição, o número que está representado na figura é

a) 46 171.

b) 147 016.

c) 171 064.

d) 460 171.

e) 610 741.

11. (UFRGS-RS) Sendo **a** e **b** números reais, considere as afirmações a seguir.

I. Se $a < b$ então $-a > -b$

II. Se $a > b$ então $\dfrac{1}{a} < \dfrac{1}{b}$

III. Se $a < b$ então $a^2 < b^2$

Quais estão corretas?

a) Apenas I.

b) Apenas II.

c) Apenas III.

d) Apenas I e II.

e) I, II e III.

12. (Enem) A insulina é utilizada no tratamento de pacientes com diabetes para o controle glicêmico. Para facilitar sua aplicação, foi desenvolvida uma "caneta" na qual pode ser inserido um refil contendo 3 mL de insulina, como mostra a imagem.

Para controle das aplicações, definiu-se a unidade de insulina como 0,01 mL. Antes de cada aplicação, é necessário descartar 2 unidades de insulina, de forma a retirar possíveis bolhas de ar.

A um paciente foram prescritas duas aplicações diárias: 10 unidades de insulina pela manhã e 10 à noite.

Qual o número máximo de aplicações por refil que o paciente poderá utilizar com a dosagem prescrita?

a) 25
b) 15
c) 13
d) 12
e) 8

13. (Uece) Se **u**, **v** e **w** são números reais tais que $u + v + w = 17$, $u \cdot v \cdot w = 135$ e $u \cdot v + u \cdot w + v \cdot w = 87$, então, o valor da soma $\frac{u}{v \cdot w} + \frac{v}{u \cdot w} + \frac{w}{u \cdot v}$ é

a) $\frac{23}{27}$
b) $\frac{17}{135}$
c) $\frac{27}{87}$
d) $\frac{16}{27}$

14. (Insper-SP) Se $x^2 + y^2 + z^2 = xy + xz + yz = 6$, então um possível valor para a soma $x + y + z$ é

a) $\sqrt{6}$.
b) $2\sqrt{2}$.
c) $2\sqrt{3}$.
d) $3\sqrt{2}$.
e) $3\sqrt{3}$.

15. (FGV-SP) O resto da divisão do número 6^{2015} por 10 é igual a

a) 4.
b) 5.
c) 6.
d) 8.
e) 9.

16. (PUC-RJ) Assinale a opção correta:

a) $\frac{1}{2} < \frac{2}{3} < \frac{3}{5} < \frac{5}{8}$
b) $\frac{1}{2} < \frac{3}{5} < \frac{2}{3} < \frac{5}{8}$
c) $\frac{1}{2} < \frac{3}{5} < \frac{5}{8} < \frac{2}{3}$
d) $\frac{2}{3} < \frac{5}{8} < \frac{3}{5} < \frac{1}{2}$
e) $\frac{5}{8} < \frac{3}{5} < \frac{2}{3} < \frac{1}{2}$

17. (Uerj) Na imagem da etiqueta, informa-se o valor a ser pago por 0,256 kg de peito de peru.

O valor, em reais, de um quilograma desse produto é igual a:

a) 25,60
b) 32,76
c) 40,00
d) 50,00

18. (UPE) Na reta real, conforme representação abaixo, as divisões indicadas têm partes iguais.

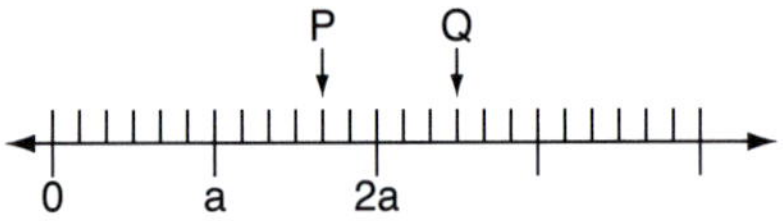

Qual é a soma, em função do real **a**, dos números reais correspondentes aos pontos **P** e **Q**?

a) 3a
b) $\frac{5a}{6}$
c) $\frac{25a}{6}$
d) $\frac{14a}{3}$
e) $\frac{19a}{3}$

19. (Enem) Num mapa com escala 1 : 250 000, a distância entre as cidades **A** e **B** é de 13 cm. Num outro mapa, com escala 1 : 300 000, a distância entre as cidades **A** e **C** é de 10 cm. Em um terceiro mapa, com escala 1 : 500 000, a distância entre as cidades **A** e **D** é de 9 cm. As distâncias reais entre as cidades **A** e as cidades **B**, **C**, e **D**, são, respectivamente, iguais a **X**, **Y** e **Z** (na mesma unidade de comprimento).

As distâncias **X**, **Y** e **Z**, em ordem crescente, estão dadas em

a) X, Y, Z.
b) Y, X, Z.
c) Y, Z, X.
d) Z, X, Y.
e) Z, Y, X.

20. (Enem) Nas construções prediais são utilizados tubos de diferentes medidas para a instalação da rede de água. Essas medidas são conhecidas pelo seu diâmetro, muitas vezes medido em polegada. Alguns desses tubos, com medidas em polegadas, são tubos de $\frac{1}{2}$, $\frac{3}{8}$ e $\frac{5}{4}$.

Colocando os valores dessas medidas em ordem crescente, encontramos

a) $\frac{1}{2}, \frac{3}{8}, \frac{5}{4}$

b) $\frac{1}{2}, \frac{5}{4}, \frac{3}{8}$

c) $\frac{3}{8}, \frac{1}{2}, \frac{5}{4}$

d) $\frac{3}{8}, \frac{5}{4}, \frac{1}{2}$

e) $\frac{5}{4}, \frac{1}{2}, \frac{3}{8}$

21. (Enem) De forma geral, os pneus radiais trazem em sua lateral uma marcação do tipo **abc/deRfg**, como 185/65R15. Essa marcação identifica as medidas do pneu da seguinte forma:

- **abc** é a medida da largura do pneu, em milímetro;
- **de** é igual ao produto de 100 pela razão entre a medida da altura (em milímetro) e a medida da largura do pneu (em milímetro);
- **R** significa radial;
- **fg** é a medida do diâmetro interno do pneu, em polegada.

A figura ilustra as variáveis relacionadas com esses dados.

O proprietário de um veículo precisa trocar os pneus de seu carro e, ao chegar a uma loja, é informado por um vendedor que há somente pneus com os seguintes códigos: 175/65R15, 175/75R15, 175/80R15, 185/60R15 e 205/55R15. Analisando, juntamente com o vendedor, as opções de pneus disponíveis, concluem que o pneu mais adequado para seu veículo é o que tem a menor altura.

Desta forma, o proprietário do veículo deverá comprar o pneu com a marcação

a) 205/55R15.
b) 175/65R15.
c) 175/75R15.
d) 175/80R15.
e) 185/60R15.

22. (Enem) No tanque de um certo carro de passeio cabem até 50 L de combustível, e o rendimento médio deste carro na estrada é de 15 km/L de combustível. Ao sair para uma viagem de 600 km o motorista observou que o marcador de combustível estava exatamente sobre uma das marcas da escala divisória do medidor, conforme figura a seguir.

Como o motorista conhece o percurso, sabe que existem, até a chegada a seu destino, cinco postos de abastecimento de combustível, localizados a 150 km, 187 km, 450 km, 500 km e 570 km do ponto de partida.

Qual a máxima distância, em quilômetro, que poderá percorrer até ser necessário reabastecer o veículo, de modo a não ficar sem combustível na estrada?

a) 570
b) 500
c) 450
d) 187
e) 150

23. (Fuvest-SP) João tem R$ 150,00 para comprar canetas em 3 lojas. Na loja **A**, as canetas são vendidas em dúzias, cada dúzia custa R$ 40,00 e há apenas 2 dúzias em estoque. Na loja **B**, as canetas são vendidas em pares, cada par custa R$ 7,60 e há 10 pares em estoque. Na loja **C**, as canetas são vendidas avulsas, cada caneta custa R$ 3,20 e há 25 canetas em estoque. O maior número de canetas que João pode comprar nas lojas **A**, **B** e **C** utilizando no máximo R$ 150,00 é igual a

a) 46
b) 45
c) 44
d) 43
e) 42

24. (Cefet-MG) Um grupo de alunos cria um jogo de cartas, em que cada uma apresenta uma operação com números racionais. O ganhador é aquele que obtiver um número inteiro como resultado da soma de suas cartas. Quatro jovens ao jogar receberam as seguintes cartas:

	1ª carta	2ª carta
Maria	$1{,}333... + \frac{4}{5}$	$1{,}2 + \frac{7}{3}$
Selton	$0{,}222... + \frac{1}{5}$	$0{,}3 + \frac{1}{6}$
Tadeu	$1{,}111... + \frac{3}{10}$	$1{,}7 + \frac{8}{9}$
Valentina	$0{,}666... + \frac{7}{2}$	$0{,}1 + \frac{1}{2}$

O vencedor do jogo foi:

a) Maria.
b) Selton.
c) Tadeu.
d) Valentina.

25. (Enem) Até novembro de 2011, não havia uma lei específica que punisse fraude em concursos públicos. Isso dificultava o enquadramento dos fraudadores em algum artigo específico do Código Penal, fazendo com que eles escapassem da Justiça mais facilmente. Entretanto, com o sancionamento da Lei 12.550/11, é considerado crime utilizar ou divulgar indevidamente o conteúdo sigiloso de concurso público, com pena de reclusão de 12 a 48 meses (1 a 4 anos). Caso esse crime seja cometido por um funcionário público, a pena sofrerá um aumento de $\frac{1}{3}$.

Disponível em: www.planalto.gov.br. Acesso em: 15 ago. 2012.

Se um funcionário público for condenado por fraudar um concurso público, sua pena de reclusão poderá variar de

a) 4 a 16 meses.
b) 16 a 52 meses.
c) 16 a 64 meses.
d) 24 a 60 meses.
e) 28 a 64 meses.

26. (UFRGS-RS) Se $x - y = 2$ e $x^2 + y^2 = 8$, então $x^3 - y^3$ é igual a

a) 12.
b) 14.
c) 16.
d) 18.
e) 20.

27. (FICSAE-SP) Dois pilotos treinam em uma pista de corrida. Um deles fica em uma faixa interna da pista e uma volta completa nessa faixa possui 2,4 km de comprimento; o outro fica em uma faixa mais externa cuja volta completa tem 2,7 km. O piloto que possui o carro mais rápido está na faixa interna e a cada volta que ele completa o outro piloto percorre 2 km. Se os pilotos iniciaram o treino sobre a marca de largada da pista, a próxima vez em que eles se encontrarão sobre essa marca, o piloto com o carro mais lento terá percorrido, em km, uma distância igual a

a) 40,5
b) 54,0
c) 64,8
d) 72,9

28. (Uerj) Na tabela abaixo, estão indicadas três possibilidades de arrumar **n** cadernos em pacotes:

Nº de pacotes	Nº de cadernos por pacote	Nº de cadernos que sobram
X	12	11
Y	20	19
Z	18	17

Se **n** é menor do que 1 200, a soma dos algarismos do maior valor de **n** é:

a) 12
b) 17
c) 21
d) 26

29. (Enem) O gerente de um cinema fornece anualmente ingressos gratuitos para escolas. Este ano serão distribuídos 400 ingressos para uma sessão vespertina e 320 ingressos para uma sessão noturna de um mesmo filme. Várias escolas podem ser escolhidas para receberem ingressos. Há alguns critérios para a distribuição dos ingressos:

1) cada escola deverá receber ingressos para uma única sessão;
2) todas as escolas contempladas deverão receber o mesmo número de ingressos;
3) não haverá sobra de ingressos (ou seja, todos os ingressos serão distribuídos).

O número mínimo de escolas que podem ser escolhidas para obter ingressos, segundo os critérios estabelecidos, é

a) 2.
b) 4.
c) 9.
d) 40.
e) 80.

30. (UFJF-MG) Durante uma aula de matemática, uma professora lançou um desafio para seus alunos. Eles deveriam descobrir o menor de três números naturais usando apenas as seguintes informações:

- A soma dos números é 54.
- A soma dos dois números menores menos o maior número é 10.
- Os números divididos, respectivamente, o menor por 5, o intermediário por 7 e o maior por 9 deixam os mesmos restos e quocientes.

Determine o **MENOR** dos três números:

a) 6;
b) 8;
c) 10;
d) 12;
e) 14.

31. (Uerj) O ano bissexto possui 366 dias e sempre é múltiplo de 4. O ano de 2012 foi o último bissexto. Porém, há casos especiais de anos que, apesar de múltiplos de 4, não são bissextos: são aqueles que também são múltiplos de 100 e não são múltiplos de 400. O ano de 1900 foi o último caso especial.
A soma dos algarismos do próximo ano que será um caso especial é:

a) 3
b) 4
c) 5
d) 6

32. (Enem) No contexto da matemática recreativa, utilizando diversos materiais didáticos para motivar seus alunos, uma professora organizou um jogo com um tipo de baralho modificado. No início do jogo, vira-se uma carta do baralho na mesa e cada jogador recebe em mãos nove cartas. Deseja-se formar pares de cartas, sendo a primeira carta a da mesa e a segunda, uma carta na mão do jogador, que tenha um valor equivalente àquele descrito na carta da mesa. O objetivo do jogo é verificar qual jogador consegue o maior número de pares. Iniciado o jogo, a carta virada na mesa e as cartas da mão de um jogador são como no esquema:

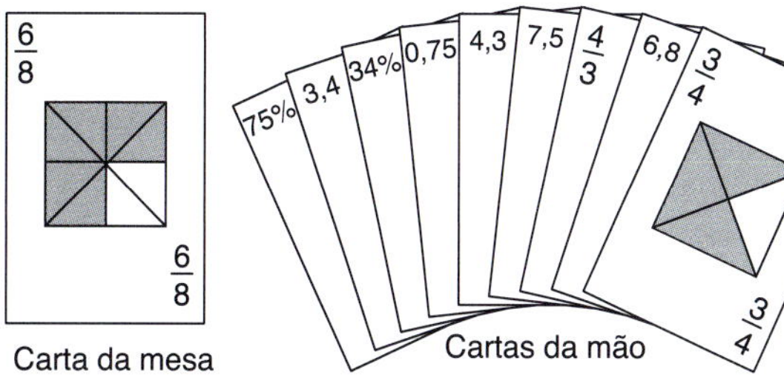

Carta da mesa

Cartas da mão

Ilustrações: Reprodução/Arquivo da editora

Segundo as regras do jogo, quantas cartas da mão desse jogador podem formar um par com a carta da mesa?

a) 9
b) 7
c) 5
d) 4
e) 3

33. (PUC-SP) A soma dos quatro algarismos distintos do número N = abcd, é 16. A soma dos três primeiros algarismos é igual ao algarismo da unidade e o algarismo do milhar é igual à soma dos algarismos da centena e da dezena. O produto dos algarismos da dezena e da centena é

a) 4
b) 3
c) 2
d) 1

34. (Uerj) Em um sistema de codificação, AB representa os algarismos do dia do nascimento de uma pessoa e CD os algarismos de seu mês de nascimento. Nesse sistema, a data trinta de julho, por exemplo, corresponderia a:

$A = 3$ $B = 0$ $C = 0$ $D = 7$

Admita uma pessoa cuja data de nascimento obedeça à seguinte condição:

$$A + B + C + D = 20$$

O mês de nascimento dessa pessoa é:

a) agosto
b) setembro
c) outubro
d) novembro

35. (Fuvest-SP) O número real **x**, que satisfaz $3 < x < 4$, tem uma expansão decimal na qual os 999 999 primeiros dígitos à direita da vírgula são iguais a 3. Os 1 000 001 dígitos seguintes são iguais a 2 e os restantes são iguais a zero.
Considere as seguintes afirmações:

I. **x** é irracional.
II. $x \geqslant \frac{10}{3}$
III. $x \cdot 10^{2\,000\,000}$ é um inteiro par.

Então,

a) nenhuma das três afirmações é verdadeira.
b) apenas as afirmações I e II são verdadeiras.
c) apenas a afirmação I é verdadeira.
d) apenas a afirmação II é verdadeira.
e) apenas a afirmação III é verdadeira.

CAPÍTULO

3

Funções

// Em linguagem de programação, costumamos utilizar funções, muitas delas funções matemáticas. Um exemplo desse tipo de função é a pow(x, 2) (do inglês *power*, potência), que ao receber um número **x**, devolve como resultado o quadrado desse número. Neste capítulo, iniciaremos o estudo de funções.

A noção intuitiva de função

No estudo científico de qualquer fenômeno, sempre procuramos identificar grandezas mensuráveis ligadas a ele e, em seguida, estabelecer as relações existentes entre essas grandezas.

Acompanhe os exemplos a seguir.

EXEMPLO 1

Tempo e espaço

Uma pista de ciclismo tem marcações a cada 600 m. Um ciclista treina para uma prova de resistência, desenvolvendo uma velocidade constante. Enquanto isso, seu técnico anota, de minuto em minuto, a distância percorrida pelo ciclista.

O resultado pode ser observado na tabela ao lado.

A cada instante (**x**) corresponde uma única distância (**y**). Dizemos, por isso, que a distância é função do instante. A fórmula (ou a lei) que relaciona **y** com **x** é:

$y = 600 \cdot x$, com **y** em metros e **x** em minutos.

Instante (min)	Distância (m)
0	0
1	600
2	1 200
3	1 800
4	2 400
...	...

EXEMPLO 2

Mercadoria e preço

Em uma barraca de praia, vende-se água de coco ao preço de R$ 3,50 o copo. Para facilitar seu trabalho, o proprietário da barraca montou a tabela ao lado.

Nesse exemplo, duas grandezas estão relacionadas: o número de copos de água de coco e o respectivo preço. A cada quantidade de copos corresponde um único preço. Dizemos, por isso, que o preço é função do número de copos. A fórmula (ou a lei) que estabelece a relação de interdependência entre preço (**y**), em reais, e o número de copos de água de coco (**x**) é:

$$y = 3,50 \cdot x$$

Número de copos	Preço (R$)
1	3,50
2	7,00
3	10,50
4	14,00
5	17,50
6	21,00
7	24,50
8	28,00
9	31,50
10	35,00

EXEMPLO 3

Passageiros e preço da passagem

Para fretar um ônibus de excursão com 40 lugares, paga-se ao todo R$ 1 800,00. Essa despesa deverá ser igualmente repartida entre os participantes.

Para calcular a quantia que cada um deverá desembolsar (**y**), basta dividir o preço total (R$ 1 800,00) pelo número de passageiros (**x**).

A fórmula (ou a lei) que relaciona **y** com **x** é:

$$y = \frac{1\,800}{x}$$

Rivaldo Gomes/Folhapress

Ônibus fretado em São Paulo (SP).

Observe na tabela alguns valores referentes à correspondência entre **x** e **y**:

x	4	12	15	18	20	24	36	40
y	450,00	150,00	120,00	100,00	90,00	75,00	50,00	45,00

EXEMPLO 4

Tempo e temperatura

Um instituto de meteorologia, quando quer estudar a variação da temperatura em certa cidade, mede a temperatura a intervalos regulares – por exemplo, a cada 2 horas – e monta uma tabela que relaciona as grandezas tempo (hora) e temperatura (°C). Vamos supor que a tabela de determinado dia seja assim:

Tempo (h)	0	2	4	6	8	10	12	14	16	18	20	22	24
Temperatura (°C)	7	4	3	2	5	12	18	20	20	15	12	8	7

A cada hora corresponde uma única medida de temperatura. Dizemos, por isso, que a medida da temperatura é função da medida de tempo.

Carlos Goldgrub/Opção Brasil Imagens

Termômetro de rua em São Paulo (SP).

Exercícios

1. A tabela mostra o valor final de alguns pedidos de certo tipo de piso laminado, solicitados a um fabricante, de acordo com a área de piso colocado:

Área (m^2)	Valor (R$)
40	2800
25	1750
60	4200
140	9800
180,5	12635

a) Qual será o valor de um pedido de 100 m^2 desse piso? E de 250 m^2?

b) Qual é a lei que relaciona o valor (**y**), em reais, de um pedido de acordo com a quantidade (**x**) de piso, em metros quadrados?

2. Na cidade, um veículo econômico de passeio consome um litro de gasolina a cada 9 quilômetros rodados.

a) Faça uma tabela que forneça, em quilômetros, a distância percorrida pelo veículo ao serem consumidos: 0,25 L; 0,5 L; 2 L; 3 L; 10 L; 25 L; 40 L de gasolina.

b) Qual é a lei que relaciona a distância percorrida (**d**), em quilômetros, em função do número de litros (**L**) consumidos?

3. Um moderno avião é capaz de manter uma velocidade média de cruzeiro de aproximadamente 900 km/h.

a) Qual é, em quilômetros, a distância percorrida pelo avião em 15 minutos, meia hora, 2 horas e 5 horas? Represente em uma tabela.

b) Em quanto tempo o avião percorre 2880 km?

c) Relacione, por meio de uma lei, a distância percorrida (**d**), em quilômetros, em função do tempo (**t**), em horas.

4. Ao receber sua conta de R$ 85,00 referente à TV por assinatura, Nair leu a seguinte instrução: "Para pagamentos realizados com atraso, serão acrescentados multa de R$ 1,70 e juros de R$ 0,03 por dia de atraso no pagamento".

a) Qual valor Nair pagaria se atrasasse 1, 5, 10 ou 30 dias?

b) Seja **x** o número de dias de atraso ($1 \leqslant x \leqslant 30$). Qual é a lei que relaciona o total (**y**) a ser pago, em reais, em função de **x**?

5. Em uma atividade, um professor pediu aos alunos que desenhassem uma sequência de cinco quadrados, a partir da medida de seus lados. Para cada quadrado, os alunos deveriam calcular o perímetro e a área e anotar os valores em uma tabela, como a mostrada abaixo.

Medida do lado (cm)	1	3,5	5	8	10
Medida do perímetro (cm)					
Área (cm^2)					

a) Complete a tabela acima.

b) Qual é a lei de correspondência entre a medida do perímetro (**p**) e a medida do lado (ℓ) do quadrado?

c) Qual é a lei de correspondência entre a área (**a**) e a medida do lado (ℓ) do quadrado?

d) Dobrando-se a medida do lado, dobra-se a medida do perímetro? E a área?

6. Juntas, duas torneiras idênticas, com a mesma vazão, enchem um reservatório vazio em 20 minutos.

a) Faça uma tabela para representar o tempo (em minutos) gasto para encher esse mesmo reservatório, quando vazio, se forem utilizadas 1, 4, 6, 8 e 10 torneiras, todas idênticas às duas primeiras.

b) Qual é a lei que relaciona o tempo (**t**), em minutos, gasto para encher tal reservatório de acordo com o número **n** dessas torneiras?

c) Quantas dessas torneiras seriam necessárias para encher tal reservatório em 1 minuto e 36 segundos?

7. Considere um processo de divisão celular em que cada célula se subdivide em outras duas a cada hora.

a) Partindo-se de uma única célula, iniciou-se uma experiência científica. Faça uma tabela para representar a quantidade de células presentes nessa cultura após 1, 2, 3, 4, 5 e 6 horas do início da experiência.

b) Qual é a quantidade mínima de horas (completas) necessárias para que haja mais de 1000 células na cultura?

c) Qual é a lei que relaciona o número de células (**n**) encontrado na cultura após **t** horas do início da experiência?

A noção de função como relação entre conjuntos

Para caracterizar de modo mais preciso a noção de função, devemos recorrer às noções sobre conjuntos.

Vamos considerar, por exemplo, os conjuntos $A = \{0, 1, 2, 3\}$ e $B = \{-1, 0, 1, 2, 3\}$ e observar algumas relações entre elementos de **A** e elementos de **B**.

1ª) Vamos associar a cada elemento $x \in A$ o elemento $y \in B$ tal que $y = x + 1$:

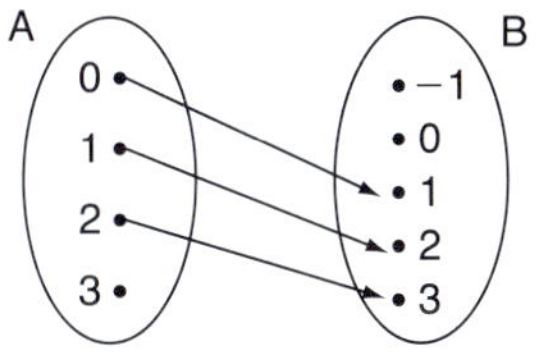

x	y
0	1
1	2
2	3

Para cada elemento $x \in A$, com exceção do 3, existe um só elemento $y \in B$ tal que **y** é o correspondente de **x**.

Para o elemento $3 \in A$ não existe correspondente $y \in B$.

2ª) Vamos associar a cada elemento $x \in A$ o elemento $y \in B$ tal que $y^2 = x^2$:

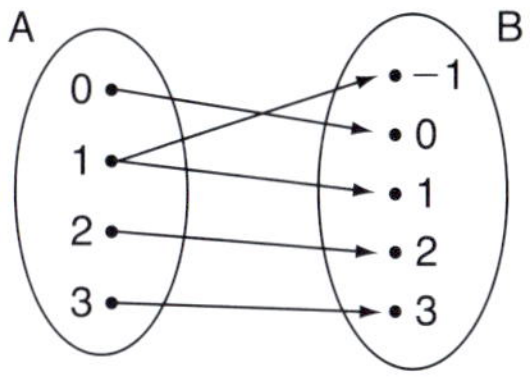

x	y
0	0
1	±1
2	2
3	3

OBSERVAÇÃO

Note que, se **x** e **y** são números reais tais que $y^2 = x^2$, então $y = x$ ou $y = -x$. Ou seja, se os quadrados de dois números reais são iguais, não obrigatoriamente os dois números são iguais. Por exemplo $(-3)^2 = 3^2$ e $-3 \neq 3$.

Para cada elemento $x \in A$, com exceção de 1, existe um só elemento $y \in B$ tal que **y** é o correspondente de **x**.

Para o elemento $1 \in A$ existem dois elementos correspondentes em **B**: 1 e -1.

3ª) Associemos a cada $x \in A$ o elemento $y \in B$ tal que $y = x$:

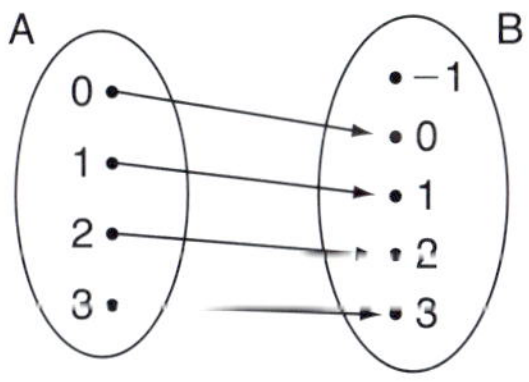

x	y
0	0
1	1
2	2
3	3

Para todo $x \in A$, sem exceção, existe um único $y \in B$ tal que **y** é o correspondente de **x**.

4ª) Associemos a cada $x \in A$ o elemento $y \in B$ tal que $y = x^2 - 2x$:

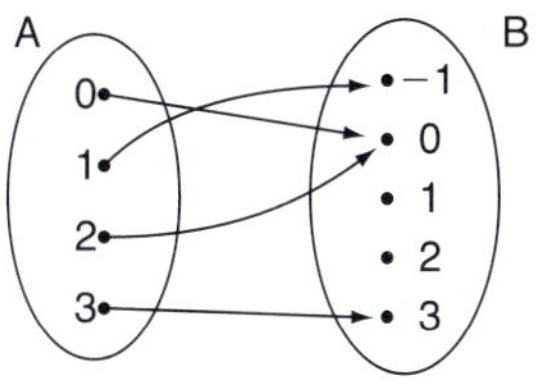

Ilustrações: Banco de imagens/Arquivo da editora

x	y
0	0
1	-1
2	0
3	3

Para todo $x \in A$, sem exceção, existe um único $y \in B$ tal que **y** é o correspondente de **x**.

Nas 3ª e 4ª relações ocorre que, para todo $x \in A$, existe um só $y \in B$ tal que **y** está associado a **x**. Por esse motivo, cada uma dessas relações recebe o nome de **função definida em A com valores em B**.

Dados dois conjuntos não vazios **A** e **B**, uma relação (ou correspondência) que associa a cada elemento $x \in A$ um único elemento $y \in B$ recebe o nome de **função de A em B**.

Veja um exemplo.

EXEMPLO 5

Observe ao lado a relação entre os elementos dos conjuntos $A = \{a, b, c, d, e\}$ e $B = \{1, 2, 3, 4, 5, 6, 7\}$.

Essa relação é uma função porque a todo elemento de **A** corresponde um único elemento de **B**. Tal relação também poderia ser descrita por uma tabela em que cada $x \in A$ tem um único correspondente $y \in B$.

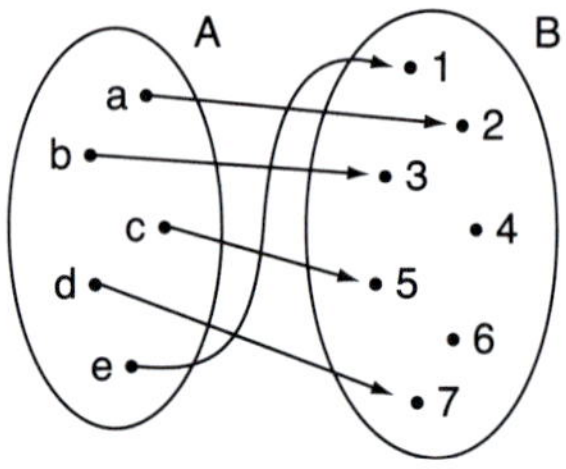

Banco de imagens/Arquivo da editora

$x \in A$	$y \in B$
a	2
b	3
c	5
d	7
e	1

A mesma relação poderia, ainda, ser descrita por um conjunto **f** de pares ordenados do tipo (x, y) em que $x \in A$, $y \in B$ e **y** é o correspondente de **x**:

$$f = \{(a, 2), (b, 3), (c, 5), (d, 7), (e, 1)\}$$

Nessa função, dizemos que:

- $x = a$ corresponde a $y = 2$; ou $x = a$ está associado a $y = 2$; ou, ainda, 2 é a imagem de **a**.
  Da mesma forma:
- 3 é a imagem de **b**, 5 é a imagem de **c**, 7 é a imagem de **d** e 1 é a imagem de **e**.
  Note, mais uma vez, que cada $x \in A$ tem uma única imagem $y \in B$.

Notação

De modo geral, se **f** é um conjunto de pares ordenados (x, y) que define uma função de **A** em **B**, indicamos:

$$f: A \rightarrow B$$

Se, nessa função, $y \in B$ é imagem de $x \in A$, indicamos:

$y = f(x)$ (lê-se: **y** é igual a **f** de **x**)

Retomando o exemplo anterior, temos:

$$f(a) = 2;\ f(b) = 3;\ f(c) = 5;\ f(d) = 7;\ f(e) = 1.$$

Funções definidas por fórmulas

Existe um interesse especial no estudo de funções em que **y** pode ser calculado a partir de **x** por meio de uma fórmula (ou regra, ou lei). Veja os exemplos a seguir.

EXEMPLO 6

A lei de correspondência que associa cada número racional **x** ao número racional **y**, sendo **y** o dobro de **x**, é uma função f: $\mathbb{Q} \rightarrow \mathbb{Q}$ definida pela fórmula $y = 2x$, ou $f(x) = 2x$.

Nessa função:

- para $x = 5$, temos $y = 2 \cdot 5 = 10$. Escrevemos $f(5) = 10$.
- a imagem de $x = -3$ é $f(-3) = 2 \cdot (-3) = -6$.
- $x = 11{,}5$ corresponde a $y = 2 \cdot (11{,}5) = 23$.
- $y = 7$ é a imagem de $x = \dfrac{7}{2}$.

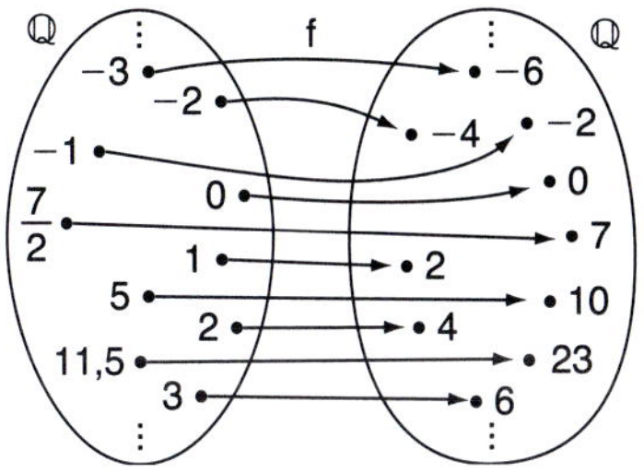

Banco de imagens/Arquivo da editora

Note que nessa função todo número racional é imagem de algum **x** racional.

De fato, dado $y_0 \in \mathbb{Q}$, o elemento do domínio cuja imagem é $\mathbf{y_0}$ é $x_0 = \dfrac{y_0}{2}$, pois $f(x_0) = 2\dfrac{y_0}{2} = y_0$.

EXEMPLO 7

A função **f** que associa a cada número natural **x** o número natural **y**, sendo **y** o cubo de **x**, é uma função f: $\mathbb{N} \rightarrow \mathbb{N}$ definida por $y = x^3$, ou $f(x) = x^3$.

Nessa função:

- para $x = 2$, temos $y = 2^3 = 8$. Dizemos que $f(2) = 8$.
- para $x = 5$, temos $y = 5^3 = 125$. Assim, $f(5) = 125$.
- $y = 64$ é a imagem de $x = 4$.
- não existe $x \in \mathbb{N}$ tal que $y = 4$.

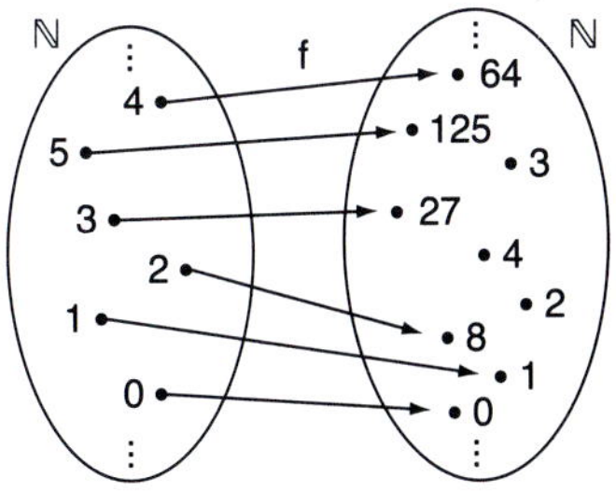

Banco de imagens/Arquivo da editora

Note que nessa função apenas os cubos perfeitos são imagens de algum **x** natural. Por exemplo: 1, 8, 27, 64, 125...

Exercícios resolvidos

1. Seja a função f: $\mathbb{R} \rightarrow \mathbb{R}$ definida por $f(x) = -\dfrac{3x + 8}{5}$.

a) Calcule: $f(3)$, $f(-2)$, $f\left(\dfrac{1}{4}\right)$ e $f(\sqrt{2})$.

b) Determine o elemento do domínio cuja imagem é 0.

Solução:

a) • $f(3) = -\dfrac{3 \cdot 3 + 8}{5} = -\dfrac{17}{5}$

• $f(-2) = -\dfrac{3 \cdot (-2) + 8}{5} = -\dfrac{2}{5}$

• $f\left(\dfrac{1}{4}\right) = -\dfrac{3 \cdot \dfrac{1}{4} + 8}{5} = -\dfrac{\dfrac{35}{4}}{5} = -\dfrac{7}{4}$

• $f(\sqrt{2}) = -\dfrac{3\sqrt{2} + 8}{5}$

b) $f(x) = 0 \Rightarrow -\dfrac{3x + 8}{5} = 0 \Rightarrow -(3x + 8) = 0 \Rightarrow x = -\dfrac{8}{3}$

2. Seja f: $\mathbb{R} \to \mathbb{R}$ definida por $f(x) = 4x + m$, em que **m** é uma constante real. Calcule **m**, sabendo que $f(-2) = 5$.

Solução:

Observe que as variáveis relacionadas nessa função estão representadas por **x** e f(x), enquanto **m** representa um número real fixo, isto é, **m** é uma constante.

De $f(-2) = 5$ obtemos: $4 \cdot (-2) + m = 5 \Rightarrow -8 + m = 5 \Rightarrow m = 13$; portanto, a lei da função é $f(x) = 4x + 13$.

Exercícios

8. Verifique, em cada caso, se a relação representada no esquema é ou não uma função de **A** em **B**. Considere que os pontos assinalados representam os elementos dos conjuntos **A** e **B**.

Ilustrações: Banco de imagens/ Arquivo da editora

a)

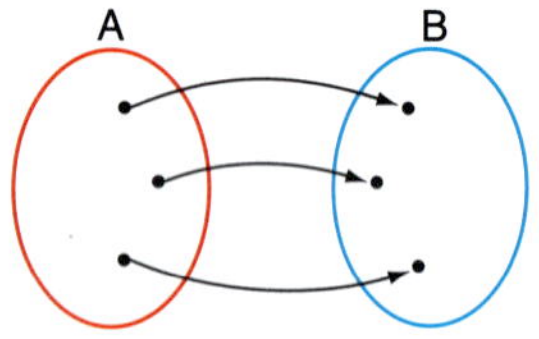

b)

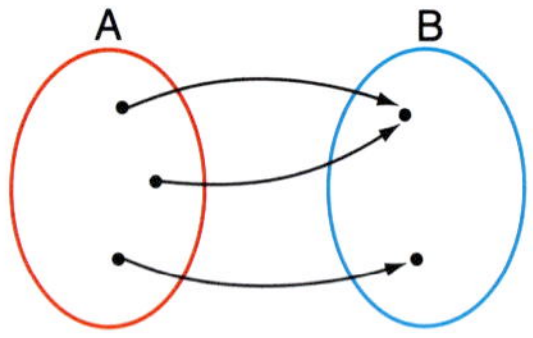

c)

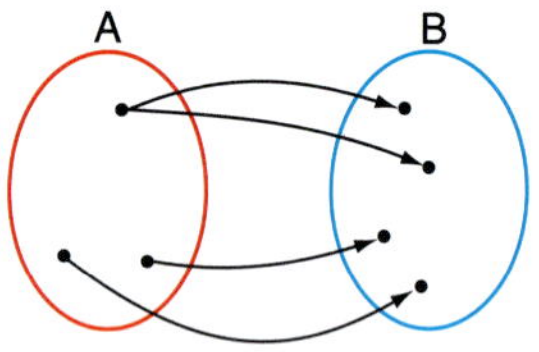

d)

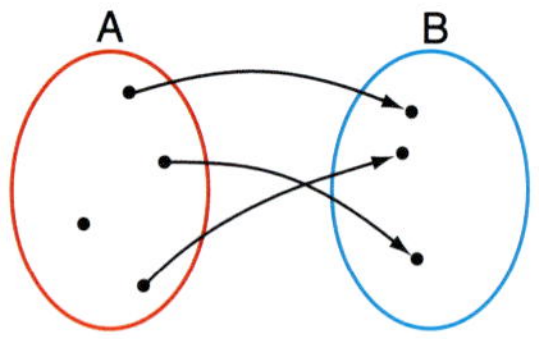

9. Em cada caso, verifique se a relação representada no esquema é uma função de **A** em **B**, sendo $A = \{-1, 0, 1\}$ e $B = \{-2, -1, 0, 1, 2\}$. Em caso afirmativo, dê uma possível lei que define tal função.

Ilustrações: Banco de imagens/ Arquivo da editora

a)

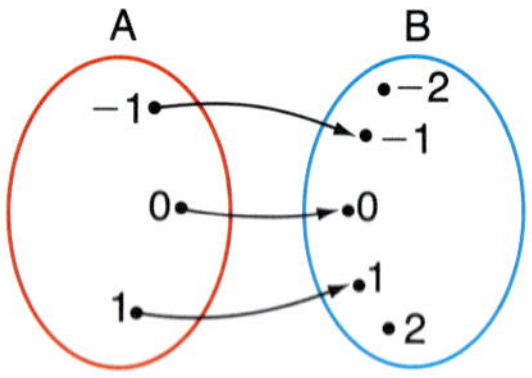

b)

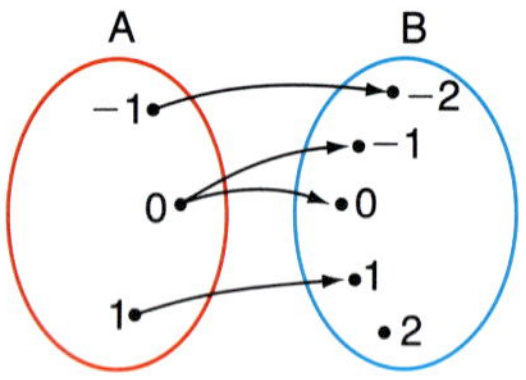

c)

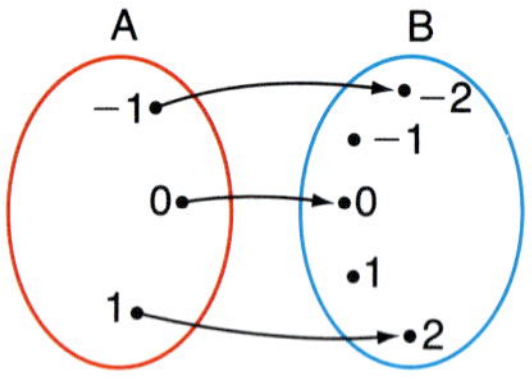

d)

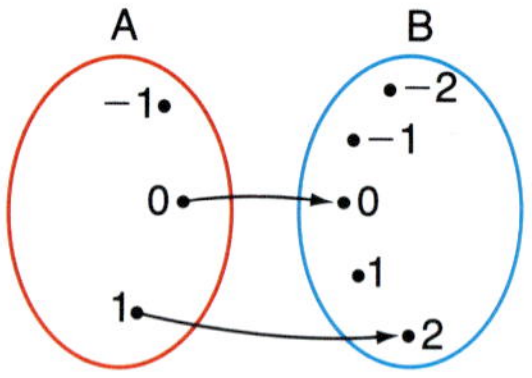

10. Sendo $A = \{-1, 0, 1, 2\}$ e $B = \{-2, -1, 0, 1, 2, 3, 4\}$, verifique em cada caso se a lei dada define uma função de **A** com valores em **B**:

a) $f(x) = 2x$ b) $f(x) = x^2$ c) $f(x) = 2x + 1$ d) $f(x) = |x| - 1$

11. Sejam $A = \mathbb{N}$ e $B = \mathbb{N}$. Responda:

a) A lei que associa cada elemento de **A** ao seu sucessor em **B** define uma função?

b) A lei que associa cada elemento de **A** ao seu quadrado em **B** define uma função?

c) A lei que associa cada elemento de **A** ao seu oposto em **B** define uma função?

12. Considere **f** uma função de $\mathbb{R}$ em $\mathbb{R}$ dada por $f(x) = 3x^2 - x + 4$. Calcule:

a) $f(1)$ c) $f(0)$ e) $f(\sqrt{2})$

b) $f(-1)$ d) $f\left(\frac{1}{2}\right)$

13. Seja **f** uma função de $\mathbb{R}$ em $\mathbb{R}$ definida pela lei $f(x) = (3 + x) \cdot (2 - x)$.

a) Calcule $f(0)$, $f(-2)$ e $f(1)$.

b) Seja $a \in \mathbb{R}$. Qual é o valor de $f(a) - f(-a)$?

14. Sendo f: $\mathbb{N} \to \mathbb{N}$ dada por $f(x) = 2x + (-1)^x$, calcule:

a) $f(0)$ c) $f(2)$ e) $f(37)$

b) $f(1)$ d) $f(-2)$

15. Considerando **f** e **g** funções de $\mathbb{Q}$ em $\mathbb{Q}$ dadas por $f(x) = 3x^2 - x + 5$ e $g(x) = -2x + 9$, faça o que se pede:

a) Determine o valor de $\frac{f(0) + g(-1)}{f(1)}$.

b) Resolva a equação: $g(x) = f(-3) + g(-4)$.

16. Seja **f** uma função de $\mathbb{Z}$ em $\mathbb{Z}$ definida por $f(x) = \frac{4x - 2}{3}$.

Em cada caso, determine, se existir, o número inteiro cuja imagem vale:

a) 6

b) −10

c) 0

d) 1

17. A lei a seguir mostra a relação entre a projeção do valor (**v**), em reais, de um equipamento eletrônico e o seu tempo de uso (**t**), em anos:

$$v(t) = 1\,800 \cdot \left(1 - \frac{t}{20}\right)$$

a) Qual é o valor desse equipamento novo, isto é, sem uso?

b) Qual é a desvalorização, em reais, do equipamento no seu primeiro ano de uso?

c) Com quantos anos de uso o aparelho estará valendo R$ 1 260,00?

18. Seja $f: \mathbb{R} \to \mathbb{R}$ definida por $f(x) = -\frac{3}{4}x + m$, sendo **m** uma constante real. Sabendo que $f(-8) = -4$, determine:

a) o valor de **m**;

b) $f(1)$;

c) o valor de **x** tal que $f(x) = -12$.

19. O gerente de uma casa de espetáculos verificou, durante uma temporada, que o número de pagantes (**y**) em um musical variou de acordo com o preço (**x**), em reais, do ingresso para o espetáculo, segundo a lei:

$$y = 400 - \frac{5}{2}x, \text{ com } 20 \leqslant x \leqslant 120$$

a) Qual foi o número de pagantes quando o preço do ingresso era R$ 60,00?

b) Se o número de pagantes em uma noite foi 320, qual foi o valor cobrado pelo ingresso?

c) Quanto arrecadou a bilheteria quando o preço do ingresso era R$ 90,00?

20. Uma função $f: \mathbb{R} \to \mathbb{R}$ é definida pela lei $f(x) = m \cdot 4^x$, sendo **m** uma constante real. Sabendo que $f(1) = 12$, determine o valor de:

a) **m**

b) $f(2)$

21. Estima-se que a população **p** (em milhares de habitantes) de certo município, daqui a **x** anos a contar de hoje, seja dada pela lei:

$$p(x) = 10 - \frac{2}{x + 1}$$

a) Qual é a população atual desse município?

b) Qual será a população daqui a 3 anos?

c) De quantas pessoas a população aumentará do 3º para o 4º ano?

d) Daqui a quantos anos a população será de 9 900 habitantes?

22. No Brasil, o número (**N**) do sapato varia de acordo com o "tamanho" ou o comprimento (**c**) do pé, em centímetros, segundo a lei:

$$N = \frac{5c + 28}{4}$$

a) O pé de Luís mede 28 cm. Qual é o número de seu sapato?

b) Luma calça sapatos de número 36. Quanto mede seu pé?

c) Dois irmãos sabem que as numerações de seus sapatos diferem de 4 unidades. Em quantos centímetros diferem os comprimentos de seus pés?

23. Uma função $f: \mathbb{R} \to \mathbb{R}$ é definida pela lei $f(x) = -3x + 5$. Determine os valores de $a \in \mathbb{R}$ tais que:

$$f(a) + f(a + 1) = 3 \cdot f(2a)$$

24. Um laboratório realizou um teste de um novo medicamento em uma amostra de 900 voluntários doentes. O número **n** de pessoas que ainda estavam doentes no tempo **t**, em semanas, contado a partir do início da experiência ($t = 0$), é expresso pela lei dada por:

$$n(t) = a \cdot t^2 + b$$

em que **a** e **b** são constantes reais.

Sabendo que o último voluntário curou-se assim que foi completada a 15ª semana, determine o número de pessoas que ainda estavam doentes decorridas 5 semanas do início dos testes.

Domínio e contradomínio

Seja f: A → B uma função.

O conjunto **A** é chamado **domínio** de **f**, e o conjunto **B** é chamado **contradomínio** de **f**.

Veja os exemplos a seguir.

EXEMPLO 8

Sendo A = {0, 1, 2, 3} e B = {0, 1, 2, 3, 4, 5}, a função f: A → B tal que f(x) = x + 1 tem domínio **A** e contradomínio **B**.

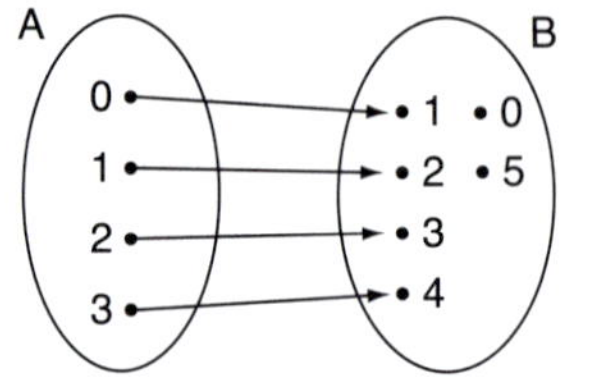

Banco de imagens/Arquivo da editora

EXEMPLO 9

Sendo A = ℤ e B = ℤ, a função f: A → B tal que f(x) = 2x tem domínio ℤ e contradomínio ℤ.

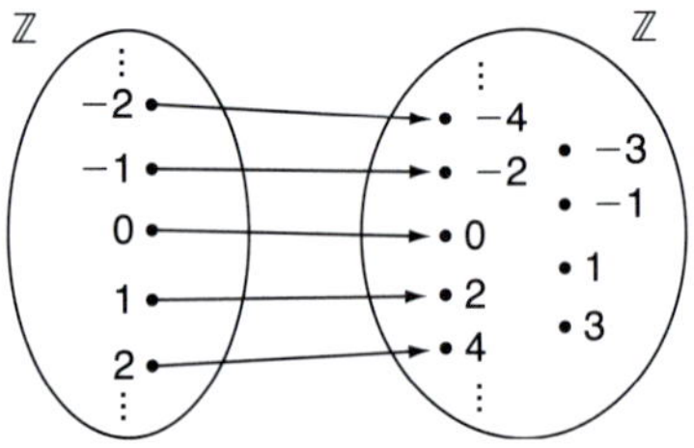

Banco de imagens/Arquivo da editora

EXEMPLO 10

Sendo A = ℝ e B = ℝ, a função f: A → B definida por f(x) = 2x + 1 tem domínio ℝ e contradomínio ℝ.

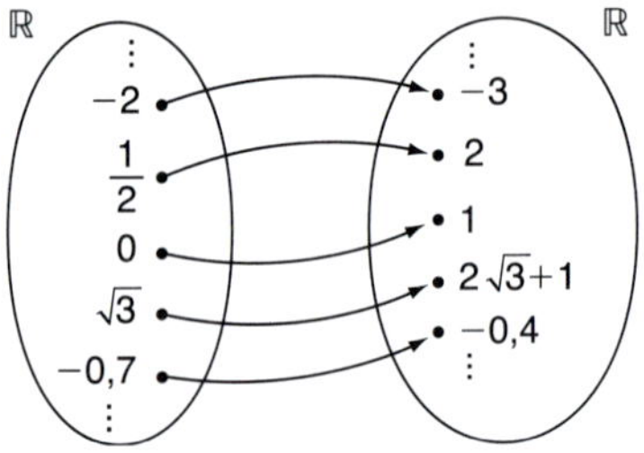

Banco de imagens/Arquivo da editora

Observe que todo elemento **x** do domínio tem uma única imagem **y** no contradomínio, embora possam existir elementos do contradomínio que não são imagem de nenhum **x** do domínio. No exemplo 8, os números 0 e 5 não são imagens de x ∈ A; no exemplo 9, os números inteiros ímpares não são imagens de x ∈ ℤ. No exemplo 10, todos os números reais são imagens de algum x ∈ ℝ, do domínio, como veremos logo adiante.

Determinação do domínio

Muitas vezes se faz referência a uma função **f** dizendo apenas qual é a lei de correspondência que a define. Quando não é dado explicitamente o domínio **D** de **f**, deve-se subentender que **D** é formado por todos os números reais que podem ser colocados no lugar de **x** na lei de correspondência y = f(x), de modo que, efetuados os cálculos, resulte um **y** real. Vejamos alguns exemplos.

- O domínio da função **f** definida pela lei $y = 3x + 4$ é $Dm(f) = \mathbb{R}$, pois, qualquer que seja o valor real atribuído a **x**, o número $3x + 4$ também é real.
- O domínio da função **g** dada por $y = \dfrac{x+3}{x-1}$ é $Dm(g) = \mathbb{R} - \{1\}$, pois, para todo **x** real diferente de 1, o número $\dfrac{x+3}{x-1}$ é real.
- O domínio da função **h** dada por $y = \sqrt{x-2}$ é $Dm(h) = \{x \in \mathbb{R} \mid x \geqslant 2\}$, pois $\sqrt{x-2}$ só é um número real se $x - 2 \geqslant 0$.
- A função **i** dada por $y = \dfrac{1}{x-1} + \sqrt{x}$ é definida apenas para $x - 1 \neq 0$ e $x \geqslant 0$; então, seu domínio é $Dm(i) = \{x \in \mathbb{R} \mid x \geqslant 0 \text{ e } x \neq 1\}$.

Conjunto imagem

Se $f: A \rightarrow B$ é uma função, chama-se **conjunto imagem de f** (indica-se: Im (f)) o subconjunto do contradomínio constituído pelos elementos **y** que são imagens de algum $x \in A$. Retomando os exemplos 8, 9 e 10 temos:

Exemplo 8
$f(x) = x + 1$

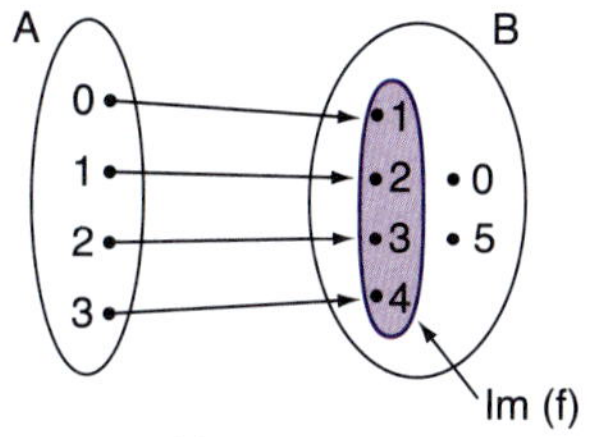

$Im(f) = \{1, 2, 3, 4\}$

Exemplo 9
$f(x) = 2x$

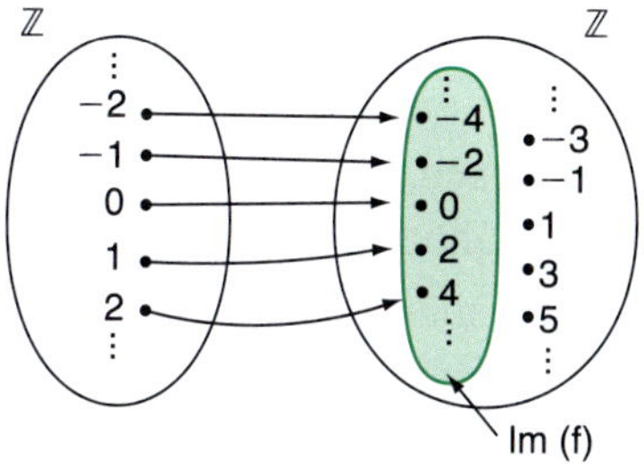

$Im(f) = \{..., -4, -2, 0, 2, 4, ...\}$
Podemos também escrever:
$Im(f) = \{y \in \mathbb{Z} \mid y = 2z;\ z \in \mathbb{Z}\}$

Exemplo 10
$f(x) = 2x + 1$

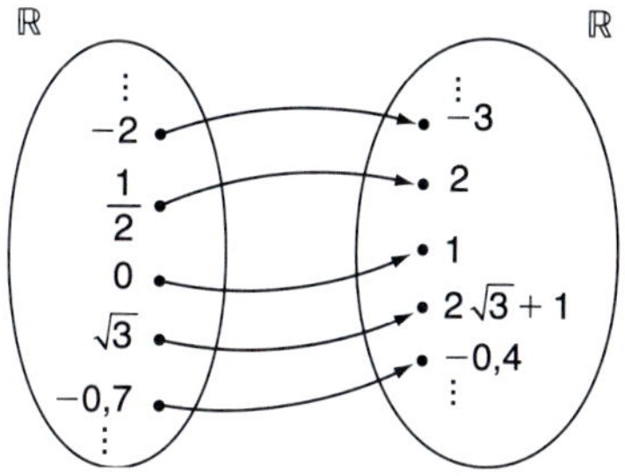

$Im(f) = \mathbb{R}$

Ilustrações: Banco de imagens/Arquivo da editora

No exemplo 10, todos os números reais são imagens de algum $x \in \mathbb{R}$, do domínio de **f**. Com efeito, dado um número real qualquer **a**, ele é imagem de $x = \dfrac{a-1}{2}$:

$$f\left(\frac{a-1}{2}\right) = 2 \cdot \left(\frac{a-1}{2}\right) + 1 = a - 1 + 1 = a,\ \forall a \in \mathbb{R}$$

É importante destacar que o procedimento apresentado acima não se aplica facilmente a qualquer função. Na maioria das vezes, a determinação do conjunto imagem de uma função será feita por meio da leitura de seu gráfico, como veremos adiante.

Exercícios

25. Sejam os conjuntos $A = \{-2, -1, 0, 1, 2\}$ e $B = \{-1, 0, 1, 2, 3, 4, 5\}$. Em cada caso, determine o domínio, o contradomínio e o conjunto imagem de **f**:

a) $f: A \rightarrow B$ dada por $f(x) = x + 2$

b) $f: A \rightarrow B$ dada por $f(x) = x^2$

c) $f: A \rightarrow B$ dada por $f(x) = -x + 1$

d) $f: A \rightarrow B$ dada por $f(x) = |x|$

26. Se $A = \{x \in \mathbb{Z} \mid -2 \leqslant x \leqslant 2\}$, $B = \{x \in \mathbb{Z} \mid -5 \leqslant x \leqslant 5\}$ e $f: A \rightarrow B$ é definida pela lei $y = 2x + 1$, quantos são os elementos de **B** que não pertencem ao conjunto imagem da função?

27. Seja $f: \mathbb{N} \rightarrow \mathbb{Z}$ definida por $f(x) = -x$. Qual é o conjunto imagem de **f**?

28. Se **x** e **y** são números reais, estabeleça o domínio de cada uma das funções dadas pelas leis a seguir.

a) $y = -4x^2 + 3x - 1$ b) $y = -\frac{3x + 11}{2}$ c) $y = \frac{2x + 3}{x}$ d) $y = \frac{4}{x - 1}$

29. Se **x** e **y** são números reais, determine o domínio das funções definidas por:

a) $y = \sqrt{x - 2}$ b) $y = \sqrt[3]{4x + 1}$ c) $y = \frac{3x + 1}{\sqrt{x - 3}}$ d) $y = \frac{\sqrt{x + 1}}{x}$

30. Estabeleça o domínio $D \subset \mathbb{R}$ de cada uma das funções definidas pelas sentenças abaixo.

a) $f(x) = \sqrt{2x - 1} + \sqrt{x}$

b) $g(x) = \sqrt{-3x + 5} - \sqrt{x - 1}$

c) $i(x) = \frac{2}{x^3 - 4x}$

d) $j(x) = \sqrt{x^2 + 5}$

Um pouco de história

O desenvolvimento do conceito de função

A ideia de função que temos hoje em dia foi sendo construída ao longo do tempo por vários matemáticos.

Conheça um pouco dessa longa história.

- Na Antiguidade, a ideia de função aparece, implícita, em algumas informações encontradas em tábuas babilônicas.
- Um importante registro sobre funções aparece, não com este nome, na obra do francês Nicole Oresme (c. 1323-1382), que teve a ideia de construir "um gráfico" ou "uma figura" para representar visualmente uma quantidade variável — no caso, a velocidade de um móvel variando no tempo. Oresme teria usado os termos latitude (para representar a velocidade) e longitude (para representar o tempo) no lugar do que hoje chamamos de ordenada e abscissa — era o primeiro grande passo na representação gráfica das funções.
- O matemático alemão Gottfried Wilhelm Leibniz (1646-1716) introduziu a palavra **função**, com praticamente o mesmo sentido que conhecemos e usamos hoje.
- A notação f(x) para indicar "função de **x**" foi introduzida pelo matemático suíço Leonhard Euler (1707-1783).

Portrait of Leonhard Euler, Jakob Emanuel Handmann, 1753/ Kunstmuseum Basel

A pintura de Jakob Emanuel Handmann, datada dos anos 1753, mostra o matemático suíço Leonhard Euler.

- O matemático alemão Peter Gustav Lejeune Dirichlet (1805-1859) deu uma definição de função muito próxima da que usamos hoje em dia:

> *"Se uma variável **y** está relacionada com uma variável **x** de modo que, sempre que um valor numérico é atribuído a **x**, existe uma regra de acordo com a qual é determinado um único valor de **y**, então se diz que **y** é função da variável independente **x**."*

- Por fim, com a criação da teoria dos conjuntos, no fim do século XIX, foi possível definir função como um conjunto de pares ordenados (x, y) em que **x** é elemento de um conjunto **A**, **y** é elemento de um conjunto **B** e para todo $x \in A$ existe um único $y \in B$ tal que $(x, y) \in f$.

Fonte de pesquisa: BOYER, Carl B. *História da Matemática*. 3. ed. São Paulo: Edgard Blucher, 2010.

Leitura informal de gráficos

Vamos observar alguns gráficos disponibilizados pelo Instituto Brasileiro de Geografia e Estatística (IBGE). Gráficos como estes são comuns em jornais, revistas, na internet e em outros veículos de comunicação. A partir deles, conheceremos algumas propriedades das funções representadas por eles.

EXEMPLO 11

O gráfico relaciona duas grandezas: a taxa (percentual) de urbanização e o tempo (período de 1940 a 2010). A taxa é função do tempo: para cada ano corresponde um único valor do percentual da população brasileira que vive em zonas urbanas. Por exemplo, em 2000, 81,23% da população brasileira vivia em zonas urbanas.

Observe que a taxa cresce (aumenta) à medida que o tempo avança (aumenta). Dizemos que essa função é **crescente**. No gráfico evidencia-se, também, um forte crescimento da taxa até o ano 2000; a partir daí, os aumentos são mais "suaves".

Taxa de urbanização no Brasil

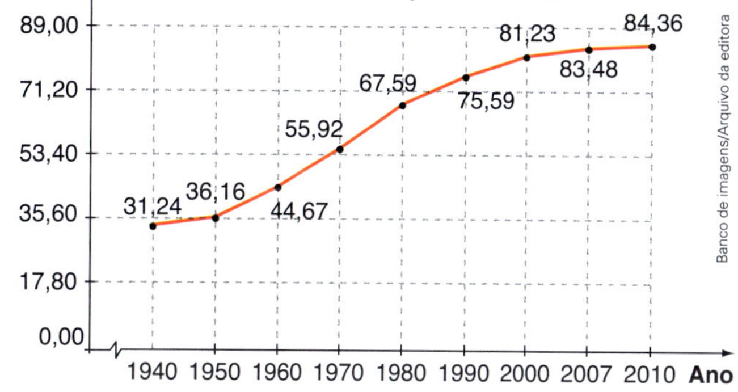

Fonte: IBGE. Censo demográfico 1940-2010. Disponível em: <seriesestatisticas.ibge.gov.br/series.aspx?no=10&op=0&vcodigo=POP122&t=taxa-urbanizacao>. Acesso em: 18 jun. 2018.

EXEMPLO 12

O gráfico mostra uma grande conquista da sociedade brasileira: a queda na taxa de mortalidade infantil desde 1980, passando pelos dias de hoje, até as projeções para 2050. A relação entre essas duas grandezas (taxa e tempo) define uma função: a cada ano está associada uma única taxa de mortalidade infantil.

Em todo o período considerado, a taxa de mortalidade diminui à medida que avançam os anos: trata-se de uma **função decrescente**. Observe que, de 1980 a 2000, ocorreu uma redução na taxa de 40 óbitos (por 1 000 nascimentos): de aproximadamente 70 por 1 000 para aproximadamente 30 por 1 000.

As projeções indicam que, em 2020, a taxa estará próxima de 15 por 1 000. Em 2050, atingirá um valor próximo de 7 por 1 000.

Taxa de mortalidade infantil no Brasil (óbitos por 1 000 nascimentos)

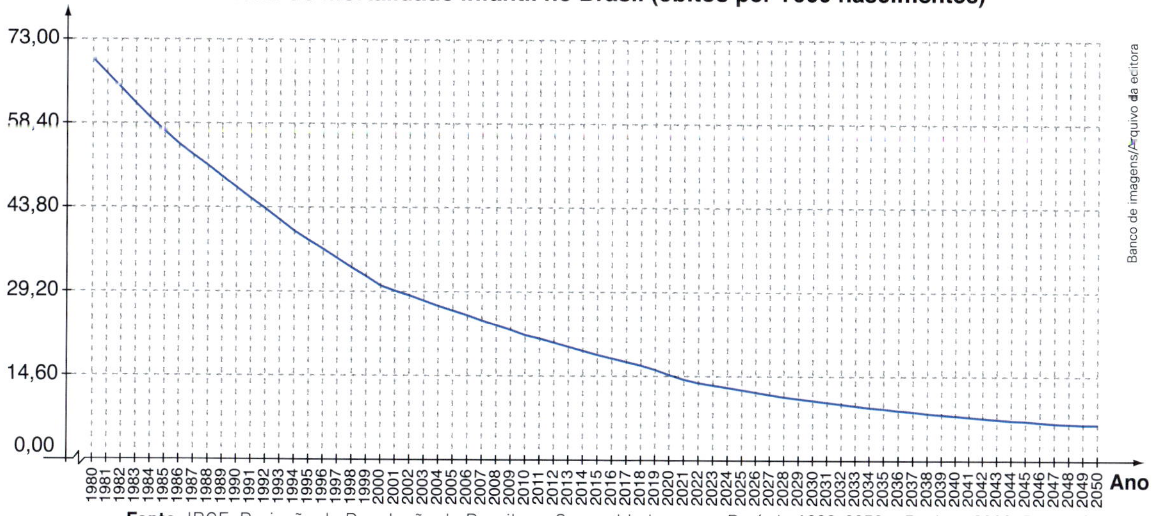

Fonte: IBGE, Projeção da População do Brasil por Sexo e Idade para o Período 1980-2050 – Revisão 2008. Disponível em: <seriesestatisticas.ibge.gov.br/series.aspx?no=10&op=0&vcodigo=POP324&t=revisao-2008-projecao-populacao-taxa-mortalidade>. Acesso em: 18 jun. 2018.

EXEMPLO 13

O gráfico seguinte mostra a relação entre duas grandezas: o número de óbitos por aids no Brasil (por 100 mil habitantes) e o tempo (de 1990 a 2009).

Essa relação define uma função, pois a cada ano corresponde uma única taxa.

No 1º ano – 1990 – a taxa de mortalidade (por 100 mil habitantes) era de 3,7 e esse foi o menor valor registrado no período considerado. Dizemos que o **valor mínimo** da função é 3,7 por 100 mil.

De 1990 a 1995 as taxas aumentaram (nesse intervalo a função é crescente). Em 1995 foi registrada a maior taxa de mortalidade (por 100 mil) que é igual a 9,7. Assim, o **valor máximo** dessa função é 9,7 por 100 mil.

De 1995 a 2000 as taxas diminuíram (nesse intervalo a função é decrescente) e de 2000 a 2003 a taxa praticamente não se alterou.

Uma nova queda ocorreu até 2006, seguida de novos aumentos até 2009. Quando analisamos os dez últimos anos do período considerado, podemos notar que a taxa de óbitos (por 100 mil habitantes) manteve-se na faixa de 5,9 a 6,4.

A despeito dos avanços no tratamento da doença, no qual o Brasil é referência internacional, é sempre importante lembrar que a aids ainda não tem cura, e informação e prevenção são sempre as opções mais seguras.

Número de óbitos por aids no Brasil (por 100 000 habitantes)

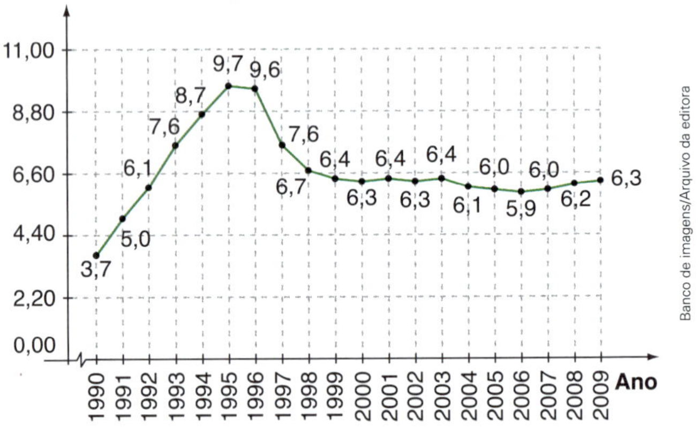

Fonte: Ministério da Saúde/SVS – 2010. Disponível em: <seriesestatisticas.ibge.gov.br/exportador.aspx?arquivo=MS39_BR_PERC.csv&categorias="%C3%93bitos por AIDS - Taxa de mortalidade espec%C3%ADfica(TME)"&localidade=Brasil>. Acesso em: 18 jun. 2018.

OBSERVAÇÃO

Em 2009, a população brasileira estava próxima de 190 milhões de habitantes. O número aproximado de óbitos por aids registrados naquele ano foi de $\frac{190\,000\,000}{100\,000} \cdot 6{,}3 = 11\,970$.

Exercícios

31. O gráfico ao lado representa a oscilação diária do valor da ação de uma empresa, comercializada em uma bolsa de valores, desde a abertura do pregão, às 10 horas, até o fechamento, às 18 horas.

Convencionaremos que t = 0 corresponde às 10 h; t = 1 corresponde às 11 h; e assim por diante.

Com base no gráfico, responda:

a) Em quais intervalos de horários o valor da ação subiu?

b) Em quais intervalos de horários o valor da ação caiu?

c) Nesse dia, entre quais valores oscilou o preço da ação dessa empresa?

d) Em que horários a ação esteve cotada a R$ 9,70?

e) A ação encerrou o dia em alta, estável, ou em baixa? De quanto por cento?

Oscilação diária do valor da ação da empresa

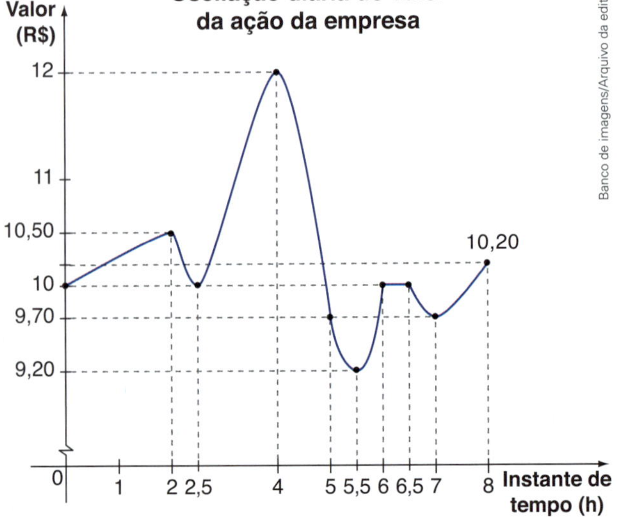

32. O gráfico a seguir mostra a variação mensal do Índice Nacional de Preços ao Consumidor Amplo (IPCA) de fevereiro de 2012 a setembro de 2015. Esse índice oficial tem por objetivo medir a inflação de um conjunto de produtos e serviços comercializados no varejo, como habitação, alimentação, educação, transporte, etc.

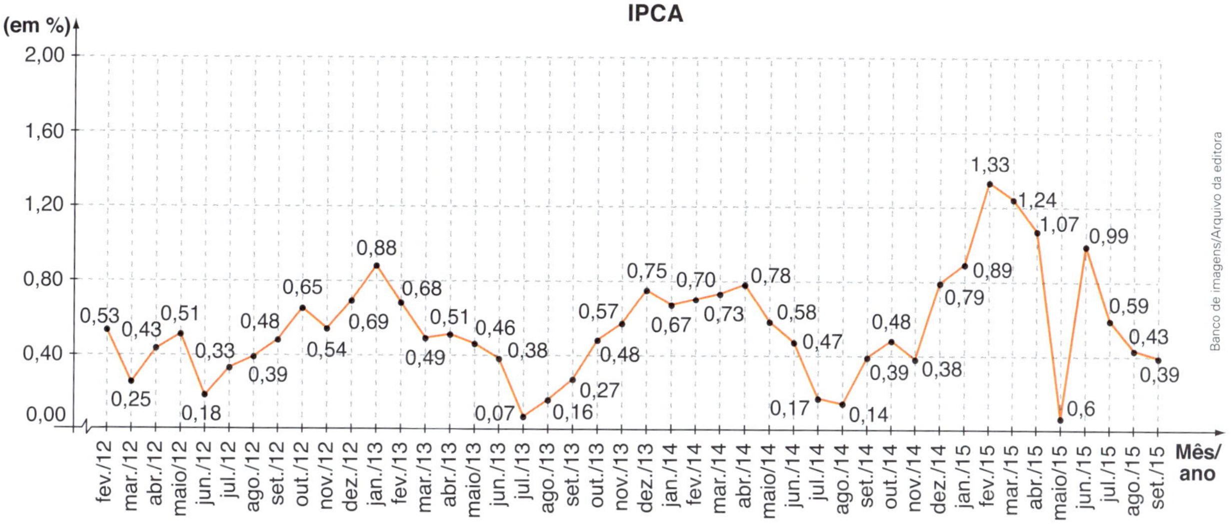

Fonte: IBGE. Índice Nacional de Preços ao Consumidor Amplo15. Disponível em: <seriesestatisticas.ibge.gov.br/series.aspx?no=11&op=0&vcodigo=IL4&t=ipca15-indice-nacional-precos-consumidor-amplor>. Acesso em: 18 jun. 2018.

Com base nas informações do gráfico, responda:

a) Em que data (mês e ano) foi registrado o menor IPCA?

b) Em que data (mês e ano) foi registrado o maior IPCA?

c) Indique, para o ano de 2013, os períodos em que o IPCA subiu e os períodos em que o IPCA caiu.

d) Em quantos meses do período considerado o IPCA ficou acima de 0,8% ao mês?

e) É possível concluir que, no 1º trimestre desses anos, ocorreu uma desaceleração da inflação?

33. O gráfico abaixo compara as taxas de desemprego nos meses de julho, no período de 2003 a 2014, nas regiões metropolitanas de São Paulo (SP), Belo Horizonte (BH) e Rio de Janeiro (RJ). Com base apenas nos dados do gráfico, classifique as afirmações seguintes em verdadeiras (**V**) ou falsas (**F**), justificando as falsas.

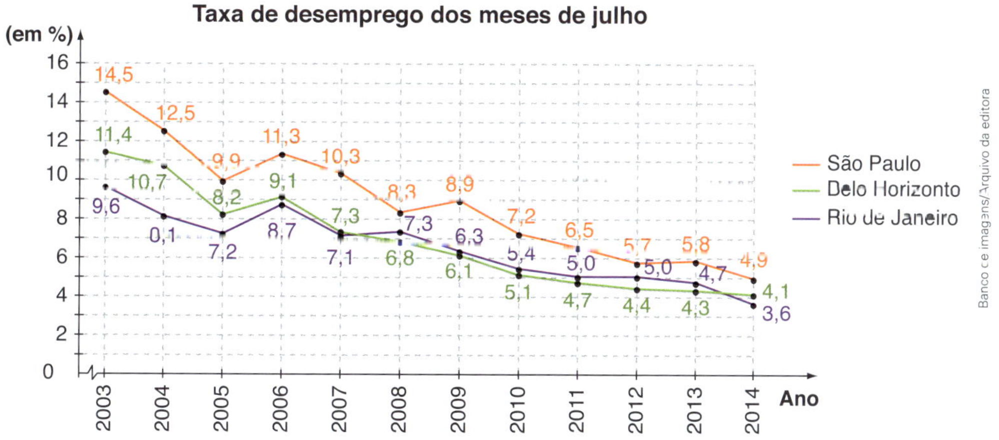

Fonte: IBGE. Pesquisa Mensal de Emprego (PME). Disponível em: <blog.planalto.gov.br/taxa-de-desemprego-em-julho-e-a-menor-para-o-mes-desde-2003>. Acesso em: 4 mar. 2016.

a) Em todo o período, a região metropolitana de SP registrou as maiores taxas de desemprego.

b) Em todo o período, quando a taxa em BH diminui, a taxa em SP também diminui.

c) A diferença entre a maior e a menor taxa de desemprego no RJ é maior que 5 pontos percentuais.

d) Em todo o período, a taxa de desemprego na região metropolitana do RJ é menor que a taxa em BH.

e) Em 2014, o número de desempregados em BH superava o número de desempregados no RJ.

34. O gráfico ao lado mostra o desflorestamento bruto, no estado do Amazonas, em quilômetros quadrados, no período de 1991 a 2010.

a) Identifique os períodos em que ocorreu aumento na área desmatada, considerando os anos de 1991 a 2005.

b) Considerando dois anos consecutivos, identifique o período em que foi registrado o maior aumento absoluto na área desmatada. Esse aumento foi superior ou inferior a 1 000 km^2?

c) Nos últimos dez anos do período considerado no gráfico, identifique o ano que apresentou maior área desmatada.

d) A diferença entre a área desmatada anual foi menor que 15 km^2 para quais anos consecutivos?

e) Em 2010, a área desmatada foi de 474 km^2. Considere um campo de futebol com 100 m de comprimento por 70 m de largura. Determine a quantos campos de futebol, aproximadamente, corresponde a área desmatada naquele ano. Lembre que 1 km^2 = 1 000 000 m^2.

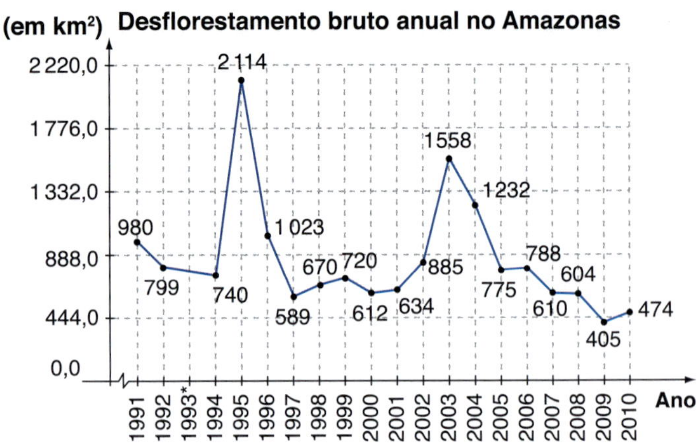

Banco de imagens/Arquivo da editora

*A taxa de desflorestamento em 1994 foi estimada como uma média no período entre 1992 e 1994. Por isso, não há dados para 1993.

Fonte: INPE/PRODES. Disponível em: <seriesestatisticas.ibge.gov.br/series.aspx?no=16&op=0&vcodigo=IU12&t=desflorestamento amazonia-legal-3-desflorestamento-bruto>. Acesso em: 18 jun. 2018.

O plano cartesiano

Representação de pontos em uma reta

No capítulo 2 apresentamos a representação geométrica do conjunto dos números reais. Vamos agora formalizar alguns conceitos.

Dada uma reta **r** podemos associar números reais aos pontos dessa reta. Para isso, escolhemos um ponto **O** (origem), uma unidade de medida de comprimento e um sentido positivo (para a direita).

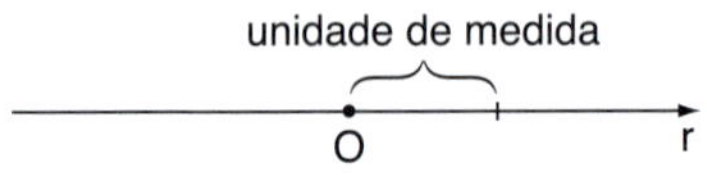

A cada ponto **P** dessa reta associamos um número real **x** tal que:

- Se **P** está à direita de **O** (sentido de **O** a **P** é positivo), **x** é o comprimento do segmento $\overline{OP}$ associado a um sinal positivo.
  Exemplo: x = +2 = 2

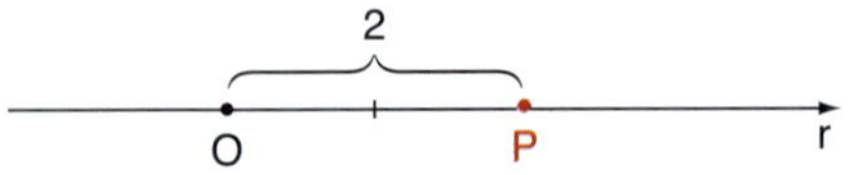

- Se **P** está à esquerda de **O** (sentido de **O** a **P** é negativo), **x** é o comprimento do segmento $\overline{OP}$ associado a um sinal negativo.
  Exemplo: x = −3

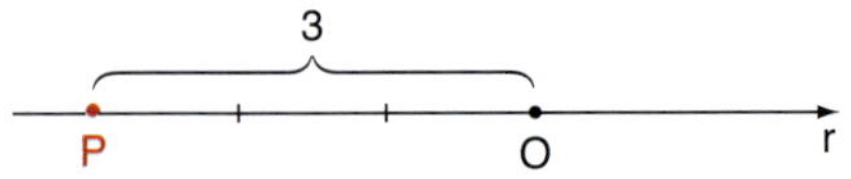

OBSERVAÇÃO

Se **P** coincide com **O**, então x = 0.

Em ambos os casos, dizemos que **x** é a **medida algébrica** do segmento $\overline{OP}$ e indicamos por x = med($\overline{OP}$).

Representação de pontos em um plano

Para representar pontos em um plano, procederemos da seguinte maneira:

1º) Traçamos duas retas (eixos) perpendiculares e usamos a sua interseção **O** como origem para cada um desses eixos.

2º) Para cada um dos eixos, escolhemos uma unidade de medida e um sentido positivo.

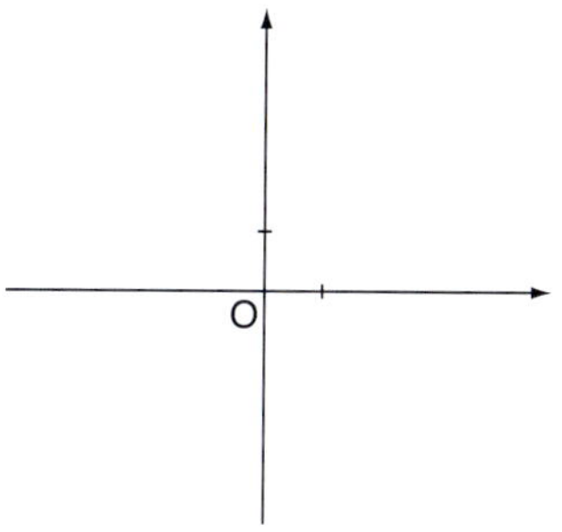

3º) Para cada ponto **P** do plano traçamos:

- uma reta paralela ao eixo vertical que intersecta o eixo horizontal no ponto **X**.
- uma reta paralela ao eixo horizontal que intersecta o eixo vertical no ponto **Y**.

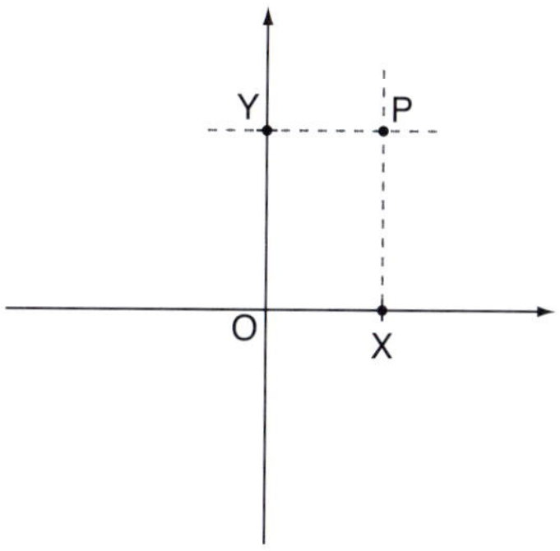

4º) O número real x = med($\overline{OX}$) é a **abscissa** de **P**, e o número real y = med($\overline{OY}$) é a **ordenada** de **P**. Observe, na figura acima, que a abscissa de **P** é positiva e a ordenada de **P** também é positiva.

Os números reais **x** e **y** são as **coordenadas** de **P** e as indicamos na forma de **par ordenado** P(x, y).

O plano que contém as duas retas é o **plano cartesiano**.

O eixo horizontal (Ox) é o **eixo das abscissas**.

O eixo vertical (Oy) é o **eixo das ordenadas**.

Observe, no plano cartesiano ao lado, a representação dos pontos **A**, **B**, **C**, **D**, **E** e **F** por meio de suas coordenadas:

- $A\left(\frac{5}{2}, 1\right)$
- $D\left(4, -\frac{4}{3}\right)$
- B(−1, 2)
- E(−3, 0)
- C(−2, −3)
- F(0, 3)

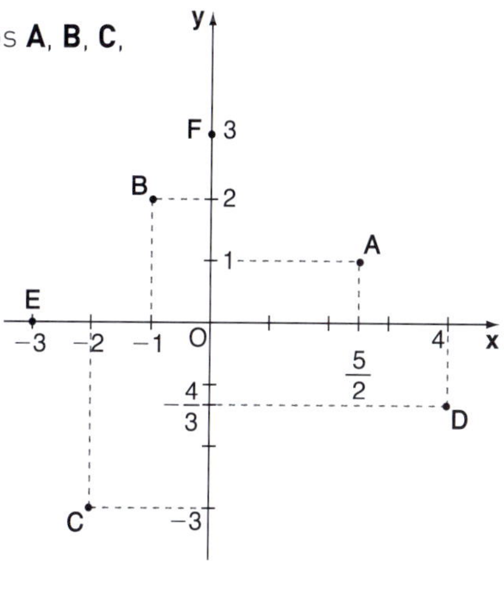

Ilustrações: Banco de imagens/Arquivo da editora

Cada uma das quatro partes em que fica dividido o plano pelos eixos cartesianos chama-se **quadrante**. A numeração dos quadrantes é feita no sentido anti-horário, iniciando a contagem do quadrante correspondente aos pontos que possuem ambas as coordenadas positivas.

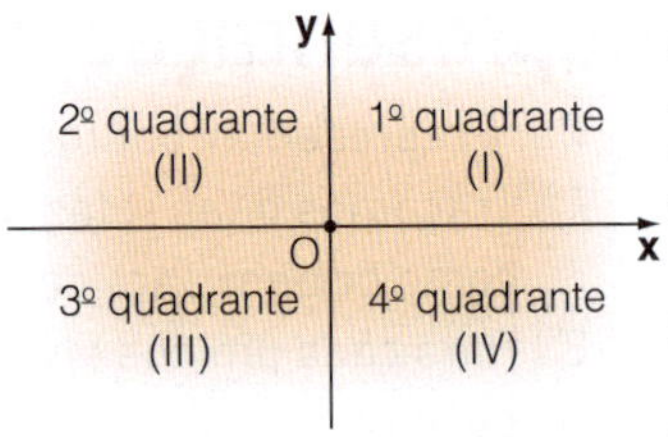

Banco de imagens/Arquivo da editora

Exercícios

35. Localize em um plano cartesiano os pontos: A(3, 1); B(−4, 2); C(5, −3); D(−1, −1); E(2, 0); F(0, −2); G(0, 0); H(−4, 0); I(0, 4); $J\left(-\frac{3}{2}, -4\right)$; $K(\sqrt{2}, 2)$; $L\left(-2, \frac{5}{2}\right)$; $M\left(3, -\frac{7}{3}\right)$.

36. Escreva as coordenadas de cada ponto assinalado no plano cartesiano abaixo. Considere que o lado de cada quadradinho mede uma unidade.

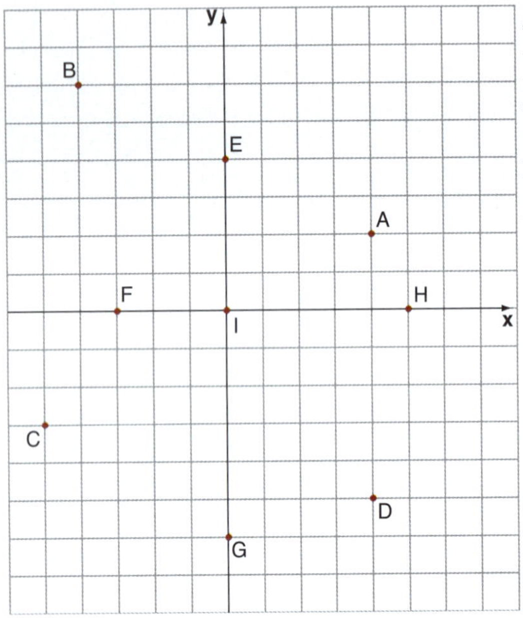

Banco de imagens/Arquivo da editora

37. Encontre **x** e **y** que determinam, em cada caso, a igualdade:

a) (x, y) = (2, −5)

b) (x + 4, y − 1) = (5, 3)

c) (x + y, x − 3y) = (3, 7)

38. Determine **m** para que $(m^2, m + 4) = (16, 0)$.

39. O ponto P(m − 3, 4) pertence ao eixo **y**. Qual é o valor de **m**?

40. O ponto $Q(-2, m^2 - 1)$ pertence ao eixo das abscissas. Qual é o valor de **m**?

41. Para cada item, represente em um plano cartesiano o conjunto de pontos (x, y) tais que:

a) $y > 0$

b) $x \leqslant 0$

c) $x = y$

d) $x \cdot y < 0$

e) $y = 0$

f) $x = 0$ e $y \geqslant 0$

42. O ponto P(a, b) pertence ao 2º quadrante.

a) Quais são os sinais de **a** e de **b**?

b) A qual quadrante pertence o ponto Q(−a, b)?

43. O ponto R(−a, b) pertence ao 3º quadrante.

a) Quais são os sinais de **a** e de **b**?

b) A qual quadrante pertence o ponto S(a, b)?

Construção de gráficos

Como podemos construir o gráfico de uma função conhecendo a sua lei de correspondência y = f(x) e seu domínio **D**?

Se **D** é finito, pode-se proceder assim:

- 1º passo: construímos uma tabela na qual aparecem os valores de **x** pertencentes a **D** e os valores do correspondente **y**, calculados por meio da lei y = f(x);
- 2º passo: representamos cada par ordenado (a, b) da tabela por um ponto do plano cartesiano. O conjunto dos pontos obtidos constitui o gráfico da função.

EXEMPLO 14

Vejamos como construir o gráfico da função **f** dada por $y = 2x$, com domínio $Dm\ (f) = \{-3, -2, -1, 0, 1, 2, 3\}$.

1º passo:

Construímos uma tabela:

x	-3	-2	-1	0	1	2	3
y	-6	-4	-2	0	2	4	6

2º passo:

Representamos os pares ordenados que estão na tabela por pontos, a saber:

- $A(-3, -6)$
- $B(-2, -4)$
- $C(-1, -2)$
- $D(0, 0)$
- $E(1, 2)$
- $F(2, 4)$
- $G(3, 6)$

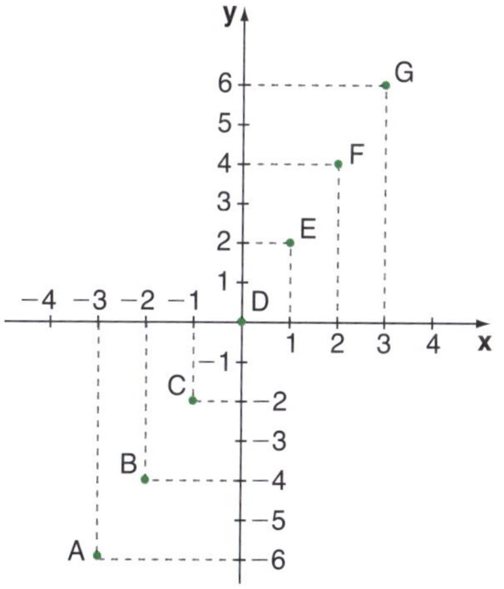

Banco de imagens/Arquivo da editora

O gráfico da função é formado por esses 7 pontos.

Se o conjunto Dm não é finito, podemos construir uma tabela e obter alguns pontos do gráfico; entretanto, o gráfico da função será constituído por infinitos pontos.

EXEMPLO 15

Veja como são os gráficos da função $y = 2x$ em domínios diferentes do exemplo anterior.

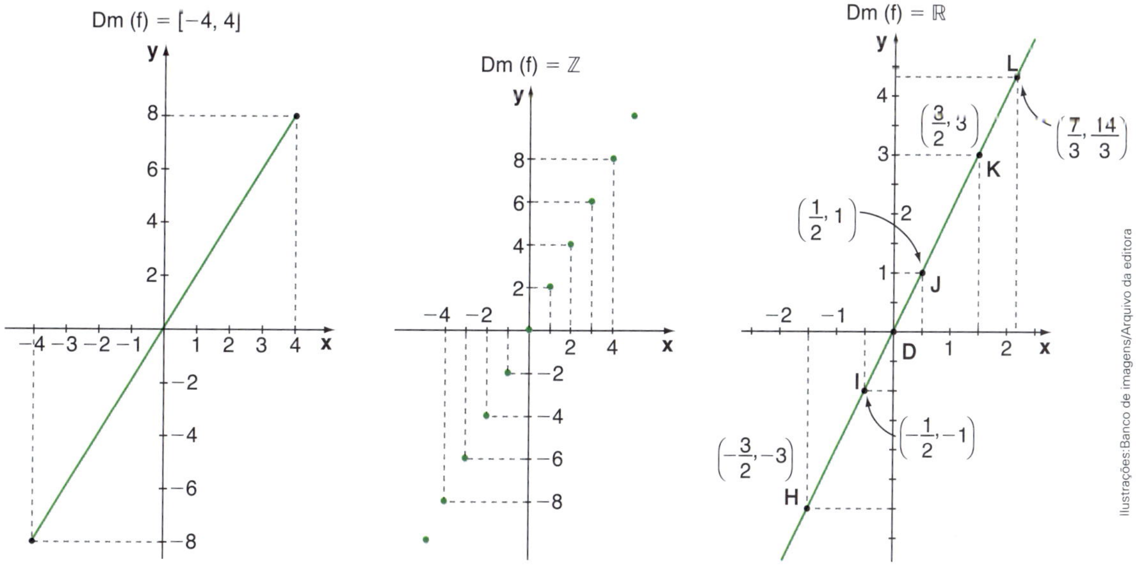

Ilustrações: Banco de imagens/Arquivo da editora

EXEMPLO 16

Vamos construir o gráfico da função dada por $y = x^2 - 4$ com domínio $\mathbb{R}$:

x	y	Ponto
−3	5	A
−2	0	B
−1,5	−1,75	C
−1	−3	D
−0,5	−3,75	E
0	−4	F
0,5	−3,75	G
1	−3	H
1,5	−1,75	I
2	0	J
3	5	K

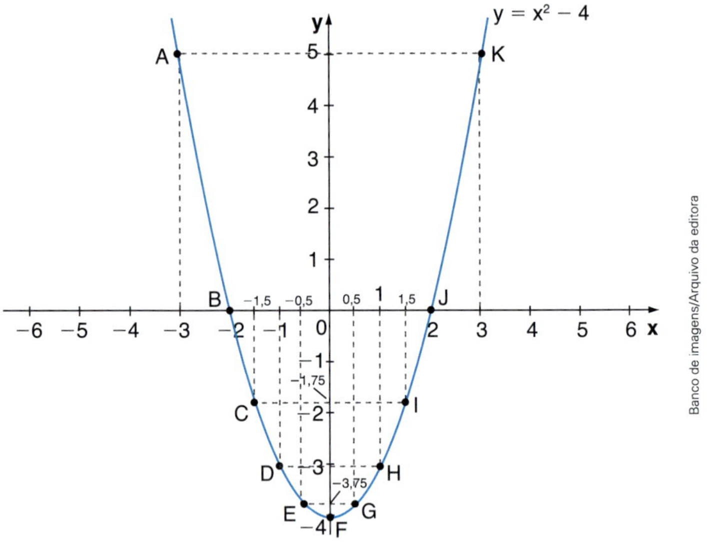

Essa curva é chamada **parábola** e será estudada com mais detalhes no capítulo 5.

EXEMPLO 17

Vamos construir o gráfico da função dada por $y = \dfrac{12}{x}$ no domínio $\mathbb{R}^*$:

x	y	Ponto
−12	−1	A
−6	−2	B
−4	−3	C
−3	−4	D
−2	−6	E
−1	−12	F
1	12	G
2	6	H
3	4	I
4	3	J
6	2	K
12	1	L

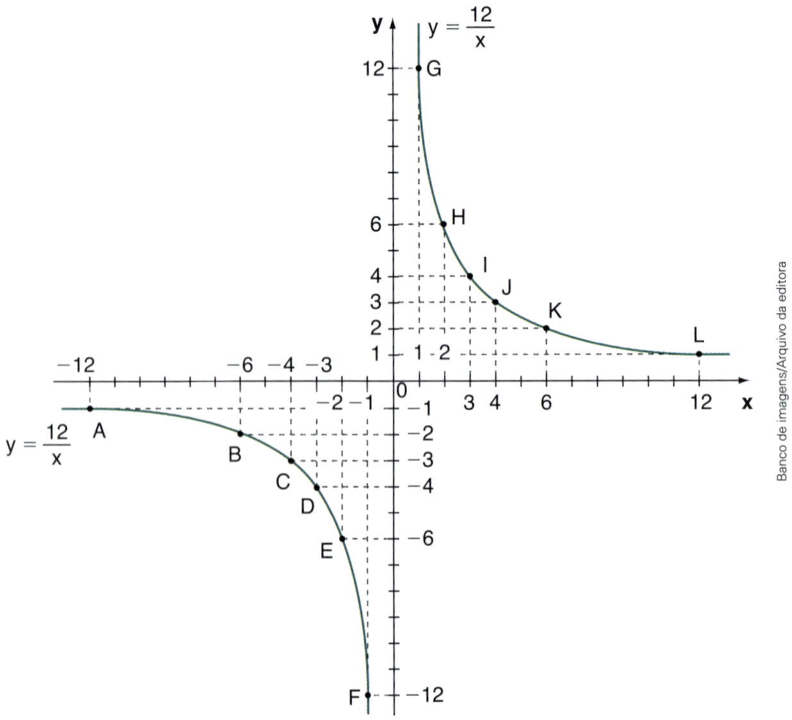

Essa curva é chamada **hipérbole** e será estudada com mais detalhes no terceiro volume da coleção.

Exercícios

44. Construa os gráficos das funções f: A → B, sendo B ⊂ ℝ, dadas pela lei y = x + 1 nos seguintes casos:

a) A = {0, 1, 2, 3}

b) A = [0, 3]

c) A = ℤ

d) A = ℝ

45. Construa os gráficos das funções f: A → B com B ⊂ ℝ, dadas pela lei y = −2x + 1 nos seguintes casos:

a) A = {−2, −1, 0, 1, 2}

b) A = [−2, 2[

c) A = ℝ

46. Construa os gráficos das funções f: A → B, com B ⊂ ℝ definidas por $f(x) = x^2$, nos seguintes casos:

a) $A = \left\{-2, -\frac{3}{2}, -1, -\frac{1}{2}, 0, \frac{1}{2}, 1, \frac{3}{2}, 2\right\}$

b) A = [−2, 2[

c) A = ℝ

47. Construa os gráficos das funções f: A → B, sendo B ⊂ ℝ, dadas pela lei $y = 1 - x^2$ nos seguintes casos:

a) A = {−3, −2, −1, 0, 1, 2, 3}

b) A = [−3, 3]

c) A = ℝ

48. Construa o gráfico da função f: ℝ* → ℝ* dada por $y = \frac{1}{x}$.

49. A função **f** definida por y = 2x + b tem domínio Dm (f) = ℕ, e **b** é uma constante que pode ser determinada pela leitura do gráfico ao lado. Qual é o valor de **b**?

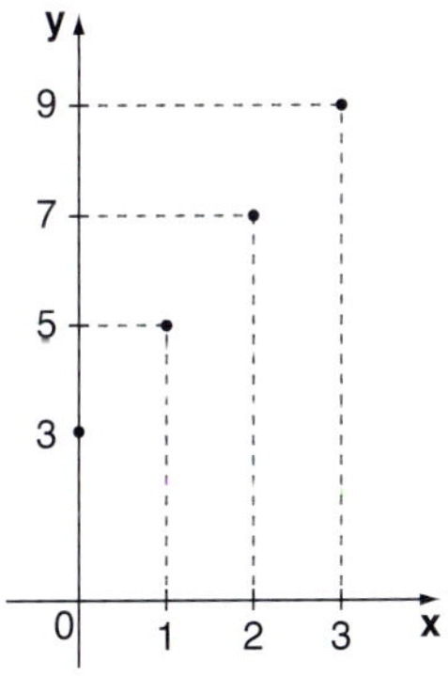

Banco de imagens/Arquivo da editora

50. O gráfico ao lado representa a função **f**, de domínio real, cuja lei é $y = ax^2 + b$, com **a** e **b** constantes. Quais são os valores de **a** e de **b**?

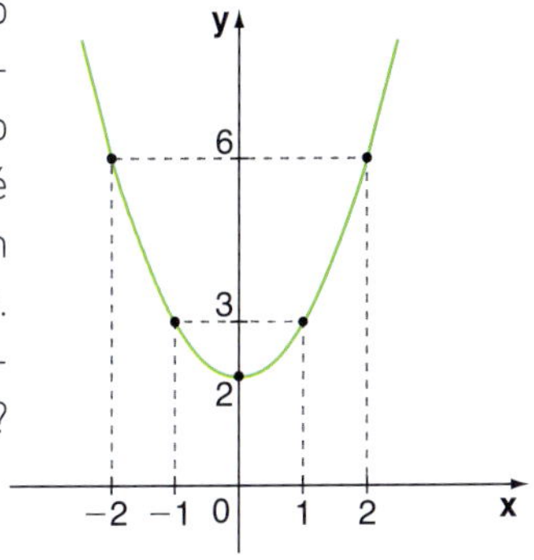

Banco de imagens/Arquivo da editora

51. O gráfico abaixo representa a função f: D ⊂ ℝ → ℝ, sendo Dm (f) = [a, b].

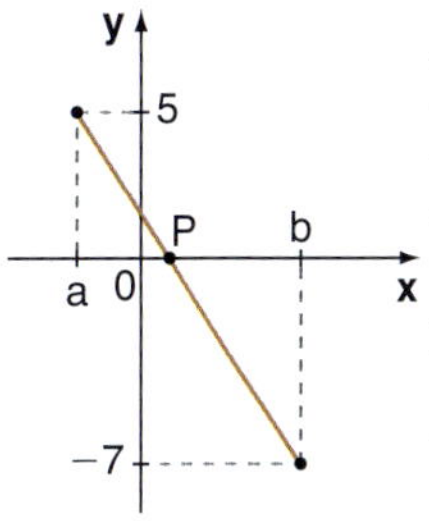

Banco de imagens/Arquivo da editora

Sabendo que f(x) = −3x + 2, determine:

a) os valores de **a** e **b**;

b) a abscissa do ponto **P**.

52. Quais dos gráficos seguintes não representam função de domínio igual a ℝ? Explique.

a)

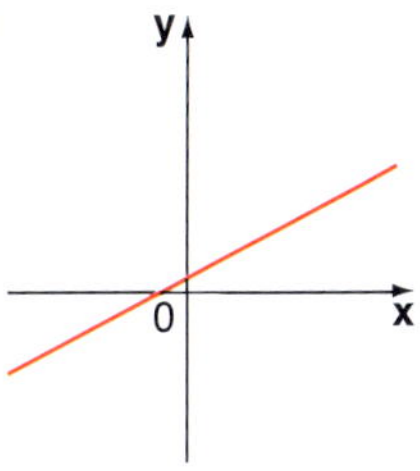

e)

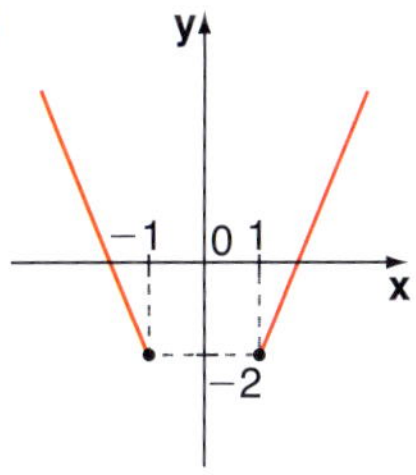

b)

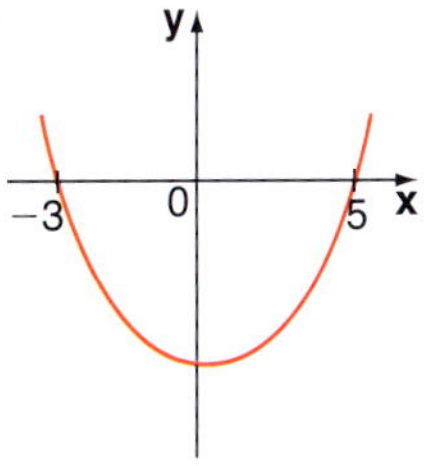

f)

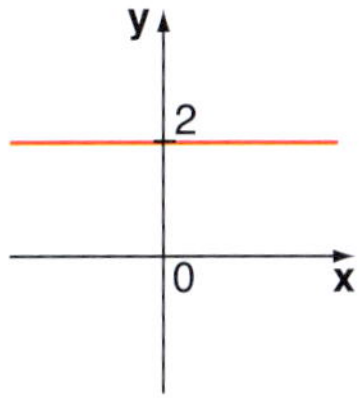

c)

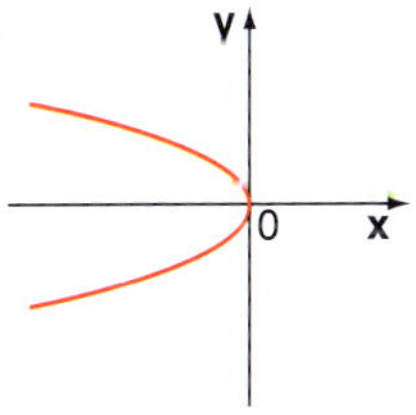

g)

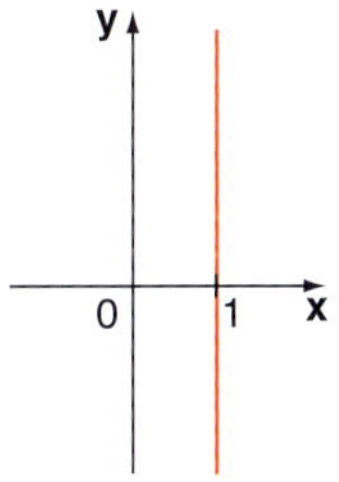

d)

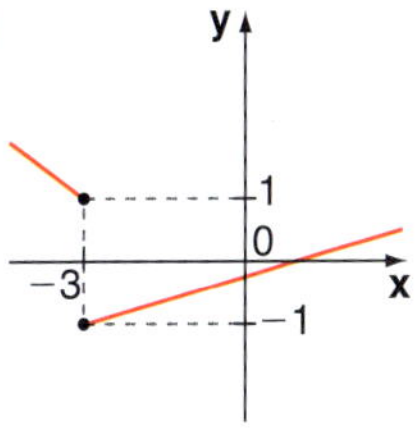

h)

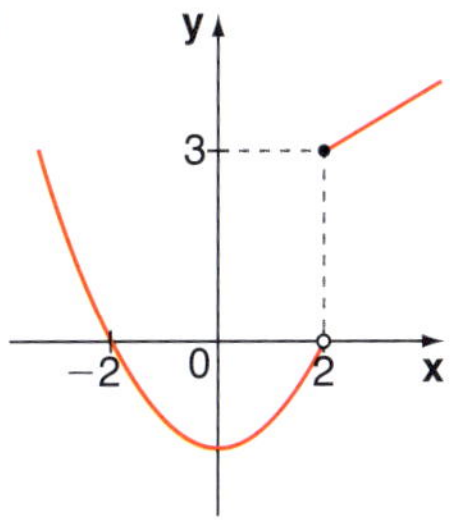

Ilustrações: Banco de imagens/Arquivo da editora

Análise de gráficos

Muitas informações a respeito do comportamento de uma função podem ser obtidas a partir do seu gráfico. Por meio dele, podemos ter uma visão do crescimento (ou decrescimento) da função, dos valores máximos (ou mínimos) que ela assume, do seu conjunto imagem, de eventuais simetrias, etc.

Agora vamos analisar os gráficos já apresentados e observar os comportamentos das respectivas funções.

EXEMPLO 18

Observe, ao lado, o gráfico da função de $\mathbb{R}$ em $\mathbb{R}$ dada por $y = 2x$.

Já vimos que esse gráfico é uma reta.

Como a reta corta o eixo Ox no ponto $x = 0$, então $x = 0 \Rightarrow y = 2x = 2 \cdot 0 = 0$.

O valor de **x** que anula **y** é chamado **raiz** ou **zero da função**.

Note que, para $x > 0$, os pontos do gráfico estão acima do eixo Ox, portanto apresentam $y > 0$. Veja também que, para $x < 0$, os pontos do gráfico estão abaixo do eixo Ox, portanto apresentam $y < 0$.

Quanto maior o valor dado a **x**, maior será o valor do correspondente $y = 2x$. Dizemos, por isso, que essa função é **crescente**.

Observe que todo número real **y** é imagem de algum número real **x**. De fato, dado $y_0 \in \mathbb{R}$, o número real $\mathbf{x_0}$ cuja imagem é $\mathbf{y_0}$ é $x_0 = \frac{y_0}{2}$, pois

$f(x_0) = 2 \cdot x_0 = 2 \cdot \frac{y_0}{2} = y_0$. Desse modo, o conjunto imagem de **f** é $\text{Im}(f) = \mathbb{R}$.

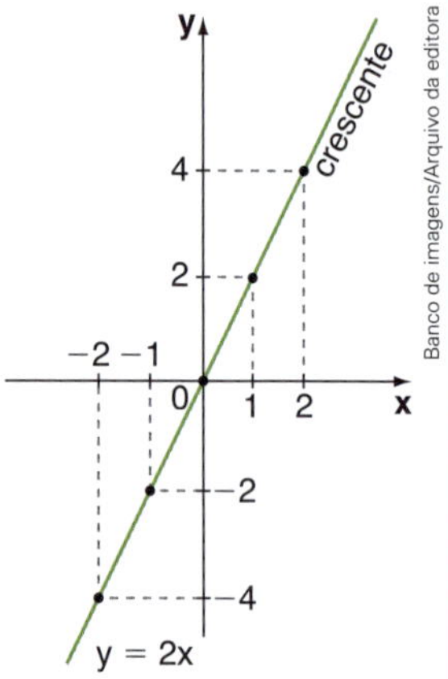

Note também que $f(1) = 2$ e $f(-1) = -2$; $f(2) = 4$ e $f(-2) = -4$, etc.

De modo geral, se $x \in \mathbb{R}$, $f(x) = 2x$ e $f(-x) = 2 \cdot (-x) = -2x$; portanto, $f(-x) = -f(x)$ para todo **x**. Isso faz com que o gráfico seja simétrico em relação ao ponto **O** (origem).

EXEMPLO 19

Observe, ao lado, o gráfico da função de $\mathbb{R}$ em $\mathbb{R}$ dada por $y = x^2 - 4$.

Já vimos que esse gráfico é uma parábola.

Como a parábola corta o eixo Ox nos pontos de abscissas 2 e −2, então:

$x = 2 \Rightarrow y = x^2 - 4 = 2^2 - 4 = 0$ e

$x = -2 \Rightarrow y = x^2 - 4 = (-2)^2 - 4 = 0$

−2 e 2 são os zeros dessa função.

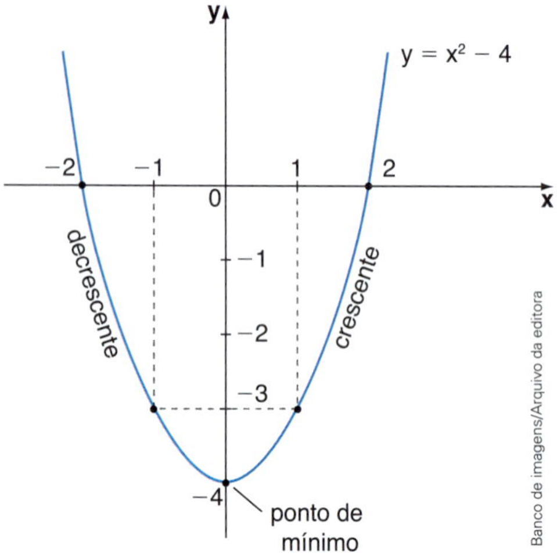

Note que, para $x < -2$ ou $x > 2$, os pontos do gráfico estão acima do eixo Ox, portanto apresentam $y > 0$. Veja também que, para $-2 < x < 2$, os pontos do gráfico estão abaixo do eixo Ox, portanto apresentam $y < 0$.

Para $x > 0$, quanto maior o valor atribuído a **x**, maior será o valor do correspondente $y = x^2 - 4$.

Por outro lado, para $x < 0$, quanto maior o valor dado a **x**, menor será o valor do correspondente $y = x^2 - 4$.

Dizemos, então, que:

- para $x > 0$, essa função é crescente;
- para $x < 0$, essa função é decrescente.

Se $x = 0$, temos $y = -4$ e, se $x \neq 0$, temos $y > -4$. Dizemos, portanto, que $(0, -4)$ é **ponto de mínimo** da função e -4 é o **valor mínimo** que a função assume. Assim, o conjunto imagem dessa função é $Im(f) = \{y \in \mathbb{R} \mid y \geq -4\}$.

Note também que $f(1) = -3$ e $f(-1) = -3$; $f(2) = 0$ e $f(-2) = 0$, etc.

De modo geral, se $x \in \mathbb{R}$, $f(x) = x^2 - 4$ e $f(-x) = (-x)^2 - 4 = x^2 - 4$; portanto, $f(x) = f(-x)$ para todo **x**. Isso faz com que o gráfico seja simétrico em relação ao eixo **y**.

Conceitos

Analisando o gráfico de uma função **f** qualquer, podemos descobrir algumas propriedades notáveis. Vejamos:

O sinal da função

Os pontos de interseção do gráfico com o eixo Ox apresentam ordenadas $y = 0$, ou seja, suas abscissas $\mathbf{x_0}$ são tais que $f(x_0) = 0$. Essas abscissas $\mathbf{x_0}$ são os **zeros** ou **raízes** da função **f**.

Os pontos do gráfico situados acima do eixo Ox apresentam ordenadas $y > 0$, ou seja, suas abscissas $\mathbf{x_0}$ determinam $f(x_0) > 0$.

Já os pontos do gráfico situados abaixo do eixo Ox apresentam ordenadas $y < 0$, ou seja, suas abscissas $\mathbf{x_0}$ determinam $f(x_0) < 0$.

Note que o sinal de uma função refere-se ao sinal de **y**. Estudar o sinal de uma função significa determinar para quais valores de **x** tem-se $y > 0$ e para quais valores de **x** tem-se $y < 0$.

Observe:

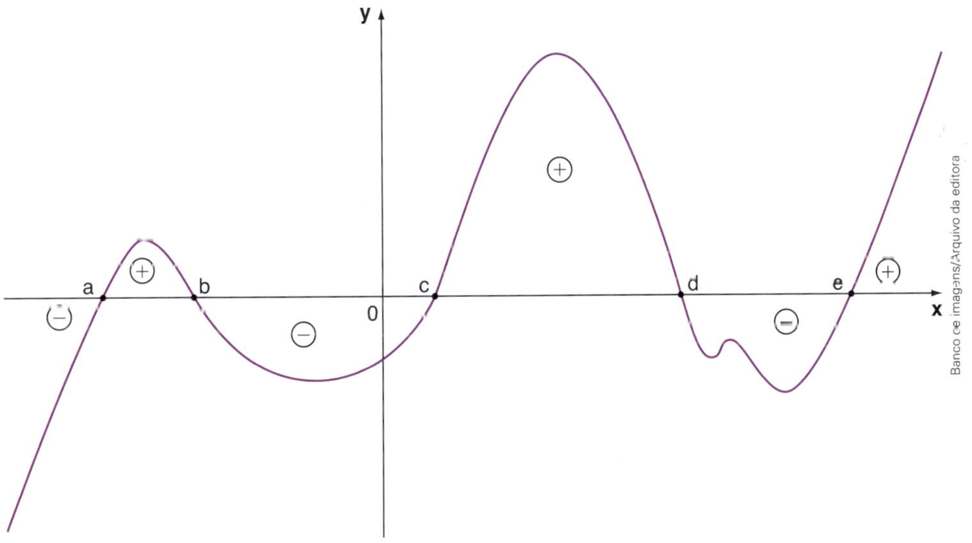

Nesse gráfico, temos:

- $f(a) = 0$, $f(b) = 0$, $f(c) = 0$, $f(d) = 0$ e $f(e) = 0$ (**a**, **b**, **c**, **d** e **e** são raízes);
- o sinal de **f** é:

  $y > 0$ para $a < x < b$, para $c < x < d$ ou para $x > e$;

  $y < 0$ para $x < a$, para $b < x < c$ ou para $d < x < e$.

Crescimento/decrescimento

Se, para quaisquer valores $\mathbf{x}_1$ e $\mathbf{x}_2$ de um subconjunto **S** (contido no domínio **D**), com $x_1 < x_2$, temos $f(x_1) < f(x_2)$, então **f** é crescente em **S**.

Se, para quaisquer valores $\mathbf{x}_1$ e $\mathbf{x}_2$ de um subconjunto **S**, com $x_1 < x_2$, temos $f(x_1) > f(x_2)$, então **f** é decrescente em **S**.

Observe:

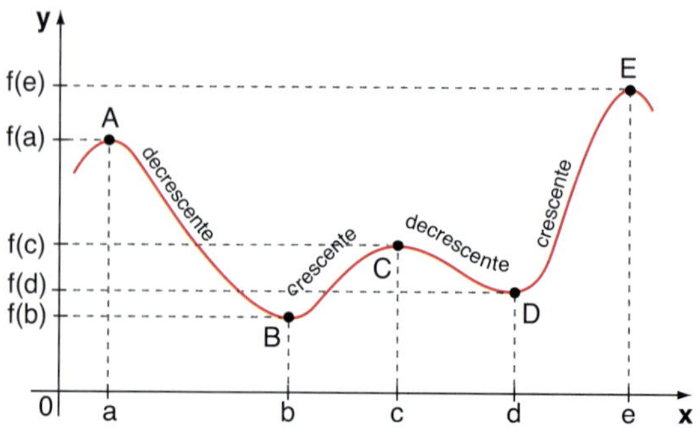

Banco de imagens/Arquivo da editora

Máximos/mínimos

Seja **S** um subconjunto do domínio **D** e seja $x_0 \in S$.

Se, para todo **x** pertencente a **S**, temos $f(x) \geqslant f(x_0)$, então $(x_0, f(x_0))$ é o **ponto de mínimo** de **f** em **S**, e $f(x_0)$ é o **valor mínimo** de **f** em **S**.

Se, para todo **x** pertencente a **S**, temos $f(x) \leqslant f(x_0)$, então $(x_0, f(x_0))$ é o **ponto de máximo** de **f** em **S**, e $f(x_0)$ é o **valor máximo** de **f** em **S**.

No gráfico anterior:

- considerando o intervalo $I = [a, c]$, temos que **B** é o ponto de mínimo de **f** em **I** e f(b) é o valor mínimo que a função assume em **I**;
- considerando o intervalo $J = [b, d]$, observamos que **C** é o ponto de máximo de **f** em **J** e f(c) é o valor máximo de **f** em **J**;
- quando consideramos o intervalo $K = [a, e]$, observamos que **B** é o ponto de mínimo de **f** em **K** e **E** é o ponto de máximo de **f** em **K**; os valores mínimo e máximo assumidos por **f** em **K** são, respectivamente, f(b) e f(e).

Simetrias

Se $f(-x) = f(x)$ para todo $x \in D$, então **f** tem o gráfico simétrico em relação ao eixo **y**. Nesse caso, dizemos que **f** é uma **função par**.

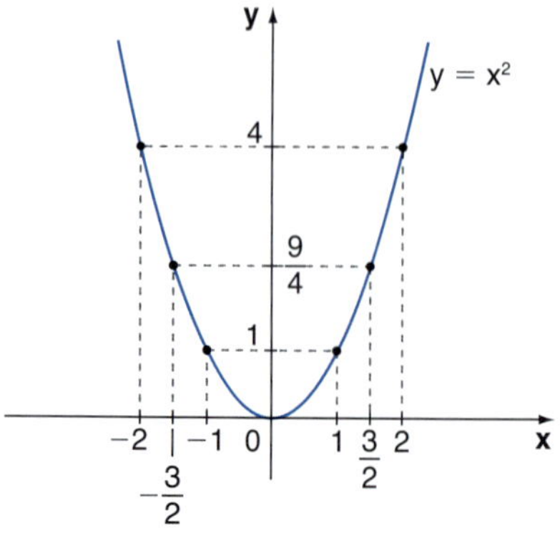

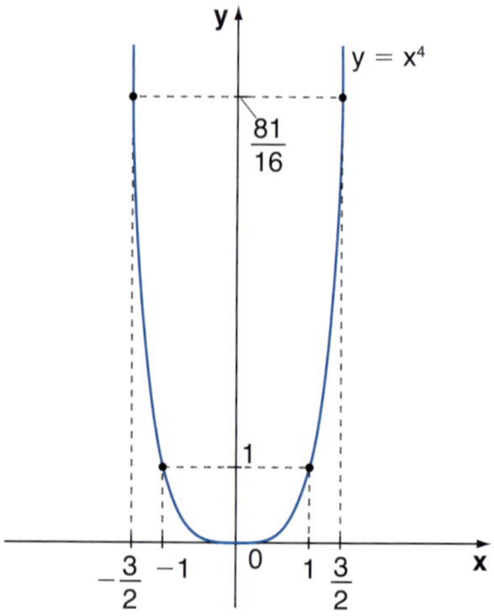

Ilustrações: Banco de imagens/Arquivo da editora

Se $f(-x) = -f(x)$ para todo $x \in D$, então **f** tem o gráfico simétrico em relação à origem. Nesse caso, dizemos que **f** é uma **função ímpar**.

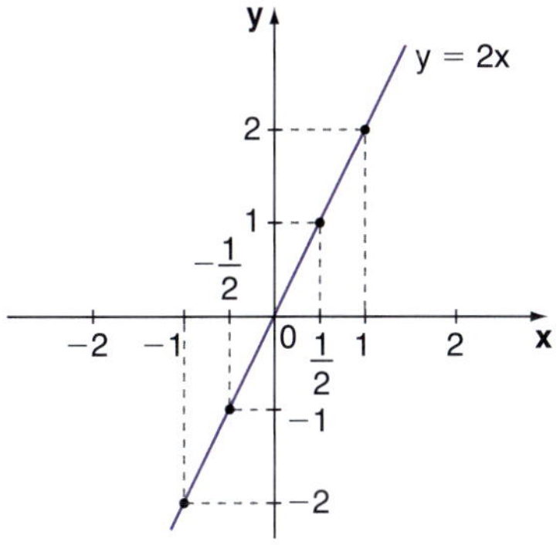

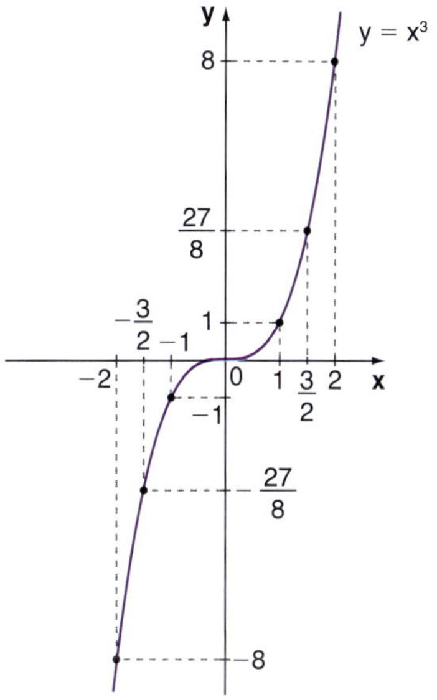

Ilustrações: Banco de imagens/Arquivo da editora

OBSERVAÇÃO

Existem funções que não são classificadas em nenhuma dessas categorias (par e ímpar) e seus gráficos não apresentam nenhuma das simetrias citadas anteriormente. Veja, por exemplo, o gráfico de uma função **f** que não é par nem é ímpar, representado ao lado.

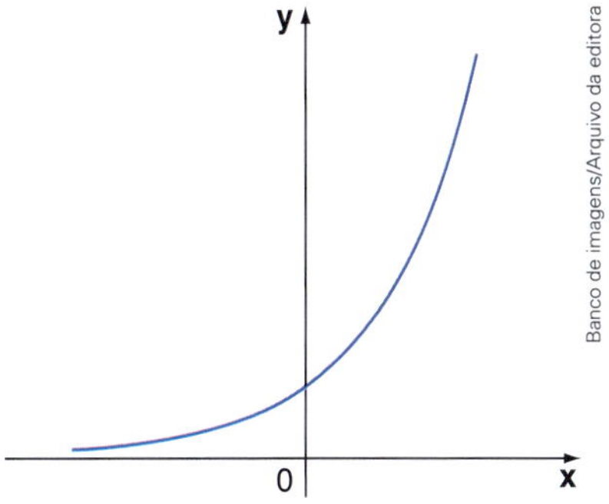

Banco de imagens/Arquivo da editora

Veja o exemplo a seguir.

EXEMPLO 20

Seja $f: [-3, 4] \to \mathbb{R}$ uma função cujo gráfico está representado a seguir.

Observe que:

1º) se $-3 \leqslant x < 1$, **f** é crescente; se $1 \leqslant x \leqslant 4$, temos $f(x) = 3$; dizemos que, nesse intervalo, **f** é **constante**, pois a imagem de qualquer **x** pertencente a esse intervalo é sempre igual a 3;

2º) **f** admite -2 como raiz;

3º) o sinal de **f** é: $\begin{cases} y > 0, \text{ se } -2 < x \leqslant 4 \\ y < 0, \text{ se } -3 \leqslant x < -2 \end{cases}$;

4º) o conjunto imagem de **f** é $\text{Im}(f) = \{y \in \mathbb{R} \mid -1 \leqslant y \leqslant 3\}$;

5º) **f** não é par nem ímpar.

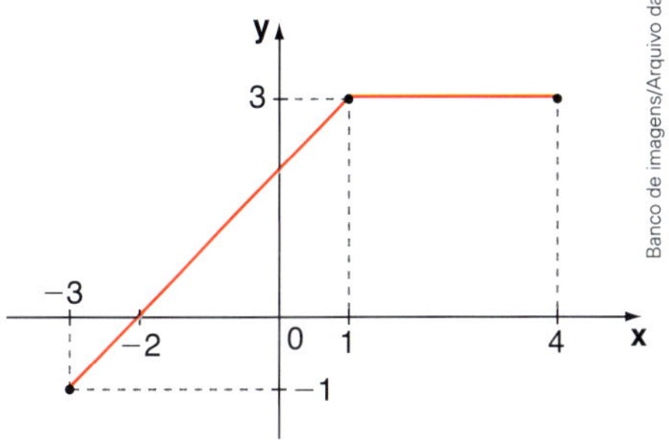

Banco de imagens/Arquivo da editora

Exercícios

53. Em cada caso, o gráfico representa uma função de $\mathbb{R}$ em $\mathbb{R}$. Especifique os intervalos em que a função é crescente, decrescente ou constante:

a)
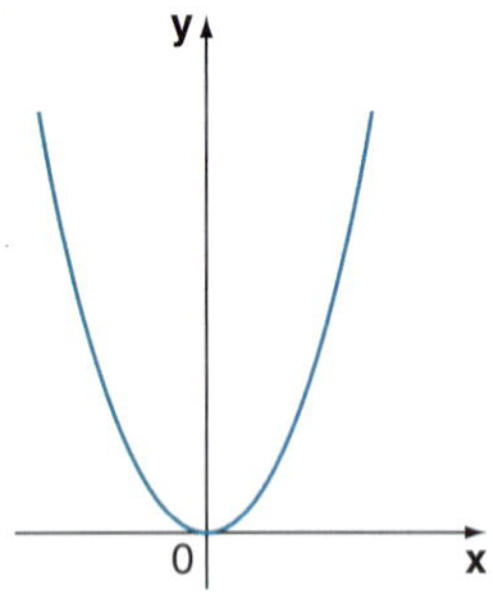

c)
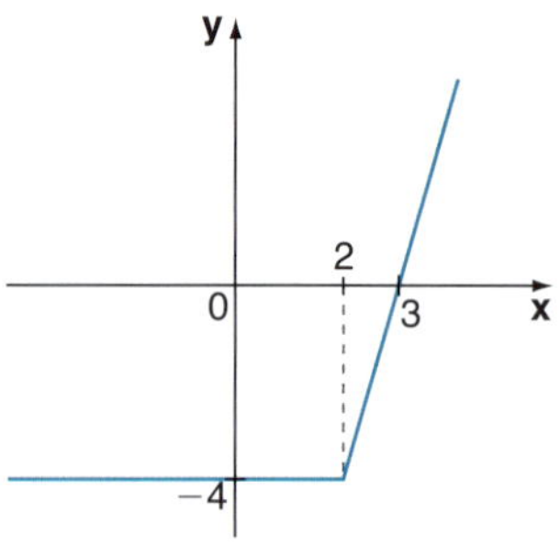

e)
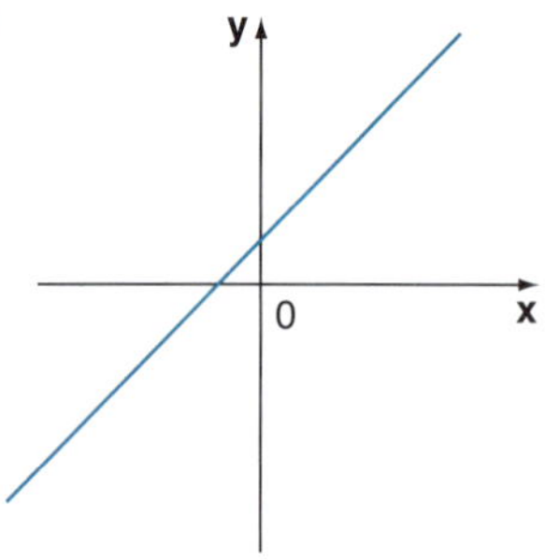

b)
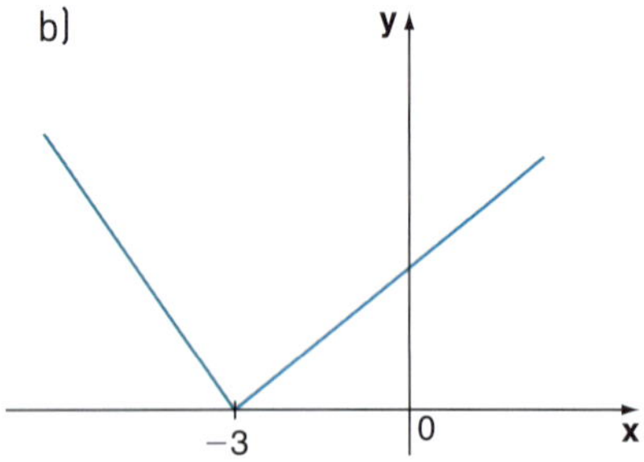

d)
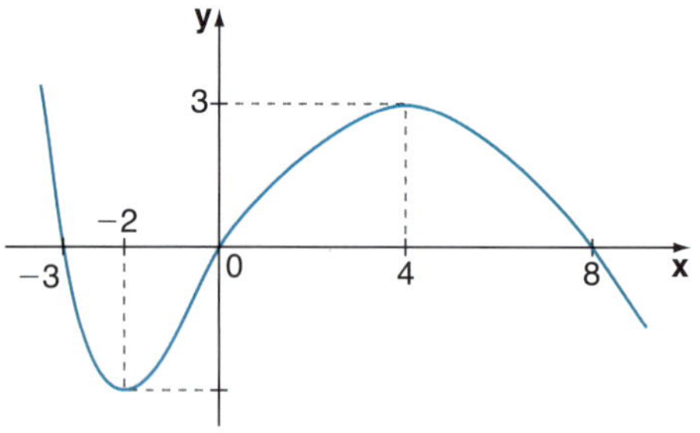

Ilustrações: Banco de imagens/Arquivo da editora

54. Estude o sinal de cada uma das funções de $\mathbb{R}$ em $\mathbb{R}$ cujos gráficos estão representados a seguir e forneça também a(s) raiz (raízes), se houver.

a)
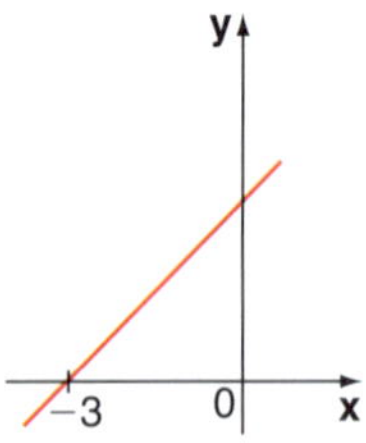

c)
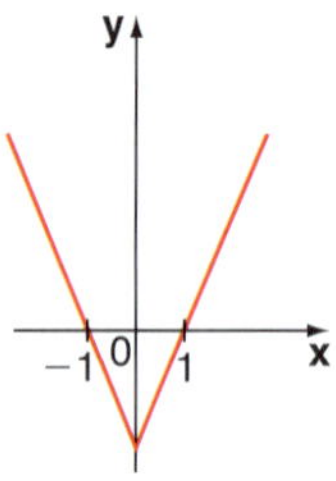

e)
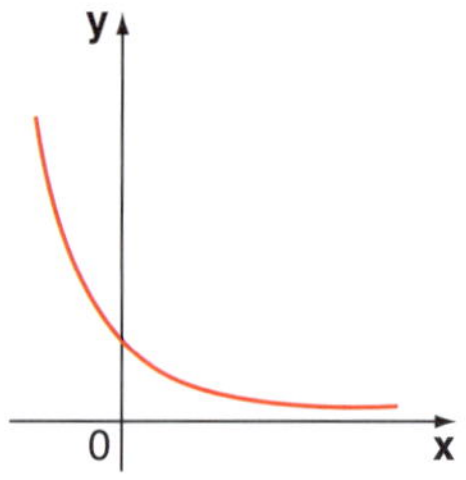

b)
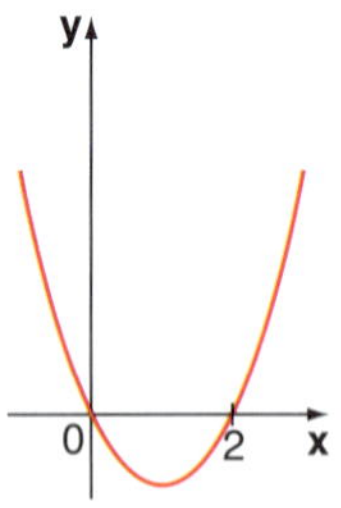

d)
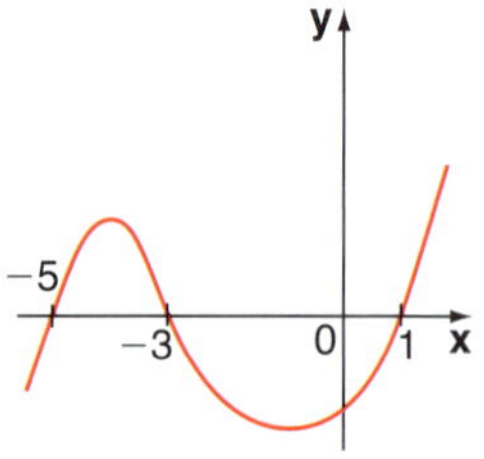

f)
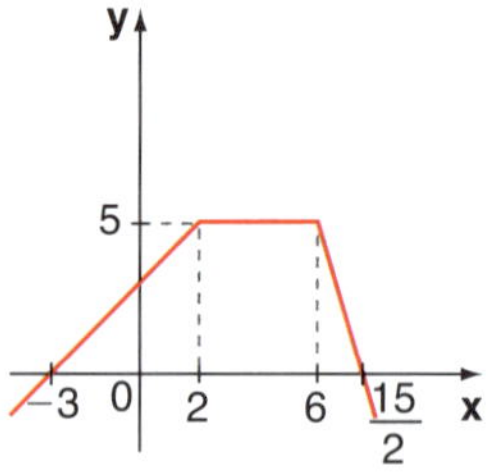

Ilustrações: Banco de imagens/Arquivo da editora

55. O gráfico ao lado representa uma função f: D ⊂ $\mathbb{R} \to \mathbb{R}$, com Dm (f) = $\left]-\infty, \frac{9}{2}\right[$.

Determine:

a) os valores de f(−1), f(0), f(−3) e f(3);

b) os intervalos em que **f** é crescente;

c) os intervalos em que **f** é decrescente;

d) o sinal de **f**;

e) o conjunto imagem de **f**;

f) a(s) raiz (raízes) de **f**.

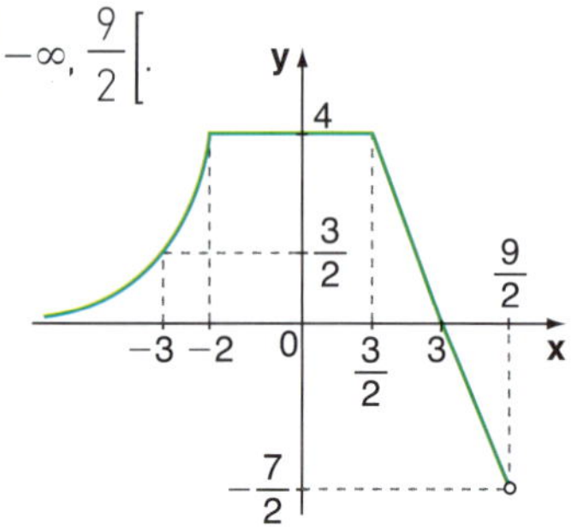

Banco de imagens/Arquivo da editora

56. Em cada item é dada uma condição sobre uma função de domínio real. Faça um gráfico possível de uma função que verifique tal condição.

a) **f** é sempre decrescente.

b) **f** é crescente se $x > 2$ e decrescente se $x < 2$.

c) **f** é constante se $x < 1$ e decrescente se $x > 1$.

d) **f** é crescente se $x < 1$, decrescente se $x > 1$ e o sinal de **f** é $y < 0$ para todo $x \in \mathbb{R}$.

57. Determine, em cada caso, o conjunto imagem das funções de domínio real cujos gráficos estão a seguir representados:

a)

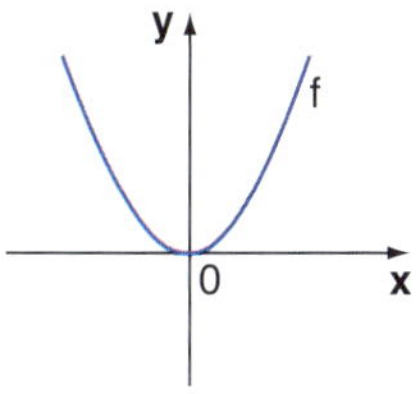

b)

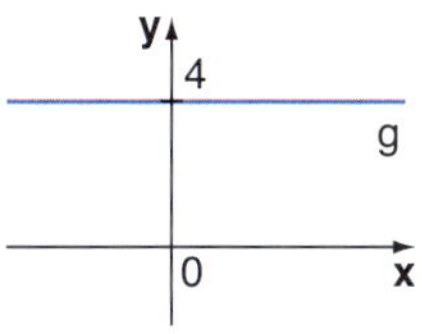

c)

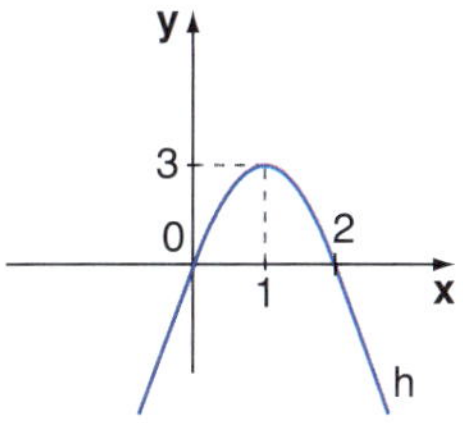

d)

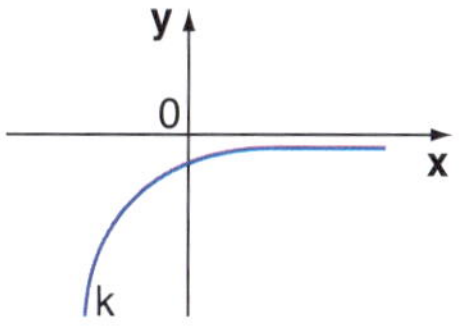

Ilustrações: Banco de imagens/Arquivo da editora

58. Indique **P** para a função par, **I** para função ímpar e **O** para função que não é par nem ímpar:

a)

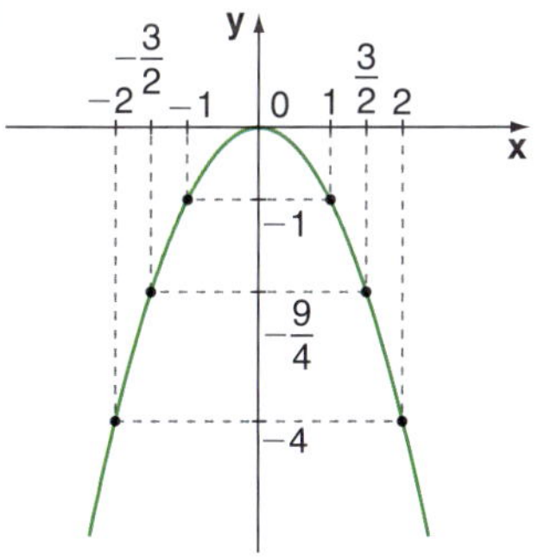

c)

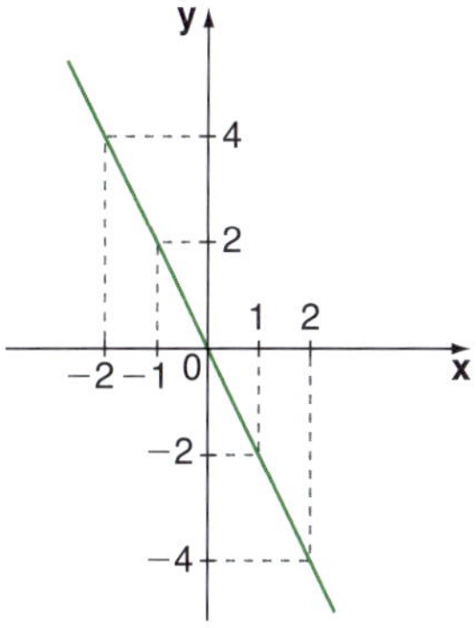

Ilustrações: Banco de imagens/Arquivo da editora

b)

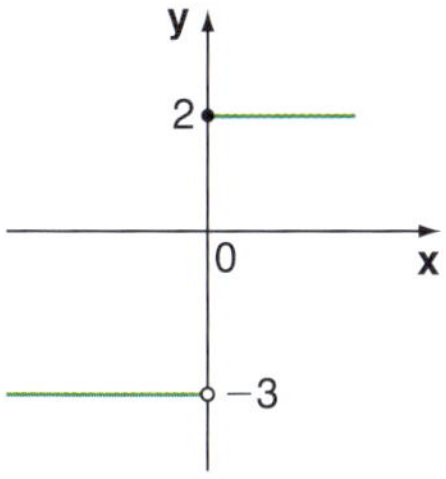

d)

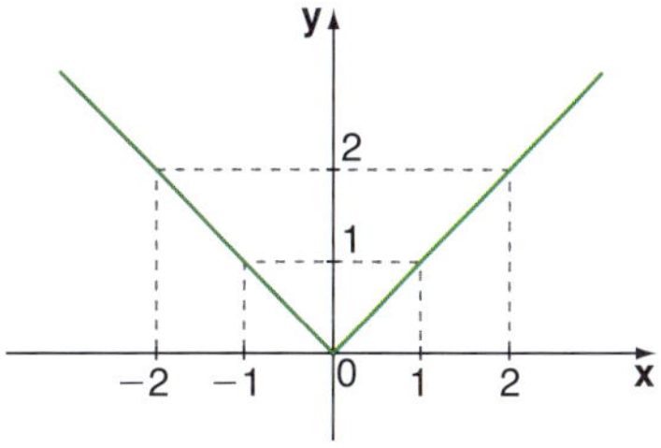

Taxa média de variação de uma função

Seja f: $\mathbb{R} \rightarrow \mathbb{R}$ a função definida por $f(x) = x^2$, cujo gráfico está representado ao lado.

Vamos analisar de que maneira, em um determinado intervalo, os valores da imagem (isto é, da variável **y**) variam à medida que variam os valores do domínio (isto é, da variável **x**). Em outras palavras, à medida que **x** varia de x_1 até x_2, analisaremos como se dá a variação das imagens de $f(x_1)$ a $f(x_2)$.

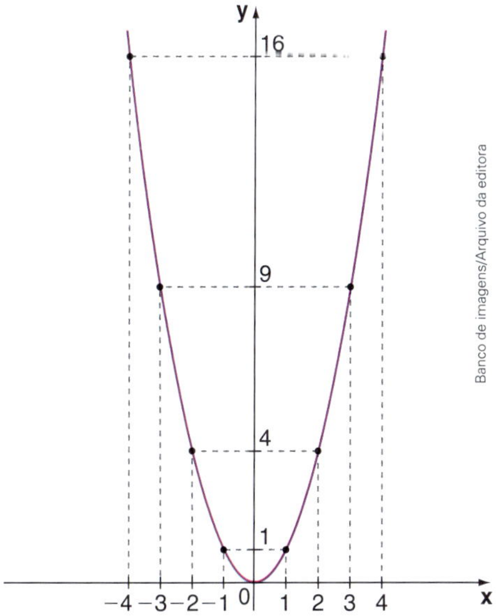

Banco de imagens/Arquivo da editora

Acompanhe a tabela seguinte, considerando inicialmente o intervalo em que **f** é crescente, isto é, $x \geq 0$.

	x_1	x_2	Δx: variação de x $\Delta x = x_2 - x_1$	$y_1 = f(x_1)$	$y_2 = f(x_2)$	Δy: variação de y $\Delta y = y_2 - y_1$
I	0	1	$\Delta x = 1 - 0 = 1$	0	1	$\Delta y = 1 - 0 = 1$
II	1	2	$\Delta x = 2 - 1 = 1$	1	4	$\Delta y = 4 - 1 = 3$
III	2	3	$\Delta x = 3 - 2 = 1$	4	9	$\Delta y = 9 - 4 = 5$
IV	3	4	$\Delta x = 4 - 3 = 1$	9	16	$\Delta y = 16 - 9 = 7$

Nos itens I, II, III e IV, à medida que **x** aumenta uma unidade, os valores de **y** aumentam 1, 3, 5 e 7 unidades, respectivamente.

Observe o sinal (positivo) de Δy.

Podemos perceber que o "ritmo" de variação de **y** em relação à variação de **x** difere de acordo com os pontos (x_1, y_1) e (x_2, y_2) considerados.

Considerando agora o intervalo em que **f** é decrescente ($x \leq 0$), montamos a tabela:

	x_1	x_2	$\Delta x = x_2 - x_1$	$y_1 = f(x_1)$	$y_2 = f(x_2)$	$\Delta y = y_2 - y_1$
V	−4	−3	$\Delta x = 1$	16	9	$\Delta y = 9 - 16 = -7$
VI	−3	−2	$\Delta x = 1$	9	4	$\Delta y = 4 - 9 = -5$
VII	−2	−1	$\Delta x = 1$	4	1	$\Delta y = 1 - 4 = -3$
VIII	−1	0	$\Delta x = 1$	1	0	$\Delta y = 0 - 1 = -1$

Nos itens V, VI, VII e VIII, à medida que **x** aumenta uma unidade, os valores de **y** diminuem 7, 5, 3 e 1 unidade, respectivamente.

Observe o sinal (negativo) de Δy.

Veja a seguinte definição:

Seja **f** uma função definida por $y = f(x)$; sejam $\mathbf{x_1}$ e $\mathbf{x_2}$ dois valores do domínio de **f**, $(x_1 \neq x_2)$, cujas imagens são, respectivamente, $f(x_1)$ e $f(x_2)$.

O quociente $\dfrac{f(x_2) - f(x_1)}{x_2 - x_1}$ recebe o nome de **taxa média de variação da função f**, para **x** variando de $\mathbf{x_1}$ até $\mathbf{x_2}$.

OBSERVAÇÕES

- A taxa média de variação depende dos pontos (x_1, y_1) e (x_2, y_2) tomados.
- Note que

$$\frac{f(x_2) - f(x_1)}{x_2 - x_1} = \frac{-[f(x_1) - f(x_2)]}{-(x_1 - x_2)} = \frac{f(x_1) - f(x_2)}{x_1 - x_2}$$

Desse modo, verificamos que é indiferente escolher o sentido em que calculamos a variação (de $\mathbf{x_1}$ para $\mathbf{x_2}$ ou de $\mathbf{x_2}$ para $\mathbf{x_1}$), desde que mantenhamos o mesmo sentido no numerador e no denominador.

Vamos retomar a função $f(x) = x^2$ apresentada na página anterior e calcular a taxa média de variação de **f**, para **x** variando de:

a) 0 a 1

$$\frac{f(1) - f(0)}{1 - 0} = \frac{1 - 0}{1} = 1$$

b) 2 a 3

$$\frac{f(3) - f(2)}{3 - 2} = \frac{9 - 4}{1} = 5$$

c) 1 a 3

$$\frac{f(3) - f(1)}{3 - 1} = \frac{9 - 1}{2} = 4$$

d) 3 a 1

$$\frac{f(1) - f(3)}{1 - 3} = \frac{1 - 9}{-2} = \frac{-8}{-2} = 4$$

e) −4 a −1

$$\frac{f(-1) - f(-4)}{-1 - (-4)} = \frac{1 - 16}{3} = \frac{-15}{3} = -5$$

Observe que as taxas médias de variação calculadas nos itens *c* e *d* coincidem, como mostra a observação ao lado.

Veja outros exemplos:

EXEMPLO 21

Seja f: $\mathbb{R} \to \mathbb{R}$ a função definida por $f(x) = 2x + 3$ cujo gráfico está representado abaixo. Vamos calcular a taxa média de variação de **f** para **x** variando de:

a) -2 a 0

$$\begin{cases} f(-2) = -1 \\ f(0) = 3 \end{cases} \Rightarrow \frac{f(0) - f(-2)}{0 - (-2)} = \frac{3 - (-1)}{2} = 2$$

b) $\frac{1}{2}$ a 3

$$\begin{cases} f\left(\frac{1}{2}\right) = 4 \\ f(3) = 9 \end{cases} \Rightarrow \frac{f(3) - f\left(\frac{1}{2}\right)}{3 - \frac{1}{2}} = \frac{9 - 4}{\frac{5}{2}} = \frac{5}{\frac{5}{2}} = 2$$

c) -1 a 1

$$\begin{cases} f(1) = 5 \\ f(-1) = 1 \end{cases} \Rightarrow \frac{f(1) - f(-1)}{1 - (-1)} = \frac{5 - 1}{2} = 2$$

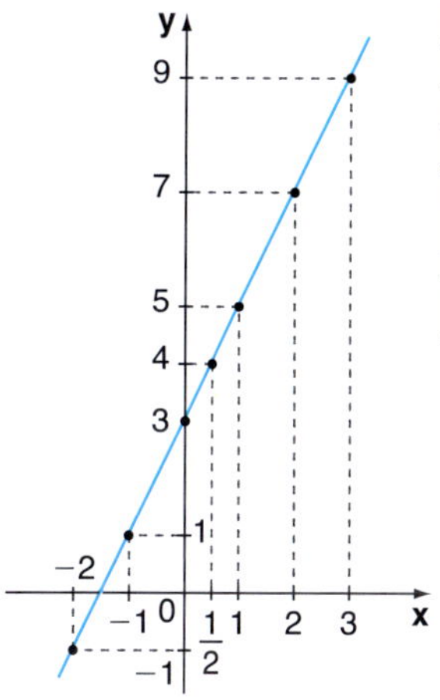

Banco de imagens/Arquivo da editora

Observe, neste exemplo, que o valor encontrado para a taxa média de variação da função **f** é o mesmo, independente dos pontos (x_1, y_1) e (x_2, y_2) considerados. No capítulo seguinte, veremos que se trata de uma propriedade particular das funções polinomiais do 1º grau.

EXEMPLO 22

O gráfico ao lado mostra a evolução da população mundial no decorrer do tempo e sua projeção para o fim deste século (até 2100).

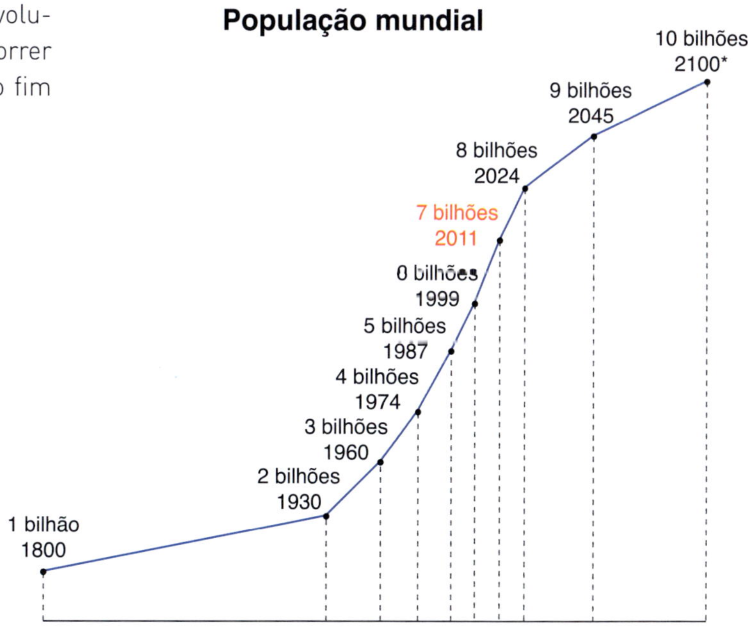

* Projeção segundo a qual, em 2100, a população estabiliza ou cai um pouco.

Banco de imagens/Arquivo da editora

Fonte: Revista *Veja*, edição 2241, 2 nov. 2011, p. 124-125.

Vamos calcular inicialmente a taxa média de variação da população, em pessoas/ano, de 1800 a 2011:

$$\frac{7\,000\,000\,000 - 1\,000\,000\,000}{2011 - 1800} = \frac{6\,000\,000\,000}{211} \simeq 28\,436\,019 \simeq 28{,}44 \text{ milhões}$$

A taxa média encontrada não significa, obrigatoriamente, que a população mundial aumentou 28,44 milhões de pessoas por ano no período considerado. Há períodos em que a população cresceu mais devagar (por exemplo, de 1800 a 1930) e períodos em que a população cresceu mais rápido (de 1999 a 2011, por exemplo). Quando analisamos globalmente, todas as variações ocorridas equivalem, em média, a um aumento de 28,44 milhões de pessoas por ano.

A seguir, vamos comparar o ritmo de crescimento da população em três períodos:

- 1º período: de 1800 a 1930

  A taxa média de variação, em pessoas/ano, é:

  $$\frac{2\,000\,000\,000 - 1\,000\,000\,000}{1930 - 1800} = \frac{1\,000\,000\,000}{130} \simeq 7\,692\,308 \simeq 7{,}69 \text{ milhões}$$

  Dizemos que a população mundial aumentou, no período considerado (1800 a 1930), em média, 7,69 milhões de pessoas/ano (valem as ressalvas feitas para o período anterior).

- 2º período: de 1987 a 2011

  A taxa média de variação, em pessoas/ano, é:

  $$\frac{7\,000\,000\,000 - 5\,000\,000\,000}{2011 - 1987} = \frac{2\,000\,000\,000}{24} \simeq 83\,333\,334 \simeq 83{,}3 \text{ milhões}$$

  Observe que esse ritmo de aumento é quase 11 vezes o ritmo de aumento da população humana registrado no 1º período, de 1800 a 1930.

- 3º período: de 2045 a 2100 (projeções)

  A taxa média de variação, em pessoas/ano, é:

  $$\frac{10\,000\,000\,000 - 9\,000\,000\,000}{2100 - 2045} = \frac{1\,000\,000\,000}{55} \simeq 18\,181\,818 \simeq 18{,}2 \text{ milhões}$$

  Esse valor indica uma tendência de desaceleração do crescimento populacional até o final deste século. Observe que esse valor é pouco maior que a quinta parte da taxa calculada no 2º período.

Exercícios

59. Em cada caso, calcule a taxa média de variação da função cujo gráfico está representado, quando **x** varia de 1 a 3:

a)

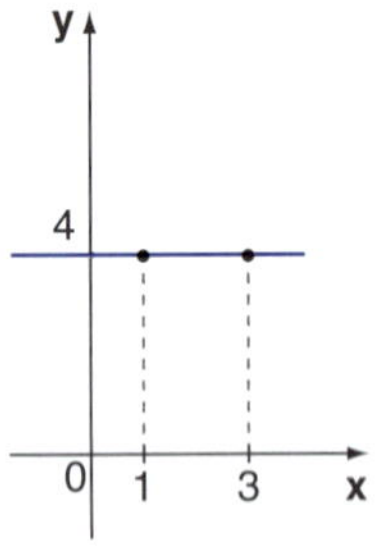

b)

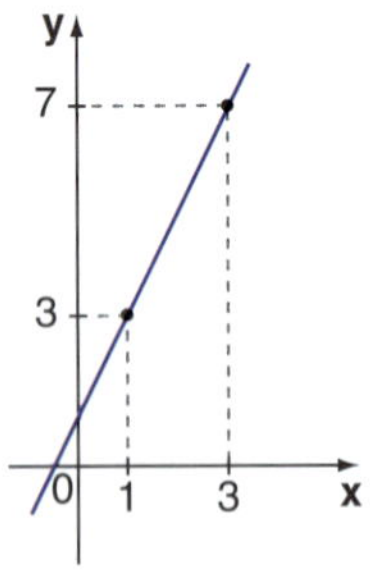

c)

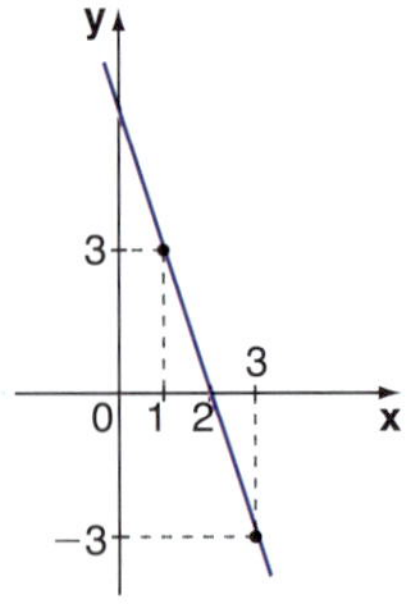

d)

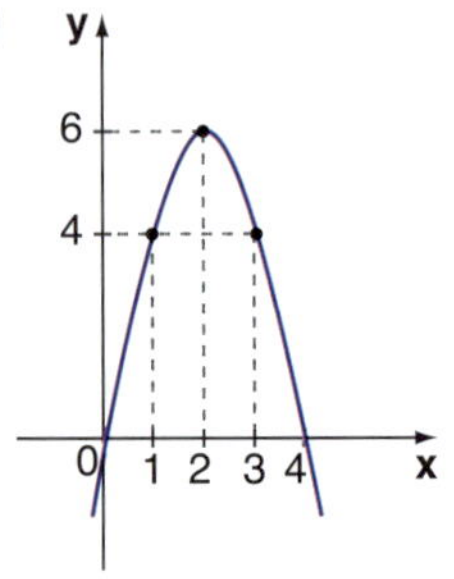

Ilustrações: Banco de imagens/Arquivo da editora

60. O gráfico mostra o lucro (em milhares de reais) de uma pequena empresa, de 2000 a 2015:

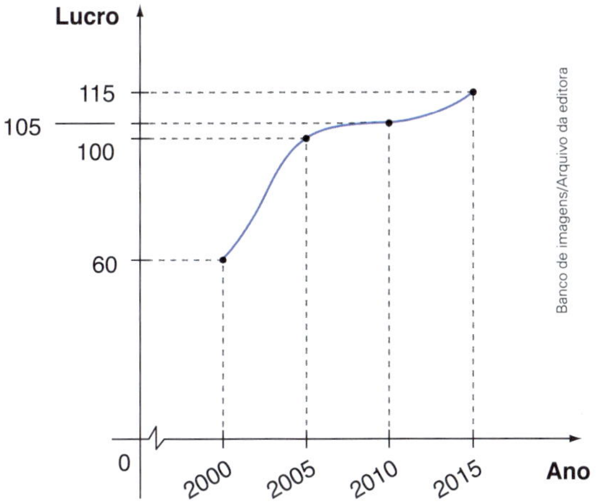

Compare o ritmo de crescimento do lucro da empresa, calculando a taxa média de variação do lucro nos 5 primeiros e nos 5 últimos anos do período considerado.

61. Em cada item, calcule a taxa média de variação da função dada quando **x** varia de 1 a 4:

a) f: $\mathbb{R} \to \mathbb{R}$ definida por $f(x) = 2^x$.

b) g: $\mathbb{R} \to \mathbb{R}$ definida por $g(x) = 4x$.

c) h: $\mathbb{R} \to \mathbb{R}$ definida por $h(x) = -\frac{1}{2}x^2$.

d) i: $\mathbb{R} \to \mathbb{R}$ definida por $i(x) = -3x + 5$.

62. O gráfico mostra a evolução da quantidade de municípios no Brasil de 1950 a 2010 (datas dos Censos Demográficos).

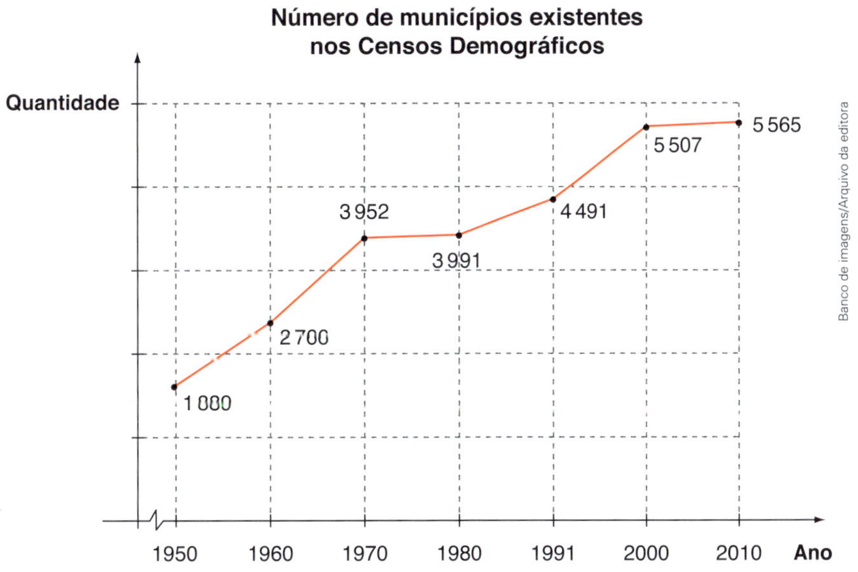

Fonte: IBGE. Censo demográfico 1950/2010. Disponível em: <seriesestatisticas.ibge.gov.br/series.aspx?no=10&op=0&vcodigo=CD96&t=numero-municipios-existentes-censos-demograficos>. Acesso em: 7 maio 2018.

a) Para a função representada pelo gráfico, determine a taxa média de variação de:

I. 1960 a 1970

II. 1970 a 1980

III. 1950 a 2010

b) Entre quais censos — 1960-1970 ou 1991-2000 — o número de municípios no Brasil cresceu mais rápido?

A velocidade escalar média e a aceleração escalar média

1ª situação:

Viajando em um ônibus para a praia, Cléber observou que exatamente às 10 h o ônibus passou pelo km 56 da rodovia; às 11 h 30 min, o ônibus passava pelo km 191 da mesma rodovia.

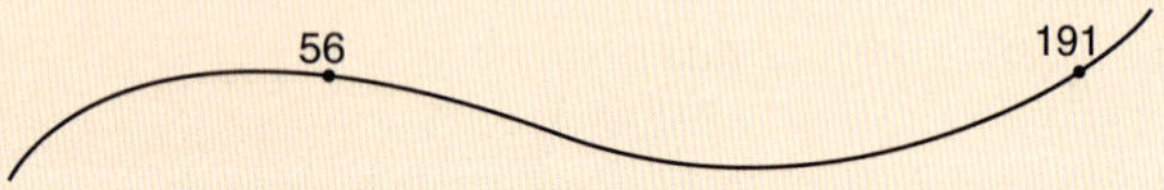

Observe que, nesse período de 1,5 h (11,5 h − 10 h), a variação da posição ocupada pelo ônibus é 191 km − 56 km = 135 km. A razão

$$\frac{\Delta s}{\Delta t} = \frac{(191 - 56)\ \text{km}}{(11{,}5 - 10)\ \text{h}} = \frac{135\ \text{km}}{1{,}5\ \text{h}} = 90\ \text{km/h}$$

representa a taxa média de variação da posição ou variação do espaço (Δs) em relação ao intervalo de tempo (Δt) da viagem.

Esse quociente é a conhecida **velocidade escalar média**. Isso não significa, necessariamente, que o ônibus manteve a velocidade de 90 km/h em todo o percurso. Em alguns trechos ele pode ter ido mais rápido ou mais devagar. O valor da velocidade escalar média nos dá apenas uma ideia global sobre o movimento do ônibus nesse período.

2ª situação:

Um carro está viajando em uma via expressa. Em um certo momento, quando o velocímetro apontava a velocidade de 72 km/h, o motorista aciona os freios ao observar um congestionamento à sua frente. Em 4 s de frenagem, o veículo diminui uniformemente a velocidade até parar.

Vamos calcular a taxa média de variação da velocidade, considerando o intervalo de tempo decorrido do instante em que o motorista aciona os freios até a parada:

$$v_1 = 72\ \text{km/h} = \frac{72\,000\ \text{m}}{3\,600\ \text{s}} = 20\ \text{m/s}$$

v_2 = 0 km/h ou 0 m/s (parada do veículo após 4 segundos)

A taxa é:

$$\frac{v_2 - v_1}{t_2 - t_1} = \frac{(0 - 20)\ \text{m/s}}{(4 - 0)\ \text{s}} = -5\ \text{m/s}^2$$

Isso significa que a velocidade do carro variou (diminuiu – veja o sinal negativo obtido), em média, 5 m/s a cada segundo. Esse quociente representa a taxa média de variação da velocidade em relação ao tempo e é conhecido como **aceleração escalar média**.

Podemos avaliar a distância percorrida pelo carro durante a frenagem até parar com base no gráfico ao lado, da velocidade (**v**) × tempo (**t**).

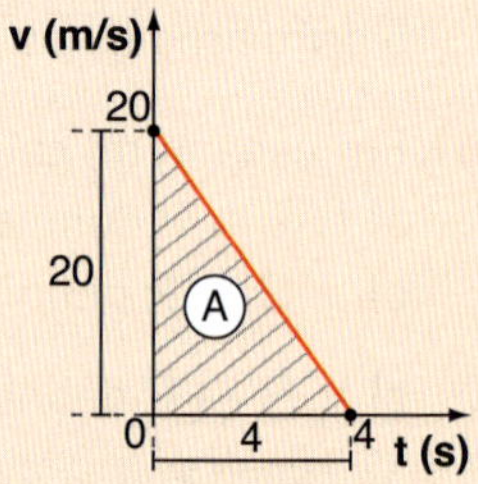

Nas aulas de Física você verá que a distância percorrida é numericamente igual à área **A**, destacada no gráfico.

Como $A_\Delta = \frac{\text{base} \cdot \text{altura}}{2} = \frac{20 \cdot 4}{2} = 40$, a distância percorrida foi 40 m.

Porém, precisamos ter em mente que, entre o motorista notar o congestionamento e acionar os freios, existe um intervalo de tempo correspondente à transmissão do impulso nervoso entre a parte receptora (olho, que vê um obstáculo) e a parte do corpo correspondente à ação (pés, que acionam os freios): é o chamado **tempo de reação**. Supondo que esse tempo seja igual a 1 segundo, podemos estimar que a distância percorrida pelo carro, do momento em que o motorista vê o congestionamento até a parada, é composta pelos 40 metros com os freios acionados mais a distância percorrida ao longo do tempo de reação, dada por:

$$20\ \text{m/s} \cdot 1\ \text{s} = 20\ \text{m}$$

Assim, a distância total passa para 60 m (50% maior que no caso anterior). Por isso é importante que o motorista não exceda os limites de velocidade e que mantenha uma distância segura do veículo à sua frente.

Fontes de pesquisa: TAOKA, G. T. *Tempo de reação para frenagem de motoristas não alertados*. (Trad.) LEHFELD, G. M. Disponível em: <www.cetsp.com.br/media/20608/nt148.pdf>. Acesso em: 7 maio 2018; DETRAN-PR. *Comportamentos seguros no trânsito*. Disponível em: <www.detran.pr.gov.br/modules/catasg/servicos-detalhes.php?tema=motorista&id=345>. Acesso em: 7 maio 2018.

Enem e vestibulares resolvidos

(Enem) Uma empresa farmacêutica fez um estudo da eficácia (em porcentagem) de um medicamento durante 12 h de tratamento em um paciente. O medicamento foi administrado em duas doses, com espaçamento de 6 h entre elas. Assim que foi administrada a primeira dose, a eficácia do remédio cresceu linearmente durante 1 h até atingir a máxima eficácia (100%) e permaneceu em máxima eficácia durante 2 h. Após essas 2 h em que a eficácia foi máxima, ela passou a diminuir linearmente, atingindo 20% de eficácia ao completar as 6 h iniciais de análise. Nesse momento, foi administrada a segunda dose, que passou a aumentar linearmente, atingindo a máxima eficácia após 0,5 h e permanecendo em 100% por 3,5 h. Nas horas restantes da análise, a eficácia decresceu linearmente, atingindo ao final do tratamento 50% de eficácia.

Considerando as grandezas tempo (em hora), no eixo das abscissas; e eficácia do medicamento (em porcentagem), no eixo das ordenadas, qual é o gráfico que representa tal estudo?

a)

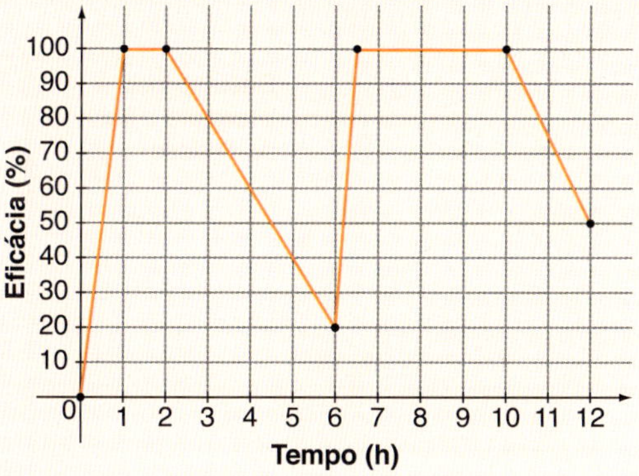

b)

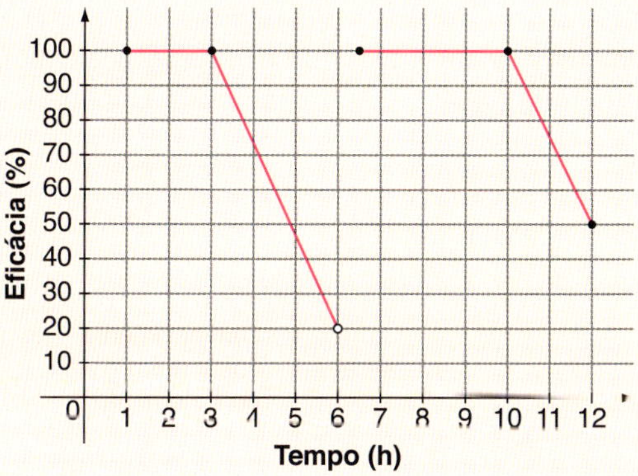

c)

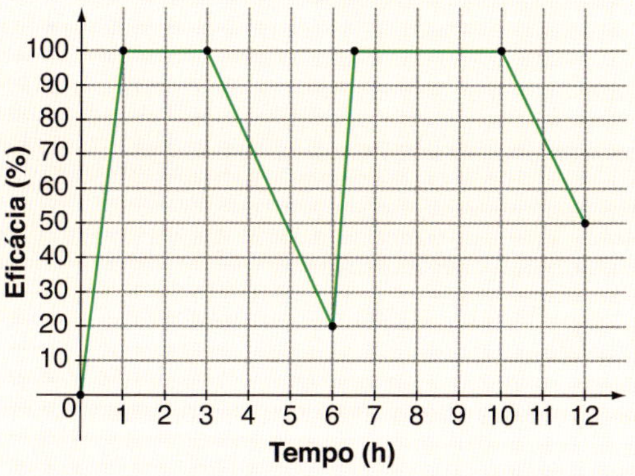

d)

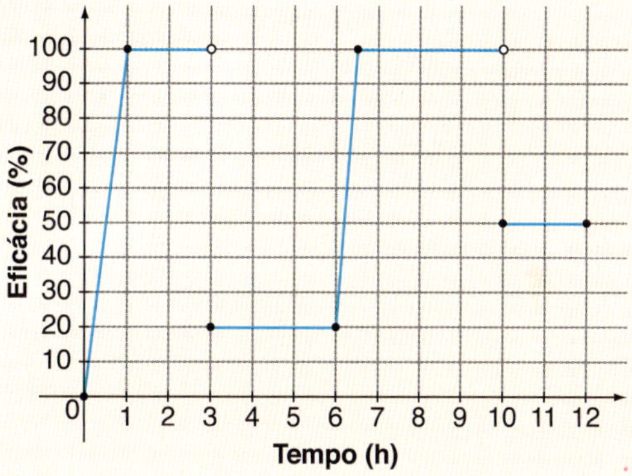

e)

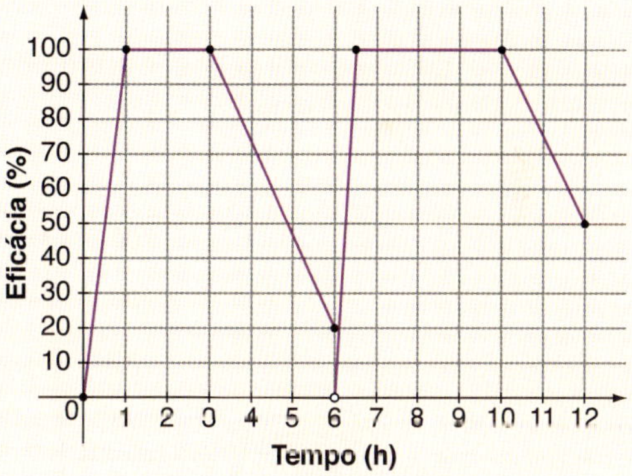

Ilustrações: Banco de imagens/Arquivo da editora

Resolução comentada

Precisamos representar, no plano cartesiano, os dados referentes à eficácia de um medicamento durante 12 horas, segundo os dados do problema.

Do enunciado extraímos os dados sobre a administração do medicamento: 2 doses, sendo uma a cada 6 horas.

Eficácia 1ª dose: durante a primeira hora, cresceu linearmente até atingir 100% permanecendo nesse patamar por mais 2 horas; em seguida, decresceu linearmente até atingir 20%, completando assim as 6 h iniciais de análise.

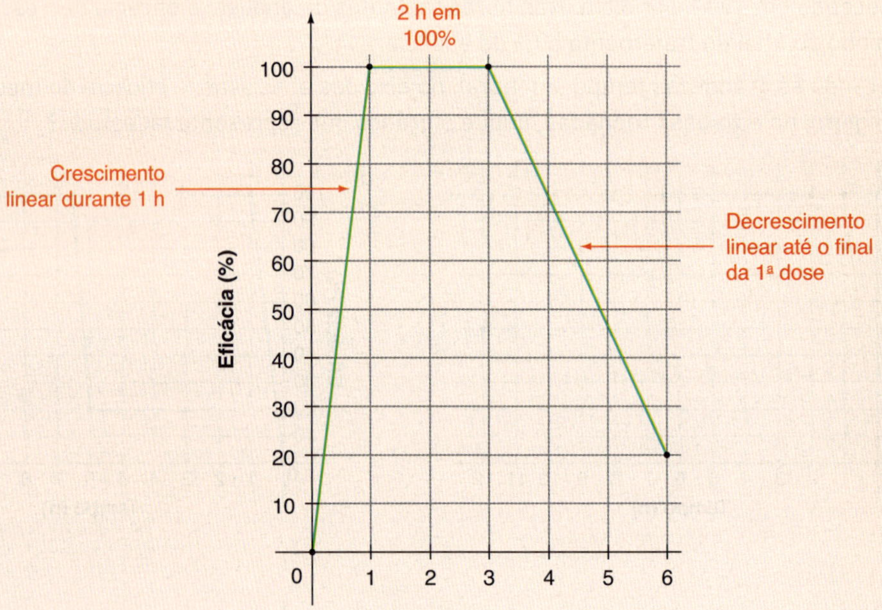

Ilustrações: Banco de imagens/Arquivo da editora

Eficácia 2ª dose: aumento linear atingindo 100% após 0,5 h permanecendo nesse patamar por mais 3,5 h. No tempo restante decresceu linearmente, atingindo 50%

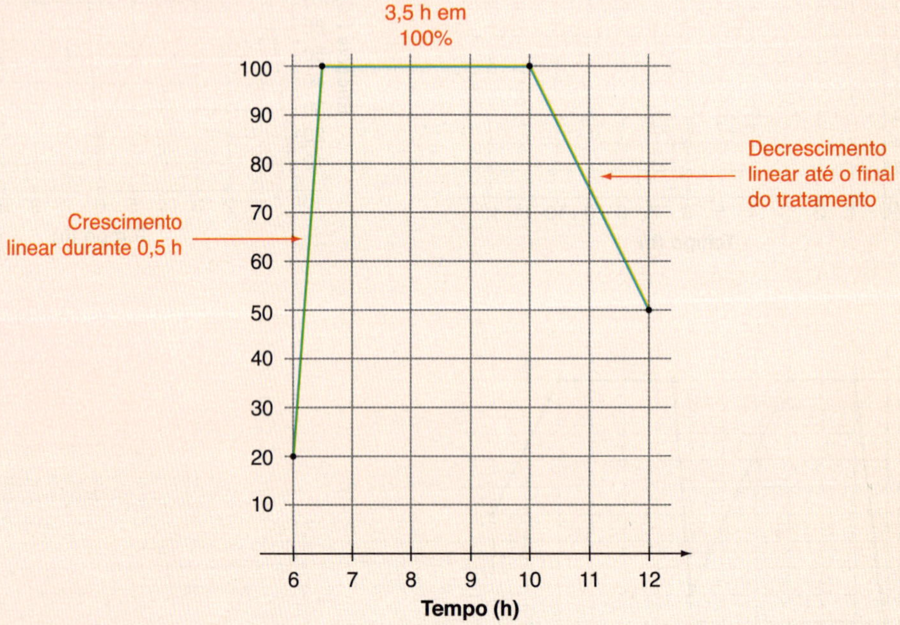

Note também que o gráfico da variação da eficácia corresponde a uma curva contínua, portanto o gráfico que representa o estudo é o da alternativa *c*.

Exercícios complementares

1. Seja f: D ⊂ ℝ → ℝ definida pela lei $f(x) = \sqrt{x} + \dfrac{2}{1-\sqrt{x}}$, determine:

a) **D**;

b) o valor de f(0) e de f(16);

c) se f(2) > 0 ou f(2) < 0;

d) x ∈ D tal que f(x) = 1.

2. (UEL-PR) No plano cartesiano ao lado, cada um dos pontos representa a massa (**m**) de um medicamento existente no sangue de um animal no instante (**t**) em que foi feita cada medição depois do instante inicial, t = 0, da aplicação.

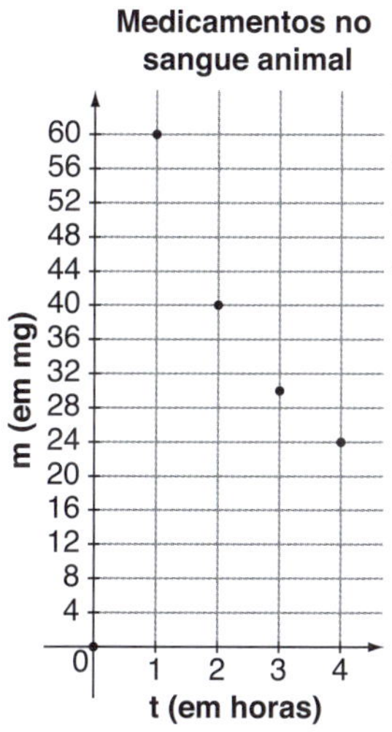

Considerando todos os instantes entre as medições apresentadas no plano cartesiano, responda aos itens a seguir.

a) Sabendo que a relação que descreve a massa (**m**) do medicamento, após **t** horas da aplicação, é dada por $m(t) = \dfrac{C}{D + t}$ em que **C** e **D** são constantes, determine **C** e **D** na relação dada.
Justifique sua resposta apresentando os cálculos realizados na resolução deste item.

b) Após quanto tempo da administração, a massa desse medicamento será inferior a 60% da massa que foi medida depois de 2 horas da aplicação?
Justifique sua resposta apresentando os cálculos realizados na resolução deste item.

3. (Unifesp) O gasto calórico no exercício da atividade física de corrida é uma função de diversas variáveis, porém, a fórmula simplificada pode dar uma estimativa desse gasto.

> Gasto calórico (em calorias por hora) = = velocidade da corrida (em km/h) × massa do indivíduo (em kg)

Considere que, no exercício da corrida, o consumo de oxigênio, que em repouso é de 3,5 mL por quilograma de massa corporal por minuto, seja multiplicado pela velocidade (em km/h) do corredor.

a) Turíbio tem massa de 72 kg e pratica 25 minutos de corrida por dia com velocidade constante de 8 km/h. Calcule o gasto calórico diário de Turíbio com a prática dessa atividade.

b) Seja **c** o consumo de litros de oxigênio em uma hora de corrida de um indivíduo de massa **m** (em kg) em velocidade constante **v** (em km/ h).
Calcule o valor da constante $\dfrac{c}{m \cdot v}$ na prática de uma hora de corrida desse indivíduo.

4. Seja f:]2, +∞[→ ℝ definida por $f(x) = \dfrac{4x}{\sqrt{3x - a}}$, sendo **a** uma constante real.

a) Determine o valor de **a**.

b) Determine x ∈ D tal que $f(x) = \dfrac{20}{3}$.

5. Seja f: ℤ → ℚ uma função que satisfaz a propriedade f(p + q) = 3 · f (p · q) + 2, para todo p, q ∈ ℕ. Sabendo que f(1) = −3, determine:

a) f(2)

b) f(3)

c) f(5)

d) f(0)

6. Seja uma função que tem a propriedade f(x + 1) = 2 · f(x) + 1, para todo x ∈ ℝ. Sabendo que f(1) = −5, calcule:

a) f(0)

b) f(2)

c) f(4)

7. O número **y** de pessoas (em milhares) que tomam conhecimento do resultado de um jogo de futebol, após **x** horas de sua realização, é dado por $y = 10\sqrt{x}$.
Responda:

a) Quantas pessoas já sabem o resultado do jogo após 4 horas?

b) Quantas pessoas já sabem o resultado do jogo após 1 dia? Use $\sqrt{6} \simeq 2{,}45$.

c) Após quantas horas de sua realização, 30 mil pessoas tomam conhecimento do resultado do jogo?

d) Calcule a taxa média de variação dessa função de $x_1 = 8$ a $x_2 = 18$. Considere $\sqrt{2} \simeq 1{,}4$.

8. Seja f: ℝ → ℝ uma função que cumpre a seguinte propriedade: para todo x ∈ ℝ, f(3x) = 3 · f(x). Sabendo que f(9) = 45, calcule:

a) f(1)

b) f(27)

c) $f\left(\dfrac{1}{9}\right)$

9. Seja f: ℝ → ℝ uma função definida pela lei $f(x) = -2x^3 + ax^2 + bx + c$, em que **a**, **b** e **c** são constantes reais. Sabendo que $f(0) = -1$, $f(1) = 2$ e $f(-2) = 29$, determine:

a) os valores de **a**, **b**, e **c**;

b) $f(-1)$.

10. (UFPR) Um modelo matemático prevê que o custo c(x), em reais, para se produzir **x** unidades de um produto é dado pela expressão:

$$c(x) = \sqrt{0,25 \cdot x + 1,5}$$

a) Calcule o número de unidades que podem ser produzidas ao custo de R$ 10,00.

b) Esse modelo fornece dados muito próximos da realidade quando $3 \leqslant c(x) \leqslant 12$. Calcule os valores de **x** para que essa desigualdade seja satisfeita.

11. No gráfico seguinte estão representadas as funções **f** e **g**, definidas para todo $x \in \mathbb{R}$.

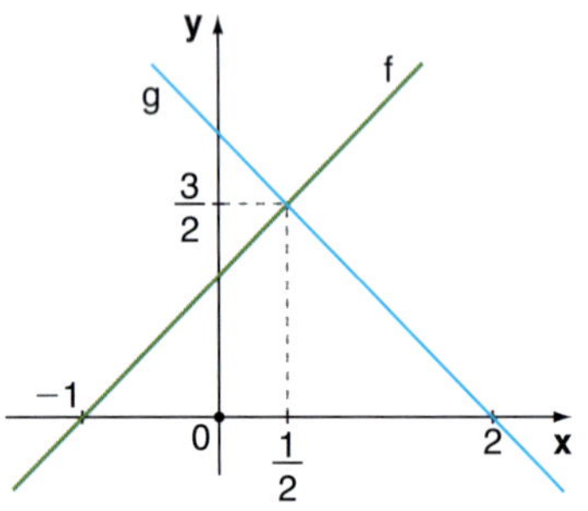

Banco de imagens/Arquivo da editora

Com base no gráfico, determine os valores de **x** para os quais:

a) $f(x) > 0$;

b) $g(x) \leqslant 0$;

c) $f(x) > g(x)$;

d) a função $h(x) = f(x) \cdot g(x)$ assume valores negativos;

e) a função $p(x) = \dfrac{f(x)}{g(x)}$ está definida.

12. O gráfico a seguir representa uma função **f**, cujo domínio é [a, b[, sendo **a** e **b** reais.

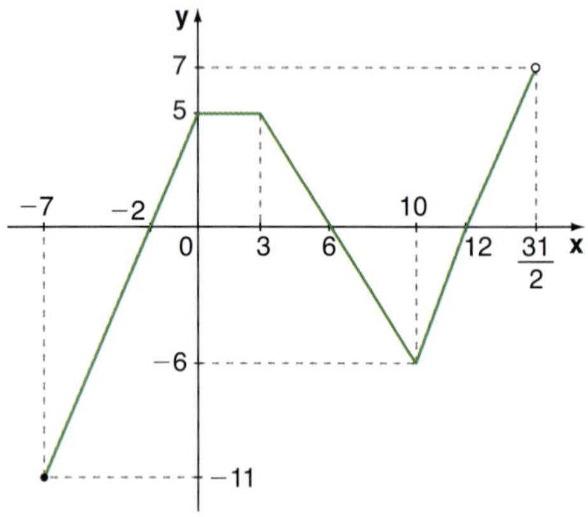

Banco de imagens/Arquivo da editora

Determine:

a) os valores de **a** e **b**;

b) o conjunto imagem de **f**;

c) o valor de $f(2) + f(10) - f(-2)$;

d) os intervalos em que **f** é crescente;

e) o sinal de **f**;

f) a taxa média de variação de **f** de $x_1 = -2$ a $x_2 = 10$;

g) a taxa média de variação de **f** de $x_1 = -7$ a $x_2 = 0$;

h) o intervalo em que **f** é constante.

13. (Unicamp-SP) Define-se como ponto fixo de uma função **f** o número real **x** tal que $f(x) = x$. Seja dada a função $f(x) = \dfrac{1}{\left(x + \dfrac{1}{2}\right)} + 1$.

a) Calcule os pontos fixos de f(x).

b) Na região quadriculada abaixo, represente o gráfico da função f(x) e o gráfico de $g(x) = x$, indicando explicitamente os pontos calculados no item *a*.

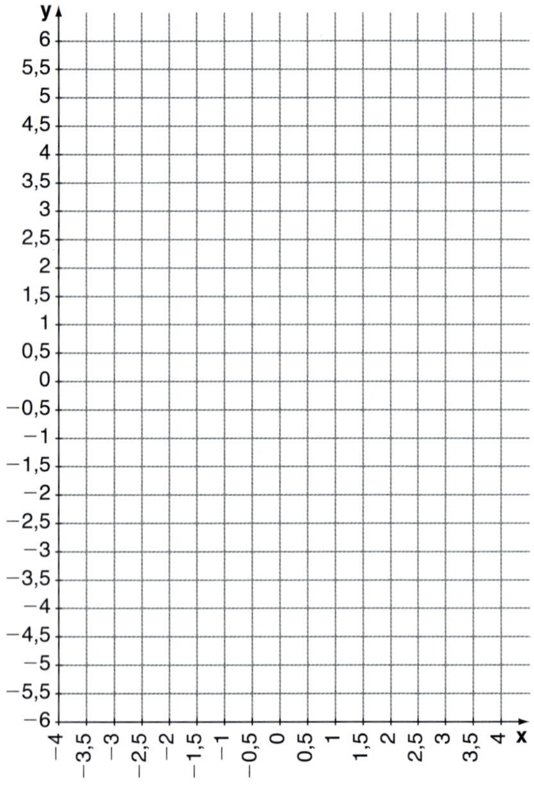

Reprodução/Arquivo da editora

14. Seja f: D → ℝ definida por $f(x) = \sqrt{2 + x^2}$.

a) Determine Dm (f).

b) **f** é par ou ímpar? Justifique.

c) Esboce o gráfico de **f** (use uma calculadora, se necessário).

d) Determine o conjunto imagem de **f**.

15. Seja **f** a função definida pela lei $f(x) = \dfrac{1}{1 + x^2}$.

a) Explique por que o domínio de **f** é $\mathbb{R}$.

b) O conjunto imagem de **f** contém o elemento $-\dfrac{1}{2}$? E o elemento 5? Explique.

c) **f** é crescente ou decrescente?

d) Estude o sinal de **f**.

16. Sejam **f** e **g** funções de domínio real. Para cada $x \in \mathbb{R}$, define-se $h(x) = \sqrt{f(x) - g(x)}$. Obtenha, em cada caso, o domínio da função **h**, sendo dados os gráficos das funções **f** e **g**.

a)

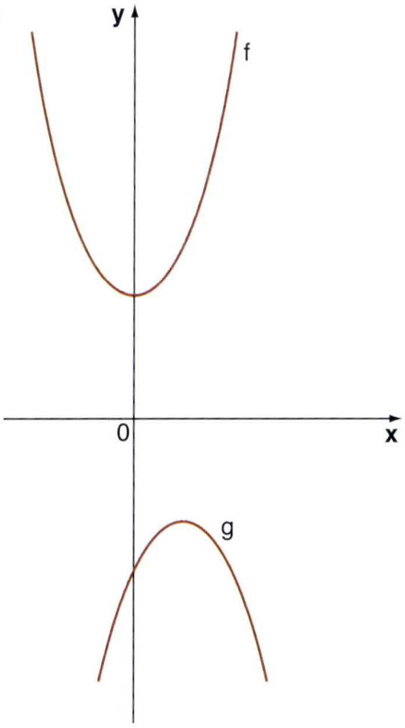

b)

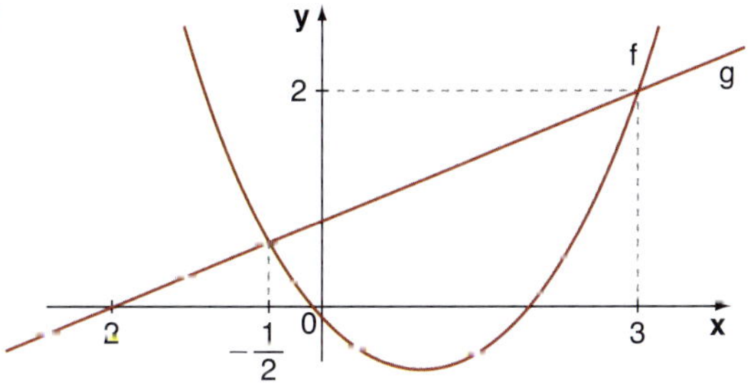

c)

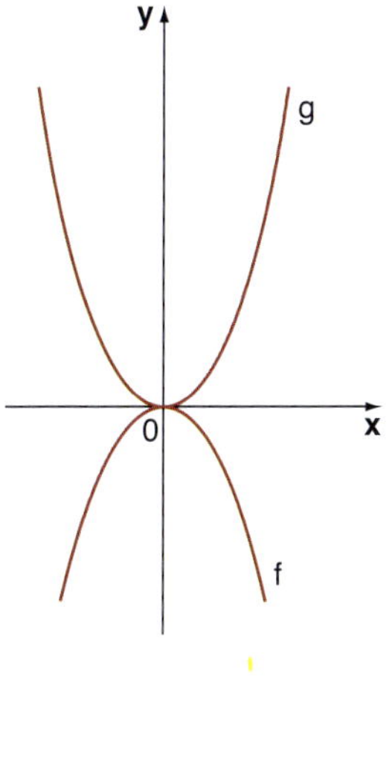

17. (UFRN) Dada a função $f(x) = \dfrac{x + 2}{x^2 - 4}$ com $x \pm 2$,

a) simplifique a expressão $\dfrac{x + 2}{x^2 - 4}$.

b) calcule f(0), f(1), f(3) e f(4).

c) use os eixos localizados a seguir para esboçar o gráfico de **f**.

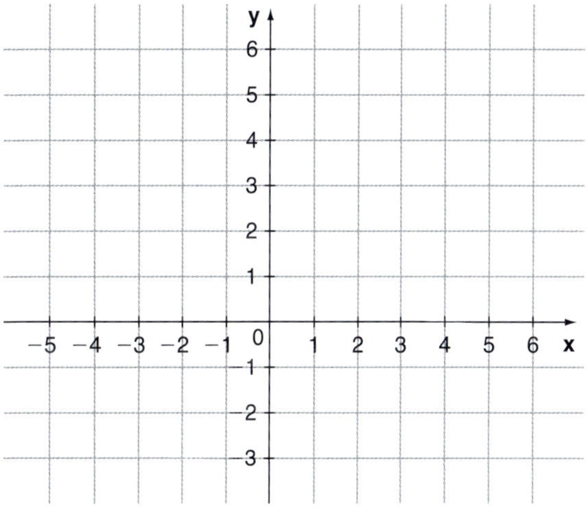

18. (Fuvest-SP) Dados **m** e **n** inteiros, considere a função **f** definida por $f(x) = 2 - \dfrac{m}{x + n}$, para $x \neq -n$.

a) No caso em que $m = n = 2$, mostre que a igualdade $f\left(\sqrt{2}\right) = \sqrt{2}$ se verifica.

b) No caso em que $m = n = 2$, ache as interseções do gráfico de **f** com os eixos coordenados.

c) No caso em que $m = n = 2$, esboce a parte do gráfico de **f** em que $x > -2$, levando em conta as informações obtidas nos itens *a* e *b*. Utilize o par de eixos abaixo.

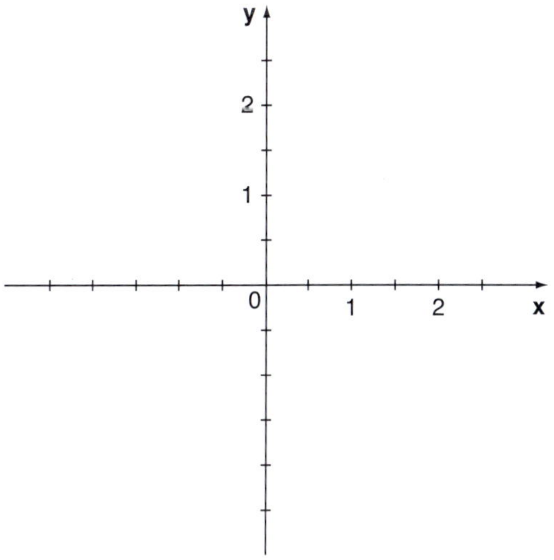

d) Existe um par de inteiros $(m, n) \neq (2, 2)$ tal que a condição $f\left(\sqrt{2}\right) = \sqrt{2}$ continue sendo satisfeita?

19. O gráfico abaixo representa a função g: $\mathbb{R} \rightarrow \mathbb{R}$, dada por $g(x) = -2f(x) + 1$. A partir dele, obtenha o gráfico de **f**.

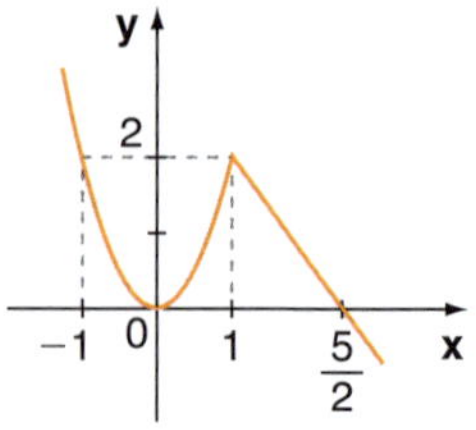

Banco de imagens/Arquivo da editora

20. (UFPR) Sabe-se que a velocidade do som no ar depende da temperatura. Uma equação que relaciona essa velocidade **v** (em metros por segundo) com a temperatura **t** (em graus Celsius) de maneira aproximada é $v = 20\sqrt{t + 273}$. Com base nessas informações, responda às seguintes perguntas:

a) Qual é a velocidade do som à temperatura de 27 °C? (Sugestão: use $\sqrt{3} = 1{,}73$.)

b) Costuma-se assumir que a velocidade do som é de 340 m/s (metros por segundo). Isso ocorre a que temperatura?

21. Observe o gráfico da função **f**, de domínio real. A partir dele, é possível construir o gráfico da função **g**, definida por $g(x) = -f(x)$, para todo $x \in \mathbb{R}$: a imagem de um número real $\mathbf{x_0}$ obtida pela aplicação de **g** é **oposta** à imagem de $\mathbf{x_0}$, obtida pela aplicação de **f**.

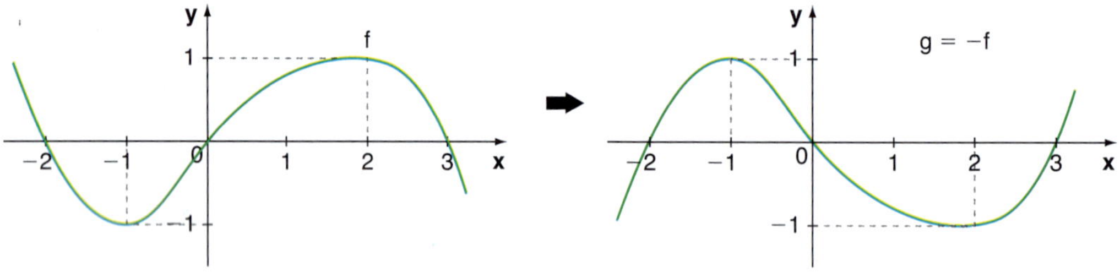

Ilustrações: Banco de imagens/Arquivo da editora

Note que −2, 0 e 3 são raízes de **f** e de **g**.

Por analogia, é possível construir, a partir do gráfico de **f**, os gráficos de funções do tipo $f(x) + k$ ($k \in \mathbb{R}^*$) ou $k \cdot f(x)$ ($k \in \mathbb{R}^*$).

Faça um esboço dos gráficos das funções de **g** e **h** tais que $g(x) = f(x) + 2$ e $h(x) = -2 \cdot f(x)$, para cada gráfico de **f** representados a seguir.

a)

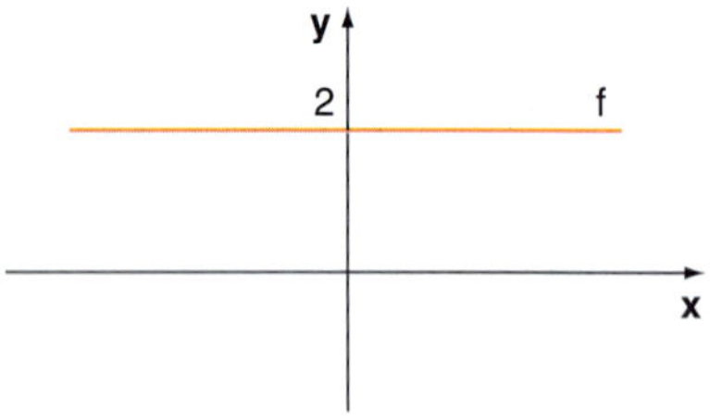

c)

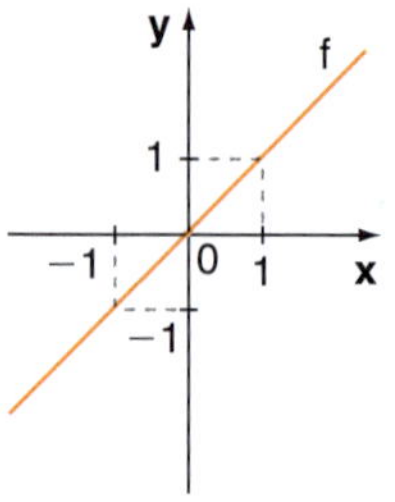

Ilustrações: Banco de imagens/Arquivo da editora

b)

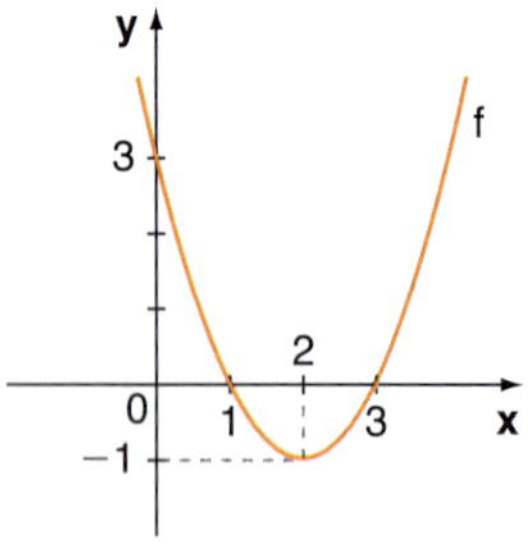

d)

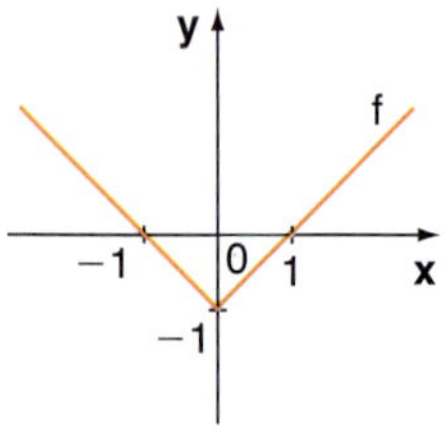

22. (UFF-RJ) Esboce, **no sistema de eixos coordenados abaixo**, o gráfico de uma função real cujo domínio é o intervalo $[1, 2]$ e cuja imagem é o conjunto $[-2, -1] \cup [2, 3]$.

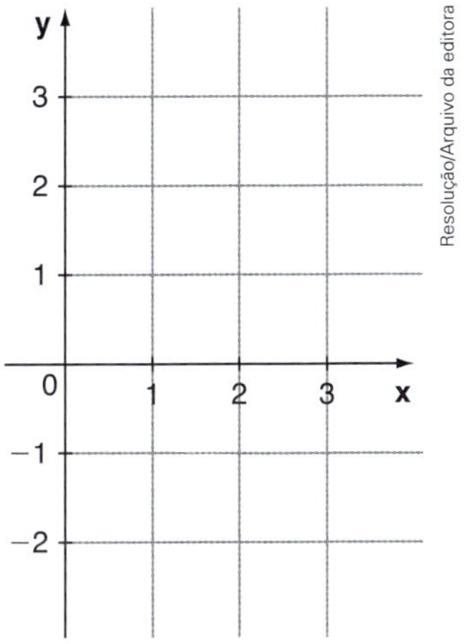

Testes

1. (Enem) Alguns equipamentos eletrônicos podem "queimar" durante o funcionamento quando sua temperatura interna atinge um valor máximo $\mathbf{T_M}$. Para maior durabilidade dos seus produtos, a indústria de eletrônicos conecta sensores de temperatura a esses equipamentos, os quais acionam um sistema de resfriamento interno, ligando-o quando a temperatura do eletrônico ultrapassa um nível crítico $\mathbf{T_c}$, e desligando-o somente quando a temperatura cai para valores inferiores a $\mathbf{T_m}$. O gráfico ilustra a oscilação da temperatura interna de um aparelho eletrônico durante as seis primeiras horas de funcionamento, mostrando que seu sistema de resfriamento interno foi acionado algumas vezes.

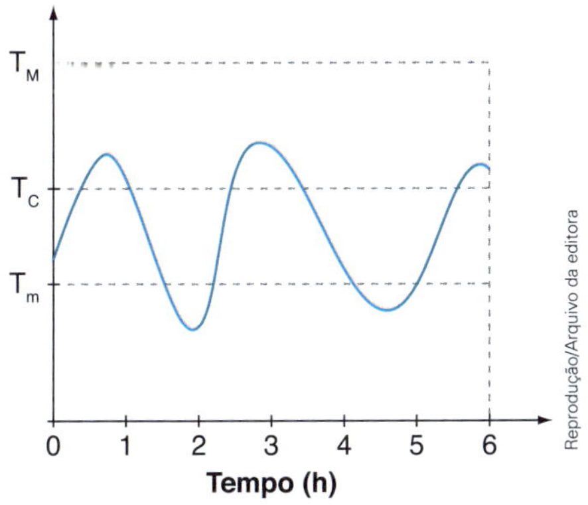

Quantas foram as vezes que o sensor de temperatura acionou o sistema, ligando-o ou desligando-o?

a) 2
b) 3
c) 4
d) 5
e) 9

2. (Enem) Em um exame, foi feito o monitoramento dos níveis de duas substâncias presentes (**A** e **B**) na corrente sanguínea de uma pessoa, durante um período de 24 h, conforme o resultado apresentado na figura. Um nutricionista, no intuito de prescrever uma dieta para essa pessoa, analisou os níveis dessas substâncias, determinando que, para uma dieta semanal eficaz, deverá ser estabelecido um parâmetro cujo valor será dado pelo número de vezes em que os níveis de **A** e **B** forem iguais, porém, maiores que o nível mínimo da substância **A** durante o período de duração da dieta.

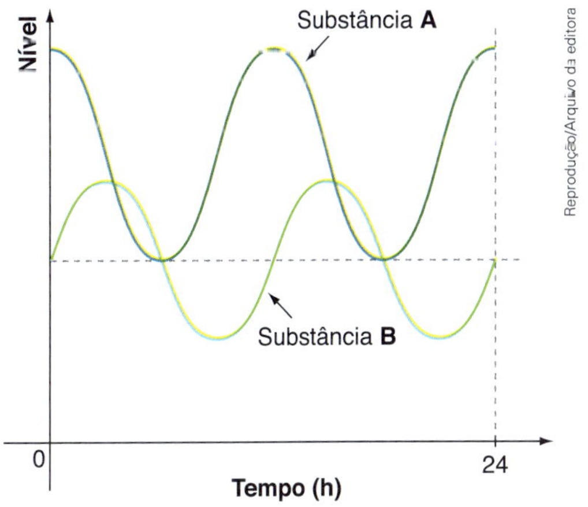

Considere que o padrão apresentado no resultado do exame, no período analisado, se repita para os dias subsequentes.

O valor do parâmetro estabelecido pelo nutricionista, para uma dieta semanal, será igual a

a) 28.

b) 21.

c) 2.

d) 7.

e) 14.

3. (FGV-SP) Dada a função $f(x) = x^2 + 3$, qual o valor da expressão $\frac{f(x + h) - f(x)}{h}$?

a) $2x$

b) $2x + 1$

c) $2x - h$

d) $2x - 1$

e) $2x + h$

4. (Cefet-MG) Um tradutor cobra R$ 3,00 por página sem ilustração e R$ 2,00 pelas demais. Além disso, para assumir o compromisso do trabalho, ele aplica uma taxa fixa de R$ 50,00, destinada a cobrir prejuízos com eventuais desistências. Para traduzir um texto de 5 páginas com desenhos e **n** páginas sem ilustração, o preço cobrado é expresso por

a) $p = 50 + 3n$

b) $p = 60 + 3n$

c) $p = 40 + 5n$

d) $p = 60 + 4n$

5. (Enem) O quadrado ABCD, de centro **O** e lado 2 cm, corresponde à trajetória de uma partícula **P** que partiu de **M**, ponto médio de AB, seguindo pelos lados do quadrado e passando por **B**, **C**, **D**, **A** até retornar ao ponto **M**.

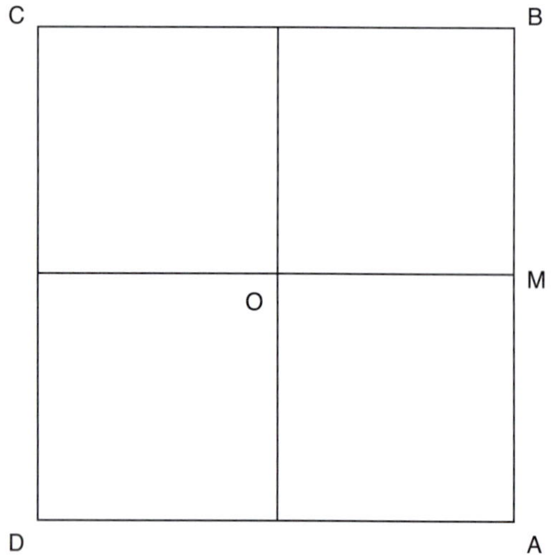

Seja F(x) a função que representa a distância da partícula **P** ao centro **O** do quadrado, a cada instante de sua trajetória, sendo **x** (em cm) o comprimento do percurso percorrido por tal partícula. Qual o gráfico que representa F(x)?

a)

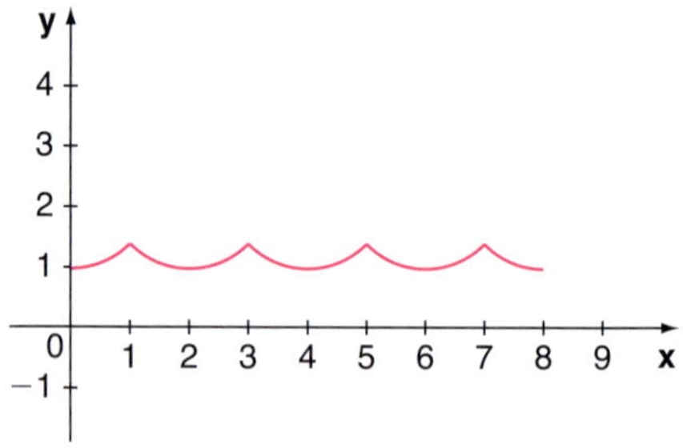

b)

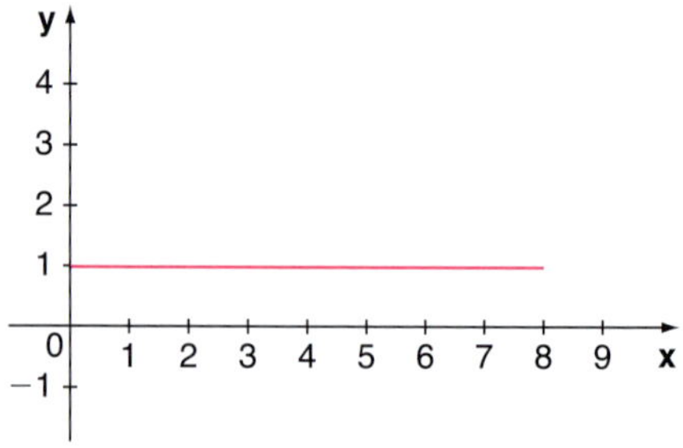

c)

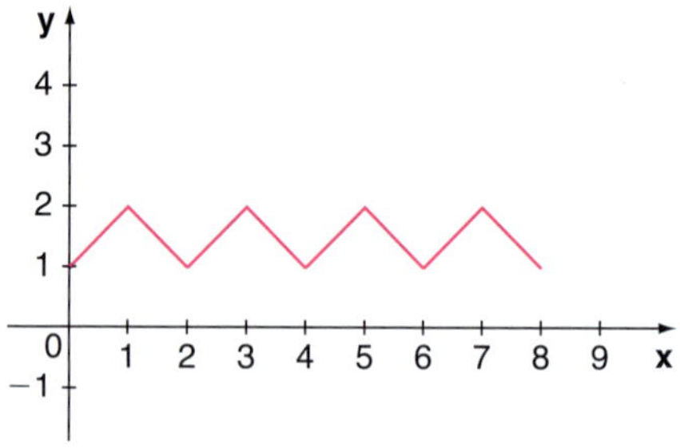

d)

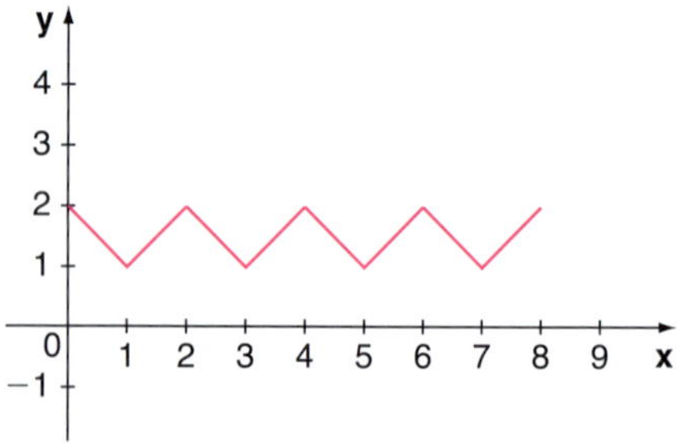

e)

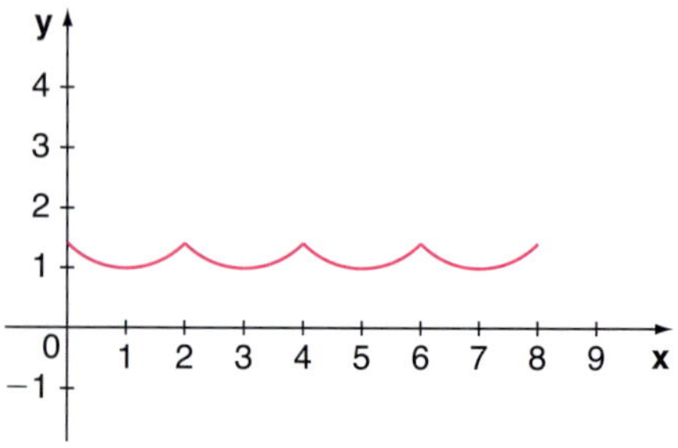

6. (Fuvest-SP) Um veículo viaja entre dois povoados da Serra da Mantiqueira, percorrendo a primeira terça parte do trajeto à velocidade média de 60 km/h, a terça parte seguinte a 40 km/h e o restante do percurso a 20 km/h. O valor que melhor aproxima a velocidade média do veículo nessa viagem, em km/h, é

a) 32,5
b) 35
c) 37,5
d) 40
e) 42,5

7. (Uece) Seja f: $\mathbb{R} \to \mathbb{R}$ uma função real tal que $f(nx) = [f(x)]^n$ para todo número inteiro **n** e todo número real **x**. Se $f(1) = 3$, então, o valor da soma $f(1) + f(2) + f(3) + f(4) + f(5) + f(6) + f(7)$ é

a) 4 568.
b) 2 734.
c) 3 117.
d) 3 279.

8. (Enem) A expressão "Fórmula de Young" é utilizada para calcular a dose infantil de um medicamento, dada a dose do adulto:

$$\text{dose de criança} = \left(\frac{\text{idade da criança (em anos)}}{\text{idade da criança (em anos)} + 12}\right) \cdot \text{dose do adulto}$$

Uma enfermeira deve administrar um medicamento **X** a uma criança inconsciente, cuja dosagem de adulto é de 60 mg. A enfermeira não consegue descobrir onde está registrada a idade da criança no prontuário, mas identifica que, algumas horas antes, foi ministrada a ela uma dose de 14 mg de um medicamento **Y**, cuja dosagem de adulto é 42 mg. Sabe-se que a dose da medicação **Y** administrada à criança estava correta.

Então, a enfermeira deverá ministrar uma dosagem do medicamento **X**, em miligramas, igual a

a) 15.
b) 20.
c) 30.
d) 36.
e) 40.

9. (Enem) O veículo terrestre mais veloz já fabricado até hoje é o Sonic Wind LSRV, que está sendo preparado para atingir a velocidade de 3 000 km/h. Ele é mais veloz do que o Concorde, um dos aviões de passageiros mais rápidos já feitos, que alcança 2 330 km/h.

Reprodução/Enem, 2016

Para uma distância fixa, a velocidade e o tempo são inversamente proporcionais.

BASILIO, A. Galileu, mar. 2012 (adaptado).

Para percorrer uma distância de 1 000 km, o valor mais próximo da diferença, em minuto, entre os tempos gastos pelo Sonic Wind LSRV e pelo Concorde, em suas velocidades máximas, é

a) 0,1.
b) 0,7.
c) 6,0.
d) 11,2.
e) 40,2.

10. (FGV-SP) O domínio da função real definida por $f(x) = \sqrt{6 - \sqrt{2x + 7}}$ é $\{x \in \mathbb{R} \mid m \leq x \leq n\}$. Em tal condição, a média aritmética simples entre o menor valor possível para **m** e o maior valor possível para **n** é igual a

a) 5,8.
b) 5,5.
c) 5,0.
d) −4,6.
e) −4,8.

11. (Fuvest-SP) Considere a função $f(x) = 1 - \frac{4x}{(x+1)^2}$, a qual está definida para $x \neq -1$. Então, para todo $x \neq 1$ e $x \neq -1$, o produto $f(x) \cdot f(-x)$ é igual a

a) −1
b) 1
c) $x + 1$
d) $x^2 + 1$
e) $(x - 1)^2$

12. (PUC-MG) Uma pessoa investiu em papéis de duas empresas no mercado de ações durante 12 meses. O valor das ações da empresa **A** variou de acordo com a função $A(t) = t + 10$, e o valor das ações da empresa **B** obedeceu à função $B(t) = t^2 - 4t + 10$.

Nessas duas funções, o tempo **t** é medido em meses, sendo t = 0 o momento da compra das ações.

Com base nessas informações, é correto afirmar que as ações das empresas **A** e **B** têm valores iguais:

a) após 5 meses da compra, quando valem R$ 15,00.

b) após 8 meses da compra, quando valem R$ 18,00.

c) após 10 meses da compra, quando valem R$ 20,00.

d) após 12 meses da compra, quando valem R$ 22,00.

13. (Enem) A fim de acompanhar o crescimento de crianças, foram criadas pela Organização Mundial da Saúde (OMS) tabelas de altura, também adotadas pelo Ministério da Saúde do Brasil. Além de informar os dados referentes ao índice de crescimento, a tabela traz gráficos com curvas, apresentando padrões de crescimento estipulados pela OMS.

O gráfico apresenta o crescimento de meninas, cuja análise se dá pelo ponto de interseção entre o comprimento, em centímetro, e a idade, em mês completo e ano, da criança.

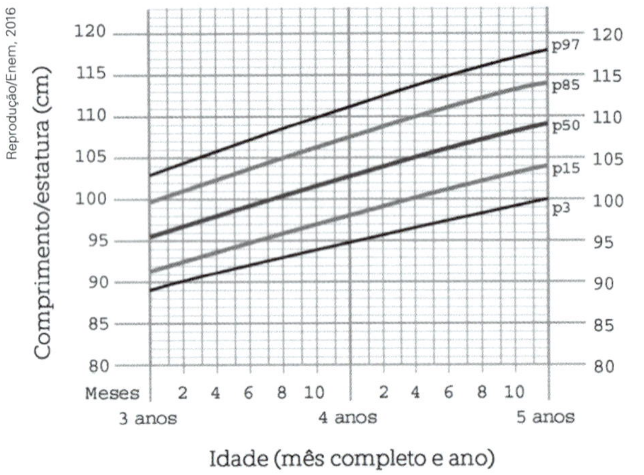

Disponível em: www.aprocura.com.br. Acesso em: 22 out. 2015 (adaptado).

Uma menina aos 3 anos de idade tinha altura de 85 centímetros e aos 4 anos e 4 meses sua altura chegou a um valor que corresponde a um ponto exatamente sobre a curva p50.

Qual foi o aumento percentual da altura dessa menina, descrito com uma casa decimal, no período considerado?

a) 23,5%.

b) 21,2%.

c) 19,0%.

d) 11,8%.

e) 10,0%.

14. (Enem) Atualmente existem diversas locadoras de veículos, permitindo uma concorrência saudável para o mercado, fazendo com que os preços se tornem acessíveis.

Nas locadoras **P** e **Q**, o valor da diária de seus carros depende da distância percorrida, conforme o gráfico.

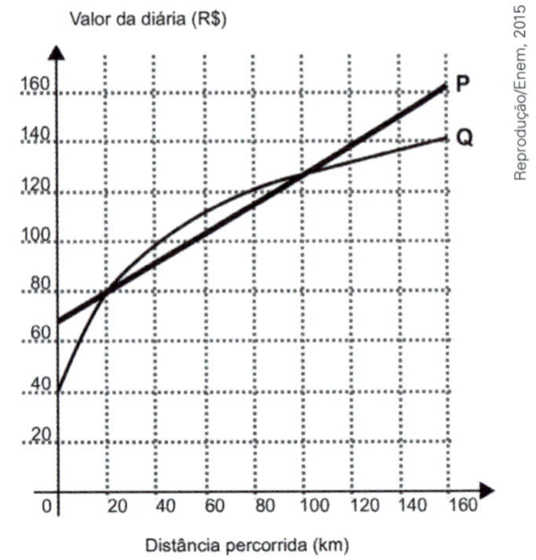

Disponível em: www.semprelops.com.br. Acesso: 7 ago. 2012.

O valor pago na locadora **Q** é menor ou igual àquele pago na locadora **P** para distâncias, em quilômetros, presentes em qual(is) intervalo(s)?

a) De 20 a 100.

b) De 80 a 130.

c) De 100 a 160.

d) De 0 a 20 e de 100 a 160.

e) De 40 a 80 e de 130 a 160.

15. (UFG-GO) Para uma certa espécie de grilo, o número, **N**, que representa os cricrilados por minuto, depende da temperatura ambiente **T**. Uma boa aproximação para esta relação é dada pela *lei de Dolbear*, expressa na fórmula

$$N = 7T - 30$$

com **T** em graus Celsius. Um desses grilos fez sua morada no quarto de um vestibulando às vésperas de suas provas. Com o intuito de diminuir o incômodo causado pelo barulho do inseto, o vestibulando ligou o condicionador de ar, baixando a temperatura do quarto para 15 °C, o que reduziu pela metade o número de cricrilados por minuto. Assim, a temperatura, em graus Celsius, no momento em que o condicionador de ar foi ligado era, aproximadamente, de:

a) 75

b) 36

c) 30

d) 26

e) 20

16. (Unicamp-SP) A figura abaixo exibe o gráfico de uma função y = f(x).

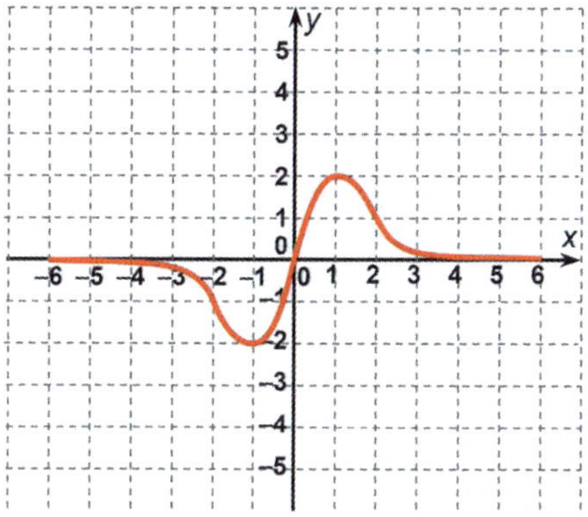

Reprodução/Unicamp, 2015

Então, o gráfico de y = 2f(x − 1) é dado por:

a)

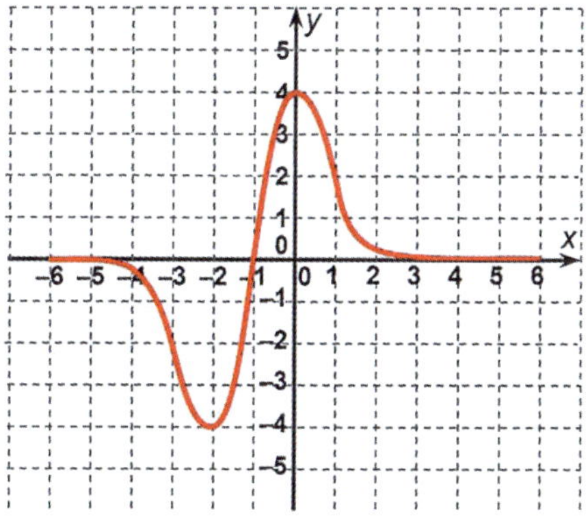

Reprodução/Unicamp, 2015

b)

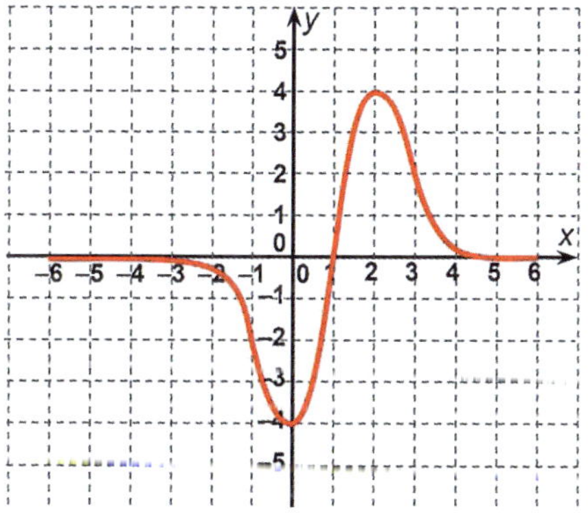

Reprodução/Unicamp, 2015

c)

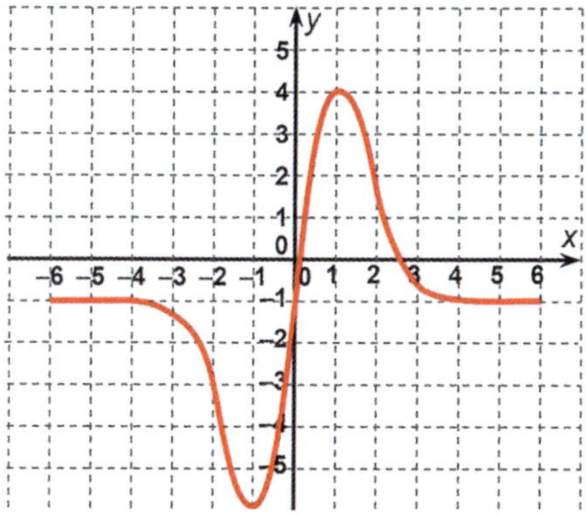

Reprodução/Unicamp, 2015

d)

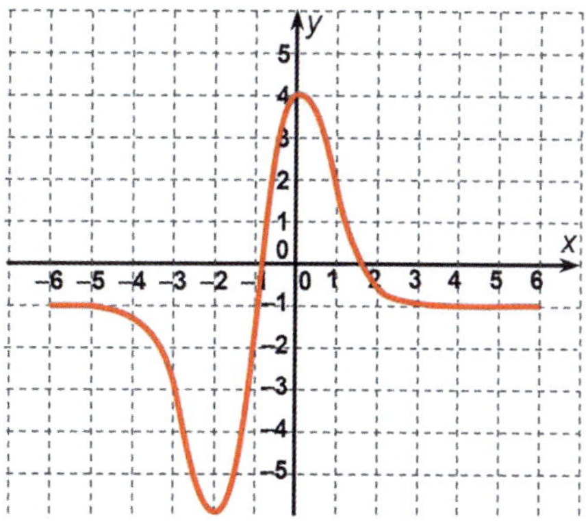

Reprodução/Unicamp, 2015

17. (ESPM-SP) Uma função **f** é definida apenas para números naturais, de modo que f(0) = 8, f(1) = 2 e $f(n) = \dfrac{f(n-1)}{f(n-2)}$ para n > 1.

O valor de f(50) é:

a) $\dfrac{1}{8}$

b) $\dfrac{1}{4}$

c) 8

d) 2

e) 1

18. (Enem) Um investidor inicia um dia com **x** ações de uma empresa. No decorrer desse dia, ele efetua apenas dois tipos de operações, comprar ou vender ações. Para realizar essas operações, ele segue estes critérios:

I. Vende metade das ações que possui, assim que seu valor fica acima do valor ideal ($\mathbf{V}_i$);

II. compra a mesma quantidade de ações que possui, assim que seu valor fica abaixo do valor mínimo ($\mathbf{V}_m$);

III. vende todas as ações que possui, quando seu valor fica acima do valor ótimo ($\mathbf{V}_o$).

O gráfico apresenta o período de operações e a variação do valor de cada ação, em reais, no decorrer daquele dia e a indicação dos valores ideal, mínimo e ótimo.

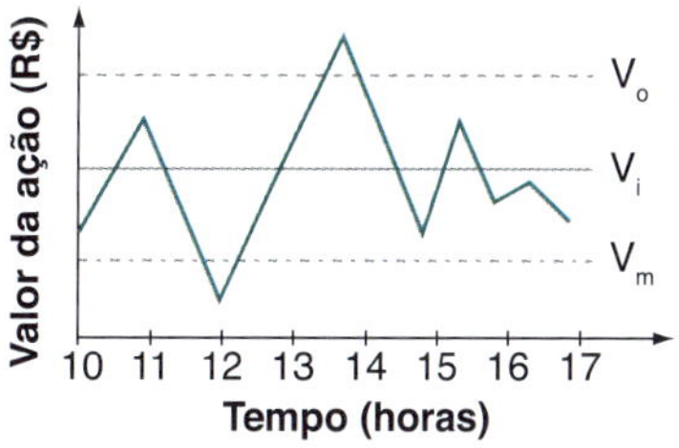

Reprodução/Arquivo da editora

Quantas operações o investidor fez naquele dia?

a) 3

b) 4

c) 5

d) 6

e) 7

19. (Ufam) Qual das representações gráficas abaixo melhor representa a aplicação f: $\mathbb{Z} \to \mathbb{R}$ definida por $f(x) = x - 2$.

a) 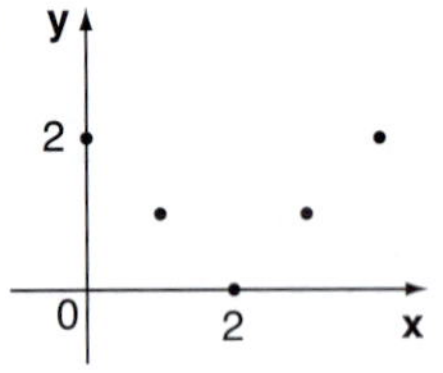

b) 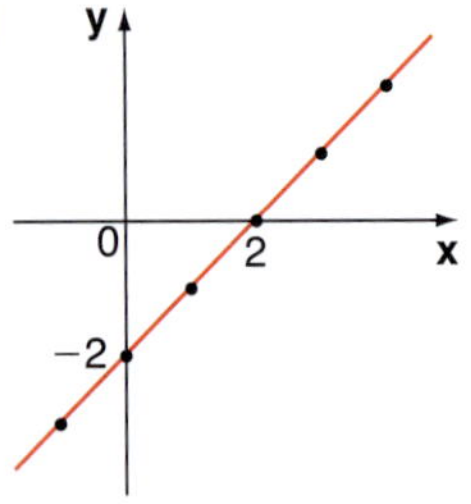

c) 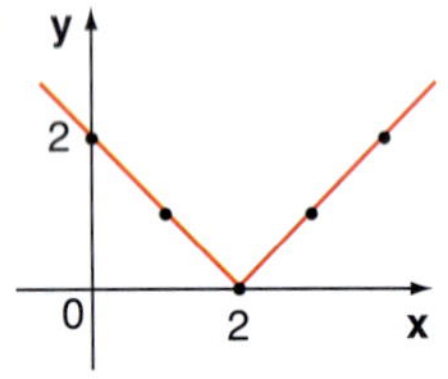

d) 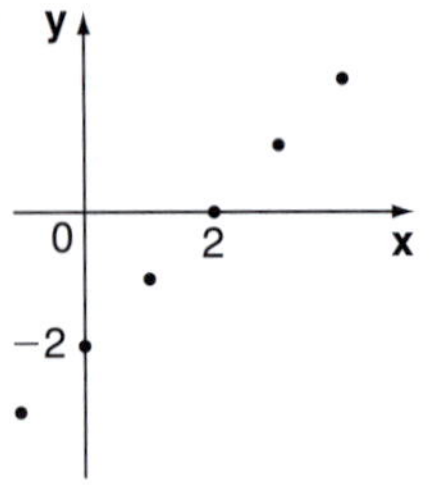

e) 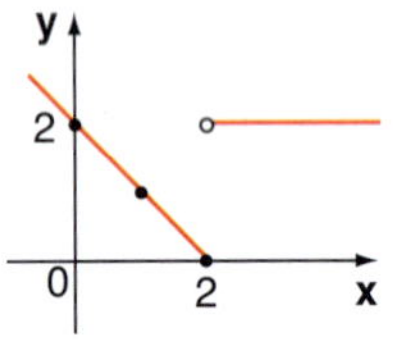

20. (UEPG-PR) Sendo f: $\mathbb{N} \to \mathbb{Z}$ uma função definida por $f(0) = 1$, $f(1) = 0$ e $f(n + 1) = 3f(n) - f(n - 1)$, assinale o que for correto. (Indique a soma).

(01) $f(5) < -20$

(02) $f(2) = -1$

(04) $f(6) > -60$

(08) $f(3) = 3$

(16) $f(4) = -10$

21. (Aman-RJ) O domínio da função real

$$f(x) = \frac{\sqrt{2 - x}}{x^2 - 8x + 12} \text{ é}$$

a) $]2, \infty[$

b) $]2, 6[$

c) $]-\infty, 6]$

d) $]-2, 2]$

e) $]-\infty, 2[$

22. (UFPB) Segundo dados do "World Urbanization Prospects", publicados na revista *Época* de 6 de junho de 2011, o percentual da população urbana mundial em relação à população total, em 1950, era aproximadamente de 29% e, em 2010, atingiu a marca de 50%. Estima-se que, de acordo com esses dados, o percentual I(t) da população urbana mundial em relação à população total, no ano **t**, para $t \geq 1950$, é dado por $I(t) = a(t - 1950) + b$, onde **a** e **b** são constantes reais. Com base nessas informações, conclui-se que o percentual da população urbana mundial em relação à população total, em 2050, será, aproximadamente, de:

a) 60%

b) 62%

c) 64%

d) 66%

e) 68%

23. (Enem) O gráfico mostra a variação da extensão média de gelo marítimo, em milhões de quilômetros quadrados, comparando dados dos anos 1995, 1998, 2000, 2005 e 2007. Os dados correspondem aos meses de junho a setembro. O Ártico começa a recobrar o gelo quando termina o verão, em meados de setembro. O gelo do mar atua como o sistema de resfriamento da Terra, refletindo quase toda a luz solar de volta ao espaço. Águas de oceanos escuros, por sua vez, absorvem a luz solar e reforçam o aquecimento do Ártico, ocasionando derretimento crescente do gelo.

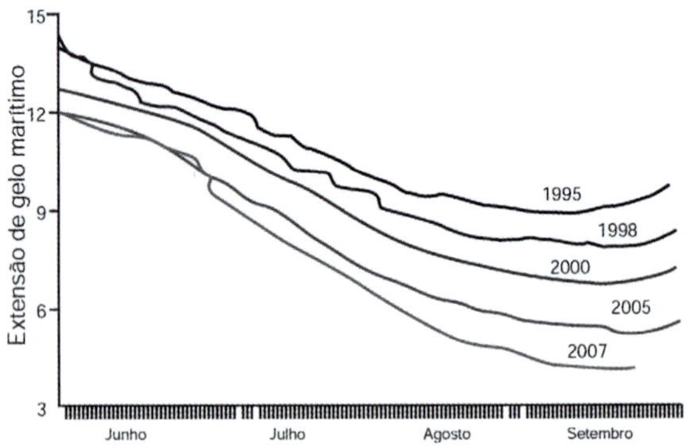

Disponível em: http://sustentabilidade.allianz.com.br. Acesso em: fev. 2012 (adaptado).

Com base no gráfico e nas informações do texto, é possível inferir que houve maior aquecimento global em

a) 1995.

b) 1998.

c) 2000.

d) 2005.

e) 2007.

24. (Enem) Um cientista trabalha com as espécies I e II de bactérias em um ambiente de cultura. Inicialmente, existem 350 bactérias da espécie I e 1 250 bactérias da espécie II. O gráfico representa as quantidades de bactérias de cada espécie, em função do dia, durante uma semana.

Em que dia dessa semana a quantidade total de bactérias nesse ambiente de cultura foi máxima?

a) Terça-feira.
b) Quarta-feira.
c) Quinta-feira.
d) Sexta-feira.
e) Domingo.

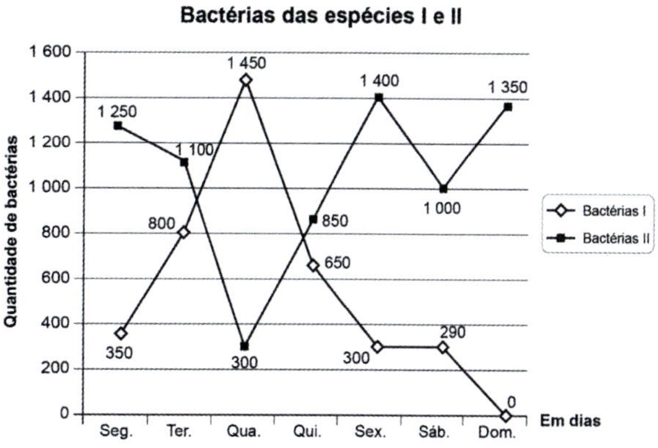

Reprodução/Enem, 2014

25. (Vunesp-SP) O gráfico representa a vazão resultante de água, em m^3/h, em um tanque, em função do tempo, em horas. Vazões negativas significam que o volume de água no tanque está diminuindo.

São feitas as seguintes afirmações:

I. No intervalo de **A** até **B**, o volume de água no tanque é constante.
II. No intervalo de **B** até **E**, o volume de água no tanque está crescendo.
III. No intervalo de **E** até **H**, o volume de água no tanque está decrescendo.
IV. No intervalo de **C** até **D**, o volume de água no tanque está crescendo mais rapidamente.
V. No intervalo de **F** até **G**, o volume de água no tanque está decrescendo mais rapidamente.

É correto o que se afirma em:

a) I, III e V, apenas.
b) II e IV, apenas.
c) I, II e III, apenas.
d) III, IV e V, apenas.
e) I, II, III, IV e V.

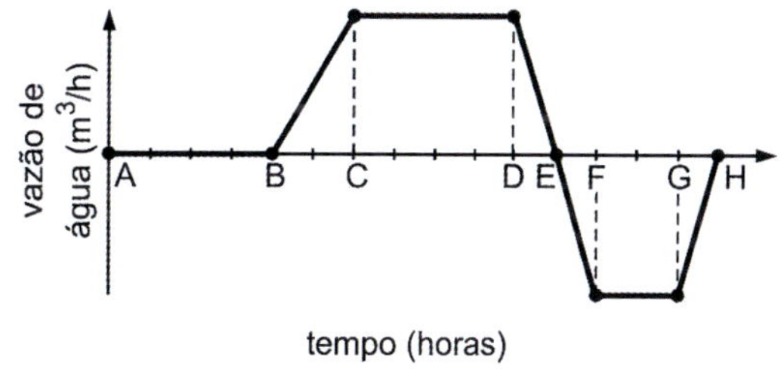

Reprodução/Vunesp, 2012

26. (Enem) A companhia de Engenharia de Tráfego (CET) de São Paulo testou em 2013 novos radares que permitem o cálculo da velocidade média desenvolvida por um veículo em um trecho da via

O sistema mede o tempo decorrido entre um radar e outro e calcula a velocidade média.
No teste feito pela CET, os dois radares ficavam a uma distância de 2,1 km um do outro.

Reprodução/Arquivo de editora

As medições de velocidade deixariam de ocorrer de maneira instantânea, ao se passar pelo radar, e seriam feitas a partir da velocidade média no trecho, considerando o tempo gasto no percurso entre um radar e outro. Sabe-se que a velocidade média é calculada como sendo a razão entre a distância percorrida e o tempo gasto para percorrê-la.

O teste realizado mostrou que o tempo que permite uma condução segura de deslocamento no percurso entre os dois radares deveria ser de, no mínimo, 1 minuto e 24 segundos. Com isso, a CET precisa instalar uma placa antes do primeiro radar informando a velocidade média máxima permitida nesse trecho da via. O valor a ser exibido na placa deve ser o maior possível, entre os que atendem às condições de condução segura observadas.

Disponível em:<www1.folha.uol.com.br/>. Acesso em: 11 jan. 2014 (adaptado).

A placa de sinalização que informa a velocidade que atende a essas condições é:

a)

b)

c)

d)

e)

Ilustrações: Reprodução/Arquivo da editora

27. (Insper-SP) O salário mensal de um vendedor de carros de luxo é composto por um valor fixo de R$ 1.000,00 mais um valor de comissões sobre os carros vendidos, que custam R$ 150.000,00 cada um. O percentual de comissão inicia em 0,10% e sobe 0,02 ponto percentual para cada carro que ele consegue vender. Por exemplo, se ele vende 3 carros em um mês, sua comissão será de 0,16% por carro, sobre o preço dos carros.

Dos gráficos a seguir, qual é aquele que melhor representa a relação entre o número de carros vendidos e o salário mensal do vendedor?

a)

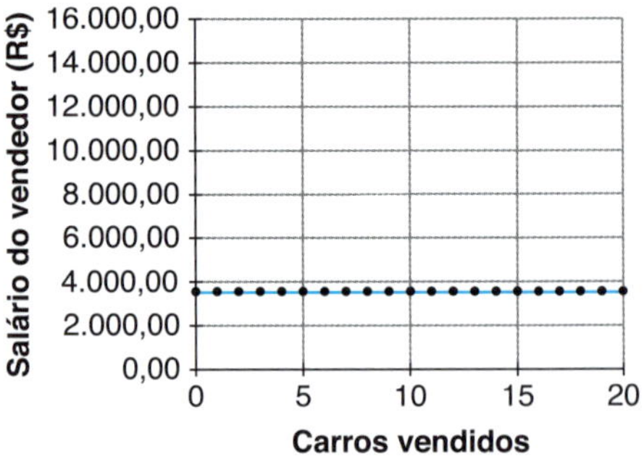

b)

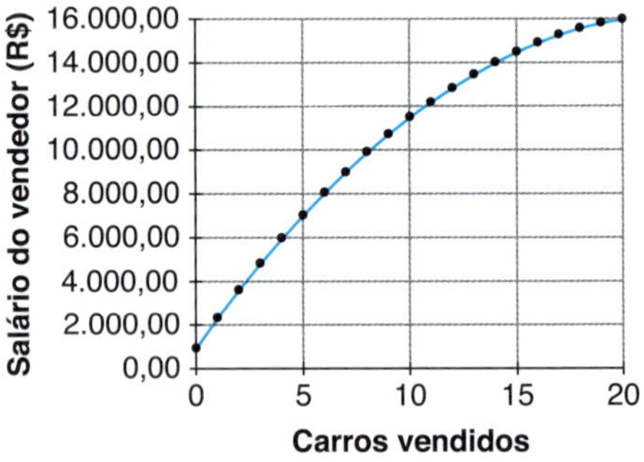

c)

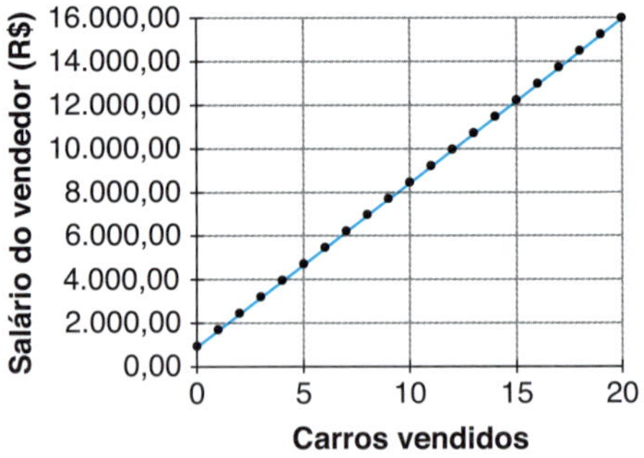

d)

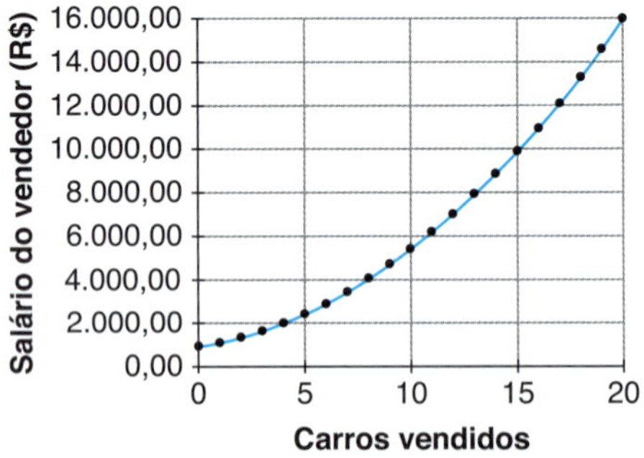

e)

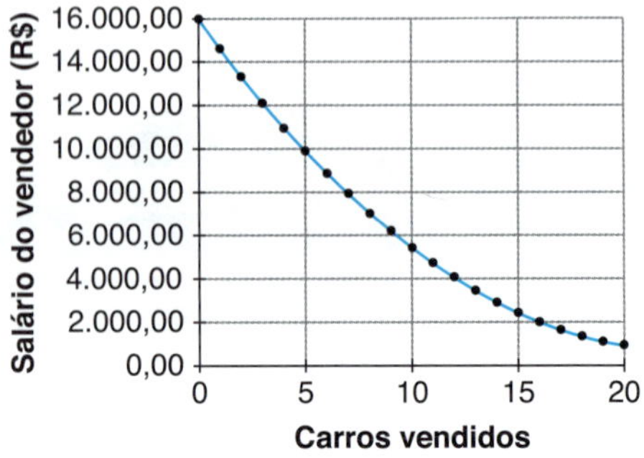

Ilustrações: Reprodução/Arquivo da editora

28. (FGV-SP) Seja **f** uma função tal que $f(xy) = \frac{f(x)}{y}$ para todos os números reais positivos **x** e **y**. Se $f(300) = 5$, então, $f(700)$ é igual a

a) $\frac{15}{7}$
b) $\frac{16}{7}$
c) $\frac{17}{7}$
d) $\frac{8}{3}$
e) $\frac{11}{4}$

29. (Acafe-SC) O vazamento ocorrido em função de uma rachadura na estrutura da barragem de Campos Novos precisa ser estancado. Para consertá-la, os técnicos verificaram que o lago da barragem precisa ser esvaziado e estimaram que, quando da constatação da rachadura, a capacidade **C** de água no lago, em milhões de metros cúbicos, poderia ser calculada por $C(t) = -2t^2 - 12t + 110$, onde **t** é o tempo em horas.

Com base no texto, analise as afirmações:

I. A quantidade de água restante no lago, 4 horas depois de iniciado o vazamento, é de 30 milhões de metros cúbicos.
II. A capacidade desse lago, sabendo que estava completamente cheio no momento em que começou o vazamento, é de 110 milhões de metros cúbicos.
III. Os técnicos só poderão iniciar o conserto da rachadura quando o lago estiver vazio, isto é, 5 horas depois do início do vazamento.
IV. Depois de 3 horas de vazamento, o lago está com 50% de sua capacidade inicial.

Todas as afirmações corretas estão em:

a) I – II – III
b) I – III – IV
c) III – IV
d) I – II – III – IV

30. (Unesp SP) Em 2014, a Companhia de Engenharia de Tráfego (CET) implantou duas faixas para pedestres na diagonal de um cruzamento de ruas perpendiculares do centro de São Paulo. Juntas, as faixas formam um '**X**' como indicado na imagem. Segundo a CET, o objetivo das faixas foi o de encurtar o tempo e a distância da travessia.

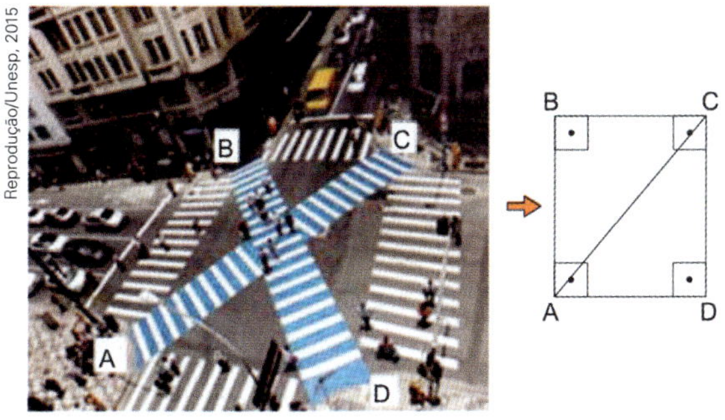

Reprodução/Unesp, 2015

Antes da implantação das novas faixas, o tempo necessário para o pedestre ir do ponto **A** até o ponto **C** era de 90 segundos e distribuía-se do seguinte modo: 40 segundos para atravessar $\overline{AB}$, com velocidade média **v**; 20 segundos esperando o sinal verde de pedestres para iniciar a travessia $\overline{BC}$; e 30 segundos para atravessar $\overline{BC}$, também com velocidade média **v**. Na nova configuração das faixas, com a mesma velocidade média **v**, a economia de tempo para ir de **A** até **C**, por meio da faixa $\overline{AC}$, em segundos, será igual a

a) 20.
b) 30.
c) 50.
d) 10.
e) 40.

31. (PUC-MG) No dia 1º de janeiro de 2014, foi lançado um novo medicamento em certa drogaria. Com a divulgação feita, estima-se que, após **t** meses, esse produto detenha uma porcentagem de venda, dentre os produtos similares comercializados nessa drogaria, dada pela expressão $p(t) = 75 - \frac{60}{t+1}$, sendo $t \geq 0$. Com base nessas informações pode-se estimar que o percentual de venda atingido por esse produto começou a ser superior a 50% durante:

a) janeiro de 2014.
b) fevereiro de 2014.
c) março de 2014.
d) abril de 2014.

32. (UEG-GO) Na figura a seguir, vê-se o gráfico comparativo entre a quantidade de chuva esperada e a quantidade de chuva registrada no sistema da Captação de Água Cantareira.

Reprodução/UEG, 2015

De acordo com o gráfico, o mês em que ocorreu a maior diferença entre o volume de chuva esperada e o volume de chuva registrada foi no mês de

a) dezembro de 2013
b) janeiro de 2014
c) março de 2014
d) janeiro de 2015

CAPÍTULO

4

Função afim

SFIO CRACHO/Shutterstock

Em seus planos de telefonia, operadoras de celular geralmente oferecem pacotes de ligações ilimitadas para celulares da mesma operadora e para fixos na cidade do contratante. Já o valor pago por ligações para DDD, DDI e celulares de outras operadoras costuma ser proporcional à duração da ligação. Nesse caso, dizemos que o valor pago é função do tempo gasto na ligação e essa relação pode ser representada por uma função afim.

Introdução

Antes de apresentarmos o conceito de função afim, vejamos alguns exemplos envolvendo questões do dia a dia.

EXEMPLO 1

Antônio Carlos pegou um táxi para ir à casa de sua namorada, que fica a 15 km de distância.

O valor cobrado engloba o preço da parcela fixa (bandeirada) de R$ 4,00 mais R$ 2,20 por quilômetro rodado (não estamos considerando aqui o tempo em que o táxi ficaria parado em um eventual congestionamento).

Ou seja, ele pagou 15 · R$ 2,20 = R$ 33,00 pela distância percorrida mais R$ 4,00 pela bandeirada; isto é:

R$ 33,00 + R$ 4,00 = R$ 37,00

Se a casa da namorada ficasse a 25 km de distância, Antônio Carlos pagaria pela corrida:

25 · R$ 2,20 + R$ 4,00 = R$ 59,00

Podemos notar que, para cada distância **x** percorrida pelo táxi, há certo preço **p** para a corrida.

Nesse caso, a fórmula que expressa **p** (em reais) em função de **x** (em quilômetros) é:

$$p(x) = 2{,}20 \cdot x + 4{,}00$$

Esse é um exemplo de **função polinomial do 1º grau** ou **função afim**.

EXEMPLO 2

Um corretor de imóveis recebe mensalmente da empresa em que trabalha um salário composto de duas partes:

- um valor fixo de R$ 700,00;
- uma parte variável, que corresponde a um adicional de 2% sobre o valor das vendas realizadas pelo corretor no mês.

Em certo mês, as vendas somaram R$ 300 000,00.

Para descobrir quanto o corretor recebeu de salário, calculamos:

$$700 + 2\% \cdot 300\,000 = 700 + \frac{2}{100} \cdot 300\,000 = 700 + 6\,000 = 6\,700$$

Salário: R$ 6 700,00

Em outro mês, as vendas somaram apenas R$ 80 000,00. Nesse mês o corretor recebeu:

$$700 + 2\% \cdot 80\,000 = 700 + 1\,600 = 2\,300$$

Salário: R$ 2 300,00

Observamos que, para cada total **x** das vendas no mês, há um certo salário **s** pago ao corretor.

Nesse caso, a fórmula que expressa **s** em função de **x** é:

$$s(x) = 700 + 0{,}02 \cdot x$$

Esse também é um exemplo de função afim.

EXEMPLO 3

Restaurantes *self-service* podem ser encontrados em todas as regiões do Brasil. Em um deles, cobram-se R$ 4,80 a cada 100 g de comida. Dois amigos serviram-se, nesse restaurante, de 620 g e 410 g. Vamos calcular quanto cada um pagou.

Ana Druzian/Fotoarena

Inicialmente, observe que R$ 4,80 por 100 g equivale a R$ 48,00 por quilograma. Assim, podemos calcular quanto cada amigo pagou. Quem se serviu de 620 g = 0,62 kg, pagou $0{,}62 \cdot 48 = 29{,}76$ reais; o outro amigo pagou $0{,}41 \cdot 48 = 19{,}68$ reais.

O valor (**y**) pago, em reais, varia de acordo com a quantidade de comida (**x**), em quilogramas. A lei que relaciona **y** e **x**, nesse caso, é: $y = 48 \cdot x$, que é outro exemplo de função polinomial do 1º grau.

Chama-se **função polinomial do 1º grau**, ou **função afim**, qualquer função **f** de $\mathbb{R}$ em $\mathbb{R}$ dada por uma lei da forma $f(x) = ax + b$, em que **a** e **b** são números reais dados e $a \neq 0$.

Na lei $f(x) = ax + b$, o número **a** é chamado **coeficiente** de **x**, e o número **b** é chamado **termo constante** ou **termo independente**.

Veja os exemplos a seguir.

- $f(x) = 5x - 3$, em que $a = 5$ e $b = -3$.
- $f(x) = -2x - 7$, em que $a = -2$ e $b = -7$.
- $f(x) = \frac{x}{3} + \frac{2}{5}$, em que $a = \frac{1}{3}$ e $b = \frac{2}{5}$.
- $f(x) = 11x$, em que $a = 11$ e $b = 0$.
- $y = -x + 3$, em que $a = -1$ e $b = 3$.
- $y = -2{,}5x + 1$, em que $a = -2{,}5$ e $b = 1$.

Gráfico de função afim

O gráfico de uma função polinomial do 1º grau, $f: \mathbb{R} \rightarrow \mathbb{R}$, dada por $y = ax + b$, com $a \neq 0$, é uma reta oblíqua aos eixos Ox e Oy (isto é, é uma reta não paralela a nenhum dos eixos coordenados).

Demonstração:

Tomemos três pontos distintos $A(x_1, y_1)$, $B(x_2, y_2)$ e $C(x_3, y_3)$ pertencentes ao gráfico dessa função. Vamos mostrar que **A**, **B** e **C** estão alinhados, isto é, pertencem a uma mesma reta.

Como **A**, **B** e **C** são pontos do gráfico da função, suas coordenadas satisfazem a lei $y = ax + b$, com **a** e **b** reais e $a \neq 0$. Temos:

$$\begin{cases} y_1 = a \cdot x_1 + b & (1) \\ y_2 = a \cdot x_2 + b & (2) \\ y_3 = a \cdot x_3 + b & (3) \end{cases}$$

Subtraindo membro a membro, (2) de (3), encontramos:

$$y_3 - y_2 = a(x_3 - x_2)$$

Subtraindo (1) de (2), obtemos:

$$y_2 - y_1 = a(x_2 - x_1)$$

Daí, temos:

$$\frac{y_3 - y_2}{y_2 - y_1} = \frac{x_3 - x_2}{x_2 - x_1} \quad (4)$$

Vamos supor, por absurdo, que **A**, **B** e **C** não pertencessem a uma mesma reta, como mostra a figura abaixo.

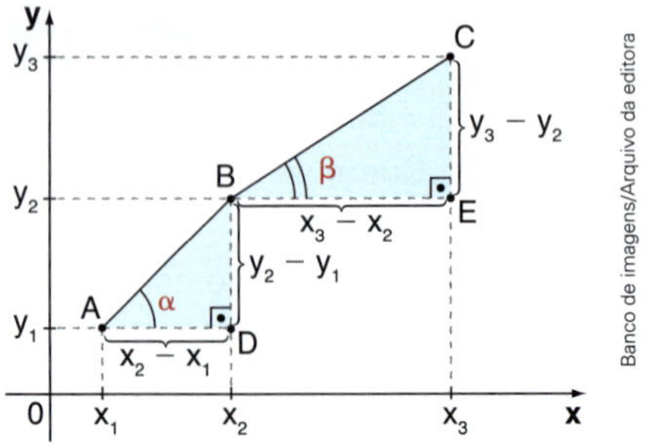

Observemos os triângulos ABD e BCE, que são retângulos ($med(A\hat{D}B) = med(B\hat{E}C) = 90°$) e têm lados proporcionais, pois, de acordo com (4), temos:

$$\frac{EC}{DB} = \frac{BE}{AD}$$

Nesse caso, os triângulos ABD e BCE seriam semelhantes e, portanto, seus ângulos correspondentes seriam congruentes, de onde se concluiria que $\alpha = \beta$, o que não poderia ocorrer.

A contradição vem do fato de supormos que **A**, **B** e **C** não pertencem a uma mesma reta.

Assim, **A**, **B** e **C** estão alinhados, isto é, pertencem a uma mesma reta.

Desse modo, está provado que o gráfico de uma função polinomial do 1º grau é uma reta.

OBSERVAÇÃO

Provada essa propriedade, podemos, de agora em diante, construir o gráfico de uma função afim utilizando apenas dois de seus pontos, pois, como sabemos da Geometria, existe uma única reta que passa por dois pontos distintos.

Exercícios resolvidos

1. Construa o gráfico da função de $\mathbb{R}$ em $\mathbb{R}$ definida por $y = 3x - 1$.

Solução:

Basta obter dois de seus pontos e ligá-los com o auxílio de uma régua:

- Para $x = 0$, temos $y = 3 \cdot 0 - 1 = -1$; portanto, um ponto é $(0, -1)$.
- Para $y = 0$, temos $0 = 3x - 1$; portanto, $x = \frac{1}{3}$ e o outro ponto é $\left(\frac{1}{3}, 0\right)$.

x	y
0	−1
$\frac{1}{3}$	0

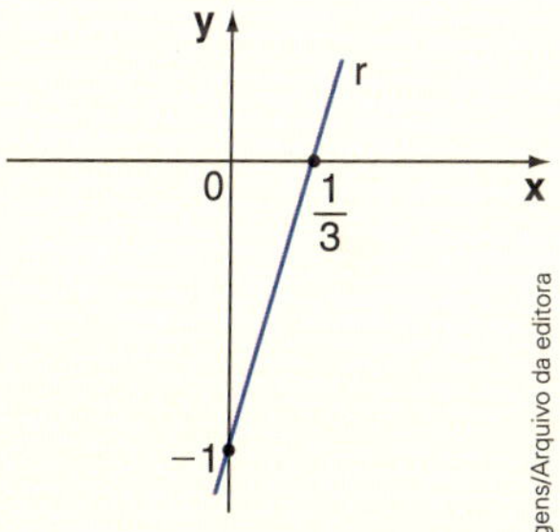

Marcamos os pontos $(0, -1)$ e $\left(\frac{1}{3}, 0\right)$ no plano cartesiano e ligamos os dois com a reta **r**.

A lei $y = 3x - 1$ é também chamada **equação da reta** r.

2. Construa o gráfico da função de $\mathbb{R}$ em $\mathbb{R}$ dada por $y = -2x + 3$.

Solução:

- Para $x = 0$, temos $y = -2 \cdot 0 + 3 = 3$; portanto, um ponto é $(0, 3)$.
- Para $y = 0$, temos $0 = -2x + 3$; portanto, $x = \frac{3}{2}$ e o outro ponto é $\left(\frac{3}{2}, 0\right)$.

x	y
0	3
$\frac{3}{2}$	0

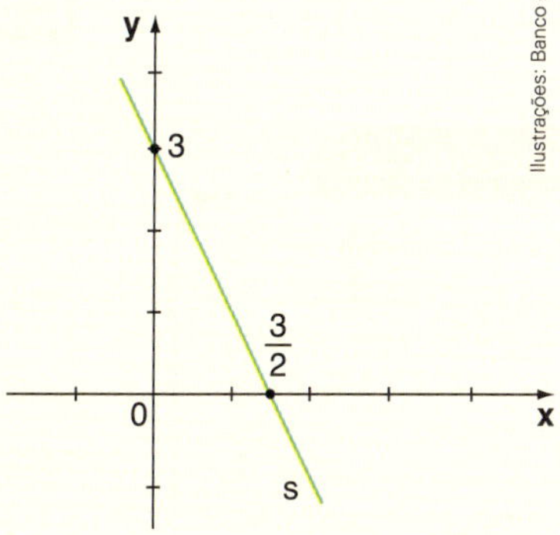

Ilustrações: Banco de imagens/Arquivo da editora

A lei $y = -2x + 3$ é também chamada **equação da reta** s.

3. Obtenha a equação da reta que passa pelos pontos $P(-1, 3)$ e $Q(1, 1)$.

Solução:

A reta $\overleftrightarrow{PQ}$ tem equação $y = a \cdot x + b$. Precisamos determinar os valores de **a** e **b**.

Como $(-1, 3)$ pertence à reta, temos:

$$3 = a \cdot (-1) + b\text{, ou seja, } -a + b = 3.$$

Como $(1, 1)$ pertence à reta, temos:

$$1 = a \cdot 1 + b\text{, ou seja, } a + b = 1.$$

Assim, **a** e **b** satisfazem o sistema:

$$\begin{cases} -a + b = 3 \\ a + b = 1 \end{cases}$$

cuja solução é $a = -1$ e $b = 2$. Portanto, a equação procurada é $y = -x + 2$.

Interseção de retas

O ponto $P(x_0, y_0)$ de interseção de duas retas concorrentes pertence, naturalmente, a cada uma das retas. Por esse motivo, suas coordenadas devem satisfazer, simultaneamente, às leis das funções que representam tais retas.

No gráfico abaixo podemos ver as retas **a** e **b** que representam as funções $y = -3x + 4$ e $y = 2x + 1$, respectivamente. O gráfico foi feito em um *software* livre de Matemática chamado GeoGebra.

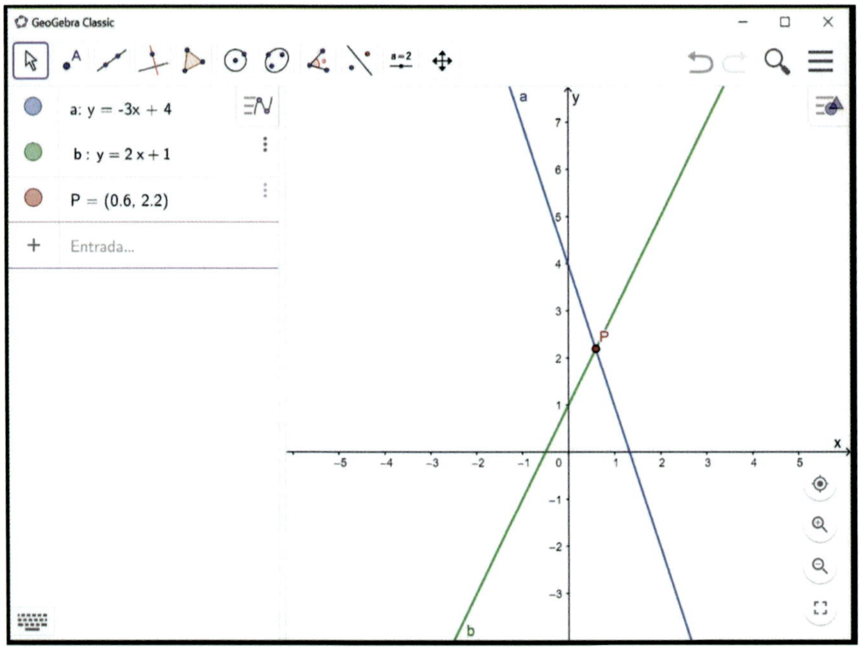

GeoGebra

Assim, a solução do sistema formado pelas duas leis $\begin{cases} y = -3x + 4 \\ y = 2x + 1 \end{cases}$ fornece as coordenadas (x_0, y_0) de **P**.

Igualando, temos:

$$-3x + 4 = 2x + 1 \Rightarrow x = \frac{3}{5} = 0{,}6$$

Substituindo esse valor de **x** em qualquer uma das equações, obtemos $y = \frac{11}{5} = 2{,}2$. Assim, $P\left(\frac{3}{5}, \frac{11}{5}\right)$.

OBSERVAÇÃO

Pode ocorrer que o sistema formado pelas leis de duas funções afins não tenha solução. Nesse caso, as retas não se intersectam, isto é, são paralelas. Por exemplo, as retas r: $y = 2x$ e s: $y = 2x + 5$ não se intersectam.

Função linear

Um caso particular de função afim é aquele em que $b = 0$. Nesse caso, temos a função afim **f** de $\mathbb{R}$ em $\mathbb{R}$ dada pela lei $f(x) = ax$ com **a** real e $a \neq 0$, que é denominada **função linear**.

Exemplos de função linear:

- $f(x) = 3x$, em que $a = 3$.
- $f(x) = -4x$, em que $a = -4$.
- $f(x) = x$, em que $a = 1$. Neste caso, a função **f** recebe a denominação especial de **função identidade**.

Veja, nas páginas 108 a 110, um texto que relaciona grandezas proporcionais e funções lineares.

EXEMPLO 4

Para construir o gráfico da função f(x) = x de ℝ em ℝ, vamos obter alguns de seus pontos. Perceba que, para qualquer **x**, temos y = x.

x	y	Ponto
−3	−3	A
0	0	B
1	1	C
π	π	D

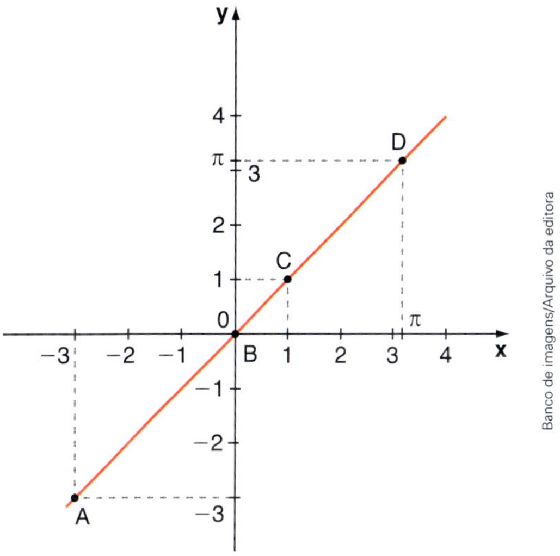

Traçando uma reta pelos pontos da tabela, obtemos o gráfico de f(x) = y = x.

Função constante

Vimos que a função afim **f** é uma função de ℝ em ℝ dada pela lei y = ax + b, com a ≠ 0.

Se em y = ax + b temos a = 0, a lei não define uma função afim, mas sim outro tipo de função denominada **função constante**.

Portanto, chama-se função constante uma função f: ℝ → ℝ dada pela lei y = 0x + b, ou seja, y = b para todo x ∈ ℝ.

EXEMPLO 5

Vamos construir o gráfico da função f: ℝ → ℝ dada por y = 3 para todo **x** real.

x	y	Ponto
$-\frac{1}{2}$	3	A
0	3	B
1	3	C
$\sqrt{2}$	3	D

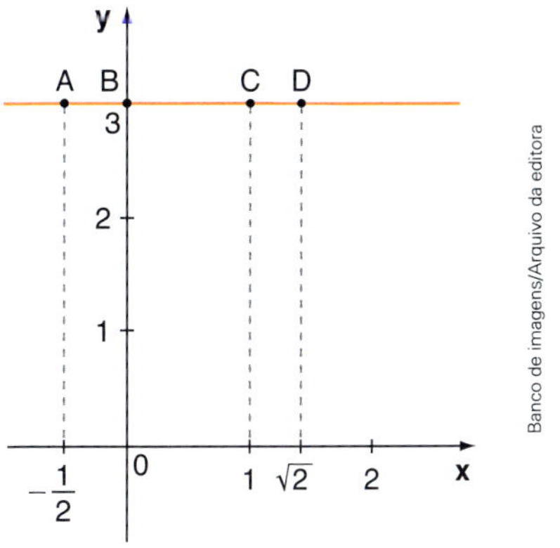

O gráfico é uma reta paralela ao eixo das abscissas.

EXEMPLO 6

Uma pessoa caminha com velocidade escalar **v** constante de 2 m/s, descrevendo um movimento retilíneo uniforme.

O gráfico da função que relaciona **v** com o tempo **t**, em segundos, é representado ao lado.

Trata-se da função constante definida, para $x \geqslant 0$, por $y = 2$.

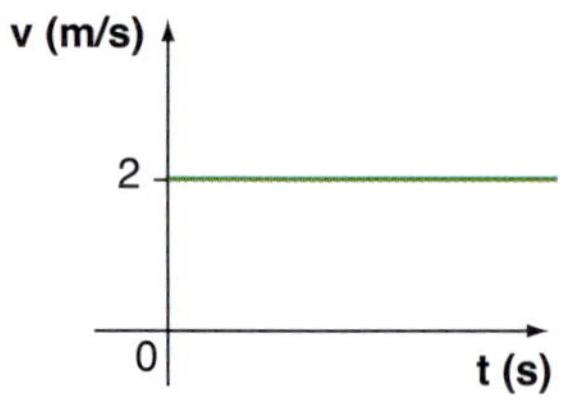

Exercícios

1. Um técnico em informática cobra R$ 45,00 a visita e um adicional de R$ 80,00 por hora de trabalho, com valor proporcional no fracionamento da hora.

a) Quanto o técnico receberia por um serviço de 2,5 h?

b) Dispondo-se de R$ 400,00, seria possível contratar esse técnico para um serviço de 4 horas?

c) Qual é a lei da função que representa o valor **v**, em reais, de um serviço de **x** horas feito pelo técnico? Esboce o gráfico dessa função.

2. A um mês de uma competição, um atleta de 75 kg é submetido a um treinamento específico para aumento de massa muscular, em que se anunciam ganhos de 180 gramas por dia. Supondo que isso realmente ocorra, faça o que se pede.

a) Determine a massa do atleta após uma semana de treinamento.

b) Encontre a lei que relaciona a massa do atleta (**m**), em quilogramas, em função do número de dias de treinamento (**n**).

c) É possível que o atleta atinja ao menos 80 kg em um mês de treinamento?

3. Um hotel oferece a seus hóspedes duas opções para uso da rede *wi-fi* no acesso à internet:

1ª) Taxa fixa de R$ 18,00 por dia com acesso ilimitado.

2ª) R$ 2,50 por hora de acesso, com valor proporcional no fracionamento da hora (minuto).

a) Escreva, para cada opção oferecida, a lei da função que relaciona o preço **p**, em reais, pago por esse serviço, em função do tempo **t** (com $0 < t < 24$), em horas de acesso.

b) Se escolher a 1ª opção, quanto pagará a mais um cliente que usou a rede por 5 horas em certo dia, na comparação com a 2ª opção?

c) Por quanto tempo de uso diário da rede *wi-fi* seria indiferente a escolha de qualquer um dos planos?

4. Uma caixa-d'água, de volume 21 m^3, inicialmente vazia, começa a receber água de uma fonte à razão de 15 litros por minuto. Lembre-se de que 1 m^3 equivale a 1 000 litros.

a) Quantos litros de água haverá na caixa após meia hora?

b) Após **x** minutos de funcionamento da fonte, qual será o volume (**y**) de água na caixa, em litros?

c) Após **x** minutos de funcionamento da fonte, qual será o volume (**y**) de água (em litros) necessário para encher completamente a caixa?

d) Em quanto tempo a caixa estará cheia?

5. Construa os gráficos das funções de $\mathbb{R}$ em $\mathbb{R}$ dadas por:

a) $y = x + 1$

b) $y = -2x + 4$

c) $y = 3x + 2$

d) $y = -x - 2$

e) $y = \frac{5}{2}$

f) $y = -1$

6. Construa o gráfico de cada uma das funções lineares, de $\mathbb{R}$ em $\mathbb{R}$, dadas pelas leis:

a) $y = 2x$

b) $y = -3x$

c) $y = \frac{1}{2}x$

d) $y = -x$

Após construir os quatro gráficos, é possível identificar uma propriedade comum a todos. Qual é essa propriedade?

7. Uma reta passa pelos pontos $(-1, 5)$ e $(2, -4)$. Qual é a lei da função representada por essa reta?

8. Qual é a equação da reta que passa pelos pontos $(-4, 2)$ e $(2, 5)$?

9. Obtenha, em cada caso, a lei da função cujo gráfico é mostrado a seguir.

a)

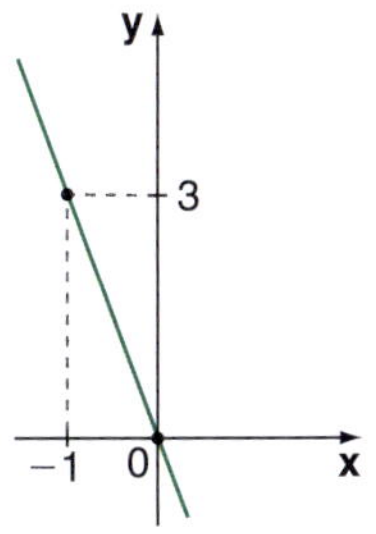

b)

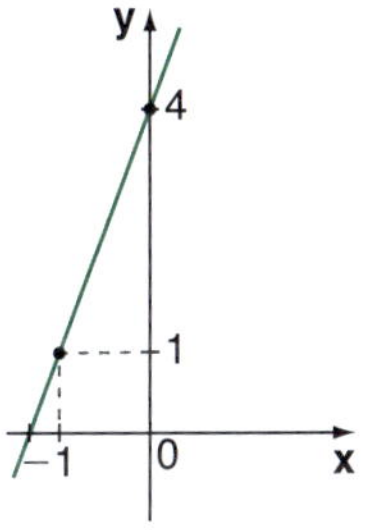

c)

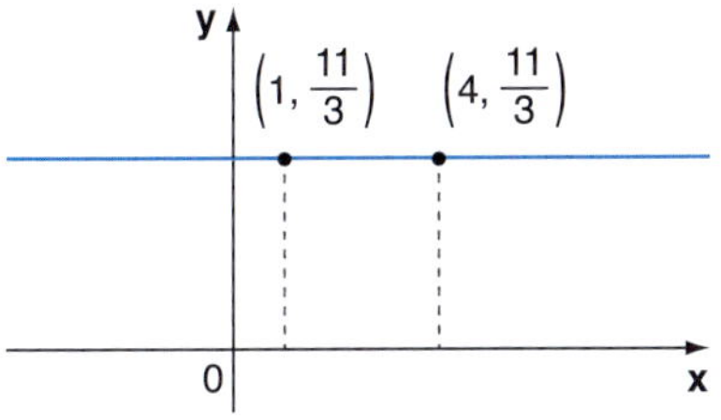

Ilustrações: Banco de imagens/Arquivo da editora

10. Em uma corrida de táxi é cobrado um valor fixo, conhecido como bandeirada, acrescido de outro valor que depende do número de quilômetros rodados. Sabendo que uma corrida de 10 km custou R$ 48,80 e outra de 25 km custou R$ 111,80, determine o valor cobrado por uma corrida de 18 km.

11. Considere uma função **f**, cujo domínio é [0, 6], representada no gráfico a seguir.

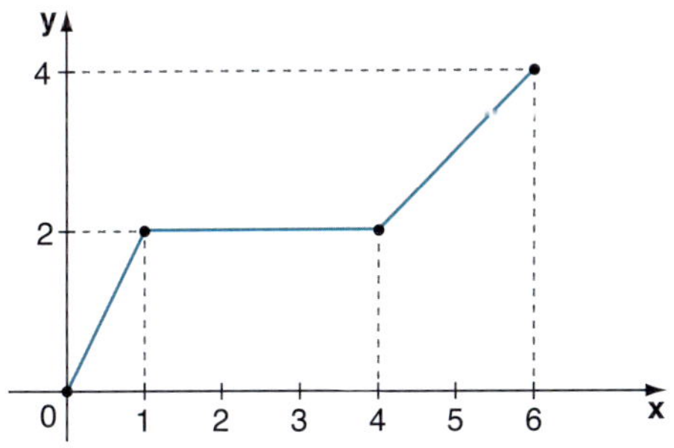

Banco de imagens/Arquivo da editora

Calcule:

a) $f\left(\frac{1}{2}\right)$

b) f(3)

c) $f\left(\frac{11}{2}\right)$

12. Observe as representações dos gráficos das funções f: $\mathbb{R} \rightarrow \mathbb{R}$ e g: $\mathbb{R} \rightarrow \mathbb{R}$ definidas por $f(x) = 2x + 3$ e $g(x) = ax + b$. Calcule o valor de g(8).

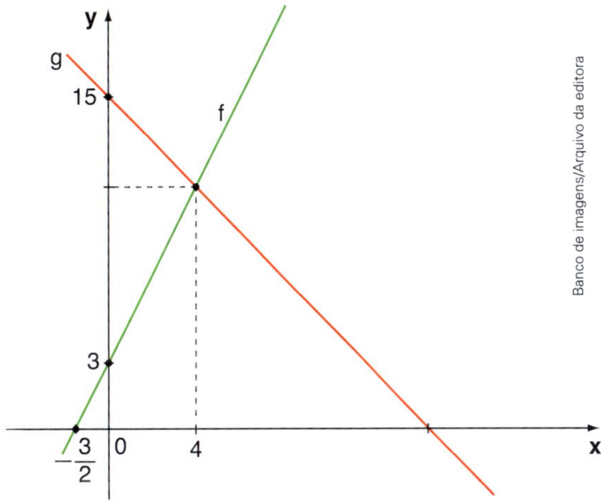

Banco de imagens/Arquivo da editora

13. Um vendedor recebe um salário fixo e mais uma parte variável, correspondente à comissão sobre o total vendido em um mês. O gráfico seguinte informa algumas possibilidades de salário (**y**) em função das vendas (**x**).

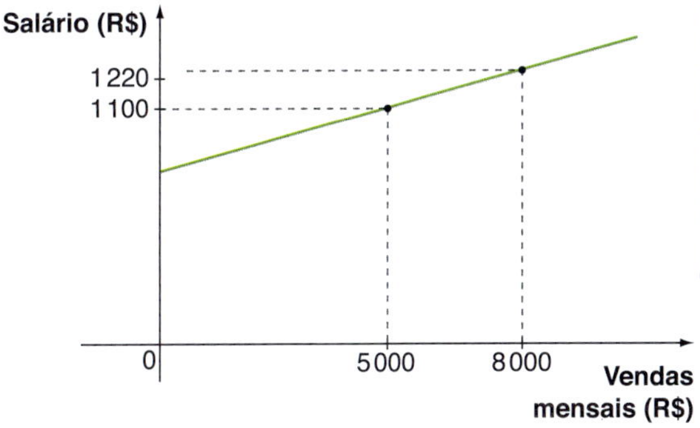

Banco de imagens/Arquivo da editora

a) Encontre a lei da função cujo gráfico é essa reta.

b) Qual é a parte fixa do salário?

c) Alguém da loja disse ao vendedor que, se ele conseguisse dobrar as vendas, seu salário também dobraria. Isso é verdade? Explique.

14. Em cada caso, determine o ponto de interseção das retas **r** e **s** que representam as funções **f** e **g** de $\mathbb{R}$ em $\mathbb{R}$ dadas por:

a) $f(x) = 3x$ e $g(x) = x + 2$

b) $f(x) = -x + 3$ e $g(x) = 2x - 6$

c) $f(x) = x + 2$ e $g(x) = x - 4$

Grandezas diretamente proporcionais

Vamos inicialmente revisar os conceitos de razão e proporção estudados em anos anteriores.

Razão

Dados dois números reais **a** e **b**, com $b \neq 0$, chama-se **razão de a para b** o quociente $\frac{a}{b}$, que também pode ser indicado por a : b.

O número **a** é chamado **antecedente**, e o número **b** é chamado **consequente**.

EXEMPLO 7

Em um grupo de 60 turistas que visitaram o Pão de Açúcar, no Rio de Janeiro, havia 36 brasileiros e 24 estrangeiros.

A razão entre o número de brasileiros e o número de estrangeiros no grupo é $\frac{36}{24} = \frac{3}{2}$, o que significa que, para cada 3 brasileiros, havia 2 estrangeiros.

A razão entre o número de brasileiros e o total de turistas no grupo é de $\frac{36}{60} = \frac{3}{5}$, o que significa que de cada 5 turistas no grupo, 3 eram brasileiros.

EXEMPLO 8

Para um concurso público, candidataram-se 24 500 pessoas para concorrer às 20 vagas disponíveis.

A razão $\frac{24\,500}{20} = \frac{1\,225}{1} = 1\,225$ representa o número de candidatos por vaga (cada vaga está sendo disputada por 1 225 candidatos).

Proporção

Dadas duas razões $\frac{a}{b}$ e $\frac{c}{d}$, chama-se **proporção** a igualdade entre essas razões:

$$\frac{a}{b} = \frac{c}{d}$$

lê-se: **a** está para **b** assim como **c** está para **d**

Em uma proporção, os números **a** e **d** são chamados **extremos**, e os números **b** e **c** são chamados **meios**.

Na proporção $\frac{a}{b} = \frac{c}{d}$ vale a propriedade:

$$a \cdot d = b \cdot c$$

Para demonstrá-la, basta multiplicar os dois membros da igualdade por $b \cdot d \neq 0$:

$$b \cdot d \cdot \frac{a}{b} = b \cdot d \cdot \frac{c}{d} \Rightarrow a \cdot d = b \cdot c$$

Dizemos que o produto dos extremos (**a** e **d**) é igual ao produto dos meios (**b** e **c**).

Por exemplo, na proporção $\frac{2}{3} = \frac{6}{9}$ temos $2 \cdot 9 = 6 \cdot 3 = 18$; na proporção $\frac{1}{4} = \frac{4}{16}$ temos $1 \cdot 16 = 4 \cdot 4 = 16$.

Um técnico, tendo à sua disposição uma balança e alguns recipientes de vidro, mediu a massa de alguns volumes diferentes de azeite de oliva e montou a seguinte tabela:

Experiência nº	Volume (em mililitros)	Massa (em gramas)
1	100	80
2	200	160
3	300	240
4	400	320
5	500	400
6	1000	800
7	2000	1600

Técnico medindo a massa de um volume de azeite em um laboratório.

Podemos observar que, para cada volume, existe em correspondência uma única massa, ou seja, a massa é função do volume.

Com os resultados obtidos, o técnico construiu o gráfico abaixo.

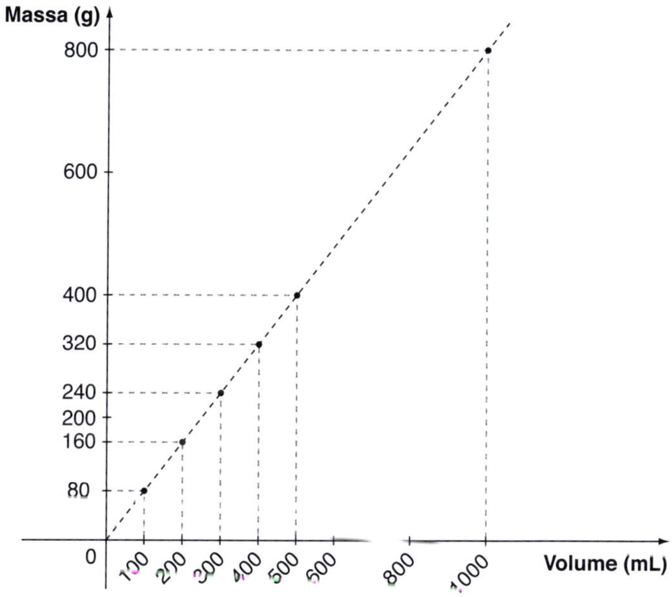

Ele notou, então, que os pontos estavam alinhados, determinando uma reta, a qual passa pela origem do sistema cartesiano, ou seja, tinha obtido o gráfico de uma **função linear**.

Ao observar os pares de valores da tabela, o técnico percebeu que, em todas as experiências, a razão entre a massa e o volume era, em g/mL, igual a 0,8:

$$\frac{80}{100} = 0{,}8 \qquad \frac{160}{200} = 0{,}8 \qquad \dots \qquad \frac{400}{500} = 0{,}8 \quad \dots$$

Ele ainda constatou que:

- quando o volume dobrava, a massa também dobrava;
- quando o volume triplicava, a massa também triplicava;
- se o volume era multiplicado por 10, a massa também era multiplicada por 10; e assim por diante.

O técnico concluiu, então, que o volume e a massa de certa substância são **grandezas diretamente proporcionais**. Para uma dada substância, o quociente da massa (**m**) pelo correspondente volume (**V**) é chamado **densidade**. A densidade do azeite é 0,8 g/mL.

Se ele quisesse determinar a massa correspondente a 140 mL de azeite, poderia simplesmente efetuar:

$$\frac{m}{V} = 0{,}8 \Rightarrow \frac{m}{140} = 0{,}8 \Rightarrow m = 112$$

Assim, a massa de 140 mL de azeite é igual a 112 g.

Outra alternativa seria estabelecer a relação:

$$\begin{cases} 100 \text{ mL} —— 80 \text{ g} \\ 140 \text{ mL} —— x \end{cases} \Rightarrow 100 \text{ mL} \cdot x = 140 \text{ mL} \cdot 80 \text{ g} \Rightarrow x = 112 \text{ g}$$

Esse procedimento é comumente chamado **regra de três simples**.

De modo geral, quando uma grandeza **y** varia em função de uma grandeza **x** e para cada par de valores (x, y) se observa que $\frac{y}{x} = k$ (com $x \neq 0$) é constante, as duas grandezas são ditas diretamente proporcionais. A função $y = f(x)$ é uma função linear, e seu gráfico é uma reta que passa pela origem.

No final deste capítulo, você terá oportunidade de revisar também o conceito de grandezas inversamente proporcionais.

Exercícios

15. Determine a razão (na ordem dada) entre:

a) 15 e 5
b) 40 e 120
c) 32 e 8
d) 0,4 e 0,02
e) $\frac{1}{3}$ e $\frac{1}{6}$
f) 2 km e 400 m
g) 10 min e 2 h
h) 8 kg e 500 g

16. Calcule o valor real de **x** em:

a) $\frac{x}{3} = \frac{3}{2}$
b) $\frac{4x}{5} = \frac{x+1}{3}$
c) $\frac{2-x}{x+5} = \frac{3}{4}$
d) $\frac{x-1}{x-2} = \frac{3}{2}$

17. A densidade demográfica de uma região (cidade, estado, país, etc.) é definida como a razão entre o número de habitantes e a área da região. Qual é a região **menos** densamente povoada entre as citadas no quadro?

Região	Área (km²)	Número de habitantes
X	30 000	1,5 milhão
Y	1 500	120 mil
Z	20 000	0,8 milhão

18. Em um hospital, verificou-se que, para cada médico, há dois enfermeiros, e, para cada três enfermeiros, há cinco assistentes de enfermagem.

a) Qual é a razão entre o número de médicos e o número de assistentes de enfermagem?
b) Se o número total de funcionários dessas três categorias que trabalham nesse hospital é 380, qual é o número de enfermeiros?

19. No rótulo de um suco concentrado, recomenda-se misturar 5 partes de água para cada 2 partes de suco concentrado para preparar um refresco. Qual é a quantidade de suco concentrado necessária para se fazer 2,8 L de refresco?

20. Em cada tabela seguinte, **y** é diretamente proporcional a **x**. Encontre os valores desconhecidos.

a)

x	1,2	1,5	2,1	0,85	c
y	2,4	3	a	b	4

b)

x	3	6	15	60
y	2	4	a	b

21. No primeiro mês de atividade, uma pequena empresa lucrou R$ 5 400,00. Os sócios Paulo e Roberto investiram R$ 15 000,00 e R$ 12 000,00 cada um, respectivamente. Como deve ser dividido o lucro entre Paulo e Roberto, se for diretamente proporcional ao valor investido?

22. Em um quadrado, a medida do lado e o perímetro são diretamente proporcionais? E a medida do lado e a área?

23. Considere todos os retângulos cujo comprimento mede 3 metros e a largura **x** metros, sendo $x > 0$.

a) O perímetro de cada retângulo é diretamente proporcional a **x**?

b) A área de cada retângulo é diretamente proporcional a **x**?

24. No gráfico está representada a relação entre a massa e o volume de certo óleo combustível.

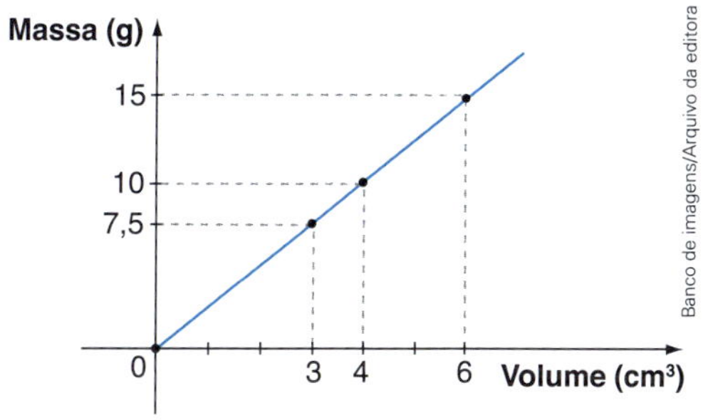

a) As grandezas massa e volume são diretamente proporcionais?

b) Qual é a densidade do óleo?

c) Qual é a lei que relaciona a massa (**m**) em função do volume (**V**)?

25. Em um restaurante cobra-se R$ 3,25 por 100 g de comida.

a) Qual é o preço pago por alguém que se servir de 300 g de comida? E por quem se servir do dobro?

b) Qual é a lei da função que relaciona o valor pago (**y**), em reais, e o número de quilogramas consumidos (**x**)? Esboce o gráfico.

c) Raul almoçou nesse restaurante e pagou R$ 17,55 pela comida. De quantos gramas de comida ele se serviu?

26. Uma empresa pretende lançar no mercado um modelo inovador de *smartphone*. Para isso, estimou características de quatro protótipos (I, II, III, IV). O gráfico abaixo mostra os resultados, que relacionam o tempo gasto no carregamento da bateria e o percentual carregado.

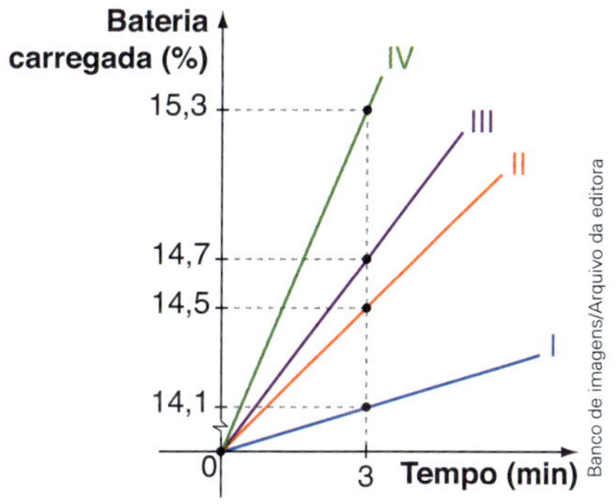

Sabe-se que a empresa pretende que o novo modelo de *smartphone* lançado não leve mais que 20 minutos para carregar totalmente a bateria. Supondo linear a relação entre o percentual e o tempo, determine qual(is) modelo(s) deve(m) ser descartado(s) nesse teste.

27. Três sócios **A**, **B** e **C** investiram juntos R$ 48 000,00 na aquisição de uma franquia, sendo que **A** investiu o dobro do valor investido por **C**. Ficou combinado que, a cada mês, dividiriam o lucro da franquia em partes diretamente proporcionais aos valores investidos. Em certo mês, **B** recebeu R$ 3 750,00 e **C**, R$ 750,00.

a) Qual o valor investido por **B**?

b) Naquele mês, quanto **A** recebeu?

28. Duas grandezas G_1 e G_2 são tais que G_1 é diretamente proporcional ao quadrado de G_2. Determine os valores de **a** e **b** na tabela seguinte:

G_1	a	5	20
G_2	5	$\frac{1}{10}$	b

Troque ideias

Matemática e Geografia: Escalas

Um exemplo de razão conhecido e importante é a **escala numérica**, amplamente usada em mapas de Geografia, plantas de imóveis e maquetes.

Um mapa é uma imagem reduzida de uma determinada superfície. No mapa é preservada a proporção real entre distâncias, isto é, as distâncias lineares no mapa são proporcionais às correspondentes distâncias lineares reais.

A **escala** de um mapa é a razão entre a medida de um comprimento qualquer no mapa e a real medida do comprimento correspondente.

Observe o mapa político do Brasil. Nele foi utilizada uma **escala gráfica**: um segmento de medida 2 cm (verifique com a régua) está dividido ao meio por uma marcação, acima da qual se lê o valor 405. Isso significa que 1 cm no mapa corresponde a 405 km na realidade (ou ainda, 2 cm no mapa correspondem, na realidade, a 810 km).

Brasil: divisão política

Fonte: CALDINI, V. L. M.; ÍSOLA, L. *Atlas geográfico Saraiva*. 4. ed. São Paulo: Saraiva, 2013. p. 30.

a) Escrevendo as medidas indicadas na escala gráfica, em uma mesma unidade, obtenha a escala numérica desse mapa e represente a razão obtida $\frac{a}{b}$ na forma a : b.

b) Qual é, em linha reta, a distância real entre Belo Horizonte e Florianópolis?

c) A distância, em linha reta, de Cuiabá a Teresina é de aproximadamente 1 870 km. Qual deve ser a medida, no mapa, do segmento de extremidades nessas capitais? Confira sua resposta com uma régua.

d) Qual é a escala numérica correspondente à seguinte escala gráfica?

0 13 km

e) Represente a escala 1 : 20 000 por meio de uma escala gráfica.

f) Deseja-se produzir um mapa do Brasil no qual ocorra uma redução menor das distâncias reais, comparando-se com o mapa dado. Para isso, entre as escalas seguintes, qual deverá ser escolhida? Explique.

0 400 km ou 0 500 km

Raiz de uma equação do 1º grau

Chama-se **raiz** ou **zero** da função polinomial do 1º grau dada por f(x) = ax + b, com a ≠ 0, o número real **x** tal que f(x) = 0.

Temos:

$$f(x) = 0 \Rightarrow ax + b = 0 \Rightarrow x = -\frac{b}{a}$$

OBSERVAÇÕES

- O ponto $\left(-\frac{b}{a}, 0\right)$ pertence ao eixo das abscissas. Desse modo, a raiz de uma função do 1º grau corresponde à abscissa do ponto em que a reta intersecta o eixo Ox.
- A raiz da função **f** dada por f(x) = ax + b é a solução da equação do 1º grau ax + b = 0, ou seja, $x = -\frac{b}{a}$.

EXEMPLO 9

- Obtenção do zero da função f: ℝ → ℝ dada pela lei f(x) = 2x − 5:

$$f(x) = 0 \Rightarrow 2x - 5 = 0 \Rightarrow x = \frac{5}{2}$$

- Cálculo da raiz da função g: ℝ → ℝ definida pela lei g(x) = 3x + 6:

$$g(x) = 0 \Rightarrow 3x + 6 = 0 \Rightarrow x = -2$$

- A reta que representa a função h: ℝ → ℝ, dada por h(x) = −2x + 10, intersecta o eixo Ox no ponto (5, 0), pois $h(x) = 0 \Rightarrow -2x + 10 = 0 \Rightarrow x = 5$.

Taxa média de variação da função afim

Observemos inicialmente dois exemplos.

EXEMPLO 10

Seja **f** a função afim dada por y = 3x + 2. No gráfico ao lado, destacamos alguns pontos da reta **r**, que é o gráfico de **f**. Vamos calcular a taxa média de variação dessa função nos seguintes intervalos:

Intervalo	Δx	Δy	Taxa de variação: $\frac{\Delta y}{\Delta x}$
de **A** a **B**	−2 − (−3) = 1	−4 − (−7) = 3	$\frac{3}{1} = 3$
de **B** a **C**	−1 − (−2) = 1	−1 − (−4) = 3	$\frac{3}{1} = 3$
de **E** a **F**	2 − 1 = 1	8 − 5 = 3	$\frac{3}{1} = 3$
de **D** a **G**	3 − 0 = 3	11 − 2 = 9	$\frac{9}{3} = 3$
de **B** a **E**	1 − (−2) = 3	5 − (−4) = 9	$\frac{9}{3} = 3$
de **A** a **F**	2 − (−3) = 5	8 − (−7) = 15	$\frac{15}{5} = 3$

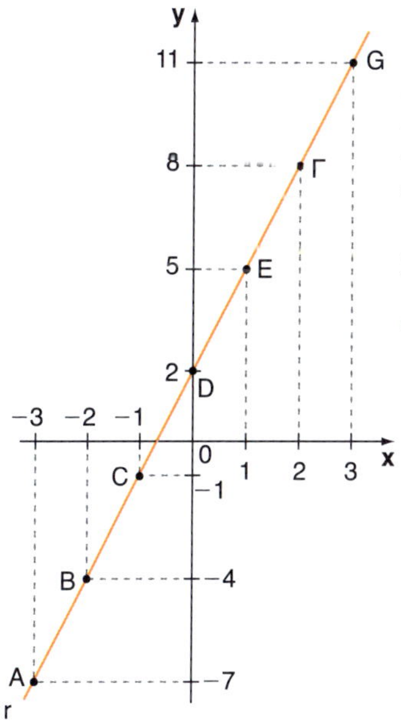

Banco de imagens/Arquivo da editora

Observe que, independentemente do "ponto de partida" e do intervalo considerado, a taxa de variação da função é constante (igual a 3).

EXEMPLO 11

Seja **f** a função afim dada por $y = -2x + 3$. No gráfico a seguir, destacamos alguns pontos da reta **s**, que é o gráfico de **f**. Vamos calcular a taxa média de variação dessa função nos seguintes intervalos:

Intervalo	Δx	Δy	Taxa de variação: $\frac{\Delta y}{\Delta x}$
de **A** a **B**	$-2 - (-3) = 1$	$7 - 9 = -2$	$\frac{-2}{1} = -2$
de **B** a **C**	$-1 - (-2) = 1$	$5 - 7 = -2$	$\frac{-2}{1} = -2$
de **E** a **F**	$2 - 1 = 1$	$-1 - 1 = -2$	$\frac{-2}{1} = -2$
de **B** a **E**	$1 - (-2) = 3$	$1 - 7 = -6$	$\frac{-6}{3} = -2$
de **C** a **G**	$3 - (-1) = 4$	$-3 - 5 = -8$	$\frac{-8}{4} = -2$
de **A** a **G**	$3 - (-3) = 6$	$-3 - 9 = -12$	$\frac{-12}{6} = -2$

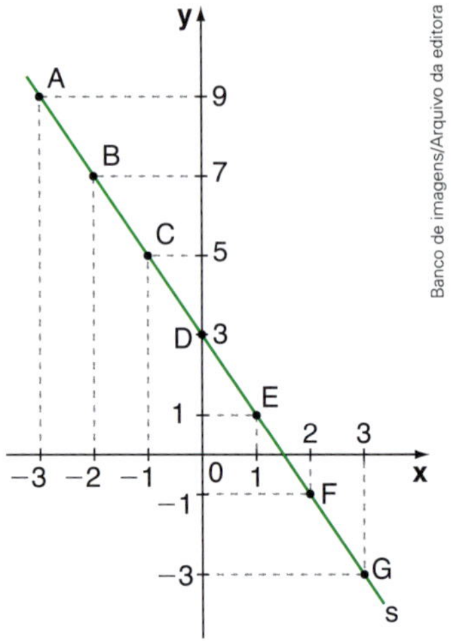

Banco de imagens/Arquivo da editora

Observe que, independentemente do "ponto de partida" e do intervalo considerado, a taxa de variação da função é constante (igual a -2).

Em uma função afim, a taxa média de variação é constante, isto é, independe do "ponto inicial" e do "ponto final" considerados. Observe os exemplos anteriores.

Propriedade:

Seja $f: \mathbb{R} \to \mathbb{R}$ uma função afim dada por $f(x) = ax + b$.

A taxa média de variação de **f**, quando **x** varia de $\mathbf{x_1}$ a $\mathbf{x_2}$, com $x_1 \neq x_2$, é igual ao coeficiente **a**.

OBSERVAÇÃO

Note nos exemplos 10 e 11 que, se $a > 0$, a taxa de variação de **f** é positiva e **f** é crescente; se $a < 0$, a taxa de variação de **f** é negativa e **f** é decrescente.

Demonstração:

Se $f(x) = ax + b$, temos:

$$f(x_1) = ax_1 + b \quad \text{e} \quad f(x_2) = ax_2 + b$$

A taxa média de variação de **f**, para **x** variando de $\mathbf{x_1}$ até $\mathbf{x_2}$, é:

$$\frac{f(x_2) - f(x_1)}{x_2 - x_1} = \frac{(ax_2 + b) - (ax_1 + b)}{x_2 - x_1} = \frac{a \cdot x_2 - a \cdot x_1}{x_2 - x_1} = \frac{a \cdot (x_2 - x_1)}{x_2 - x_1} = a$$

Veja o exemplo a seguir.

EXEMPLO 12

O gráfico abaixo mostra o custo total mensal (**y**), em reais, para se confeccionar **x** unidades de camisetas em uma pequena fábrica. Nesse caso, foram considerados os custos fixos com funcionários e a manutenção das máquinas.

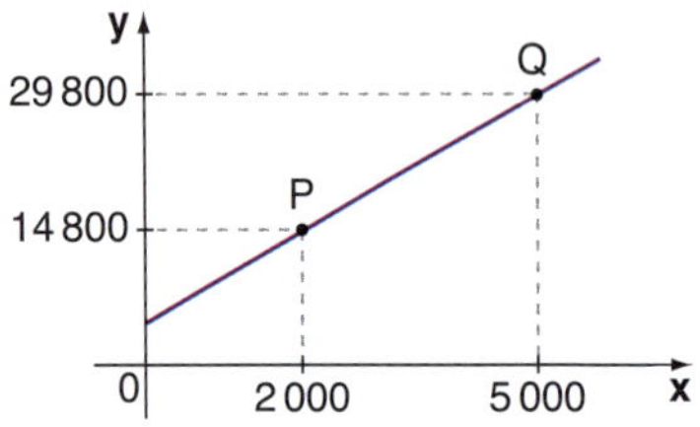

Vamos calcular o custo de confecção de 3 000 camisetas.

Considerando o intervalo de **P** a **Q**, a taxa média de variação, em reais/camiseta, dessa função é:

$$\frac{\Delta y}{\Delta x} = \frac{29\,800 - 14\,800}{5\,000 - 2\,000} = \frac{15\,000}{3\,000} = 5$$

Como se trata de uma função afim, sabemos que essa taxa é constante. Isso significa que, a cada camiseta produzida, o custo total aumenta em 5 reais.

Assim, considerando um aumento de 1 000 unidades, a partir da produção de 2 000 camisetas ($3\,000 - 2\,000 = 1\,000$), o aumento no custo é de 5 000 reais ($1\,000 \cdot 5$), o que elevaria os gastos a 19 800 reais ($14\,800 + 5\,000$).

Para obter a lei da função que relaciona **y** e **x**, podemos utilizar a taxa média de variação da função.

Como vimos, na lei $y = ax + b$, temos $a = 5$, isto é, $y = 5x + b$.

Como o ponto $P(2\,000, 14\,800)$ pertence à reta, temos:

$$x = 2\,000 \text{ e } y = 14\,800$$

$$14\,800 = 5 \cdot 2\,000 + b \Rightarrow b = 4\,800 \text{ (custo fixo da fábrica)}$$

Assim, a lei é: $y = 5x + 4\,800$

Exercícios

29. Determine a raiz de cada uma das funções de $\mathbb{R}$ em $\mathbb{R}$ dadas pelas seguintes leis:

a) $y = 3x - 1$

b) $y = -2x + 1$

c) $y = -\frac{3x - 5}{2}$

d) $y = 4x$

e) $y = \frac{2x}{5} - \frac{1}{3}$

f) $y = -x$

30. Seja **f** uma função real definida pela lei $f(x) = ax - 3$. Se -2 é raiz da função, qual é o valor de $f(3)$?

31. Resolva, em $\mathbb{R}$, as seguintes equações do 1º grau:

a) $12x + 5 = 2x + 8$

b) $5(3 - x) + 2(x + 1) = -x + 5$

c) $5x + 20(1 - x) = 5$

d) $-x + 4(2 - x) = -2x - (10 + 3x)$

e) $\frac{2x}{3} - \frac{1}{2} = \frac{5x}{2} + \frac{4}{3}$

f) $\frac{6x}{5} - \frac{x + 3}{2} = \frac{x}{3} - 1$

32. Em um triângulo ABC, a medida do ângulo $B\hat{A}C$ excede a medida de $A\hat{B}C$ em 10°, e a medida do ângulo $A\hat{C}B$, adicionado de 30°, é igual ao dobro da medida de $B\hat{A}C$. Quais são as medidas dos ângulos desse triângulo?

33. Carlos é 4 anos mais velho que seu irmão André. Há 5 anos, a soma de suas idades era 84 anos.

a) Qual é a idade atual de cada um?

b) Há quantos anos a idade de Carlos era o dobro da idade de André?

34. André, Bruno e Carlos instalaram um novo *software* em 53 computadores da empresa em que trabalham. André fez a instalação em 3 equipamentos a menos do que Bruno, e este, em 2 a menos do que Carlos. Determine o número de computadores em que cada um deles instalou o novo *software*.

35. Paulo e Joana recebem a mesma quantia por hora de trabalho. Após Paulo ter trabalhado 4 horas e Joana 3 horas e 20 minutos, Paulo tinha a receber R$ 15,00 a mais que Joana. Quanto recebeu cada um?

36. Considere a equação do 1º grau na incógnita **x** e $U = \mathbb{R}$:

$$(a - 2) \cdot x - 5 = 0, \text{ sendo } a \in \mathbb{R}.$$

a) Resolva essa equação para $a = 4$, $a = -3$ e $a = 0$.

b) É verdade que, para todo $a \in \mathbb{R}$, a equação apresenta uma única solução real? Explique.

37. Em um jogo de vôlei, foram vendidos ingressos para apenas dois setores: arquibancada e numerada. O ingresso para numerada era R$ 30,00 mais caro que o da arquibancada. Sabendo que o público pagante foi de 3 200 pessoas, das quais 70% estavam na arquibancada, e a renda do jogo foi de R$ 140 800,00, determine o preço do ingresso para a numerada.

38. Determine a taxa média de variação das seguintes funções do 1º grau:

a) $f(x) = 4x + \frac{1}{2}$

b) $g(x) = -3x$

c) $h(x) = x + 2$

d) $i(x) = 4 - x$

39. O gráfico ao lado mostra uma estimativa simplificada da evolução da massa (**m**) de um mamífero, em quilogramas, nos primeiros meses de vida.

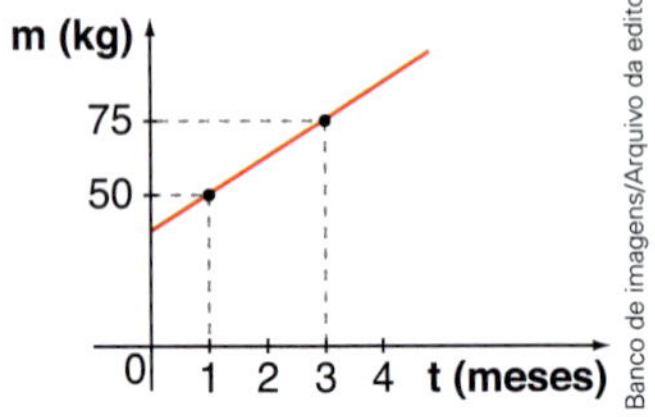

a) Qual é a massa esperada desse mamífero no nascimento?

b) Qual é a estimativa para a massa do mamífero aos 2 meses de vida?

c) Qual é a estimativa para a massa do mamífero aos 4,5 meses de vida?

40. Em 31/12/2010 uma represa continha 500 milhões de metros cúbicos de água. Devido à seca, a quantidade de água armazenada nessa represa vem decrescendo, ano a ano, de forma linear, chegando, em 31/12/2018, a 250 milhões de metros cúbicos de água.

Se esse comportamento se mantiver nos anos seguintes, determine:

a) quantos metros cúbicos de água a represa terá em 31/12/2022.

b) quantos metros cúbicos de água a represa terá em 30/6/2023.

c) em que data (mês e ano) a represa ficará vazia.

41. Um equipamento industrial novo foi comprado, em 2015, por R$ 4 800,00. Seu valor de mercado vem decrescendo linearmente com o tempo e, em 2018, era de R$ 4 050,00. Mantida essa tendência, determine:

a) a perda anual, em reais, de seu valor de mercado.

b) o seu valor de mercado em 2021.

c) a lei da função que associa a cada ano **x**, a partir de 2015 ($x = 0$), o valor **y** de mercado desse equipamento, em reais.

42. O custo **C**, em milhares de reais, de produção de **x** litros de certa substância é dado por uma função afim, com $x \geqslant 0$, cujo gráfico está representado abaixo.

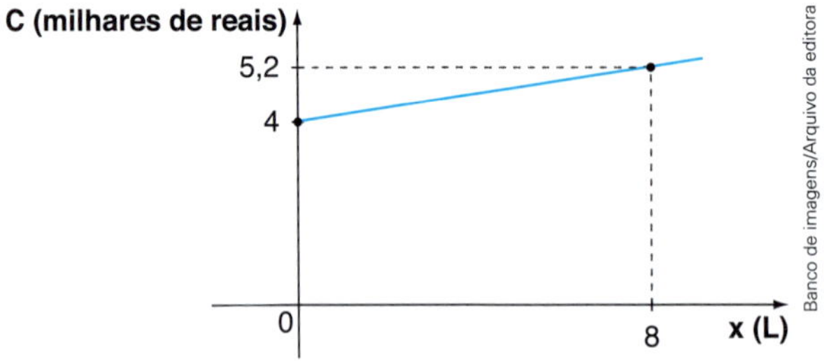

a) O que o ponto (0, 4) pertencente à reta indica?

b) Qual é o custo de produção de 1 litro dessa substância?

c) O custo de R$ 7 000,00 corresponde à produção de quantos litros dessa substância?

43. Em uma cidade, verificou-se que, em um dia de verão, a temperatura variou, aproximadamente, de maneira linear com o tempo, no período das 8 às 16 horas. Sabendo que às 11 h 30 min a temperatura era de 29,5 °C e às 14 h ela atingiu a marca de 33 °C, determine:

a) a temperatura às 9 h 30 min e às 15 h.

b) a lei da função que representa a temperatura **y** (em °C) de acordo com o tempo (**t**), em horas, transcorrido a partir das 8 h; $t \in [0, 8]$.

Aplicações

Movimento uniforme e movimento uniformemente variado

Vamos imaginar que você esteja na estrada em um automóvel no qual o velocímetro se mantém na mesma posição durante um determinado intervalo de tempo, indicando, por exemplo, 80 km/h.

Nas aulas de Física você já deve ter aprendido que se trata de um **movimento uniforme**: se considerarmos intervalos de tempo iguais, o automóvel sofre variações de espaço iguais (no exemplo, o automóvel percorre 40 km a cada meia hora, ou 20 km a cada 15 minutos, e assim por diante).

Temos que a função horária do espaço, no movimento uniforme, é:

$$s(t) = s_0 + v \cdot t \qquad *$$

- $s(t)$ representa o espaço correspondente ao tempo **t**, com $t \geqslant 0$; observe que **s** e **t** são as grandezas relacionadas;
- as constantes $\mathbf{s_0}$ e **v** representam, respectivamente, o espaço inicial (correspondente a $t = 0$) e a velocidade escalar (velocidade do móvel em cada instante considerado).

Observe que * representa a lei de uma função do 1º grau: $y = ax + b$, com **x** e **y** representados por **t** e **s**, respectivamente. A taxa média de variação dessa função é constante e igual ao coeficiente de **x**, que vale **a**. Desse modo, em *, **v** representa a taxa média de variação dos espaços, considerando o intervalo de $\mathbf{t_1}$ a $\mathbf{t_2}$:

$$\frac{s_2 - s_1}{t_2 - t_1} = v$$

Note que **v** representa também a velocidade escalar média, como vimos no capítulo anterior.

Veja os exemplos a seguir.

Na função horária $s(t) = 5 + 10t$, com **t** em segundos e **s** em metros, o coeficiente de **t**, que é igual a 10, representa a velocidade escalar do móvel, isto é, $v = 10$ m/s. Como $v > 0$, o movimento é progressivo ("**s** cresce com **t**").

Já na lei $s(t) = 40 - 20t$, com **t** em segundos e **s** em metros, temos $v = -20$ m/s e o movimento é retrógrado ("**s** decresce com **t**")

Já no **movimento uniformemente variado**, a velocidade escalar de um móvel sofre variações iguais em intervalos de tempo iguais, isto é, varia de modo uniforme no decorrer do tempo. A função que representa a velocidade (**v**) em um instante (**t**), $t \geqslant 0$, é:

$$v(t) = v_0 + \alpha \cdot t$$

sendo $\mathbf{v_0}$ e $\boldsymbol{\alpha}$ constantes (para cada movimento) que representam, respectivamente, a velocidade inicial do móvel (correspondente a $t = 0$) e a aceleração escalar.

A taxa média de variação da velocidade no intervalo de $\mathbf{t_1}$ a $\mathbf{t_2}$ é constante e igual ao coeficiente de **t**, que vale:

$$\alpha = \frac{v_2 - v_1}{t_2 - t_1}$$

Observe que $\boldsymbol{\alpha}$ (aceleração escalar) representa também a aceleração escalar média, como vimos no capítulo 3.

Fonte de pesquisa: HALLIDAY, D.; RESNICK, R.; WALKER, J. *Fundamentos de Física 1:* Mecânica. 9. ed. São Paulo: LTC, 2012.

Função afim crescente e decrescente

O coeficiente angular

Já vimos que o gráfico da função afim f: ℝ ⟶ ℝ dada por $y = ax + b$, $a \neq 0$, é uma reta.

O coeficiente de **x**, indicado por **a**, é chamado **coeficiente angular** ou **declividade** da reta e está relacionado à inclinação da reta em relação ao eixo Ox.

Observe o ângulo α que a reta forma com o eixo **x**, convencionado tal como mostram os dois casos a seguir.

Ilustrações: Banco de imagens/ Arquivo da editora

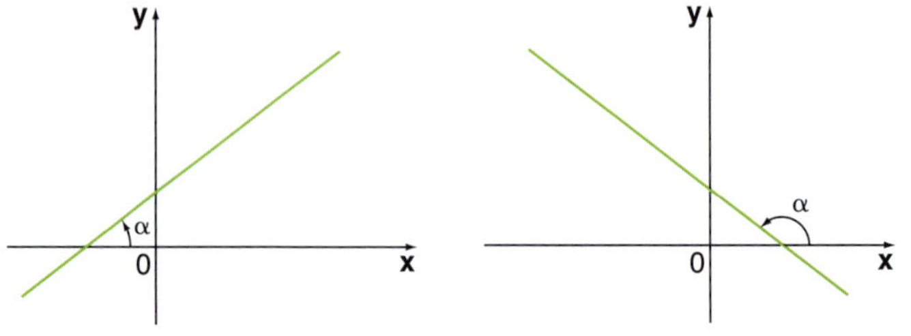

α é agudo ($0 < \alpha < 90^o$) | α é obtuso ($90^o < \alpha < 180^o$)

Considerando a função afim definida por $f(x) = ax + b$, temos duas possibilidades.

- Para $a > 0$, se $x_1 < x_2$, então $ax_1 < ax_2$ e, daí, $ax_1 + b < ax_2 + b$; portanto, $f(x_1) < f(x_2)$, e a função é dita **crescente**.

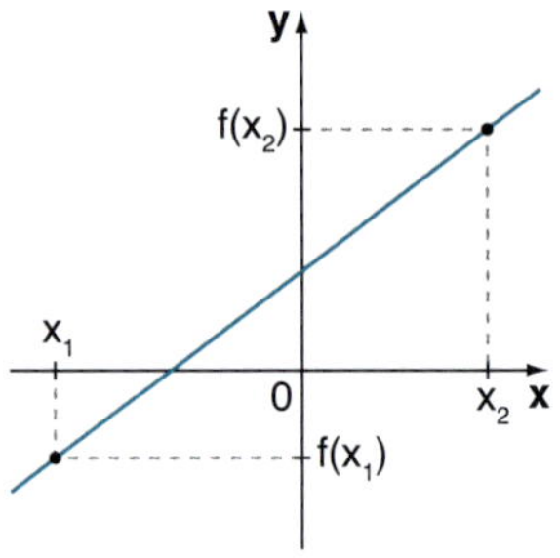

- Para $a < 0$, se $x_1 < x_2$, então $ax_1 > ax_2$ e, daí, $ax_1 + b > ax_2 + b$; portanto, $f(x_1) > f(x_2)$, e a função é dita **decrescente**.

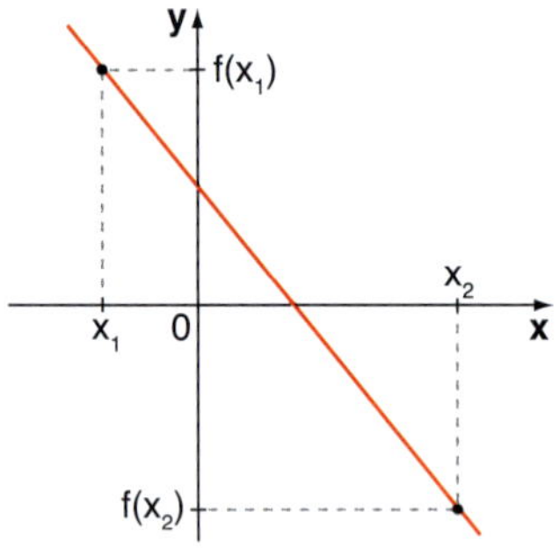

EXEMPLO 13

Seja f: ℝ ⟶ ℝ definida por $y = 3x - 1$. Observe a tabela e o gráfico de **f**.

x aumenta ⟶

x	−3	−2	−1	0	1	2	3
y	−10	−7	−4	−1	2	5	8

y aumenta ⟶

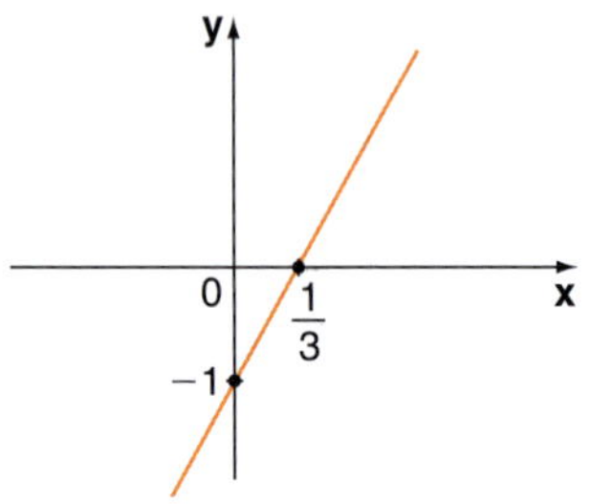

Banco de imagens/Arquivo da editora

Note que $a = 3 > 0$; lembre-se de que **a** representa também a taxa média de variação de **f**. A função é crescente.

EXEMPLO 14

Seja f: $\mathbb{R} \rightarrow \mathbb{R}$ definida por $y = -2x + 3$. Observe a tabela e o gráfico de **f**.

x aumenta →

x	−3	−2	−1	0	1	2	3
y	9	7	5	3	1	−1	−3

y diminui →

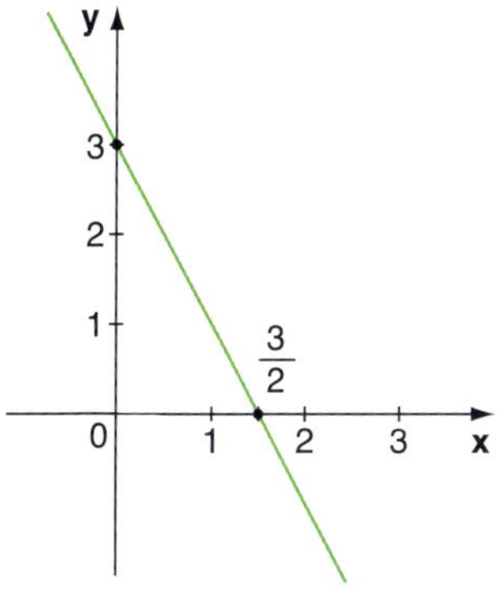

Banco de imagens/Arquivo da editora

Note que $a = -2 < 0$; lembre-se de que **a** representa também a taxa média de variação de **f**. A função é decrescente.

Em resumo, as funções **f**, definidas por $f(x) = ax + b$, com $a > 0$, são crescentes, e aquelas com $a < 0$ são decrescentes.

Exercício resolvido

4. Discuta, em função do parâmetro **m**, a variação (decrescente, constante, crescente) da função de $\mathbb{R}$ em $\mathbb{R}$ dada por $y = (m - 2)x + 3$.

Solução:

Se na lei de uma função aparecer outra variável além das duas que estão se relacionando (**x** e **y**), essa variável é chamada **parâmetro**. Na expressão $y = (m - 2)x + 3$, **x** e **y** são as variáveis, e **m** é um parâmetro.

O coeficiente de **x** nessa equação é $m - 2$. Assim, temos:

- a função é decrescente se $m - 2 < 0$, ou seja, se $m < 2$;
- a função é constante se $m - 2 = 0$, ou seja, se $m = 2$;
- a função é crescente se $m - 2 > 0$, ou seja, se $m > 2$.

O coeficiente linear

O termo constante **b** é chamado **coeficiente linear** da reta. Para $x = 0$, temos $y = a \cdot 0 + b = b$.

O ponto (0, b) pertence ao eixo das ordenadas. Assim, o coeficiente linear é a ordenada do ponto em que a reta intersecta o eixo Oy.

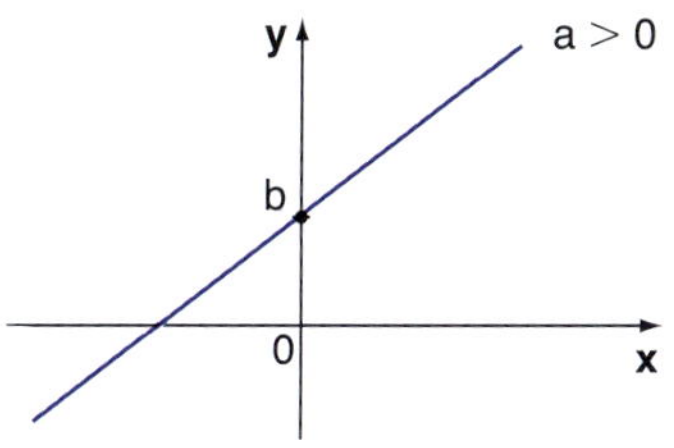

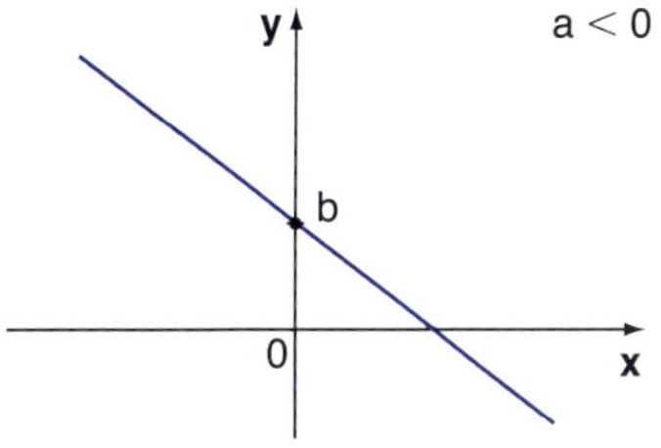

Ilustrações: Banco de imagens/Arquivo da editora

Exercícios

44. Para cada uma das funções afim dadas pelas leis seguintes, identifique o coeficiente angular (**a**) e o coeficiente linear (**b**). Classifique a função em crescente ou decrescente.

a) $y = 3x - 2$

b) $y = -x + 3$

c) $y = \dfrac{5 - 2x}{3}$

d) $y = 9x$

e) $y = (x + 3)^2 - (x + 1)^2$

45. Determine os valores dos coeficientes angulares e lineares (**a** e **b**, respectivamente) das retas seguintes.

a)

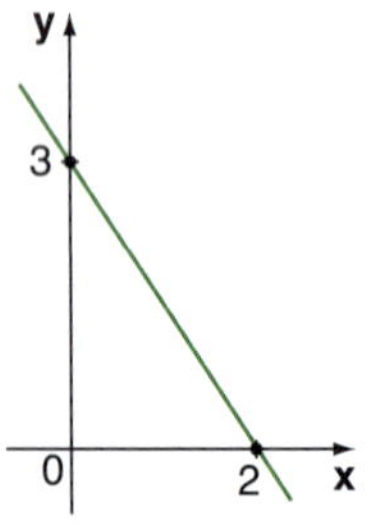

b)

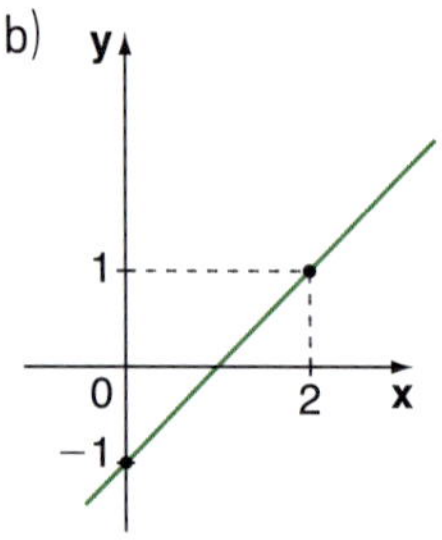

Ilustrações: Banco de imagens/Arquivo da editora

46. No gráfico a seguir está representado o volume de petróleo, em litros, existente em um reservatório de 26 m^3 inicialmente vazio, em função do tempo de abastecimento do reservatório, em horas.

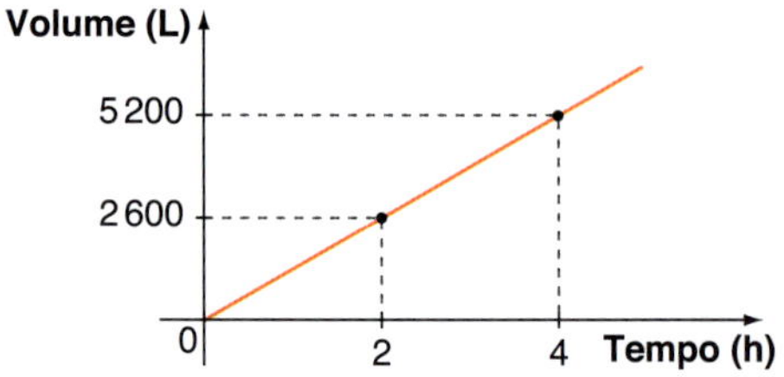

Banco de imagens/Arquivo da editora

a) Determine a taxa média de variação do volume em relação ao tempo.

b) Determine o coeficiente angular e o coeficiente linear dessa reta.

c) Qual é a equação dessa reta?

d) Em quanto tempo o reservatório estará cheio?

47. Para que valores reais de **m** a função de $\mathbb{R}$ em $\mathbb{R}$ definida por:

a) $f(x) = mx - 2$ é crescente?

b) $g(x) = (m + 3)x + 1$ é decrescente?

c) $h(x) = (-m + 2)x$ é crescente?

48. Discuta, em função do parâmetro **m**, a variação (crescente, decrescente ou constante) de cada uma das funções de $\mathbb{R}$ em $\mathbb{R}$ abaixo:

a) $y = (m + 1)x - 3$

b) $y = (2m)x - 5$

c) $y = (3 - 2m)x + 1$

d) $y = (2 - m)x + 3 - x$

Sinal

Já vimos que estudar o sinal de uma função **f** qualquer, definida por $y = f(x)$, é determinar os valores de **x** para os quais **y** é positivo ou **y** é negativo.

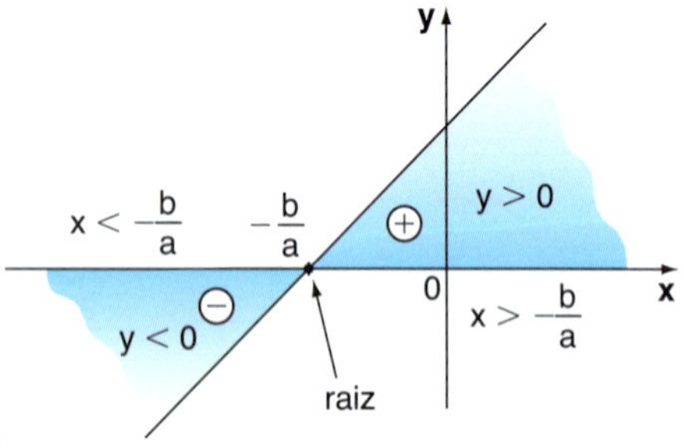

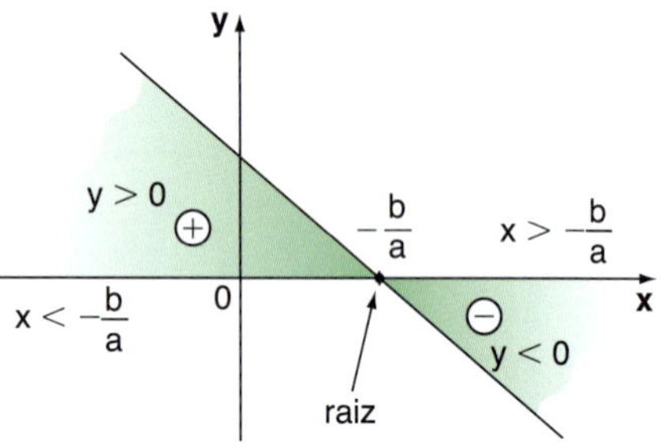

Ilustrações: Banco de imagens/Arquivo da editora

Consideremos uma função afim dada por $y = f(x) = ax + b$ e estudemos seu sinal. Já vimos que essa função se anula ($y = 0$) para $x = -\dfrac{b}{a}$ (raiz). Há dois casos possíveis:

- $a > 0$ (a função é crescente)

  $y > 0 \Rightarrow ax + b > 0 \Rightarrow x > -\dfrac{b}{a}$

  $y < 0 \Rightarrow ax + b < 0 \Rightarrow x < -\dfrac{b}{a}$

  Conclusão: **y** é positivo para valores de **x** maiores que a raiz; **y** é negativo para valores de **x** menores que a raiz.

- $a < 0$ (a função é decrescente)

  $y > 0 \Rightarrow ax + b > 0 \Rightarrow x < -\dfrac{b}{a}$

  $y < 0 \Rightarrow ax + b < 0 \Rightarrow x > -\dfrac{b}{a}$

  Conclusão: **y** é positivo para valores de **x** menores que a raiz; **y** é negativo para valores de **x** maiores que a raiz.

Exercícios resolvidos

5. Estude o sinal da função afim definida por $y = 2x - 1$.

Solução:

Essa função polinomial do 1º grau apresenta $a = 2 > 0$ e raiz $x = \frac{1}{2}$. A função é crescente e a reta intersecta o eixo Ox no ponto $\frac{1}{2}$.

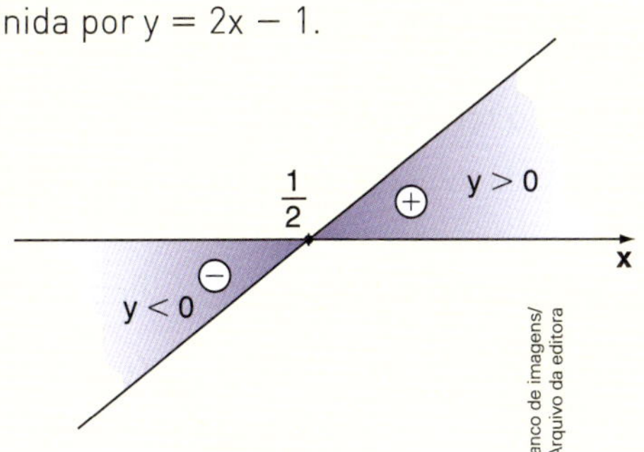

Sinal
$y > 0$ se $x > \frac{1}{2}$
$y < 0$ se $x < \frac{1}{2}$

6. Estude o sinal da função afim dada por $y = -2x + 5$.

Solução:

Essa função do 1º grau apresenta $a = -2 < 0$ e raiz $x = \frac{5}{2}$. A função é decrescente e a reta intersecta o eixo Ox no ponto $\frac{5}{2}$.

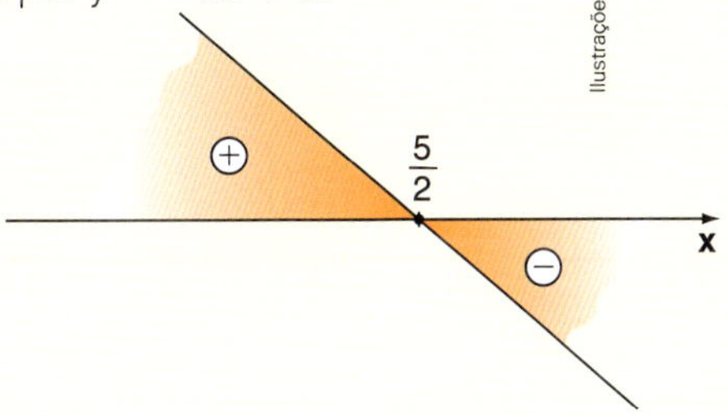

Ilustrações: Banco de imagens/Arquivo da editora

Sinal
$y > 0$ se $x < \frac{5}{2}$
$y < 0$ se $x > \frac{5}{2}$

Exercícios

49. Em cada caso, estude o sinal da função de $\mathbb{R}$ em $\mathbb{R}$ representada no gráfico.

a)

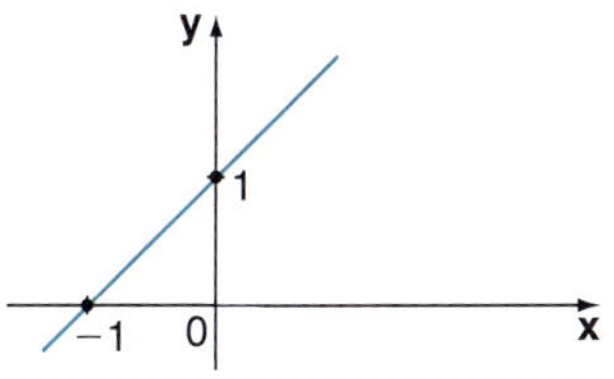

b)

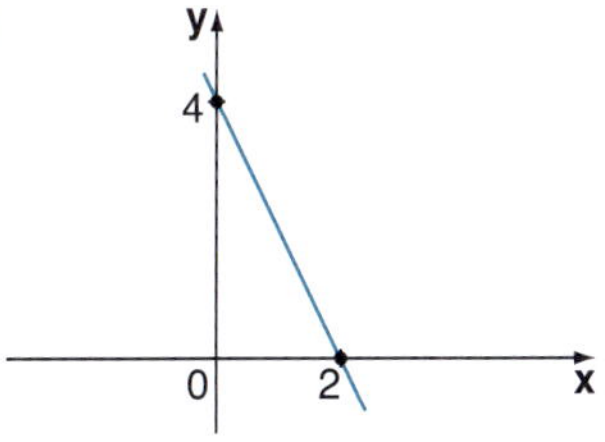

Ilustrações: Banco de imagens/Arquivo da editora

50. Estude o sinal de cada uma das funções de $\mathbb{R}$ em $\mathbb{R}$ seguintes:

a) $y = 4x + 1$ b) $y = -3x + 1$ c) $y = -7x$ d) $y = \frac{x - 3}{5}$ e) $y = \frac{x}{2}$ f) $y = 3 - x$

Inequações

No exemplo 2 da página 101, estabelecemos que o salário do corretor é dado por $s(x) = 700 + 0{,}02 \cdot x$, em que **x** é o valor total das vendas do mês. Qual deve ser o valor total das vendas em um mês para que o salário do corretor ultrapasse R$ 4 000,00?

Devemos ter:

$$\begin{aligned} s(x) &> 4000 \\ 700 + 0{,}02 \cdot x &> 4000 \\ 0{,}02 \cdot x &> 3300 \\ x &> 165000 \end{aligned}$$

Assim, as vendas precisam superar R$ 165 000,00.

Acabamos de resolver uma inequação do 1º grau. Vamos, a seguir, relembrar como se resolvem outras inequações do 1º grau e também relacionar a resolução de inequações ao estudo do sinal da função afim.

EXEMPLO 15

Podemos resolver, em $\mathbb{R}$, a inequação $2x + 3 > 0$ de dois diferentes modos.

1º modo

Deixamos no 1º membro apenas o termo que contém a incógnita **x**: $2x > -3$

Dividimos os dois membros pelo coeficiente de **x**: $\frac{2x}{2} > -\frac{3}{2}$, isto é, $x > -\frac{3}{2}$

2º modo

O primeiro membro da inequação pode ser associado à função $y = 2x + 3$; assim, é preciso determinar **x** tal que $y > 0$. Temos:

- raiz: $2x + 3 = 0 \Rightarrow x = -\frac{3}{2}$
- a função é crescente, pois $a = 2 > 0$.

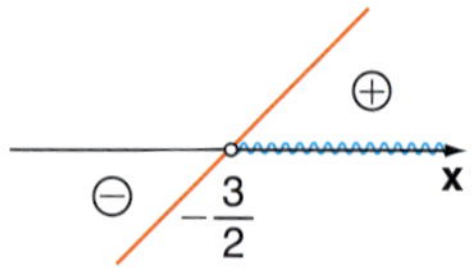

Banco de imagens/Arquivo da editora

Assim, para $y > 0$, devemos considerar $x > -\frac{3}{2}$.

$$S = \left\{x \in \mathbb{R} \;\middle|\; x > -\frac{3}{2}\right\}$$

EXEMPLO 16

Para resolver a inequação $-3x + 12 \leqslant 0$, considerando $U = \mathbb{R}$, podemos proceder de dois modos.

1º modo

$$-3x + 12 \leqslant 0 \Rightarrow -3x \leqslant -12$$

Ao dividirmos os dois membros pelo coeficiente de **x**, que é negativo (-3), é preciso lembrar que o sinal da desigualdade se inverte:

$$\frac{-3x}{-3} \geqslant \frac{-12}{-3}\text{, isto é, } x \geqslant 4$$

2º modo

Seja $y = -3x + 12$; é preciso determinar para que valores de **x** tem-se $y \leqslant 0$.

- raiz: $-3x + 12 = 0 \Rightarrow x = 4$
- $a = -3 < 0$ (decrescente)

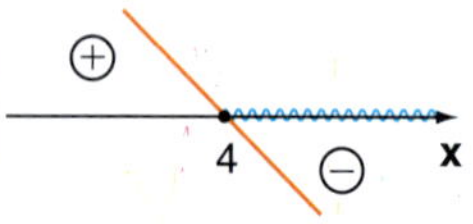

Banco de imagens/Arquivo da editora

Assim, $y \leqslant 0$ se $x \geqslant 4$.

$$S = \{x \in \mathbb{R} \mid x \geqslant 4\}$$

OBSERVAÇÃO

Note que poderíamos também ter feito:

$$-3x + 12 \leqslant 0 \Leftrightarrow$$
$$\Leftrightarrow 12 \leqslant 3x \Leftrightarrow$$
$$\Leftrightarrow \frac{12}{3} \leqslant \frac{3x}{3} \Rightarrow$$
$$\Rightarrow 4 \leqslant x\text{, isto é, } x \geqslant 4.$$

Exercício resolvido

7. Resolva, em $\mathbb{R}$, a inequação $1 \leqslant 2x + 3 < x + 5$.

Solução:

De fato, são duas inequações simultâneas:

$$1 \leqslant 2x + 3 \quad (1) \qquad \text{e} \qquad 2x + 3 < x + 5 \quad (2)$$

Vamos resolver (1): $1 \leqslant 2x + 3\ 1 \leqslant 2x + 3 \Rightarrow -2x \leqslant 3 - 1 \Rightarrow -2x \leqslant 2 \Rightarrow x \geqslant -1$

Vamos resolver (2): $2x + 3 < x + 5$

$$2x + 3 < x + 5 \Rightarrow 2x - x < 5 - 3 \Rightarrow x < 2$$

Como as condições (1) e (2) devem ser satisfeitas simultaneamente, procuremos agora a interseção das duas soluções:

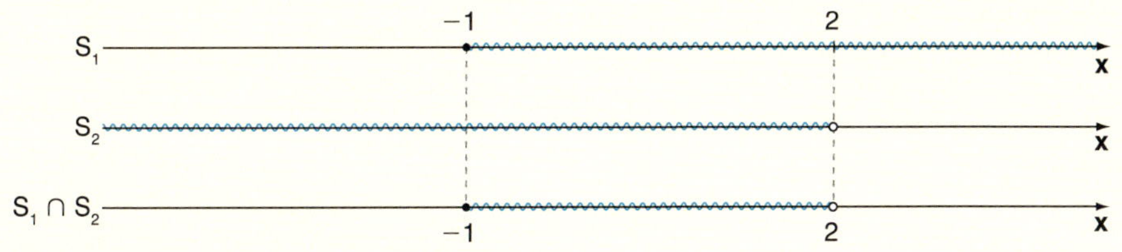

Banco de imagens/Arquivo da editora

Portanto, $S = \{x \in \mathbb{R} \mid -1 \leqslant x < 2\}$.

Exercícios

51. Resolva, em $\mathbb{R}$, as inequações seguintes, estudando o sinal das funções envolvidas:

a) $2x - 1 \geqslant 0$

b) $-4x + 3 < 0$

c) $-2x \leqslant 0$

d) $3x + 6 > 0$

e) $x - 3 \leqslant -x + 5$

f) $3(x - 1) + 4x \leqslant -10$

g) $-2(x - 1) - 5(1 - x) > 0$

52. Resolva, em $\mathbb{R}$, as seguintes inequações:

a) $\dfrac{x - 1}{3} - \dfrac{x - 2}{2} \leqslant 2$

b) $\dfrac{2(3 - x)}{5} + \dfrac{x}{2} \geqslant \dfrac{1}{4} + \dfrac{2(x - 1)}{3}$

c) $\dfrac{3x - 1}{4} - \dfrac{x - 3}{2} \geqslant \dfrac{x + 7}{4}$

d) $(x - 3)^2 - (4 - x)^2 \leqslant \dfrac{x}{2}$

e) $\dfrac{4x - 3}{5} - \dfrac{2 + x}{3} < \dfrac{3x}{5} + 1 - \dfrac{2x}{15}$

53. A diferença entre o dobro de um número e a sua metade é menor que 6. Quais números inteiros positivos são soluções desse problema?

54. Para animar a festa de sua filha, Marcelo consultou duas bandas que ofereceram as seguintes condições:

- banda **A**: R$ 800,00 fixos, acrescidos de R$ 250,00 por hora (ou fração de hora) de trabalho.
- banda **B**: R$ 650,00 fixos, acrescidos de R$ 280,00 por hora (ou fração de hora) de trabalho.

a) Se Marcelo estima que a festa não vai durar mais que 2,5 horas, que banda ele deverá contratar pensando exclusivamente no critério financeiro?

b) Acima de quantas horas de duração da festa é mais econômico optar pela banda **A**?

55. Leia a tirinha a seguir.

Adão Iturrusgarai

Suponha que Aline tenha se comprometido a fazer depósitos mensais de R$ 40,00 para cobrir o "rombo" na sua conta corrente, sendo o primeiro depósito daqui a um mês, e que o banco não mais cobrará juros sobre o saldo devedor a partir da data em que fez o acordo com Aline. Considerando a referida data, responda:

a) Após **n** meses, qual será o saldo da conta de Aline?

b) Qual é o número inteiro mínimo de meses necessários para que o saldo devedor de Aline seja menor que R$ 200,00?

c) Qual é o número inteiro mínimo de meses necessários para Aline "sair do vermelho", isto é, para que seu saldo fique positivo?

56. A produção de soja em uma região atingiu a safra de 50 toneladas em janeiro de 2018. A partir daí, a produção tem recuado à taxa de 90 kg ao mês. Mantido esse ritmo, a partir de qual data (mês e ano) a produção mensal estará abaixo de 40 toneladas?

57. Resolva as seguintes inequações simultâneas, sendo $U = \mathbb{R}$.

a) $-1 < 2x \leqslant 4$

b) $3 < x - 1 < 5$

c) $4 > -x > -1$

d) $3 \leqslant x + 1 \leqslant -x + 6$

e) $2x \leqslant -x + 9 \leqslant 5x + 21$

58. Ao chegar a um aeroporto, um turista informou-se sobre locação de automóveis e organizou as informações como a seguir:

Opções	Diária	Preço adicional por quilômetro rodado
Locadora 1	R$ 100,00	R$ 0,30
Locadora 2	R$ 60,00	R$ 0,40
Locadora 3	R$ 150,00	km livre

a) Qual é a lei que define o preço em reais (**y**) da locação em função do número de quilômetros rodados (**x**) em cada uma das situações apresentadas?

b) Para maior economia, a partir de qual número inteiro de quilômetros deve o turista preferir a locadora 1 à locadora 2?

c) Para maior economia, a partir de qual número inteiro de quilômetros ele deve optar pela locadora 3?

Inequações-produto

Sejam **f** e **g** duas funções de variável **x**. As inequações $f(x) \cdot g(x) > 0$, $f(x) \cdot g(x) \geqslant 0$, $f(x) \cdot g(x) < 0$ e $f(x) \cdot g(x) \leqslant 0$ são chamadas **inequações-produto**.

Para resolvê-las, vamos usar um processo prático, baseado no estudo do sinal de **f**, **g** e do produto $f \cdot g$, descrito no exercício resolvido a seguir.

Exercício resolvido

8. Resolva, em $\mathbb{R}$, a inequação-produto $(4 - 3x) \cdot (2x - 7) > 0$.

Solução:

Inicialmente, reconhecemos as funções **f** e **g** envolvidas: $f(x) = 4 - 3x$ e $g(x) = 2x - 7$. Vamos estudar o sinal de **f** e de **g**:

- $f(x) = 4 - 3x$

  Temos $a = -3 < 0$ e raiz $x = \frac{4}{3}$. Então:

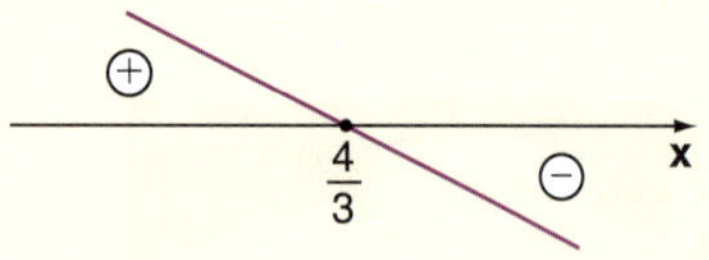

- $g(x) = 2x - 7$

  Temos $a = 2 > 0$ e raiz $x = \frac{7}{2}$. Então:

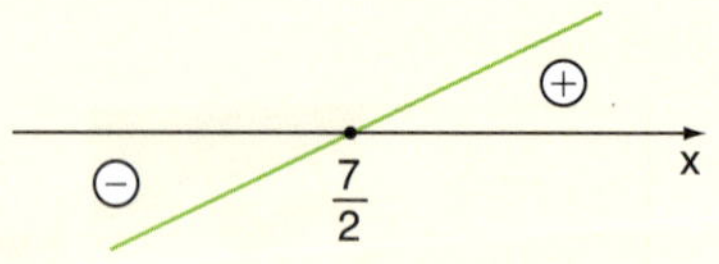

- Vamos estudar agora o sinal do produto $f(x) \cdot g(x)$ (vale a regra de sinais do produto de números reais).

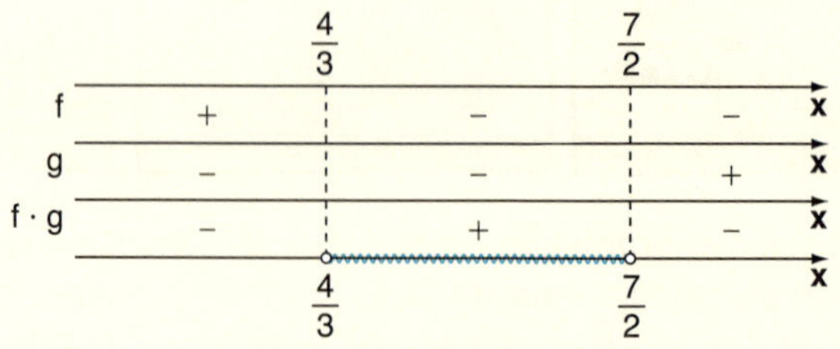

- Determinando os valores de **x** para os quais $f(x) \cdot g(x) > 0$, temos: $\frac{4}{3} < x < \frac{7}{2}$.

  $S = \left\{x \in \mathbb{R} \mid \frac{4}{3} < x < \frac{7}{2}\right\}$

Ilustrações: Banco de imagens/Arquivo da editora

Inequações-quociente

Sejam **f** e **g** duas funções de variável **x**. As inequações $\frac{f(x)}{g(x)} > 0$, $\frac{f(x)}{g(x)} \geq 0$, $\frac{f(x)}{g(x)} < 0$ e $\frac{f(x)}{g(x)} \leq 0$ são denominadas **inequações-quociente**.

Lembrando que as regras de sinais do produto e do quociente de números reais são iguais, podemos utilizar o mesmo processo descrito na resolução de inequações-produto. A única ressalva é observar que, em uma divisão, o divisor não pode ser nulo.

Exercícios resolvidos

9. Resolva, em $\mathbb{R}$, a inequação-quociente $\frac{10x - 15}{5 - 4x} \leq 0$.

Solução:

- Estudo do sinal de $f(x) = 10x - 15$

$a = 10 > 0$ e raiz $x = \frac{3}{2}$

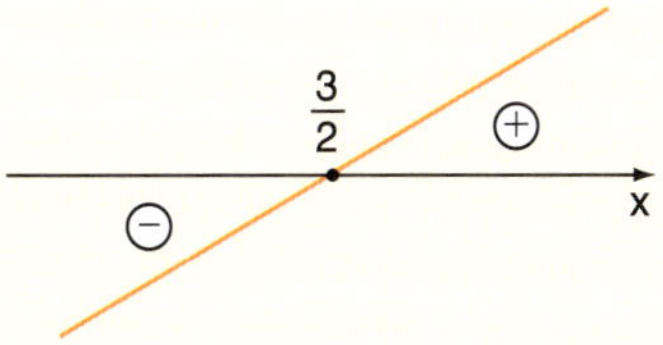

- Estudo do sinal de $g(x) = 5 - 4x$

$a = -4 < 0$ e raiz $x = \frac{5}{4}$

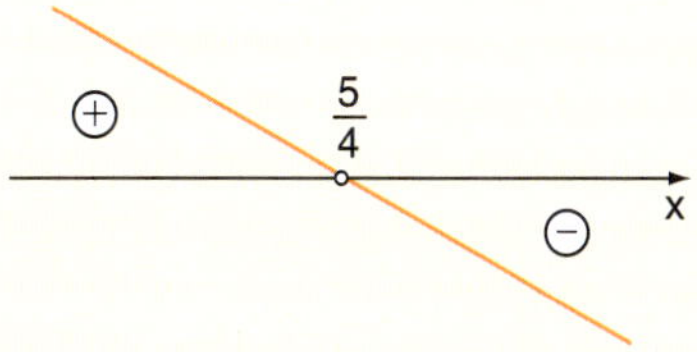

Ilustrações: Banco de imagens/Arquivo da editora

- Estudo do sinal do quociente $\frac{f(x)}{g(x)}$

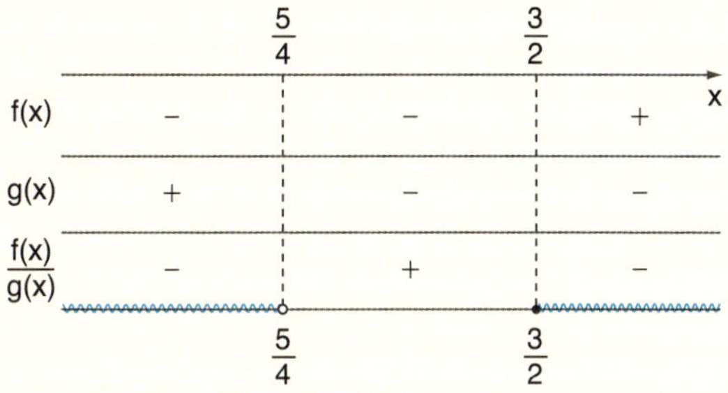

Para resolver esta inequação, devemos responder à pergunta: "Para que valores de **x** temos $\frac{f(x)}{g(x)} \leq 0$?".

$$S = \left\{x \in \mathbb{R} \mid x < \frac{5}{4} \text{ ou } x \geq \frac{3}{2}\right\}$$

Note que $\frac{f(x)}{g(x)} = 0$ ocorre para $f(x) = 0$ e $g(x) \neq 0$. Isso nos obriga a incluir apenas a raiz de **f**.

10. Resolva a inequação $\frac{x + 3}{2 - x} \leq 4$ no universo $\mathbb{R}$.

Solução:

Se simplesmente multiplicarmos ambos os membros por $2 - x$ (que pode ter um valor positivo ou negativo, dependendo do valor de **x**), não saberemos se o sinal da desigualdade deverá ser mantido ou invertido. Por isso, utilizaremos o seguinte procedimento:

$$\frac{x + 3}{2 - x} \leq 4 \Rightarrow \frac{x + 3}{2 - x} - 4 \leq 0 \Rightarrow \frac{(x + 3) - 4(2 - x)}{2 - x} \leq 0 \Rightarrow \frac{5x - 5}{2 - x} \leq 0$$

$f(x) = 5x - 5$
$5x - 5 = 0 \Rightarrow x = 1$

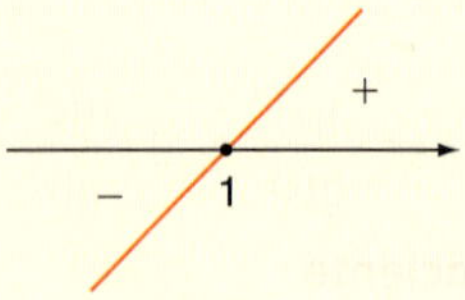

$g(x) = 2 - x$
$2 - x = 0 \Rightarrow x = 2$

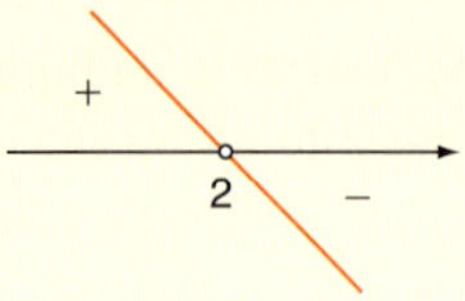

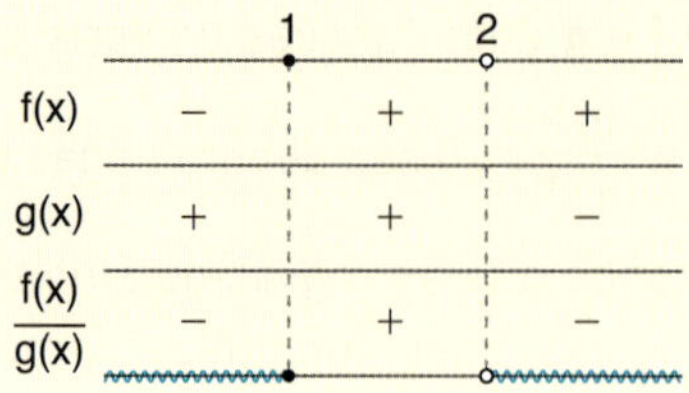

	1	2	
f(x)	−	+	+
g(x)	+	+	−
$\frac{f(x)}{g(x)}$	−	+	−

$S = \{x \in \mathbb{R} \mid x \leq 1 \text{ ou } x > 2\}$

Exercícios

59. Resolva, em $\mathbb{R}$, as inequações-produto:
a) $(x - 1) \cdot (x - 2) \geq 0$
b) $(-2x + 1) \cdot (3x - 6) > 0$
c) $(5x + 2) \cdot (1 - x) \leq 0$
d) $(3 - 2x) \cdot (4x + 1) \cdot (5x + 3) \geq 0$

60. Quantos números inteiros satisfazem a inequação $(3x - 5) \cdot (-2x + 7) > 0$?

61. Sejam $y_1 = -x$, $y_2 = 2x - 1$ e $y_3 = x - 3$. Para que valores de **x** tem-se $y_1 \cdot y_2 \cdot y_3 \geq 0$?

62. Resolva as seguintes inequações em $\mathbb{R}$:
a) $(2 - x) \cdot (x - 2) \geq 0$
b) $(x - 3) \cdot (2x - 6) > 0$
c) $(2x - 1) \cdot (1 - 2x) > 0$

63. Resolva, em $\mathbb{R}$, as inequações-quociente:
a) $\dfrac{x + 1}{2x - 1} \leq 0$
b) $\dfrac{4x - 3}{-2x + 3} < 0$
c) $\dfrac{2x}{-x + 3} \geq 0$

64. Determine o conjunto solução das inequações-quociente seguintes, sendo $U = \mathbb{R}$:
a) $\dfrac{(3 - x)}{(x + 1) \cdot (x - 2)} \geq 0$
b) $\dfrac{-x}{(2 + x) \cdot (-3x - 1)} < 0$

65. Resolva, em $\mathbb{R}$, as inequações:
a) $\dfrac{x - 3}{2x - 1} \geq 4$
b) $\dfrac{-4x + 1}{x - 2} < -2$
c) $\dfrac{x}{x - 1} \leq 1$

66. A partir do gráfico seguinte, resolva as inequações:
a) $f(x) \cdot g(x) \geq 0$
b) $\dfrac{f(x)}{g(x)} \leq 0$

67. Resolva, em $\mathbb{R}$, as inequações:
a) $\dfrac{2}{x - 1} \geq \dfrac{3}{x + 2}$
b) $-\dfrac{4}{x} + \dfrac{3}{2} \geq -\dfrac{1}{x}$

68. Determine o conjunto **D**, em cada item, considerando $f: D \subset \mathbb{R} \to \mathbb{R}$.
a) $f(x) = \sqrt{\dfrac{x - 1}{2x - 3}}$
b) $f(x) = 4x + 1 - \sqrt{x \cdot (-x + 2)}$
c) $f(x) = \dfrac{3x - 2}{\sqrt{x - 4}}$

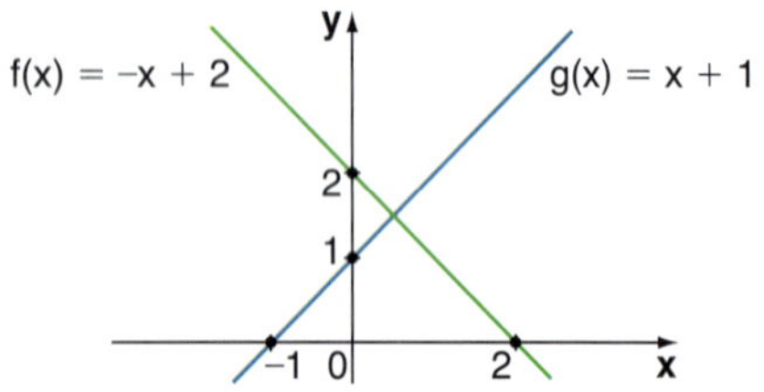

Funções custo, receita e lucro

Filipe Frazao/Shutterstock

Uma pequena doçaria, instalada em uma galeria comercial, produz e comercializa brigadeiros. Para fabricá-los, há um custo fixo mensal de R\$ 3 600,00, representado por $\mathbf{C_F}$, que inclui aluguel, pagamento de salários, impostos, etc. Além disso, há um custo variável ($\mathbf{C_V}$), que depende da quantidade de brigadeiros preparados (**x**). Estima-se que o custo de produção de cada brigadeiro seja R\$ 1,80.

Assim, o custo total mensal, **C** ($C = C_F + C_V$), é dado por:

$$C(x) = 3\,600 + 1{,}80 \cdot x$$

O preço unitário de venda do brigadeiro é R\$ 3,40. Admitiremos, neste momento, que o preço de venda independe de outros fatores.

A receita (faturamento bruto) dessa doçaria é definida por:

$$R(x) = 3{,}40 \cdot x$$

ou seja, é dada pelo produto entre o preço unitário de venda e o número de unidades produzidas e vendidas (**x**).

Por fim, o lucro mensal, **L** (faturamento líquido), desse estabelecimento é uma função de 1º grau dada por:

$L(x) = R(x) - C(x)$

$L(x) = 3{,}4x - (3\,600 + 1{,}8x) = 1{,}6x - 3\,600$

Vamos observar, a seguir, o gráfico das funções custo e receita.

Para determinarmos o ponto **P** de intersecção das duas retas, basta igualar custo e receita:

$3\,600 + 1{,}8x = 3{,}40x \Rightarrow x = 2\,250$

Substituindo **x** por 2 250 em qualquer uma das funções (receita ou custo), obtemos a ordenada $y_P = 7\,650$. Assim, P(2 250, 7 650). O ponto **P** é chamado **ponto de nivelamento** (ou **ponto crítico**, ou **ponto de equilíbrio**), pois em **P** a receita é suficiente para igualar o custo total, fazendo com que a doçaria não tenha prejuízo.

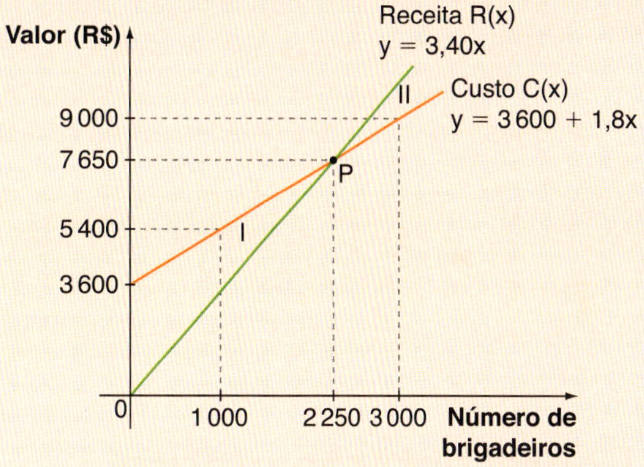

Observe também no gráfico:

- região I: $C(x) > R(x)$ se $x < 2\,250$; $L(x) < 0 \Rightarrow$ prejuízo
- região II: $R(x) > C(x)$ se $x > 2\,250$; $L(x) > 0 \Rightarrow$ lucro

Veja o gráfico da função afim dada por

$$L(x) = 1{,}6x - 3\,600$$

e observe que essa função assume tanto valores negativos como valores positivos:

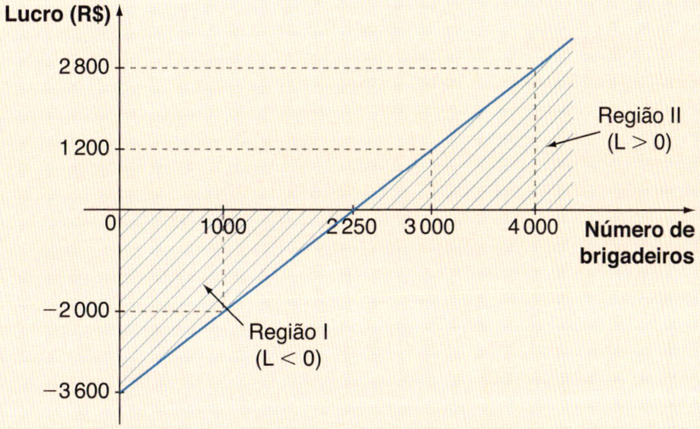

Ilustrações: Banco de imagens/Arquivo da editora

Um pouco mais sobre

Grandezas inversamente proporcionais

Em uma experiência, pretende-se medir o tempo necessário para encher de água um tanque inicialmente vazio. Para isso, são feitas várias simulações que diferem entre si pela vazão da fonte que abastece o tanque. Em cada simulação, no entanto, a vazão não se alterou do início ao fim da experiência. Os resultados são mostrados na tabela a seguir.

Simulação	Vazão (L/min)	Tempo (min)
1	2	60
2	4	30
3	6	20
4	1	120
5	10	12
6	0,5	240

Observando os pares de valores, é possível notar algumas regularidades:

1ª) O produto (vazão da fonte) · (tempo) é o mesmo em todas as simulações:

$$2 \cdot 60 = 4 \cdot 30 = 6 \cdot 20 = ... = 0,5 \cdot 240$$

O valor constante obtido para o produto representa a capacidade do tanque (120 L).

2ª) Dobrando-se a vazão da fonte, o tempo se reduz à metade; triplicando-se a vazão da fonte, o tempo se reduz à terça parte; reduzindo-se a vazão à metade, o tempo dobra; ...

As duas regularidades listadas acima caracterizam **grandezas inversamente proporcionais**.

Duas grandezas são ditas **inversamente proporcionais** se os valores de **x** e **y** atribuídos a cada uma delas se relacionam de modo que, para cada par de valores (x, y), se observa que x · y = k (**k** é constante).

Representação gráfica

Com relação à experiência anterior, vamos construir um gráfico da vazão em função do tempo (observe, neste caso, que o gráfico está contido no 1º quadrante, pois as duas grandezas só assumem valores positivos).

A curva obtida é chamada **hipérbole**.

Veja como podemos determinar o tempo **t**, em minutos, necessário para encher o tanque se a vazão da fonte é de 13 L/min.

Uma maneira é usar a definição de grandezas inversamente proporcionais: o produto (vazão · tempo) é constante e igual a 120.

Daí $13 \cdot t = 120 \Rightarrow t = \dfrac{120}{13} \simeq 9,23$.

Para encher o tanque são necessários aproximadamente 9,23 min, ou seja, 9 minutos e 14 segundos.

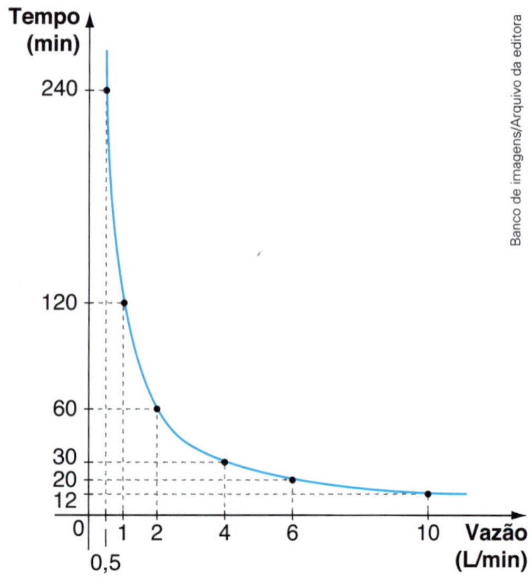

Banco de imagens/Arquivo da editora

Vejamos outro exemplo.

Considere que certa massa de gás é submetida a uma transformação na qual a temperatura é mantida constante. As grandezas que variam durante essa transformação são a pressão e o volume: o volume ocupado por essa massa de gás varia de acordo com a pressão a que ele foi submetido. A sequência de figuras abaixo ilustra a relação entre o volume e a pressão.

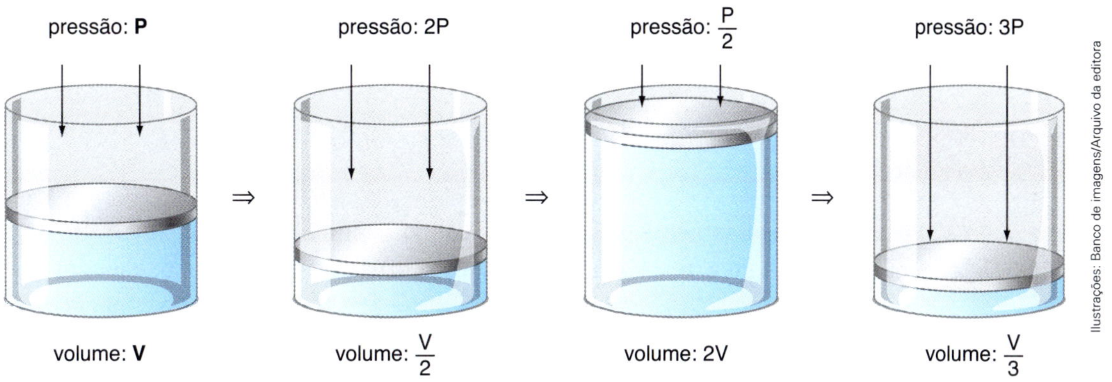

Pressão	Volume
P	V
2P	$\frac{V}{2}$
$\frac{P}{2}$	2V
3P	$\frac{V}{3}$
...	...

Observe que, para cada par de valores da tabela, o produto (pressão) · (volume) é constante, isto é, $P \cdot V = k$. Assim, nessas condições, pressão e volume são grandezas inversamente proporcionais. Veja o gráfico de $V \times P$.

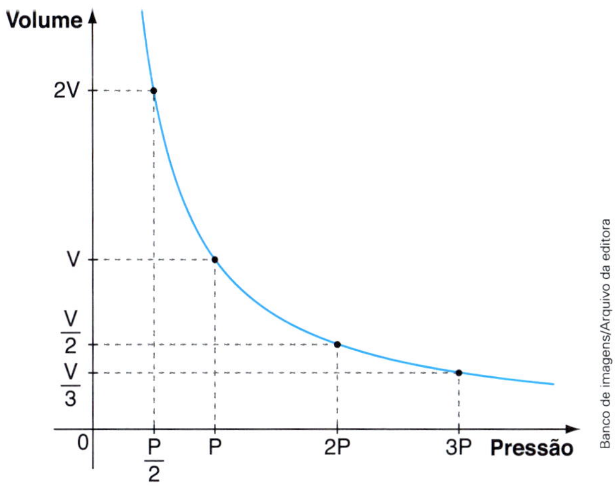

Exercício resolvido

11. Se 5 operários fazem uma obra em 4 dias, em quantos dias 8 operários, com a mesma produtividade dos outros, fariam a mesma obra?

Solução:

As grandezas "número de operários" e "tempo de serviço" são inversamente proporcionais e, desse modo, o produto (número de operários) · (número de dias) é constante:

$5 \cdot 4 = 8 \cdot x \Rightarrow x = 2{,}5$

Em dois dias e meio os oito operários fariam a obra.

Exercícios

69. Na tabela, **X** e **Y** são grandezas inversamente proporcionais. Determine os valores de **a**, **b**, **c** e **d**:

X	2,4	2	b	60	d
Y	5	a	4	c	$\frac{10}{3}$

70. Para um acampamento, foram comprados alimentos suficientes para 48 jovens durante 10 dias. Por alguma razão, 8 jovens desistiram de participar do acampamento. Nesse caso, os alimentos comprados irão durar mais quantos dias?

71. A Física nos ensina que a intensidade da força (**F**) da ação mútua entre duas cargas elétricas $\mathbf{q}_1$ e $\mathbf{q}_2$ é diretamente proporcional ao produto de $|q_1|$ e $|q_2|$ e inversamente proporcional ao quadrado da distância (**d**) entre elas.

Qual dos itens abaixo relaciona **F**, $|q_1|$, $|q_2|$ e **d**? (**k** é a constante de proporcionalidade)

a) $F = k \cdot |q_1| \cdot |q_2| \cdot d^2$

b) $F = \dfrac{k \cdot |q_1|^2 \cdot |q_2|^2}{d}$

c) $F = k \cdot \dfrac{d^2}{|q_1| \cdot |q_2|}$

d) $F = \dfrac{k \cdot |q_1| \cdot |q_2|}{d^2}$

e) $F = \dfrac{k}{|q_1| \cdot |q_2| \cdot d^2}$

72. Sejam **X**, **Y** e **Z** três grandezas tais que **X** é diretamente proporcional a **Y** e inversamente proporcional a **Z**. Sabe-se que, quando X = 24, Y = 9 e Z = 6. Qual é o valor de **Z** quando X = 36 e Y = 3?

73. Júlio recebeu R$ 4 500,00 de bônus na empresa em que trabalha e vai dividir esse valor entre seus dois filhos, em partes inversamente proporcionais às suas idades, que são 18 e 27 anos.
Quanto cada um receberá?

Enem e vestibulares resolvidos

(Enem) O percentual da população brasileira conectada à internet aumentou nos anos de 2007 a 2011. Conforme dados do Grupo Ipsos, essa tendência de crescimento é mostrada no gráfico.

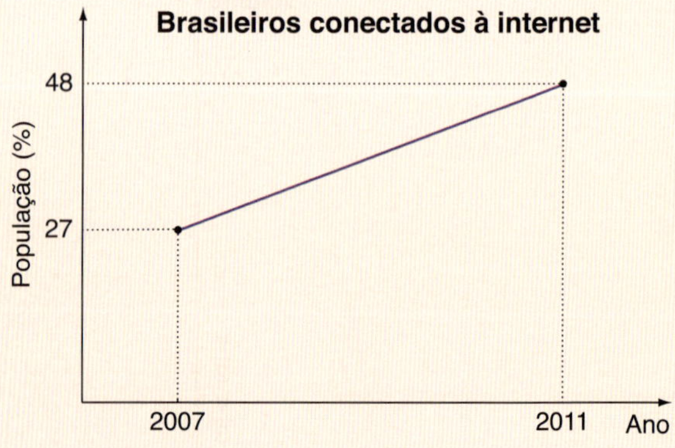

Banco de imagens/Arquivo da editora

Suponha que foi mantida, para os anos seguintes, a mesma taxa de crescimento registrada no período 2007-2011.

A estimativa para o percentual de brasileiros conectados à internet em 2013 era igual a

a) 56,40%.
b) 58,50%.
c) 60,60%.
d) 63,75%.
e) 72,00%.

Resolução comentada

Sabe-se que, em 2007, 27% da população estava conectada à internet e, em 2011, essa taxa era de 48%.

A partir da representação gráfica, verifica-se que o crescimento é linear de 2007 até 2013.

Calcularemos a taxa média de variação entre 2007 e 2011, que deve ser igual à taxa de variação entre 2011 e 2013:

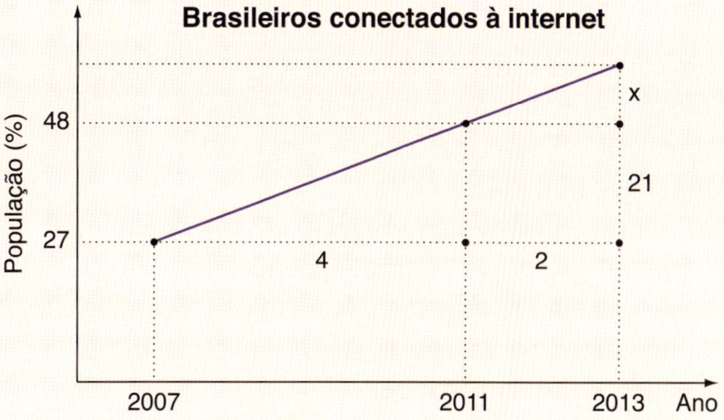

Banco de imagens/Arquivo da editora

$$\frac{48-27}{2011-2007}=\frac{x}{2} \Rightarrow \frac{21}{4}=\frac{x}{2} \Rightarrow$$

$$\Rightarrow 4x = 42 \Rightarrow x = \frac{42}{4} = 10{,}5$$

De 2011 até 2013 houve um aumento percentual de 10,5%. Portanto, em 2013, a estimativa do percentual de brasileiros conectados à internet era de 48% + 10,5%, ou seja 58,5%.

Alternativa *b*.

Exercícios complementares

1. (FGV-SP) A quantidade de cópias vendidas de cada edição de uma revista jurídica é função linear do número de matérias que abordam julgamentos de casos com ampla repercussão pública. Uma edição com quatro matérias desse tipo vendeu 33 mil exemplares, enquanto que outra contendo sete matérias que abordavam aqueles julgamentos vendeu 57 mil exemplares.

a) Quantos exemplares da revista seriam vendidos, caso fosse publicada uma edição sem matéria alguma que abordasse julgamento de casos com ampla repercussão pública?

b) Represente graficamente, no plano cartesiano, a função da quantidade (**Y**) de exemplares vendidos por edição, pelo número (**X**) de matérias que abordem julgamentos de casos com ampla repercussão pública.

c) Suponha que cada exemplar da revista seja vendido a R$ 20,00. Determine qual será o faturamento, por edição, em função do número de matérias que abordem julgamentos de casos com ampla repercussão pública.

2. Sejam **f** e **g** duas funções polinomiais do 1º grau cujos gráficos são mostrados a seguir.

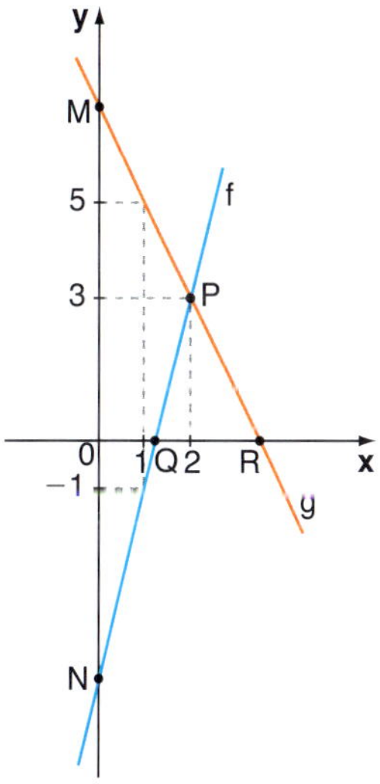

Reprodução/Arquivo da editora

Determine:

a) a raiz de cada uma dessas funções.

b) o conjunto solução da inequação $\frac{f(x)}{g(x)} \leq 0$.

c) a taxa média de variação de **f**.

d) a razão entre as áreas dos triângulos PQR e MPN.

3. (UEL-PR) *ViajeBem* é uma empresa de aluguel de veículos de passeio que cobra uma tarifa diária de R$ 160,00 mais R$ 1,50 por quilômetro percorrido, em carros de categoria **A**. *AluCar* é uma outra empresa que cobra uma tarifa diária de R$ 146,00 mais R$ 2,00 por quilômetro percorrido, para a mesma categoria de carros.
   a) Represente graficamente, em um mesmo plano cartesiano, as funções que determinam as tarifas diárias cobradas pelas duas empresas de carros da categoria **A** que percorrem, no máximo, 70 quilômetros.
   b) Determine a quantidade de quilômetros percorridos para a qual o valor cobrado é o mesmo. Justifique sua resposta apresentando os cálculos realizados.

4. (Unifesp) A heparina é um medicamento de ação anticoagulante prescrito em diversas patologias. De acordo com indicação médica, um paciente de 72 kg deverá receber 100 unidades de heparina por quilograma por hora (via intravenosa). No rótulo da solução de heparina a ser ministrada consta a informação 10 000 unidades/50 mL.
   a) Calcule a quantidade de heparina, em mL, que esse paciente deverá receber por hora.
   b) Sabendo que 20 gotas equivalem a 1 mL, esse paciente deverá receber 1 gota a cada **x** segundos. Calcule **x**.

5. (Uerj) O resultado de um estudo para combater o desperdício de água, em certo município, propôs que as companhias de abastecimento pagassem uma taxa à agência reguladora sobre as perdas por vazamento nos seus sistemas de distribuição. No gráfico, mostra-se o valor a ser pago por uma companhia em função de perda por habitante.

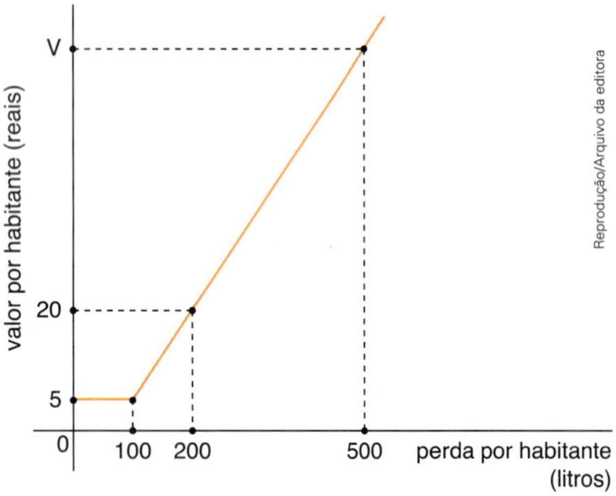

Calcule o valor **V**, em reais, representado no gráfico, quando a perda for igual a 500 litros por habitante.

6. Suponha que **x**, **y** e **z** sejam grandezas que assumem apenas valores positivos. Sabe-se que **x** é diretamente proporcional ao quadrado de **y**; o cubo de **y** é inversamente proporcional ao quadrado de **z**. Determine os valores de **a**, **b**, **c** e **d**.

x	y	z
6	$\frac{1}{2}$	4
a	2	b
c	d	$\frac{1}{16}$

7. (Uerj) O reservatório **A** perde água a uma taxa constante de 10 litros por hora, enquanto o reservatório **B** ganha água a uma taxa constante de 12 litros por hora. No gráfico, estão representados, no eixo **y**, os volumes, em litros, da água contida em cada um dos reservatórios, em função do tempo, em horas, representado no eixo **x**.

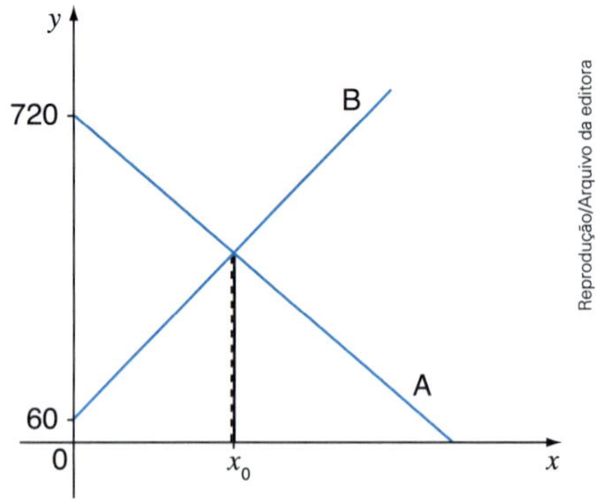

Determine o tempo $\mathbf{x_0}$, em horas, indicado no gráfico.

8. (FGV-SP)
   a) Determine todos os números naturais que satisfazem simultaneamente as inequações:
   $$10^{-1}x \geqslant 0{,}06 \text{ e } 10^{-1}x \leqslant 0{,}425$$
   b) Os sistemas de inequações são úteis para resolver antigos problemas como este, aproximadamente, do ano 250:
   Três estudantes receberam cada um uma mesma lista de palavras sinônimas que deveriam ser escolhidas em pares. Cada palavra tinha uma única palavra sinônima correspondente. Dentro do tempo permitido, o primeiro colocado conseguiu 21 pares corretos; o segundo colocado tinha dois terços dos pares corretos e o terceiro, quatro a mais do que a metade do número de pares corretos. Qual era o total de pares corretos de palavras sinônimas?

9. As retas correspondentes aos gráficos das funções **f** e **g**, de $\mathbb{R}$ em $\mathbb{R}$, definidas por $f(x) = \frac{2x}{3} + 2$ e $g(x) = mx + n$, intersectam-se em P(6, 6). Sabendo que 3 é a raiz de **g**, determine:

a) os valores de **m** e **n**;

b) a área do triângulo limitado pelo gráfico de **g** e pelos eixos coordenados.

10. (FGV-SP) Observe a notícia abaixo e utilize as informações que julgar necessárias.

VAREJO MIRA PREVENÇÃO DE PERDAS

Com retomada de inflação, setor ganha importância para manter lucro

Índice de perdas no varejo

Em %, sobre o faturamento líquido do setor

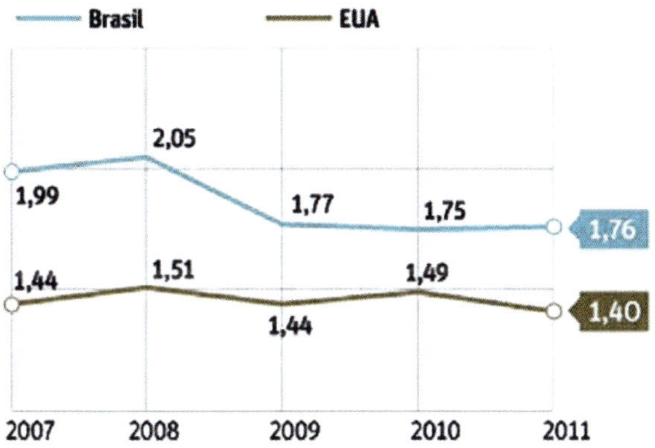

R$ 18,5 milhões

é a perda em valores do varejo brasileiro em 2011

Perdas por segmento	Em %
Supermercado	1,96
Farmácias e drogarias	0,38
Outros*	0,19
Média do varejo	1,76

Causas das perdas	
Furto externo	19
Furto interno	16
Erros administrativos	16
Fornecedores	10
Quebra operacional**	32
Outros ajustes	10

Quem participou da pesquisa	
Empresas	275
Lojas	4.486
Centros de distribuição	413

(*) O grupo "outros" inclui varejo da construção civil e lojas de conveniência e roupa, mas não na totalidade desses segmentos
(**) Quebra operacional inclui produtos danificados por clientes, por funcionários, com validade vencida, e embalagens vazias com conteúdo furtado Fonte: Provar (Programa do Varejo) da USP

a) Suponha que a partir de 2010 os índices de perdas no varejo, no Brasil e nos EUA, possam ser expressos por funções polinomiais do 1º grau, $y = ax + b$, em que $x = 0$ representa o ano 2010, $x = 1$ o ano 2011, e assim por diante, e **y** representa o índice de perdas expresso em porcentagem. Determine as duas funções.

b) Em que ano a diferença entre o índice de perdas no varejo, no Brasil, e o índice de perdas no varejo, nos EUA, será de 1%, aproximadamente? Dê como solução os dois anos que mais se aproximam da resposta.

11. O valor de uma máquina agrícola, adquirida por US$ 5 000,00, sofre, nos primeiros anos, depreciação (desvalorização) linear de US$ 240,00 por ano, até atingir 28% do valor de aquisição, estabilizando-se em torno desse valor mínimo.

a) Qual é o tempo transcorrido até a estabilização de seu valor?

b) Qual é o valor mínimo da máquina?

c) Faça um gráfico que represente a situação descrita no problema.

12. Resolva, em $\mathbb{R}$, as inequações:

a) $\frac{x+1}{x+2} > \frac{x+3}{x+4}$

b) $\frac{2}{3x-1} \geqslant \frac{1}{x-1} - \frac{1}{x+1}$

c) $(a - 3) \cdot x > 4x - 5 + a$, sabendo que $a < 7$

13. (Uerj) Em um determinado dia, duas velas foram acesas: a vela **A** às 15 horas e a vela **B**, 2 cm menor, às 16 horas. Às 17 horas desse mesmo dia, ambas tinham a mesma altura. Observe o gráfico que representa as alturas de cada uma das velas em função do tempo a partir do qual a vela **A** foi acesa.

Calcule a altura de cada uma das velas antes de serem acesas.

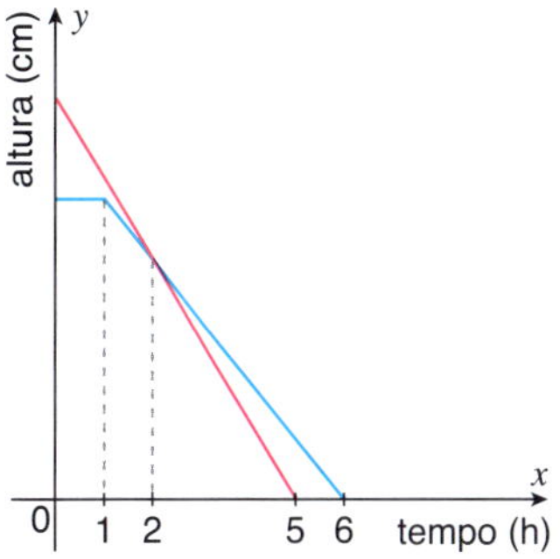

14. (UFPR) Numa expedição arqueológica em busca de artefatos indígenas, um arqueólogo e seu assistente encontraram um úmero, um dos ossos do braço humano. Sabe-se que o comprimento desse osso permite calcular a altura aproximada de uma pessoa por meio de uma função do primeiro grau.

a) Determine essa função do primeiro grau, sabendo que o úmero do arqueólogo media 40 cm e sua altura era 1,90 m, e o úmero de seu assistente media 30 cm e sua altura era 1,60 m.

b) Se o úmero encontrado no sítio arqueológico media 32 cm, qual era a altura aproximada do indivíduo que possuía esse osso?

15. Seja $f: D \subset \mathbb{R} \rightarrow \mathbb{R}$ definida por $f(x) = \sqrt{x^3 - 4x}$. Obtenha o conjunto **D**, que é o domínio de **f**.

16. Uma empresa de telefonia concedeu a seus funcionários um bônus de fim de ano cujo valor era diretamente proporcional ao percentual da meta (estabelecida pela empresa) alcançada pelo funcionário e inversamente proporcional ao número de reclamações médias mensais provenientes do setor em que o funcionário trabalha, recebidas pela ouvidoria da empresa.

Um funcionário pertencente a um setor que recebeu, em média, 150 reclamações mensais, atingiu 60% da meta estabelecida e recebeu um bônus de R$ 2 400,00. Determine o valor do bônus recebido por um funcionário que:

a) atingiu 80% da meta estabelecida e trabalha em um setor que recebeu, em média, 120 reclamações mensais;

b) atingiu 50% da meta estabelecida e trabalha em um setor que recebeu, em média, 200 reclamações mensais.

17. (UEG-GO) Uma pequena empresa foi aberta em sociedade por duas pessoas. O capital inicial aplicado por elas foi de 30 mil reais. Os sócios combinaram que os lucros ou prejuízos que eventualmente viessem a ocorrer seriam divididos em partes proporcionais aos capitais por eles empregados. No momento da apuração dos resultados, verificaram que a empresa apresentou lucro de 5 mil reais.

A partir dessa constatação, um dos sócios retirou 14 mil reais, que correspondia à parte do lucro devida a ele e ainda o total do capital por ele empregado na abertura da empresa. Determine o capital que cada sócio empregou na abertura da empresa.

18. Determine a área do triângulo ABC da figura abaixo, sabendo que duas das retas representam as funções definidas pelas leis $y = \frac{1}{2}x + 2$ e $y = 3$.

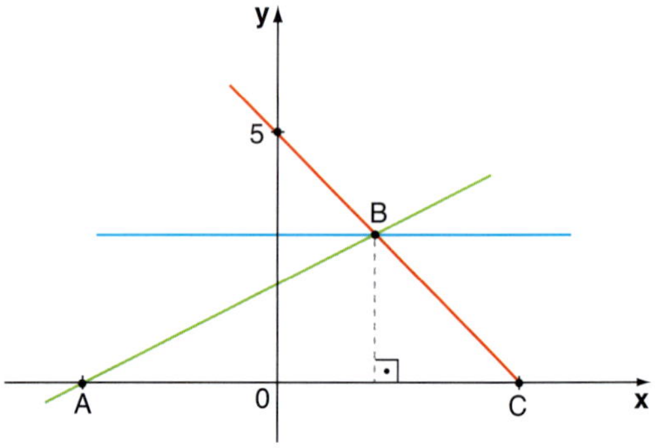

Banco de imagens/Arquivo da editora

19. (UEG-GO) A figura representa no plano cartesiano um triângulo ABC, com coordenadas A(0, 5), B(0, 10) e C(x, 0), em que **x** é um número real positivo.

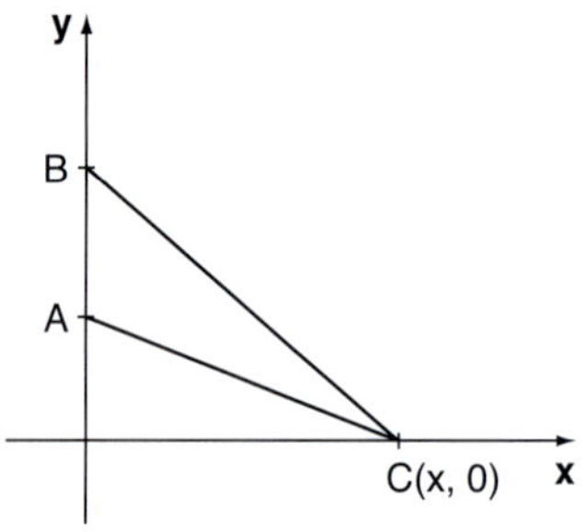

Banco de imagens/Arquivo da editora

Tendo em vista as informações apresentadas,

a) encontre a função **F** que representa a área do triângulo ABC, em função de sua altura relativa ao lado $\overline{AB}$;

b) esboce o gráfico da função **F**.

20. (Unesp-SP) Uma companhia telefônica oferece aos seus clientes 2 planos diferentes de tarifas. No plano básico, a assinatura inclui 200 minutos mensais de ligações telefônicas. Acima desse tempo, cobra-se uma tarifa de R$ 0,10 por minuto. No plano alternativo, a assinatura inclui 400 minutos mensais, mas o tempo de cada chamada desse plano é acrescido de 4 minutos, a título de taxa de conexão. Minutos adicionais no plano alternativo custam R$ 0,04. Os custos de assinatura dos dois planos são iguais e não existe taxa de conexão no plano básico. Supondo que todas as ligações durem 3 minutos, qual o número máximo de chamadas para que o plano básico tenha um custo menor ou igual ao do plano alternativo?

21. Pouco se sabe da vida de Diofanto (matemático grego); supõe-se que tenha vivido por volta de 250 d.C. O seguinte quebra-cabeça algébrico nos dá algumas informações sobre sua vida:

Aqui jaz Diofanto. Maravilhosa habilidade.
Pela arte da Álgebra, a lápide nos diz sua idade:
"Deus lhe deu um sexto da vida como infante,
Um duodécimo mais como jovem, de barba abundante;
E ainda uma sétima parte antes do casamento;
Em cinco anos nasce-lhe vigoroso rebento.
Lástima! O filho do mestre e sábio do mundo se vai.
Morreu quando da metade da idade do pai.
Quatro anos mais de estudo consolam-no do pesar;
Para então, deixando a Terra, também ele alívio encontrar."

a) Quantos anos viveu Diofanto?

b) Com que idade se casou?

22. Uma estamparia opera com um custo mensal fixo de R$ 6 800,00. Cada camiseta estampada tem um custo de R$ 25,00 e o ponto de nivelamento (ou equilíbrio) da empresa é de 400 unidades mensais.

a) Qual é o preço de venda de uma camiseta?

b) Nas condições do item *a*, determine o número de camisetas que devem ser fabricadas e vendidas a fim de que o lucro líquido mensal corresponda a 60% do custo total mensal da empresa.

23. (FGV SP)

a) Por volta de 1650 a.C., o escriba Ahmes resolvia equações como $x + 0,5x = 30$, por meio de uma regra de três, que chamava de "regra do falso". Atribuía um valor falso à variável, por exemplo, $x = 10$, $10 + 0,5 \cdot 10 = 15$, e montava a regra de três:

Valor falso	Valor verdadeiro
10	x
15	30

$$\frac{10}{15} = \frac{x}{30} \Rightarrow x = 20$$

Resolva este problema do Papiro Ahmes pelo método anterior:

"Uma quantidade, sua metade, seus dois terços, todos juntos somam 26. Qual é a quantidade?"

b) O matemático italiano Leonardo de Pisa (1170-1240), mais conhecido hoje como Fibonacci, propunha e resolvia, pela regra do falso, interessantes problemas como este:

"Um leão cai em um poço de $50\frac{1}{7}$ pés de profundidade. Pé é uma unidade de medida de comprimento. Ele sobe um sétimo de um pé durante o dia e cai um nono de um pé durante a noite. Quanto tempo levará para conseguir sair do poço?"

Resolva o problema pela regra do falso ou do modo que julgar mais conveniente. Observe que, quando o leão chegar a um sétimo de pé da boca do poço, no dia seguinte ele consegue sair.

24. (UFMG) A fábula da lebre e da tartaruga, do escritor Esopo, foi recontada utilizando-se o gráfico abaixo para descrever os deslocamentos dos animais.

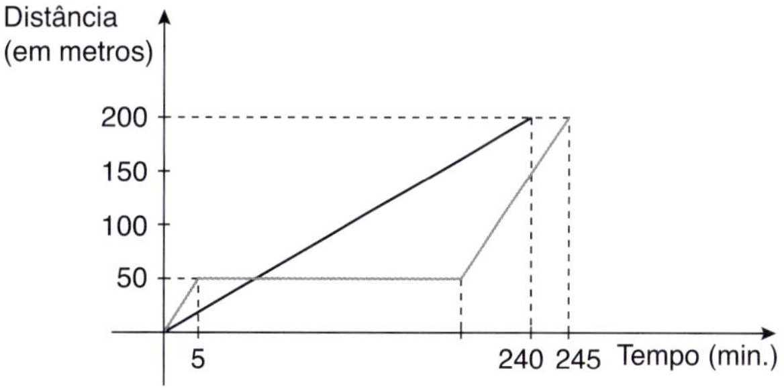

Suponha que na fábula a lebre e a tartaruga apostam uma corrida em uma pista de 200 metros de comprimento. As duas partem do mesmo local no mesmo instante. A tartaruga anda sempre com velocidade constante. A lebre corre por 5 minutos, para, deita e dorme por certo tempo. Quando desperta, volta a correr com a mesma velocidade constante de antes, mas, quando completa o percurso, percebe que chegou 5 minutos depois da tartaruga. Considerando essas informações,

a) **DETERMINE** a velocidade média da tartaruga durante esse percurso, em metros por hora;

b) **DETERMINE** após quanto tempo da largada a tartaruga alcançou a lebre;

c) **DETERMINE** por quanto tempo a lebre ficou dormindo.

Testes

1. (FGV-SP) Considerando um horizonte de tempo de 10 anos a partir de hoje, o valor de uma máquina deprecia linearmente com o tempo, isto é, o valor da máquina **y** em função do tempo **x** é dado por uma função polinomial do primeiro grau $y = ax + b$.
Se o valor da máquina daqui a dois anos for R$ 6 400,00, e seu valor daqui a cinco anos e meio for R$ 4 300,00, seu valor daqui a sete anos será
a) R$ 3 100,00.
b) R$ 3 200,00.
c) R$ 3 300,00.
d) R$ 3 400,00.
e) R$ 3 500,00.

2. (Enem) Um reservatório é abastecido com água por uma torneira e um ralo faz a drenagem da água desse reservatório. Os gráficos representam as vazões **Q**, em litro por minuto, do volume de água que entra no reservatório pela torneira e do volume que sai pelo ralo, em função do tempo **t**, em minuto.

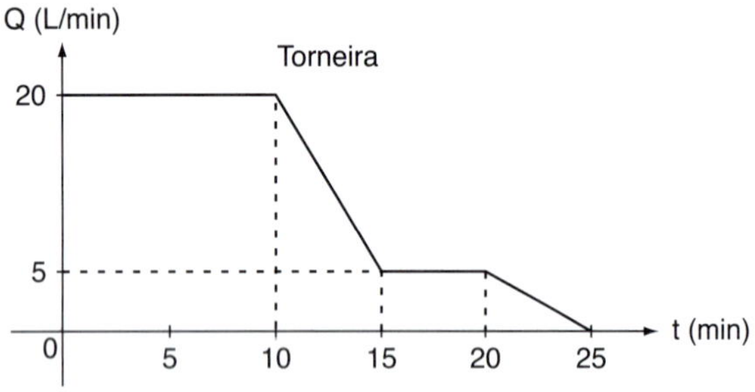

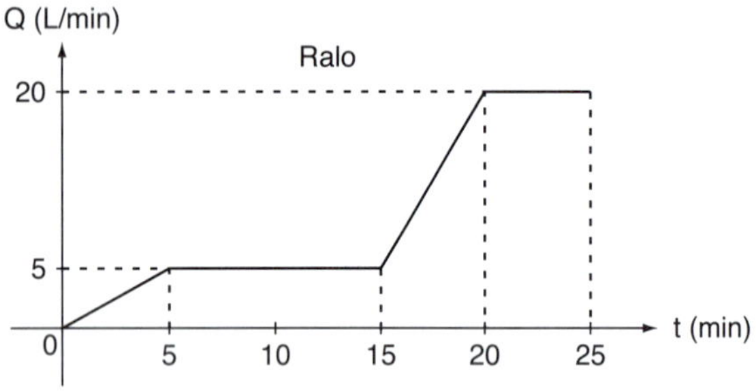

Ilustrações: Reprodução/Arquivo da editora

Em qual intervalo de tempo, em minuto, o reservatório tem uma vazão constante de enchimento?
a) De 0 a 10.
b) De 5 a 10.
c) De 5 a 15.
d) De 15 a 25.
e) De 0 a 25.

3. (Ufam) Sabendo que os pontos $(2, -1)$ e $(-3, -6)$ pertencem ao gráfico da função $f: \mathbb{R} \rightarrow \mathbb{R}$ definida por $f(x) = ax + b$, então $a - b$ é:
a) 0
b) 1
c) 2
d) 3
e) 4

4. (Enem) Uma empresa europeia construiu um avião solar, como na figura, objetivando dar uma volta ao mundo utilizando somente energia solar. O avião solar tem comprimento AB igual a 20 m e uma envergadura de asas CD igual a 60 m.

Reprodução/Enem, 2016

Para uma feira de ciências, uma equipe de alunos fez uma maquete desse avião. A escala utilizada pelos alunos foi de 3 : 400.
A envergadura CD na referida maquete, em centímetro, é igual a
a) 5.
b) 20.
c) 45.
d) 55.
e) 80.

5. (Enem) Alguns medicamentos para felinos são administrados com base na superfície corporal do animal. Foi receitado a um felino pesando 3,0 kg um medicamento na dosagem diária de 250 mg por metro quadrado de superfície corporal.
O quadro apresenta a relação entre a massa do felino, em quilogramas, e a área de sua superfície corporal, em metros quadrados.

Relação entre a massa de um felino e a área de sua superfície corporal

Massa (kg)	Área (m^2)
1,0	0,100
2,0	0,159
3,0	0,208
4,0	0,252
5,0	0,292

NORSWORTHY, G. D. *O paciente felino*. São Paulo: Roca, 2009.

A dose diária, em miligramas, que esse felino deverá receber é de
a) 0,624.
b) 52,0.
c) 156,0.
d) 750,0.
e) 1 201,9.

6. (UEG-GO) Considere o gráfico a seguir de uma função real afim f(x).

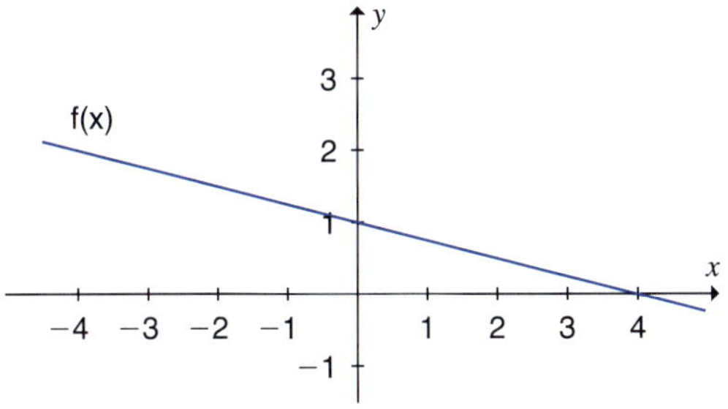

Reprodução/Arquivo da editora

A função afim f(x) é dada por

a) $f(x) = -4x + 1$

b) $f(x) = -0{,}25x + 1$

c) $f(x) = -4x + 4$

d) $f(x) = -0{,}25x - 3$

7. (UPE) "Obesidade é definida como excesso de gordura corporal." A pessoa obesa corre o risco em adquirir doenças como diabetes, pressão alta ou níveis elevados de colesterol. O cálculo do Índice de Massa Corporal (IMC) de uma pessoa permite situá-la em diferentes categorias de "peso", segundo a tabela a seguir:

Tabela de IMC

Categoria	$IMC = \dfrac{\text{peso (kg)}}{[\text{altura (m)}]^2}$
Abaixo do peso	abaixo de 18,5
Peso normal	de 18,5 a 24,9
Sobrepeso	de 25 a 29,9
Obesidade leve	de 30 a 34,9
Obesidade moderada	de 35 a 39,9
Obesidade mórbida	acima de 39,9

Disponível em: http://www.mdsaude.com/2014/10/imc-indice-de-massa-corporal.html (Adaptado). Acesso em: agosto de 2015.

Lucas mede 1,60 m de altura e está com 28 kg/m^2 de IMC e, portanto, enquadrando-se, assim, na categoria sobrepeso. Aproximadamente quantos quilogramas, no mínimo, ele deverá perder para passar à categoria "peso normal"?

a) 8 kg

b) 10 kg

c) 12 kg

d) 14 kg

e) 16 kg

8. (UFJF-MG) Dadas as desigualdades, em $\mathbb{R}$:

I) $3x + 1 < -x + 3 \leqslant -2x + 5$

II) $\dfrac{4x - 1}{x - 2} \leqslant 1$

O **MENOR** intervalo que contém todos os valores de **x** que satisfazem, simultaneamente, às desigualdades I e II é:

a) $\left]\dfrac{1}{3}, \dfrac{3}{5}\right]$

b) $\left]-2, -\dfrac{3}{2}\right]$

c) $\left]-\infty, \dfrac{3}{5}\right]$

d) $\left[-\dfrac{1}{3}, \dfrac{1}{2}\right[$

e) $\left[\dfrac{4}{3}, \dfrac{3}{5}\right[$

9. (FICSAE-SP) Certo dia, a administração de um hospital designou duas de suas enfermeiras – Antonieta e Bernadete – para atender os 18 pacientes de um ambulatório. Para executar tal incumbência, elas dividiram o total de pacientes entre si, em quantidades que eram, ao mesmo tempo, inversamente proporcionais às suas respectivas idades e diretamente proporcionais aos seus respectivos tempos de serviço no hospital. Sabendo que Antonieta tem 40 anos de idade e trabalha no hospital há 12 anos, enquanto Bernadete tem 25 anos e lá trabalha há 6 anos, é correto afirmar que:

a) Bernadete atendeu 10 pacientes.

b) Antonieta atendeu 12 pacientes.

c) Bernadete atendeu 2 pacientes a mais que Antonieta.

d) Antonieta atendeu 2 pacientes a mais que Bernadete.

10. (Unesp-SP) Quando uma partícula de massa **m**, carregada com carga **q**, adentra com velocidade **v** numa região onde existe um campo magnético constante de intensidade **B**, perpendicular a **v**, desprezados os efeitos da gravidade, sua trajetória passa a ser circular. O raio de sua curvatura é dado por $r = \dfrac{mv}{qB}$ e sua velocidade angular é dada por $\omega = \dfrac{qB}{m}$.

Os gráficos que melhor representam como **r** e ω se relacionam com possíveis valores de **B** são:

a) 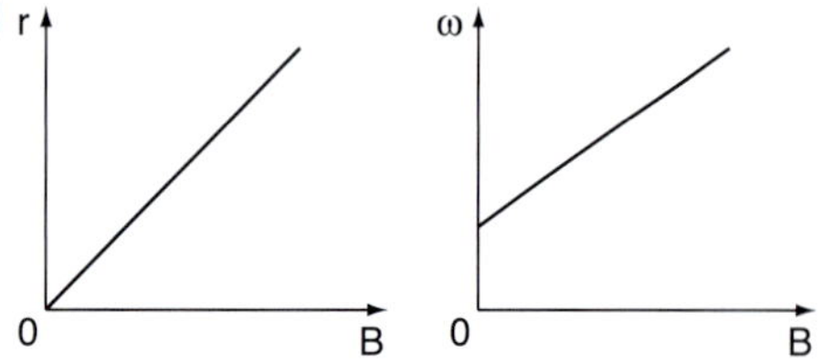

b) 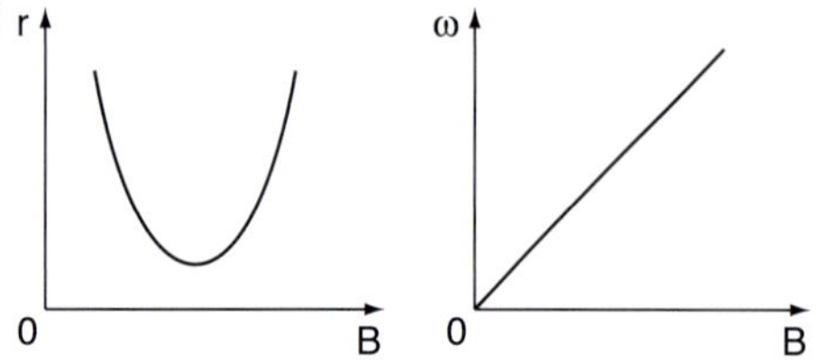

c) 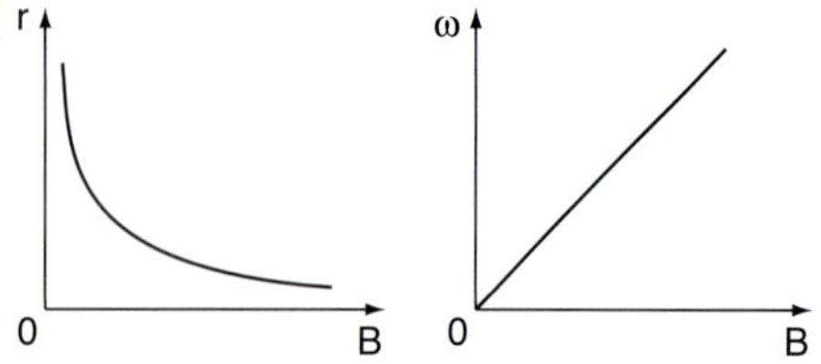

d) 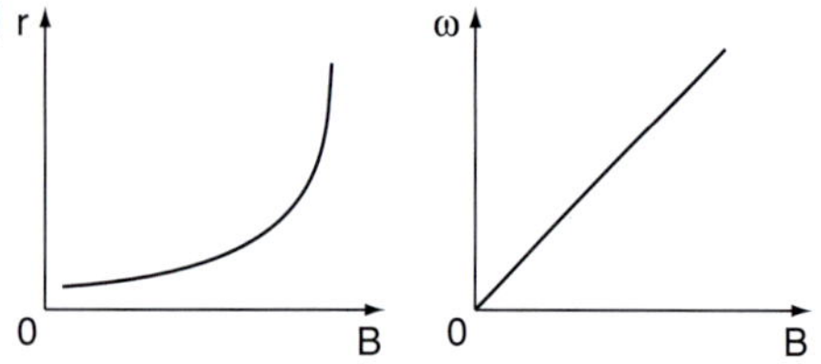

e) 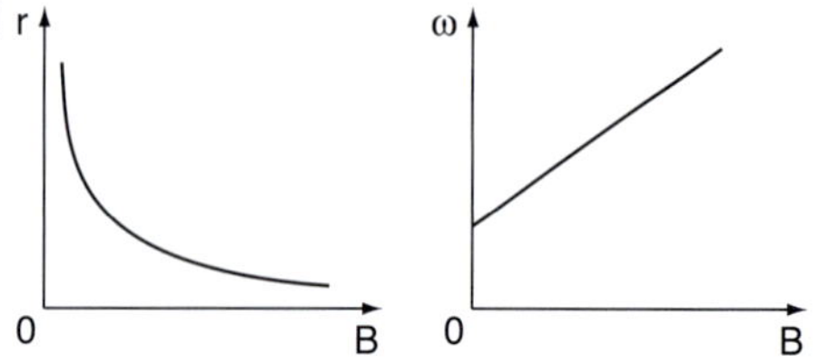

Ilustrações: Reprodução/Arquivo da editora

11. (FGV-SP) Quantos são os valores inteiros de **x** que satisfazem $-2 \leq 2x + 5 \leq 10$?

a) Infinitos
b) 6
c) 4
d) 7
e) 5

12. (Enem) O prefeito de uma cidade deseja construir uma rodovia para dar acesso a outro município. Para isso, foi aberta uma licitação na qual concorreram duas empresas. A primeira cobrou R$ 100 000,00 por km construído (**n**), acrescidos de um valor fixo de R$ 350 000,00, enquanto a segunda cobrou R$ 120 000,00 por km construído (**n**), acrescidos de um valor fixo de R$ 150 000,00. As duas empresas apresentam o mesmo padrão de qualidade dos serviços prestados, mas apenas uma delas poderá ser contratada.

Do ponto de vista econômico, qual equação possibilitaria encontrar a extensão da rodovia que tornaria indiferente para a prefeitura escolher qualquer uma das propostas apresentadas?

a) $100n + 350 = 120n + 150$
b) $100n + 150 = 120n + 350$
c) $100(n + 350) = 120(n + 150)$
d) $100(n + 350\,000) = 120(n + 150\,000)$
e) $350(n + 100\,000) = 150(n + 120\,000)$

13. (UEG-GO) Um edifício de 4 andares possui 4 apartamentos por andar, sendo que em cada andar 2 apartamentos possuem 60 m^2 e 2 apartamentos possuem 80 m^2. O gasto mensal com a administração do edifício é de R$ 6 720,00. Sabendo-se que a cota de condomínio deve ser dividida proporcionalmente à área de cada apartamento, logo quem possui um apartamento de 80 m^2 deve pagar uma cota de

a) R$ 400,00
b) R$ 420,00
c) R$ 460,00
d) R$ 480,00

14. (UEMG) De acordo com dados do Ministério da Agricultura, uma roçadeira tem vida útil de 12 anos, sem valor residual estimado. Suponha que, no dia 1º de janeiro de um certo ano, um agricultor tenha comprado uma roçadeira nova no valor de R$ 36 000,00.
Considerando-se que a depreciação do valor da roçadeira seja linear, no dia 1º de setembro do mesmo ano em que ela foi comprada, esse valor sofreu um decréscimo percentual de aproximadamente

a) 2%.
b) 3%.
c) 5%.
d) 7%.

15. (UPE) Qual é a medida da área do triângulo destacado na figura abaixo?

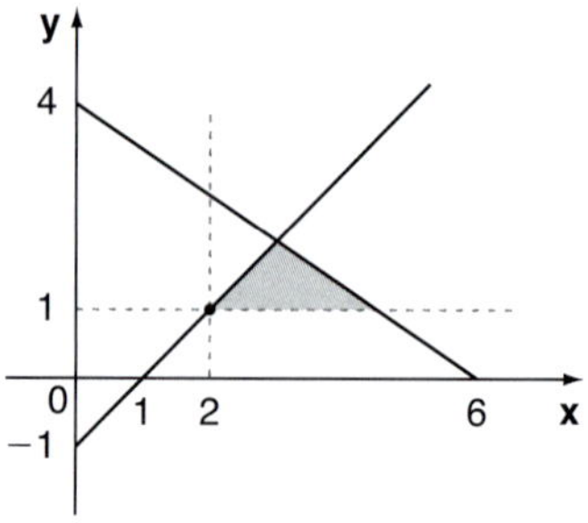

Reprodução/Arquivo da editora

a) $\frac{1}{2}$
b) $\frac{1}{3}$
c) $\frac{3}{4}$
d) $\frac{4}{5}$
e) $\frac{5}{4}$

16. (Enem) Para a construção de isolamento acústico numa parede cuja área mede 9 m^2, sabe-se que, se a fonte sonora estiver a 3 m do plano da parede, o custo é de R$ 500,00. Nesse tipo de isolamento, a espessura do material que reveste a parede é inversamente proporcional ao quadrado da distância até a fonte sonora, e o custo é diretamente proporcional ao volume do material do revestimento.

Uma expressão que fornece o custo para revestir uma parede de área **A** (em metro quadrado), situada a **D** metros da fonte sonora, é

a) $\frac{500 \cdot 81}{A \cdot D^2}$

b) $\frac{500 \cdot A}{D^2}$

c) $\frac{500 \cdot D^2}{A}$

d) $\frac{500 \cdot A \cdot D^2}{81}$

e) $\frac{500 \cdot 3 \cdot D^2}{A}$

17. (Enem) Uma cisterna de 6000 L foi esvaziada em um período de 3 h. Na primeira hora foi utilizada apenas uma bomba, mas nas duas horas seguintes, a fim de reduzir o tempo de esvaziamento, outra bomba foi ligada junto com a primeira. O gráfico, formado por dois segmentos de reta, mostra o volume de água presente na cisterna, em função do tempo.

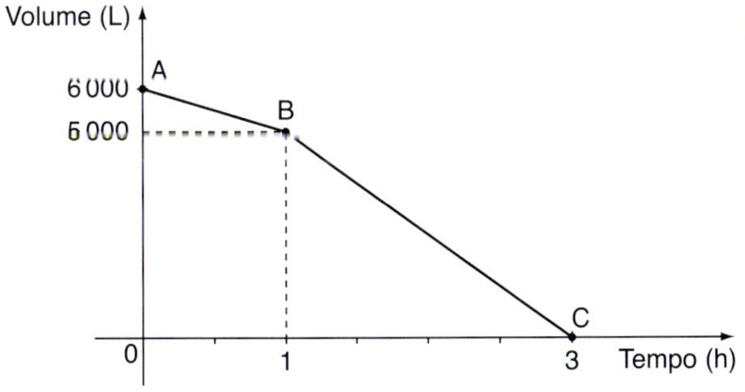

Qual é a vazão, em litro por hora, da bomba que foi ligada no início da segunda hora?

a) 1000
b) 1250
c) 1500
d) 2000
e) 2500

18. (Acafe-SC) O soro antirrábico é indicado para a profilaxia da raiva humana após exposição ao vírus rábico. Ele é apresentado sob a forma líquida, em frasco ampola de 5 mL equivalente a 1000 UI (unidades internacionais). O gráfico abaixo indica a quantidade de soro (em mL) que um indivíduo deve tomar em função de sua massa (em kg) em um tratamento de imunização antirrábica.

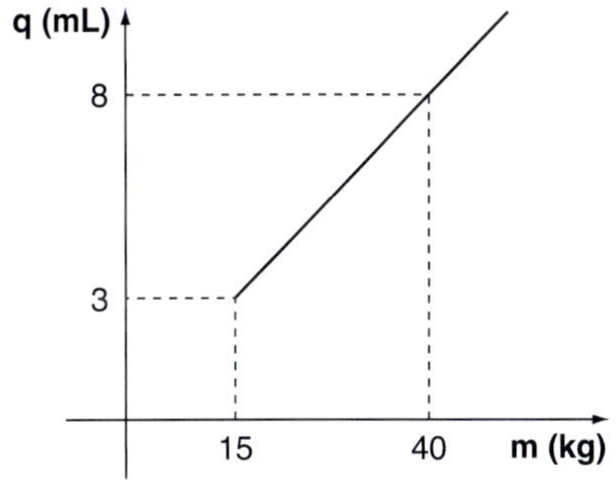

Analise as afirmações a seguir:

I. A lei da função representada no gráfico é dada por $q = 0,2 \cdot m$, onde **q** é a quantidade de soro e **m** é a massa.
II. O gráfico indica que as grandezas relacionadas são inversamente proporcionais, cuja constante de proporcionalidade é igual a $\frac{1}{5}$.
III. A dose do soro antirrábico é 40 UI/kg.
IV. Sendo 3000 UI de soro a dose máxima recomendada, então, um indivíduo de 80 kg só poderá receber a dose máxima.
V. Se um indivíduo necessita de 2880 UI de soro, então, a massa desse individuo é de 72,2 kg.

Todas as afirmações corretas estão em:

a) I – III – IV
b) I – III – IV – V
c) II – III – IV – V
d) I – II – V

19. (UPF-RS) João resolveu fazer um grande passeio de bicicleta. Saiu de casa e andou calmamente, a uma velocidade (constante) de 20 quilômetros por hora. Meia hora depois de ele partir, a mãe percebeu que ele havia esquecido o lanche. Como sabia por qual estrada o filho tinha ido, pegou o carro e foi à procura dele a uma velocidade (constante) de 60 quilômetros por hora. A distância que a mãe percorreu até encontrar João e o tempo que ela levou para encontrá-lo foram de:

a) 20 km e 1 h
b) 10 km e 30 min
c) 15 km e 15 min
d) 20 km e 15 min
e) 20 km e 30 min

20. (PUC-MG) Duas fábricas de roupa apresentavam em outubro de 2014 o seguinte quadro: a fábrica **A** produzia 3 000 peças por mês, e a fábrica **B** produzia 1 200 peças por mês. A partir de janeiro de 2015, em face de uma crise financeira, essas duas fábricas vêm diminuindo mensalmente sua produção: a fábrica **A** em 250 peças e a fábrica **B** em 70 peças. Com base nessas informações, pode-se estimar que a produção mensal da fábrica **B** ficou igual à produção mensal da fábrica **A**, em número de peças, no mês de:

a) Agosto de 2015.
b) Setembro de 2015.
c) Outubro de 2015.
d) Novembro de 2015.

21. (FGV-SP) Os pares (**x**, **y**) dados abaixo pertencem a uma reta (**r**) do plano cartesiano:

x	−4	−2	0	2	4
y	−24	−14	−4	6	16

Podemos afirmar que

a) a reta (**r**) intercepta o eixo das abcissas no ponto de abcissa −4.
b) o coeficiente angular da reta (**r**) é −5.
c) a reta (**r**) determina com os eixos cartesianos um triângulo de área 1,6.
d) **y** será positivo se, e somente se, $x > \frac{-4}{5}$.
e) A reta (**r**) intercepta o eixo das ordenadas no ponto de abcissa $\frac{4}{5}$.

22. (Enem) Um produtor de maracujá usa uma caixa-d'água, com volume **V**, para alimentar o sistema de irrigação de seu pomar. O sistema capta água através de um furo no fundo da caixa a uma vazão constante. Com a caixa-d'água cheia, o sistema foi acionado às 7 h da manhã de segunda-feira. Às 13 h do mesmo dia, verificou-se que já haviam sido usados 15% do volume da água existente na caixa. Um dispositivo eletrônico interrompe o funcionamento do sistema quando o volume restante da caixa é de 5% do volume total, para reabastecimento.

Supondo que o sistema funcione sem falhas, a que horas o dispositivo eletrônico interromperá o funcionamento?

a) Às 15 h de segunda-feira.
b) Às 11 h de terça-feira.
c) Às 14 h de terça-feira.
d) Às 4 h de quarta-feira.
e) Às 21 h de terça-feira.

23. (FICSAE-SP) Juntas, Clara e Josefina realizaram certo trabalho, pelo que Clara recebeu, a cada hora, R$ 8,00 a mais do que Josefina. Se, pelas 55 horas que ambas trabalharam, receberam o total de R$ 1 760,00, a parte dessa quantia que coube a Clara foi

a) R$ 660,00.
b) R$ 770,00.
c) R$ 990,00.
d) R$ 1 100,00.

24. (UFPR) O gráfico abaixo representa o consumo de bateria de um celular entre as 10 h e as 16 h de um determinado dia. Supondo que o consumo manteve o mesmo padrão até a bateria se esgotar, a que horas o nível da bateria atingiu 10%?

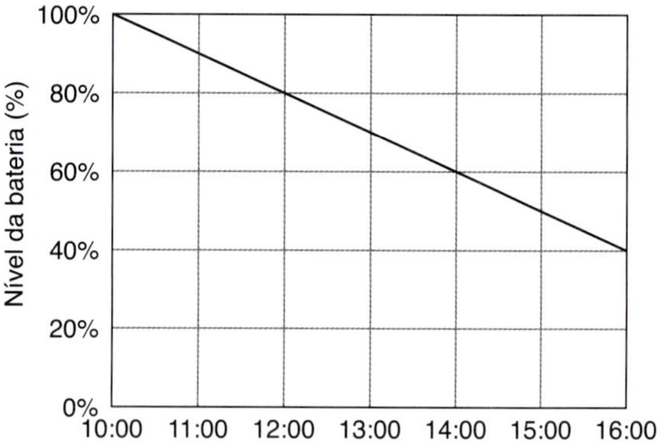

a) 18 h.
b) 19 h.
c) 20 h.
d) 21 h.
e) 22 h.

25. (Enem) O Índice de Massa Corporal (IMC) pode ser considerado uma alternativa prática, fácil e barata para a medição direta da gordura corporal. Seu valor pode ser obtido pela fórmula $IMC = \frac{Massa}{(Altura)^2}$, na qual a massa é em quilograma e a altura, em metro. As crianças, naturalmente, começam a vida com um alto índice de gordura corpórea, mas vão ficando mais magras conforme envelhecem, por isso os cientistas criaram um IMC especialmente para as crianças e jovens adultos, dos dois aos vinte anos de idade, chamado de IMC por idade.

O gráfico mostra o IMC por idade para meninos.

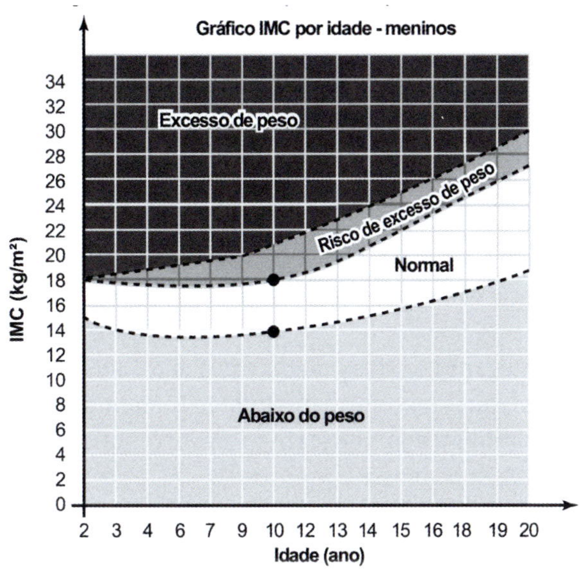

Disponível em: http://saude.hsw.uol.com. Acesso em: 31 jul. 2012.

Uma mãe resolveu calcular o IMC de seu filho, um menino de dez anos de idade, com 1,20 m de altura e 30,92 kg.

Para estar na faixa considerada normal de IMC, os valores mínimo e máximo que esse menino precisa emagrecer, em quilograma, devem ser, respectivamente,

a) 1,12 e 5,12.
b) 2,68 e 12,28.
c) 3,47 e 7,47.
d) 5,00 e 10,76.
e) 7,77 e 11,77.

26. (UPE) No dia 01/08/2016, os saldos nas contas poupança de Carlos e Marco eram de, respectivamente, R$ 8400,00 e R$ 2800,00. Se, no primeiro dia de cada mês subsequente a agosto de 2016, Carlos retira R$ 240,00, e Marco deposita R$ 200,00, desconsiderando a correção monetária, quando é que o saldo na conta poupança de Marco irá ultrapassar o saldo na conta poupança de Carlos?

a) Janeiro de 2017.
b) Fevereiro de 2017.
c) Março de 2017.
d) Agosto de 2017.
e) Setembro de 2017.

27. (Unesp-SP) A figura indica o empilhamento de três cadeiras idênticas e perfeitamente encaixadas umas nas outras, sendo **h** a altura da pilha em relação ao chão.

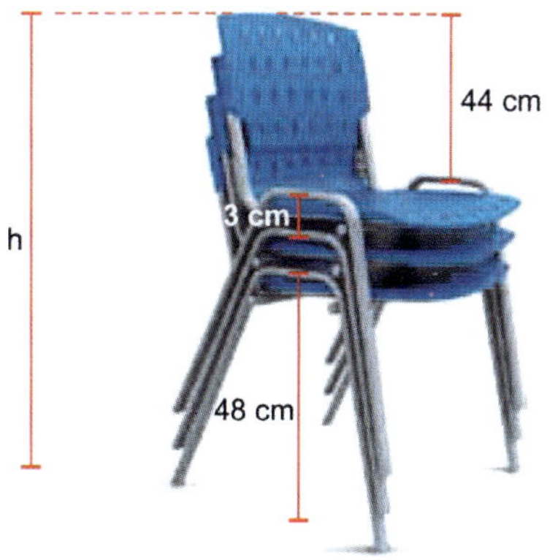

(www.habto.com. Adaptado.)

A altura, em relação ao chão, de uma pilha de **n** cadeiras perfeitamente encaixadas umas nas outras, será igual a 1,4 m se **n** for igual a

a) 14.
b) 17.
c) 13.
d) 15.
e) 18.

28. (Enem) Um banco de sangue recebe 450 mL de sangue de cada doador. Após separar o plasma sanguíneo das hemácias, o primeiro é armazenado em bolsas de 250 mL de capacidade. O banco de sangue aluga refrigeradores de uma empresa para estocagem das bolsas de plasma, segundo a sua necessidade. Cada refrigerador tem uma capacidade de estocagem de 50 bolsas. Ao longo de uma semana, 100 pessoas doaram sangue àquele banco.

Admita que, de cada 60 mL de sangue, extraem-se 40 mL de plasma.

O número mínimo de congeladores que o banco precisou alugar, para estocar todas as bolsas de plasma dessa semana, foi

a) 2.
b) 3.
c) 4.
d) 6.
e) 8.

29. (ESPM-SP) A função $f(x) = ax + b$ é estritamente decrescente. Sabe-se que $f(a) = 2b$ e $f(b) = 2a$. O valor de $f(3)$ é:

a) 2
b) 4
c) -2
d) 0
e) -1

30. (UFRGS-RS) Considere as funções **f** e **g**, definidas por $f(x) = 4 - 2x$ e $g(x) = 2f(x) + 2$. Representadas no mesmo sistema de coordenadas cartesianas, a função **f** intersecta o eixo das ordenadas no ponto **A** e o eixo das abscissas no ponto **B**, enquanto a função **g** intersecta o eixo das ordenadas no ponto **D** e o eixo das abscissas no ponto **C**.

A área do polígono ABCD é:

a) 4,5
b) 5,5
c) 6,5
d) 7,5
e) 8,5

31. (Insper-SP) O gráfico abaixo mostra o nível de água no reservatório de uma cidade, em centímetros.

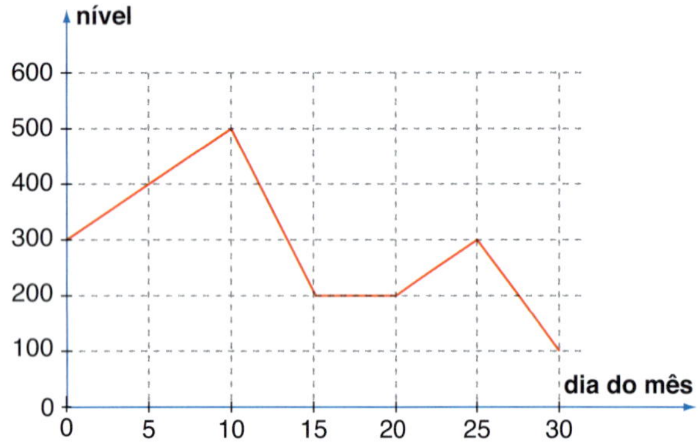

O período do mês em que as variações diárias do nível do reservatório, independentemente se para enchê-lo ou esvaziá-lo, foram as maiores foi:

a) nos dez primeiros dias.
b) entre o dia 10 e o dia 15.
c) entre o dia 15 e o dia 20.
d) entre o dia 20 e o dia 25.
e) nos últimos cinco dias.

32. (Ufam) No final do ano passado, uma empresa do Distrito Industrial de Manaus ofereceu um prêmio de R$ 8 000,00 aos seus três melhores vendedores, Ana, Beatriz e Carlos. A divisão do prêmio foi em partes diretamente proporcionais à quantidade de vendas de produtos durante o ano e em partes inversamente proporcionais ao número de faltas deles ao trabalho, também durante o ano. Sabendo que Ana realizou 7 vendas e faltou 4 vezes, Beatriz realizou 8 vendas e faltou 3 vezes e Carlos realizou 9 vendas e faltou 4 vezes, então Beatriz recebeu:

a) R$ 2 100,00.
b) R$ 2 700,00.
c) R$ 3 100,00.
d) R$ 3 200,00.
e) R$ 3 300,00.

33. (Enem) Um clube tem um campo de futebol com área total de 8 000 m^2, correspondente ao gramado. Usualmente, a poda da grama desse campo é feita por duas máquinas do clube próprias para o serviço. Trabalhando no mesmo ritmo, as duas máquinas podam juntas 200 m^2 por hora. Por motivo de urgência na realização de uma partida de futebol, o administrador do campo precisará solicitar ao clube vizinho máquinas iguais às suas para fazer o serviço de poda em um tempo máximo de 5 h.

Utilizando as duas máquinas que o clube já possui, qual o número mínimo de máquinas que o administrador do campo deverá solicitar ao clube vizinho?

a) 4.
b) 6.
c) 8.
d) 14.
e) 16.

34. (Unesp-SP) A tabela indica o gasto de água, em m^3, por minuto, de uma torneira (aberta), em função do quanto seu registro está aberto, em voltas, para duas posições do registro.

abertura de torneira (volta)	gasto de água por minuto (m^3)
$\frac{1}{2}$	0,02
1	0,03

(www.sabesp.com.br. Adaptado.)

Sabe-se que o gráfico do gasto em função da abertura é uma reta, e que o gasto de água, por minuto, quando a torneira está totalmente aberta, é de 0,034 m^3. Portanto, é correto afirmar que essa torneira estará totalmente aberta quando houver um giro no seu registro de abertura de 1 volta completa e mais

a) $\frac{1}{2}$ de volta.
b) $\frac{1}{5}$ de volta.
c) $\frac{2}{5}$ de volta.
d) $\frac{3}{4}$ de volta.
e) $\frac{1}{4}$ de volta.

35. (Uerj) As baterias B_1 e B_2 de dois aparelhos celulares apresentam em determinado instante, respectivamente, 100% e 90% da carga total.

Considere as seguintes informações:

- as baterias descarregam linearmente ao longo do tempo;
- para descarregar por completo, B_1 leva **t** horas e B_2 leva duas horas a mais do que B_1;
- no instante **z**, as duas baterias possuem o mesmo percentual de carga igual a 75%.

Observe o gráfico:

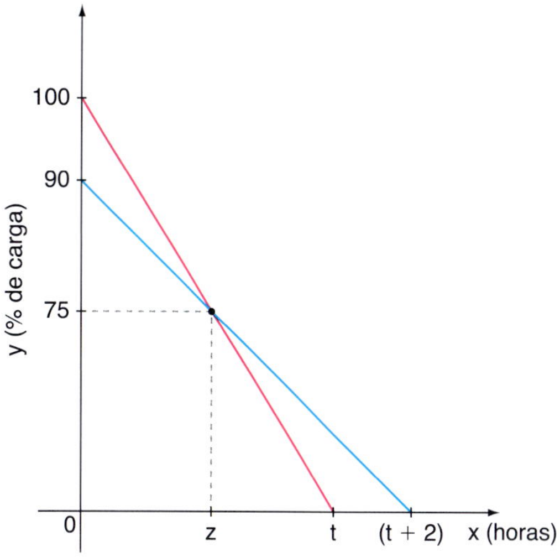

O valor de **t**, em horas, equivale a:

a) 1
b) 2
c) 3
d) 4

36. (Enem) No Brasil há várias operadoras e planos de telefonia celular.

Uma pessoa recebeu 5 propostas (**A**, **B**, **C**, **D** e **E**) de planos telefônicos. O valor mensal de cada plano está em função do tempo mensal das chamadas, conforme o gráfico.

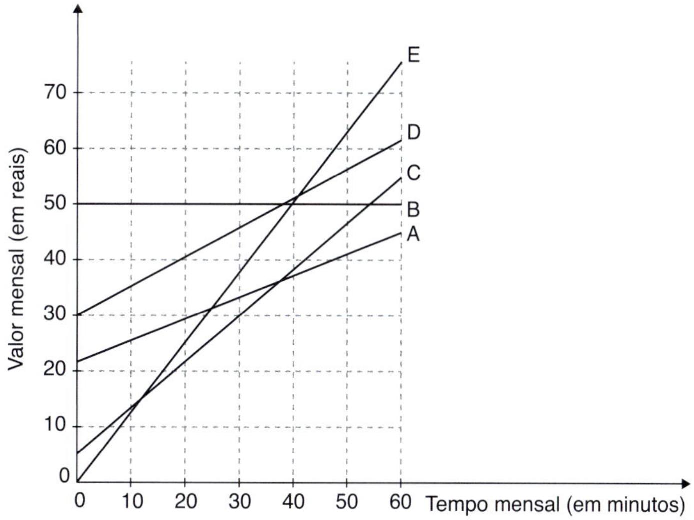

Essa pessoa pretende gastar exatamente R$ 30,00 por mês com telefone.

Dos planos telefônicos apresentados, qual é o mais vantajoso, em tempo de chamada, para o gasto previsto para essa pessoa?

a) A
b) B
c) C
d) D
e) E

37. (Enem) Uma indústria tem um reservatório de água com capacidade para 900 m^3. Quando há necessidade de limpeza do reservatório, toda a água precisa ser escoada. O escoamento da água é feito por seis ralos e dura 6 horas quando o reservatório está cheio. Esta indústria construirá um novo reservatório, com capacidade de 500 m^3, cujo escoamento da água deverá ser realizado em 4 horas, quando o reservatório estiver cheio. Os ralos utilizados no novo reservatório deverão ser idênticos aos do já existente.

A quantidade de ralos do novo reservatório deverá ser igual a:

a) 2
b) 4
c) 5
d) 8
e) 9

CAPÍTULO

5 Função quadrática

Castenoid/Dreamstime

Antoni Gaudí (1852-1926) foi um arquiteto catalão, responsável por algumas das obras da arquitetura de Barcelona, na Espanha, como a Basílica da Sagrada Família e o Parque Güell. Os trabalhos de Gaudí são repletos de aplicações matemáticas, como nos arcos de formato parabólico da Casa Batlló mostrados na fotografia. Parábola é a curva obtida na construção do gráfico das funções quadráticas, assunto deste capítulo.

Tales Azzi/Pulsar Imagens

Estádio do Pacaembu, São Paulo (SP), 2017.

Introdução

Vejamos duas situações que envolvem a função quadrática.

Situação 1

Um campeonato de futebol vai ser disputado por 10 clubes pelo sistema em que todos jogam contra todos em dois turnos. Quantos jogos serão realizados no campeonato?

Contamos o número de jogos que cada clube fará "em casa", ou seja, no seu campo: 9 jogos. Como são 10 clubes, o total de jogos será $10 \cdot 9 = 90$.

Se o campeonato fosse disputado por 20 clubes (como é o Campeonato Brasileiro de Futebol), poderíamos calcular quantos jogos seriam realizados usando o mesmo raciocínio:

$$20 \cdot 19 = 380$$

Assim, para cada número (**x**) de clubes, é possível calcular o número (**y**) de jogos do campeonato. O valor de **y** é função de **x**.

Nesse caso, a regra que permite calcular **y** a partir de **x** é a seguinte:

$$y = x \cdot (x - 1), \text{ ou seja, } y = x^2 - x$$

Esse é um exemplo de **função polinomial do 2º grau** ou **função quadrática**.

Situação 2

Um clube construiu um campo de 100 m de comprimento por 70 m de largura e, por medida de segurança, decidiu cercá-lo, deixando entre o campo e a cerca uma pista com 3 m de largura. Qual é a área do terreno limitado pela cerca?

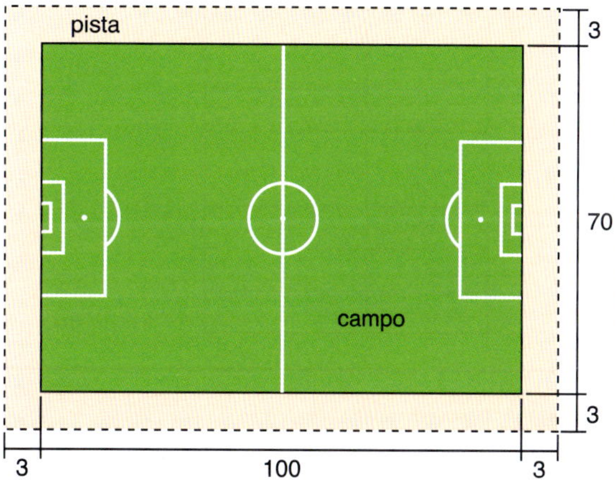

Ilustrações: Banco de imagens/Arquivo da editora

A área da região cercada é:

$$(100 + 2 \cdot 3) \cdot (70 + 2 \cdot 3) = 106 \cdot 76 = 8056$$

Logo, a área do terreno limitado pela cerca é 8056 m^2.

Se a medida da largura da pista fosse 4 m, teríamos:

$$(100 + 2 \cdot 4) \cdot (70 + 2 \cdot 4) = 108 \cdot 78 = 8424$$

Nessas condições, a área da região cercada seria de 8424 m^2.

Assim, a cada medida **x** de largura escolhida para a pista há uma área **A** da região cercada. A área da região cercada é função de **x**. Procuremos a lei que expressa **A** em função de **x**:

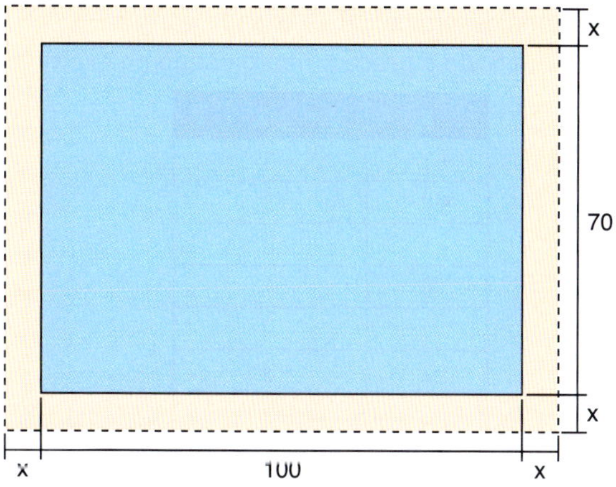

$$A(x) = (100 + 2x) \cdot (70 + 2x)$$

$$A(x) = 7000 + 200x + 140x + 4x^2$$

$$A(x) = 4x^2 + 340x + 7000$$

Esse é outro exemplo de **função polinominal do 2º grau** ou **função quadrática**.

Chama-se **função quadrática**, ou **função polinomial do 2º grau**, qualquer função **f** de $\mathbb{R}$ em $\mathbb{R}$ dada por uma lei da forma $f(x) = ax^2 + bx + c$, em que **a**, **b** e **c** são números reais e $a \neq 0$.

Veja os exemplos a seguir.

- $f(x) = 2x^2 + 3x + 5$, sendo $a = 2$, $b = 3$ e $c = 5$.
- $g(x) = 3x^2 - 4x + 1$, sendo $a = 3$, $b = -4$ e $c = 1$.
- $h(x) = x^2 - 1$, sendo $a = 1$, $b = 0$ e $c = -1$.
- $i(x) = -x^2 + 2x$, sendo $a = -1$, $b = 2$ e $c = 0$.
- $j(x) = -4x^2$, sendo $a = -4$, $b = 0$ e $c = 0$.

OBSERVAÇÃO

Note que devemos ter a restrição $a \neq 0$, pois, se $a = 0$, a função se escreve como $f(x) = bx + c$, que não é de 2º grau.

Gráfico de função quadrática

Vamos construir os gráficos de algumas funções polinomiais do 2º grau. Veja os exemplos.

EXEMPLO 1

Para construir o gráfico da função f: $\mathbb{R} \to \mathbb{R}$ dada pela lei $f(x) = x^2 + x$, atribuímos a **x** alguns valores (observe que o domínio de **f** é $\mathbb{R}$), calculamos o valor correspondente de **y** para cada valor de **x** e, em seguida, ligamos os pontos obtidos:

x	$y = x^2 + x$
−3	6
−2	2
−1	0
$-\frac{1}{2}$	$-\frac{1}{4}$
0	0
1	2
2	6

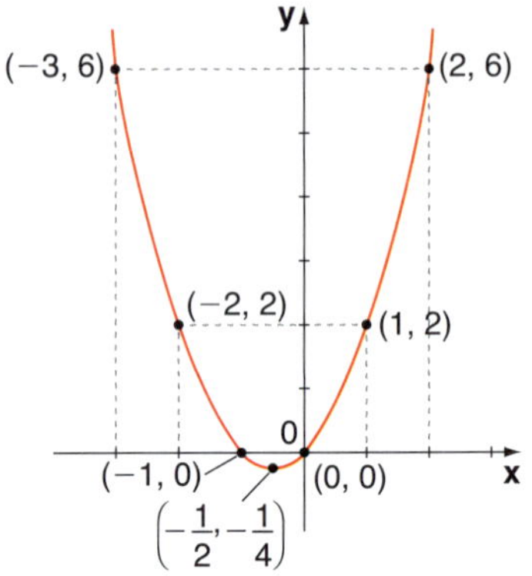

Banco de imagens/Arquivo da editora

EXEMPLO 2

Consideremos f: $\mathbb{R} \to \mathbb{R}$ dada por $y = -x^2 + 1$.

Repetindo o procedimento usado no exemplo anterior, temos:

x	$y = -x^2 + 1$
−3	−8
−2	−3
−1	0
0	1
1	0
2	−3
3	−8

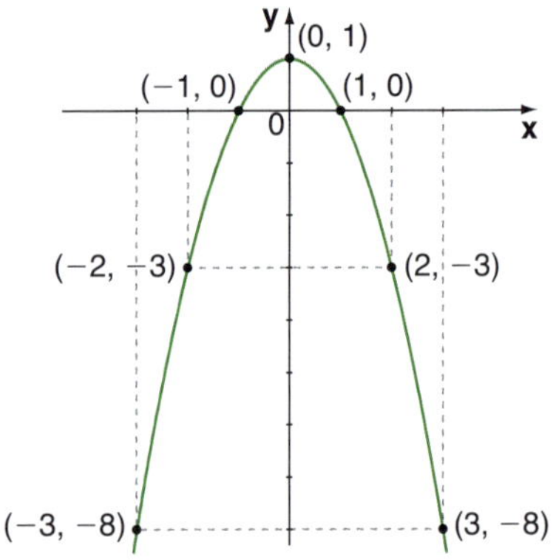

Banco de imagens/Arquivo da editora

EXEMPLO 3

Seja f: $\mathbb{R} \to \mathbb{R}$ dada por $f(x) = x^2 - 2x + 4$:

x	$y = x^2 - 2x + 4$
−2	12
−1	7
0	4
1	3
2	4
3	7
4	12

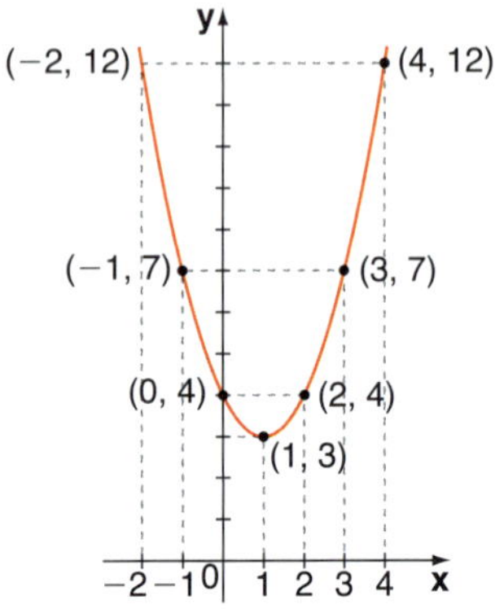

Banco de imagens/Arquivo da editora

Em cada um dos três exemplos anteriores, a curva obtida é chamada **parábola**. É possível mostrar que o gráfico de qualquer função quadrática dada por $y = ax^2 + bx + c$, com $a \neq 0$, é uma parábola.

Sejam um ponto **F** (foco) e uma reta **d** (diretriz) pertencentes a um mesmo plano, com $F \notin d$. **Parábola** é o conjunto dos pontos desse plano que estão à mesma distância de **F** e **d**.

1º caso

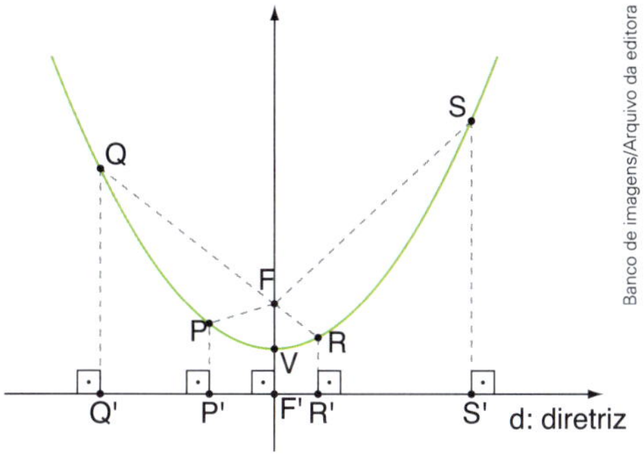

Os pontos **Q**, **P**, **V**, **R** e **S** são alguns pontos da parábola. Assim:
QF = QQ'; PF = PP'; VF = VF';
RF = RR'; SF = SS'

Observe o ponto **Q**, por exemplo. A distância de **Q** à diretriz (**d**) é igual à distância de **Q** a **Q'**, sendo **Q'** a interseção de **d** com a reta perpendicular a **d** por **Q**. Da mesma forma definimos as distâncias de **P**, **V**, **R** e **S** à diretriz.

Temos ainda:

- a reta perpendicular à diretriz traçada pelo foco **F** é chamada **eixo de simetria da parábola**;
- o ponto **V** é o ponto da parábola mais próximo da diretriz e recebe o nome de **vértice da parábola**.

Com esse formato, dizemos que a parábola tem a concavidade ("abertura") voltada para cima.

2º caso

Pode ocorrer também que o ponto **F** (foco) esteja abaixo da reta **d** (estamos considerando **d** horizontal, isto é, paralela ao eixo das abscissas). Observe o formato da parábola obtida:

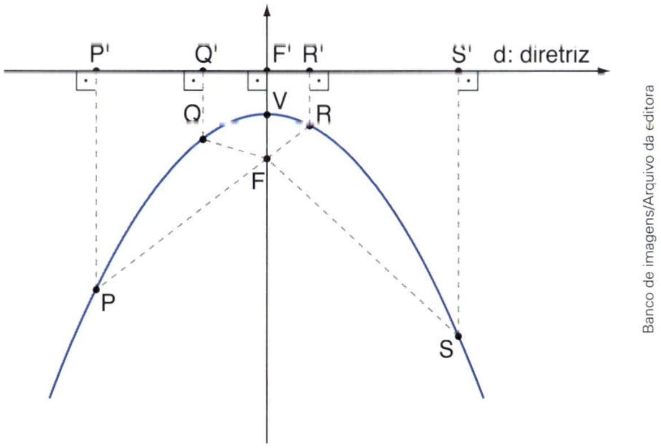

P, **Q**, **V**, **R** e **S** são alguns pontos da parábola. Assim:
PF = PP'; QF = QQ'; VF = VF'; RF = RR'; SF = SS'.

Com esse formato, dizemos que a parábola tem a concavidade ("abertura") voltada para baixo.

OBSERVAÇÕES

- Ao construir o gráfico de uma função quadrática dada por $y = ax^2 + bx + c$, notamos sempre que:
  - se $a > 0$, a parábola tem a concavidade voltada para cima, como no 1º caso e nos exemplos 1 e 3 da página 146.
  - se $a < 0$, a parábola tem a concavidade voltada para baixo, como no 2º caso e no exemplo 2, da página 146.
- Se a reta **d** (diretriz) for vertical, isto é, paralela ao eixo das ordenadas, como é mostrado ao lado, a parábola não representa o gráfico de uma função quadrática, pois existem valores reais de **x** que possuem duas imagens distintas em $\mathbb{R}$ e valores reais de **x** que não têm imagens correspondentes em $\mathbb{R}$, o que contraria a definição de função.

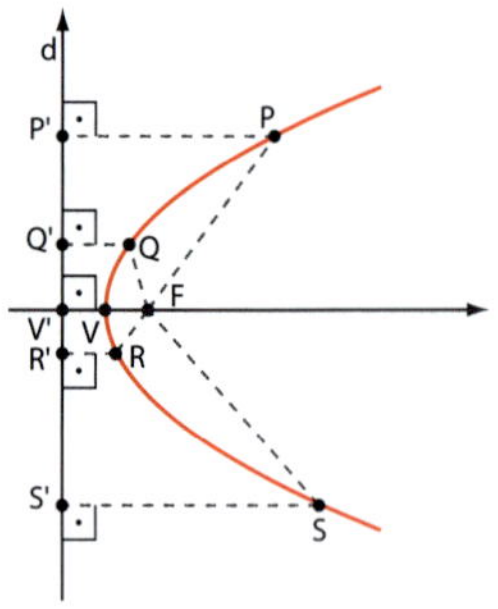

Banco de imagens/Arquivo da editora

Exercícios

1. Esboce o gráfico de cada uma das funções de $\mathbb{R}$ em $\mathbb{R}$ dadas pelas seguintes leis:

a) $y = x^2$

b) $y = 2x^2$

c) $y = -x^2$

d) $y = -2x^2$

2. Construa o gráfico de cada uma das funções de $\mathbb{R}$ em $\mathbb{R}$ dadas pelas seguintes leis:

a) $y = x^2 - 2x$

b) $y = -x^2 + 3x$

3. Faça o gráfico de cada uma das funções de $\mathbb{R}$ em $\mathbb{R}$ dadas pelas leis a seguir:

a) $y = x^2 - 4x + 5$

b) $y = -x^2 + 2x - 1$

c) $y = x^2 - 2x + 1$

Raízes de uma equação do 2º grau

Chamam-se **raízes** ou **zeros da função polinomial do 2º grau**, dada por $f(x) = ax^2 + bx + c$, com $a \neq 0$, os números reais **x** tais que $f(x) = 0$.

Em outras palavras, as raízes da função $y = ax^2 + bx + c$ são as soluções (se existirem) da equação do 2º grau $ax^2 + bx + c = 0$.

Vamos deduzir a fórmula que permite obter as raízes de uma função quadrática. Temos:

$$f(x) = 0 \Rightarrow ax^2 + bx + c = 0 \Rightarrow a\left(x^2 + \frac{b}{a}x + \frac{c}{a}\right) = 0 \Rightarrow$$

$$\Rightarrow x^2 + \frac{b}{a}x + \frac{c}{a} = 0 \Rightarrow x^2 + \frac{b}{a}x = -\frac{c}{a} \Rightarrow x^2 + \frac{b}{a}x + \frac{b^2}{4a^2} = \frac{b^2}{4a^2} - \frac{c}{a} \Rightarrow$$

$$\Rightarrow \left(x + \frac{b}{2a}\right)^2 = \frac{b^2 - 4ac}{4a^2} \Rightarrow x + \frac{b}{2a} = \pm\frac{\sqrt{b^2 - 4ac}}{2a} \Rightarrow$$

$$\Rightarrow \boxed{x = \frac{-b \pm \sqrt{b^2 - 4ac}}{2a}}$$

Essa é a fórmula resolutiva de uma equação do 2º grau.

OBSERVAÇÃO

Note que $x^2 + \frac{b}{a}x + \frac{b^2}{4a^2}$ é um trinômio quadrado perfeito, pois, desenvolvendo o produto notável $\left(x + \frac{b}{2a}\right)^2$, temos: $x^2 + 2 \cdot x \cdot \frac{b}{2a} + \frac{b^2}{4a^2}$, isto é, $x^2 + \frac{b}{a}x + \frac{b^2}{4a^2}$.

Exercícios resolvidos

1. Obtenha os zeros da função **f** de $\mathbb{R}$ em $\mathbb{R}$, definida pela lei $f(x) = x^2 - 5x + 6$.

Solução:

Temos $a = 1$, $b = -5$ e $c = 6$.

Então:

$$x = \frac{-b \pm \sqrt{b^2 - 4ac}}{2a} = \frac{5 \pm \sqrt{25 - 24}}{2} = \frac{5 \pm 1}{2} \begin{cases} x = 3 \\ x = 2 \end{cases}$$

As raízes são 2 e 3.

2. Determine as raízes reais da função dada pela lei $g(x) = 4x^2 - 4x + 1$.

Solução:

Temos $a = 4$, $b = -4$ e $c = 1$.

Então:

$$x = \frac{-b \pm \sqrt{b^2 - 4ac}}{2a} = \frac{4 \pm \sqrt{16 - 16}}{8} = \frac{4 \pm 0}{8} = \frac{1}{2}$$

As raízes são $\frac{1}{2}$ e $\frac{1}{2}$, ou seja, a função admite duas raízes iguais a $\frac{1}{2}$, ou ainda, a função admite uma raiz real dupla igual a $\frac{1}{2}$.

3. Calcule os zeros reais da função dada por $h(x) = 2x^2 + 3x + 4$.

Solução:

Temos $a = 2$, $b = 3$ e $c = 4$.

Então:

$$x = \frac{-b \pm \sqrt{b^2 - 4ac}}{2a} = \frac{-3 \pm \sqrt{9 - 32}}{4} = \frac{-3 \pm \sqrt{-23}}{4} \notin \mathbb{R}$$

Portanto, essa função não tem zeros reais.

Quantidade de raízes

As raízes de uma função quadrática são os valores de **x** para os quais $y = ax^2 + bx + c = 0$, ou seja, são as abscissas dos pontos em que a parábola intersecta o eixo Ox.

Retomando os exercícios resolvidos 1, 2 e 3, temos:

- o gráfico da função **f** tal que $f(x) = x^2 - 5x + 6$ intersecta o eixo **x** nos pontos $(3, 0)$ e $(2, 0)$;
- o gráfico da função **g** tal que $g(x) = 4x^2 - 4x + 1$ tangencia o eixo **x** no ponto $\left(\frac{1}{2}, 0\right)$;
- o gráfico da função **h** tal que $h(x) = 2x^2 + 3x + 4$ não intersecta o eixo Ox.

OBSERVAÇÃO

A quantidade de raízes reais de uma função quadrática depende do valor obtido para o radicando $\Delta = b^2 - 4ac$, chamado **discriminante**:

- quando Δ é positivo, há duas raízes reais e distintas;
- quando Δ é zero, há duas raízes reais iguais (ou uma raiz dupla);
- quando Δ é negativo, não há raiz real.

Observe como são os três respectivos gráficos das funções dos *Exercícios resolvidos*, traçados no GeoGebra:

Exercício resolvido 1

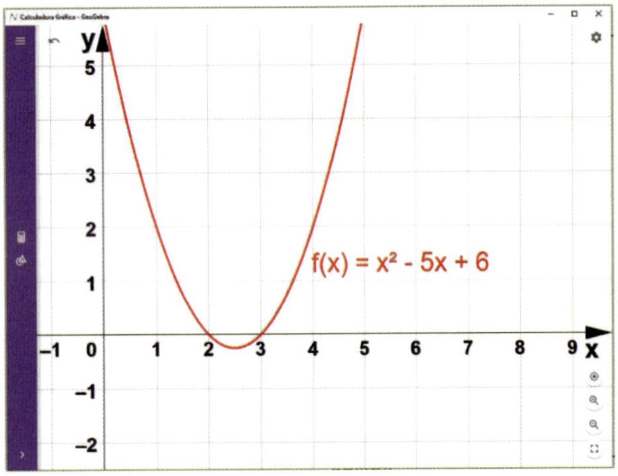

Exercício resolvido 2

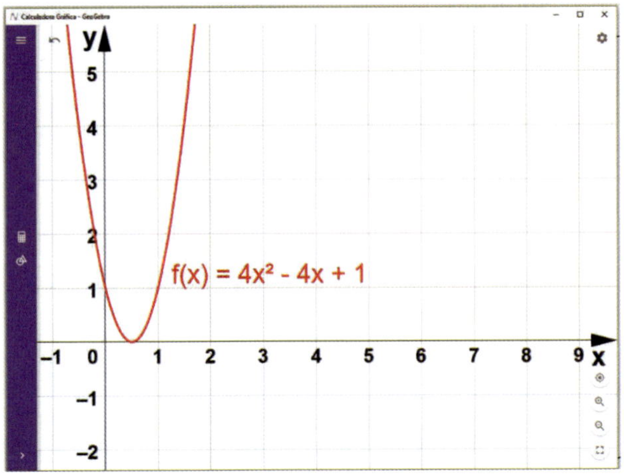

Exercício resolvido 3

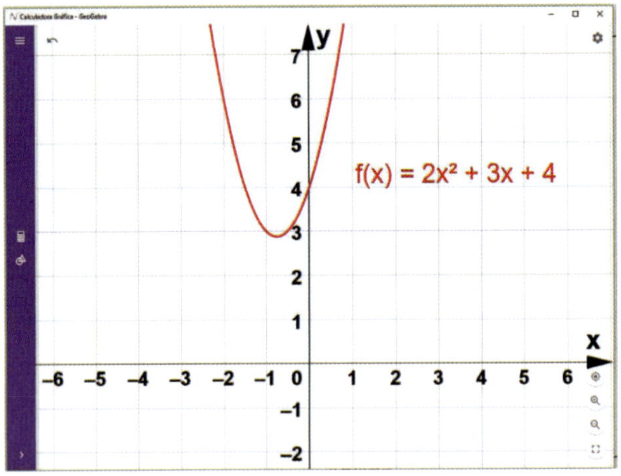

Exercício resolvido

4. Determine as condições sobre o parâmetro real **m** na função dada por $y = 3x^2 - 2x + (m - 1)$ a fim de que:

a) não existam raízes reais;

b) haja uma raiz dupla;

c) existam duas raízes reais e distintas.

Solução:

Na lei $y = 3x^2 - 2x + (m - 1)$ as variáveis **x** e **y** se relacionam, e **m** é um parâmetro que pode assumir qualquer valor real.

Calculando o discriminante (Δ), temos:

$$\Delta = (-2)^2 - 4 \cdot 3 \cdot (m - 1) = 4 - 12m + 12 = 16 - 12m$$

Devemos ter:

a) $\Delta < 0 \Rightarrow 16 - 12m < 0 \Rightarrow m > \frac{4}{3}$

b) $\Delta = 0 \Rightarrow 16 - 12m = 0 \Rightarrow m = \frac{4}{3}$

c) $\Delta > 0 \Rightarrow 16 - 12m > 0 \Rightarrow m < \frac{4}{3}$

Exercícios

4. Determine as raízes (zeros) reais de cada uma das funções de $\mathbb{R}$ em $\mathbb{R}$ dadas pelas seguintes leis:

a) $y = 2x^2 - 3x + 1$
b) $y = 4x - x^2$
c) $y = -x^2 + 2x + 15$
d) $y = 9x^2 - 1$
e) $y = -x^2 + 6x - 9$
f) $y = 3x^2$
g) $y = x^2 - 5x + 9$
h) $y = -x^2 + 2$
i) $y = x^2 - x - 6$
j) $y = (x + 3) \cdot (x - 5)$

5. Resolva, em $\mathbb{R}$, as seguintes equações:

a) $x^2 - 3\sqrt{3}x + 6 = 0$
b) $(3x - 1)^2 + (x - 2)^2 = 25$
c) $2 \cdot (x + 3)^2 - 5 \cdot (x + 3) + 2 = 0$
d) $x + \frac{1}{x} = 3$
e) $(x - 1) \cdot (x + 3) = 5$

6. Resolva, em $\mathbb{R}$, as equações a seguir:

a) $(-x^2 + 1) \cdot (x^2 - 3x + 2) = 0$
b) $(x - 1) \cdot (x - 2) = (x - 1) \cdot (2x + 3)$
c) $(x + 5)^2 = (2x - 3)^2$
d) $x^3 + 10x^2 + 21x = 0$
e) $x^4 - 5x^2 + 4 = 0$

7. Resolva, em $\mathbb{R}$, as equações:

a) $\frac{x}{x-2} = \frac{2x}{x+1}$

b) $\frac{1}{x} + \frac{x}{x-2} = \frac{3x+1}{x}$

c) $5 + \sqrt{23x + 31} = 3x$

d) $x + \sqrt{x^2 + 1} = 3x + 1$

e) $\frac{1}{x^2 - 4} = \frac{2}{x+2} - \frac{1}{x-2}$

8. Seja $f: \mathbb{R} \to \mathbb{R}$ definida por $f(x) = (2x + 1) \cdot (x - 3)$. Determine o(s) elemento(s) do domínio cuja imagem é -5.

9. Em um retângulo, a medida de um dos lados excede a medida do outro em 4 cm. Sabendo que a área desse retângulo é 621 cm^2, determine seu perímetro.

10. Um grupo de professores programou uma viagem de confraternização que custaria, no total, R$ 6 400,00 — valor que dividiriam igualmente entre si. Alguns dias antes da partida, seis professores desistiram da viagem e, assim, cada professor participante pagou R$ 240,00 a mais. Quantos foram à viagem?

11. Economistas estimam que os valores médios, em reais, das ações de duas empresas **A** e **B** sejam dados, respectivamente, por $v_A(t) = 4{,}20 + \frac{1}{4}t$ e $v_B(t) = \frac{1}{16}t^2 - \frac{1}{8}t + 3{,}20$, em que **t** é o tempo, em anos, contado a partir da data desta previsão.

a) Qual é o valor atual das ações de cada uma das empresas?
b) Daqui a 4 anos qual ação estará mais valorizada?
c) Daqui a quantos anos as ações das duas empresas terão o mesmo valor? Qual será esse valor?

12. Certo mês, um vendedor de sucos naturais arrecadou, por dia, em média R$ 180,00, vendendo cada copo de suco pelo mesmo preço. No mês seguinte, aumentou o preço em R$ 0,50 e vendeu uma média de 18 unidades a menos por dia, mas a arrecadação média diária foi a mesma. Determine:

a) o preço do copo de suco no primeiro mês;
b) o número de copos por dia vendidos no primeiro mês;
c) o número de copos por dia vendidos no segundo mês.

13. Determine os valores reais de **p** para que a função quadrática **f** dada por $f(x) = x^2 - 2x + p$ admita duas raízes reais e iguais.

14. Estabeleça os valores reais de **m** para os quais a função $f: \mathbb{R} \to \mathbb{R}$, definida pela fórmula

$$f(x) = 5x^2 - 4x + m,$$

admita duas raízes reais e distintas.

15. Encontre, em função de **m**, $m \in \mathbb{R}$, a quantidade de raízes da função **f**, de $\mathbb{R}$ em $\mathbb{R}$, dada pela lei $y = x^2 - 4x + (m + 3)$.

16. Qual é o menor número inteiro **p** para o qual a função **f**, de $\mathbb{R}$ em $\mathbb{R}$, dada por $f(x) = 4x^2 + 3x + (p + 2)$, não admite raízes reais?

Soma e produto das raízes

Sendo $\mathbf{x}_1$ e $\mathbf{x}_2$ as raízes da equação $ax^2 + bx + c = 0$, com $a \neq 0$. Vamos calcular a soma das raízes, $x_1 + x_2$, e o produto das raízes, $x_1 \cdot x_2$.

$$x_1 + x_2 = \frac{-b - \sqrt{\Delta}}{2a} + \frac{-b + \sqrt{\Delta}}{2a} = -\frac{2b}{2a} = -\frac{b}{a}$$

$$x_1 \cdot x_2 = \frac{-b - \sqrt{\Delta}}{2a} \cdot \frac{-b + \sqrt{\Delta}}{2a} = \frac{b^2 - \left(\sqrt{\Delta}\right)^2}{(2a)^2} = \frac{b^2 - (b^2 - 4ac)}{4a^2} = \frac{c}{a}$$

OBSERVAÇÃO

Utilizando as fórmulas da soma e do produto das raízes, é possível resolver mentalmente a equação $x^2 - 6x + 8 = 0$. A soma das raízes procuradas é $-\frac{b}{a} = 6$ e o produto é $\frac{c}{a} = 8$. Logo, as raízes são 2 e 4 (pois $2 + 4 = 6$ e $2 \cdot 4 = 8$).

EXEMPLO 4

A soma das raízes da equação $3x^2 + 2x - 5 = 0$ é $x_1 + x_2 = -\frac{b}{a} = -\frac{2}{3}$, e o produto dessas raízes é $x_1 \cdot x_2 = \frac{c}{a} = -\frac{5}{3}$.

Exercício resolvido

5. Determine $k \in \mathbb{R}$, a fim de que uma das raízes da equação $x^2 - 5x + (k + 3) = 0$, de incógnita **x**, seja igual ao quádruplo da outra.

Solução:

Utilizando as fórmulas da soma e do produto, temos: $x_1 + x_2 = -\frac{b}{a} = 5$ (1) e $x_1 \cdot x_2 = \frac{c}{a} = k + 3$ (2)

Do enunciado, temos $x_1 = 4x_2$. (3)

Substituindo (3) em (1), obtemos: $4x_2 + x_2 = 5 \Rightarrow x_2 = 1 \Rightarrow x_1 = 4$.

De (2), temos: $1 \cdot 4 = k + 3 \Rightarrow k = 1$.

Forma fatorada

Se $f: \mathbb{R} \to \mathbb{R}$ é uma função polinomial do 2º grau dada por $y = ax^2 + bx + c$, com raízes $\mathbf{x}_1$ e $\mathbf{x}_2$, então **f** pode ser escrita na forma $y = a \cdot (x - x_1) \cdot (x - x_2)$, que é a chamada **forma fatorada** da função do 2º grau (lembre-se de que fatorar uma expressão algébrica significa escrevê-la sob a forma de multiplicação).

Vamos mostrar esta propriedade:

$$y = ax^2 + bx + c = a \cdot \left(x^2 + \frac{b}{a}x + \frac{c}{a}\right)$$

Lembrando que $x_1 + x_2 = -\frac{b}{a}$ e $x_1 \cdot x_2 = \frac{c}{a}$, podemos escrever:

$$y = a \cdot [x^2 - (x_1 + x_2) \cdot x + x_1 \cdot x_2]$$

$$y = a \cdot [\underbrace{x^2 - x_1x} - \underbrace{x_2x + x_1x_2}]$$

$$y = a \cdot [x \cdot (x - x_1) - x_2 \cdot (x - x_1)]$$

$$y = a \cdot [(x - x_1) \cdot (x - x_2)] = a \cdot (x - x_1) \cdot (x - x_2)$$

EXEMPLO 5

As raízes da função $y = x^2 - 2x - 3$ são -1 e 3. A forma fatorada dessa função é $y = 1 \cdot [x - (-1)] \cdot (x - 3) = (x + 1) \cdot (x - 3)$.

Exercícios

17. Calcule a soma e o produto das raízes reais das seguintes equações do 2º grau:

a) $3x^2 - x - 5 = 0$

b) $-x^2 + 6x - 5 = 0$

c) $2x^2 - 7 = 0$

d) $x(x - 3) = 2$

e) $(x - 4) \cdot (x + 5) = 0$

18. Sejam $\mathbf{r_1}$ e $\mathbf{r_2}$ as raízes da equação do 2º grau $2x^2 - 6x + 3 = 0$. Determine o valor de:

a) $r_1 + r_2$

b) $r_1 \cdot r_2$

c) $(r_1 + 3) \cdot (r_2 + 3)$

d) $\frac{1}{r_1} + \frac{1}{r_2}$

e) $r_1^2 + r_2^2$

19. A diferença entre as raízes da equação $x^2 + 11x + p = 0$ (com $p \in \mathbb{R}$) é igual a 5. Com base nesse dado:

a) determine as raízes;

b) encontre o valor de **p**.

20. Uma das raízes da equação $x^2 - 25x + 2p = 0$ (com $p \in \mathbb{R}$) excede a outra em 3 unidades. Encontre as raízes da equação e o valor de **p**.

21. As raízes reais da equação $x^2 + 2mx + 48 = 0$ (com $m \in \mathbb{R}$) são negativas e uma é o triplo da outra. Qual é o valor de **m**?

22. Resolva mentalmente as equações do 2º grau usando soma e produto.

a) $x^2 - 2x - 3 = 0$

b) $x^2 + 6x + 5 = 0$

c) $x^2 + 4x - 5 = 0$

d) $x^2 + 2x - 35 = 0$

23. Em cada item, está representado o gráfico de uma função quadrática **f**.
Determine, para cada caso, o sinal da soma (**S**) e do produto (**P**) das raízes de **f**:

a)

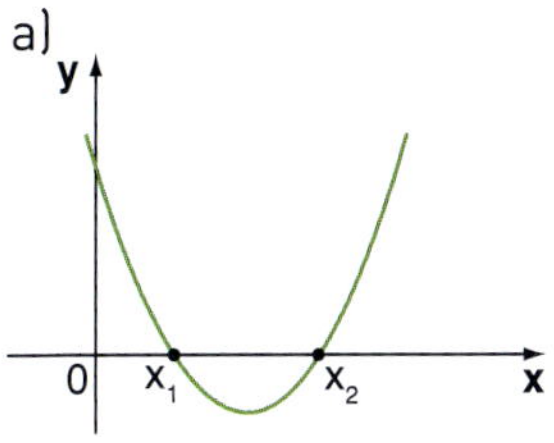

c)

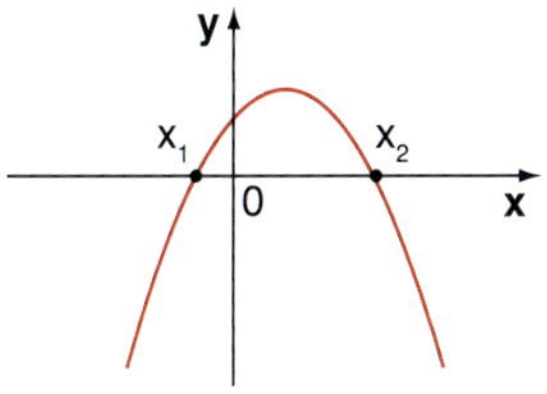

b)

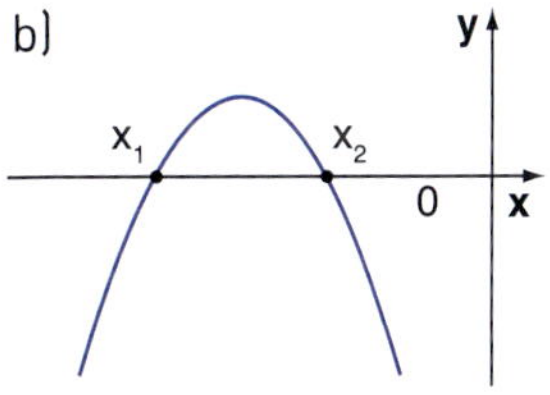

Ilustrações: Banco de imagens/Arquivo da editora

24. Determine $m \in \mathbb{R}$ de modo que a equação $x^2 + mx + (m^2 - m - 12) = 0$ tenha uma raiz nula e a outra positiva.

25. Em cada caso, obtenha a forma fatorada de **f**, sendo:

a) $f(x) = x^2 - 8x$

b) $f(x) = x^2 - 7x + 10$

c) $f(x) = -2x^2 + 10x$

d) $f(x) = -x^2 + 10x - 25$

e) $f(x) = 2x^2 - 5x + 2$

Coordenadas do vértice da parábola

Vamos obter as coordenadas do ponto **V**, chamado **vértice da parábola**.

Se $a > 0$, a parábola tem concavidade voltada para cima e um ponto de mínimo **V**; se $a < 0$, a parábola tem concavidade voltada para baixo e um ponto de máximo **V**.

- Se $a > 0$

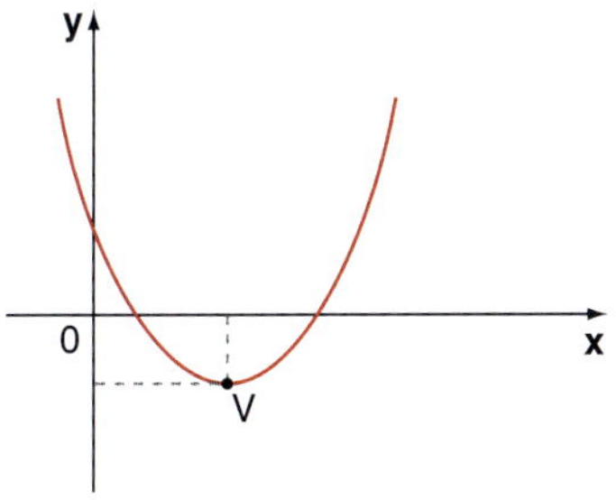

- Se $a < 0$

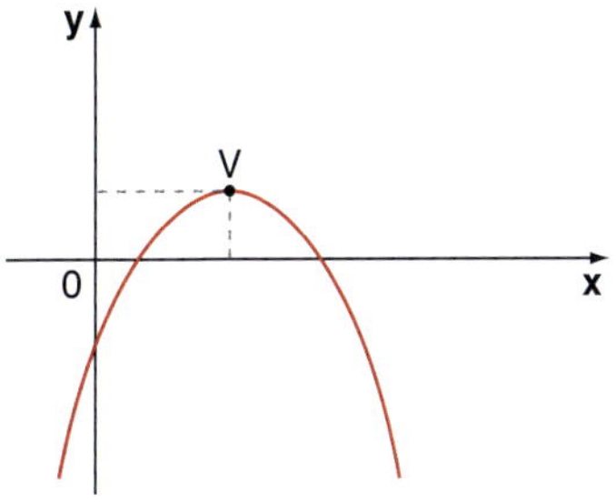

Ilustrações: Banco de imagens/Arquivo da editora

Vamos retomar a fórmula que define a função quadrática e escrevê-la de outra maneira:

$$y = ax^2 + bx + c = a\left(x^2 + \frac{b}{a}x + \frac{c}{a}\right)$$

$$y = a\left[\left(x^2 + \frac{b}{a}x + \frac{b^2}{4a^2}\right) - \frac{b^2}{4a^2} + \frac{c}{a}\right]$$

$$y = a\left[\left(x^2 + \frac{b}{a}x + \frac{b^2}{4a^2}\right) - \left(\frac{b^2}{4a^2} - \frac{c}{a}\right)\right]$$

$$y = a\left[\left(x + \frac{b}{2a}\right)^2 - \frac{b^2 - 4ac}{4a^2}\right]$$

$$y = a\left[\left(x + \frac{b}{2a}\right)^2 - \frac{\Delta}{4a^2}\right]$$

Esta última forma é denominada **forma canônica** da função quadrática.

Observando a forma canônica, podemos notar que **a**, $\frac{b}{2a}$ e $\frac{\Delta}{4a^2}$ são constantes. Apenas **x** é variável. Daí:

- se $a > 0$, então o valor mínimo de **y** é estabelecido quando ocorrer o valor mínimo para $\left(x + \frac{b}{2a}\right)^2 - \frac{\Delta}{4a^2}$; como $\left(x + \frac{b}{2a}\right)^2$ é sempre maior ou igual a zero, seu valor mínimo ocorre se $x + \frac{b}{2a} = 0$, ou seja, se $x = -\frac{b}{2a}$; nessa situação, o valor mínimo de **y** é:

$$y = a\left[0 - \frac{\Delta}{4a^2}\right] = -\frac{\Delta}{4a}$$

- se $a < 0$, por meio de raciocínio semelhante, concluímos que o valor máximo de **y** ocorre se $x = -\frac{b}{2a}$; nessa situação, o valor máximo de **y** é:

$$y = a\left(0 - \frac{\Delta}{4a^2}\right) = -\frac{\Delta}{4a}$$

Concluindo, em ambos os casos as coordenadas (x_v, y_v) de **V** são:

$$V\left(-\frac{b}{2a}, -\frac{\Delta}{4a}\right)$$

Exercício resolvido

6. Determine as coordenadas do vértice da parábola que representa a função dada por $y = x^2 - 12x + 30$.

Solução:

Coordenadas dos vértices:

$$x_V = -\frac{b}{2a} = \frac{12}{2} = 6 \text{ e } y_V = -\frac{\Delta}{4a} = -\frac{144 - 120}{4} = -\frac{24}{4} = -6$$

O valor de $\mathbf{y}_v$ também pode ser obtido substuindo-se **x** por $\mathbf{x}_v$ na lei da função.

Observe que, como $a = 1 > 0$, o vértice $(6, -6)$ representa um ponto de mínimo da função.

O conjunto imagem

O conjunto imagem Im da função definida por $y = ax^2 + bx + c$, com $a \neq 0$, é o conjunto dos valores que **y** pode assumir. Há duas possibilidades:

- Se $a > 0$

  $Im = \left\{y \in \mathbb{R} \middle| y \geqslant y_V = -\dfrac{\Delta}{4a}\right\}$

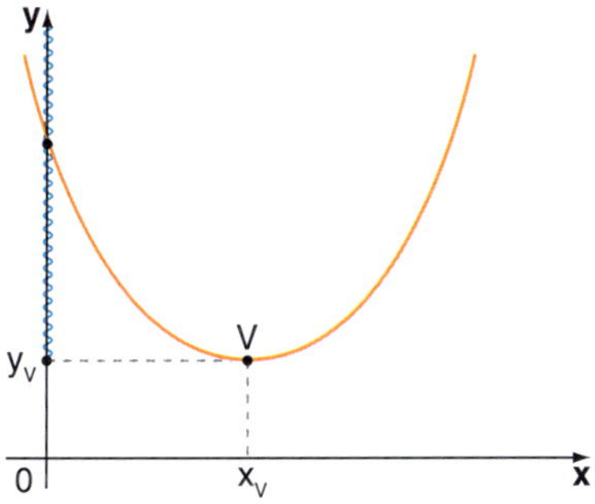

- Se $a < 0$

  $Im = \left\{y \in \mathbb{R} \middle| y \leqslant y_V = -\dfrac{\Delta}{4a}\right\}$

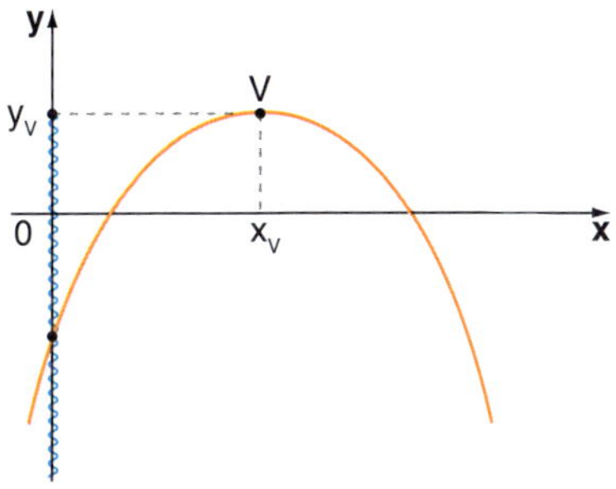

Ilustrações: Banco de imagens/Arquivo da editora

Exercícios resolvidos

7. Determine o conjunto imagem da função quadrática dada por $y = -3x^2 + 5x - 2$.

Solução:

O vértice **V** dessa parábola tem coordenadas: $x_V = -\dfrac{b}{2a} = \dfrac{5}{6}$ e $y_V = -\dfrac{\Delta}{4a} = -\dfrac{25 - 24}{-12} = \dfrac{1}{12}$

Como $a < 0$, a função admite ponto de máximo.

O valor máximo que essa função assume é $y_V = \dfrac{1}{12}$.

Nesse caso, o conjunto imagem dessa função é $Im = \left\{y \in \mathbb{R} \mid y \leqslant \dfrac{1}{12}\right\}$.

8. Uma bala de canhão é atirada por um tanque de guerra, como mostra a figura, e descreve uma trajetória em forma de parábola de equação $y = -\dfrac{1}{20}x^2 + 2x$, com **x** e **y** em metros.

Pergunta-se:

a) qual é a altura máxima atingida pela bala?

b) qual é o alcance do disparo?

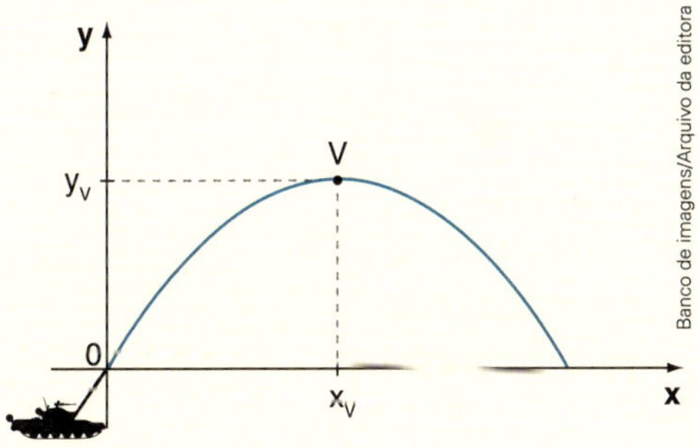

Banco de imagens/Arquivo da editora

Solução:

a) Como $a = -\dfrac{1}{2} < 0$, a parábola tem um ponto máximo **V** cujas coordenadas são (x_V, y_V). Temos:

$$x_V = -\frac{b}{2a} = \frac{-2}{2 \cdot \left(-\frac{1}{20}\right)} = 20 \qquad y_V = -\frac{\Delta}{4a} = \frac{-4}{4 \cdot \left(-\frac{1}{20}\right)} = 20$$

(ou substituímos **x** por 20 na equação para obter $\mathbf{y_V}$)

Assim, a altura máxima atingida é 20 m.

b) A bala toca o solo quando $y = 0$, isto é: $-\dfrac{1}{20}x^2 + 2x = 0 \Rightarrow x = 0$ ou $x = 40$. Observe que $x = 0$ representa o ponto inicial do disparo, então o alcance do disparo é 40 m.

Exercícios

26. Obtenha o vértice de cada uma das parábolas representativas das funções quadráticas:

a) $y = x^2 - 6x + 4$
b) $y = -2x^2 - x + 3$
c) $y = x^2 - 9$

27. Qual é o valor mínimo (ou máximo) assumido por cada uma das funções quadráticas dadas pelas leis abaixo?

a) $y = -2x^2 + 60x$
b) $y = x^2 - 4x + 8$
c) $y = -x^2 + 2x - 5$
d) $y = 3x^2 + 2$

28. Qual é o conjunto imagem de cada uma das funções quadráticas dadas pelas leis abaixo?

a) $y = x^2 - 2$
b) $y = 5 - x^2$
c) $y = (x + 1)(2 - x)$
d) $y = x(x + 3)$

29. O gráfico seguinte representa a função quadrática dada por $y = -3x^2 + bx + c$. Quais são os valores de **b** e **c**?

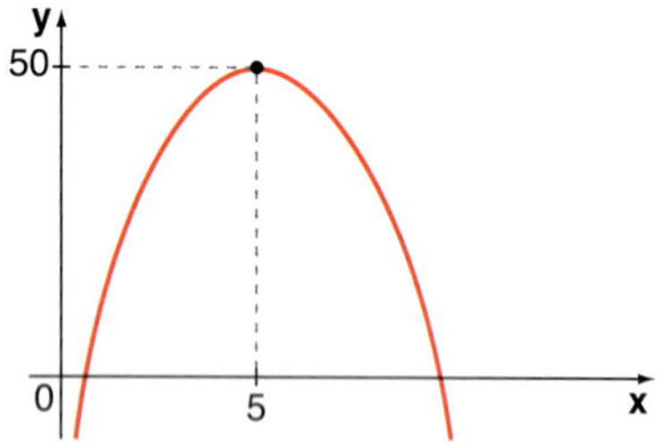

Banco de imagens/Arquivo da editora

30. Uma bola, lançada verticalmente para cima, a partir do solo, tem sua altura **h** (em metros) expressa em função do tempo **t** (em segundos), decorrido após o lançamento, pela lei:

$$h(t) = 40t - 5t^2$$

Determine:

a) a altura em que a bola se encontra 1 s após o lançamento;
b) o(s) instante(s) em que a bola se encontra a 75 m do solo;
c) a altura máxima atingida pela bola;
d) o instante em que a bola retorna ao solo.

31. Estima-se que, para um exportador, o valor v(x), em milhares de reais, do quilograma de certo minério seja dado pela lei: $v(x) = 0{,}6x^2 - 2{,}4x + 6$, sendo **x** o número de anos contados a partir de 2010 ($x = 0$), com $0 \leq x \leq 10$.

a) Entre que anos o valor do quilograma desse produto diminuiu?
b) Qual é o valor mínimo atingido pelo quilograma do produto?
c) Em que ano o preço do quilograma do produto será máximo? Qual será esse valor?

32. A lei que expressa o número (**y**) de milhares de *downloads* de um aplicativo baixado em *smartphones*, em função do número (**x**) de semanas transcorridas desde o instante em que esse aplicativo ficou disponível para ser baixado, é:

$y = -\dfrac{1}{50} \cdot x^2 + c \cdot x$, em que **c** é uma constante real.

Sabendo que, ao completar uma semana do início da contagem, já haviam sido registrados 700 *downloads*, determine:

a) após quantas semanas, no mínimo, não foram registrados mais *downloads* desse aplicativo;
b) após quantas semanas do início o número de *downloads* foi máximo e qual foi esse número.

33. Um fazendeiro possui 150 metros de um rolo de tela para cercar um jardim retangular e um pomar, aproveitando, como um dos lados, parte de um muro, conforme indica a figura seguinte:

Banco de imagens/Arquivo da editora

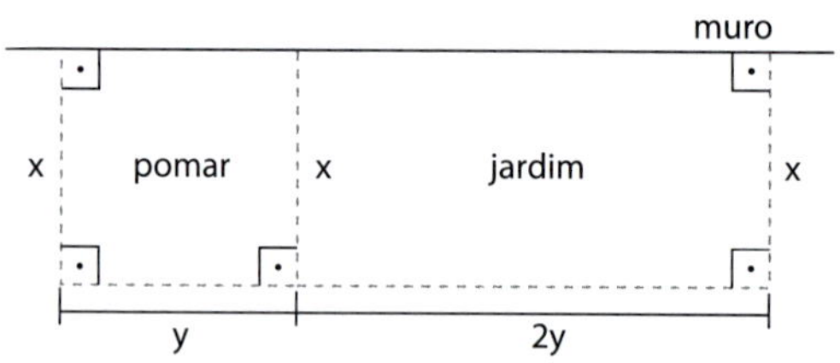

a) Para cercar com a tela a maior área possível, quais devem ser os valores de **x** e **y**?
b) Qual seria a resposta, caso não fosse possível aproveitar a parte do muro indicada, sendo necessário cercá-la com a tela? Nesse caso, em que percentual ficaria reduzida a área máxima da superfície limitada pelo jardim e pelo pomar reunidos?

34. Entre todos os retângulos de perímetro 20 cm, determine aquele cuja área é máxima. Qual é essa área?

35. Considere todos os pares ordenados (x, y), com $x \in \mathbb{R}$ e $y \in \mathbb{R}$, tais que $x - y = 2$.
Quais os valores de **x** e **y** de modo que a soma dos quadrados de **x** e de **y** seja a menor possível? Qual é o valor encontrado para essa soma?

36. Sejam **x** e **y** números reais cuja soma é igual a 20. Qual é o maior valor possível que a expressão $E = \sqrt{x \cdot y}$ pode assumir?

Troque ideias

A receita máxima

Ana vende milho verde em uma praia do litoral brasileiro. Durante o primeiro mês de uma temporada de verão, Ana observou que, quando o preço da espiga de milho é fixado em R$ 3,50, são vendidas 40 unidades por dia. Procurando aumentar sua arrecadação, Ana fez algumas reduções no preço da espiga que acarretaram um aumento nas vendas. Nessa relação entre preço e número de espigas vendidas, ela pôde verificar que, para cada R$ 0,10 de desconto, o número de espigas vendidas por dia aumentava em duas unidades, como mostra o gráfico abaixo (o desconto máximo praticado foi de R$ 1,50 e podem ser oferecidos descontos segundo "múltiplos" de R$ 0,05).

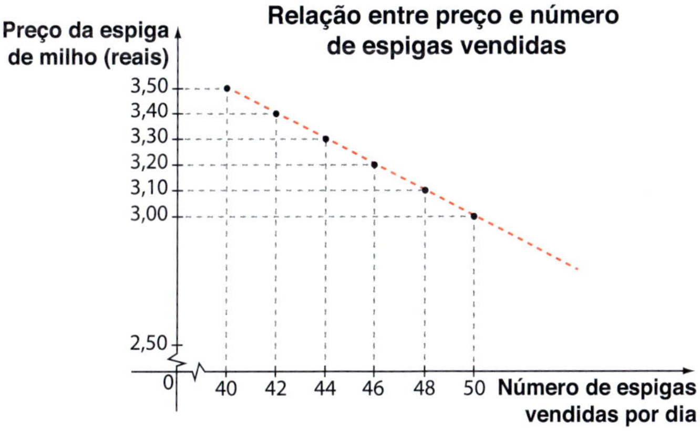

a) Considerando linear a relação entre o preço (**y**) e o número (**x**) de espigas de milho vendidas, encontre a lei da função representada pelo gráfico.

b) Complete a tabela seguinte, que relaciona o preço da espiga de milho, o número de unidades vendidas por dia e a receita (arrecadação) gerada.

Receita gerada por dia

Preço da espiga (R$)	Número de espigas vendidas por dia	Receita diária (R$)
3,50		
3,40		
3,30		
3,00		
2,90		
2,80		
2,50		

c) Ao analisar a tabela, Ana ficou interessada em saber qual o preço a ser cobrado pela espiga que proporcionaria a maior receita possível, isto é, a receita máxima. Use seus conhecimentos para resolver esse problema. Ao final, você deverá determinar:

i) o preço a ser cobrado pela unidade de espiga;

ii) a quantidade de espigas vendidas por esse preço;

iii) a receita gerada nessas condições.

Esboço da parábola

Muitas vezes, é interessante fazer um esboço do gráfico da parábola sem montar uma tabela com muitos pares (x, y) que satisfazem a lei da função quadrática. A melhor maneira de fazer esse esboço é reunir elementos importantes da parábola, como vértice, interseções com o eixo **x** (se houver), que fornecem os zeros reais da função, e interseção com o eixo **y**. Esses elementos nos permitem analisar aspectos importantes das funções que as representam, como o sinal, os intervalos de crescimento e decrescimento, o ponto de máximo (ou de mínimo), etc.

Acompanhe, no roteiro abaixo, os passos para fazer um esboço da parábola:

- O sinal do coeficiente **a** define a concavidade da parábola (para cima ou para baixo).
- As raízes (ou zeros) definem os pontos em que a parábola intersecta o eixo Ox.
- O vértice $V\left(-\frac{b}{2a}, -\frac{\Delta}{4a}\right)$ indica o ponto de mínimo (se $a > 0$) ou o de máximo (se $a < 0$).
- A reta que passa por **V** e é paralela ao eixo Oy é o eixo de simetria da parábola (veja um pouco mais sobre o eixo de simetria da parábola na página 170).
- Para $x = 0$, temos $y = a \cdot 0^2 + b \cdot 0 + c = c$; então $(0, c)$ é o ponto em que a parábola corta o eixo Oy.

Veja os exemplos a seguir.

EXEMPLO 6

Façamos o esboço do gráfico da função quadrática dada por $f(x) = 2x^2 - 5x + 2$.

Características:

- concavidade voltada para cima, pois $a = 2 > 0$
- raízes: $2x^2 - 5x + 2 = 0 \Rightarrow x = \frac{1}{2}$ ou $x = 2$
- vértice V: $\left(-\frac{b}{2a}, -\frac{\Delta}{4a}\right) = \left(\frac{5}{4}, -\frac{9}{8}\right)$
- interseção com o eixo Oy: $(0, c) = (0, 2)$

Note que $\text{Im } f = \left\{y \in \mathbb{R} \mid y \geq -\frac{9}{8}\right\}$.

Observe que **f** é crescente se $x > \frac{5}{4}$ e decrescente se $x < \frac{5}{4}$.

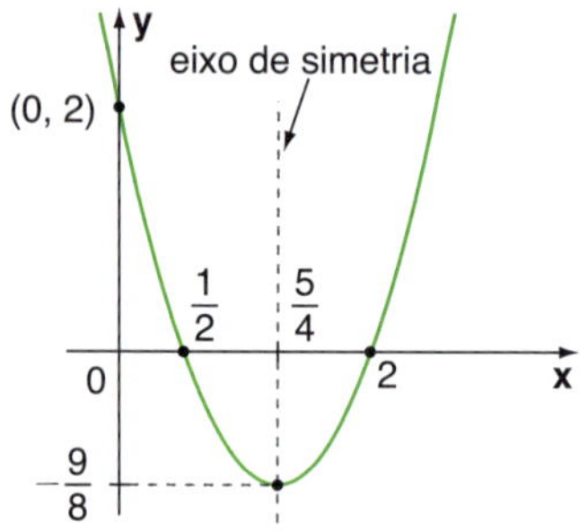

Banco de imagens/Arquivo da editora

OBSERVAÇÃO

Note que a abscissa do vértice é a média aritmética das raízes da função

$$\frac{x_1 + x_2}{2} = \frac{\left(\frac{-b + \sqrt{\Delta}}{2a}\right) + \left(\frac{-b - \sqrt{\Delta}}{2a}\right)}{2} =$$

$$= \frac{\frac{-b + \cancel{\sqrt{\Delta}} - b - \cancel{\sqrt{\Delta}}}{2a}}{2} = \frac{\frac{-2b}{2a}}{2} = \frac{-b}{2a} = x_V$$

EXEMPLO 7

Vamos fazer o esboço do gráfico da função quadrática dada por $f(x) = x^2 - 2x + 1$.

Características:

- concavidade voltada para cima, pois $a = 1 > 0$
- raízes $x^2 - 2x + 1 = 0 \Rightarrow x = 1$ (raiz dupla)
- vértice V: $\left(-\frac{b}{2a}, -\frac{\Delta}{4a}\right) = (1, 0)$
- interseção com o eixo Oy: $(0, c) = (0, 1)$

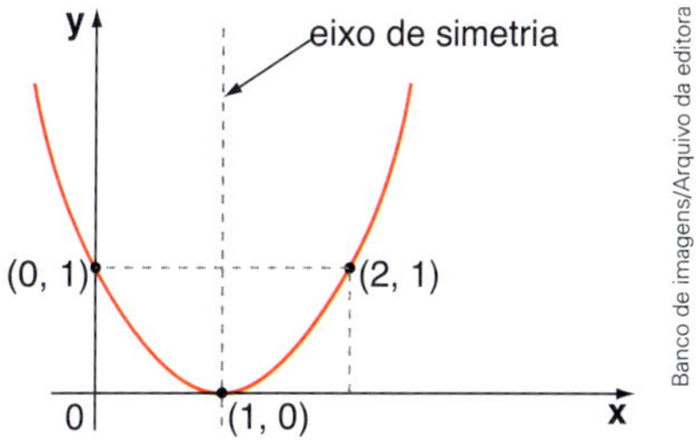

Note que $\text{Im } f = \{y \in \mathbb{R} \mid y \geq 0\}$.

Observe que **f** é crescente se $x > 1$ e decrescente se $x < 1$.

OBSERVAÇÃO

Note que, quando a função quadrática tem raiz dupla, a raiz coincide com a abscissa do vértice.

EXEMPLO 8

Vamos fazer o esboço do gráfico da função quadrática dada por $f(x) = -x^2 - x - 3$.

Características:

- concavidade voltada para baixo, pois $a = -1 < 0$
- zeros: $-x^2 - x - 3 = 0 \Rightarrow \nexists x$ real, pois $\Delta < 0$
- vértice V: $\left(-\frac{b}{2a}, -\frac{\Delta}{4a}\right) = \left(-\frac{1}{2}, -\frac{11}{4}\right)$
- interseção com o eixo Oy: $(0, c) = (0, -3)$

Como temos apenas dois pontos, é recomendável obter mais alguns, por exemplo:

$$x = 1 \Rightarrow y = -5; (1, -5) \text{ e } x = -1 \Rightarrow y = -3; (-1, -3), \text{ etc.}$$

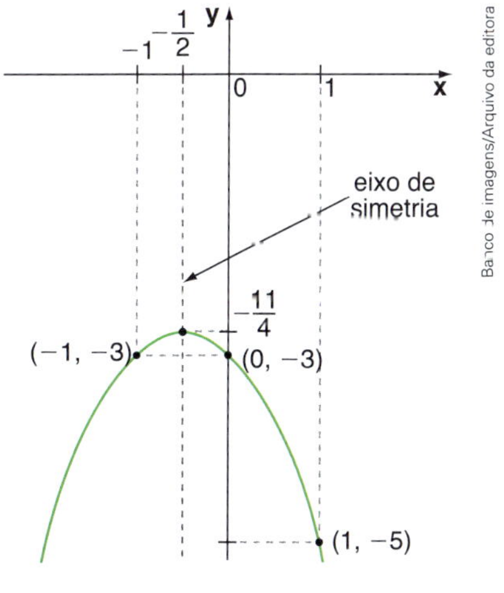

Note que $\text{Im } f = \left\{y \in \mathbb{R} \middle| y \leq -\frac{11}{4}\right\}$.

OBSERVAÇÃO

Para determinar o outro valor de **x** que corresponde a $y = -5$, basta considerar a simetria da parábola e a abscissa do vértice $x_V = -\frac{1}{2}$. Temos: $f\left(-\frac{1}{2} + \frac{3}{2}\right) = f\left(-\frac{1}{2} - \frac{3}{2}\right)$, isto é, $f(1) = f(-2) = -5$.

Exercício resolvido

9. Determine a lei da função quadrática cujo esboço do gráfico está representado abaixo.

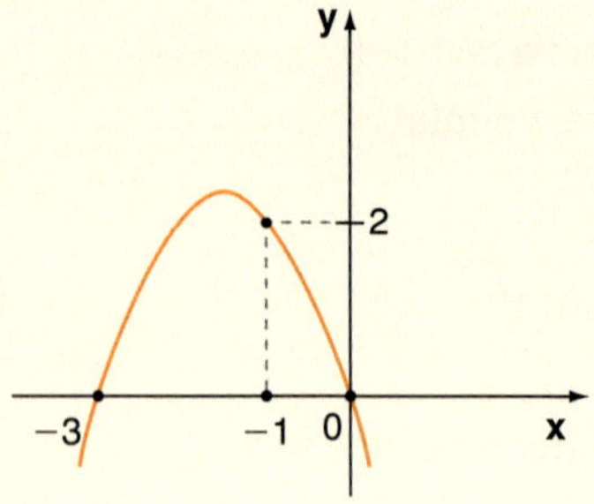

Solução:

As raízes da função quadrática são −3 e 0; então sua lei, na forma fatorada, é:

$y = a \cdot (x + 3) \cdot (x - 0)$

Para $x = -1$, temos $y = 2$, então:

$2 = a(-1 + 3) \cdot (-1 - 0) \Rightarrow 2 = -2a \Rightarrow a = -1$

Daí:

$$y = -1(x + 3) \cdot x \Rightarrow y = -x^2 - 3x$$

Exercícios

37. Faça o esboço do gráfico das funções dadas pelas seguintes leis, com domínio em ℝ, destacando o conjunto imagem.

a) $y = x^2 - 6x + 8$

b) $y = -2x^2 + 4x$

c) $y = x^2 - 4x + 4$

d) $y = (x - 3) \cdot (x + 2)$

38. Esboce o gráfico de cada uma das funções dadas pelas leis a seguir, com domínio real, e forneça também o conjunto imagem:

a) $y = -x^2 + \frac{1}{4}$

b) $y = x^2 + 2x + 5$

c) $y = -3x^2$

39. Faça o esboço do gráfico de cada função quadrática definida pela lei dada, destacando os intervalos em que a função é crescente ou decrescente:

a) $y = 4x^2 - 2x$

b) $y = -2x^2 + 4x - 5$

c) $y = -x^2 - 2x - 1$

d) $y = -x^2 + 2x + 8$

40. Um biólogo desejava comparar a ação de dois fertilizantes. Para isso, duas plantas **A** e **B** da mesma espécie, que nasceram no mesmo dia, foram desde o início tratadas com fertilizantes diferentes.

Durante vários dias ele acompanhou o crescimento dessas plantas, medindo, dia a dia, suas alturas. Ele observou que a planta **A** cresceu linearmente, à taxa de 2,5 cm por dia; e a altura da planta **B** pode ser modelada pela função dada por $y = \frac{20x - x^2}{6}$, em que **y** é a altura medida em centímetros e **x** o tempo medido em dias.

a) Obtenha a diferença entre as alturas dessas plantas com 2 dias de vida.

b) Qual é a lei da função que representa a altura (**y**) da planta **A** em função de **x** (número de dias)?

c) Determine o dia em que as duas plantas atingiram a mesma altura e qual foi essa altura.

d) Calcule a taxa média de variação do crescimento das plantas **A** e **B** do 1º ao 4º dia.

41. A parábola seguinte representa a função dada por $f(x) = ax^2 + bx + c$. Determine o sinal dos coeficientes **a**, **b** e **c**.

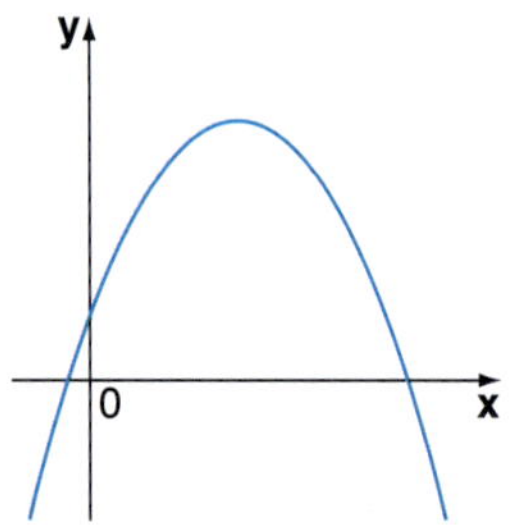

Banco de imagens/Arquivo da editora

42. Determine a lei da função que cada gráfico a seguir representa:

a)

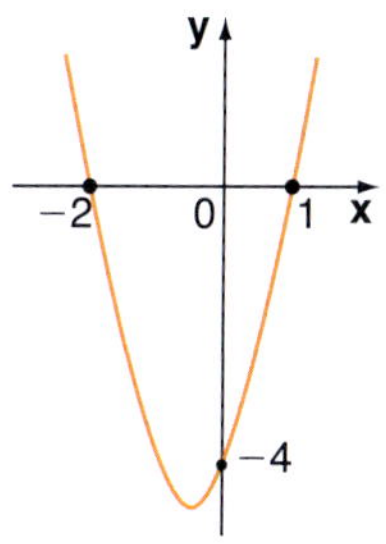

b)

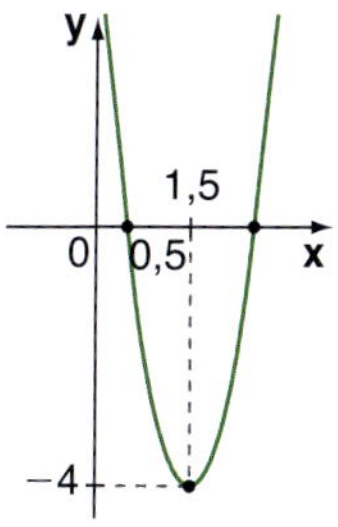

Ilustrações: Banco de imagens/Arquivo da editora

43. A figura a seguir mostra os gráficos de duas funções, **f** e **g**.

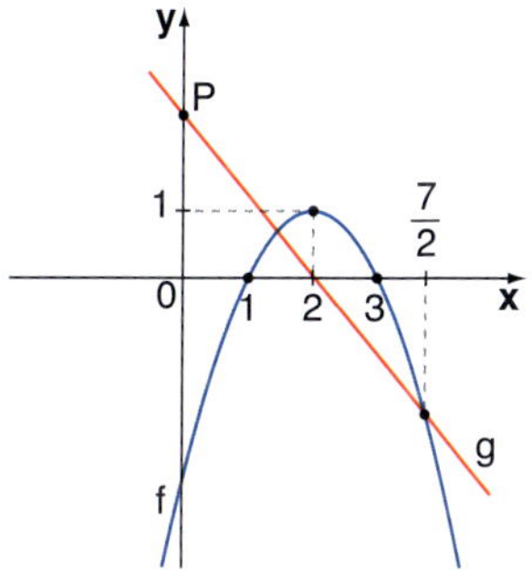

Banco de imagens/Arquivo da editora

a) Usando a forma fatorada, obtenha a lei que define **f**.

b) Qual é a lei que define **g**?

c) Qual é a ordenada do ponto **P**?

44. Determine, em cada caso, a lei que define a função quadrática:

a) de raízes 4 e −2 e cujo vértice da parábola correspondente é o ponto (1, 9);

b) de raiz dupla igual a $\sqrt{3}$ e cujo gráfico intersecta o eixo Oy em (0, 3);

c) cujo gráfico contém os pontos (−1, −4), (1, 2) e (2, −1).

Sinal

Consideremos uma função quadrática dada por $y = f(x) = ax^2 + bx + c$ e determinemos os valores de **x** para os quais **y** é negativo e os valores de **x** para os quais **y** é positivo.

Conforme o sinal do discriminante $\Delta = b^2 - 4ac$, podem ocorrer os seguintes casos:

$\Delta > 0$

Nesse caso, a função quadrática admite duas raízes reais distintas ($x_1 \neq x_2$). A parábola intersecta o eixo Ox em dois pontos, e o sinal da função é o indicado nos gráficos abaixo:

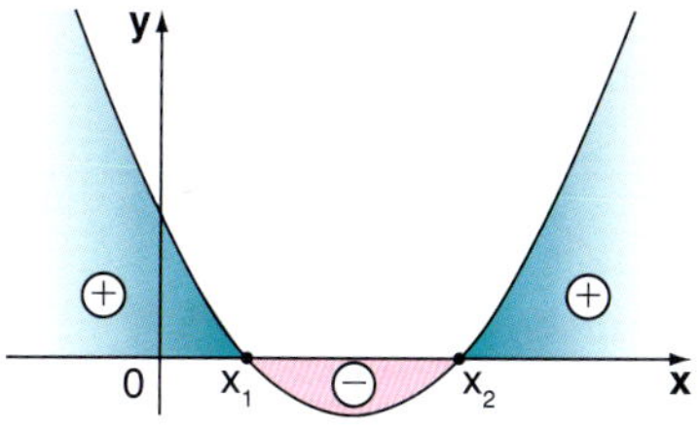

$a > 0$

$y > 0 \Leftrightarrow x < x_1$ ou $x > x_2$

$y < 0 \Leftrightarrow x_1 < x < x_2$

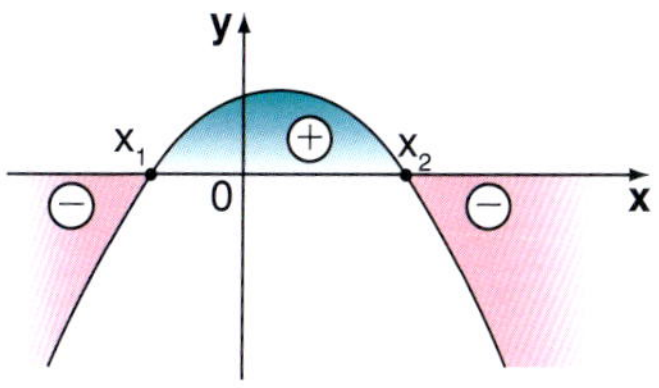

$a < 0$

$y > 0 \Leftrightarrow x_1 < x < x_2$

$y < 0 \Leftrightarrow x < x_1$ ou $x > x_2$

Ilustrações: Banco de imagens/Arquivo da editora

$\Delta = 0$

Nesse caso a função quadrática admite duas raízes reais iguais ($x_1 = x_2$). A parábola tangencia o eixo Ox, isto é, intersecta o eixo em um único ponto, e o sinal da função é o indicado nos gráficos abaixo:

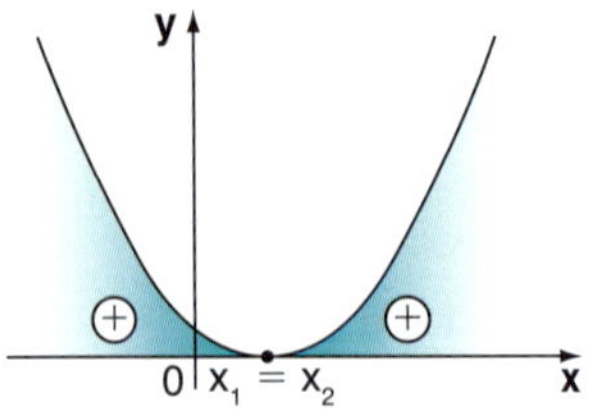

$a > 0$
$y > 0, \forall x \neq x_1$
$\nexists x$ tal que $y < 0$

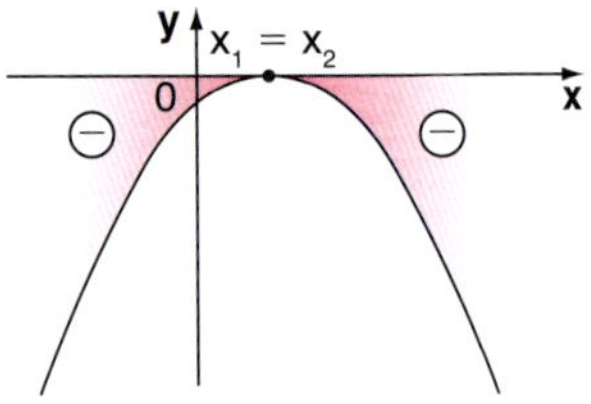

$a < 0$
$y < 0, \forall x \neq x_1$
$\nexists x$ tal que $y > 0$

Ilustrações: Banco de imagens/Arquivo da editora

$\Delta < 0$

Nesse caso, a função quadrática não admite raízes reais. A parábola não intersecta o eixo Ox e o sinal da função é o indicado nos gráficos abaixo:

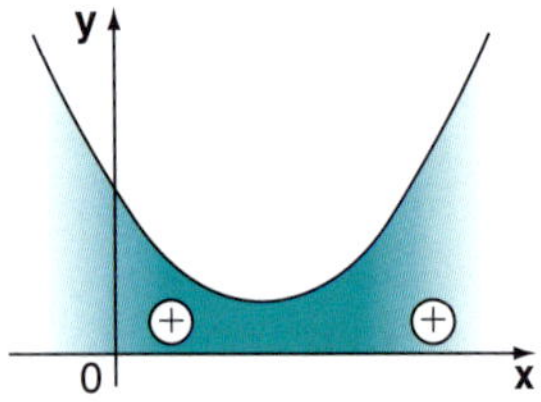

$a > 0$
$y > 0, \forall x$
$\nexists x$ tal que $y < 0$

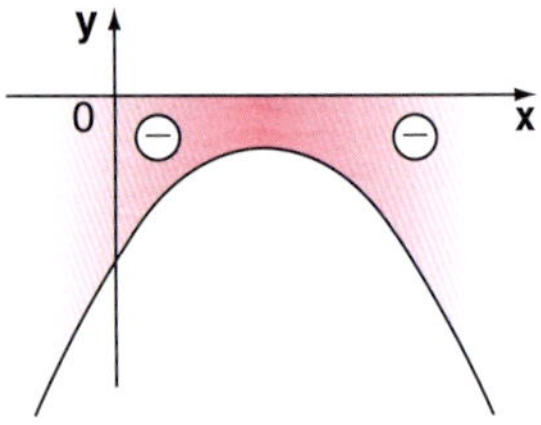

$a < 0$
$y < 0, \forall x$
$\nexists x$ tal que $y > 0$

Ilustrações: Banco de imagens/Arquivo da editora

EXEMPLO 9

Vamos estudar o sinal de $y = x^2 - 5x + 6$.

Temos:

$a = 1 > 0$ (parábola com concavidade voltada para cima)

$\Delta = b^2 - 4ac = 25 - 24 = 1 > 0$ (dois zeros reais distintos)

$$x = \frac{-b \pm \sqrt{\Delta}}{2a} = \frac{5 \pm 1}{2} \Rightarrow x_1 = 2 \text{ e } x_2 = 3$$

Assim: $y > 0 \Leftrightarrow x < 2$ ou $x > 3$

$y < 0 \Leftrightarrow 2 < x < 3$

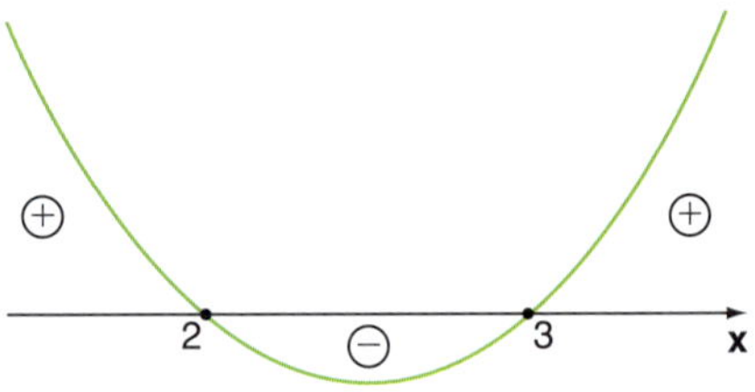

Banco de imagens/Arquivo da editora

EXEMPLO 10

Vamos estudar o sinal de $y = -x^2 + 6x - 9$.

Temos:

$a = -1 < 0$ (parábola com concavidade voltada para baixo)

$\Delta = b^2 - 4ac = 36 - 36 = 0$ (dois zeros reais iguais)

$$x = \frac{-b \pm \sqrt{\Delta}}{2a} = \frac{-6 \pm 0}{-2} = 3$$

Assim: $y < 0, \forall x \neq 3$

$\nexists x$ tal que $y > 0$

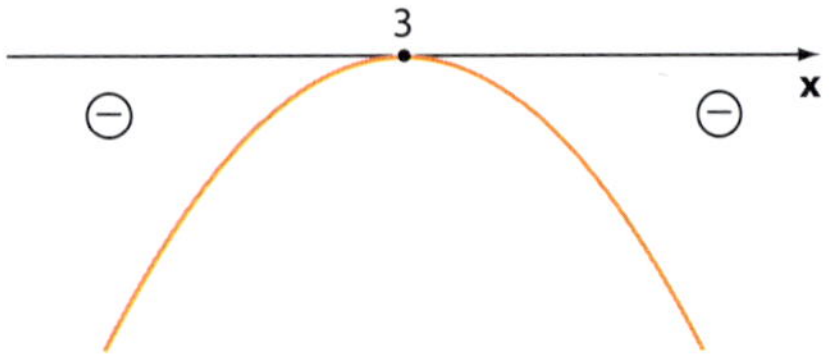

Banco de imagens/Arquivo da editora

Exercícios

45. Faça o estudo do sinal de cada função, de $\mathbb{R}$ em $\mathbb{R}$, cujo gráfico está representado a seguir.

a)
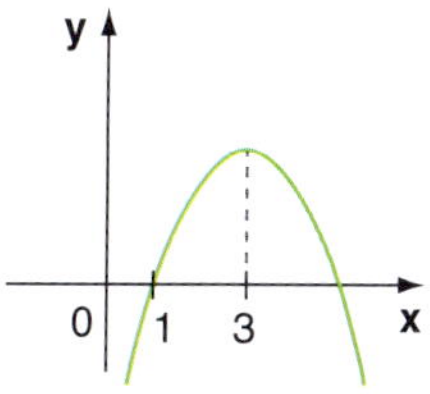

b)
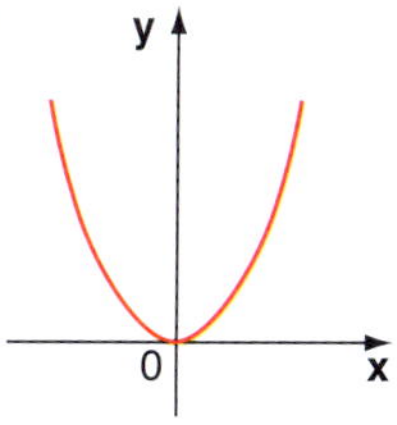

c)
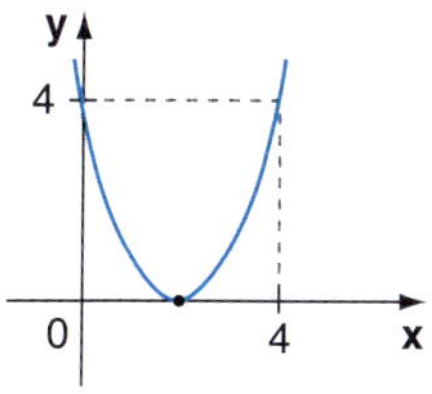

d)
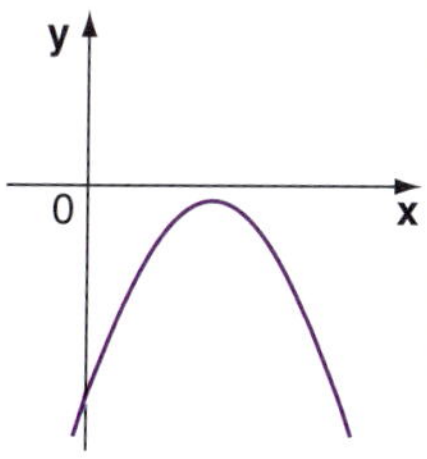

Ilustrações: Banco de imagens/Arquivo da editora

46. Faça o estudo de sinal de cada uma das funções de $\mathbb{R}$ em $\mathbb{R}$, definidas pelas seguintes leis:

a) $y = -3x^2 - 8x + 3$
b) $y = 4x^2 + x - 5$
c) $y = 9x^2 - 6x + 1$
d) $y = 2 - x^2$
e) $y = -x^2 + 2x - 1$
f) $y = 3x^2 - x + 4$
g) $y = 3x^2$
h) $y = 4x^2 + 8x$

Inequações

Vamos retomar a situação 1 da introdução deste capítulo.

Vimos que a lei que expressa o número (**y**) de jogos do campeonato em função do número (**x**) de clubes é:

$$y = x^2 - x$$

Suponhamos que a Confederação Brasileira de Futebol (CBF), ao organizar um campeonato, perceba que só há datas disponíveis para a realização de no máximo 150 jogos. Quantos clubes poderão participar?

Para responder a essa questão, temos de resolver a **inequação**:

$$x^2 - x \leqslant 150$$

que equivale a $x^2 - x - 150 \leqslant 0$.

Esse é um exemplo de uma **inequação do 2º grau**, conteúdo que passaremos a estudar agora.

O processo de resolução de uma inequação do 2º grau está baseado no estudo do sinal da função do 2º grau envolvida na desigualdade. É importante observar a analogia entre o processo que será apresentado e um dos processos usados para resolver inequações do 1º grau, como vimos no capítulo anterior.

Acompanhe os exemplos seguintes:

EXEMPLO 11

Para resolver, em $\mathbb{R}$, a inequação $6x^2 - 5x + 1 \leqslant 0$, fazemos o seguinte:

Chamamos de **y** a função quadrática no 1º membro: $y = 6x^2 - 5x + 1$. Depois, estudamos o sinal de **y**:

$a = 6 > 0$ (concavidade voltada para cima), $\Delta = 1 > 0$ (dois zeros reais distintos), raízes: $\frac{1}{2}$ e $\frac{1}{3}$.

Assim: $y > 0 \Leftrightarrow \left(x < \frac{1}{3} \text{ ou } x > \frac{1}{2}\right)$

$y < 0 \Leftrightarrow \frac{1}{3} < x < \frac{1}{2}$

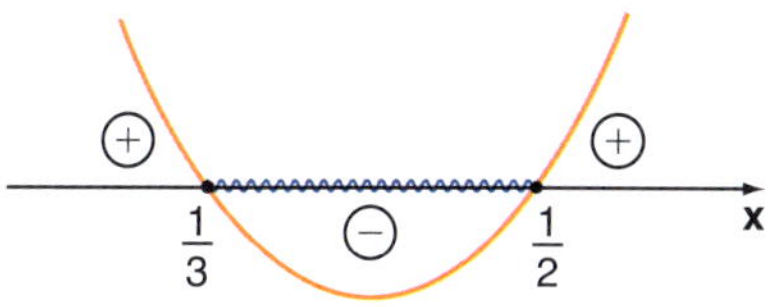

Banco de imagens/Arquivo da editora

A inequação pergunta: "Para que valores de **x** temos $y \leqslant 0$?".

Temos: $\frac{1}{3} \leqslant x \leqslant \frac{1}{2}$ ou $S = \left\{x \in \mathbb{R} \mid \frac{1}{3} \leqslant x \leqslant \frac{1}{2}\right\}$

EXEMPLO 12

Para resolver, em $\mathbb{R}$, a inequação $x^2 + x \geqslant 2x^2 + 1$, vamos escrever todos os termos da inequação em um dos membros, por exemplo, o 1º membro:

$$x^2 + x - 2x^2 - 1 \geqslant 0$$
$$-x^2 + x - 1 \geqslant 0$$

Agora, estudamos o sinal de $y = -x^2 + x - 1$.

Temos:

$a = -1$ (parábola com concavidade voltada para baixo)

$\Delta = b^2 - 4ac = 1 - 4 = -3$ (não há zeros reais)

Concluindo, $y < 0, \forall x \in \mathbb{R}$.

A inequação pergunta: "Para que valores de **x** temos $y \geqslant 0$?".

Dessa forma, $\nexists x \in \mathbb{R}$ tal que $y \geqslant 0$, ou seja, $S = \varnothing$.

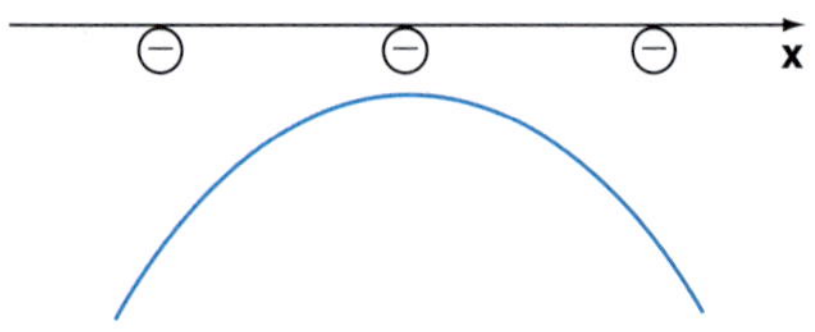

Banco de imagens/Arquivo da editora

EXEMPLO 13

Vamos resolver, em $\mathbb{R}$, a inequação $2x^2 + 3x + 1 > -x(1 + 2x)$.

Temos:

$$2x^2 + 3x + 1 + x(1 + 2x) > 0$$
$$4x^2 + 4x + 1 > 0$$

Vamos estudar o sinal de $y = 4x^2 + 4x + 1$.

$a = 4 > 0$ (parábola com concavidade voltada para baixo)

$\Delta = b^2 - 4ac = 16 - 16 = 0$ (dois zeros reais iguais)

$$x = \frac{-b \pm \sqrt{\Delta}}{2a} = \frac{-4 \pm 0}{8} = -\frac{1}{2}$$

Assim: $y > 0, \forall x \neq -\frac{1}{2}$

$\nexists x \in \mathbb{R}$ tal que $y < 0$

A inequação pergunta: "Para que valores de **x** temos $y > 0$?".

Portanto, $y > 0$ para todo $x \neq -\frac{1}{2}$ ou $S = \left\{x \in \mathbb{R} \mid x \neq -\frac{1}{2}\right\}$ ou $S = \mathbb{R} - \left\{-\frac{1}{2}\right\}$.

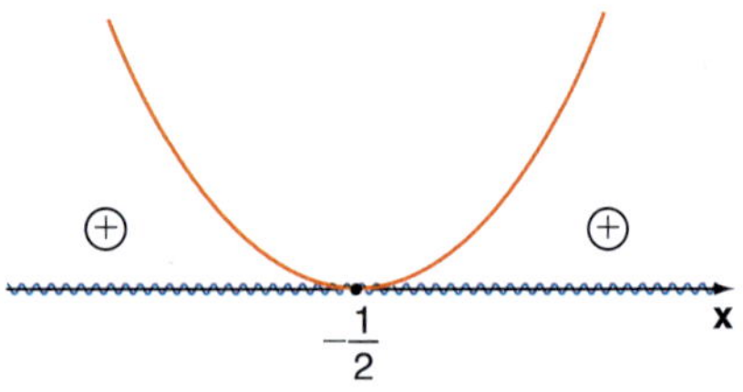

EXEMPLO 14

Vamos retomar a situação descrita na página 163; é preciso resolver a inequação $x^2 - x - 150 \leqslant 0$.

As raízes de $y = x^2 - x - 150$ são:

$$x = \frac{-b \pm \sqrt{\Delta}}{2a} = \frac{1 \pm \sqrt{1 + 600}}{2} = \frac{1 \pm \sqrt{601}}{2}$$

Considerando $\sqrt{601} \simeq 24{,}5$, obtemos como raízes 12,75 e −11,75 e o sinal de **y** é dado ao lado.

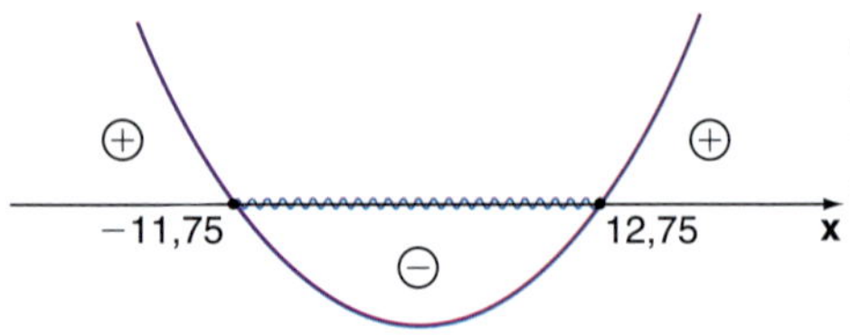

Banco de imagens/Arquivo da editora

Como devemos ter $y \leqslant 0$, segue que $-11{,}75 \leqslant x \leqslant 12{,}75$.

Mas, neste problema, **x** é o número de times e, deste modo, só pode assumir valores inteiros positivos.

O maior inteiro nestas condições é $x = 12$ (12 clubes).

Nesse caso, haveria 132 jogos no campeonato $(12 \cdot 11 = 132)$.

Exercícios

47. Resolva, em $\mathbb{R}$, as seguintes inequações:

a) $x^2 - 11x - 42 < 0$

b) $3x^2 + 5x - 2 > 0$

c) $-x^2 + 4x + 5 \geq 0$

d) $-4x^2 + 12x - 9 < 0$

e) $3x^2 + x + 5 > 0$

f) $9x^2 - 24x + 16 \leq 0$

48. Determine, em $\mathbb{R}$, o conjunto solução das seguintes inequações:

a) $-x^2 + 10x - 25 > 0$

b) $x^2 - 8x + 15 \leq 0$

c) $-x^2 - 2x > 15$

d) $x^2 + 2x < 35$

e) $-x^2 - 4x - 3 \leq 0$

f) $x^2 - 3x < 1$

49. Resolva, em $\mathbb{R}$, as inequações:

a) $x \cdot (x - 3) \geq 0$

b) $x^2 < 16$

c) $9x^2 \geq 3x$

d) $-4x^2 < 9$

e) $(\sqrt{3})^2 > x^2$

f) $x \cdot (x + 3) < x \cdot (2 - x)$

50. Na fabricação de certo produto, o lucro mensal de uma empresa, em milhares de reais, é dado por $L(x) = -\frac{3x^2}{4} + 90x - 1\,500$, sendo **x** o número de milhares de peças vendidas no mês. Determine:

a) o lucro mensal máximo na venda dessas peças;

b) para que valores de **x** a empresa tem prejuízo, isto é, $L < 0$;

c) em que intervalo deve variar o número de peças vendidas a fim de que o lucro supere 1 milhão de reais. Use $\sqrt{600} \simeq 24{,}5$.

51. Na figura a seguir tem-se os gráficos das funções quadráticas **f** e **g**.

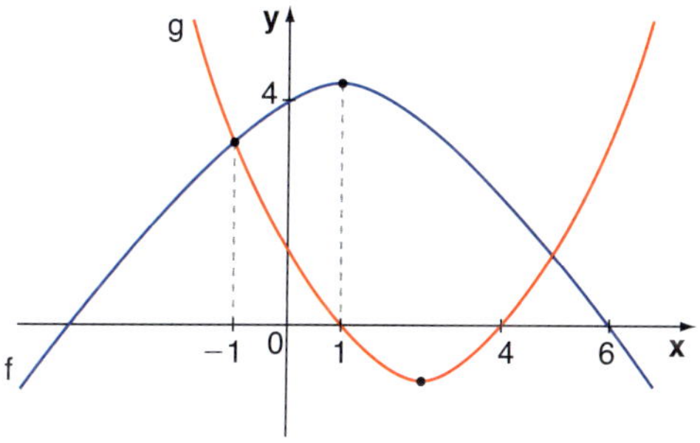

Banco de imagens/Arquivo da editora

Determine:

a) as raízes de **f**;

b) o vértice de cada uma das parábolas que representam essas funções;

c) o conjunto solução da inequação $g(x) < 0$;

d) o conjunto solução da inequação $f(x) \geq 0$.

52. Todos os pontos do gráfico da função quadrática $f: \mathbb{R} \to \mathbb{R}$ definida por $f(x) = mx^2 - 2x + m$ estão localizados abaixo do eixo das abscissas. Determine os possíveis valores reais de **m**.

53. Obtenha o domínio $D \subset \mathbb{R}$ da função cuja lei é $f(x) = \frac{x}{\sqrt{x^2 - 5}}$.

Inequações simultâneas e sistemas de inequações

Exercício resolvido

10. Resolva em $\mathbb{R}$ a inequação $1 < x^2 \leq 4$.

Solução:

Trata-se de duas inequações simultâneas:

$1 < x^2$ (1) e $x^2 \leq 4$ (2)

Vamos resolver (1): $1 - x^2 < 0$

- Estudo do sinal de $y = 1 - x^2$
  $a = -1 < 0$, $\Delta = 4 > 0$, raízes: -1 e 1

sinal
$y > 0 \Leftrightarrow -1 < x < 1$
$y < 0 \Leftrightarrow (x < -1$ ou $x > 1)$

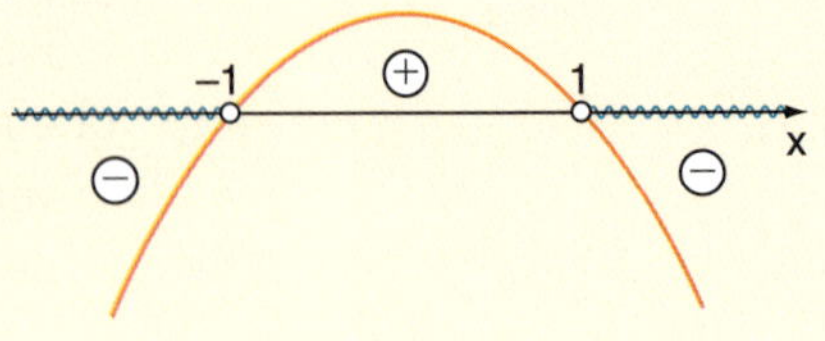

Solução de (1): $x < -1$ ou $x > 1$

Ilustrações: Banco de imagens/Arquivo da editora

Vamos resolver (2): $x^2 - 4 \leq 0$

- Estudo do sinal de $y = x^2 - 4$
  $a = 1 > 0$, $\Delta = 16 > 0$, raízes: -2 e 2

sinal
$y > 0 \Leftrightarrow x < -2$ ou $x > 2$
$y < 0 \Leftrightarrow -2 < x < 2$

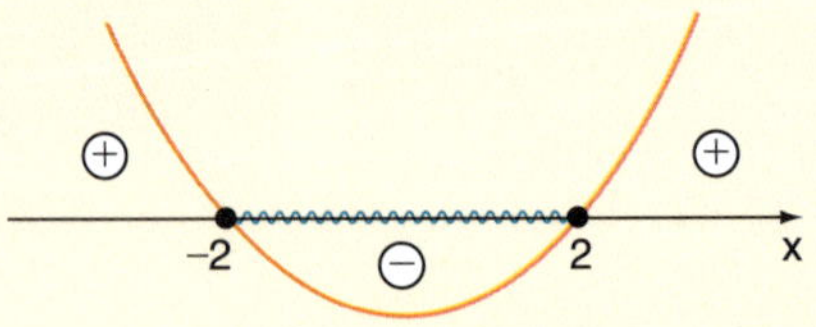

Solução de (2): $-2 \leq x \leq 2$

Procuremos agora a interseção das duas soluções:

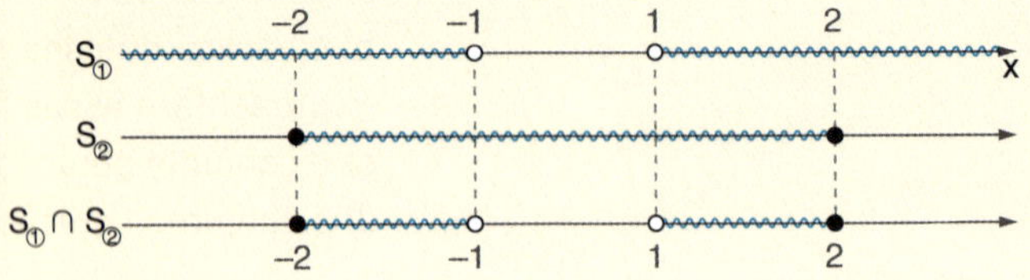

Assim: $S = \{x \in \mathbb{R} \mid -2 \leq x < -1$ ou $1 < x \leq 2\}$.

Exercícios

54. Resolva, em $\mathbb{R}$, as inequações a seguir:

a) $4 \leq x^2 \leq 9$

b) $-2 \leq x^2 - 2 \leq 2$

c) $7 < 2x^2 + 1 \leq 19$

55. Encontre a solução real dos seguintes sistemas de inequações:

a) $\begin{cases} -2x^2 + 8 < 0 \\ x^2 + 3x \leq 0 \end{cases}$

b) $\begin{cases} x^2 + 3x - 4 < 0 \\ -x^2 + x + 6 > 0 \end{cases}$

c) $\begin{cases} x^2 + 5x \geq 0 \\ x^2 + 4x < 12 \\ 5x^2 > -2 \end{cases}$

56. Determine as soluções inteiras do sistema seguinte:

$\begin{cases} 6x^2 - 5x + 1 > 0 \\ 4x^2 + x - 14 \leq 0 \\ -3x + 10 > 0 \end{cases}$

57. Um artigo de economia publicado em 2010 previu que a dívida pública de um certo estado até 2030 pode ser estimada pela lei $y = \frac{4}{5}x^2 - 8x + 80$, sendo **y** o valor da dívida (em milhões de reais) e **x** o número de anos contados a partir de 2010 ($x = 0$).

a) Qual o menor valor atingido pela dívida desse estado e em que ano esse valor será atingido?

b) O artigo sugere que se a dívida oscilar entre 140 e 185 milhões de reais (incluindo tais valores) não será necessária ajuda da União. Em que anos, então, o estado dispensará ajuda da União?

Inequações-produto e inequações-quociente

Vamos acompanhar a resolução de algumas inequações-produto e inequações-quociente envolvendo funções quadráticas. Usaremos o mesmo método prático desenvolvido no capítulo anterior. Se necessário, revise também a caracterização dessas inequações.

Exercícios resolvidos

11. Resolva em $\mathbb{R}$ a inequação $(2x^2 - 5x)(2 + x - x^2) < 0$.

Solução:

- Façamos $y_1 = 2x^2 - 5x$ e estudemos o sinal de y_1: $a = 2 > 0$, $\Delta = 25$, raízes: 0 e $\frac{5}{2}$.

sinal
$y_1 > 0 \Leftrightarrow x < 0$ ou $x > \frac{5}{2}$
$y_1 < 0 \Leftrightarrow 0 < x < \frac{5}{2}$

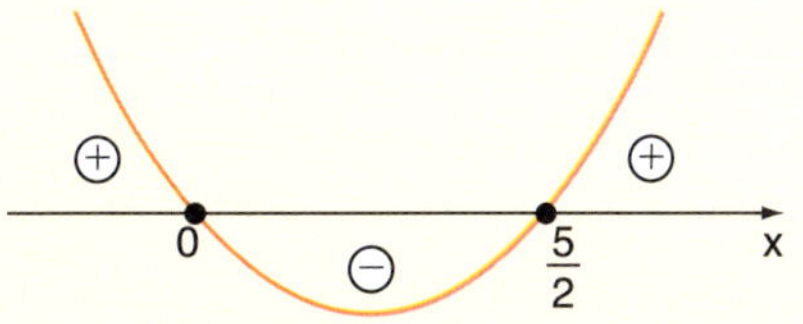

- Vamos fazer $y_2 = 2 + x - x^2$ e estudar o sinal de y_2: $a = -1 < 0$, $\Delta = 9$, raízes: -1 e 2.

sinal
$y_2 > 0 \Leftrightarrow -1 < x < 2$
$y_2 < 0 \Leftrightarrow x < -1$ ou $x > 2$

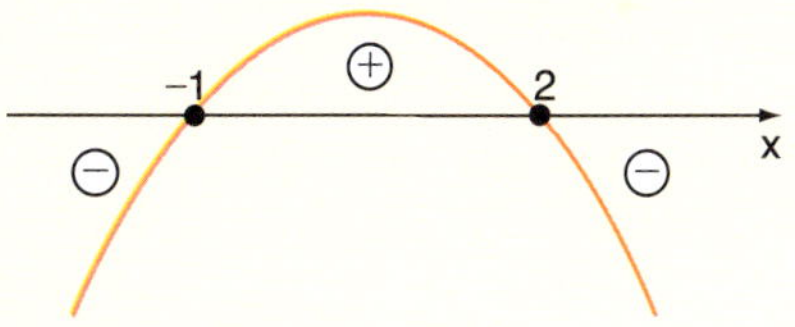

- Estudo do sinal do produto $y_1 \cdot y_2$

	-1	0	2	$\frac{5}{2}$	
y_1	$+$	$+$	$-$	$-$	$+$
y_2	$-$	$+$	$+$	$-$	$-$
$y_1 \cdot y_2$	$-$	$+$	$-$	$+$	$-$

A inequação pergunta: "Para que valores de **x** temos $y_1 \cdot y_2 < 0$?".

$$S = \left\{ x \in \mathbb{R} \;\middle|\; x < -1 \text{ ou } 0 < x < 2 \text{ ou } x > \frac{5}{2} \right\}$$

12. Resolva em $\mathbb{R}$ a inequação $\dfrac{x^2 - 2x - 8}{x^2 - 6x + 9} \leqslant 0$.

Solução:

- Estudo do sinal de $y_1 = x^2 - 2x - 8$
  $a = 1 > 0$, $\Delta = 36$, raízes: −2 e 4

sinal
$y_1 > 0 \Leftrightarrow x < -2$ ou $x > 4$
$y_1 < 0 \Leftrightarrow -2 < x < 4$

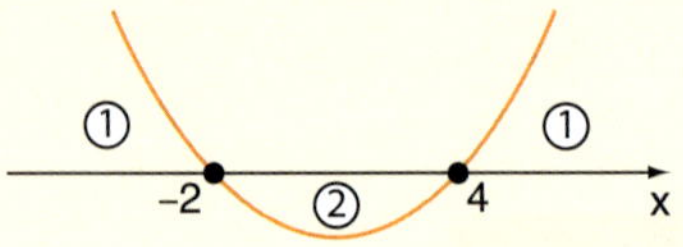

- Estudo do sinal de $y_2 = x^2 - 6x + 9$
  $a = 1 > 0$, $\Delta = 0$, raiz: 3

sinal
$y_2 > 0, \forall x \neq 3$

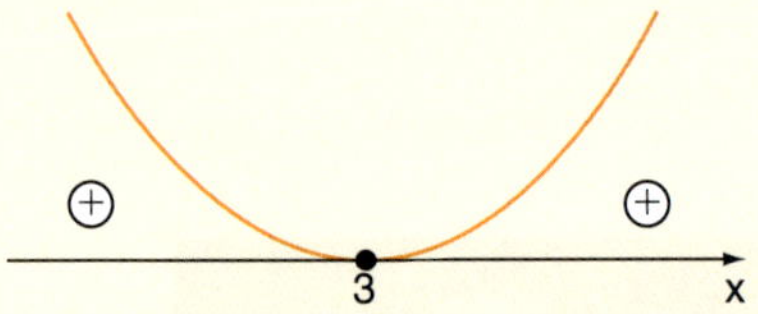

Ilustrações: Banco de imagens/Arquivo da editora

- Estudo do sinal do quociente $\dfrac{y_1}{y_2}$

		−2		3		4		x
y_1	+		−		−		+	
y_2	+		+		+		+	
$\dfrac{y_1}{y_2}$	+	●	−	○	−	●	+	
		−2		3		4		

A inequação pergunta: "Para que valores de **x** temos $\dfrac{y_1}{y_2} \leqslant 0$?".

$$S = \{x \in \mathbb{R} \mid -2 \leqslant x < 3 \text{ ou } 3 < x \leqslant 4\}$$

Exercícios

58. Resolva, em $\mathbb{R}$, as seguintes inequações:

a) $(x^2 - 2x - 8) \cdot (2x^2 - 3x) \geqslant 0$

b) $(-x^2 + x + 2) \cdot (x^2 + 2x - 3) > 0$

c) $(x + 2) \cdot (x^2 - 4) \geqslant 0$

59. Resolva, em $\mathbb{R}$, as seguintes inequações-produto:

a) $(x^2 + 3x - 10) \cdot (-4x^2 + 3x) > 0$

b) $(x^2 - x - 6) \cdot (x^2 - 5x + 6) \leqslant 0$

c) $(x^2 - x - 12) \cdot (2x - 1) \cdot (x^2 + 16) < 0$

60. Quantos números inteiros negativos satisfazem a desigualdade:
$(2x^2 - 9x + 4) \cdot (-2x + 5) \cdot (-x^2 + 4) \geqslant 0$?
E quantos números inteiros positivos a satisfazem?

61. No sistema cartesiano a seguir, estão representados os gráficos das funções de $\mathbb{R}$ em $\mathbb{R}$, dadas por $f(x) = -x^2 + 4x$ e $g(x) = x^2 - 6x + 8$. Qual é o conjunto solução da inequação $f(x) \cdot g(x) \geqslant 0$?

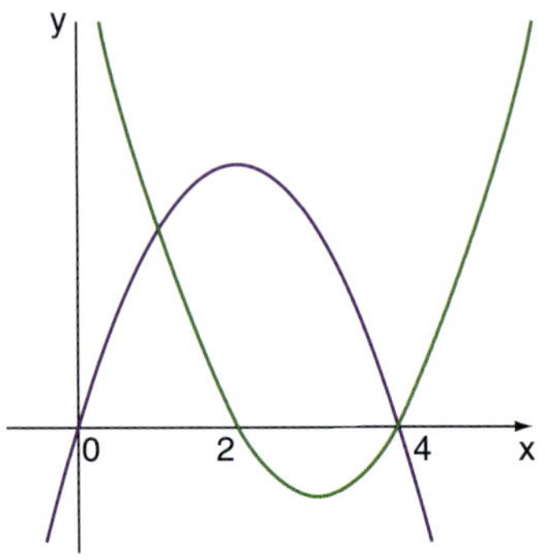

Banco de imagens/Arquivo da editora

62. Resolva, em $\mathbb{R}$, as inequações-quociente:

a) $\dfrac{x^2 - 5x - 14}{-x^2 + 3x} \geqslant 0$

b) $\dfrac{8x^2 - 2x - 1}{x^2 - x - 2} \geqslant 0$

c) $\dfrac{x^2 + x}{2 + x} \leqslant 0$

d) $\dfrac{x^2 - 8x + 7}{-x^2 + 11x - 24} < 0$

63. Determine o conjunto solução das inequações seguintes, sendo $U = \mathbb{R}$:

a) $\dfrac{-x^2 + x + 6}{x^2 - 4} \leqslant 0$

b) $\dfrac{(2x - 1) \cdot (-x^2 + 2x)}{x^2 - x - 20} \geqslant 0$

c) $\dfrac{(x + 3) \cdot (x^2 + 3)}{x^2 + x - 6} \geqslant 0$

64. Obtenha o domínio das funções dadas pelas leis seguintes:

a) $f(x) = \sqrt{\dfrac{x^2 - 16}{x + 1}}$

b) $g(x) = \sqrt[3]{\dfrac{x + 1}{x - 2}} + \sqrt{9 - x^2}$

65. Resolva, em $\mathbb{R}$, as inequações:

a) $x - 4 \leqslant \dfrac{12}{x}$

b) $\dfrac{1}{x} < x$

c) $\dfrac{x - 3}{x - 2} \leqslant x - 1$

66. Determine $m \in \mathbb{R}$ para que $x^2 + mx + 1 > 0$, para todo $x \in \mathbb{R}$.

67. A reta e a parábola, mostradas no gráfico abaixo, representam as funções **f** e **g**, de $\mathbb{R}$ em $\mathbb{R}$, respectivamente.

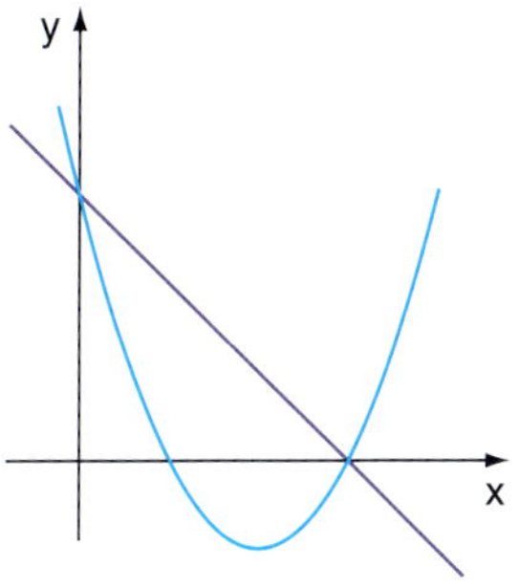

Banco de imagens/Arquivo da editora

Sabendo que $g(x) = x^2 - 9x + 14$, obtenha o domínio da função **h**, dada por $h(x) = \sqrt{\dfrac{g(x)}{f(x)} - 1}$.

68. Observe a resolução da inequação $x + 3 \leqslant \dfrac{6}{x - 2}$ feita por um estudante, com a respectiva explicação:

1º) Multiplicamos ambos os lados da desigualdade por $x - 2$:

$$(x - 2) \cdot (x + 3) \leqslant \frac{6}{\cancel{x - 2}} \cdot \cancel{(x - 2)}$$

2º) Chegamos a $(x - 2) \cdot (x + 3) \leqslant 6 \Rightarrow x^2 + x - 6 \leqslant 6 \Rightarrow x^2 + x - 12 \leqslant 0$.

3º) Resolvemos a inequação de 2º grau $x^2 + x - 12 \leqslant 0$:

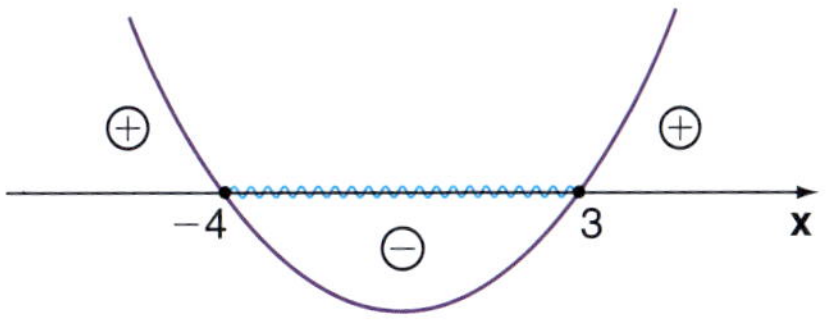

Banco de imagens/Arquivo da editora

4º) $S = \{x \in \mathbb{R} \mid -4 \leqslant x \leqslant 3\}$

Você concorda com a solução apresentada? Explique.
Se a resolução contiver erros, apresente a correta.

Um pouco mais sobre

Eixo de simetria da parábola

Consideremos a parábola que representa a função dada por $f(x) = ax^2 + bx + c$. Seu vértice **V** tem abscissa $x_V = -\frac{b}{2a}$.

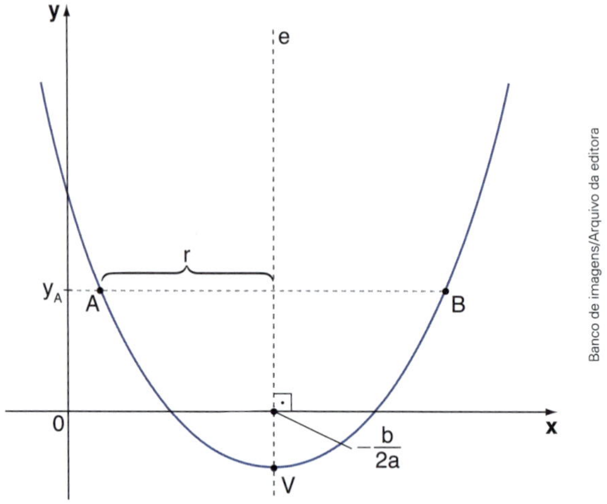

Consideremos a reta **e** que passa por **V** e é perpendicular ao eixo Ox. Vamos demonstrar que essa reta é o eixo de simetria da parábola.

Tomando um ponto **A** da parábola à distância **r** da reta **e** (conforme mostra a figura acima), as coordenadas de **A** são $\left(-\frac{b}{2a} - r, y_A\right)$.

Tomando a função quadrática na forma canônica:

$$f(x) = a\left[\left(x + \frac{b}{2a}\right)^2 - \frac{\Delta}{4a^2}\right]$$

e considerando que **A** pertence à parábola, temos:

$$y_A = f\left(-\frac{b}{2a} - r\right) =$$

$$= a\left[\left(-\frac{b}{2a} - r + \frac{b}{2a}\right)^2 - \frac{\Delta}{4a^2}\right] =$$

$$= a\left[(-r)^2 - \frac{\Delta}{4a^2}\right] = a\left[(r)^2 - \frac{\Delta}{4a^2}\right] =$$

$$= a\left[\left(-\frac{b}{2a} + r + \frac{b}{2a}\right)^2 - \frac{\Delta}{4a^2}\right] =$$

$$= f\left(-\frac{b}{2a} + r\right)$$

Assim, provamos que o ponto **B** da parábola que tem ordenada igual à de **A** também está à distância **r** da reta **e**, pois $x_B = -\frac{b}{2a} + r$, ou seja, **A** e **B** são simétricos em relação à reta **e**.

Enem e vestibulares resolvidos

(Enem) A igreja de São Francisco de Assis, obra arquitetônica modernista de Oscar Niemeyer, localizada na Lagoa da Pampulha, em Belo Horizonte, possui abóbodas parabólicas. A seta na Figura 1 ilustra uma das abóbodas na entrada principal da capela. A Figura 2 fornece uma vista frontal desta abóboda, com medidas hipotéticas para simplificar os cálculos.

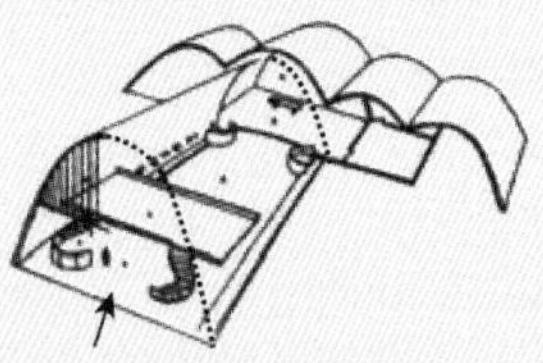

Figura 1

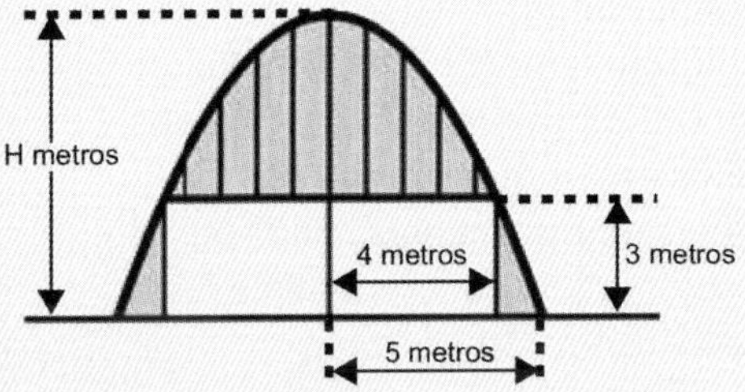

Figura 2

Reprodução/Enem, 2017

Qual a medida **H**, em metro, indicada na Figura 2?

a) $\frac{16}{3}$

b) $\frac{31}{5}$

c) $\frac{25}{4}$

d) $\frac{25}{3}$

e) $\frac{75}{2}$

Resolução comentada

Para resolvermos a questão, devemos inicialmente inserir a parábola em um sistema cartesiano, conforme a figura ao lado. Observe que a parábola intersecta o eixo **x** em dois pontos (0, 0) e (10, 0), então as raízes da função são 0 e 10.

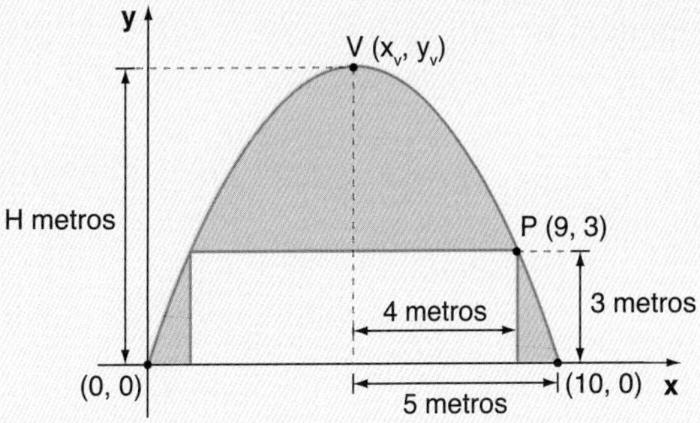

Banco de imagens/Arquivo da editora

A altura **H** solicitada é a ordenada do vértice ($\mathbf{y_v}$), ou seja, a ordenada do ponto de máximo, já que a parábola tem a concavidade voltada para baixo.

Pelo gráfico, temos $x_v = 5$. Para encontrarmos $\mathbf{y_v}$, é necessário obter a lei da função quadrática, que pode ser escrita na forma fatorada $y = a(x - r_1)(x - r_2)$.

Substituindo as raízes 0 e 10, vem: $y = a(x - 0)(x - 10)$

Observe que o ponto P(9, 3) pertence à parábola, então substituindo **P** na lei da função, temos:

$3 = a(9 - 0)(9 - 10)$

$3 = a \cdot 9 \cdot (-1)$

$a = -\frac{1}{3}$

A função que representa a parábola é: $y = -\frac{1}{3}(x)(x - 10)$.

Substituindo $\mathbf{x_v}$ na função, encontraremos $\mathbf{y_v}$, que é a altura **H** solicitada.

$y_v = -\frac{1}{3} \cdot 5 \cdot (5 - 10) = -\frac{1}{3} \cdot (-25) = \frac{25}{3}$

Portanto, $H = \frac{25}{3}$.

Alternativa *d*.

Exercícios complementares

1. (UFPR) Um agricultor tem arame suficiente para construir 120 m de cerca, com os quais pretende montar uma horta retangular de tamanho a ser decidido.

a) Se o agricultor decidir fazer a horta com todos os lados do mesmo tamanho e utilizar todo o arame disponível cercando apenas três dos seus lados, qual será a área da horta?

b) Qual é a área máxima que a horta pode ter se apenas três dos seus lados forem cercados e todo o arame disponível for utilizado?

2. Uma função polinomial **f** de 2º grau tem raízes reais e opostas. Sabe-se que a reta de equação $y = 8$ intersecta o gráfico de **f** em um único ponto. Sabendo que $f\left(\sqrt{40}\right) = 3$, determine:

a) as raízes de **f**.

b) o conjunto imagem de **f**.

3. Uma folha retangular mede 20 cm por 16 cm. Em cada um dos vértices do retângulo, recortam-se quadrados congruentes cujos lados medem **x** centímetros, com $0 < x < 8$, como mostra a figura seguinte:

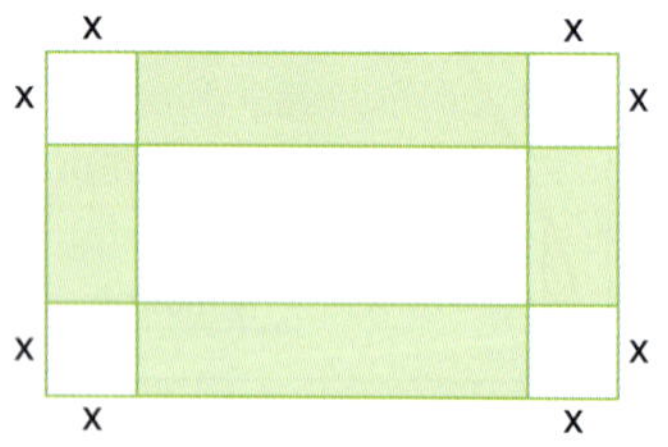

Banco de imagens/Arquivo da editora

a) Expresse a área da superfície hachurada em função de **x**.

b) Para que valor de **x** essa área é máxima? Qual é o valor da área máxima?

4. Qual é o número de soluções da equação $x^2y^2 - 11xy + 28 = 0$, sabendo que **x** e **y** são números naturais?

5. É dada uma folha de cartolina como na figura a seguir. Cortando a folha na linha pontilhada, obteremos um retângulo. Determine as medidas desse retângulo, sabendo que sua área é máxima.

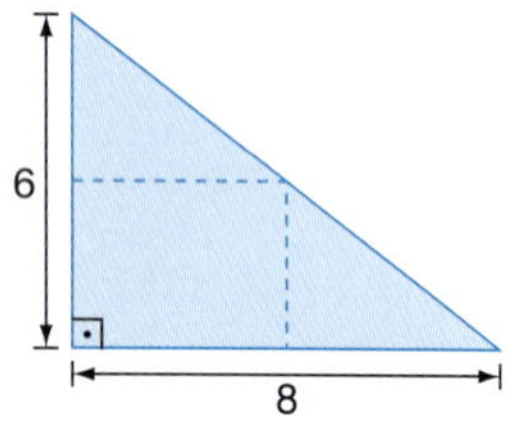

Banco de imagens/Arquivo da editora

6. (Unicamp-SP) Sejam **a** e **b** reais. Considere as funções quadráticas da forma $f(x) = x^2 + ax + b$, definidas para todo **x** real.

a) Sabendo que o gráfico de $y = f(x)$ intersecta o eixo **y** no ponto (0, 1) e é tangente ao eixo **x**, determine os possíveis valores de **a** e **b**.

b) Quando $a + b = 1$, os gráficos dessas funções quadráticas têm um ponto em comum. Determine as coordenadas desse ponto.

7. (Fuvest-SP) No plano cartesiano Oxy, considere a parábola **P** de equação $y = -4x^2 + 8x + 12$ e a reta **r** de equação $y = 3x + 6$. Determine:

a) Os pontos **A** e **B**, de intersecção da parábola **P** com o eixo coordenado Ox, bem como o vértice **V** da parábola **P**.

b) O ponto **C**, de abcissa positiva, que pertence à intersecção de **P** com a reta **r**.

c) A área do quadrilátero de vértices **A**, **B**, **C** e **V**.

8. (Fuvest-SP) Um empreiteiro contratou um serviço com um grupo de trabalhadores pelo valor de R$ 10 800,00 a serem igualmente divididos entre eles. Como três desistiram do trabalho, o valor contratado foi dividido igualmente entre os demais. Assim, o empreiteiro pagou, a cada um dos trabalhadores que realizaram o serviço, R$ 600,00 além do combinado no acordo original.

a) Quantos trabalhadores realizaram o serviço?

b) Quanto recebeu cada um deles?

9. (Unifesp) A densidade populacional de cada distrito da cidade de South Hill, denotada por **D** (em número de habitantes por km²), está relacionada à distância **x**, em quilômetros, do distrito ao centro da cidade. A fórmula que relaciona **D** e **x** é dada por $D = 5 + 30x - 15x^2$.

a) Um distrito, localizado no centro da cidade de São Paulo, tem densidade populacional de 16,5 hab/km². Comparando a densidade populacional do distrito que fica no centro da cidade de South Hill com a do distrito do centro da cidade de São Paulo, a segunda supera a primeira em y%. Calcule **y**.

b) Determine a que distância do centro da cidade de South Hill a densidade populacional é máxima. Qual é o valor dessa densidade máxima?

10. Resolva, em $\mathbb{R}$, as inequações:

a) $x \geqslant \frac{1}{x}$

b) $x^3 > x^2$

c) $\frac{x}{x^3 - x^2 + x - 1} \geqslant 0$

d) $4x^3 - 12x^2 - x + 3 \leqslant 0$

11. (Unicamp-SP) Um restaurante a quilo vende 100 kg de comida por dia, a R$ 15,00 o quilograma. Uma pesquisa de opinião revelou que, a cada real de aumento no preço do quilo, o restaurante deixa de vender o equivalente a 5 kg de comida. Responda às perguntas a seguir, supondo corretas as informações da pesquisa e definindo a receita do restaurante como o valor total pago pelos clientes.

a) Em que caso a receita do restaurante será maior: se o preço subir para R$ 18,00/kg ou para R$ 20,00/kg?

b) Formule matematicamente a função f(x), que fornece a receita do restaurante como função da quantia **x**, em reais, a ser acrescida ao valor atualmente cobrado pelo quilo da refeição.

c) Qual deve ser o preço do quilo da comida para que o restaurante tenha a maior receita possível?

12. (UFJF-MG) Sejam $f: \mathbb{R} \rightarrow \mathbb{R}$ e $g: \mathbb{R} \rightarrow \mathbb{R}$ funções definidas por $f(x) = x - 14$ e $g(x) = -x^2 + 6x - 8$, respectivamente.

a) Determine o conjunto dos valores de **x** tais que $f(x) > g(x)$.

d) Determine o menor número real **k** tal que $f(x) + k \geqslant g(x)$ para todo $x \in \mathbb{R}$.

13. (FGV-SP) A Editora Progresso decidiu promover o lançamento do livro *Descobrindo o Pantanal* em uma feira Internacional de Livros, em 2012. Uma pesquisa feita pelo departamento de Marketing estimou a quantidade de livros adquirida pelos consumidores em função do preço de cada exemplar.

Preço de venda	Quantidade vendida
R$ 100,00	30
R$ 90,00	40
R$ 85,00	45
R$ 80,00	50

Considere que os dados da tabela possam ser expressos mediante uma função polinomial do 1º grau $y = a \cdot x + b$, em que **x** representa a quantidade de livros vendida e **y** o preço de cada exemplar.

a) Que preço de venda de cada livro maximizaria a receita da editora?

b) O custo unitário de produção de cada livro é de R$ 8,00. Visando maximizar o lucro da editora, o gerente de vendas estabeleceu em R$ 75,00 o preço de cada livro. Foi correta a sua decisão? Por quê?

14. (Vunesp) A demanda de um produto químico no mercado é de **D** toneladas quando o preço por tonelada é igual a **p** (em milhares de reais). Neste preço, o fabricante desse produto oferece **F** toneladas ao mercado. Estudos econômicos do setor químico indicam que **D** e **F** variam em função de **p**, de acordo com as seguintes funções:

$D(p) = \frac{3p^2 - 21p}{4 - 2p}$ e $F(p) = \frac{5p - 10}{3}$

Admitindo-se $p > 1$ e sabendo que $\sqrt{7569} = 87$, determine o valor de **p** para o qual a oferta é igual à demanda desse produto.

Em seguida, e ainda admitindo-se $p > 1$, determine o intervalo real de variação de **p** para o qual a demanda D(p) do produto é positiva.

15. A figura abaixo representa os gráficos das funções **f** e **g**.

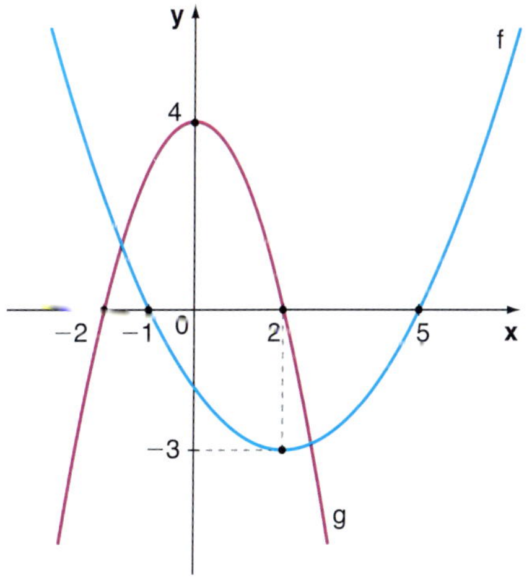

a) Determine suas raízes.

b) Determine o sinal de $h(x) = f(x) \cdot g(x)$.

c) Determine o conjunto solução de $f(x) \cdot g(x) < 0$.

d) Determine o conjunto solução de $\frac{f(x)}{g(x)} \geqslant 0$.

e) Obtenha as abscissas dos pontos de interseção das parábolas acima representadas.

16. Determine $m \in \mathbb{R}$ para os quais o número $\sqrt{-x^2 - 2mx + (m^2 - 1)}$ não é real, independente do valor de **x**.

17. Obtenha a lei que define uma função **g** cujo gráfico é o simétrico do gráfico da função **f** dada por $f(x) = 2x - x^2$ em relação à reta $y = 3$.

18. (Vunesp) O gráfico da parábola dada pela função $f(x) = -\frac{3}{40}(x^2 - 16x - 24)$ indica, para uma determinada população de insetos, a relação entre a população total atual (**x**) e a população total no ano seguinte, que seria $f(x)$. Por exemplo, se a população atual de insetos é de 1 milhão ($x = 1$), no ano seguinte será de 2,925 milhões, já que $f(1) = 2{,}925$.

Dizemos que uma população de insetos está em tamanho sustentável quando a população total do ano seguinte é maior ou igual à população total atual, o que pode ser identificado graficamente com o auxílio da reta em azul ($y = x$).

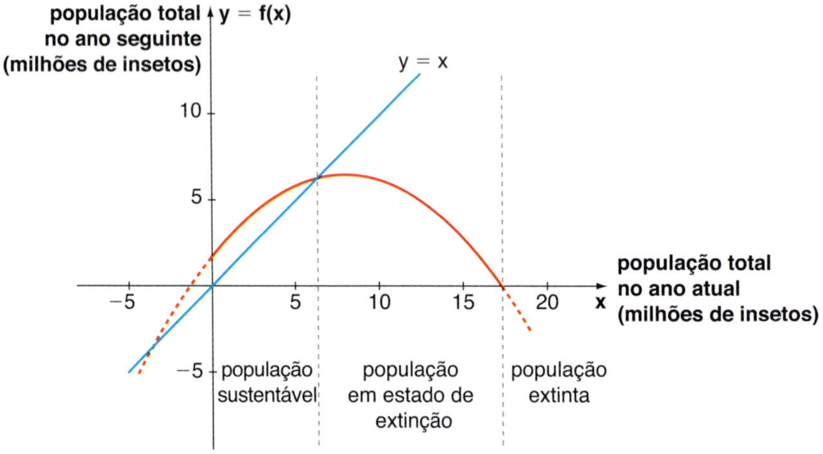

Determine a população total atual de isentos para a qual, no ano seguinte, ela será igual a zero (adote $\sqrt{22} = 4{,}7$), e determine a população total atual para a qual a sustentabilidade é máxima, ou seja, o valor de **x** para o qual a diferença entre a população do ano seguinte e do ano atual, nessa ordem, é a maior possível.

19. (Unicamp-SP) Seja **r** a reta de equação cartesiana $x + 2y = 4$. Para cada número real **t** tal que $0 < t < 4$ considere o triângulo **T** de vértices em $(0, 0)$, $(t, 0)$ e no ponto **P** de abcissa $x = t$ pertencente à reta **r** como mostra a figura ao lado.

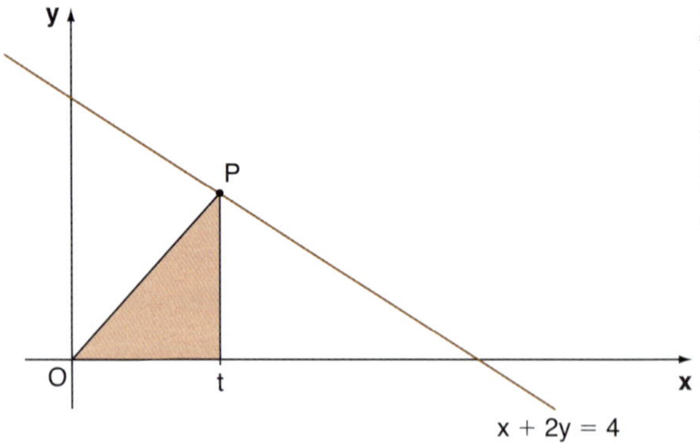

a) Para $0 < t < 4$ encontre a expressão para a função $A(t)$, definida pela área do triângulo **T** e esboce o seu gráfico.

b) Seja **k** um número real não nulo e considere a função $g(x) = \frac{k}{x}$, definida para todo número real **x** não nulo. Determine o valor de **k** para o qual o gráfico da função **g** tem somente um ponto em comum com a reta **r**.

20. (UFPR) Para atrair novos clientes, um supermercado decidiu fazer uma promoção reduzindo o preço do leite. O gerente desse estabelecimento estima que, para cada R\$ 0,01 de desconto no preço do litro, será possível vender 25 litros de leite a mais que em um dia sem promoção. Sabendo que, em um dia sem promoção, esse supermercado vende 2 600 litros de leite ao preço de R\$ 1,60 por litro:

a) qual é o valor arrecadado por esse supermercado com a venda de leite em um dia sem promoção?

b) qual será o valor arrecadado por esse supermercado com a venda de leite em um dia, se cada litro for vendido por R\$ 1,40?

c) qual é o preço do litro de leite que fornece a esse supermercado o maior valor arrecadado possível? De quanto é esse valor arrecadado?

21. (UFTM-MG) Em um experimento de laboratório, ao disparar um cronômetro no instante t = 0 s, registra-se que o volume de água de um tanque é de 60 litros. Com a passagem do tempo, identificou-se que o volume **V** de água no tanque (em litros) em função do tempo **t** decorrido (em segundos) é dado por $V(t) = at^2 + bt + c$, com **a**, **b** e **c** reais e $a \neq 0$. No instante 20 segundos registrou-se que o volume de água no tanque era de 50 litros, quando o experimento foi encerrado. Se o experimento continuasse mais 4 segundos, o volume de água do tanque voltaria ao mesmo nível do início. O experimento em questão permitiu a montagem do gráfico indicado.

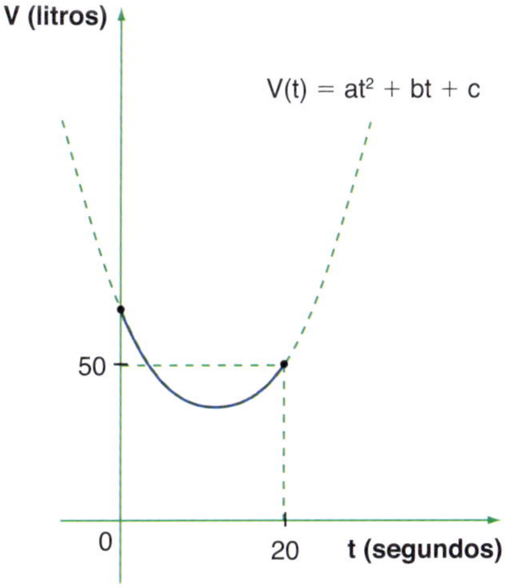

a) Calcule o tempo decorrido do início do experimento até que o tanque atingisse seu menor volume de água.

b) Calcule o volume mínimo de água que o tanque atingiu nesse experimento.

22. As raízes da função **f**, dada por $f(x) = x^2 - px + q$ são os números reais **a** e **b**, com $a \cdot b \neq 0$. Determine uma possível lei da função polinomial **g**, de 2º grau, cujas raízes sejam $\frac{1}{a}$ e $\frac{1}{b}$.

23. (PUC-RJ) Considere a equação: $\frac{8x - 1}{x + 1} = mx$.

a) Quantas raízes reais a equação admite para m = 1?

b) Para quais valores reais de **m** a equação admite pelo menos uma raiz real?

24. Para quais valores reais de **m** a equação de 2º grau $mx^2 - (2m - 1)x + (m - 2) = 0$ admite raízes reais positivas?

25. (Unicamp-SP) Durante um torneio paraolímpico de arremesso de peso, um atleta teve seu arremesso filmado. Com base na gravação, descobriu-se a altura (**y**) do peso em função de sua distância horizontal (**x**), medida em relação ao ponto de lançamento. Alguns valores da distância e da altura são fornecidos na tabela abaixo. Seja $y(x) = ax^2 + bx + c$ a função que descreve a trajetória (parabólica) do peso.

Distância (m)	Altura (m)
1	2,0
2	2,7
3	3,2

a) Determine os valores de **a**, **b** e **c**.

b) Calcule a distância total alcançada pelo peso nesse arremesso.

26. (Unicamp-SP) Uma grande preocupação atual é a poluição, particularmente aquela emitida pelo crescente número de veículos automotores circulando no planeta. Ao funcionar, o motor de um carro queima combustível, gerando CO_2, além de outros gases e resíduos poluentes.

a) Considere um carro que, trafegando a uma determinada velocidade constante, emite 2,7 kg de CO_2 a cada litro de combustível que consome. Nesse caso, quantos quilogramas de CO_2 ele emitiu em uma viagem de 378 km, sabendo que fez 13,5 km por litro de gasolina nesse percurso?

b) A quantidade de CO_2 produzida por quilômetro percorrido depende da velocidade do carro. Suponha que, para o carro em questão, a função c(v) que fornece a quantidade de CO_2, em g/km, com relação à velocidade **v**, para velocidades entre 20 e 40 km/h, seja dada por um polinômio (função polinomial) do segundo grau. Determine esse polinômio com base nos dados da tabela abaixo.

Velocidade (km/h)	Emissão de CO_2 (g/km)
20	400
30	250
40	200

27. (PUC-RJ) O retângulo ABCD tem dois vértices na parábola de equação $y = \frac{x^2}{6} - \frac{11}{6}x + 3$ e dois vértices no eixo **x**, como na figura abaixo.

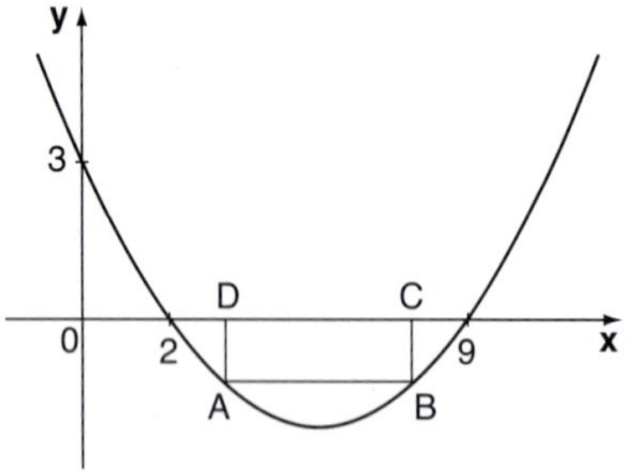

Sabendo que D = (3, 0), faça o que se pede.

a) Determine as coordenadas do ponto **A**.

b) Determine as coordenadas do ponto **C**.

c) Calcule a área do retângulo ABCD.

28. Para quais valores reais de **a**, para todo $x \neq 0$, vale a desigualdade: $\frac{x-a}{x^2+1} < \frac{x+a}{x^2}$?

29. (Uerj) Observe a parábola de vértice **V**, gráfico da função quadrática definida por $y = ax^2 + bx + c$, que corta o eixo das abscissas nos pontos **A** e **B**.

Calcule o valor numérico de $\Delta = b^2 - 4ac$, sabendo que o triângulo ABV é equilátero.

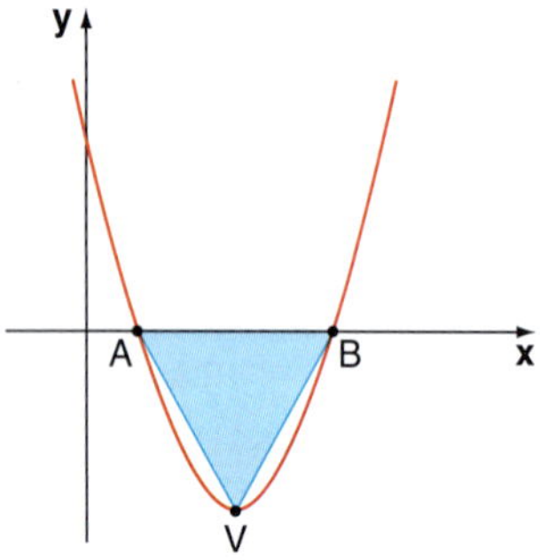

30. (Fuvest-SP) Para cada número real **m**, considere a função quadrática $f(x) = x^2 + mx + 2$. Nessas condições:

a) Determine, em função de **m**, as coordenadas do vértice da parábola de equação $y = f(x)$.

b) Determine os valores de **m** para os quais a imagem de **f** contém o conjunto $\{x \in \mathbb{R}: y \geqslant 1\}$.

c) Determine o valor de **m** para o qual a imagem de **f** é igual ao conjunto $\{y \in \mathbb{R}: y \geqslant 1\}$ e, além disso, **f** é crescente no conjunto $\{x \in \mathbb{R}: x \geqslant 0\}$.

d) Encontre, para a função determinada pelo valor de **m** do item *c* e para cada $y \geqslant 2$, o único valor de $x \geqslant 0$ tal que $f(x) = y$.

31. Na festa de confraternização de uma empresa havia **x** funcionários. Cada um cumprimentou todos os outros uma única vez. Seja **y** o número total de cumprimentos realizados na festa.

a) Determine **y** em função de **x**.

b) Determine os valores de **x** para os quais $y \geqslant 3741$.

c) Determine o número mínimo de pessoas que devem participar da festa a fim de que o número de cumprimentos ultrapasse 6 000. (Use uma calculadora).

32. Dois veículos partiram, simultaneamente, de um mesmo ponto em uma estrada, com destino a um posto de gasolina distante 120 quilômetros do ponto de partida. As velocidades médias desenvolvidas pelos motoristas são tais que, em uma hora, o mais veloz percorre 10 quilômetros a mais que o outro, chegando ao posto de gasolina 10 minutos antes.

Determine em quanto tempo o motorista mais veloz chegou ao posto de gasolina.

Testes

1. (Enem) Um estudante está pesquisando o desenvolvimento de certo tipo de bactéria. Para essa pesquisa, ele utiliza uma estufa para armazenar as bactérias. A temperatura no interior dessa estufa, em graus Celsius, é dada pela expressão $T(h) = -h^2 + 22h - 85$, em que **h** representa as horas do dia. Sabe-se que o número de bactérias é o maior possível quando a estufa atinge sua temperatura máxima e, nesse momento, ele deve retirá-las da estufa. A tabela associa intervalos de temperatura, em graus Celsius, com as classificações: muito baixa, baixa, média, alta e muito alta.

Intervalos de temperatura (°C)	Classificação
$T < 0$	Muito baixa
$0 \leqslant T \leqslant 17$	Baixa
$17 < T < 30$	Média
$30 \leqslant T \leqslant 43$	Alta
$T > 43$	Muito alta

Quando o estudante obtém o maior número possível de bactérias, a temperatura no interior da estufa está classificada como

a) muito baixa.
b) baixa.
c) média.
d) alta.
e) muito alta.

2. (Uece) Sejam f, g: $\mathbb{R} \to \mathbb{R}$ funções quadráticas dadas por $f(x) = -x^2 + 8x - 12$ e $g(x) = x^2 + 8x + 17$. Se **M** é o maior máximo de **f** e **m** o valor mínimo de **g**, então, o produto $M \cdot m$ é igual a

a) 8.
b) 6.
c) 4.
d) 10.

3. (PUC-RJ) Considere as funções reais $f(x) = x^2 + 4x$ e $g(x) = x$.
Qual é o maior inteiro para o qual vale a desigualdade $f(x) < g(x)$?

a) -3
b) -1
c) 0
d) 3
e) 4

4. (Enem) Uma padaria vende, em média, 100 pães especiais por dia e arrecada com essas vendas, em média, R$ 300,00. Constatou-se que a quantidade de pães especiais vendidos diariamente aumenta, caso o preço seja reduzido, de acordo com a equação

$$q = 400 - 100p.$$

na qual **q** representa a quantidade de pães especiais vendidos diariamente e **p**, o seu preço em reais.

A fim de aumentar o fluxo de clientes, o gerente da padaria decidiu fazer uma promoção. Para tanto, modificará o preço do pão especial de modo que a quantidade a ser vendida diariamente seja a maior possível, sem diminuir a média de arrecadação diária na venda desse produto.

O preço **p**, em reais, do pão especial nessa promoção deverá estar no intervalo

a) R\$ 0,50 $\leq p <$ R\$ 1,50
b) R\$ 1,50 $\leq p <$ R\$ 2,50
c) R\$ 2,50 $\leq p <$ R\$ 3,50
d) R\$ 3,50 $\leq p <$ R\$ 4,50
e) R\$ 4,50 $\leq p <$ R\$ 5,50

5. (Ufam) A função f: $\mathbb{R} \to \mathbb{R}$ tem como gráfico uma parábola e satisfaz $f(x + 1) - f(x) = 8x - 4$, para todo número real **x**. Então o menor valor de f(x) ocorre quando o valor de **x** é igual a:

a) 2.
b) 1.
c) $\frac{1}{2}$.
d) $\frac{1}{4}$.
e) -1.

6. (Cefet-MG) Sobre a função real $f(x) = (k - 2)x^2 + 4x - 5$, assinale (**V**) para as afirmativas verdadeiras ou (**F**) para as falsas.

( ) O gráfico de f(x) é uma parábola para todo $k \in \mathbb{R}$;
( ) Se $k = 1$, então f(x) é negativa para todo $k \in \mathbb{R}$;
( ) Se $k > 2$, então f(x) é uma parábola com concavidade voltada para cima;
( ) Se $k = 3$, então $f(-5) = 1$.

A sequência correta encontrada é:

a) V, F, F, F
b) F, V, F, V
c) V, F, V, V
d) F, V, V, F

7. (Ufam) Seja f: $\mathbb{R} \to \mathbb{R}$ uma função quadrática com raízes $x_1 = 1$ e $x_2 = 5$, tal que seu valor máximo é $y_v = 4$.
A lei que melhor define esta função é:

a) $f(x) = -x^2 + 6x - 5$
b) $f(x) = x^2 - 6x + 5$
c) $f(x) = -2x^2 + 12x - 10$
d) $f(x) = 2x^2 - 12x + 10$
e) $f(x) = -2x^2 - 12x + 10$

8. (UEMG) O lucro de uma empresa é dado pela expressão matemática $L = R - C$, onde **L** é o lucro, **C** o custo da produção e **R** a receita do produto. Uma fábrica de tratores produziu **n** unidades e verificou que o custo de produção era dado pela função $C(n) = n^2 - 1000n$ e a receita representada por $R(n) = 5000n - 2n^2$.

Com base nas informações acima, a quantidade **n** de peças a serem produzidas para que o lucro seja máximo corresponde a um número do intervalo

a) $580 < n < 720$.
b) $860 < n < 940$.
c) $980 < n < 1300$.
d) $1350 < n < 1800$.

9. (Enem) Um túnel deve ser lacrado com uma tampa de concreto. A seção transversal do túnel e a tampa de concreto têm contornos de um arco de parábola e mesmas dimensões. Para determinar o custo da obra, um engenheiro deve calcular a área sob o arco parabólico em questão. Usando o eixo horizontal no nível do chão e o eixo de simetria da parábola como eixo vertical, obteve a seguinte equação para a parábola:

$y = 9 - x^2$, sendo **x** e **y** medidos em metros.

Sabe-se que a área sob uma parábola como esta é igual a $\frac{2}{3}$ da área do retângulo cujas dimensões são, respectivamente, iguais à base e à altura da entrada do túnel.

Qual é a área da parte frontal da tampa de concreto, em metro quadrado?

a) 18
b) 20
c) 36
d) 45
e) 54

10. (PUC-RJ) A soma dos valores inteiros que satisfazem a desigualdade de $x^2 + 6x \leqslant -8$ é:

a) −9
b) −6
c) 0
d) 4
e) 9

11. (Unicamp-SP) Quarenta pessoas em excursão pernoitam em um hotel. Somados, os homens despendem R$ 2 400,00. O grupo de mulheres gasta a mesma quantia, embora cada uma tenha pago R$ 64,00 a menos que cada homem. Denotando por **x** o número de homens do grupo, uma expressão que modela esse problema e permite encontrar tal valor é:

a) $2400x = (2400 + 64x)(40 - x)$
b) $2400(40 - x) = (2400 - 64x)x$
c) $2400x = (2400 - 64x)(40 - x)$
d) $2400(40 - x) = (2400 + 64x)x$

12. (UFRGS-RS) Considere o polinômio **p** definido por $p(x) = x^2 + 2(n + 2)x + 9n$.

Se as raízes de $p(x) = 0$ são iguais, os valores de **n** são

a) 1 e 4.
b) 2 e 3.
c) −1 e 4.
d) 2 e 4.
e) 1 e −4.

13. (UCS-RS) O lucro obtido por um distribuidor com a venda de caixas de determinada mercadoria é dado pela expressão $L(x) = \left(\frac{6}{5}x - \frac{0{,}01}{5}x^2\right) - 0,6x$, em que **x** denota o número de caixas vendidas. Quantas caixas o distribuidor deverá vender para que o lucro seja máximo?

a) 60
b) 120
c) 150
d) 600
e) 1 500

14. (Insper-SP) Uma companhia aérea começa a vender bilhetes para os voos de um dia específico com antecedência de um ano. O preço p(t), em reais, que ela cobra por um determinado trecho vai aumentando conforme se aproxima a data do voo de acordo com a lei

$$p(t) = 2000 - 4t,$$

em que **t** é o tempo, em dias, que falta para a respectiva data.

Considere que a quantidade vendida **v** em cada um desses dias varia em função do preço p(t) e do tempo **t**, segundo a expressão

$$v = 0{,}0002 \cdot t \cdot p(t).$$

O valor arrecadado por essa companhia no dia em que a quantidade vendida é máxima é igual a

a) R$ 30 000,00.
b) R$ 40 000,00.
c) R$ 50 000,00.
d) R$ 60 000,00.
e) R$ 70 000,00.

15. (UFSM-RS) Ao descartar detritos orgânicos nos lagos, o homem está contribuindo para a redução de quantidade de oxigênio destes. Porém, com o passar do tempo, a natureza vai restaurar a quantidade de oxigênio até o seu nível natural.

Suponha que a quantidade de oxigênio, **t** dias após os detritos orgânicos serem despejados no lago, é expressa por $f(t) = 100\left(\frac{t^2 - 20t + 198}{t^2 + 1}\right)$ por cento (%) de seu nível normal.

Se $\mathbf{t_1}$ e $\mathbf{t_2}$, com $t_1 < t_2$, representam o número de dias para que a quantidade de oxigênio seja 50% de seu nível normal, então $t_2 - t_1$ é igual a:

a) $-4\sqrt{5}$.
b) $-2\sqrt{5}$.
c) $2\sqrt{5}$.
d) $4\sqrt{5}$.
e) 40.

16. (Unicamp-SP) Um jogador de futebol chuta uma bola a 30 m do gol adversário. A bola descreve uma trajetória parabólica, passa por cima da trave e cai a uma distância de 40 m de sua posição original. Se, ao cruzar a linha do gol, a bola estava a 3 m do chão, a altura máxima por ela alcançada esteve entre

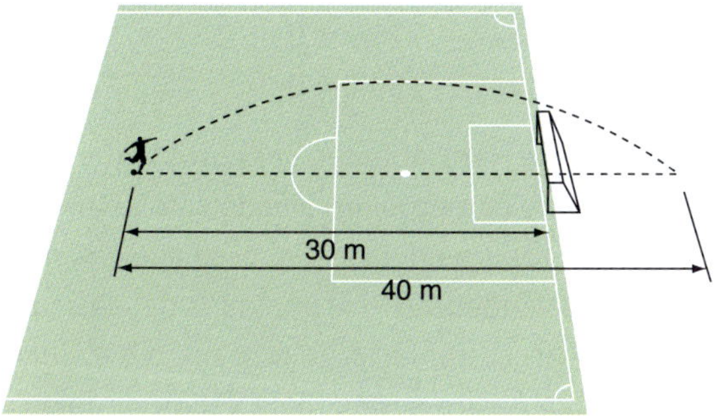

a) 4,1 e 4,4 m.
b) 3,8 e 4,1 m.
c) 3,2 e 3,5 m.
d) 3,5 e 3,8 m.

17. (EsPCEx-SP) Um fabricante de poltronas pode produzir cada peça ao custo de R$ 300,00. Se cada uma for vendida por **x** reais, esse fabricante venderá por mês $(600 - x)$ unidades, em que $0 \leqslant x \leqslant 600$.

Assinale a alternativa que representa o número de unidades vendidas mensalmente que corresponde ao lucro máximo.

a) 150
b) 250
c) 350
d) 450
e) 550

18. (Enem) Um professor, depois de corrigir as provas de sua turma, percebeu que várias questões estavam muito difíceis. Para compensar, decidiu utilizar uma função polinomial **f**, de grau menor que 3, para alterar as notas **x** da prova para notas $y = f(x)$, da seguinte maneira:

- A nota zero permanece zero.
- A nota 10 permanece 10.
- A nota 5 passa a ser 6.
- A expressão da função $y = f(x)$ a ser utilizada pelo professor é:

a) $y = -\frac{1}{25}x^2 + \frac{7}{5}x$

b) $y = -\frac{1}{10}x^2 + 2x$

c) $y = \frac{1}{24}x^2 + \frac{7}{12}x$

d) $y = \frac{4}{5}x + 2$

e) $y = x$

19. (FGV-SP) A área de um segmento parabólico, sombreado na figura a seguir, pode ser calculada por meio da fórmula $\frac{2 \cdot PV \cdot AB}{3}$, sendo **V** o vértice da parábola.

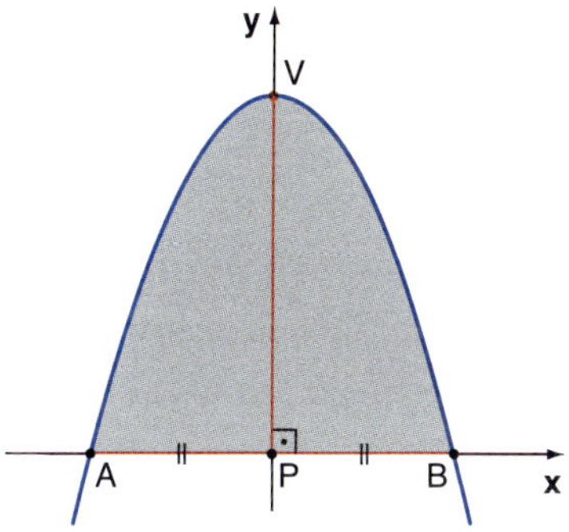

Sendo **b** um número real positivo, a parábola de equação $y = -0{,}5x^2 + bx$ determina, com o eixo **x** do plano cartesiano, um segmento parabólico da área igual a 18.

Sendo assim, **b** é igual a

a) 2.
b) 3.
c) 4.
d) 5.
e) 6.

20. (Enem) Para evitar uma epidemia, a Secretaria de Saúde de uma cidade dedetizou todos os bairros, de modo a evitar a proliferação do mosquito da dengue. Sabe-se que o número **f** de infectados é dado pela função $f(t) = -2t^2 + 120t$ (em que **t** é expresso em dia e $t = 0$ é o dia anterior à primeira infecção) e que tal expressão é válida para os 60 primeiros dias da epidemia.

A Secretaria de Saúde decidiu que uma segunda dedetização deveria ser feita no dia em que o número de infectados chegasse à marca de 1 600 pessoas, e uma segunda dedetização precisou acontecer.

A segunda dedetização começou no

a) 19º dia.
b) 20º dia.
c) 29º dia.
d) 30º dia.
e) 60º dia.

21. (UFRGS-RS) Considere as funções **f** e **g**, definidas respectivamente por $f(x) = 10x - x^2 - 9$ e $g(x) = 7$, representadas no mesmo sistema de coordenadas cartesianas. O gráfico da função **g** intersecta o gráfico da função **f** em dois pontos. O gráfico da função **f** intersecta o eixo das abcissas em dois pontos.

A área do quadrilátero convexo com vértices nesses pontos é

a) 14.
b) 28.
c) 49.
d) 63.
e) 98.

22. (FICSAE-SP) Adriana e Beatriz precisam produzir 240 peças. Juntas elas levarão um tempo **T**, em horas, para produzir essas peças. Se Adriana trabalhar sozinha, ela levará (T + 4 h) para produzir as peças. Beatriz, sozinha, levará (T + 9 h) para realizar o serviço. Supondo que cada uma delas trabalhe em ritmo constante, o número de peças que Adriana produz a mais do que Beatriz, a cada hora, é igual a

a) 6
b) 8
c) 9
d) 10

23. (UPE) Em torno de um canteiro retangular de 12 m de comprimento por 8 m de largura, pretende-se construir uma calçada. Qual deve ser a largura máxima dessa calçada, se o material disponível só é suficiente para cimentar uma área de 69 m^2?

a) 1,0 m
b) 1,5 m
c) 2,0 m
d) 2,5 m
e) 3,0 m

24. (FGV-SP) Alfredo e Breno partem, ao mesmo tempo, dos pontos **A** e **B**, respectivamente, ambos caminhando sobre a reta $\overleftrightarrow{AB}$, mas em sentidos contrários. No momento em que eles se encontram, Alfredo havia percorrido 18 km a mais do que Breno. Logo depois do encontro, eles continuam suas caminhadas sendo que Alfredo leva 4 horas para chegar em **B**, percorrendo **x** quilômetros, e Breno leva 9 horas para chegar em **A**. Admitindo-se que Alfredo e Breno fizeram suas caminhadas com velocidades constantes durante todo o tempo, **x** será a raiz positiva da equação

a) $5x^2 - 36x - 684 = 0$.
b) $5x^2 - 72x - 1\,296 = 0$.
c) $5x^2 - 72x - 1\,368 = 0$.
d) $5x^2 - 144x - 1\,296 = 0$.
e) $5x^2 - 144x - 1\,368 = 0$.

25. (PUC-SP) Para abastecer seu estoque, um comerciante comprou um lote de camisetas ao custo de 16 reais a unidade. Sabe-se que em um mês, no qual vendeu (40 − x) unidades dessas camisetas ao preço unitário de **x** reais, o seu lucro foi máximo. Assim sendo, pela venda de tais camisetas nesse mês, o percentual de aumento repassado aos seus clientes, calculado sobre o preço unitário que o comerciante pagou na compra do lote, foi de:

a) 80%.
b) 75%.
c) 60%.
d) 45%.

26. (Uerj) Observe a função **f**, definida por:
$f(x) = x^2 - 2kx + 29$, para $x \in \mathbb{R}$.

Se $f(x) \geqslant 4$, para todo número real **x**, o valor mínimo da função **f** é 4.

Assim, o valor positivo do parâmetro **k** é:

a) 5
b) 6
c) 10
d) 15

27. (Enem) Dispondo de um grande terreno, uma empresa de entretenimento pretende construir um espaço retangular para *shows* e eventos, conforme a figura.

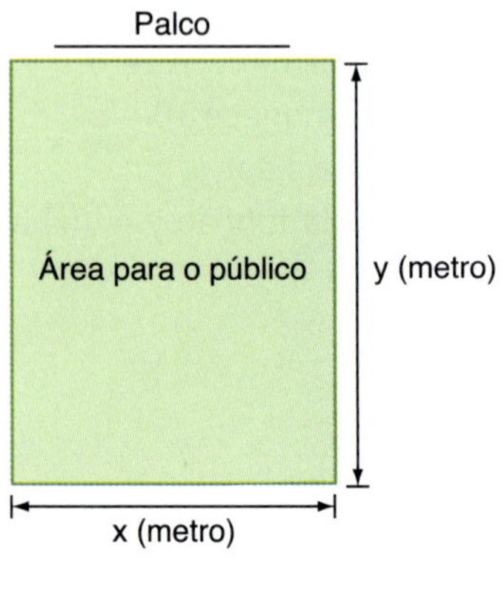

A área para o público será cercada com dois tipos de materiais:

- nos lados paralelos ao palco será usada uma tela do tipo **A**, mais resistente, cujo valor do metro linear é R$ 20,00;
- nos outros dois lados será usada uma tela do tipo **B**, comum, cujo metro linear custa R$ 5,00.

A empresa dispõe de R$ 5 000,00 para comprar todas as telas, mas quer fazer de tal maneira que obtenha a maior área possível para o público.

A quantidade de cada tipo de tela que a empresa deve comprar é

a) 50,0 m da tela tipo **A** e 800,00 m da tela tipo **B**.
b) 62,5 m da tela tipo **A** e 250,0 m da tela tipo **B**.
c) 100,0 m da tela tipo **A** e 600,0 m da tela tipo **B**.
d) 125,0 m da tela tipo **A** e 500,0 m da tela tipo **B**.
e) 200,0 m da tela tipo **A** e 200,0 m da tela tipo **B**.

28. (Fuvest-SP) A trajetória de um projétil, lançado da beira de um penhasco sobre um terreno plano e horizontal, é parte de uma parábola com eixo de simetria vertical, como ilustrado na figura abaixo.

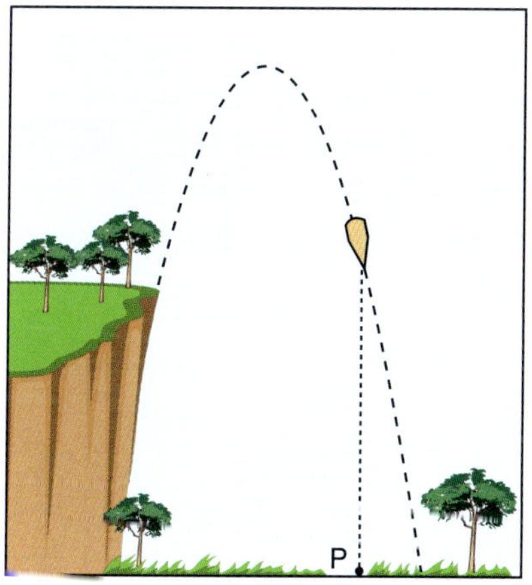

O ponto **P** sobre o terreno, pé da perpendicular traçada a partir do ponto ocupado pelo projétil, percorre 30 m desde o instante do lançamento até o instante em que o projétil atinge o solo. A altura máxima do projétil, de 200 m acima do terreno, é atingida no instante em que a distância percorrida por **P**, a partir do instante do lançamento, é de 10 m. Quantos metros acima do terreno estava o projétil quando foi lançado?

a) 60
b) 90
c) 120
d) 150
e) 180

29. (UEPB) O gráfico da função f: $\mathbb{R} \to \mathbb{R}$ dada por $f(x) = mx^2 + nx + p$ com $m \neq 0$ é a parábola esboçada abaixo, com vértice no ponto **V**.
Então podemos concluir corretamente que:

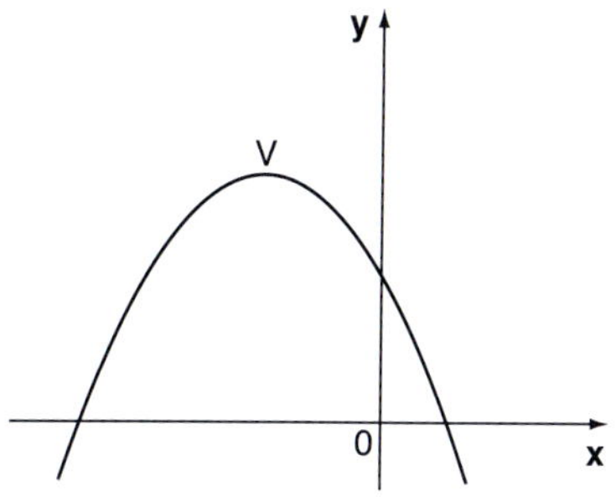

a) $m > 0$, $n < 0$ e $p > 0$.
b) $m < 0$, $n > 0$ e $p > 0$.
c) $m < 0$, $n < 0$ e $p < 0$.
d) $m < 0$, $n < 0$ e $p > 0$.
e) $m > 0$, $n > 0$ e $p > 0$.

30. (UEG-GO) O trinômio do segundo grau $y = (2m + 1)x^2 + 4mx + m$, em que **m** é um número real, é sempre positivo, se e somente se:

a) $m > \frac{1}{2}$.
b) $0 < m < \frac{1}{2}$.
c) $m < \frac{1}{2}$.
d) $-\frac{1}{2} < m < 0$.

31. (Unicamp-SP) Seja **a** um número real. Considere as parábolas de equações cartesianas $y = x^2 + 2x + 2$ e $y = 2x^2 + ax + 3$. Essas parábolas não se intersectam se e somente se:

a) $|a| = 2$
b) $|a| < 2$
c) $|a - 2| < 2$
d) $|a - 2| \geq 2$

32. (UFRGS-RS) Dadas as funções **f** e **g**, definidas por $f(x) = x^2 + 1$ e $g(x) = x$, o intervalo tal que $f(x) > g(x)$ é

a) $\left(\frac{-1-\sqrt{5}}{2}, \frac{-1+\sqrt{5}}{2}\right)$.
b) $\left(-\infty, \frac{-1-\sqrt{5}}{2}\right) \cup \left(\frac{-1+\sqrt{5}}{2}, +\infty\right)$.
c) $\left(-\infty, \frac{1-\sqrt{5}}{2}\right) \cup \left(\frac{1+\sqrt{5}}{2}, +\infty\right)$.
d) $\left(\frac{1-\sqrt{5}}{2}, \frac{1+\sqrt{5}}{2}\right)$.
e) $(-\infty, +\infty)$.

33. (UPE) A parábola, representada na figura abaixo é o esboço do gráfico de uma função quadrática $f(x) = ax^2 + bx + c$. Se a parábola $y = 2 - f(x + 3)$ tem vértice $V = (p, q)$ e intersecta o eixo **y** no ponto $P = (0, r)$, qual é o valor $\frac{p - q}{r}$?

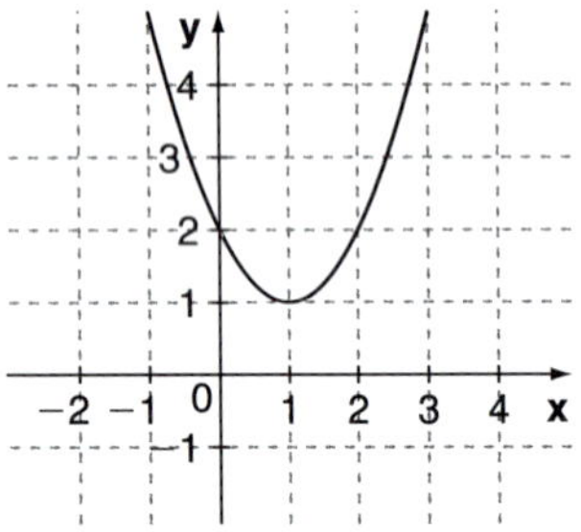

a) $\frac{1}{3}$

b) 1

c) $-\frac{1}{3}$

d) -1

e) -2

34. (UFJF-MG) Uma função quadrática $f(x) = ax^2 + bx + c$ assume valor máximo igual a 2, em $x = 3$. Sabendo-se que 0 é a raiz da função **f**, então f(5) é igual a:

a) $-\frac{2}{9}$

b) 0

c) 1

d) $\frac{10}{9}$

e) $\frac{4}{3}$

35. (UPE) Se escrevermos a função quadrática $f(x) = 2x^2 - x + 3$ na forma $f(x) = a \cdot (x - m)^2 + n$, o valor de $a + m + n$ é igual a

a) $\frac{19}{4}$

b) $\frac{27}{4}$

c) $\frac{41}{8}$

d) $\frac{33}{8}$

e) $\frac{25}{8}$

36. (Uece) Sejam $f: \mathbb{R} \to \mathbb{R}$ a função definida por $f(x) = x^2 + x + 1$, **P** e **Q** pontos do gráfico de **f** tais que o segmento de reta $\overline{PQ}$ é horizontal e tem comprimento igual a 4 m. A medida da distância do segmento $\overline{PQ}$ ao eixo das abscissas é:
(Observação: A escala usada nos eixos coordenados adota o metro como unidade de comprimento).

a) 5,25 m

b) 5,05 m

c) 4,75 m

d) 4,95 m

37. (Vunesp) No universo dos números reais, a equação $\frac{(x^2 - 13x + 40)(x^2 - 13x + 42)}{\sqrt{x^2 - 12x + 35}} = 0$ é satisfeita por apenas

a) três números.

b) dois números.

c) um número.

d) quatro números.

e) cinco números.

38. (FGV-SP) Um fazendeiro dispõe de material para construir 60 metros de cerca em uma região retangular, com um lado adjacente a um rio. Sabendo que ele não pretende colocar cerca no lado do retângulo adjacente ao rio, a área máxima da superfície que conseguirá cercar é:

a) 430 m²

b) 440 m²

c) 460 m²

d) 470 m²

e) 450 m²

39. (Uece) Se **x** e **y** são números reais tais que $5y + 2x = 10$, então, o menor valor que $x^2 + y^2$ pode assumir é:

a) $\frac{70}{13}$.

b) $\frac{97}{17}$.

c) $\frac{100}{29}$.

d) $\frac{85}{31}$.

40. (Fuvest-SP) O retângulo ABCD, representado na figura, tem lados de comprimento AB = 3 e BC = 4. O ponto **P** pertence ao lado $\overline{BC}$ e BP = 1. Os pontos **R**, **S** e **T** pertencem aos lados $\overline{AB}$, $\overline{CD}$ e $\overline{AD}$, respectivamente. O segmento $\overline{RS}$ é paralelo a $\overline{AD}$ e intersecta $\overline{DP}$ no ponto **Q**. O segmento $\overline{TQ}$ é paralelo a $\overline{AB}$.

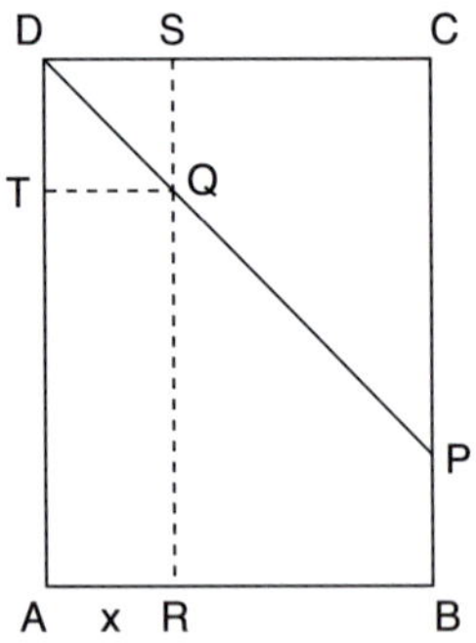

Sendo **x** o comprimento de $\overline{AR}$, o maior valor da soma das áreas do retângulo ARQT, do triângulo CQP e do triângulo DQS, para **x** variando no intervalo aberto]0, 3[, é

a) $\frac{61}{8}$

b) $\frac{33}{4}$

c) $\frac{17}{2}$

d) $\frac{35}{4}$

e) $\frac{73}{8}$

CAPÍTULO

6

Função modular

Julien Bastide/Dreamstime/Glow Images

// O imposto de renda é arrecadado pela Receita Federal do Brasil e financia projetos governamentais em áreas como educação, saúde e agricultura. Esse imposto é calculado com base nos rendimentos do contribuinte de acordo com faixas salariais. Nessa situação, podemos dizer que o imposto é uma função definida por mais de uma sentença. Esse tipo de função será importante para o estudo de funções modulares que realizaremos neste capítulo.

Função definida por mais de uma sentença

No início de 2017, o imposto de renda era calculado com base na seguinte tabela:

Tabela de incidência mensal
(a partir do mês de abril do ano calendário de 2015)

Rendimento mensal (em R$)	Alíquota (em %)	Parcela a deduzir (em R$)
Até 1 903,98	—	—
De 1 903,99 até 2 826,65	7,5	142,80
De 2 826,66 até 3 751,05	15	354,80
De 3 751,06 até 4 664,68	22,5	636,13
Acima de 4 664,68	27,5	869,36

Fonte: Receita Federal do Brasil. Disponível em: <idg.receita.fazenda.gov.br/acesso-rapido/tributos/irpf-imposto-de-renda-pessoa-fisica#tabelas-para-atualiza-o-do-custo-de-bens-e-direitos>. Acesso em: 20 jun. 2018.

A tabela mostra a alíquota de imposto e a parcela a deduzir para cada faixa de rendimento mensal. Para calcular o imposto de renda (IR), é necessário calcular uma porcentagem do salário e, do valor obtido, subtrair uma parcela. Acompanhe os exemplos:

- Um trabalhador com rendimentos mensais de R$ 1 500,00 fica isento do pagamento do imposto, isto é, IR = 0;
- Um trabalhador com rendimento de R$ 2 500,00 no mês tem seu IR assim calculado (veja a 2ª faixa de rendimento mensal da tabela):

  1º) 7,5% de 2 500: $\frac{7,5}{100} \cdot 2500 = 187,50$.

  2º) $187,50 - 142,80 = 44,70$, isto é, IR = R$ 44,70.
- Um trabalhador com salário mensal de R$ 4 000,00 tem seu IR assim calculado (veja a 4ª faixa de rendimento mensal da tabela):

  1º) 22,5% de 4 000: $\frac{22,5}{100} \cdot 4000 = 900$.

  2º) $900 - 636,13 = 263,87$, isto é, IR = R$ 263,87.
- Um trabalhador cujo salário mensal é R$ 8 000,00 tem seu IR assim calculado (veja a última faixa de rendimento mensal da tabela):

  1º) 27,5% de 8 000: $\frac{27,5}{100} \cdot 8000 = 2200$.

  2º) $2200 - 869,36 = 1330,64$, isto é, IR = R$ 1 330,64.

Em geral, se o salário do trabalhador é **x**, seu imposto de renda mensal **y** é assim calculado:

- Se $0 < x \leq 1903,98$, então $y = 0$
- Se $1903,99 \leq x \leq 2826,65$, então $y = 0,075 \cdot x - 142,80$
- Se $2826,66 \leq x \leq 3751,05$, então $y = 0,15 \cdot x - 354,80$
- Se $3751,06 \leq x \leq 4664,68$, então $y = 0,225 \cdot x - 636,13$
- Se $x > 4664,68$, então $y = 0,275 \cdot x - 869,36$

Podemos observar que **y** é função de **x** e essa relação é estabelecida por cinco sentenças. Usa-se uma sentença ou outra dependendo do intervalo em que o valor de **x** se enquadra. Esse é um exemplo de **função definida por mais de uma sentença**.

Veja o exemplo seguinte.

EXEMPLO 1

Considere o quadro a seguir, que apresenta parte da conta de água de uma residência que gastou 17 m^3 de água. Além do valor a pagar, a conta mostra como calculá-lo em função do consumo de água (em m^3). Existe uma tarifa mínima e diferentes faixas de tarifação.

Companhia de saneamento – Tarifa de água/m^3

Faixa de consumo (em m^3)	Tarifa (em reais)	Consumo	Valor (em reais)
até 10	6,00	tarifa mínima	6,00
de 11 a 20	0,93 por m^3	7	6,51
de 21 a 50	2,33 por m^3	–	–
acima de 50	2,98 por m^3	–	–
		Total	12,51

Observe que, à medida que o consumo aumenta, o valor do metro cúbico de água fica mais caro. É uma forma de privilegiar famílias cujo consumo é menor com tarifas mais baixas, estimulando-as a diminuir o consumo de água e alertando a população da necessidade do consumo mais consciente da água.

Veja qual seria o valor da conta se o consumo dobrasse, isto é, se passasse a 34 m^3 de água:

$$\underbrace{6{,}00}_{\text{primeiros } 10\ m^3} + \underbrace{0{,}93 \cdot 10}_{\text{de } 11\ m^3 \text{ a } 20\ m^3} + \underbrace{2{,}33 \cdot 14}_{\text{de } 21\ m^3 \text{ a } 34\ m^3} = 6{,}00 + 9{,}30 + 32{,}62 = 47{,}92$$

Exercício resolvido

1. Seja f: $\mathbb{R} \rightarrow \mathbb{R}$ uma função definida pela lei:

$$f(x) = \begin{cases} 1, \text{ se } x < 0 \\ x + 1, \text{ se } x \geq 0 \end{cases}$$

Calcule $f(-3)$, $f(-\sqrt{2})$, $f(0)$, $f(2)$ e $f(1\,000)$.

Solução:

- $-3 < 0 \Rightarrow f(-3) = 1$
- $-\sqrt{2} < 0 \Rightarrow f(-\sqrt{2}) = 1$
- $0 \geq 0 \Rightarrow f(0) = 0 + 1 = 1$
- $2 \geq 0 \Rightarrow f(2) = 2 + 1 = 3$
- $1\,000 \geq 0 \Rightarrow$
  $\Rightarrow f(1\,000) = 1\,000 + 1 = 1\,001$

Exercícios

1. Seja f: $\mathbb{R} \rightarrow \mathbb{R}$ definida por $f(x) = \begin{cases} 1, \text{ se } x \geq 2 \\ -1, \text{ se } x < 2 \end{cases}$.

Calcule:

a) $f(0)$
b) $f(-1)$
c) $f(\sqrt{3})$
d) $f(\sqrt{5})$
e) $f(2)$

2. Seja f: $\mathbb{R} \rightarrow \mathbb{R}$ definida pela lei:

$$f(x) = \begin{cases} -2x + 3, \text{ se } x \geq 0 \\ 4x^2 - x + 5, \text{ se } x < 0 \end{cases}$$

Determine:

a) $f(1)$
b) $f(-1)$
c) $f(3) + f(-3)$

3. Seja f: $\mathbb{R} \rightarrow \mathbb{R}$ definida por:

$$f(x) = \begin{cases} 2x, \text{ se } x < -2 \\ x + 3, \text{ se } -2 \leq x < 1 \\ x^2 - 5, \text{ se } x \geq 1 \end{cases}$$

Calcule o valor de:

a) $f(-3) + f(0)$
b) $f(\sqrt{3}) - f(-1)$
c) $f(-2) \cdot f(2)$

4. Seja f: $\mathbb{R} \rightarrow \mathbb{R}$ dada por:

$$f(x) = \begin{cases} -2x - 5, \text{ se } x < 1 \\ 2x - 3, \text{ se } x \geq 1 \end{cases}$$

Determine os possíveis valores de **x** tais que:

a) $f(x) = 0$
b) $f(x) = -3$

5. Seja f: $\mathbb{R}^* \rightarrow \mathbb{R}$ definida por:

$$f(x) = \begin{cases} \frac{1}{x}, \text{ se } x \in \mathbb{Q}^* \\ x^2, \text{ se } x \in \mathbb{R}^* - \mathbb{Q}^* \end{cases}.$$

Determine:

a) $f(0, 1)$
b) $f\left(\frac{1}{\sqrt{5}}\right)$
c) $f(0{,}666...)$
d) $f(\sqrt{2}) + f(-\sqrt{2})$
e) $f(\sqrt{12} \cdot \sqrt{3})$
f) $f(\sqrt{12}) \cdot f(\sqrt{3})$

6. Observe os planos de uma operadora de celular:

- Plano I: valor fixo mensal de R$ 80,00 para até 120 minutos de ligações locais. Caso o cliente exceda esse tempo, o custo do minuto adicional é de R$ 1,20.
- Plano II: não há mensalidade e cada ligação local custa R$ 0,80.

Para quantos minutos de ligações locais no mês é indiferente contratar qualquer um dos planos?

7. Uma gráfica fez a seguinte promoção:

- Até 100 cópias: R$ 0,10 por cópia.
- Acima de 100 cópias (de um mesmo original): R$ 0,07 por cópia excedente.

Determine:

a) o valor de 130 cópias de um original;

b) a lei que define a função preço **p** pago pela reprodução de **x** cópias de um mesmo original;

c) refaça os itens *a* e *b*, supondo que, acima de 100 cópias, seja cobrado R$ 0,07 por cópia (e não apenas para as excedentes).

8. Em um encarte de supermercado consta uma promoção de amaciante de roupas, a saber:

- preço da unidade: R$ 6,80
- acima de três unidades: R$ 1,40 de desconto por unidade

a) Qual será a despesa total na compra de 2, 3, 4 e 5 unidades desse amaciante?

b) Seja **x** ($x \in \mathbb{N}$) o número de amaciantes comprados e **y** o valor total (em reais) gasto. Qual é a lei da função que relaciona **x** e **y**?

9. Considere a tabela da página 183.

a) Determine o imposto de renda mensal referente aos salários de R$ 3000,00; R$ 5500,00 e R$ 10000,00.

b) O salário mensal de Júlia é de R$ 3700,00 e o de Joice é de R$ 3800,00. Embora seus salários difiram de apenas R$ 100,00, eles estão sujeitos a faixas distintas de tributação. Joice preferia receber R$ 100,00 a menos para "escapar" da 4ª faixa de tributação e, desse modo, receber um valor líquido maior. Você concorda com Joice? Por quê?

10. Observe, no quadro seguinte, os valores do metro cúbico (m^3) de água praticados em residências de certo município, por faixa de consumo.

Faixa de consumo (m^3)	Tarifa (R$)
Até 20 m^3	1,20 por m^3
De 21 m^3 a 50 m^3	1,80 por m^3 excedente
Acima de 50 m^3	2,90 por m^3 excedente

a) Determine os valores das contas de água correspondentes a consumos de 28 m^3 e 35 m^3.

b) Qual o consumo correspondente a uma conta de água no valor de R$ 112,80?

c) Qual é a lei da função que relaciona o valor total (**v**), em reais, ao consumo de **x** metros cúbicos?

Gráfico

Vamos construir gráficos de algumas funções definidas por várias sentenças.

EXEMPLO 2

Para construir o gráfico da função $f: \mathbb{R} \to \mathbb{R}$ definida por $f(x) = \begin{cases} 1, \text{ se } x < 0 \\ x + 1, \text{ se } x \geq 0 \end{cases}$, podemos construir o gráfico correspondente a cada sentença e reuni-los, de acordo com os seguintes passos:

- construímos o gráfico da função $f(x) = 1$, mas só consideramos a parte em que $x < 0$ (figura 1);
- construímos o gráfico da função $f(x) = x + 1$, mas só consideramos a parte em que $x \geq 0$ (figura 2);
- reunimos os dois gráficos em um só (figura 3).

Ilustrações: Banco de imagens/Arquivo da editora

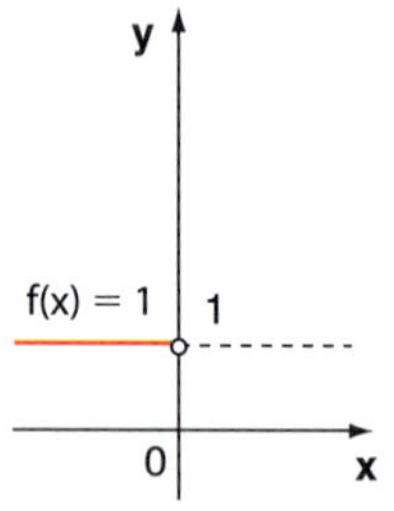

figura 1

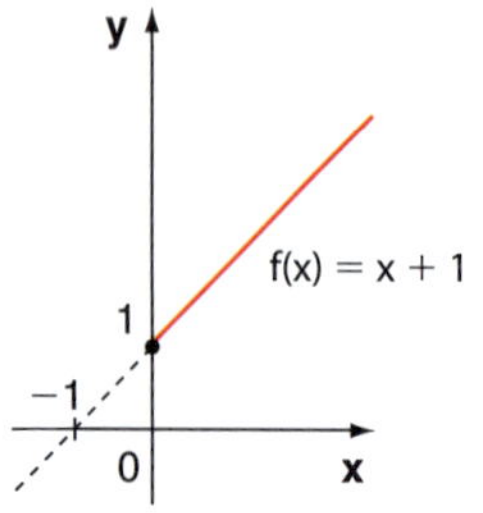

figura 2

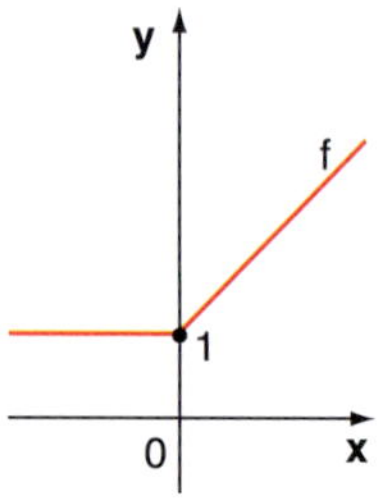

figura 3

Observe que $Im(f) = \{y \in \mathbb{R} \mid y \geq 1\}$.

EXEMPLO 3

Vamos construir o gráfico da função **f** de $\mathbb{R}$ em $\mathbb{R}$ tal que $f(x) = \begin{cases} 1 - x, \text{ se } x \leqslant 1 \\ 2, \text{ se } 1 < x \leqslant 2. \\ 4 - x, \text{ se } x > 2 \end{cases}$

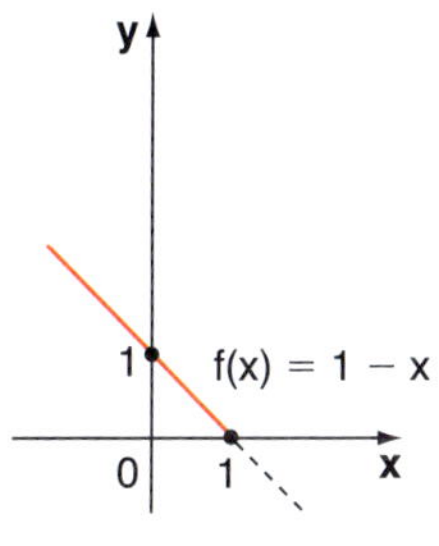

figura 1

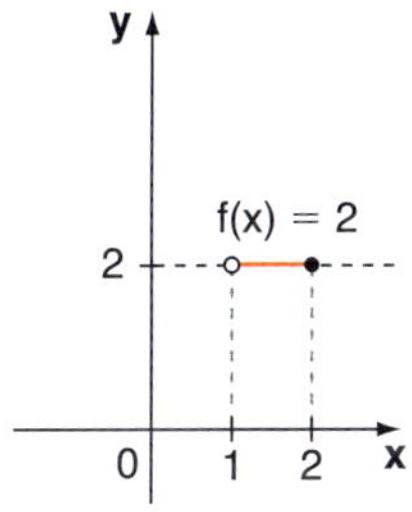

figura 2

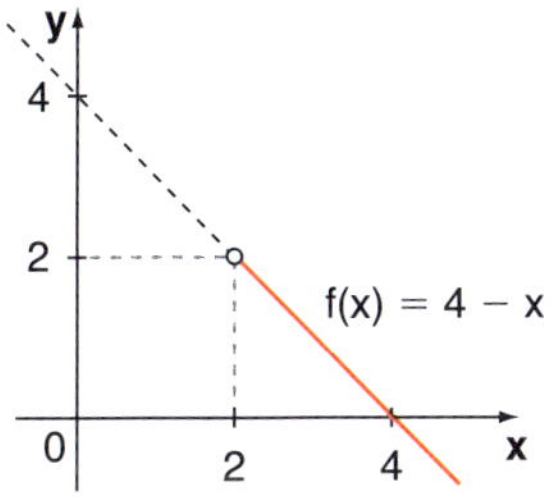

figura 3

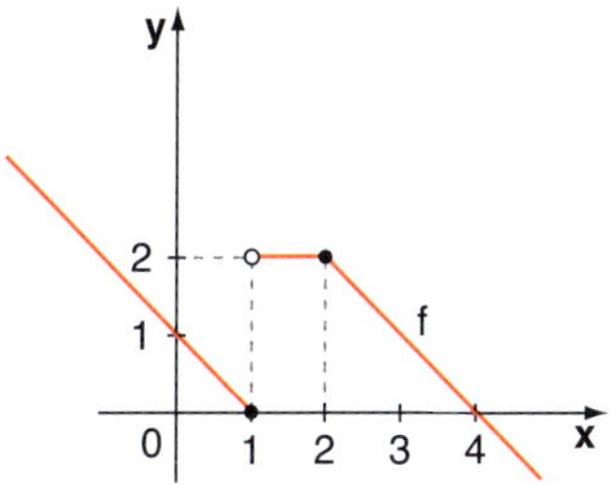

figura 4

Ilustrações: Banco de imagens/Arquivo da editora

Note que Im (f)= $\mathbb{R}$.

OBSERVAÇÃO

Note que as retas dadas pelas equações $y = 1 - x$ e $y = 4 - x$ não se intersectam, isto é, são paralelas, pois, fazendo $1 - x = 4 - x$, obtemos $0 \cdot x = 3$ e não existe **x** real que satisfaz essa equação.

Exercícios

11. Faça o gráfico das seguintes funções $f: \mathbb{R} \to \mathbb{R}$, destacando seu conjunto imagem.

a) $f(x) = \begin{cases} 2, \text{ se } x \geqslant 0 \\ -1, \text{ se } x < 0 \end{cases}$

b) $f(x) = \begin{cases} 2x, \text{ se } x \geqslant 1 \\ 2, \text{ se } x < 1 \end{cases}$

c) $f(x) = \begin{cases} -x + 1, \text{ se } x \geqslant 3 \\ 4, \text{ se } x < 3 \end{cases}$

12. Construa os gráficos das seguintes funções definidas em $\mathbb{R}$ e forneça o conjunto imagem.

a) $f(x) = \begin{cases} 1, \text{ se } x < 2 \\ 3, \text{ se } x = 2 \\ 2, \text{ se } x > 2 \end{cases}$

b) $f(x) = \begin{cases} 2x + 1, \text{ se } x \geqslant 1 \\ 4 - x, \text{ se } x < 1 \end{cases}$

c) $f(x) = \begin{cases} x^2, \text{ se } x \geqslant 0 \\ -x, \text{ se } x < 0 \end{cases}$

d) $f(x) = \begin{cases} x^2 - 2x, \text{ se } x \geqslant 0 \\ x, \text{ se } x < 0 \end{cases}$

e) $f(x) = \begin{cases} x - 2, \text{ se } x \geqslant 2 \\ -x + 2, \text{ se } x < 2 \end{cases}$

13. Forneça a lei de cada uma das funções de $\mathbb{R}$ em $\mathbb{R}$ cujos gráficos estão abaixo representados:

a)

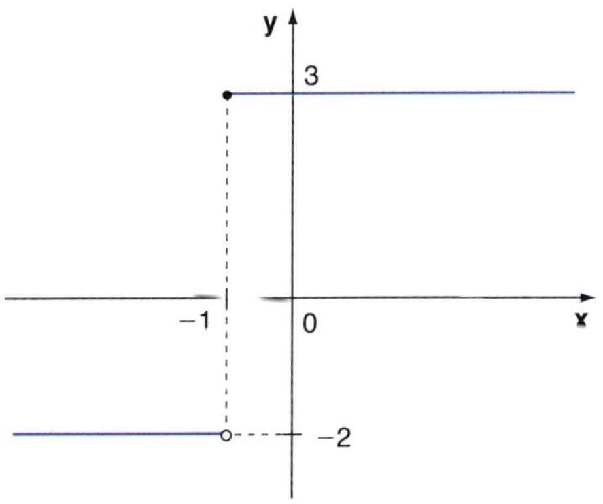

b)

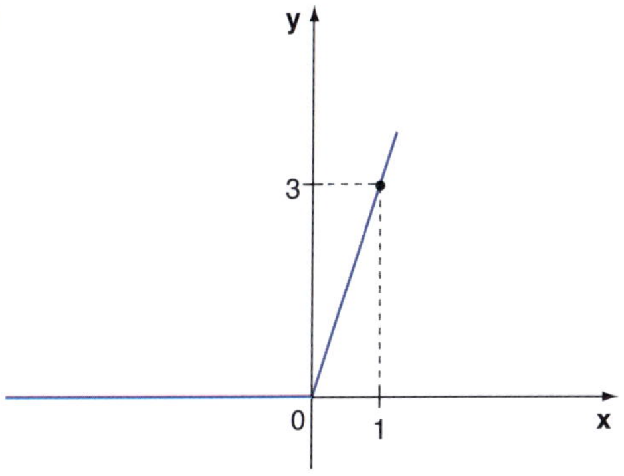

Ilustrações: Banco de imagens/Arquivo da editora

c)

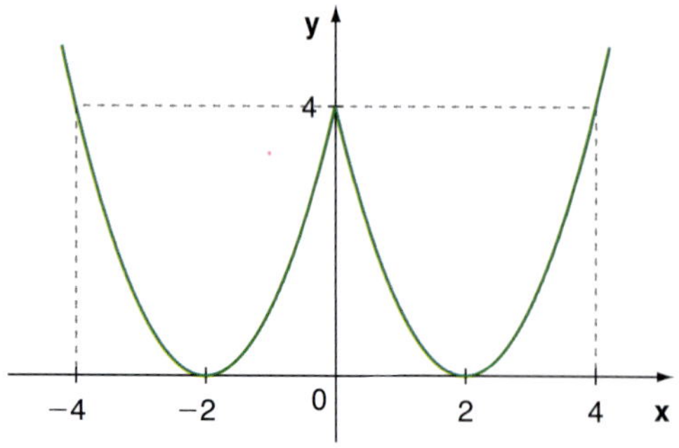

14. Seja f: $\mathbb{R} \rightarrow \mathbb{R}$ a função representada no gráfico abaixo:

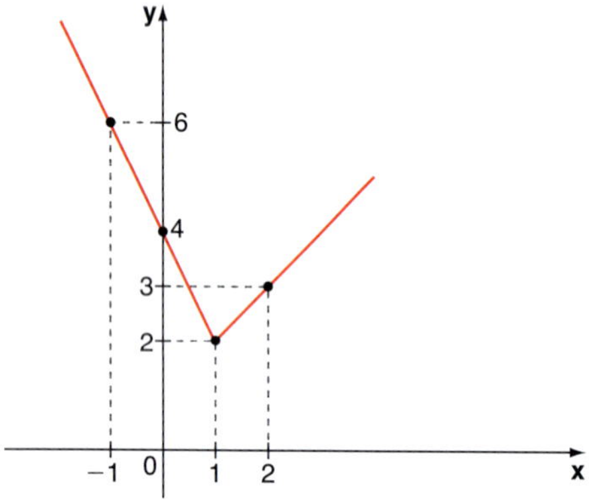

Banco de imagens/Arquivo da editora

a) Qual é a lei que define **f**?

b) Resolva a equação f(x) = 5. Verifique no gráfico as soluções encontradas.

c) Para que valores reais de **k** a equação f(x) = k apresenta soluções?

15. Uma operadora de telefonia fixa oferece o seguinte plano mensal: valor fixo de R$ 35,00 para até 200 minutos de ligações locais com a mesma operadora. Caso o cliente exceda esse tempo, o custo de cada minuto adicional é de R$ 0,10.

a) Qual é o valor da conta mensal de um usuário que utilizou 150 minutos em ligações para a mesma operadora? E de quem falou o dobro?

b) Qual é a lei da função que relaciona o valor (**y**) da conta mensal, em reais, e o número (**x**) de minutos de ligações da mesma operadora?

c) Esboce o gráfico da função obtida no item *b*.

16. Uma empresa de telefonia móvel oferece a seus clientes dois planos mensais. No plano Alfa, cobra R$ 80,00 para até 100 minutos de ligações para números de outras operadoras e R$ 0,60 por minuto excedente. No plano Beta, cobra R$ 90,00 por até 120 minutos de ligações para outras operadoras e R$ 0,80 por minuto excedente.

O gráfico seguinte mostra a relação entre o valor mensal pago e o número de minutos de ligações para outras operadoras, para os dois planos:

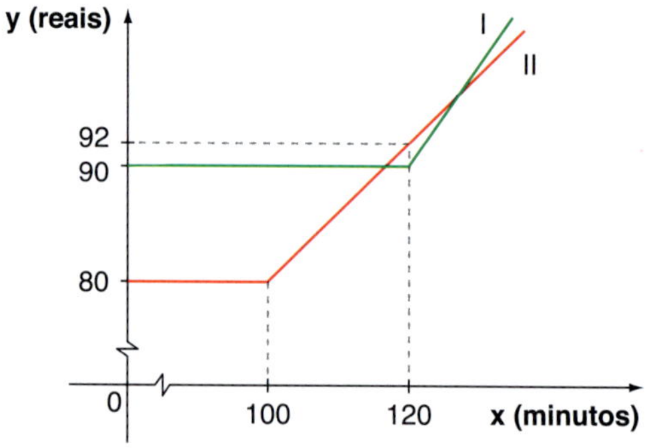

Banco de imagens/Arquivo da editora

a) Associe os gráficos I e II aos respectivos planos.

b) Determine o valor pago por um cliente **A** que usar 90 minutos mensais no plano Alfa e o valor pago por um cliente **B** que usar 140 minutos nesse mesmo plano, por mês.

c) Uma conta de R$ 154,00, no plano Beta, corresponde a quantos minutos de ligações?

d) Existem dois intervalos de tempo para os quais é mais vantajoso optar pelo plano Alfa. Localize-os no gráfico, determinando-os em seguida. (Considere nos cálculos um número inteiro de minutos.)

Módulo de um número real

O conceito de módulo de um número real é importante para a Matemática. Ele é necessário, por exemplo, para definir $\sqrt{x^2}$. Se $x \geqslant 0$, $\sqrt{x^2} = x$, e, se $x \leqslant 0$, $\sqrt{x^2} = -x$. Veja os exemplos seguintes:

I. $\sqrt{3^2} = \sqrt{9} = 3$

II. $\sqrt{(-3)^2} = \sqrt{9} = 3$

III. $\sqrt{5^2} = \sqrt{25} = 5$

IV. $\sqrt{(-5)^2} = \sqrt{25} = 5$

V. $\sqrt{0^2} = \sqrt{0} = 0$

Note que $x \geqslant 0$ em (I), (III) e (V), e $x < 0$ em (II) e (IV). Para definir $\sqrt{x^2}$, podemos usar o conceito de módulo de um número real, já apresentado no capítulo 2 e que será aprofundado agora.

Dado um número real **x**, chama-se **módulo** ou **valor absoluto de x**, e se indica por $|x|$, o número real não negativo tal que:

$$|x| = \begin{cases} x, \text{ se } x \geq 0 \\ \text{ou} \\ -x, \text{ se } x < 0 \end{cases}$$

OBSERVAÇÃO

É possível definir também $|x| = \begin{cases} x, \text{ se } x > 0 \\ \text{ou} \\ -x, \text{ se } x \leq 0 \end{cases}$, pois o oposto de zero é zero.

Isso significa que:

- o módulo de um número real não negativo é igual ao próprio número;
- o módulo de um número real negativo é igual ao oposto desse número;
- o módulo de um número real qualquer é sempre maior ou igual a zero.

Vejamos alguns exemplos:

- $|2| = 2$
- $|0| = 0$
- $|-\sqrt{3}| = \sqrt{3}$
- $|\underbrace{3 - \pi}_{\text{negativo}}| = -(3 - \pi) = \pi - 3$
- $|-7| = 7$
- $\left|-\frac{4}{3}\right| = \frac{4}{3}$
- $|\underbrace{\sqrt{7} - \sqrt{2}}_{\text{positivo}}| = \sqrt{7} - \sqrt{2}$

OBSERVAÇÃO

Com a definição de módulo de um número real, podemos escrever:
$\sqrt{x^2} = |x|$. Assim, temos:

- $\sqrt{(-3)^2} = |-3| = 3$
- $\sqrt{(-5)^2} = |-5| = 5$
- $\sqrt{3^2} = |3| = 3$
- $\sqrt{5^2} = |5| = 5$

Interpretação geométrica

O módulo de um número real **x** representa a distância, na reta real, entre **x** e 0 (origem). Veja estes exemplos:

- $|4{,}5| = 4{,}5$: distância entre 4,5 e 0

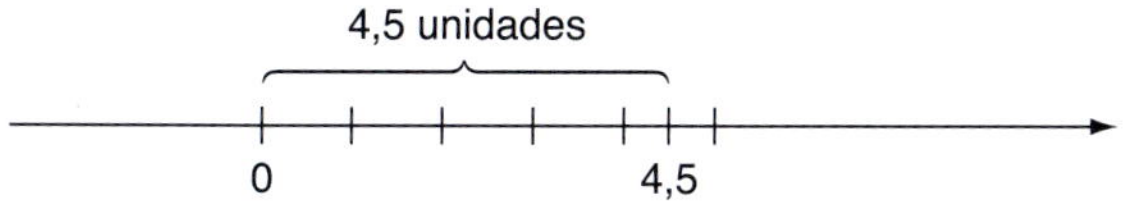

- $|-2| = 2$: distância entre -2 e 0

- $|0| = 0$: nesse caso, **x** é a própria origem e, assim, a distância é nula.

Observe que, para todo número real **x**, a distância entre 0 e **x** é sempre expressa por um número real positivo ou nulo.

Propriedades

Vamos conhecer algumas propriedades do módulo de um número real.

I. $\forall x \in \mathbb{R}, |x| \geq 0$

Demonstração:

É imediata, pois: se $x > 0, |x| = x > 0$
se $x < 0, |x| = -x > 0$
e se $x = 0, |x| = 0$

II. $|x|^2 = x^2, \forall x \in \mathbb{R}$

Demonstração:

Se $x \geq 0, |x| = x$ e, então, $|x|^2 = |x| \cdot |x| = x \cdot x = x^2$

Se $x < 0, |x| = -x$ e, então, $|x|^2 = |x| \cdot |x| = (-x) \cdot (-x) = x^2$

III. Seja $a \in \mathbb{R}_+$. Temos $|x| \leq a \Leftrightarrow -a \leq x \leq a$.

Demonstração:

$$|x| \leq a \overset{a \geq 0}{\Longleftrightarrow} |x|^2 \leq a^2$$

Pela propriedade II, temos: $x^2 \leq a^2 \Leftrightarrow x^2 - a^2 \leq 0$.

Como **a** é fixo, podemos pensar nessa desigualdade como uma inequação do 2º grau, na incógnita **x**. Estudando o sinal de $y = x^2 - a^2$, temos:

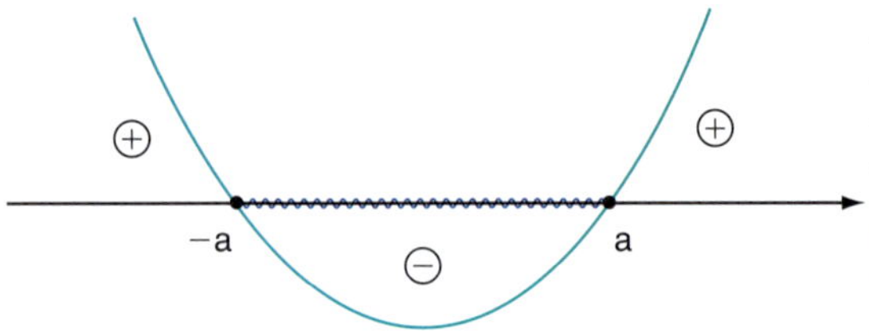

Banco de imagens/Arquivo da editora

Assim, como queremos $x^2 - a^2 \leq 0$, temos que $-a \leq x \leq a$, isto é, $|x| \leq a \Leftrightarrow -a \leq x \leq a, \forall a \in \mathbb{R}_+$.

Exemplo:

$$|x| \leq 2 \Leftrightarrow -2 \leq x \leq 2$$

Os números reais cuja distância à origem é menor ou igual a 2 estão entre -2 e 2 (incluindo -2 e 2):

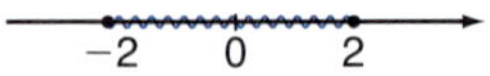

IV. Seja $a \in \mathbb{R}_+$. Temos $|x| \geq a \Leftrightarrow x \leq -a$ ou $x \geq a$.

Demonstração:

$$|x| \geq a \overset{a \geq 0}{\Longleftrightarrow} |x|^2 \geq a^2$$

Pela propriedade II, temos:

$$x^2 \geq a^2 \Leftrightarrow x^2 - a^2 \geq 0$$

Resolvendo essa inequação do 2º grau na incógnita **x**, temos:

$x \leq -a$ ou $x \geq a$, isto é, $|x| \geq a \Leftrightarrow x \leq -a$ ou $x \geq a$

Exemplo:

$$|x| > 4 \Leftrightarrow x < -4 \text{ ou } x > 4$$

Os números reais cuja distância à origem é maior que 4 estão à esquerda de -4 ou à direita de 4:

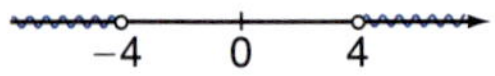

Exercícios

17. Calcule:

a) $|-9|$

b) $\left|\frac{5}{3}\right|$

c) $\left|-\frac{1}{2}\right|$

d) $|0|$

e) $|-\sqrt{2}|$

f) $|0,83|$

g) $\sqrt{8^2}$

h) $\sqrt{(-8)^2}$

i) $\sqrt{\left(-\frac{2}{9}\right)^2}$

18. Calcule:

a) $|-5-8|$

b) $|2 \cdot (-3)|$

c) $|0,3-0,1|$

d) $|0,1-0,3|$

e) $\left|\frac{3}{5}-1\right|$

f) $\left|-\frac{4}{3}+1\right|$

g) $-|-\sqrt{7}|$

h) $|4| \cdot |-2|$

i) $|4 \cdot (-2)|$

19. Calcule o valor das expressões:

a) $A = |3-\sqrt{5}| - |\sqrt{5}-3|$

b) $B = |-\sqrt{2}-1| + 2 \cdot |1-\sqrt{2}|$

c) $C = ||\sqrt{10}| - |-3||$

20. Para $x \in \mathbb{R}$, $x > 4$, calcule o valor de cada expressão seguinte:

a) $\frac{|x-4|}{4-x}$

b) $3 + \frac{|x-4|}{x-4}$

c) $\frac{|x|}{x} + \frac{|x-4|}{x-4}$

d) $\frac{|4-x|}{x-4}$

21. Considerando **x** um número real qualquer, classifique as afirmações seguintes em verdadeira (**V**) ou falsa (**F**), corrigindo as falsas.

a) $|x+3| = x+3$

b) $|x| < \frac{1}{2} \Rightarrow -\frac{1}{2} < x < \frac{1}{2}$

c) $|5x-1| = 1-5x$, se $x < \frac{1}{5}$

d) $|x| \geqslant 5 \Rightarrow x \geqslant 5$

e) $|x|^3 = x^3$

f) $|x| < 4 \Rightarrow x < 4$

g) $\sqrt{(x-1)^2} = |x-1|$

22. Seja $\{x, y\} \subset \mathbb{R}$. Verifique se são verdadeiras as igualdades a seguir.

I. $|x| + |y| = |x+y|$

II. $|x| - |y| = |x-y|$

III. $|x| \cdot |y| = |x \cdot y|$

IV. $|x|^3 = x^3$

Prove a(s) que for(em) verdadeira(s); para a(s) falsa(s), dê um contraexemplo.

Função modular

Chama-se **função modular** a função **f** de $\mathbb{R}$ em $\mathbb{R}$ que associa cada número real **x** ao seu módulo (valor absoluto), isto é, **f** é definida pela lei $f(x) = |x|$.

Utilizando o conceito de módulo de um número real, a função modular pode ser assim definida:

$$f(x) = \begin{cases} x, \text{ se } x \geqslant 0 \\ -x, \text{ se } x < 0 \end{cases}$$

Gráfico

Para construir o gráfico da função modular, procedemos assim:

- 1º passo: construímos o gráfico da função $f(x) = x$, mas só consideramos a parte em que $x \geqslant 0$ (figura 1), que é a bissetriz do 1º quadrante;
- 2º passo: construímos o gráfico da função $f(x) = -x$, mas só consideramos a parte em que $x < 0$ (figura 2), que é a bissetriz do 2º quadrante;

Ilustrações: Banco de imagens/Arquivo da editora

- 3º passo: reunimos os dois gráficos anteriores (figura 3).

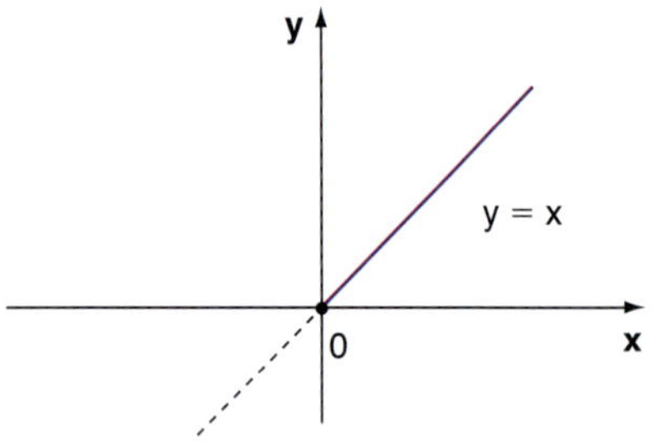

figura 1

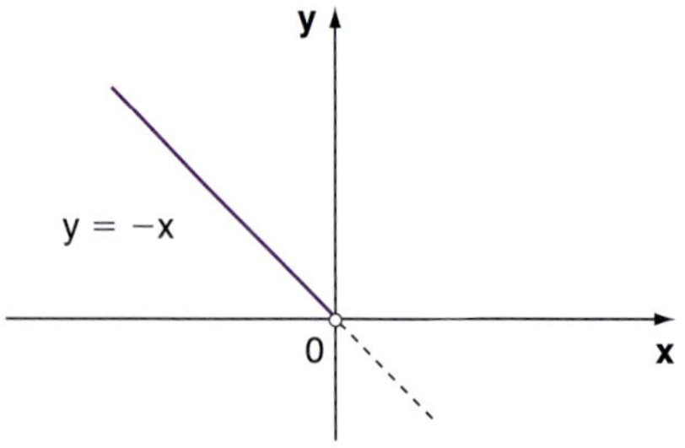

figura 2

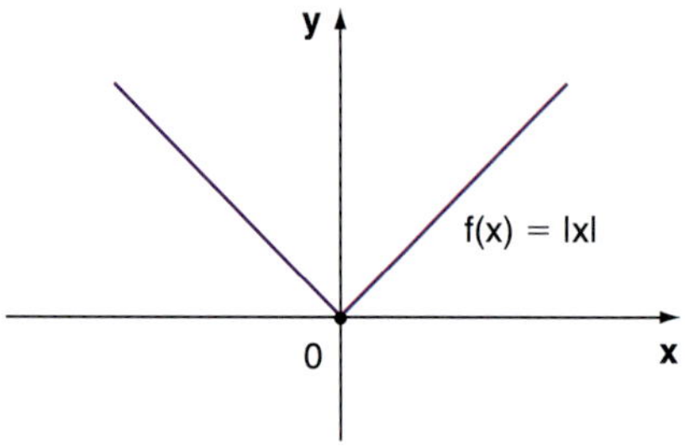

figura 3

Observe que o conjunto imagem de **f** é $\text{Im}(f) = \{y \in \mathbb{R} \mid y \geqslant 0\}$, pois $\forall x \in \mathbb{R}$, $|x| \geqslant 0$.

Outros gráficos

A partir do gráfico da função **f** dada por $y = |x|$, podemos construir o gráfico de outras funções definidas por uma lei do tipo $y = |x| + k$, em que $k \in \mathbb{R}$.

I. Vamos considerar, como exemplo, a função **g** de $\mathbb{R}$ em $\mathbb{R}$ definida por $g(x) = |x| + 1$. Temos:

- se $x \geqslant 0$, então $|x| = x$ e $g(x) = x + 1$ (figura 1);
- se $x < 0$, então $|x| = -x$ e $g(x) = -x + 1$ (figura 2).

Observe que o gráfico obtido para a função **g** definida por $y = |x| + 1$ (figura 3) corresponde ao gráfico da função modular ($y = |x|$), deslocado, verticalmente, uma unidade para cima. A esse deslocamento damos o nome de **translação vertical**.

Ilustrações: Banco de imagens/Arquivo da editora

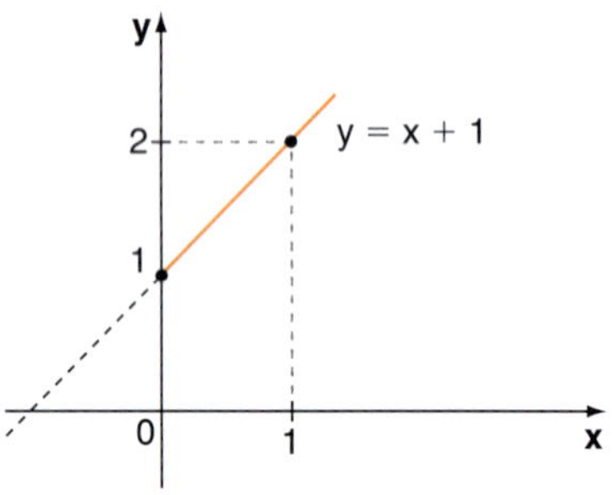

figura 1

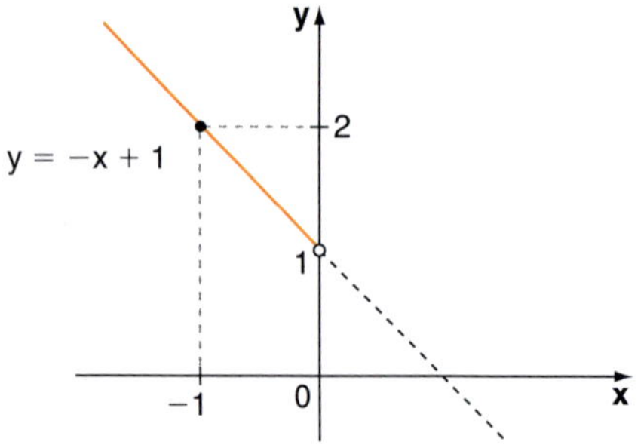

figura 2

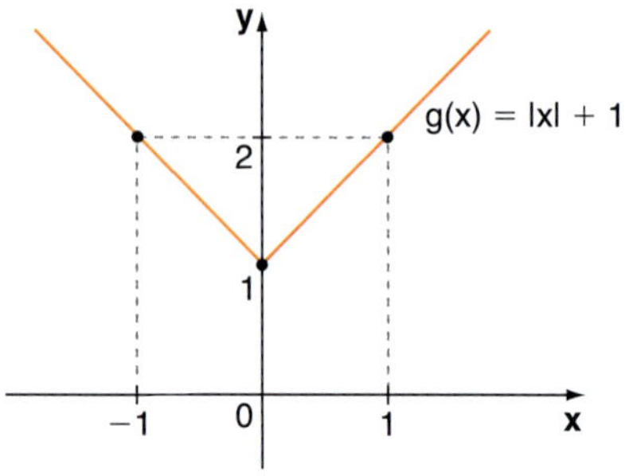

figura 3

Acompanhe os dois gráficos feitos em um mesmo plano.

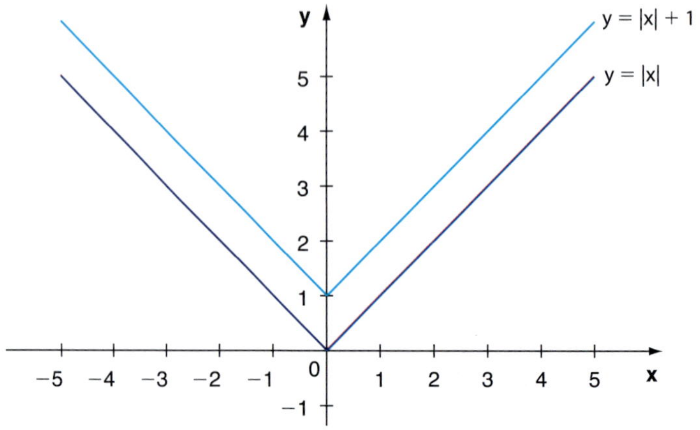

Banco de imagens/Arquivo da editora

OBSERVAÇÃO

É possível determinar o conjunto imagem da função real **g**: $y = |x| + 1$ sem construir seu gráfico. Como, para todo $x \in \mathbb{R}$, $|x| \geqslant 0$, então $|x| + 1 \geqslant 1$, isto é, $y \geqslant 1$ e $\text{Im}(g) = [1, +\infty[$. A análise do gráfico em azul-claro mostra que $\text{Im}(g) = [1, +\infty[$.

A partir do gráfico da função dada por $y = |x|$, podemos construir o gráfico de outras funções definidas por uma lei do tipo $y = |x + k|$, em que $k \in \mathbb{R}$.

II. Consideremos, por exemplo, a função **f**, de $\mathbb{R}$ em $\mathbb{R}$, definida por $f(x) = |x - 2|$.

Como $|x - 2| = \begin{cases} x - 2, \text{ se } x - 2 \geqslant 0, \text{ isto é, } x \geqslant 2 \\ -x + 2, \text{ se } x - 2 < 0, \text{ isto é, } x < 2 \end{cases}$, procedemos assim:

- 1º passo: construímos o gráfico de $y = x - 2$, mas só consideramos a parte em que $x \geqslant 2$ (figura 4);
- 2º passo: construímos o gráfico de $y = -x + 2$, mas só consideramos a parte em que $x < 2$ (figura 5);
- 3º passo: reunimos os dois gráficos anteriores (figura 6).

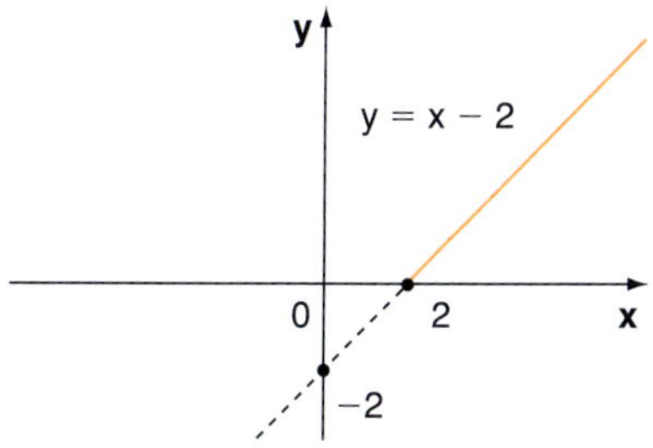

figura 4

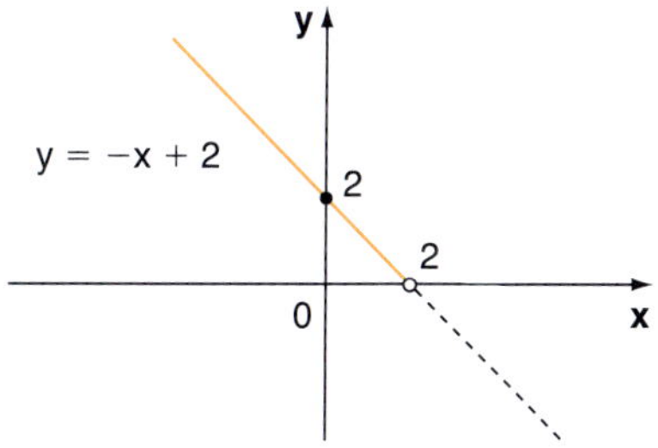

figura 5

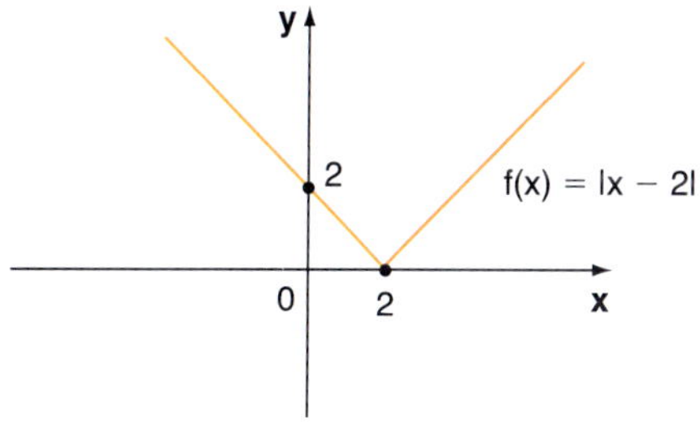

figura 6

Ilustrações: Banco de imagens/Arquivo da editora

Note que o gráfico obtido na figura 3 corresponde ao gráfico da função modular ($y = |x|$) transladado, na horizontal, duas unidades para a direita. Veja os dois gráficos construídos em um mesmo plano.

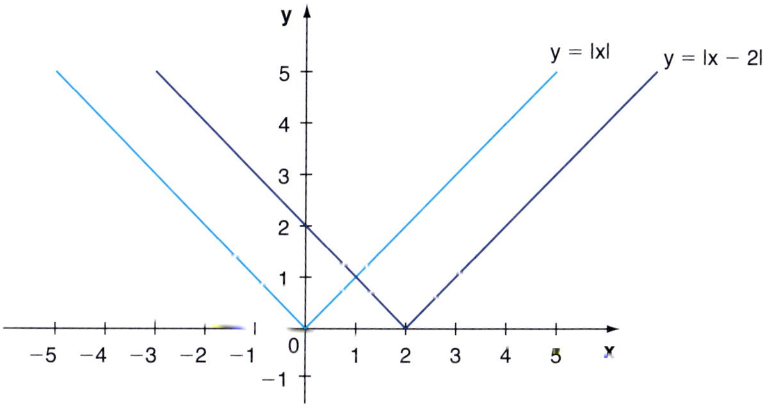

Banco de imagens/Arquivo da editora

Nos itens (I) e (II) foi possível construir o gráfico de outras funções com módulo a partir do gráfico de $y = |x|$, por meio de uma translação (vertical ou horizontal).

Podemos construir também outros gráficos usando apenas a definição de módulo. Vejamos um exemplo.

III. Para construir o gráfico da função **f** definida por $y = |x - 1| + x + 1$, aplicamos a definição:

$$|x - 1| = \begin{cases} x - 1, \text{ se } x - 1 \geqslant 0, \text{ isto é, } x \geqslant 1 \\ -x + 1, \text{ se } x - 1 < 0, \text{ isto é, } x < 1 \end{cases}$$

1º caso: $x \geqslant 1$

$$y = |x - 1| + x + 1 = x - 1 + x + 1 \Rightarrow y = 2x$$

$2^{\underline{o}}$ caso: $x < 1$

$$y = |x - 1| + x + 1 = -x + 1 + x + 1 \Rightarrow y = 2$$

Assim, temos: $y = \begin{cases} 2x, \text{ se } x \geqslant 1 \\ 2, \text{ se } x < 1 \end{cases}$

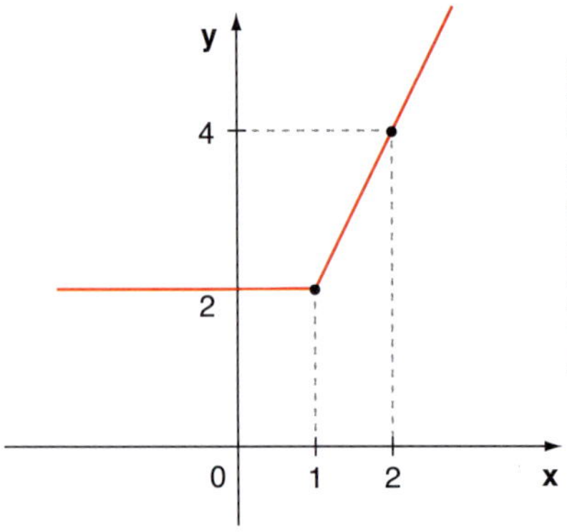

Exercícios

23. Construa o gráfico das seguintes funções definidas de $\mathbb{R}$ em $\mathbb{R}$, dadas por:

a) $y = |x| + 2$

b) $y = |x| - 3$

c) $y = |x| + 5$

d) $y = |x| - \frac{1}{2}$

24. Construa os gráficos das funções de $\mathbb{R}$ em $\mathbb{R}$, definidas por:

a) $y = |x - 1|$

b) $y = |x + 1|$

c) $y = |x + 3|$

d) $y = |x - 3|$

25. A partir do gráfico de $y = |x|$, represente a sequência de gráficos necessária para construir o gráfico da função $f: \mathbb{R} \to \mathbb{R}$ definida por $f(x) = |x - 1{,}5| + 2$.

26. Seja $f: \mathbb{R} \to \mathbb{R}$ definida pela lei $f(x) = |2x - 4| + 3$.

a) Qual é o valor de $f(0) + f(1)$?

b) Sem fazer o gráfico, é possível encontrar o conjunto imagem de **f**. Determine-o.

27. Construa o gráfico da função $f: \mathbb{R} \to \mathbb{R}$ definida pela lei descrita em cada caso e determine seu conjunto imagem.

a) $f(x) = |x| + x$

b) $f(x) = |x| - x$

c) $f(x) = |x - 2| + x - 1$

d) $f(x) = |x + 1| + x$

28. Construa os gráficos das funções **f**, **g** e **h** assim definidas:

$$f: \mathbb{R} \to \mathbb{R};\ f(x) = |x^2 - 4x|$$

$$g: \mathbb{R} \to \mathbb{R};\ g(x) = |-x^2 + 4|$$

$$h: \mathbb{R}^* \to \mathbb{R}^*;\ h(x) = \frac{|x|}{x}$$

Equações modulares

Notemos uma propriedade do módulo dos números reais:

- $|x| = 2 \Rightarrow |x|^2 = 2^2 \Rightarrow x^2 = 4 \Rightarrow x = +2$ ou $x = -2$
- $|x| = \frac{3}{7} \Rightarrow |x|^2 = \left(\frac{3}{7}\right)^2 \Rightarrow x^2 = \frac{9}{49} \Rightarrow x = +\frac{3}{7}$ ou $x = -\frac{3}{7}$

De modo geral, sendo **k** um número real positivo, temos:

$$|x| = k \Rightarrow x = k \text{ ou } x = -k$$

Por exemplo: $|x| = 5 \Rightarrow x = -5$ ou $x = 5$

Utilizando essa propriedade, vejamos como solucionar algumas equações modulares.

OBSERVAÇÃO

Podemos interpretar geometricamente a equação $|x| = 5$, na reta real, como os números reais que distam 5 da origem, isto é, 5 e -5.

Exercícios resolvidos

2. Resolva, em $\mathbb{R}$, a equação $|3x - 1| = 2$.

Solução:

Temos: $|3x - 1| = 2 \Rightarrow \begin{cases} 3x - 1 = 2 \Rightarrow x = 1 \\ \text{ou} \\ 3x - 1 = -2 \Rightarrow x = -\dfrac{1}{3} \end{cases}$

$S = \left\{1, -\dfrac{1}{3}\right\}$

3. Resolva a equação $|2x + 3| = x + 2$, em $\mathbb{R}$.

Solução:

Para todo **x** real, sabemos que $\|2x + 3\| \geqslant 0$. Assim, para que a igualdade seja possível, devemos ter $x + 2 \geqslant 0$, ou seja, $x \geqslant -2$ (*).

$|2x + 3| = x + 2 \Rightarrow \begin{cases} 2x + 3 = x + 2 \Rightarrow x = -1 \\ \text{ou} \\ 2x + 3 = -x - 2 \Rightarrow x = -\dfrac{5}{3} \end{cases}$

- $x = -1$ satisfaz (*)
- $x = -\dfrac{5}{3}$ satisfaz (*)

$S = \left\{-1, -\dfrac{5}{3}\right\}$

Exercícios

29. Resolva, em $\mathbb{R}$, as equações:

a) $|x| = 4$

b) $|x| = \dfrac{3}{2}$

c) $|x| = 0$

d) $|x| = -2$

e) $|x| = -\dfrac{5}{3}$

f) $|x|^2 = 9$

30. Resolva, em $\mathbb{R}$, as equações seguintes:

a) $|3x - 2| = 1$

b) $|x + 6| = 4$

c) $|x^2 - 2x - 5| = 3$

d) $|x^2 - 4| = 5$

e) $||2x - 1| - 3| = 2$

31. Resolva, em $\mathbb{R}$, as seguintes equações:

a) $|-2x + 5| = x$

b) $|3x - 1| = x + 2$

c) $|10 - 2x| = 2x - 5$

d) $|3x - 4| = x^2$

e) $|2x - 1| = 2x - 1$

f) $|x - 3| = 3 - x$

g) $|x|^2 - 3|x| = 10$

32. Determine os valores reais de **p** a fim de que a equação $|4x - 5| = p - 3$ admita solução.

33. Um *site* de compras coletivas lançou uma promoção válida para os doze primeiros dias de um certo mês. A lei seguinte representa o número (**n**) de dezenas de cupons vendidos no dia **t**; com $t \in \{1, 2, ..., 12\}$:

$$n(t) = 3 \cdot |18 - 2t| + 40$$

a) Quantos cupons foram vendidos no dia 3? E no dia 10?

b) Em que dia foram vendidos 520 cupons?

c) Em que dia foi vendida a menor quantidade de cupons e qual foi essa quantidade?

34. Em um laboratório de Física foi feito um experimento cujo objetivo era medir, em centímetros, a deformação de uma mola elástica. Tal experimento foi executado por 5 duplas de alunos, cada uma das quais repetiu-o por duas vezes, em condições idênticas. No quadro seguinte encontram-se as duas medições obtidas pelas duplas, com exceção da 2ª medição feita pela dupla **E**.

Dupla	1ª medição (em cm)	2ª medição (em cm)
A	4,175	4,189
B	4,190	4,181
C	4,179	4,185
D	4,177	4,188
E	4,176	

O professor calculou, para cada dupla, o módulo **m** da diferença das medidas obtidas e considerou aceitáveis os casos em que **m** não superasse 0,01 cm.

a) Entre as duplas **A**, **B**, **C**, **D**, quais tiveram resultado considerado aceitável?

b) Determine o valor que não consta no quadro, sabendo que, para a dupla **E**, obteve-se $m = 0{,}012$.

35. Resolva, em $\mathbb{R}$, as seguintes equações:

a) $||2x - 1| - 5| = 0$ b) $||x^2 - 1| - 3| = 1$ c) $\sqrt{x^2} = 3x - 1$ d) $\sqrt{x^2} = x$

Inequações modulares

A resolução de algumas inequações modulares tem por base a aplicação das seguintes propriedades do módulo de um número real, já estudadas neste capítulo.

Para $a \in \mathbb{R}$ e $a > 0$, temos:

- $|x| < a \Leftrightarrow -a < x < a$
- $|x| > a \Leftrightarrow x < -a$ ou $x > a$

Exercícios resolvidos

4. Resolva, em $\mathbb{R}$, a inequação: $|x - 1| < 4$.

Solução:

Devemos ter: $-4 < x - 1 < 4 \Rightarrow -3 < x < 5$

$S = \{x \in \mathbb{R} \mid -3 < x < 5\}$

5. Resolva, em $\mathbb{R}$, a inequação: $|2x - 3| > 7$.

Solução:

$$\begin{cases} 2x - 3 < -7 \Rightarrow 2x < -4 \Rightarrow x < -2 \\ \text{ou} \\ 2x - 3 > 7 \Rightarrow 2x > 10 \Rightarrow x > 5 \end{cases}$$

$S = \{x \in \mathbb{R} \mid x < -2 \text{ ou } x > 5\}$

6. Resolva, em $\mathbb{R}$, a inequação $|x + 1| \geq 7 - 2x$.

Solução:

Neste caso, como o 2º membro pode representar tanto um número positivo como um número negativo, não vamos aplicar as propriedades anteriores, usaremos a definição de módulo:

$$|x+1| = \begin{cases} x+1, \text{ se } x \geq -1 \\ -x-1, \text{ se } x < -1 \end{cases}$$

1º caso: $x \geq -1$ (1)

Nesse caso, a inequação proposta é equivalente a:

$x + 1 \geq 7 - 2x \Rightarrow 3x \geq 6 \Rightarrow x \geq 2$ (2)

De (1) $\cap$ (2), segue $S_1 = \{x \in \mathbb{R} \mid x \geq 2\}$

2º caso: $x < -1$ (3)

Nesse caso, a inequação proposta equivale a:

$-x - 1 \geq 7 - 2x \Rightarrow x \geq 8$ (4)

Como (3) $\cap$ (4) resulta vazio, segue que $S_2 = \varnothing$.

A solução pedida é $S_1 \cup S_2 = \{x \in \mathbb{R} \mid x \geq 2\}$.

Exercícios

36. Resolva, em $\mathbb{R}$, as seguintes inequações:

a) $|x| > 6$

b) $|x| \leq 4$

c) $|x| < \frac{1}{2}$

d) $|x| \geq \sqrt{2}$

e) $|x| > -2$

f) $|x| \leq -2$

g) $|x| \leq 0$

h) $|x| \geq 0$

37. Resolva, em $\mathbb{R}$, as seguintes inequações:

a) $|x + 3| > 7$

b) $|2x - 1| \leq 3$

c) $|-x + 1| \geq 1$

d) $|5x - 3| < 12$

38. No ano passado, Neto participou de um curso de inglês em que, todo mês, era submetido a uma avaliação. Como Neto é fanático por Matemática, propôs uma lei para representar, mês a mês, seu desempenho nessas provas.

Na expressão $f(x) = 3 + \frac{|x - 6|}{2}$, f(x) representa a nota obtida por Neto no exame realizado no mês **x** (x = 1 corresponde a janeiro; x = 2, a fevereiro, e assim por diante).

a) Em que meses sua nota ficou acima de 5?

b) Em que mês Neto obteve seu pior desempenho? Qual foi essa nota?

39. Obtenha, em cada caso, o domínio $D \subset \mathbb{R}$ da função, definida por:

a) $f(x) = \sqrt{|x| - 2}$

b) $g(x) = \sqrt{|x - 1|}$

40. Resolva, em $\mathbb{R}$, as desigualdades:

a) $|x^2 - x - 4| \leq 2$

b) $|x^2 - 5x| > 6$

c) $|x^2 - 1| < 4$

41. Resolva, em $\mathbb{R}$, as inequações:

a) $|x - 1| \leq 3x - 7$

b) $|2x + 1| + 4 - 3x > 0$

c) $x^2 \leq |x|$

Enem e vestibulares resolvidos

(Enem) Após realizar uma pesquisa de mercado, uma operadora de telefonia celular ofereceu aos clientes que utilizavam até 500 ligações ao mês o seguinte plano mensal: um valor fixo de R$ 12,00 para os clientes que fazem até 100 ligações ao mês. Caso o cliente faça mais de 100 ligações, será cobrado um valor adicional de R$ 0,10 por ligação, a partir da 101ª até a 300ª e caso realize entre 300 e 500 ligações, será cobrado um valor fixo mensal de R$ 32,00.

Com base nos elementos apresentados, o gráfico que melhor representa a relação entre o valor mensal pago nesse plano e o número de ligações feitas é:

a)

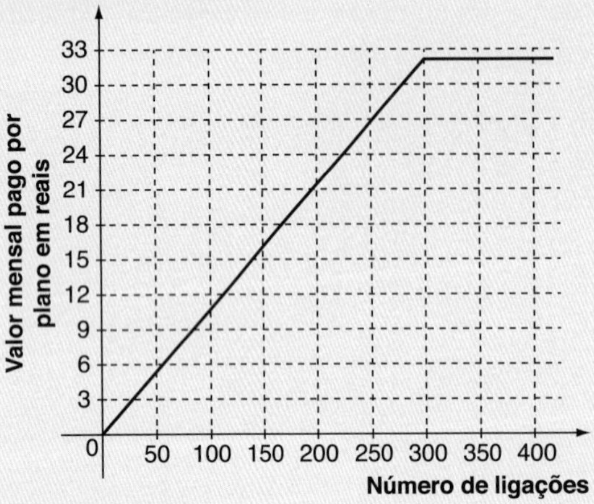

d)

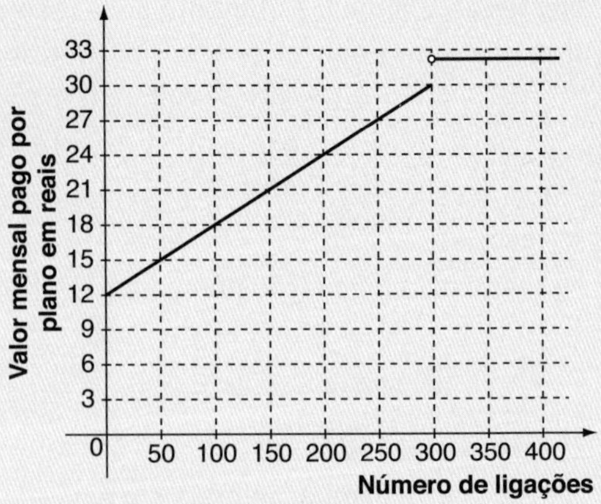

Ilustrações: Banco de imagens/Arquivo da editora

b)

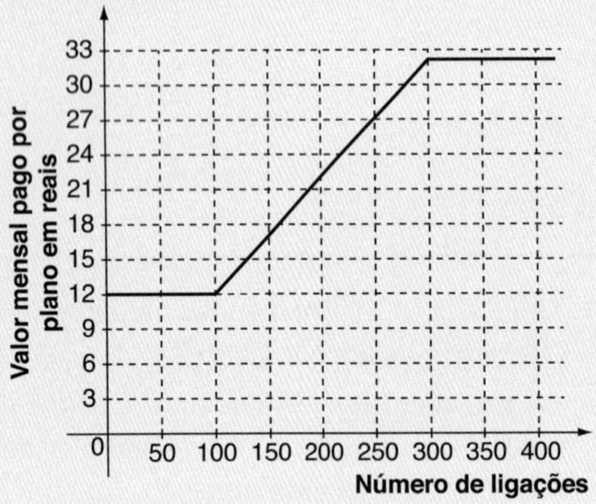

e)

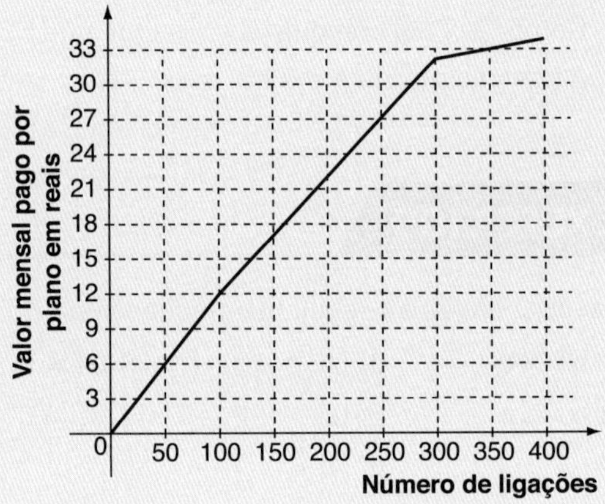

c)

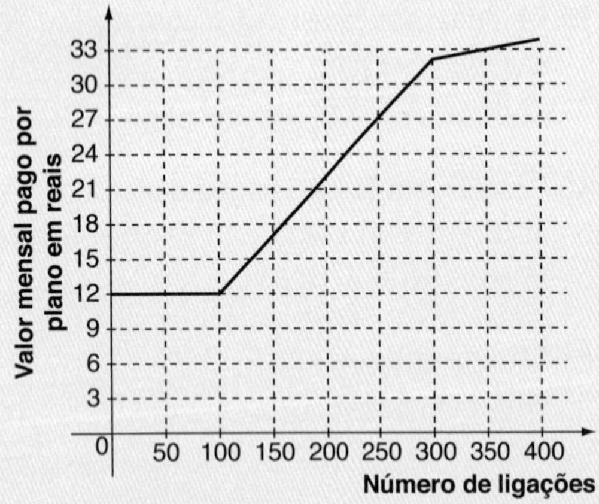

Resolução comentada

Precisamos avaliar qual o gráfico que melhor representa a relação descrita no problema.

Com base nos dados do enunciado, sabemos que a operadora ofereceu o seguinte plano aos clientes que utilizavam até 500 ligações por mês:

- valor fixo de R$ 12,00 para clientes que utilizarem até 100 ligações/mês;
- valor fixo de R$ 12,00 mais R$ 0,10 por ligação, a partir da 101ª, para clientes que utilizarem de 101 até 300 ligações/mês, ou seja, $(x - 100) \cdot 0,1 + 12 = 0,1x + 2$;
- valor fixo de R$ 32,00 para clientes que utilizarem de 300 até 500 ligações/mês.

Vamos obter a lei da função que relaciona o valor mensal pago e o número de ligações. Note que não é possível representar a lei dessa função por uma única sentença.
Dessa forma, para representar essa função precisamos de 3 sentenças:

$$f(x) = \begin{cases} 12, \text{ se } 0 \leqslant x \leqslant 100 \\ 0,1x + 2, \text{ se } 100 < x \leqslant 300 \\ 32, \text{ se } 300 < x < 500 \end{cases}$$

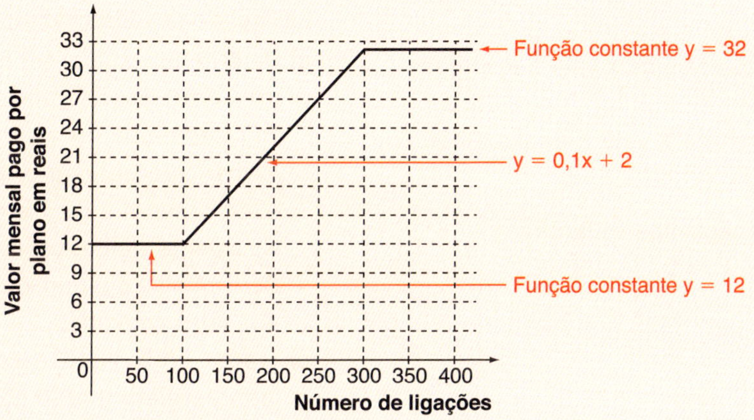

Portanto, dentre os gráficos apresentados, o que melhor representa a relação entre o valor mensal pago nesse plano e o número de ligações feitas é o da alternativa *b*.

Exercícios complementares

1. (UFPR) Encontre o conjunto solução em $\mathbb{R}$ das seguintes inequações:

a) $5 - x \leqslant x + 2$.

b) $|3x + 1| < 3$.

2. (Unicamp-SP) O consumo mensal de água nas residências de uma pequena cidade é cobrado como se descreve a seguir. Para o consumo mensal de até 10 metros cúbicos, o preço fixo é igual a 20 reais. Para um consumo superior, o preço é de 20 reais acrescidos de 4 reais por metro cúbico consumido acima dos 10 metros cúbicos. Considere c(x) a função que associa o gasto mensal com o consumo **x** de metros cúbicos de água.

a) Esboce o gráfico da função c(x) no plano cartesiano para **x** entre 0 e 30.

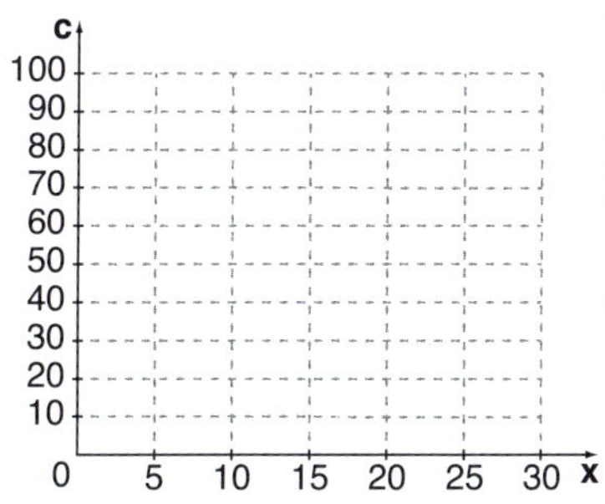

b) Para consumo mensal de 4 metros cúbicos de água, qual é o preço efetivamente pago por metro cúbico? E para um consumo mensal de 25 metros cúbicos?

3. (Uerj)

Campanha do governo de Dubai contra a obesidade oferece prêmio em ouro por quilogramas perdidos.

A campanha funciona premiando os participantes de acordo com a seguinte tabela:

Massa perdida (kg)	Ouro recebido (g/kg)
Até 5	1
6 a 10	2
Mais de 10	3

Assim, se uma pessoa perder 4 kg, receberá 4 g de ouro, se perder 7 kg, receberá 14 g; se perder 15 kg, receberá 45 g.

Adaptado de <g1.globo.com>, 18 ago. 2013.

Considere um participante da campanha que receba 16 g de ouro pelo número inteiro de quilogramas perdidos.

Sabendo que a massa dessa pessoa, ao receber o prêmio, é de 93,0 kg, determine o valor inteiro de sua massa, em quilogramas, no início da campanha.

4. Responda:

a) Para que valores reais de **x** vale a igualdade $-|-x| = -(-x)$?

b) Para que valores de **x** vale a desigualdade $|-x| \leqslant x^2$?

5. Resolva, em $\mathbb{R}$, as seguintes equações:

a) $2 \cdot |x| + 3 \cdot |x - 1| = 5$

b) $|x - 1| + |x + 1| = 4x - 3$

c) $|x^2 - 1| = 2x + 7$

d) $|x| + |x - 2| = 6$

6. Resolva, em $\mathbb{R}$, as inequações:

a) $|x - 2| + |x - 1| \leqslant x$

b) $\frac{1}{x} < |x|$

c) $|x^2 - 2x| \leqslant -3x + 2$

7. Os pontos (x, y) do plano cartesiano que satisfazem simultaneamente as desigualdades $1 \leqslant |x| \leqslant 2$ e $1 \leqslant |y| \leqslant 3$ determinam uma superfície plana.

Calcule a área dessa superfície.

8. (Unicamp-SP) Considere a função $f(x) = 2x + |x + p|$, definida para **x** real.

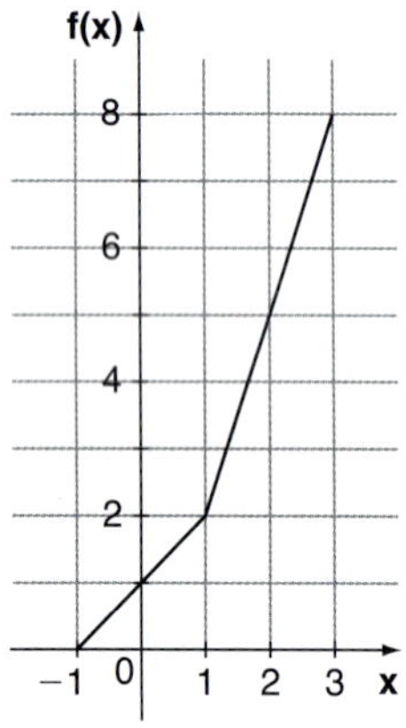

a) A figura acima mostra o gráfico de f(x) para um valor específico de **p**. Determine esse valor.

b) Supondo, agora, que $p = -3$, determine os valores de **x** que satisfazem a equação $f(x) = 12$.

9. (Ufes) Um restaurante de comida a quilo, que normalmente cobra R$ 25,00 pelo quilo de comida, está fazendo uma promoção:

"Quem consome **x** gramas de comida ganha um desconto de $\frac{x}{10}$ por cento".

Esse desconto vale para quem consumir até 600 gramas de comida. Consumo superior a 600 gramas dá direito a um desconto fixo de 60%.

a) Determine o valor a ser pago por quem consome 400 gramas de comida e por quem consome 750 gramas.

b) André, que ganhou o desconto máximo de 60%, consumiu 56 gramas a mais que Taís. No entanto, ambos pagaram a mesma quantia. Determine a quantidade de gramas que cada um deles consumiu.

c) Trace o gráfico que representa o valor a pagar (em reais) em função do peso de comida (em gramas). Marque no gráfico os pontos que representam a situação do item anterior.

10. (FGV-SP)

a) Represente graficamente no plano cartesiano a função:

$$P(t) = \begin{cases} t^2 - 4t + 10, \text{ se } t \leqslant 4 \\ 12 - t, \text{ se } t > 4 \end{cases}$$

Se a função P(t), em centenas de reais, expressa o preço de um produto depois de estar **t** anos no mercado $(0 \leqslant t \leqslant 8)$, qual foi o preço máximo alcançado pelo produto?

b) Qual foi o menor preço alcançado pelo produto nesse período de 8 anos?

11. Resolva, em $\mathbb{R}$, a equação:

$$\sqrt{x^2 - 6x + 9} = 2x$$

12. Seja $f: \mathbb{R} \to \mathbb{R}$ definida por $f(x) = ||-x + 2| - 1|$.

a) Calcule o valor de $f(2) + f(-2)$.

b) Obtenha os zeros de **f**.

c) Esboce o gráfico de **f**.

d) Resolva, em $\mathbb{R}$, a inequação $f(x) < 2$.

13. Resolva, em $\mathbb{R}$:

a) a equação: $|2x - 3| + |x + 2| = 4$.

b) a inequação: $|x^2 - 4| \leqslant |x^2 - 2x|$.

14. Quantos números inteiros positivos e menores que 30 satisfazem a inequação $\left|2 - \frac{1}{x}\right| \leqslant 5$?

15. (UEL-PR) Na cidade **A**, o valor a ser pago pelo consumo de água é calculado pela companhia de saneamento, conforme mostra o quadro a seguir.

Quantidade de água consumida (em m^3)	Valor a ser pago pelo consumo de água (em reais)
Até 10	R$ 18,00
Mais do que 10	R$ 18,00 + (R$ 2,00 por m^3 que excede 10 m^3)

Na cidade **B**, outra companhia de saneamento determina o valor a ser pago pelo consumo de água por meio da função cuja lei de formação é representada algebricamente por

$B(x) = \begin{cases} 17, \text{ se } x \leqslant 10 \\ 2{,}1x - 4, \text{ se } x > 10 \end{cases}$, em que **x** representa a quantidade de água consumida (em m^3) e B(x) representa o valor a ser pago (em reais).

a) Represente algebricamente a lei de formação de função que descreve o valor a ser pago pelo consumo de água na cidade **A**.

b) Para qual quantidade de água consumida, o valor a ser pago será maior na cidade **B** do que na cidade **A**?

Apresente os cálculos realizados na resolução deste item.

16. (UFBA) A vitamina C é hidrossolúvel, e seu aproveitamento pelo organismo humano é limitado pela capacidade de absorção intestinal, sendo o excesso de ingestão eliminado pelos rins. Supondo-se que, para doses diárias inferiores a 100 mg de vitamina C, a quantidade absorvida seja igual à quantidade ingerida e que, para doses diárias maiores ou iguais a 100 mg, a absorção seja sempre igual à capacidade máxima do organismo – que é de 100 mg –, pode-se afirmar, sobre a ingestão diária de vitamina C, que são verdadeiras as proposições

(01) Para a ingestão de até 100 mg, a quantidade absorvida é diretamente proporcional à quantidade ingerida.

(02) Para a ingestão acima de 100 mg, quanto maior for a ingestão, menor será a porcentagem absorvida de vitamina ingerida.

(04) Se uma pessoa ingere 80 mg em um dia e 120 mg no dia seguinte, então a média diária da quantidade absorvida nesses dois dias foi de 100 mg.

(08) A razão entre a quantidade ingerida e a quantidade absorvida pelo organismo é igual a 1.

(16) A função **f** que representa a quantidade de vitamina C absorvida pelo organismo, em função da quantidade ingerida **x**, é dada por

$f(x) = \begin{cases} x, \text{ se } 0 \leqslant x < 100 \\ 100, \text{ se } x \geqslant 100 \end{cases}$

(32) O gráfico abaixo representa a quantidade de vitamina C absorvida pelo organismo em função da quantidade que foi ingerida.

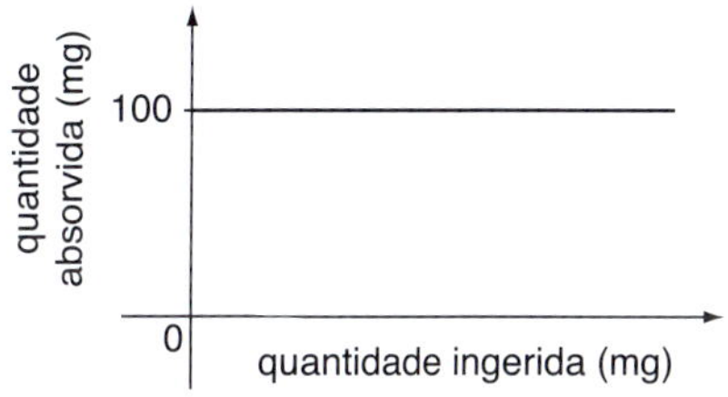

17. O Instituto Nacional de Seguro Social (INSS) é um órgão federal ligado ao Ministério da Previdência Social. Ele é responsável por receber contribuições dos trabalhadores, fazer pagamentos de aposentadorias, auxílio-doença, pensão por morte, etc.
O valor da contribuição mensal de um trabalhador ao INSS varia de acordo com o seu salário, como mostra a tabela:

Salário mensal	Alíquota
Até R$ 1 693,72	8%
De R$ 1 693,73 a R$ 2 822,90	9%
De R$ 2 822,91 a R$ 5 645,80	11%

Fonte: *Site* oficial do INSS. Disponível em: <https://portal.inss.gov.br/servicos-do-inss/calculo-da-guia-da-previdencia-social-gps/>. Acesso em: 18 jun. 2018.

Com base na tabela e no gráfico seguinte, responda às questões a seguir:

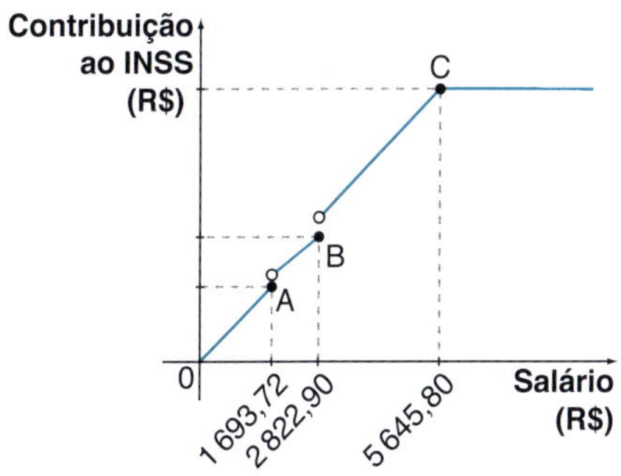

a) Determine as ordenadas aproximadas dos pontos **A**, **B** e **C**.

b) Qual é a lei da função que relaciona a contribuição (**y**) ao INSS (em reais) e o salário mensal (**x**) de um trabalhador?

c) Calcule o valor de contribuição ao INSS correspondente aos seguintes salários mensais: R$ 2 000; R$ 4 000; R$ 7 000.

18. Na nova academia em que Marcel treina, os aparelhos estão com carga em libras (lb). O professor de Marcel ensinou uma maneira rápida e conhecida nas academias para converter lb em kg de maneira aproximada:

"Você deve dividir o valor que consta em libras por 2, e, do resultado obtido, tirar 10%. Por exemplo, 200 lb equivalem a aproximadamente 90 kg, pois $200 \div 2 = 100$; $100 - 10\% \cdot 100 = 90$."

Chegando em casa, Marcel ficou interessado em saber mais sobre a libra. Descobriu que a libra é uma unidade de massa usada em países de língua inglesa, como EUA, Canadá, Reino Unido etc., e 1 libra (1 lb) equivale a 453,59237 g.

Dessa forma, ele concluiu que para saber a massa exata, em quilogramas, basta fazer uma regra de três.

a) Marcel usou, no treino, uma máquina com carga ajustada de 130 lb.

Usando os dois métodos apresentados, obtenha o valor da carga em quilogramas. Calcule o módulo da diferença dos valores obtidos.

b) Determine uma fórmula para encontrar a massa (**q**), em quilogramas, a partir do valor da massa (ℓ) em libras, usando o método do professor de Marcel.

c) Marcel se lembrou que, na academia antiga, costumava usar um aparelho com carga ajustada em 72 kg.

Qual será a carga que ele usará, em libras, de acordo com o método sugerido por seu professor?

d) Ao usar a fórmula prática para transformar **x** libras em quilogramas, há um erro absoluto **E**, definido por $E = |V_1 - V_2|$ em que $\mathbf{V_1}$ representa o valor, em quilogramas, obtido pelo método do professor, e $\mathbf{V_2}$ o valor, em quilogramas, obtido por meio da regra de três.

Determine o intervalo de variação de **x**, com $x \in \mathbb{N}^*$, para que o erro absoluto seja menor que 0,5 kg.

Considere 1 lb $\simeq$ 453 g.

19. (PUC-RJ) Seja $f(x) = \left|\dfrac{x^2}{2} - 2\right|$.

a) Para quais valores reais de **x** temos $f(x) = 1$?

b) Para quais valores reais de **x** temos $f(x) \leqslant 1$?

20. (UFSC) Em relação às proposições abaixo, é CORRETO afirmar que:

[indique a soma correspondente às alternativas corretas.]

(01) O quociente de um número racional por um número irracional é sempre um número irracional.

(02) Se $A = \{a, \{a\}\}$, então $\{a\} \in A$ e $\{\{a\}\} \in A$.

(04) Não existe número inteiro que satisfaça a inequação $\dfrac{x^2 + 1}{(3x - 2) \cdot (5x - 3)} \leqslant 0$.

(08) O conjunto solução da equação $|2x - 3| = -1$ é vazio.

(16) Considere a função $f\colon \mathbb{R} \to \mathbb{R}$ definida por $f(x) = -|x| + 3$. A área da região plana (fechada) delimitada pelo gráfico da função **f** e pelo eixo é de 9 unidades de área.

21. Obtenha o domínio de cada função, definida por:

a) $f(x) = \dfrac{x^2 - 3}{\sqrt{|x - 2|}}$

b) $f(x) = \dfrac{\sqrt{x + 1}}{|2x - 1| - 3}$

c) $f(x) = \sqrt[4]{|5 - 2x| - 7}$

22. Faça o gráfico da função $f\colon \mathbb{R} \to \mathbb{R}$, definida por $f(x) = |x| + |x - 1|$; obtenha também o conjunto imagem de **f**.

23. Seja $f\colon \mathbb{R} \to \mathbb{R}$, definida por $f(x) = ||2x - 2| - 4|$.

a) Determine $f\left(\dfrac{1}{2}\right) + f\left(-\dfrac{1}{2}\right)$.

b) Obtenha os zeros de **f**.

c) Esboce o gráfico de **f**.

24. Resolva, em $\mathbb{R}$, as inequações modulares:

a) $||2x + 1| - 3| \geqslant 2$

b) $\dfrac{2x - 3}{|3x - 1|} > 2$

25. Esboce o gráfico da função $f: \mathbb{R} \to \mathbb{R}$, definida por:

$$f(x) = \begin{cases} 2, \text{ se } |x| \geqslant 1 \\ -1, \text{ se } |x| < 1 \end{cases}$$

26. Esboce o gráfico da função $f: \mathbb{R} \to \mathbb{R}$, definida por:

$$f(x) = \begin{cases} 4, \text{ se } |x| > 2 \\ |x - 2|, \text{ se } |x| \leqslant 2 \end{cases}$$

27. (Fuvest-SP) Considere a função **f**, cujo domínio é o intervalo fechado [0, 5] e que está definida pelas condições:

- para $0 \leqslant x \leqslant 1$, tem-se $f(x) = 3x + 1$;
- para $1 < x < 2$, tem-se $f(x) = -2x + 6$;
- **f** é linear no intervalo [2, 4] e também no intervalo [4, 5], conforme mostra a figura abaixo;
- a área sob o gráfico de **f** no intervalo [2, 5] é o triplo da área sob o gráfico de **f** no intervalo [0, 2].

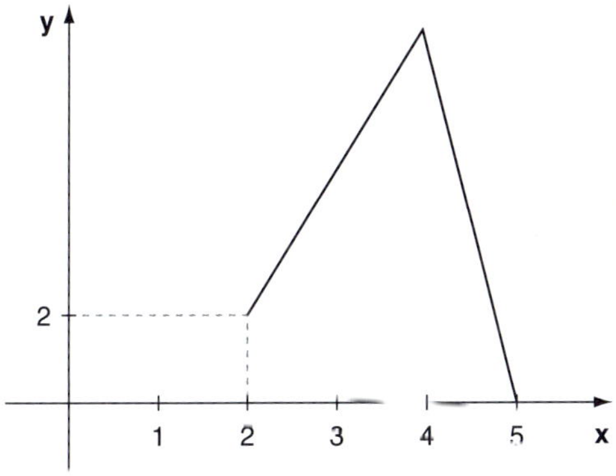

Com base nessas informações,

a) desenhe, no sistema de coordenadas [...], o gráfico de **f** no intervalo [0, 2];

b) determine a área sob o gráfico de **f** no intervalo [0, 2];

c) determine f(4).

28. (Fuvest-SP) A figura a seguir representa o gráfico de uma função $f: [-5, 5] \to \mathbb{R}$. Note que $f(-5) = f(2) = 0$. A restrição de **f** ao intervalo $[-5, 0]$ tem como gráfico parte de uma parábola com vértice no ponto $(-2, -3)$; restrita ao intervalo [0, 5], **f** tem como gráfico um segmento de reta.

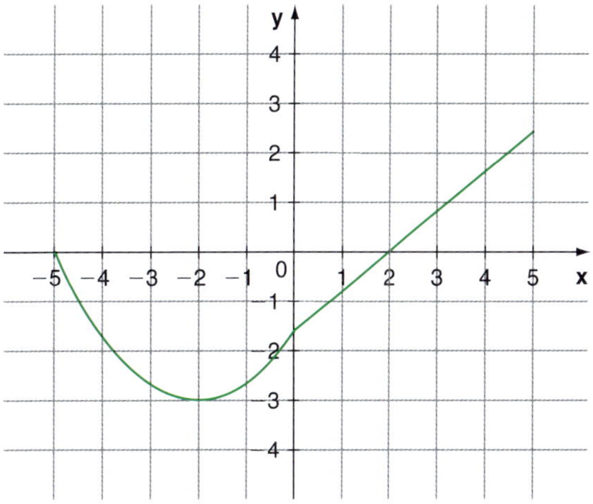

a) Calcule $f(-1)$ e $f(3)$.

Usando os sistemas de eixos [...], esboce:

b) o gráfico de $g(x) = |f(x)|$, $x \in [-5, 5]$;

c) o gráfico de $h(x) = f(|x|)$, $x \in [-5, 5]$.

29. (Vunesp) Três empresas **A**, **B** e **C** comercializam o mesmo produto e seus lucros diários (L(x)), em reais, variam de acordo com o número de unidades diárias vendidas (**x**) segundo as relações:

Empresa **A**: $L_A(x) = \dfrac{10}{9}x^2 - \dfrac{130}{9}x + \dfrac{580}{9}$

Empresa **B**: $L_B(x) = 10x + 20$

Empresa **C**: $L_C(x) = \begin{cases} 120, \text{ se } x < 15 \\ 10x - 30, \text{ se } x \geqslant 15 \end{cases}$

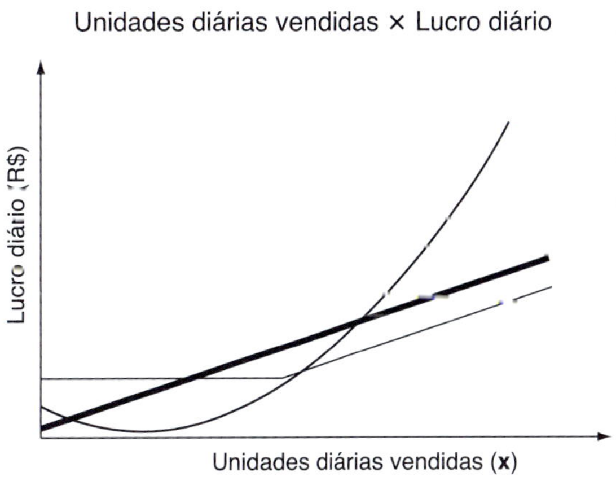

Determine em que intervalo deve variar o número de unidades diárias vendidas para que o lucro da empresa **B** supere os lucros da empresa **A** e da empresa **C**.

30. (Fuvest-SP) Determine para quais valores reais de **x** é verdadeira a desigualdade $|x^2 - 10x + 21| \leqslant |3x - 15|$.

Testes

1. (Enem) O setor de recursos humanos de uma empresa pretende fazer contratações para adequar-se ao artigo 93 da lei nº 8.213/91, que dispõe:

> Art. 93. A empresa com 100 (cem) ou mais empregados está obrigada a preencher de 2% (dois por cento) a 5% (cinco por cento) dos seus cargos com beneficiários reabilitados ou pessoas com deficiência, habilitadas, na seguinte proporção:
>
> I. até 200 empregados 2%;
>
> II. de 201 a 500 empregados 3%;
>
> III. de 501 a 1 000 empregados 4%;
>
> IV. de 1 001 em diante. .... 5%.
>
> Disponível em: www.planalto.gov.br. Acesso em: 3 fev. 2015.

Constatou-se que a empresa possui 1 200 funcionários, dos quais 10 são reabilitados ou com deficiência, habilitados.

Para adequar-se à referida lei, a empresa contratará apenas empregados que atendem ao perfil indicado no artigo 93.

O número mínimo de empregados reabilitados ou com deficiência, habilitados, que deverá ser contratado pela empresa é

a) 74.

b) 70.

c) 64.

d) 60.

e) 53.

2. (Uece) Se as raízes da equação $x^2 - 5|x| - 6 = 0$ são também raízes de $x^2 - ax - b = 0$, então, os valores dos números reais **a** e **b** são respectivamente

a) -1 e 6.

b) 5 e 6.

c) 0 e 36.

d) 5 e 36.

3. (Ufam) O conjunto solução de $|3x - 5| \geq 2x - 2$ é o conjunto:

a) $\left(-\infty, \frac{7}{5}\right] \cup [3, +\infty)$

b) $(-\infty, -3] \cup \left[\frac{7}{5}, +\infty\right)$

c) $\left(-\infty, \frac{7}{5}\right)$

d) $(3, +\infty)$

e) $\left(\frac{7}{5}, 3\right)$

4. (Uerj) No Brasil, o imposto de renda deve ser pago de acordo com o ganho mensal dos contribuintes, com base em uma tabela de descontos percentuais. Esses descontos incidem, progressivamente, sobre cada parcela do valor total do ganho, denominadas base de cálculo, de acordo com a tabela a seguir.

Base de cálculo aproximada (R$)	Desconto (%)
até 1 900,00	isento
de 1 900,01 até 2 800,00	7,5
de 2 800,01 até 3 750,00	15,0
de 3 750,01 até 4 665,00	22,5
acima de 4 665,00	27,5

Segundo a tabela, um ganho mensal de R$ 2 100,00 corresponde a R$ 15,00 de imposto. Admita um contribuinte cujo ganho total, em determinado mês, tenha sido de R$ 3 000,00. Para efeito do cálculo progressivo do imposto, deve-se considerar esse valor formado por três parcelas: R$ 1 900,00, R$ 900,00 e R$ 200,00.

O imposto de renda, em reais, que deve ser pago nesse mês sobre o ganho total é aproximadamente igual a:

a) 55

b) 98

c) 128

d) 180

5. (UFRGS-RS) Considere as desigualdades definidas por $|x + 5| \leq 2$ e $|y - 4| \leq 1$ representadas no mesmo sistema de coordenadas cartesianas.

Qual das regiões sombreadas dos gráficos a seguir melhor representa a região do plano cartesiano determinada pela interseção das desigualdades?

a)

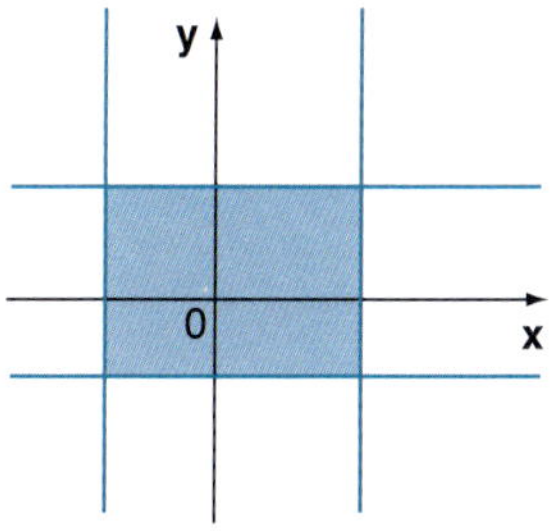

c)

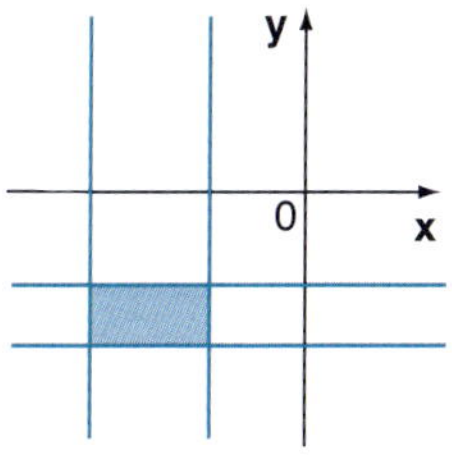

e)

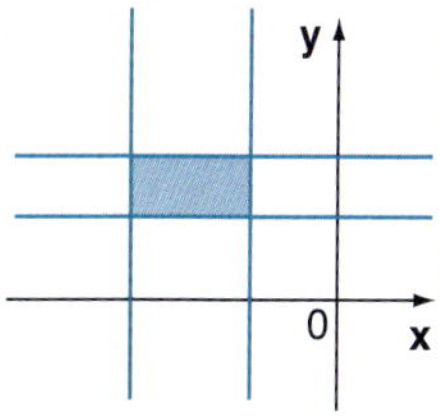

Ilustrações: Reprodução/Arquivo da editora

b)

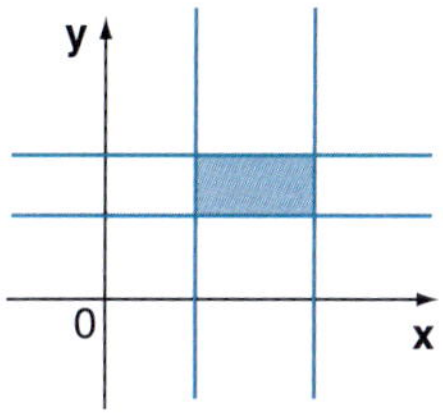

d)

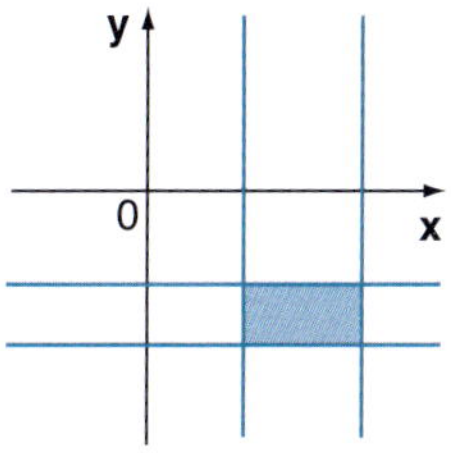

6. (Enem) Deseja-se postar cartas não comerciais, sendo duas de 100 g, três de 200 g e uma de 350 g. O gráfico mostra o custo para enviar uma carta não comercial pelos Correios.

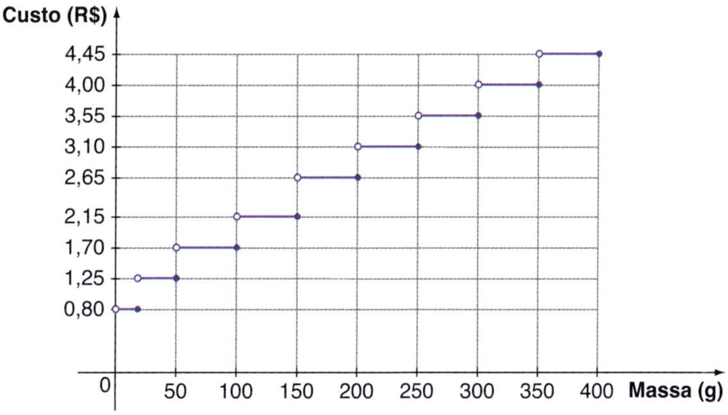

Reprodução/Arquivo da editora

Disponível em: <www.correios.com.br>. Acesso em: 2 ago. 2012 (adaptado).

O valor total gasto, em reais, para postar essas cartas é de:

a) 8,35
b) 12,50
c) 14,40
d) 15,35
e) 18,05

7. (Enem) Em uma cidade, o valor total da conta de energia elétrica é obtido pelo produto entre o consumo (em kWh) e o valor da tarifa do kWh (com tributos), adicionado à Cosip (contribuição para custeio da Iluminação pública), conforme a expressão: Valor do kWh (com tributos) × consumo (em kWh) + Cosip.
O valor da Cosip é fixo em cada faixa de consumo. O quadro mostra o valor cobrado para algumas faixas.

Faixa de consumo mensal (kWh)	Valor da Cosip (R$)
Até 80	0,00
Superior a 80 até 100	2,00
Superior a 100 até 140	3,00
Superior a 140 até 200	4,50

Suponha que, em uma residência, todo mês o consumo seja de 150 kWh, e o valor do kWh (com tributos) seja de R$ 0,50. O morador dessa residência pretende diminuir seu consumo mensal de energia elétrica com o objetivo de reduzir o custo total da conta em pelo menos 10%.

Qual deve ser o consumo máximo, em kWh, dessa residência para produzir a redução pretendida pelo morador?

a) 134,1
b) 135,0
c) 137,1
d) 138,6
e) 143,1

8. (Enem) Certa empresa de telefonia oferece a seus clientes dois pacotes de serviço:

- Pacote laranja
  Oferece 300 minutos mensais de ligação local e o usuário deve pagar R$ 143,00 por mês. Será cobrado o valor de R$ 0,40 por minuto que exceder o valor oferecido.
- Pacote azul
  Oferece 100 minutos mensais de ligação local e o usuário deve pagar mensalmente R$ 80,00. Será cobrado o valor de R$ 0,90 por minuto que exceder o valor oferecido.

Para ser mais vantajoso contratar o pacote laranja, comparativamente ao pacote azul, o número mínimo de minutos de ligação que o usuário deverá fazer é

a) 70
b) 126
c) 171
d) 300
e) 400

9. (PUC-RJ) Considere a função real $f(x) = |-x + 1|$. O gráfico que representa a função é:

a)
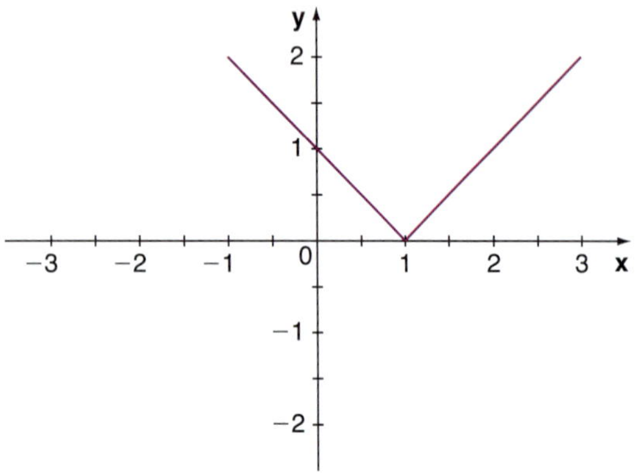

b)
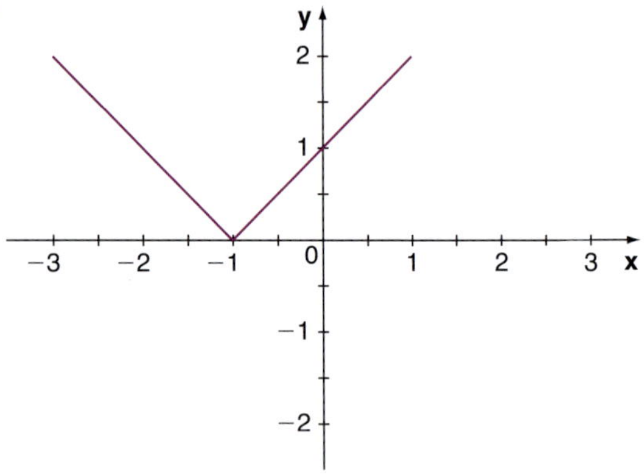

Ilustrações: Reprodução/Arquivo da editora

c)
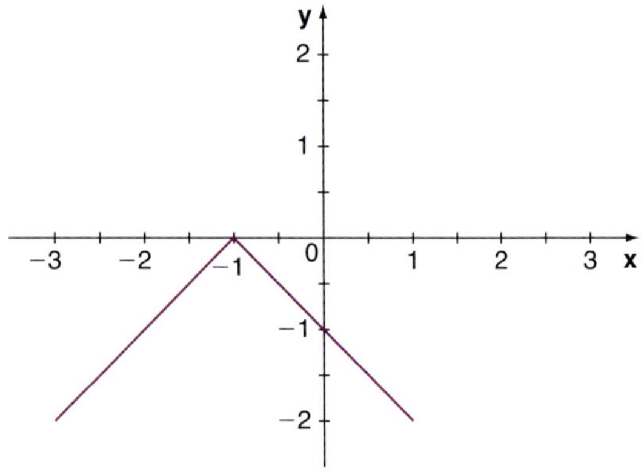

d)
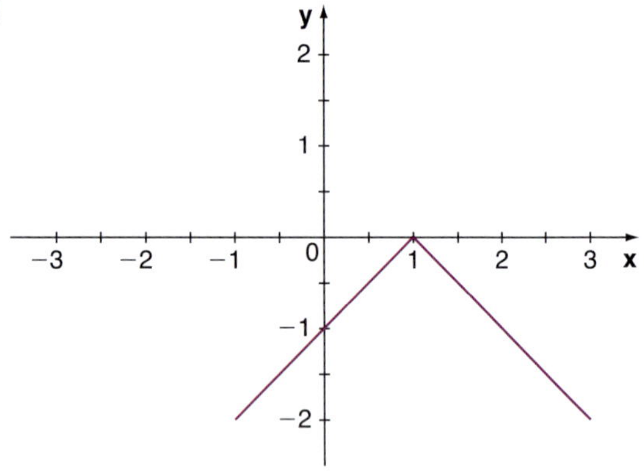

e)
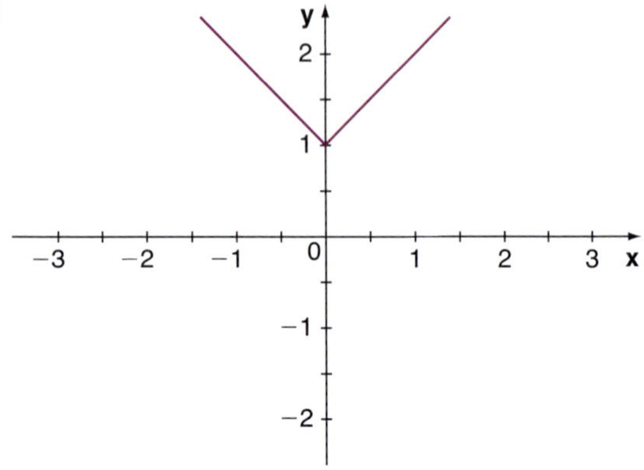

10. (Ufam) Seja f: ℝ → ℝ a função definida por $f(x) = |x^2 - 1|$.

O gráfico que melhor representa esta função é:

a)

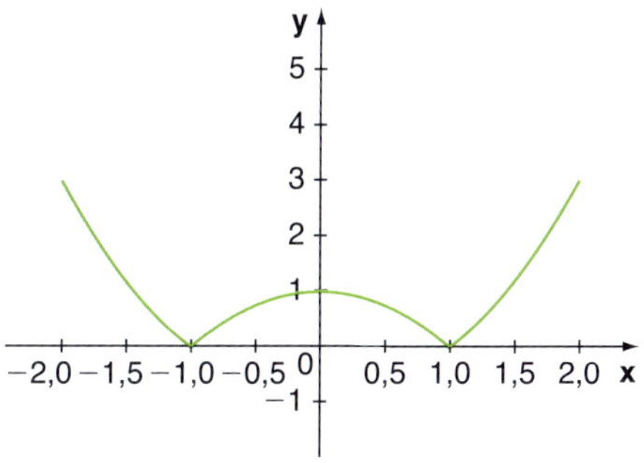

Ilustrações: Reprodução/Arquivo da editora

b)

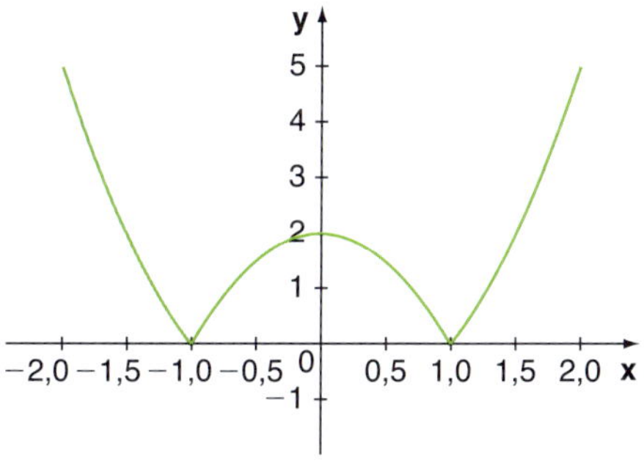

c)

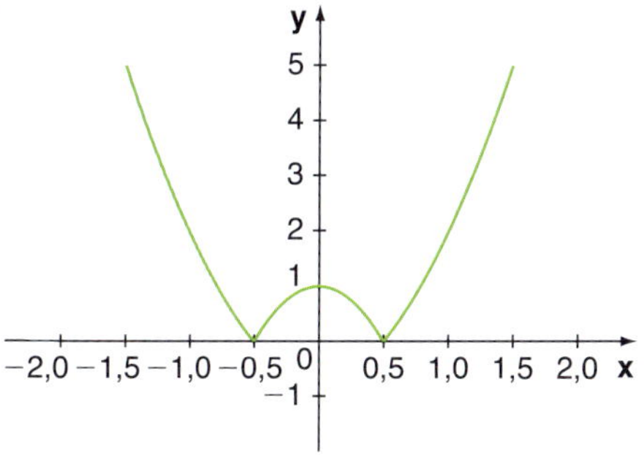

d)

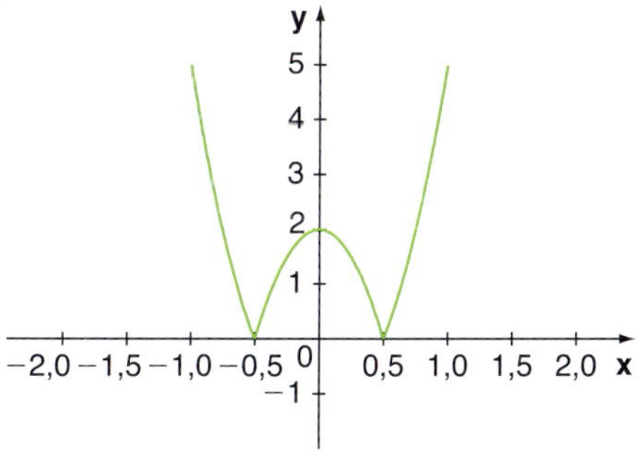

e)

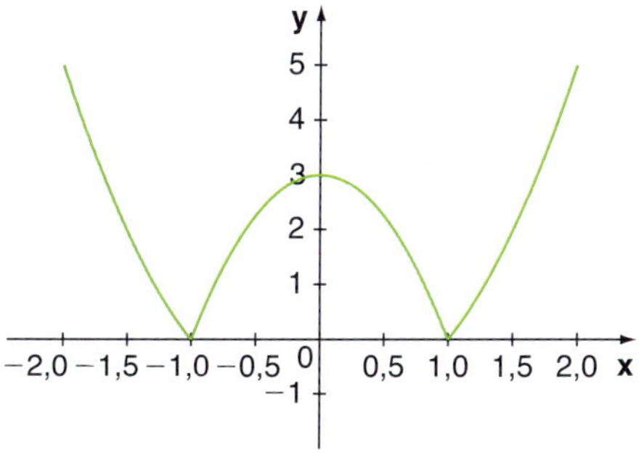

11. (Udesc) A alternativa que representa o gráfico da função $f(x) = |x + 1| + 2$ é:

a)

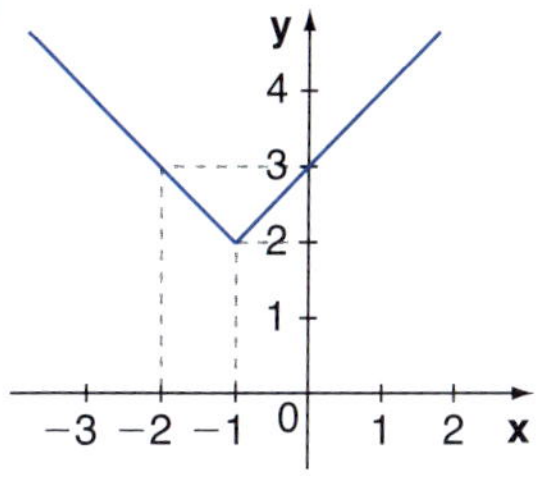

Ilustrações: Reprodução/Arquivo da editora

b)

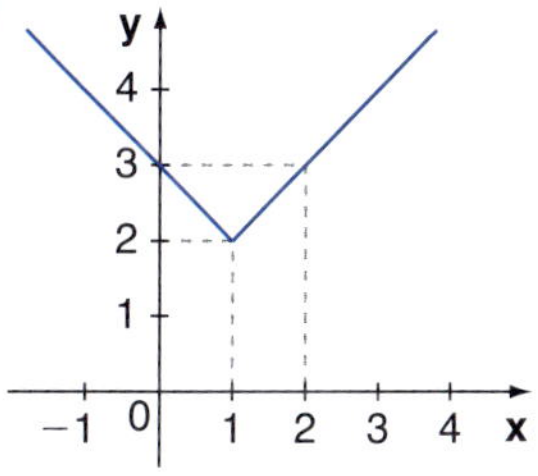

c)

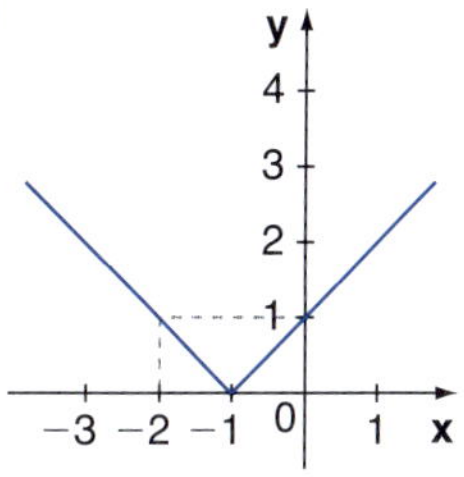

d)

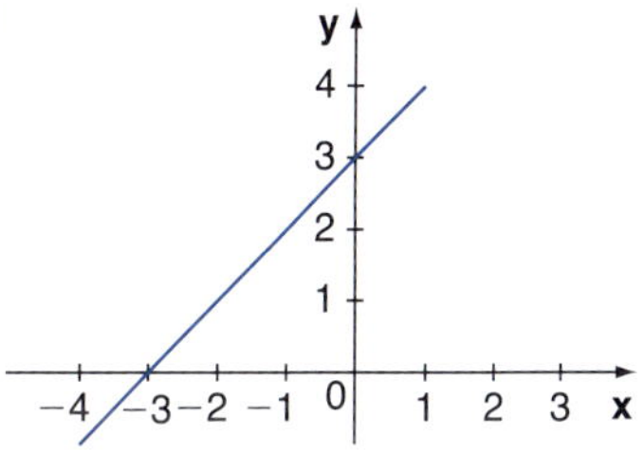

e)

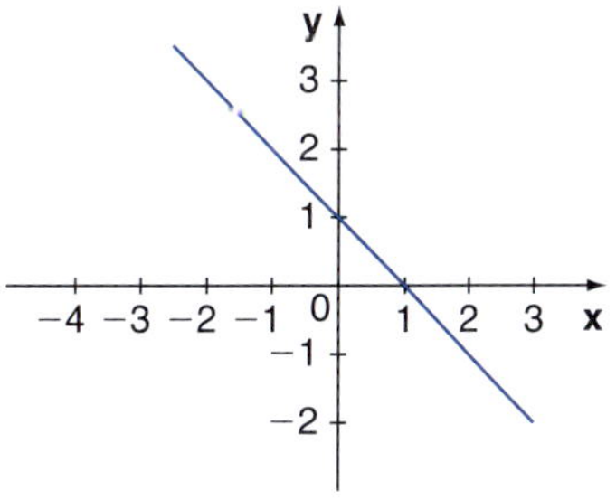

12. (Enem) Uma empresa de telefonia fixa oferece dois planos aos seus clientes: no plano **K**, o cliente paga R$ 29,90 por 200 minutos mensais e R$ 0,20 por cada minuto excedente; no plano **Z**, paga R$ 49,90 por 300 minutos mensais e R$ 0,10 por cada minuto excedente.

O gráfico que representa o valor pago, em reais, nos dois planos em função dos minutos utilizados é

a) 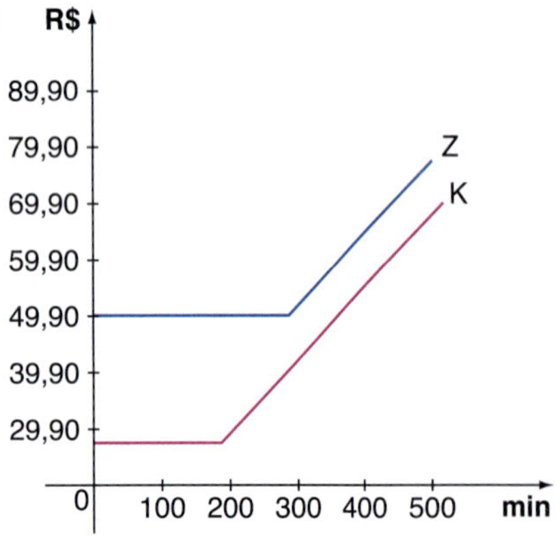

b) 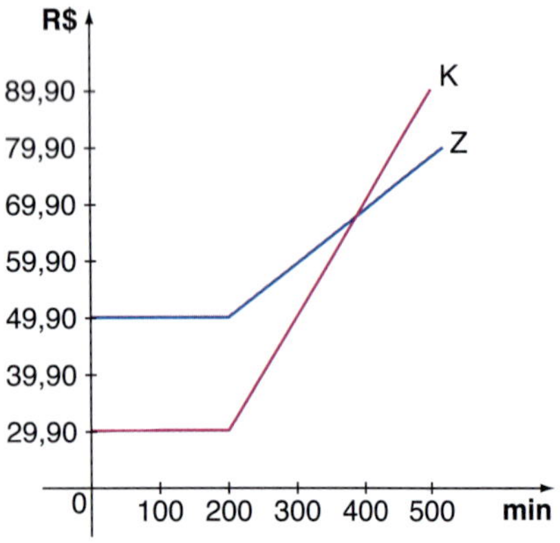

c) 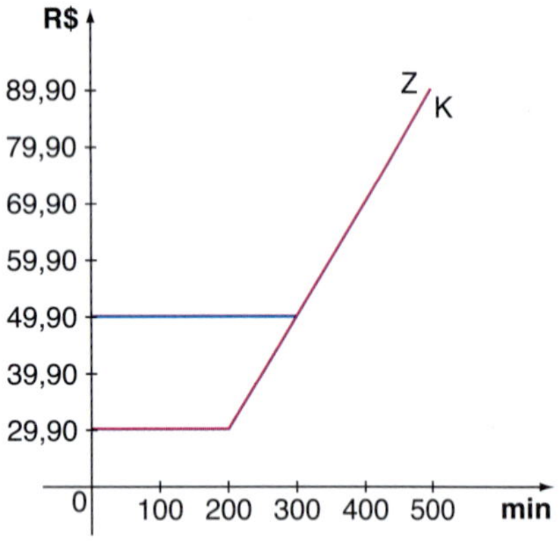

d) 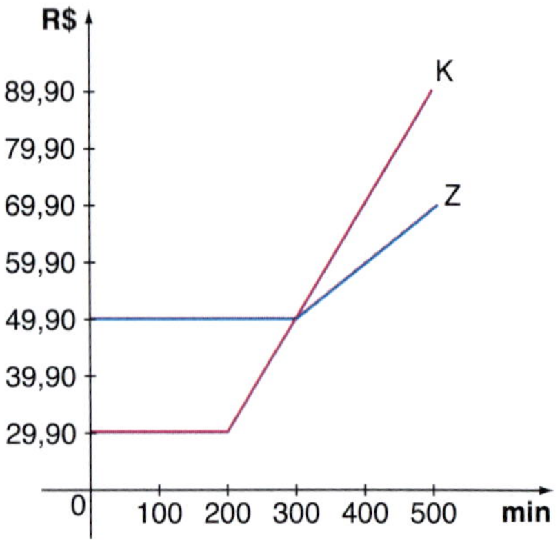

e) 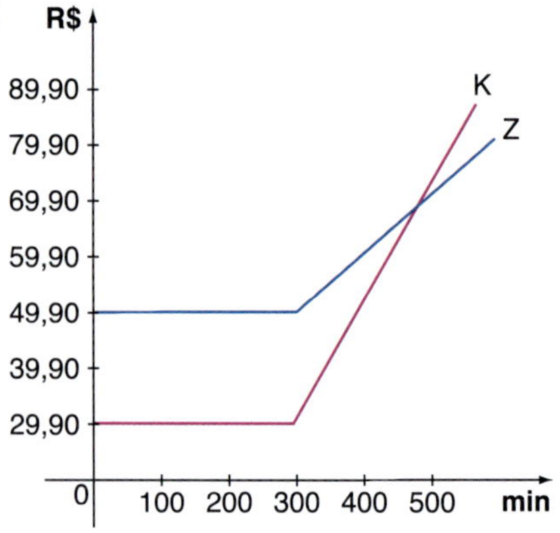

13. (Enem) Nos processos industriais, como na indústria de cerâmica, é necessário o uso de fornos capazes de produzir elevadas temperaturas e, em muitas situações, o tempo de elevação dessa temperatura deve ser controlado, para garantir a qualidade do produto final e a economia no processo. Em uma indústria de cerâmica, o forno é programado para elevar a temperatura ao longo do tempo de acordo com a função

$$T(t) = \begin{cases} \frac{7}{5}t + 20, \text{ para } 0 \leqslant t < 100 \\ \frac{2}{125}t^2 - \frac{16}{5}t + 320, \text{ para } t \geqslant 100 \end{cases}$$

em que **T** é o valor da temperatura atingida pelo forno, em graus Celsius, e **t** é o tempo, em minutos, decorrido desde o instante em que o forno é ligado.

Uma peça deve ser colocada nesse forno quando a temperatura for 48 °C e retirada quando a temperatura for 200 °C.

O tempo de permanência dessa peça no forno é, em minutos, igual a

a) 100.
b) 108.
c) 128.
d) 130.
e) 150.

14. (Enem) Certo vendedor tem seu salário mensal calculado da seguinte maneira: ele ganha um valor fixo de R$ 750,00, mais uma comissão de R$ 3,00 para cada produto vendido.

Caso ele venda mais de 100 produtos, sua comissão passa a ser de R$ 9,00 para cada produto vendido, a partir do 101º produto vendido.

Com essas informações, o gráfico que melhor representa a relação entre salário e o número de produtos vendidos é

a)

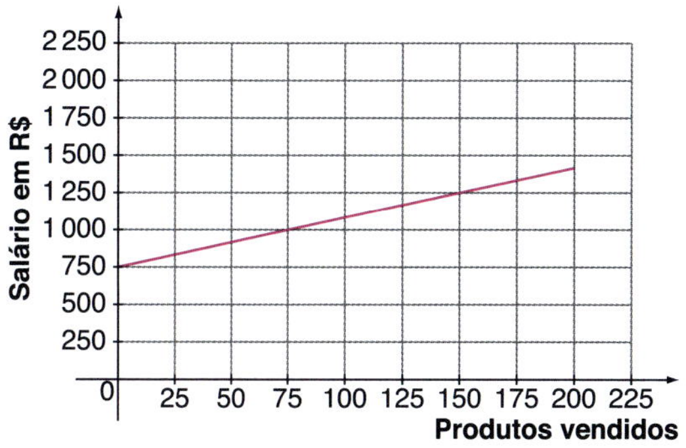

b)

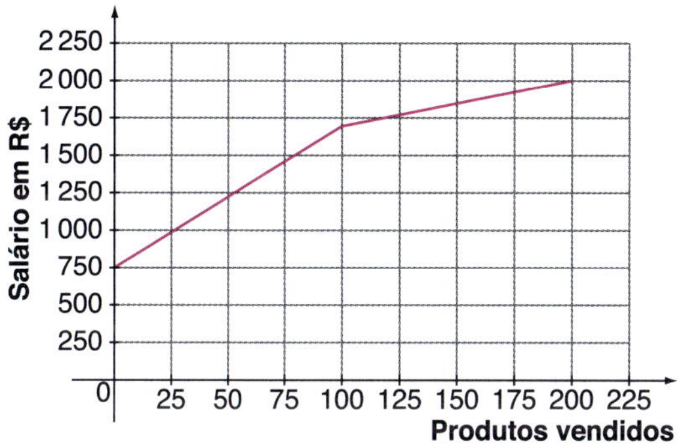

c)

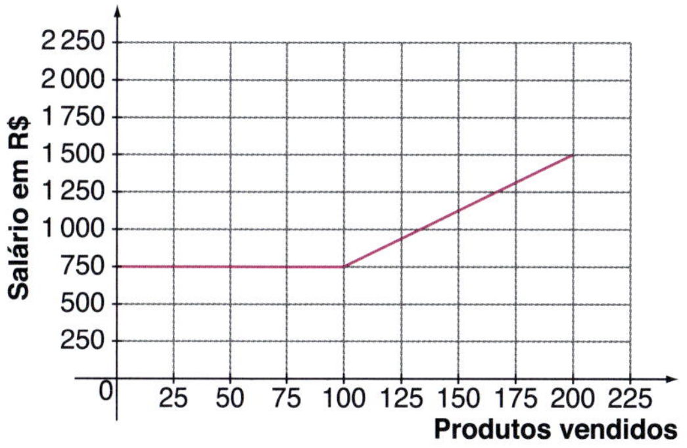

d)

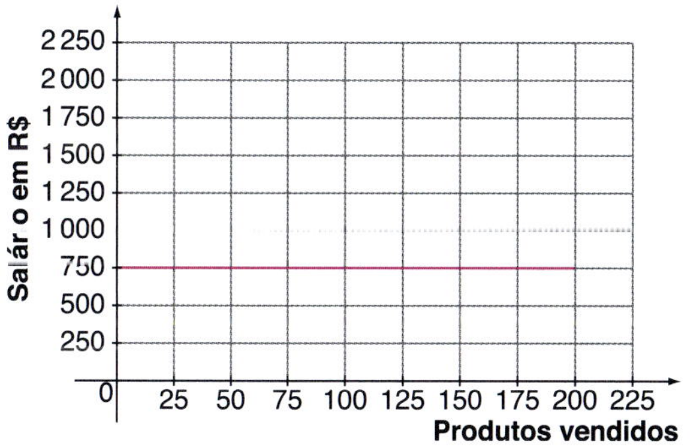

e)

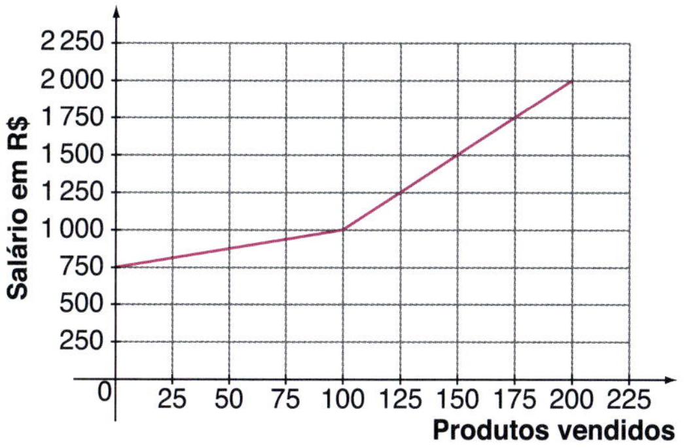

15. (Insper-SP) A figura a seguir mostra o gráfico da função f(x).

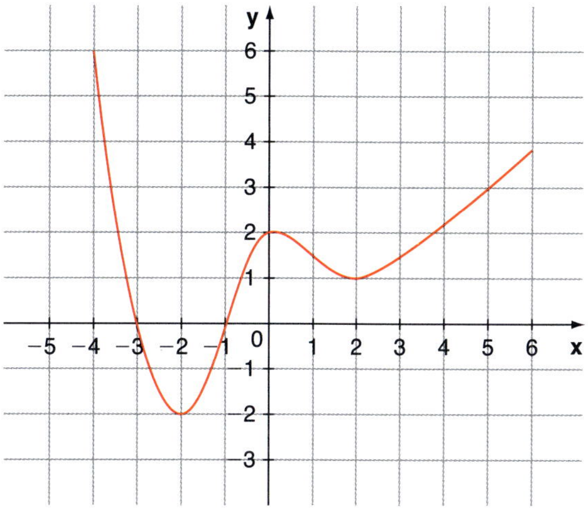

O número de elementos do conjunto solução da equação $|f(x)| = 1$, resolvida em $\mathbb{R}$, é igual a

a) 6

b) 5

c) 4

d) 3

e) 2

16. (UEG-GO) Na figura a seguir, é apresentado o gráfico de uma função **f**, de $\mathbb{R}$ em $\mathbb{R}$.

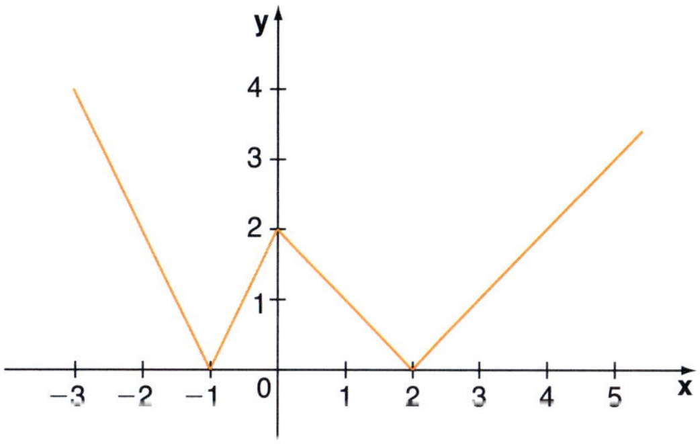

A função **f** é dada por

a) $f(x) = \begin{cases} |2x + 2|, \text{ se } x < 0 \\ |x - 2|, \text{ se } x \geq 0 \end{cases}$

b) $f(x) = \begin{cases} -|x| + 2, \text{ se } -1 \leq x < 2 \\ |2x - 3|, \text{ se } x < -1 \text{ e } x \geq 2 \end{cases}$

c) $f(x) = \begin{cases} |x - 1|, \text{ se } x < 0 \\ |x + 2|, \text{ se } x \geq 0 \end{cases}$

d) $f(x) = \begin{cases} -|x + 2|, \text{ se } -1 \leq x < 2 \\ |2x| + 1, \text{ se } x < -1 \text{ e } x \geq 2 \end{cases}$

17. (Mack-SP) O domínio da função real $f(x) = \sqrt{2 - ||x + 3| - 5|}$, $x \in \mathbb{R}$, é

a) $[-10, 4]$

b) $[-6, 4]$

c) $[-10, -6] \cup [0, \infty)$

d) $(-\infty, -10] \cup [0, 4]$

e) $[-10, -6] \cup [0, 4]$

18. (EsPCEx-SP) O número de soluções da equação $\frac{1}{2}|x| \cdot |x - 3| = 2 \cdot \left|x - \frac{3}{2}\right|$, no conjunto $\mathbb{R}$, é

a) 1.

b) 2.

c) 3.

d) 4.

e) 5.

19. (Epcar-MG) Durante 16 horas, desde a abertura de certa confeitaria, observou-se que a quantidade q(t) de unidades vendidas do doce "amor em pedaço", entre os instantes (t − 1) e **t**, é dada pela lei $q(t) = ||t - 8| + t - 14|$, em que **t** representa o tempo, em horas, e $t \in \{1, 2, 3, ..., 16\}$.

É correto afirmar que

a) entre todos os instantes foi vendida, pelo menos, uma unidade de "amor em pedaço".

b) a menor quantidade vendida em qualquer instante corresponde a 6 unidades.

c) em nenhum momento vendem-se exatamente 2 unidades.

d) o máximo de unidades vendidas entre todos os instantes foi 10.

20. (UFRGS-RS) A interseção dos gráficos das funções **f** e **g**, definidas por $f(x) = |x|$ e $g(x) = 1 - |x|$, os quais são desenhados no mesmo sistema de coordenadas cartesianas, determina um polígono.

A área desse polígono é

a) 0,125

b) 0,25

c) 0,5

d) 1

e) 2

21. (UFRN) Ao pesquisar preços para a compra de uniformes, duas empresas, $\mathbf{E}_1$ e $\mathbf{E}_2$, encontraram, como melhor proposta, uma que estabelecia o preço de venda de cada unidade por $120 - \frac{n}{20}$, onde **n** é o número de uniformes comprados, com o valor por uniforme se tornando constante a partir de 500 unidades.

Se a empresa $\mathbf{E}_1$ comprou 400 uniformes e a $\mathbf{E}_2$, 600, na planilha de gastos, deverá constar que cada uma pagou pelos uniformes, respectivamente,

a) R$ 38 000,00 e R$ 57 000,00

b) R$ 40 000,00 e R$ 54 000,00

c) R$ 40 000,00 e R$ 57 000,00

d) R$ 38 000,00 e R$ 54 000,00

22. (UFU-MG) Sejam $\mathbf{k}_1$ e $\mathbf{k}_2$ dois números reais positivos com $k_2 = 3k_1$.

Suponha que os gráficos cartesianos das funções reais definidas por $f(x) = |x| + k_1$ e $g(x) = -|x| + k_2$ delimitam um quadrilátero de área 8 unidades de área.

Segundo essas condições, o valor do produto $k_1 \cdot k_2$ é igual a

a) 9.

b) 15.

c) 18.

d) 12.

23. (FGV-SP) O polígono do plano cartesiano determinado pela relação $|3x| + |4y| = 12$ tem área igual a

a) 6

b) 12

c) 16

d) 24

e) 25

24. (Vunesp) No conjunto $\mathbb{R}$ dos números reais, o conjunto **S** da inequação modular $|x| \cdot |x - 5| \geq 6$ é

a) $S = \{x \in \mathbb{R} \mid -1 \leq x \leq 6\}$.

b) $S = \{x \in \mathbb{R} \mid x \leq -1 \text{ ou } 2 \leq x \leq 3\}$.

c) $S = \{x \in \mathbb{R} \mid x \leq -1 \text{ ou } 2 \leq x \leq 3 \text{ ou } x \geq 6\}$.

d) $S = \{x \in \mathbb{R} \mid x \leq 2 \text{ ou } x \geq 3\}$.

e) $S = \mathbb{R}$.

25. (EsPCEx-RJ) O gráfico que melhor representa a função real definida por

$$\begin{cases} 4 - |x - 4|, \text{ se } 2 < x \leqslant 7 \\ x^2 - 2x + 2, \text{ se } x \leqslant 2 \end{cases} \text{ é}$$

a) 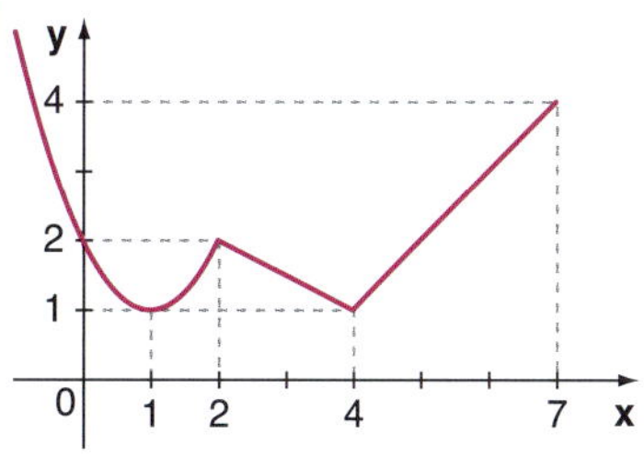

b) 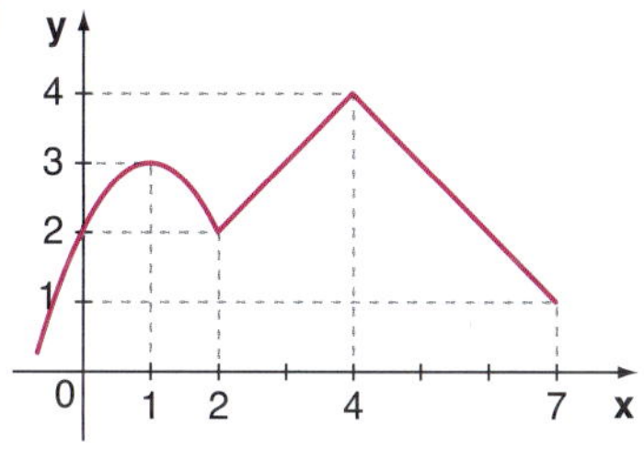

c) 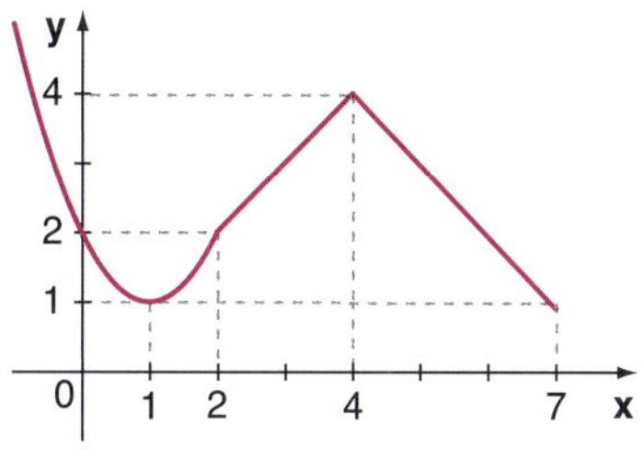

d) 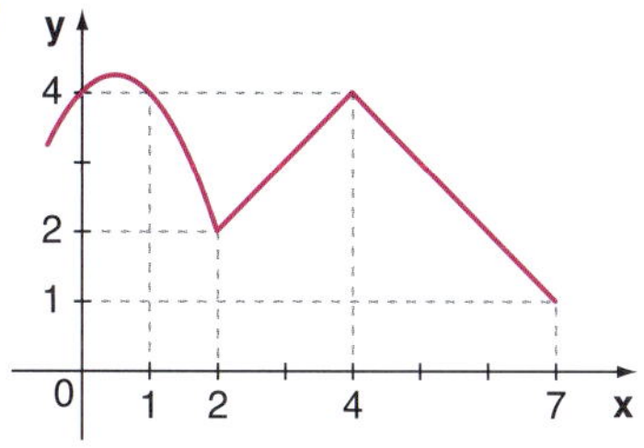

e) 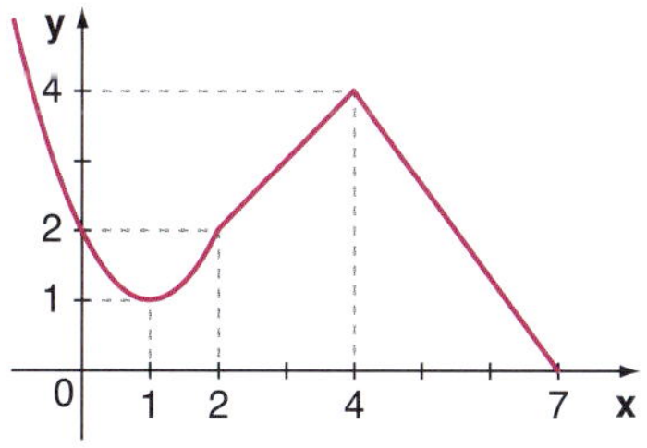

Ilustrações: Reprodução/Arquivo da editora

26. (Efomm-RJ) Determine a imagem de função **f**, definida por $f(x) = ||x + 2| - |x - 2||$, para todo $x \in \mathbb{R}$ conjunto dos números reais.

a) $Im (f) = \mathbb{R}$

b) $Im (f) = \{y \in \mathbb{R} \mid y \geqslant 0\}$.

c) $Im (f) = \{y \in \mathbb{R} \mid 0 \leqslant y \leqslant 4\}$.

d) $Im (f) = \{y \in \mathbb{R} \mid y \leqslant 4\}$.

e) $Im (f) = \{y \in \mathbb{R} \mid y > 0\}$.

27. (Fuvest-SP) O imposto de renda devido por uma pessoa física à Receita Federal é função da chamada base de cálculo, que se calcula subtraindo o valor das deduções do valor dos rendimentos tributáveis. O gráfico dessa função, representado na figura, é a união dos segmentos de reta $\overline{OA}$, $\overline{AB}$, $\overline{BC}$, $\overline{CD}$ e da semirreta $\overrightarrow{DE}$. João preparou sua declaração tendo apurado como base de cálculo o valor de R$ 43 800,00. Pouco antes de enviar a declaração, ele encontrou um documento esquecido numa gaveta que comprovava uma renda tributável adicional de R$ 1 000,00. Ao corrigir a declaração, informando essa renda adicional, o valor do imposto devido será acrescido de

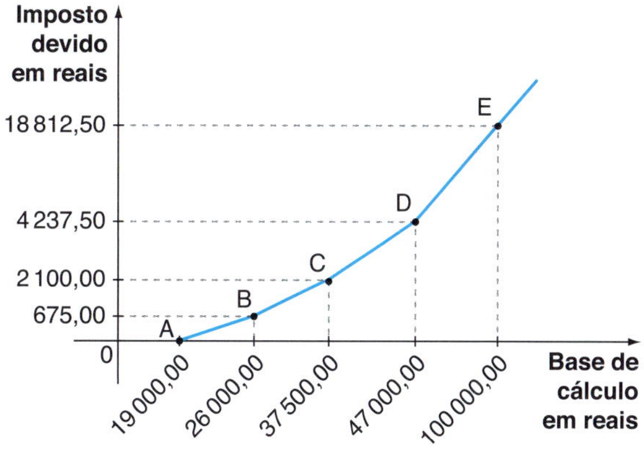

Reprodução/Arquivo da editora

a) R$ 100,00

b) R$ 200,00

c) R$ 225,00

d) R$ 450,00

e) R$ 600,00

28. (Udesc) A área da região fechada delimitada pelas funções $f(x) = |x|$, $g(x) = |x - 2|$ e $h(x) = |x - 3|$, em unidades de área, é igual a:

a) 1

b) $\dfrac{1}{\sqrt{2}}$

c) $\sqrt{2}$

d) 2

e) $2\sqrt{2}$

CAPÍTULO

7

Função exponencial

Pascal Goetgheluck/SPL/Latinstock

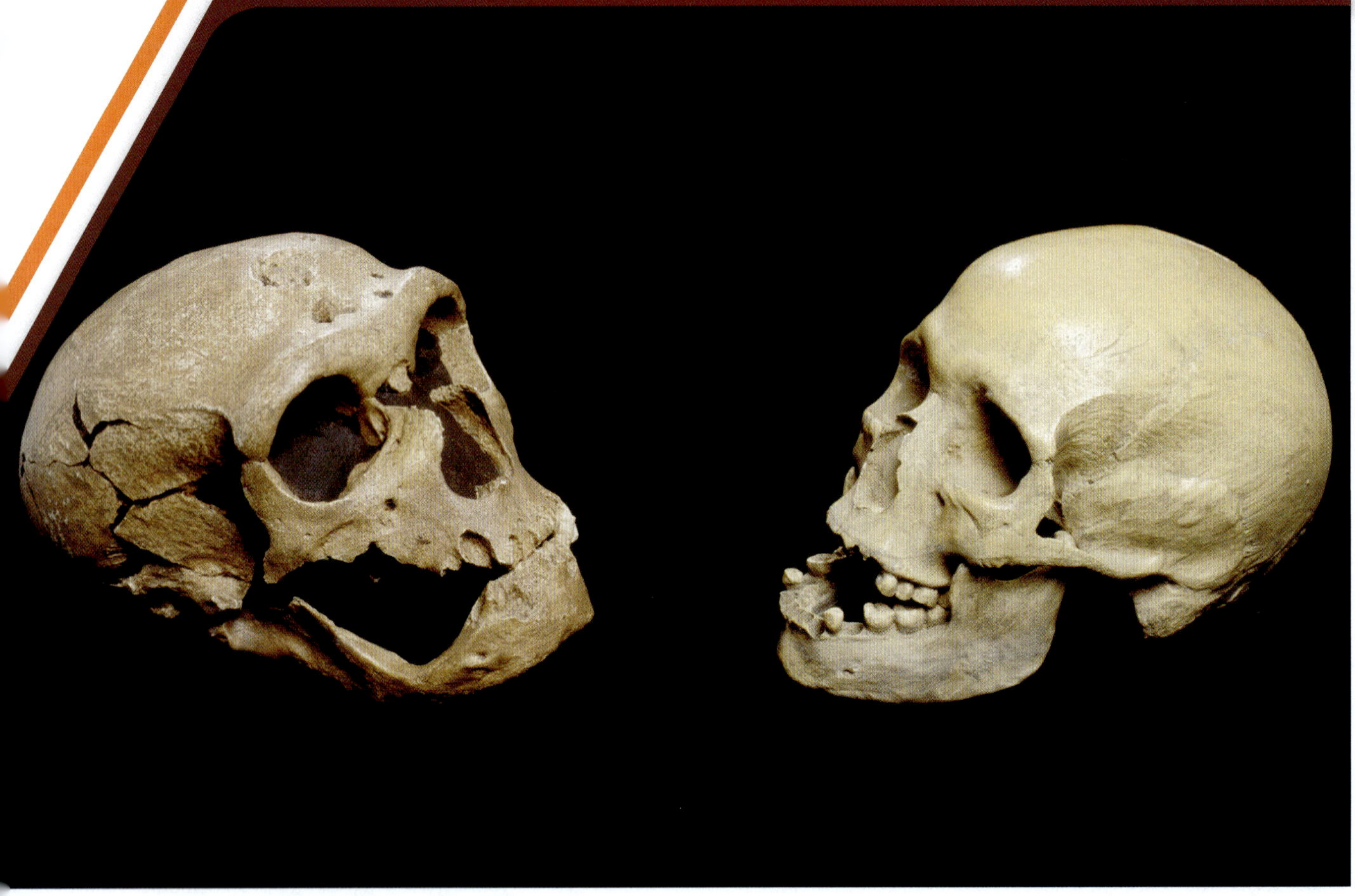

Na imagem, observa-se o crânio de um homem de Neandertal (esquerda) ao lado do crânio de um *Homo sapiens*. Pode-se estimar a época em que os neandertais viveram pela datação do radiocarbono (^{14}C) em seus ossos, já que a concentração desse isótopo é mantida constante no corpo de seres vivos, mas quando morrem o ^{14}C decai de maneira exponencial, com uma meia-vida de 5 710 anos.

Introdução

Os dados do último censo demográfico, ocorrido em 2010, indicaram que, naquele ano, a população brasileira era de 190 755 799 habitantes e estava crescendo à taxa aproximada de 1,2% ao ano. A taxa de crescimento populacional leva em consideração a natalidade, a mortalidade, as imigrações, etc.

Suponha que tal crescimento seja mantido para a década seguinte, isto é, de 2011 a 2020. Nessas condições, qual seria a população brasileira ao final de **x** anos (x = 1, 2, ..., 10), contados a partir de 2010?

Rubens Chaves/Pulsar Imagens

O censo é realizado a partir da coleta de dados efetuada pelos recenseadores, que visitam cada domicílio.

Para facilitar os cálculos, vamos aproximar a população brasileira em 2010 para 191 milhões de habitantes.

- Passado 1 ano a partir de 2010 (em 2011), a população, em milhões, seria:

$$\underbrace{191}_{\substack{\text{população}\\ \text{em 2010}}} + \overbrace{1{,}2\% \cdot 191}^{\text{aumento}} = 191 + 0{,}012 \cdot 191 = 1{,}012 \cdot 191$$

$$1{,}2\% \rightarrow \frac{1{,}2}{100} = 0{,}012$$

Aproximadamente 193,29 milhões de habitantes.

- Passados 2 anos a partir de 2010 (em 2012), a população, em milhões, seria:

$$\underbrace{1{,}012 \cdot 191}_{\substack{\text{população}\\ \text{em 2011}}} + \underbrace{0{,}012 \cdot 1{,}012 \cdot 191}_{\text{aumento}} = 1{,}012 \cdot 191(1 + 0{,}012) = 1{,}012^2 \cdot 191$$

Aproximadamente 195,61 milhões de habitantes.

- Passados 3 anos a partir de 2010 (em 2013), a população, em milhões, seria:

$$\underbrace{1{,}012^2 \cdot 191}_{\substack{\text{população}\\ \text{em 2012}}} + \underbrace{0{,}012 \cdot 1{,}012^2 \cdot 191}_{\text{aumento}} = 1{,}012^2 \cdot 191(1 + 0{,}012) = 1{,}012^3 \cdot 191$$

Aproximadamente 197,96 milhões de habitantes.

⋮ ⋮ ⋮ ⋮

- Passados **x** anos, contados a partir de 2010, ($x = 1, 2, ..., 10$), a população brasileira, em milhões de habitantes, seria:

$$1{,}012^x \cdot 191$$

A função que associa a população (**y**), em milhões de habitantes, ao número de anos (**x**), transcorridos a partir de 2010, é dada por:

$$y = 1{,}012^x \cdot 191$$

que é um exemplo de **função exponencial**, a qual passaremos a estudar agora.

Inicialmente, vamos fazer uma revisão sobre potências, raízes e suas propriedades – assunto já estudado no Ensino Fundamental II.

Potência de expoente natural

Dados um número real **a** e um número natural **n**, com $n \geq 2$, chama-se **potência de base a** e **expoente n** o número $\mathbf{a^n}$ que é o produto de **n** fatores iguais a **a**.

$$a^n = \underbrace{a \cdot a \cdot a \cdot \ldots \cdot a}_{\textbf{n fatores}}$$

Dessa definição decorre que:

$a^2 = a \cdot a$, $a^3 = a \cdot a \cdot a$, $a^4 = a \cdot a \cdot a \cdot a$, etc.

Há dois casos especiais:

- Para $n = 1$, definimos $a^1 = a$, pois com um único fator não se define o produto.
- Para $n = 0$ e supondo $a \neq 0$, definimos $a^0 = 1$.

Vejamos alguns exemplos de potências:

- $4^3 = 4 \cdot 4 \cdot 4 = 64$
- $\left(\frac{2}{5}\right)^2 = \frac{2}{5} \cdot \frac{2}{5} = \frac{4}{25}$
- $(-6)^4 = (-6) \cdot (-6) \cdot (-6) \cdot (-6) = 1296$
- $3^1 = 3$
- $\left(\frac{3}{10}\right)^0 = 1$
- $(3{,}2)^2 = 3{,}2 \cdot 3{,}2 = 10{,}24$
- $0^5 = 0 \cdot 0 \cdot 0 \cdot 0 \cdot 0 = 0$
- $(-8)^1 = -8$
- $7^0 = 1$
- $(1{,}5)^3 = 1{,}5 \cdot 1{,}5 \cdot 1{,}5 = 3{,}375$

As calculadoras científicas auxiliam no cálculo de potências, que pode ser bastante trabalhoso.

Observe a tecla y^x, em que **y** representa a base da potência, e **x**, seu expoente.

- Para calcular $1{,}3^5$, pressionamos:

  1 · 3 y^x 5 = 3.71293

  Obtemos 3,71293.
- Para calcular $2{,}3^8$, pressionamos:

  2 · 3 y^x 8 = 783.1098528

Obtemos, como valor aproximado, 783,1098528.

Cabe ressaltar que existem muitos modelos de calculadora e, em alguns casos, uma ou outra das operações anteriores poderá ser invertida.

Em alguns modelos, a tecla y^x é substituída pela tecla ^.

Propriedades

Sendo **a** e **b** números reais e **m** e **n** naturais, valem as seguintes propriedades:

I) $a^m \cdot a^n = a^{m+n}$

II) $\frac{a^m}{a^n} = a^{m-n}$ $(a \neq 0 \text{ e } m \geq n)$

III) $(a \cdot b)^n = a^n \cdot b^n$

IV) $\left(\frac{a}{b}\right)^n = \frac{a^n}{b^n}$ $(b \neq 0)$

V) $(a^m)^n = a^{m \cdot n}$

Essas propriedades podem ser usadas para simplificar expressões. Veja o exemplo a seguir.

EXEMPLO 1

Supondo $a \cdot b \neq 0$, simplifiquemos a expressão: $y = \frac{(a^2b^3)^5}{(a^2)^3b^7}$

Aplicando as propriedades estudadas, temos: $y = \frac{a^{10}b^{15}}{a^6b^7} = a^{10-6} \cdot b^{15-7} = a^4b^8$

OBSERVAÇÃO

Na definição de potência com expoente natural, foi estabelecido que $\forall a \in \mathbb{R}^*$, $a^0 = 1$. Isso garante a validade das propriedades apresentadas. Veja:

- Façamos m = 0, de acordo com a propriedade I:

$$\underbrace{a^0 \cdot a^n = a^{0+n} = a^n}$$

Para que ocorra igualdade, devemos ter $a^0 = 1$.

- Façamos m = n, de acordo com a propriedade II:

Por um lado, $\frac{a^n}{a^n} = 1$, que é o quociente de dois números iguais.

Por outro lado, aplicando a propriedade, temos:

$$\frac{a^n}{a^n} = a^{n-n} = a^0$$

Convenciona-se, então, $a^0 = 1$.

Potência de expoente inteiro negativo

Vamos definir as potências de expoente inteiro negativo de modo que as propriedades estudadas no item anterior continuem valendo.

Observe os exemplos seguintes:

- $2^3 \cdot 2^{-3} = 2^{3+(-3)} = 2^0 = 1$; assim, $2^{-3} = \frac{1}{2^3}$
- $\frac{7^3}{7^5} = 7^{3-5} = 7^{-2}$

Por outro lado, temos: $\frac{7^3}{7^5} = \frac{\cancel{7} \cdot \cancel{7} \cdot \cancel{7}}{\cancel{7} \cdot \cancel{7} \cdot \cancel{7} \cdot 7 \cdot 7} = \frac{1}{7^2}$

Daí, $7^{-2} = \frac{1}{7^2}$

Os cálculos acima sugerem a definição a seguir.

Dados um número real **a**, não nulo, e um número **n** natural, chama-se **potência de base a** e **expoente –n** o número $\mathbf{a}^{-n}$, que é o inverso de $\mathbf{a}^n$.

$$a^{-n} = \frac{1}{a^n}$$

OBSERVAÇÃO

Nesta definição, devemos ter $a \neq 0$. Se tivéssemos $a = 0$, então $\forall n \in \mathbb{N}^*$, teríamos $0^{-n} = \frac{1}{0^n} = \frac{1}{0}$, o que é impossível de ocorrer.

Vejamos alguns exemplos:

- $3^{-2} = \frac{1}{3^2} = \frac{1}{9}$
- $(-5)^{-2} = \frac{1}{(-5)^2} = \frac{1}{25}$
- $2^{-4} = \frac{1}{2^4} = \frac{1}{16}$
- $1^{-8} = \frac{1}{1^8} = \frac{1}{1} = 1$
- $(0,4)^{-2} = \left(\frac{4}{10}\right)^{-2} = \left(\frac{2}{5}\right)^{-2} = \frac{1}{\left(\frac{2}{5}\right)^2} = \frac{1}{\frac{4}{25}} = \frac{25}{4}$

Propriedades

As cinco propriedades enunciadas para potência de expoente natural são válidas para potência de expoente inteiro negativo, quaisquer que sejam os valores dos expoentes **m** e **n** inteiros.

Exercícios

1. Calcule:

a) 5^3

b) $(-5)^3$

c) 5^{-3}

d) $\left(-\frac{2}{3}\right)^3$

e) $\left(\frac{1}{50}\right)^{-2}$

f) $\left(-\frac{11}{7}\right)^0$

g) $\left(\frac{3}{2}\right)^1$

h) $\left(-\frac{1}{2}\right)^0$

i) $-(-2)^5$

j) -10^2

k) 10^{-3}

l) $-\left(-\frac{1}{2}\right)^{-2}$

2. Calcule:

a) $0,2^2$

b) $0,1^{-1}$

c) $3,4^1$

d) $(-4,17)^0$

e) $0,05^{-2}$

f) $1,25^{-1}$

g) $1,2^3$

h) $(-3,2)^2$

i) $0,6^3$

j) $0,08^{-1}$

k) $(-0,3)^{-1}$

l) $(-0,01)^{-2}$

3. Calcule o valor de cada uma das expressões:

a) $A = \left(\frac{3}{4}\right)^2 \cdot (-2)^3 + \left(-\frac{1}{2}\right)^1$

b) $B = \left(\frac{1}{2}\right)^{-2} + \left(\frac{1}{3}\right)^{-1}$

c) $C = -2 \cdot \left(\frac{3}{2}\right)^3 + 1^{15} - (-2)^1$

d) $D = \left[\left(-\frac{5}{3}\right)^{-1} + \left(\frac{5}{2}\right)^{-1}\right]^{-1}$

e) $E = [3^{-1} - (-3)^{-1}]^{-1}$

f) $F = 6 \cdot \left(\frac{2}{3}\right)^2 + 4 \cdot \left(-\frac{3}{2}\right)^{-2}$

4. Escreva em uma única potência:

a) $\dfrac{11^3 \cdot (11^4)^2 \cdot 11}{11^6}$

b) $\dfrac{(2^4)^3 \cdot 2^7 \cdot 2^3}{(2^{11})^2}$

c) $\dfrac{10^{-2} \cdot \left(\frac{1}{10}\right)^{-3}}{(0,01)^{-1}}$

d) $\dfrac{10 \cdot 10^{-5} \cdot (10^2)^{-3}}{(10^{-4})^3}$

e) $\dfrac{2^{3^2} \cdot 3^4}{3 \cdot (2^3)^2}$

5. Coloque em ordem crescente:

$A = (-2)^{-2} - 3 \cdot (0,5)^3$, $B = \dfrac{1}{2} + \left(\dfrac{1}{2}\right)^2 \cdot \left(-\dfrac{1}{2}\right)^{-3}$

e $C = \dfrac{-\frac{5}{4} - \left(-\frac{1}{2}\right)^2}{\left(\frac{2}{3}\right)^{-1}}$.

6. Escreva em uma única potência:

a) a metade de 2^{100};

b) o triplo de 3^{20};

c) a oitava parte de 4^{32};

d) o quadrado do quíntuplo de 25^{10}.

7. Sendo $a = \dfrac{2^{48} + 4^{22} - 2^{46}}{4^3 \cdot 8^6}$, obtenha o valor de $\dfrac{1}{26} \cdot a$.

8. Sendo **a** e **b** números reais tais que $a \cdot b \neq 0$, simplifique as expressões a seguir.

a) $(a^{-1} + b^{-1}) \cdot ab$

b) $a^{-2} - b^{-2}$

c) $(a^{-1})^2 + (b^2)^{-1} + 2(ab)^{-1}$

Troque ideias

Notação científica

Números muito pequenos ou muito grandes são frequentes em estudos científicos e medições de grandezas, permeando várias áreas do conhecimento, como Física, Química, Astronomia, Biologia, Meio Ambiente, etc. Observe alguns exemplos:

I) A massa do planeta Terra é de 5 980 000 000 000 000 000 000 000 kg.

II) A distância entre a Terra e a Lua é de 384 000 000 m.

III) A massa de um próton é de 0,000000000000000000000000001673 kg.

IV) Ano-luz é a distância percorrida pela luz em um ano, no vácuo, à velocidade aproximada de 300 000 km/s. Um ano-luz equivale a aproximadamente 9 460 530 000 000 km.

V) Quando o nível de ozônio no ar em certa região atinge 200 $\mu g/m^3$, inicia-se o estado de atenção na região. Isso significa que cada metro cúbico de ar contém 0,0002 g de ozônio (1 grama corresponde a 1 milhão de microgramas).

A leitura desses números é facilitada quando são escritos em **notação científica**. Basicamente, trata-se de escrevê-los como o produto de um número real **a** $(1 \leqslant a < 10)$ e uma potência de base dez e expoente inteiro. Observe alguns exemplos:

- $62\,000\,000 = 6{,}2 \cdot 10\,000\,000 = 6{,}2 \cdot 10^7$
- $15\,670\,000\,000 = 1{,}567 \cdot 10^{10}$
- $0{,}0000035 = \dfrac{3{,}5}{1\,000\,000} = \dfrac{3{,}5}{10^6} = 3{,}5 \cdot 10^{-6}$
- $0{,}0008 = \dfrac{8}{10\,000} = \dfrac{8}{10^4} = 8 \cdot 10^{-4}$

A vantagem de escrever um número em notação científica é a rapidez no reconhecimento da ordem de grandeza desses números.

- Faça o que se pede:

a) Escreva os números presentes nos exemplos I, II, III, IV e V em notação científica.

b) Efetue as seguintes operações, escrevendo o resultado em notação científica:

i) $0{,}0000005 \cdot 42\,000\,000$

ii) $0{,}000000006 : 0{,}00015$

iii) $1\,300\,000\,000 \cdot 50\,000\,000\,000$

iv) $4\,500\,000 : 0{,}0009$

c) A distância média aproximada de Vênus ao Sol é de $1{,}082 \cdot 10^{11}$ m e a distância média aproximada da Terra ao Sol é de $149{,}6 \cdot 10^6$ km.

i) Qual planeta se encontra mais próximo do Sol?

ii) Qual é a diferença entre a maior e a menor distância em quilômetros? Escreva a resposta em notação científica.

Fontes de pesquisa: *Atlas geográfico escolar*. 6. ed. Rio de Janeiro: IBGE, 2012.; *Parâmetros físicos e astronômicos*. Disponível em: <astro.if.ufrgs.br>. Acesso em: 25 jun. 2018.

Thinkstock/Getty Images

A Terra e a Lua vistas de um satélite orbitando a 35 000 km de altura.

Raiz n-ésima (enésima) aritmética

Antes de definir as potências com expoentes racionais, vamos relembrar a definição de raiz enésima aritmética.

Dados um número real não negativo **a** e um número natural **n**, $n \geqslant 1$, chama-se **raiz enésima aritmética de a** o número real e não negativo **b** tal que $b^n = a$.

O símbolo $\sqrt[n]{a}$, chamado **radical**, indica a raiz enésima aritmética de **a**. Nele, **a** é chamado **radicando**, e **n**, **índice**.

$$\sqrt[n]{a} = b \Leftrightarrow b \geqslant 0 \text{ e } b^n = a$$

Vejamos alguns exemplos:

- $\sqrt[2]{16} = \sqrt{16} = 4$, pois $4^2 = 16$
- $\sqrt[4]{16} = 2$, pois $2^4 = 16$
- $\sqrt[3]{27} = 3$, pois $3^3 = 27$
- $\sqrt[5]{\dfrac{1}{32}} = \dfrac{1}{2}$, pois $\left(\dfrac{1}{2}\right)^5 = \dfrac{1}{32}$
- $\sqrt[6]{0} = 0$, pois $0^6 = 0$
- $\sqrt[8]{1} = 1$, pois $1^8 = 1$

Propriedades

Sendo **a** e **b** reais não negativos, **m** inteiro e **n** e **p** naturais não nulos, valem as seguintes propriedades:

- $\sqrt[n]{a^m} = \sqrt[n \cdot p]{a^{m \cdot p}}$
- $\sqrt[n]{a \cdot b} = \sqrt[n]{a} \cdot \sqrt[n]{b}$
- $\sqrt[n]{\frac{a}{b}} = \frac{\sqrt[n]{a}}{\sqrt[n]{b}}, (b \neq 0)$
- $\left(\sqrt[n]{a}\right)^m = \sqrt[n]{a^m}$
- $\sqrt[p]{\sqrt[n]{a}} = \sqrt[p \cdot n]{a}$

Exercícios resolvidos

1. Simplificar as expressões:

a) $\sqrt{8} + \sqrt{18}$

b) $\sqrt{x} \cdot \sqrt{32y^4x}$, com **x** e **y** reais positivos

Solução:

a) $\sqrt{8} + \sqrt{18} = \sqrt{2^2 \cdot 2} + \sqrt{2 \cdot 3^2} = 2\sqrt{2} + 3\sqrt{2} = 5\sqrt{2}$

b) $\sqrt{x} \cdot \sqrt{32y^4x} = \sqrt{32y^4x^2} = \sqrt{2^4 \cdot 2y^4x^2} = 2^2y^2x\sqrt{2} = 4y^2x\sqrt{2}$

2. Racionalizar o denominador das seguintes expressões:

a) $\frac{3}{\sqrt{2}}$

b) $\frac{4}{\sqrt{3} - 1}$

c) $\frac{3}{\sqrt[3]{3}}$

Solução:

a) $\frac{3}{\sqrt{2}} = \frac{3}{\sqrt{2}} \cdot \frac{\sqrt{2}}{\sqrt{2}} = \frac{3\sqrt{2}}{\sqrt{2^2}} = \frac{3\sqrt{2}}{2}$

b) $\frac{4}{\sqrt{3} - 1} = \frac{4}{\sqrt{3} - 1} \cdot \frac{\sqrt{3} + 1}{\sqrt{3} + 1} = \frac{4\left(\sqrt{3} + 1\right)}{\left(\sqrt{3}\right)^2 - 1^2} = \frac{4\left(\sqrt{3} + 1\right)}{2} = 2\left(\sqrt{3} + 1\right)$

c) $\frac{3}{\sqrt[3]{3}} = \frac{3}{\sqrt[3]{3}} \cdot \frac{\sqrt[3]{3^2}}{\sqrt[3]{3^2}} = \frac{3 \cdot \sqrt[3]{9}}{\sqrt[3]{3^3}} = \sqrt[3]{9}$

Exercícios

9. Calcule:

a) $\sqrt{169}$

b) $\sqrt[3]{512}$

c) $\sqrt[4]{\frac{1}{16}}$

d) $\sqrt{0{,}25}$

e) $\sqrt[3]{0{,}125}$

f) $\sqrt[5]{100\,000}$

10. Calcule:

a) $\sqrt[4]{256} \cdot \sqrt{25 - 16}$

b) $\sqrt[3]{1 + \sqrt{49}}$

c) $\left(\sqrt[3]{1000} - \sqrt[6]{64}\right)^2$

11. Simplifique os radicais seguintes:

a) $\sqrt{18}$

b) $\sqrt{54}$

c) $\sqrt[3]{54}$

d) $\sqrt{288}$

e) $\sqrt[4]{240}$

f) $\sqrt[3]{3\,000}$

12. Efetue:

a) $\sqrt{32} + \sqrt{50}$

b) $\sqrt{200} - 3\sqrt{72} + \sqrt{12}$

c) $\sqrt[3]{16} + \sqrt[3]{54} - \sqrt[3]{2}$

d) $\sqrt{1200} - 2\sqrt{48} + 3\sqrt{27}$

13. Efetue:

a) $\frac{\sqrt{192} - \sqrt{27}}{\sqrt{3}}$

b) $\frac{\sqrt[3]{16} + \sqrt[3]{54}}{\sqrt[3]{8}}$

14. Efetue:

a) $\sqrt{6} \cdot \sqrt{24}$

b) $\sqrt[3]{9} \cdot \sqrt[3]{3}$

c) $\sqrt{2} \cdot \sqrt{5} \cdot \sqrt{10}$

d) $\sqrt{48} : \sqrt{3}$

e) $\sqrt[4]{162} : \sqrt[4]{2}$

f) $\dfrac{\sqrt{3} \cdot \sqrt{12}}{\sqrt[3]{2} \cdot \sqrt[3]{4}}$

15. Desenvolva os seguintes produtos notáveis:

a) $(\sqrt{3} + 1)^2$

b) $(3 - \sqrt{2})^2$

c) $(\sqrt{5} + \sqrt{2})^2$

d) $(\sqrt{11} + \sqrt{2}) \cdot (\sqrt{11} - \sqrt{2})$

e) $(\sqrt[4]{3} + 1)^2$

f) $(2 + \sqrt{2})^3$

16. Efetue:

a) $\sqrt{\sqrt{6} - \sqrt{2}} \cdot \sqrt{\sqrt{6} + \sqrt{2}}$

b) $\sqrt{8 + \sqrt{15}} \cdot \sqrt{8 - \sqrt{15}}$

c) $\sqrt[3]{\sqrt{12} + 2} \cdot \sqrt[3]{\sqrt{12} - 2}$

d) $\sqrt{2} \cdot \sqrt{\sqrt{10} - \sqrt{2}} \cdot \sqrt{\sqrt{10} + \sqrt{2}}$

17. Racionalize o denominador de:

a) $\dfrac{4}{\sqrt{2}}$

b) $\dfrac{3}{\sqrt{5}}$

c) $\dfrac{\sqrt{3}}{\sqrt{2}}$

d) $\dfrac{3}{2\sqrt{3}}$

e) $\dfrac{1}{\sqrt[3]{2}}$

f) $\dfrac{25}{\sqrt[5]{5^2}}$

g) $\dfrac{2}{\sqrt[9]{32}}$

18. Racionalize o denominador de cada uma das seguintes expressões:

a) $\dfrac{2}{\sqrt{2} + 1}$

b) $\dfrac{4}{\sqrt{7} - \sqrt{3}}$

c) $\dfrac{\sqrt{2}}{\sqrt{2} - 1}$

d) $\dfrac{\sqrt{5} - \sqrt{2}}{\sqrt{5} + \sqrt{2}}$

e) $\dfrac{\sqrt{10}}{\sqrt{10} - \sqrt{5}}$

19. Efetue:

a) $\dfrac{3}{\sqrt{2}} + \sqrt{8}$

b) $\left(\dfrac{5}{\sqrt{2}} + \dfrac{\sqrt{2}}{\sqrt{3}}\right) \cdot \sqrt{2}$

c) $\dfrac{\sqrt{3}}{\sqrt{3} - \sqrt{2}} - \dfrac{12}{\sqrt{6}}$

d) $\dfrac{\sqrt{2} - 1}{\sqrt{2} + 1} - \dfrac{\sqrt{2}}{\sqrt{2} - 2}$

20. Efetue:

a) $(\sqrt{2})^8$

b) $(\sqrt[6]{2})^3$

c) $\sqrt{2} \cdot \sqrt[3]{2} \cdot \sqrt[6]{4}$

d) $(\sqrt[6]{2})^4$

21. Racionalize o denominador de cada uma das seguintes expressões:

a) $\dfrac{1}{\sqrt{2} + \sqrt{3} - \sqrt{5}}$

b) $\dfrac{1}{2 - \sqrt[3]{2}}$

Sugestão para o item *b*:
$a^3 - b^3 = (a - b)(a^2 + ab + b^2)$.

Potência de expoente racional

Para dar significado às potências de expoente racional $\left(\text{como } 3^{\frac{1}{2}}, 3^{\frac{3}{2}}, 3^{\frac{1}{3}}, \ldots\right)$ devemos lembrar que sua definição deve garantir a validade das propriedades operatórias já estudadas neste capítulo.

Observe os exemplos:

- $3^{\frac{1}{2}} \cdot 3^{\frac{1}{2}} = 3^{\frac{1}{2} + \frac{1}{2}} = 3^1 = 3$; assim, $\left(3^{\frac{1}{2}}\right)^2 = 3$, ou seja, $3^{\frac{1}{2}}$ é a raiz quadrada aritmética de $3 \Rightarrow \sqrt{3} = 3^{\frac{1}{2}}$.
- $2^{\frac{1}{3}} \cdot 2^{\frac{1}{3}} \cdot 2^{\frac{1}{3}} = 2^{\frac{1}{3} + \frac{1}{3} + \frac{1}{3}} = 2$; assim, $\left(2^{\frac{1}{3}}\right)^3 = 2$, ou seja, $2^{\frac{1}{3}}$ é a raiz cúbica aritmética de $2 \Rightarrow \sqrt[3]{2} = 2^{\frac{1}{3}}$.

Os exemplos anteriores ilustram a seguinte definição:

Para $a \in \mathbb{R}$, $a > 0$ e $n \in \mathbb{N}^*$, temos $a^{\frac{1}{n}} = \sqrt[n]{a}$.

Acompanhe agora os cálculos seguintes:

- $8^{\frac{3}{2}} \cdot 8^{\frac{3}{2}} = 8^{\frac{3}{2} + \frac{3}{2}} = 8^{2 \cdot \frac{3}{2}} = 8^3$

Assim, $\left(8^{\frac{3}{2}}\right)^2 = 8^3$ e, portanto, a raiz quadrada aritmética de 8^3 é igual a $8^{\frac{3}{2}}$, ou seja, $\sqrt{8^3} = 8^{\frac{3}{2}}$.

- $4^{\frac{2}{3}} \cdot 4^{\frac{2}{3}} \cdot 4^{\frac{2}{3}} = 4^{\frac{2}{3}+\frac{2}{3}+\frac{2}{3}} = 4^{3 \cdot \frac{2}{3}} = 4^2$

  Assim, $\left(4^{\frac{2}{3}}\right)^3 = 4^2$ e, portanto, a raiz cúbica aritmética de 4^2 é igual a $4^{\frac{2}{3}}$, ou seja, $\sqrt[3]{4^2} = 4^{\frac{2}{3}}$.

Essas considerações ilustram a seguinte definição:

Dados um número real positivo **a**, um número inteiro **m** e um número natural **n** ($n \geqslant 1$), chama-se **potência de base a** e **expoente $\frac{m}{n}$** a raiz enésima (n-ésima) aritmética de a^m.

$$a^{\frac{m}{n}} = \sqrt[n]{a^m}$$

Exemplos:

- $5^{\frac{1}{2}} = \sqrt{5}$
- $8^{\frac{1}{3}} = \sqrt[3]{8} = 2$
- $1^{\frac{7}{5}} = \sqrt[5]{1^7} = 1$
- $5^{\frac{2}{3}} = \sqrt[3]{5^2} = \sqrt[3]{25}$
- $64^{-\frac{1}{3}} = \sqrt[3]{64^{-1}} = \sqrt[3]{\frac{1}{64}} = \frac{1}{4}$
- $2^{\frac{3}{2}} = \sqrt{2^3} = \sqrt{8} = 2\sqrt{2}$
- $0^{\frac{11}{3}} = 0$
- $100^{-\frac{1}{2}} = \sqrt[2]{100^{-1}} = \sqrt{\frac{1}{100}} = \frac{1}{10}$

Definição especial:

Sendo $\frac{m}{n} > 0$, define-se: $0^{\frac{m}{n}} = 0$.

Propriedades

Sendo **a** e **b** reais positivos e $\frac{p}{q}$ e $\frac{r}{s}$ racionais, valem as seguintes propriedades:

I) $a^{\frac{p}{q}} \cdot a^{\frac{r}{s}} = a^{\frac{p}{q}+\frac{r}{s}}$

II) $a^{\frac{p}{q}} : a^{\frac{r}{s}} = a^{\frac{p}{q}-\frac{r}{s}}$

III) $(a \cdot b)^{\frac{p}{q}} = a^{\frac{p}{q}} \cdot b^{\frac{p}{q}}$

IV) $(a : b)^{\frac{p}{q}} = a^{\frac{p}{q}} : b^{\frac{p}{q}}$

V) $\left(a^{\frac{p}{q}}\right)^{\frac{r}{s}} = a^{\frac{p}{q} \cdot \frac{r}{s}}$

Exercício resolvido

3. Calcule o valor de $y = 27^{\frac{2}{3}} - 16^{\frac{3}{4}}$.

Solução:

Podemos resolver de duas formas:

a) Escrevendo as potências na forma de raízes: $y = \sqrt[3]{27^2} - \sqrt[4]{16^3} = \sqrt[3]{729} - \sqrt[4]{4096} = 9 - 8 = 1$

b) Usando as propriedades das potências: $y = (3^3)^{\frac{2}{3}} - (2^4)^{\frac{3}{4}} = 3^2 - 2^3 = 9 - 8 = 1$

Exercícios

22. Calcule o valor de:

a) $27^{\frac{1}{3}}$

b) $256^{\frac{1}{2}}$

c) $32^{\frac{1}{5}}$

d) $64^{\frac{1}{3}}$

e) $576^{\frac{1}{2}}$

f) $0,25^{\frac{1}{2}}$

g) $\left(\frac{27}{1\,000}\right)^{\frac{1}{3}}$

h) $\left(\frac{1}{81}\right)^{0,25}$

i) $0,5^{0,5}$

23. Calcule o valor de:

a) $8^{\frac{2}{3}}$

b) $144^{-\frac{1}{2}}$

c) $(0,2)^{\frac{1}{2}}$

d) $16^{\frac{5}{2}}$

e) $27^{\frac{2}{3}}$

f) $0,09^{-\frac{1}{2}}$

g) $16^{\frac{3}{4}}$

h) $8^{-\frac{1}{2}}$

i) $0,001^{-\frac{2}{3}}$

24. Qual é o valor de $\mathbf{a}^b$, sendo $a = \left(\frac{1}{4}\right)^{-2} + \left(\frac{1}{3}\right)^{-2}$

e $b = \dfrac{2 \cdot \left(\frac{1}{3}\right)^{-1} - 2^2}{\left(\frac{1}{2}\right)^{-2}}$?

25. A área da superfície corporal (ASC) de uma pessoa, em metros quadrados, pode ser estimada pela fórmula de Mosteller:

$$ASC = \left(\frac{h \cdot m}{3\,600}\right)^{\frac{1}{2}}$$

em que **h** é a altura da pessoa em centímetros e **m** é a massa da pessoa em quilogramas.

a) Calcule a área da superfície corporal de um indivíduo de 1,69 m e 75 kg. Use $\sqrt{3} \simeq 1,7$.

b) Juvenal tem ASC igual a 2 m^2 e massa 80 kg. Qual é a altura de Juvenal?

c) Considere dois amigos, Rui e Eli, ambos com 81 kg de massa. A altura de Rui é 21% maior do que a altura de Eli. A ASC de Rui é x% maior do que a ASC de Eli. Qual é o valor de **x**?

26. Calcule o valor de cada expressão:

a) $A = 64^{-0,6666...} \cdot 0,5^{0,5}$

b) $B = \left(128^{\frac{1}{7}} + 81^{\frac{1}{4}}\right)^{\frac{1}{2}}$

c) $C = 0,001^{-\frac{2}{2}} \cdot 1000^{\frac{5}{6}}$

d) $D = (4 \cdot 10^{-6})^{-\frac{1}{2}}$

Potência de expoente irracional

Vamos agora dar significado às potências do tipo $\mathbf{a}^x$, em que $a \in \mathbb{R}_+^*$, e o expoente **x** é um número irracional. Por exemplo: $2, 2^{\sqrt{5}}, 10^{\sqrt{3}}, \left(\frac{1}{2}\right)^{\sqrt{7}}, 4^{-\sqrt{5}}, ...$

Seja a potência $2^{\sqrt{2}}$.

Como $\sqrt{2}$ é irracional, vamos considerar aproximações racionais para esse número por falta e por excesso e, com auxílio de uma calculadora científica, obter o valor das potências de expoentes racionais:

$$\sqrt{2} \simeq 1,41421356...$$

Por falta	Por excesso
$2^1 = 2$	$2^2 = 4$
$2^{1,4} \simeq 2,639$	$2^{1,5} = 2^{\frac{3}{2}} = \sqrt{8} = 2\sqrt{2} \simeq 2,828$
$2^{1,41} \simeq 2,657$	$2^{1,42} \simeq 2,676$
$2^{1,414} \simeq 2,6647$	$2^{1,415} \simeq 2,6666$
$2^{1,4142} \simeq 2,6651$	$2^{1,4143} \simeq 2,6653$
⋮	⋮

Note que, à medida que os expoentes se aproximam de $\sqrt{2}$ por valores racionais, tanto por falta quanto por excesso, os valores das potências tendem a um mesmo valor, definido por $2^{\sqrt{2}}$, que é aproximadamente igual a 2,665.

Potência de expoente real

Seja $a \in \mathbb{R}$, $a > 0$.

Já estudamos os diferentes tipos de potências $\mathbf{a}^x$ com **x** racional ou irracional.

Em qualquer caso, $a^x > 0$, isto é, toda potência de base real positiva e expoente real é um número positivo.

Para essas potências, continuam válidas todas as propriedades apresentadas nos itens anteriores deste capítulo.

Função exponencial

Até aqui abordamos potências e raízes. Agora, vamos tratar de funções exponenciais.

Chama-se **função exponencial** qualquer função **f** de $\mathbb{R}$ em $\mathbb{R}_+^*$ dada por uma lei da forma $f(x) = a^x$, em que **a** é um número real dado, $a > 0$ e $a \neq 1$.

São exemplos de funções exponenciais: $y = 10^x$; $y = \left(\frac{1}{3}\right)^x$; $y = 2^x$; $y = \left(\frac{5}{6}\right)^x$, etc.

Observe que, na definição acima, há restrições em relação à base **a**.

De fato:

- Se $a < 0$, nem sempre o número $\mathbf{a}^x$ é real, por exemplo, $(-3)^{\frac{1}{2}} \notin \mathbb{R}$.
- Se $a = 0$, temos:

$$\begin{cases} \text{se } x > 0,\ y = 0^x = 0 \text{ (função constante)} \\ \text{se } x < 0, \text{ não se define } 0^x \text{ (por exemplo, } 0^{-3}) \\ \text{se } x = 0, \text{ não se define } 0^0 \end{cases}$$

- Se $a = 1$, para todo $x \in \mathbb{R}$, a função dada por $y = 1^x = 1$ é constante.

Gráfico

Vamos construir os gráficos de algumas funções exponenciais e, em seguida, observar algumas propriedades.

EXEMPLO 2

Vejamos como construir o gráfico da função **f**, cuja lei é $y = 2^x$.

Vamos usar o método de localizar alguns pontos do gráfico e ligá-los por meio de uma curva.

x	y
−3	$\frac{1}{8}$
−2	$\frac{1}{4}$
−1	$\frac{1}{2}$
0	1
$\frac{1}{2}$	$\sqrt{2} \simeq 1{,}41$
1	2
2	4
3	8

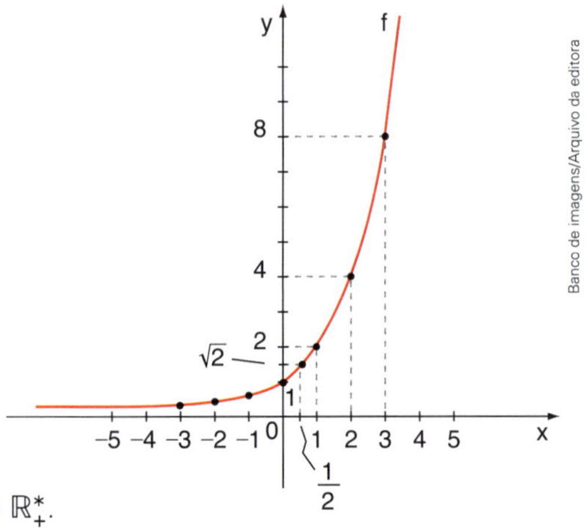

Observe que $\forall x \in \mathbb{R}$, $2^x > 0$ e, deste modo, $\text{Im}(f) = \mathbb{R}_+^*$.

EXEMPLO 3

Vamos construir o gráfico da função **f**, cuja lei é $y = \left(\frac{1}{2}\right)^x$.

x	−3	−2	−1	0	1	2	3
y	8	4	2	1	$\frac{1}{2}$	$\frac{1}{4}$	$\frac{1}{8}$

Observe que $\text{Im}(f) = \mathbb{R}_+^*$.

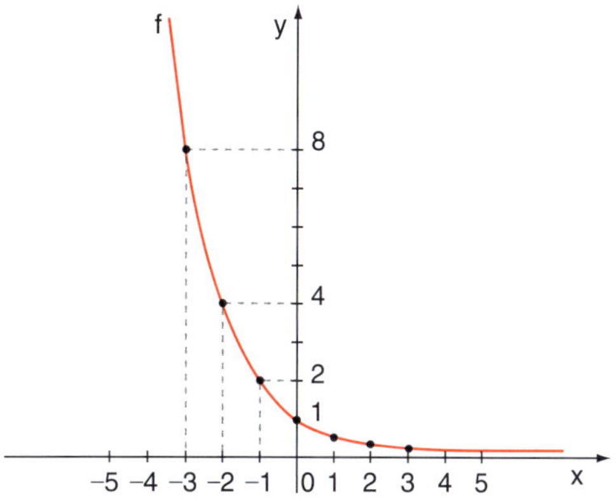

Banco de imagens/Arquivo da editora

Observe ao lado os gráficos das funções **f** e **g** definidos por $f(x) = 3^x$ e $g(x) = \left(\frac{1}{3}\right)^x$, traçados com o GeoGebra.

Note que, tanto para a função **f** como para a função **g**, tem-se:

$$\text{Im}(f) = \text{Im}(g) = \mathbb{R}_+^*$$

Observe que a abscissa do ponto de intersecção das duas curvas é obtida de:

$3^x = \left(\frac{1}{3}\right)^x \Rightarrow x = 0$.

As curvas obtidas nos exemplos anteriores são chamadas **curvas exponenciais**.

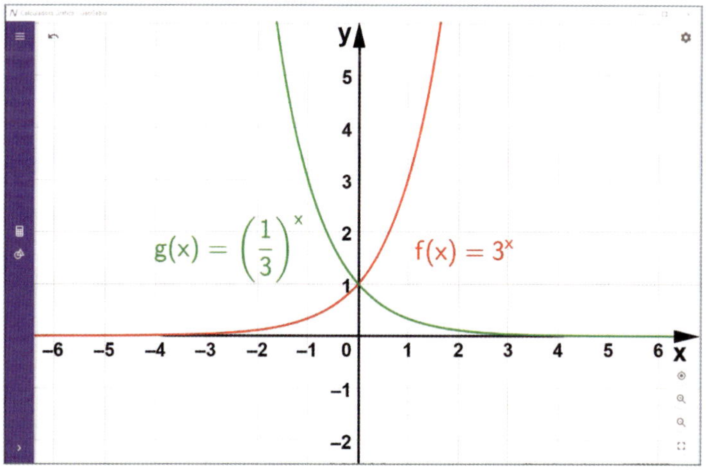

Reprodução/<GeoGebra.com>

O número e

Um importante número irracional em Matemática é o número e = 2,718281828459... . Para introduzi-lo, vamos considerar a expressão $(1 + x)^{\frac{1}{x}}$, definida em $\mathbb{R}^*$, e estudar os valores que ela assume quando **x** se aproxima de zero.

x	0,1	0,01	0,001	0,0001	0,00001
$(1 + x)^{\frac{1}{x}}$	≃ 2,594	≃ 2,705	≃ 2,717	≃ 2,7182	≃ 2,7183

Na tabela, podemos notar que, à medida que **x** se aproxima de zero, os valores de $(1 + x)^{\frac{1}{x}}$ ficam mais próximos do número e ≃ 2,7183.

Considerando valores negativos de **x** cada vez mais próximos de zero (por exemplo, x = −0,1; x = −0,01; x = −0,001, etc.), a expressão também fica cada vez mais próxima de e ≃ 2,7183. Calcule você mesmo com o auxílio de uma calculadora científica.

Dizemos então que o limite de $(1 + x)^{\frac{1}{x}}$, quando **x** tende a zero, é igual ao número **e**. Representamos esse fato por $\lim_{x \to 0} (1 + x)^{\frac{1}{x}} = e$.

A descoberta do número **e** é atribuída a John Napier, em seu trabalho com logaritmos, datado de 1614 (veja a seção *Um pouco de história* no capítulo seguinte). Nele, Napier introduziu, de forma não explícita, o que hoje conhecemos como número **e**. Um século depois, com o desenvolvimento do cálculo infinitesimal, o número **e** teve sua importância reconhecida. O símbolo **e** foi introduzido por Euler, em 1739.

Fernando Favoretto/Criar Imagem

Você pode usar uma calculadora financeira ou científica para calcular o valor de $\mathbf{e}^x$.

Muitas calculadoras científicas possuem a tecla e^x colocada, em geral, como segunda função (veja a tecla 2ndF na imagem ao lado; em alguns modelos, a segunda função da tecla é acionada por meio da tecla Shift).

Neste modelo, o cálculo de $\mathbf{e}^x$ é feito através da segunda função da tecla ln (o significado de ℓn será apresentado no capítulo seguinte).

Deste modo, em geral, não é necessário substituir **e** por alguma aproximação racional, bastando "entrar com" o expoente **x** para se conhecer o resultado da potência $\mathbf{e}^x$.

Veja:

- Para calcular $\mathbf{e}^2$, pressionamos:

  2 2ndF e^x 7.389056

  Obtemos o valor aproximado 7,389056.

- Para calcular $\mathbf{e}^{10}$, pressionamos:

  1 0 2ndF e^x 22026.46579

  Obtemos o valor aproximado 22 026,46579.

  Em alguns modelos de calculadora, a sequência das "operações" pode ser invertida. Veja o cálculo de $\mathbf{e}^{10}$:

  2ndF e^x 1 0 22026.46579

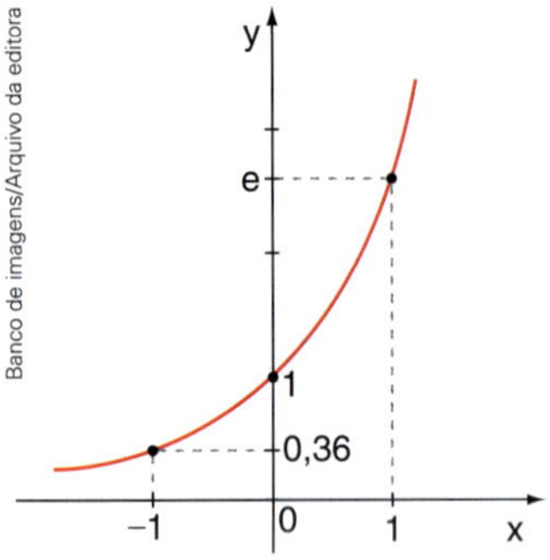

Banco de imagens/Arquivo da editora

A função $f: \mathbb{R} \to \mathbb{R}_+^*$ definida por $f(x) = e^x$ é a função exponencial de base **e**, cujo gráfico é dado ao lado.

Propriedades

- Na função exponencial cuja lei é $y = a^x$, temos: $x = 0 \Rightarrow y = a^0 = 1$, ou seja, o par ordenado (0, 1) satisfaz a lei $y = a^x$ para todo **a** (com $a > 0$ e $a \neq 1$). Isso quer dizer que o gráfico da função $y = a^x$ intersecta o eixo Oy no ponto de ordenada 1.
- Se $a > 1$, a função definida por $f(x) = a^x$ é crescente e seu gráfico está representado ao lado.

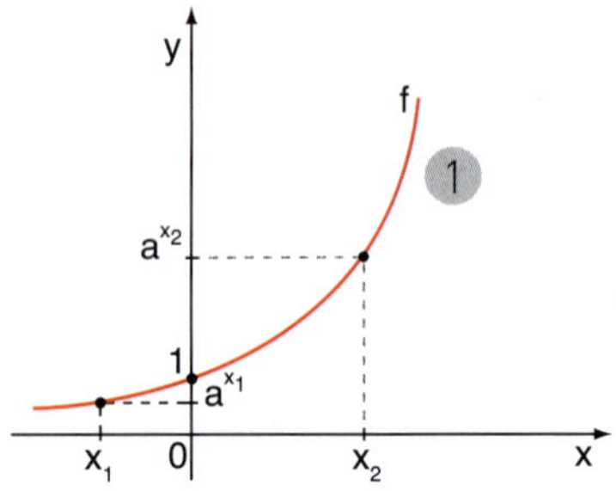

Banco de imagens/Arquivo da editora

Dados $\mathbf{x}_1$ e $\mathbf{x}_2$ reais, temos:
$x_1 < x_2 \Leftrightarrow a^{x_1} < a^{x_2}$

São crescentes, por exemplo, as funções definidas por: $y = 2^x$; $y = 3^x$; $y = e^x$; $y = \left(\frac{3}{2}\right)^x$; $y = 10^x$, etc.

- Se $0 < a < 1$, a função definida por $f(x) = a^x$ é decrescente e seu gráfico está representado abaixo:

> Dados $\mathbf{x_1}$ e $\mathbf{x_2}$ reais, temos:
> $x_1 < x_2 \Leftrightarrow a^{x_1} > a^{x_2}$

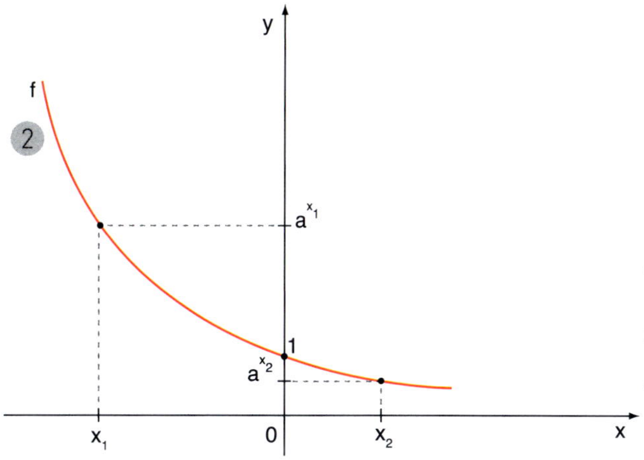

Banco de imagens/Arquivo da editora

São decrescentes, por exemplo, as funções definidas por: $y = \left(\frac{1}{2}\right)^x$; $y = \left(\frac{1}{3}\right)^x$; $y = \left(\frac{1}{10}\right)^x$; $y = 0{,}2^x$, etc.

- Para todo $a > 0$ e $a \neq 1$, temos:

  $a^{x_1} = a^{x_2} \Leftrightarrow x_1 = x_2$, quaisquer que sejam os números reais $\mathbf{x_1}$ e $\mathbf{x_2}$.

- Já vimos que para todo $a > 0$ e todo **x** real, temos $a^x > 0$; portanto, o gráfico da função definida por $y = a^x$ está sempre acima do eixo Ox.

  Se $a > 1$, então $\mathbf{a^x}$ aproxima-se de zero quando **x** assume valores negativos cada vez menores, como em (1).

  Se $0 < a < 1$, então $\mathbf{a^x}$ aproxima-se de zero quando **x** assume valores positivos cada vez maiores, como em (2).

  Tudo isso pode ser resumido dizendo-se que o conjunto imagem da função exponencial dada por $f(x) = a^x$ é:

$$\text{Im}(f) = \{y \in \mathbb{R} \mid y > 0\} = \mathbb{R}_+^*$$

OBSERVAÇÃO

Existem outras funções de $\mathbb{R}$ em $\mathbb{R}$ cujas leis apresentam a variável **x** no expoente de alguma potência (com base positiva e diferente de 1), como:

$$y = 3 \cdot 2^x; \quad y = \frac{1}{4} \cdot 10^x; \quad y = 2^{x-1} + 3; \quad y = \left(\frac{1}{5}\right)^x - 2; \quad y = 1{,}012^x \cdot 191$$

Essas funções têm como gráficos curvas exponenciais semelhantes às apresentadas nos exemplos anteriores e também serão tratadas como funções exponenciais.

Vamos construir, como exemplo, o gráfico de $y = \frac{1}{6} \cdot 3^x$.

x	−3	−2	−1	0	1	2	3
y	≃ 0,006	≃ 0,019	0,0555...	0,166...	0,5	1,5	4,5

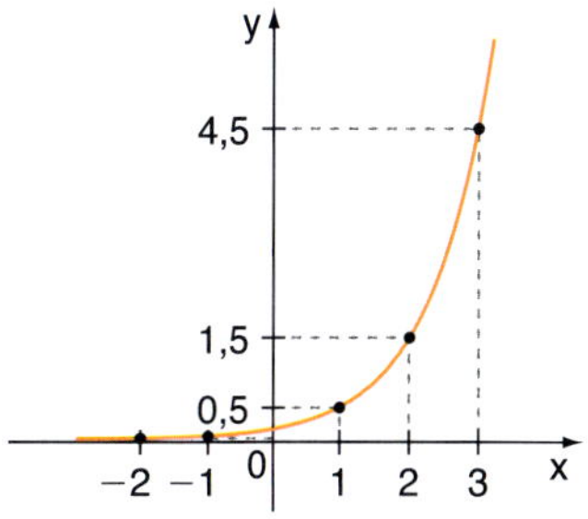

Banco de imagens/Arquivo da editora

Observe que a função é crescente, seu conjunto imagem é $\mathbb{R}_+^*$ e seu gráfico é análogo ao gráfico de $y = a^x$, quando $a > 1$.

OBSERVAÇÃO

Note que essas curvas não se intersectam, pois $f(x) = g(x) \Rightarrow 2^x = 2^x + 2 \Rightarrow$ $\Rightarrow 0 = 2$, o que é impossível.

Gráficos com translação

Sejam **f** e **g** funções de $\mathbb{R}$ em $\mathbb{R}$ definidas por $f(x) = 2^x$ e $g(x) = 2^x + 2$ respectivamente.

O gráfico de **g** pode ser obtido a partir do gráfico de **f** "deslocando-o" duas unidades para cima. Observe os dois gráficos construídos no mesmo plano cartesiano com o GeoGebra:

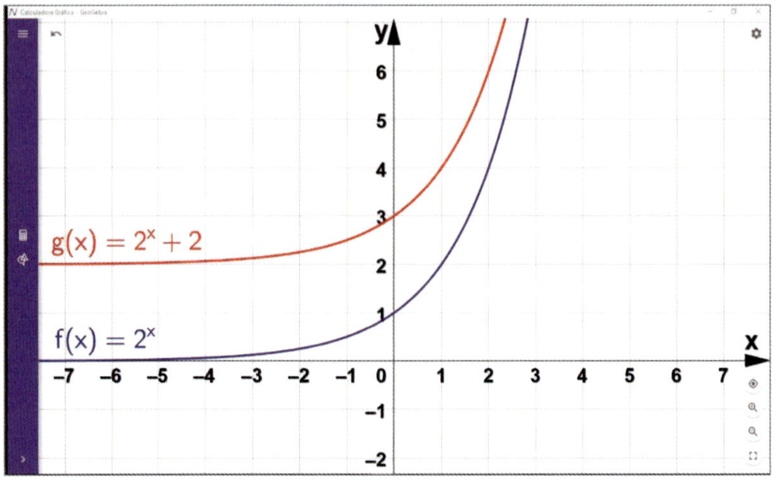

Observe que, para todo $x \in \mathbb{R}$, $2^x > 0 \Rightarrow 2^x + 2 > 0 + 2$, isto é, $g(x) > 2$. Desse modo, o conjunto imagem da função **g** é $\text{Im}(g) =]2, +\infty[$.

Veja, no gráfico acima, que a curva correspondente à função **g** está contida na região em que $y > 2$.

De modo geral, o gráfico de $y = a^x + k$, sendo $0 < a \neq 1$ e **k** uma constante real, pode ser obtido a partir do gráfico de $y = a^x$, deslocando-o **k** unidades para cima, se **k** for positivo, ou $|k|$ unidades para baixo, se **k** for negativo.

OBSERVAÇÃO

Podemos determinar o conjunto imagem da função real $h(x) = 2^x - 2$ sem construir o seu gráfico. Basta lembrar que, para todo $x \in \mathbb{R}$, $2^x > 0$. Somando -2 aos dois membros, temos: $2^x - 2 > 0 - 2$, isto é, $h(x) > -2$. $\text{Im}(h) =]-2, +\infty[$.

Exercícios

27. Construa os gráficos das funções exponenciais definidas pelas leis seguintes, destacando seu conjunto imagem:

a) $f(x) = 4^x$

b) $f(x) = \left(\frac{1}{3}\right)^x$

c) $f(x) = \frac{1}{4} \cdot 2^x$

d) $f(x) = 3 \cdot 2^{-x}$

28. Na figura está representado o gráfico da função $f: \mathbb{R} \to \mathbb{R}$ dada por $f(x) = m \cdot 6^{-x}$, sendo **m** uma constante real. Determine:

a) o valor de **m**;

b) $f(-1)$;

c) a ordenada de **P**.

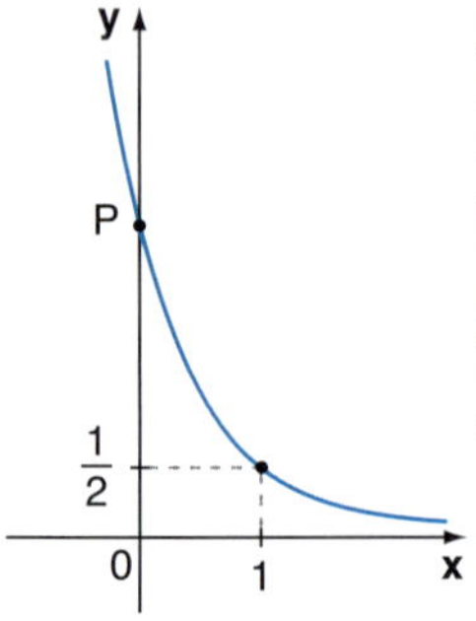

29. No sistema de coordenadas seguinte estão representados os gráficos de duas funções, **f** e **g**. A lei que define **f** é $f(x) = a + b \cdot 2^x$ (**a** e **b** são constantes reais positivas) e **g** é uma função afim. Determine:

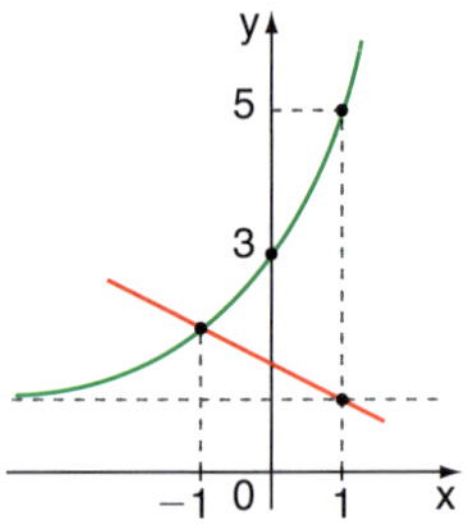

a) os valores de **a** e **b**;

b) o conjunto imagem de **f**;

c) a lei que define a função **g**;

d) os zeros de **f** e de **g**.

30. Faça o gráfico de cada uma das funções definidas de $\mathbb{R}$ em $\mathbb{R}$ pelas leis seguintes, destacando a raiz (se houver) e o respectivo conjunto imagem:

a) $f(x) = 2^x - 2$

b) $f(x) = \left(\frac{1}{2}\right)^x + 1$

c) $f(x) = -4 \cdot \left(\frac{1}{2}\right)^x$

d) $f(x) = 3^x + 3$

31. Em um laboratório, constatou-se que uma colônia de certo tipo de bactéria triplicava a cada meia hora. No instante em que começaram as observações, o número de bactérias na amostra era estimado em dez mil.

a) Represente, em uma tabela, a população de bactérias (em milhares) nos seguintes instantes (a partir do início da contagem): 0,5 hora, 1 hora, 1,5 hora, 2 horas, 3 horas e 5 horas.

b) Obtenha a lei que relaciona o número (**n**) de milhares de bactérias, em função do tempo (**t**), em horas.

32. Grande parte dos brasileiros guarda suas reservas financeiras na caderneta de poupança. O rendimento líquido anual da caderneta de poupança gira em torno de 6%. Isso significa que, a cada ano, o saldo dessa poupança cresce 6% em relação ao saldo do ano anterior.

a) Álvaro aplicou hoje R$ 2000,00 na poupança. Faça uma tabela para representar, ano a ano, o saldo dessa poupança nos próximos cinco anos.

b) Qual é a lei da função que relaciona o saldo (**s**), em reais, da poupança de Álvaro e o número de anos (**x**) transcorridos a partir de hoje ($x = 0$)?

c) É possível que em 10 anos o saldo dessa poupança dobre? Use $1{,}06^{10} \simeq 1{,}8$.

33. Em uma região litorânea, a população de uma espécie de algas tem crescido de modo que a área da superfície coberta por elas aumenta 75% a cada ano, em relação à área coberta no ano anterior. Atualmente, a área da superfície coberta pelas algas é de, aproximadamente, 4000 m^2. Suponha que esse crescimento seja mantido.

Edson Grandisoli/Pulsar Imagens

Praia de Taipu de Fora, Maraú, Bahia.

a) Qual é a lei da função que representa a área (**y**), em metros quadrados, que a população de algas ocupará daqui a **x** anos?

b) Faça uma estimativa da área coberta pelas algas daqui a 3, 6 e 9 anos. Considere $1{,}75^3 \simeq 5{,}4$.

34. Uma moto foi adquirida por R$ 12000,00. Seu proprietário leu, em uma revista especializada, que a cada ano a moto perde 10% do valor que tinha no ano anterior. Suponha que isso realmente aconteça.

a) Represente, em uma tabela, o valor da moto depois de 1, 2, 3 e 4 anos da data de sua aquisição.

b) Qual o valor da moto após 7 anos da aquisição?

c) Determine a lei que relaciona o valor (**v**) da moto, em reais, em função do tempo (**t**), expresso em anos.

35. Os municípios **A** e **B** têm, hoje, praticamente o mesmo número de habitantes, estimado em 100 mil pessoas. Estudos demográficos indicam que o município **A** deva crescer à razão de 25000 habitantes por ano e o município **B**, à taxa de 20% ao ano. Mantidas essas condições, classifique em seu caderno como verdadeira (**V**) ou falsa (**F**) as afirmações seguintes, corrigindo as falsas:

a) Em dois anos, a população do município **B** será de 140 mil habitantes.

b) Em três anos, a população do município **A** será de mais de 180 mil habitantes.

c) Em quatro anos, o município **A** será mais populoso que o município **B**.

d) A lei da função que expressa a população (**y**) do município **A** daqui a **x** anos é $y = 25000\,x$.

e) O esboço do gráfico da função que expressa a população (**y**) do município **B** daqui a **x** anos é dado a seguir:

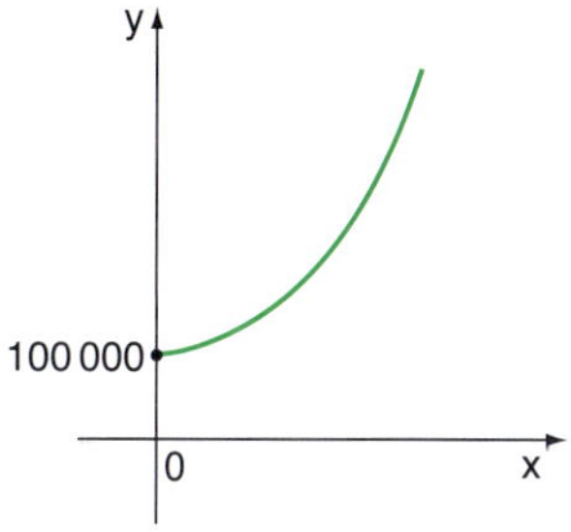

Banco de imagens/Arquivo da editora

36. Em uma indústria alimentícia, verificou-se que, após **t** semanas de experiência e treinamento, um funcionário consegue empacotar **p** unidades de um determinado produto, a cada hora de trabalho. A lei que relaciona **p** e **t** é: $p(t) = 55 - 30 \cdot e^{-0{,}2t}$ (leia o texto da seção *Aplicações*, página 228).

a) Quantas unidades desse produto o funcionário consegue empacotar sem experiência alguma?

b) Qual é o acréscimo na produção, por hora, que o funcionário experimenta da 1ª para a 2ª semana de experiência? Use $e^{0{,}2} \simeq 1{,}2$.

c) Qual é o limite máximo teórico de unidades que um funcionário pode empacotar, por hora?

Mundo do trabalho e as curvas de aprendizagem

Em vários ramos da atividade humana relacionada ao mundo do trabalho, é possível verificar que, à medida que um trabalhador executa uma tarefa contínua e repetitivamente, sua eficiência de produção aumenta e o tempo de execução se reduz.

As **curvas de aprendizagem** são gráficos de funções que relacionam a eficiência de um trabalhador de acordo com seu tempo de experiência na execução de uma determinada tarefa.

Gerentes e diretores de várias indústrias e empresas utilizam as curvas de aprendizagem para estimar custos futuros e níveis de produção, além de programar tarefas produtivas, reduzindo perdas decorrentes da inabilidade do trabalhador verificada nos primeiros ciclos de produção.

Existem vários modelos matemáticos que podem representar essa dependência. Um deles é o modelo exponencial $f(t) = M - N \cdot e^{-kt}$, em que:

- $f(t)$ é a **eficiência do trabalhador** (vamos supor aqui que essa eficiência seja mensurada pela quantidade de peças ou materiais que ele produz);
- **t** é o tempo de experiência que ele possui na tarefa ($t \geqslant 0$), expresso em uma certa unidade de medida (dia, mês, semana, etc.);
- **M**, **N** e **k** são constantes positivas que dependem da natureza da atividade envolvida;
- **e** é o número irracional apresentado na página 223.

Observe que:

1) $f(0) = M - N \cdot e^0 = M - N$, que representa a quantidade de peças que o trabalhador é capaz de produzir sem experiência alguma.
2) Quando **t** é suficientemente grande, o termo e^{-kt} fica muito próximo de zero e $f(t)$ assume valores cada vez mais próximos de **M** (limite teórico máximo da produção).
3) O gráfico dessa função exponencial é:

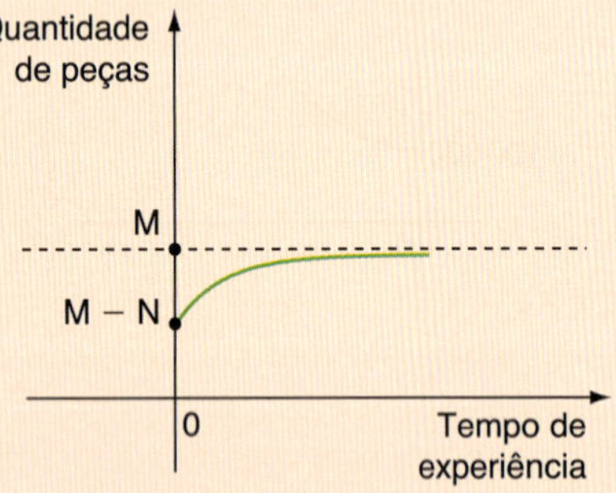

Banco de imagens/Arquivo da editora

Deniz Calagan/AFP

Os custos e a produtividade de uma empresa estão relacionados à eficiência do trabalhador.

Note que, nesse modelo, a partir de certo tempo de experiência, a produtividade do trabalhador praticamente não se altera, tendendo à estabilização.

Fonte de pesquisa: MORETTIN, Pedro A.; HAZZAN, Samuel; BUSSAB, Wilton. *Cálculo:* funções de uma e várias variáveis. São Paulo: Saraiva, 2003.

Equação exponencial

Neste ponto do nosso estudo, vamos tratar de equações exponenciais.

Uma **equação exponencial** é aquela que apresenta a incógnita no expoente de pelo menos uma de suas potências.

São exponenciais, por exemplo, as equações $4^x = 8$; $\left(\frac{1}{9}\right)^x = 81$ e $9^x - 3^x = 72$.

Um método usado para resolver equações exponenciais consiste em reduzir ambos os membros da equação à potência de mesma base **a** (com $0 < a$ e $a \neq 1$) e, daí, aplicar a propriedade:

$$a^{x_1} = a^{x_2} \Rightarrow x_1 = x_2$$

Quando isso é possível, a equação exponencial pode ser facilmente resolvida.

Exercícios resolvidos

4. Resolva as seguintes equações em $\mathbb{R}$:

a) $\left(\frac{1}{3}\right)^x = 81$

b) $(\sqrt{2})^x = 64$

c) $0,5^{-2x-1} \cdot 4^{3x+1} = 8^{x-1}$

Solução:

a) $\left(\frac{1}{3}\right)^x = 81 \Rightarrow (3^{-1})^x = 3^4 \Rightarrow 3^{-x} = 3^4 \Rightarrow x = -4 \Rightarrow S = \{-4\}$

b) $(\sqrt{2})^x = 64 \Rightarrow \left(2^{\frac{1}{2}}\right)^x = 2^6 \Rightarrow \frac{x}{2} = 6 \Rightarrow x = 12 \Rightarrow S = \{12\}$

c) $0,5 = \frac{5}{10} = \frac{1}{2} = 2^{-1}$

$(2^{-1})^{-2x-1} \cdot (2^2)^{3x+1} = (2^3)^{x-1}$; é preciso usar propriedades das potências:

$2^{2x+1} \cdot 2^{6x+2} = 2^{3x-3} \Rightarrow 2^{(2x+1)+(6x+2)} = 2^{3x-3} \Rightarrow 2^{8x+3} = 2^{3x-3} \Rightarrow$

$\Rightarrow 8x + 3 = 3x - 3 \Rightarrow x = -\frac{6}{5} \Rightarrow S = \left\{-\frac{6}{5}\right\}$

5. Resolva, em $\mathbb{R}$, a seguinte equação exponencial: $3^{x+1} - 3^x - 3^{x-1} = 45$

Solução:

Vamos usar as propriedades das potências. Podemos fazer: $3^x \cdot 3^1 - 3^x - \frac{3^x}{3} = 45$.

Colocando 3^x em evidência, temos:

$3^x \cdot \left(3 - 1 - \frac{1}{3}\right) = 45 \Rightarrow 3^x \cdot \frac{5}{3} = 45 \Rightarrow 3^x = 27 = 3^3 \Rightarrow x = 3 \Rightarrow S = \{3\}$

6. Resolva a equação $4^x - 2^x = 12$ em $\mathbb{R}$.

Solução:

Observe inicialmente que $4^x = (2^2)^x = (2^x)^2$; assim, chamando 2^x de **y**, vem:

$y^2 - y = 12 \Rightarrow y^2 - y - 12 = 0 \Rightarrow y = 4$ ou $y = -3$

Como $y = 2^x$, vem:

$$\left.\begin{array}{l} 2^x = 4 \Rightarrow 2^x = 2^2 \Rightarrow x = 2 \\ \text{ou} \\ 2^x = -3 \Rightarrow \nexists\, x \in \mathbb{R} \end{array}\right\} \Rightarrow S = \{2\}$$

Exercícios

37. Resolva, em $\mathbb{R}$, as seguintes equações exponenciais:

a) $3^x = 81$
b) $2^x = 256$
c) $7^x = 7$
d) $\left(\frac{1}{2}\right)^x = \left(\frac{1}{32}\right)$
e) $5^{x+2} = 125$
f) $10^{3x} = 100\,000$
g) $\left(\frac{1}{5}\right)^x = \left(\frac{1}{625}\right)$
h) $\left(\frac{1}{2}\right)^x = 2$
i) $0{,}1^x = 0{,}01$
j) $3^x = -3$
k) $0{,}4^x = 0$

38. Resolva, em $\mathbb{R}$, as seguintes equações exponenciais:

a) $8^x = 16$
b) $27^x = 9$
c) $4^x = 32$
d) $25^x = 625$
e) $9^{x+1} = \sqrt[3]{3}$
f) $4^x = \frac{1}{2}$
g) $0{,}2^{x+1} = \sqrt{125}$
h) $\left(\frac{1}{4}\right)^x = \frac{1}{8}$

39. Com a seca, estima-se que o nível de água (em metros) em um reservatório, daqui a **t** meses, seja $n(t) = 7{,}6 \cdot 4^{-0{,}2t}$. Qual é o tempo necessário para que o nível de água se reduza à oitava parte do nível atual?

40. Analistas do mercado imobiliário de um município estimam que o valor (**v**), em reais, de um apartamento nesse município seja dado pela lei $v(t) = 250\,000 \cdot (1{,}05)^t$, sendo **t** o número de anos (t = 0, 1, 2, ...) contados a partir da data de entrega do apartamento.

a) Qual o valor desse imóvel na data de entrega?
b) Qual é a valorização, em reais, desse apartamento, um ano após a entrega?
c) Qual será o valor desse imóvel 6 anos após a entrega? Use $1{,}05^3 \simeq 1{,}15$.
d) Depois de quantos anos da data da entrega o apartamento estará valendo 1,525 milhão de reais? Use as aproximações da tabela seguinte.

t	35	36	37	38	40
$1{,}05^t$	5,5	5,8	6,1	6,4	7,0

41. Resolva, em $\mathbb{R}$, as seguintes equações exponenciais.

a) $11^{2x^2-5x+2} = 1$
b) $9^{x+1} = \sqrt[3]{3}$
c) $0{,}8^x = \left(\frac{5}{4}\right)$
d) $0{,}2^{x+1} = \sqrt{125}$
e) $0{,}25^{x-4} = 0{,}5^{-2x+1}$
f) $\left(\sqrt[3]{25}\right)^x = \left(\frac{1}{125}\right)^{-x+3}$

42. Seja $f: \mathbb{R} \to \mathbb{R}$ dada pela lei $f(x) = 4^x - 2$. Determine:

a) a raiz de **f**;
b) o valor de **x** tal que $f(x) = 30$;
c) o valor de **x** tal que $f(x + 2) + 2 \cdot f(x) = 3$.

43. A lei que representa uma estimativa do número de pessoas (**N**) que serão infectadas por uma virose, em uma grande região metropolitana, no período de oito dias é $N(t) = a \cdot 2^{bt}$, em que N(t) é o número de infectados **t** dias após a divulgação dessa previsão e **a** e **b** são constantes reais positivas. Considerando que, no dia em que foi anunciada tal previsão, 3000 pessoas já haviam sido diagnosticadas com a virose e que dois dias depois o número já aumentara para 24 000 pessoas, determine:

a) os valores de **a** e **b**;
b) o número de infectados pela virose 16 horas após a divulgação da previsão;
c) o número de infectados pela virose após 4 dias;
d) o menor número inteiro de dias transcorridos até que a quantidade de infectados pela virose atinja 3 milhões. Use $10^3 \simeq 2^{10}$.

44. Resolva, em $\mathbb{R}$, as seguintes equações exponenciais:

a) $10^x \cdot 10^{x+2} = 1000$

b) $2^{4x+1} \cdot 8^{-x+3} = \dfrac{1}{16}$

c) $\left(\dfrac{1}{5}\right)^{3x} : 25^{2+x} = 5$

d) $\left(\dfrac{1}{9}\right)^{x^2-1} \cdot 27^{1-x} = 3^{2x+7}$

e) $(\sqrt{6})^x : (\sqrt[3]{36})^{x-1} = 1$

f) $(\sqrt{10})^x \cdot (0{,}01)^{4x-1} = \dfrac{1}{1000}$

45. Resolva, em $\mathbb{R}$, as equações seguintes:

a) $2^{x+2} - 3 \cdot 2^{x-1} = 20$

b) $5^{x+3} - 5^{x+2} - 11 \cdot 5^x = 89$

c) $4^{x+1} + 4^{x+2} - 4^{x-1} - 4^{x-2} = 315$

d) $2^x + 2^{x+1} + 2^{x+2} + 2^{x+3} = \dfrac{15}{2}$

46. Resolva, em $\mathbb{R}$, as equações seguintes:

a) $\dfrac{100^x - 1}{10^x + 1} = 9$

b) $25^x - 23 \cdot 5^x = 50$

c) $49^x - 42 = 7^x$

d) $4^{x+1} - 33 \cdot 2^x + 8 = 0$

e) $0{,}25^{1-x} + 0{,}5^{-x-2} - 5 \cdot (0{,}5)^{1-x} = 28$

47. Resolva os sistemas seguintes:

a) $\begin{cases} \left(\dfrac{1}{2}\right)^{x+2y} = 8 \\ \dfrac{1}{3} = 3^{x+y} \end{cases}$

b) $\begin{cases} (\sqrt{7})^x = 49^{y-2x} \\ 2^{y-x} = 1024 \end{cases}$

48. As leis seguintes representam as estimativas de valores (em milhares de reais) de dois apartamentos **A** e **B** (adquiridos na mesma data), decorridos **t** anos da data da compra:

- apartamento **A**: $v_A = 2^{t+1} + 120$
- apartamento **B**: $v_B = 6 \cdot 2^{t-2} + 248$

a) Por quais valores foram adquiridos os apartamentos **A** e **B**, respectivamente?

b) Passados quatro anos da compra, qual deles estará valendo mais?

c) Qual é o tempo necessário (a partir da data de aquisição) para que ambos tenham valores iguais?

49. Na lei $n(t) = 15000 \cdot \left(\dfrac{3}{2}\right)^{t+k}$, em que **k** é uma constante real, n(t) representa a população que um pequeno município terá daqui a **t** anos, contados a partir de hoje. Sabendo que a população atual do município é de 10 000 habitantes, determine:

a) o valor de **k**,

b) a população do município daqui a 3 anos.

50. A lei que permite estimar a depreciação de um equipamento industrial é $v(t) = 8000 \cdot 4^{-0{,}025t}$, em que v(t) é o valor (em reais) do equipamento **t** meses após sua aquisição.

a) Por qual valor esse equipamento foi adquirido?

b) Em quanto tempo ele passará a valer 12,5% do valor da aquisição?

51. Uma reserva florestal possui atualmente 400 000 árvores. Estima-se que, com o desmatamento ilegal, o número de árvores se reduzirá à metade a cada três anos.

a) Qual é a lei da função que relaciona a quantidade de árvores (**q**) que a reserva terá daqui a **t** anos?

b) Daqui a quantos anos a quantidade de árvores estará reduzida a $\dfrac{1}{512}$ da quantidade atual?

Meia-vida e radioatividade

Radioatividade e Matemática

Os átomos radioativos estão presentes no meio ambiente (atmosfera, rochas, cavidades subterrâneas, hidrosfera, etc.), nos alimentos e nos seres vivos.
Nas rochas encontramos urânio-238, tório-232 e rádio-228.
No sangue e nos ossos de humanos e animais, há carbono-14, potássio-40 e rádio-228.
Árvores e demais plantas, incluindo vegetais, contêm carbono-14 e potássio-40.

Decaimento radioativo

O núcleo de um átomo com excesso de energia tende a se estabilizar emitindo um grupo de partículas (radiação alfa ou beta) ou ondas eletromagnéticas (radiações gama). Em cada emissão de uma das partículas, há variação do número de prótons e nêutrons no núcleo e, deste modo, um elemento químico se transforma em outro. O processo pelo qual se dá a emissão dessas partículas é chamado de **decaimento radioativo**.

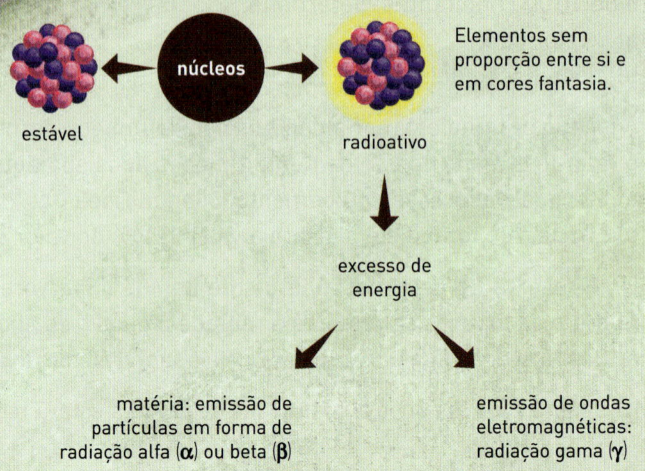

Elementos sem proporção entre si e em cores fantasia.

Meia-vida

Considerando uma grande quantidade de átomos de um mesmo elemento químico radioativo, espera-se certo número de emissões por unidade de tempo. Essa "taxa de emissões" é a atividade da amostra.

Cada elemento radioativo se transmuta (desintegra) a uma velocidade que lhe é característica. **Meia-vida** é o intervalo de tempo necessário para que a sua atividade radioativa seja reduzida à metade da atividade inicial.

Após o primeiro período de meia-vida, a atividade da amostra se reduz à metade da atividade inicial; passado o segundo período, a atividade se reduz a $\frac{1}{4}$ da atividade inicial e assim por diante, como mostra o gráfico abaixo.

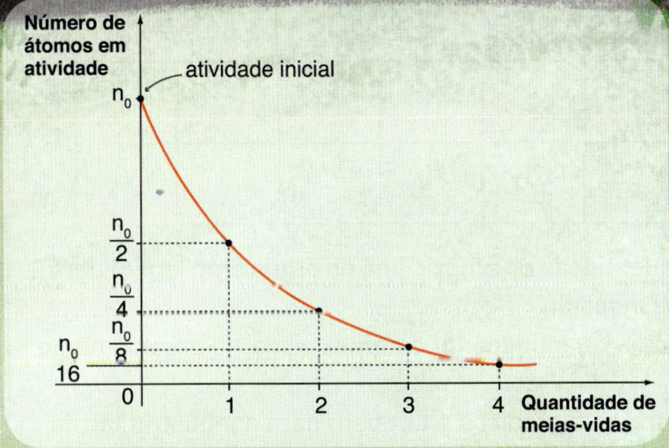

Exemplos de elementos radioativos:

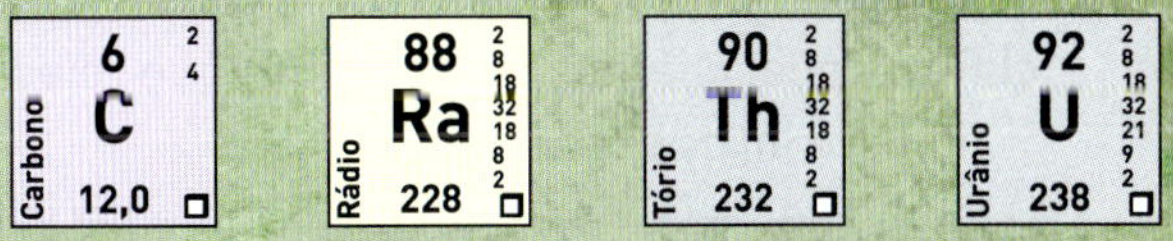

A lei que define essa função exponencial é $n(x) = \frac{n_0}{2^x}$, sendo **x** a quantidade de meias-vidas, $\mathbf{n_0}$ o número de átomos correspondente à atividade inicial e **n(x)** o número de átomos em atividade após **x** meias-vidas.

Exemplo de meia-vida:

O iodo-131 é um elemento químico radioativo, usado na Medicina Nuclear, em exames e tratamentos de tireoide, e tem meia-vida de 8 dias. Isso significa que, em 8 dias, metade dos átomos deixarão de emitir radiação.

Símbolo internacional de alerta para radioatividade.

Fonte de pesquisa: *Energia nuclear e suas aplicações*. Disponível em: <www.cnen.gov.br/images/cnen/documentos/educativo/apostila-educativa-aplicacoes.pdf>. Acesso em: 25 jun. 2018.

Troque ideias

Os medicamentos e a Matemática

Thinkstock/Getty Images

Os antibióticos são utilizados no tratamento de infecções causadas por bactérias. A má utilização desse tipo de medicamento leva ao surgimento de bactérias cada vez mais resistentes, tornando alguns antibióticos ineficazes. Isso implica um ciclo vicioso que já ocasionou o desenvolvimento de mais de 200 tipos diferentes de antibióticos. A fim de inibir a automedicação e o uso indiscriminado, em maio de 2011, a Agência Nacional de Vigilância Sanitária (Anvisa) publicou a resolução que determina que as farmácias devem comercializar antibióticos mediante a retenção da receita médica. Ainda assim, é importante utilizar antibióticos apenas nos casos realmente necessários, seguindo as orientações médicas e respeitando a posologia e a duração do tratamento.

A amoxicilina é um conhecido antibiótico usado no tratamento de diversas infecções não complicadas, receitado por médicos no Brasil. A bula da amoxicilina, como a de todos os medicamentos, contém, entre outros tópicos, a composição, as informações ao paciente, as informações técnicas e a posologia. Nas informações técnicas, é possível ler que a **meia-vida da amoxicilina após a administração do produto é de 1,3 hora**. Mas o que essa informação significa?

A cada período de 1,3 hora ou 1 hora e 18 minutos (para facilitar vamos considerar 1 hora e 20 minutos), a quantidade de amoxicilina no organismo decresce em 50% do valor que tinha no início do período.

- Considere que um adulto ingeriu uma cápsula com 500 mg de amoxicilina e faça o que se pede a seguir.

a) Complete a tabela abaixo.

Número de meias-vidas	0	1	2	3	4	5	6
Quantidade de amoxicilina no organismo (mg)							

b) Construa o gráfico da função que relaciona a quantidade de amoxicilina no organismo (em miligramas) ao tempo (em horas) transcorrido após a ingestão.

c) Responda: qual é a lei da função que relaciona a quantidade (**q**) de amoxicilina no organismo ao número (**n**) de meias-vidas?

O tempo de meia-vida é um importante parâmetro para médicos e também para a indústria farmacêutica. O conhecimento da meia-vida dos medicamentos possibilita uma estimativa da velocidade com que o processo ocorre, originando informações importantes para a interpretação dos efeitos terapêuticos, da duração do efeito farmacológico e do regime posológico adequado. A posologia recomendada para uma cápsula de amoxicilina de 500 mg, por exemplo, é de 8 em 8 horas.

d) Responda: considerando a quantidade de amoxicilina ingerida em uma cápsula, qual é a porcentagem desse fármaco no organismo após 8 horas da ingestão? Por que é imprescindível respeitar os horários prescritos pelo médico?

Fontes de pesquisa: Resolução 20/2011. Disponível em: <www.anvisa.gov.br/sngpc/Documentos2012/RDC%2020%202011.pdf>. Acesso em: 25 jun. 2018; Amoxicilina cápsulas. Disponível em: <www.medicinanet.com.br/bula/8006/amoxicilina_capsulas.htm>. Acesso em: 25 jun. 2018.

Inequações exponenciais

Uma inequação exponencial é aquela que apresenta incógnita no expoente de pelo menos uma de suas potências.

São exponenciais, por exemplo, as inequações $4^x < 8$; $\left(\frac{1}{9}\right)^x \geqslant 81$; $2^{x+1} > \frac{1}{8}$; etc.

Um método usado para resolver inequações exponenciais consiste em reduzir ambos os membros da inequação à potência de mesma base **a** $(0 < a \neq 1)$, e daí aplicar a propriedade:

- Se $a > 1$ (função crescente)

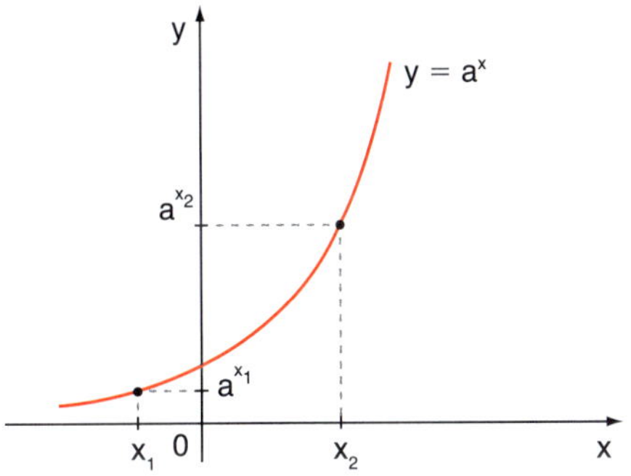

$x_1 < x_2 \Leftrightarrow a^{x_1} < a^{x_2}$

O sentido da desigualdade se mantém.

- Se $0 < a < 1$ (função decrescente)

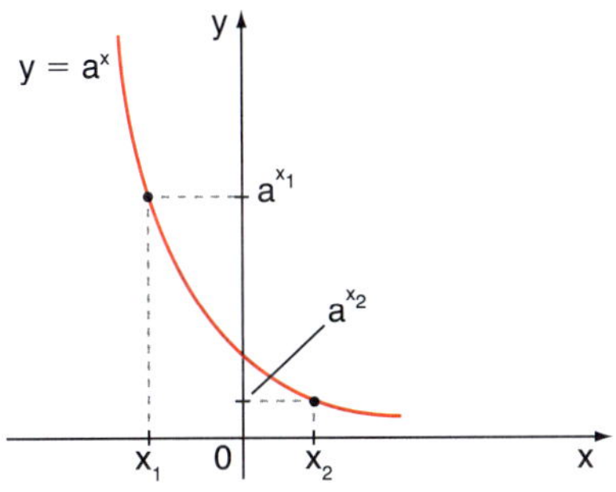

$x_1 < x_2 \Leftrightarrow a^{x_1} > a^{x_2}$

O sentido da desigualdade se inverte.

Ilustrações: Banco de imagens/Arquivo da editora

Assim, por exemplo, para resolver, em $\mathbb{R}$, a inequação $2^x > 64$, reduzimos os dois membros à mesma base:

$$2^x > 2^6$$

e, como a base é maior que 1, temos:

$$x > 6$$

$$S = \{x \in \mathbb{R} \mid x > 6\}$$

Já para resolver, em $\mathbb{R}$, a inequação $0{,}3^{2x+3} > 1$, fazemos: $0{,}3^{2x+3} > 0{,}3^0$ e, como a base está entre 0 e 1, temos:

$$2x + 3 < 0 \Rightarrow x < -\frac{3}{2}$$

$$S = \left\{x \in \mathbb{R} \,\middle|\, x < -\frac{3}{2}\right\}$$

Exercício resolvido

7. Resolver, em $\mathbb{R}$, a inequação $6^{x^2+x} > 36$.

Solução:

Como $36 = 6^2$, temos:

$\underbrace{6^{x^2+x} > 6^2}_{\text{base maior que 1}} \Rightarrow x^2 + x > 2 \Rightarrow x^2 + x - 2 > 0$ (trata-se de uma inequação de 2º grau)

As raízes da função definida por $y = x^2 + x - 2$ são -2 e 1, e seu sinal é dado abaixo:

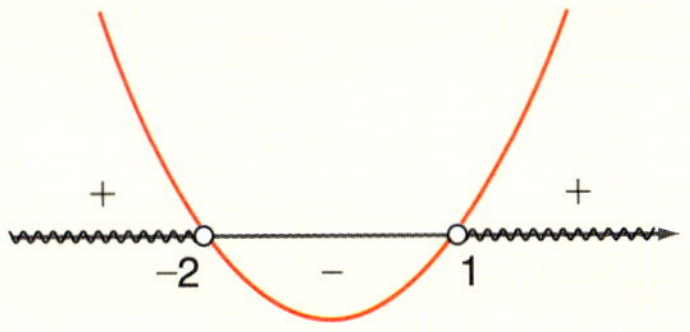

Banco de imagens/Arquivo da editora

Como queremos $y > 0$, vem:

$S = \{x \in \mathbb{R} \mid x < -2 \text{ ou } x > 1\}$

Exercícios

52. Resolva, em $\mathbb{R}$, as seguintes inequações exponenciais:

a) $2^x \geqslant 128$

b) $3^x < 27$

c) $\left(\frac{1}{3}\right)^x < \left(\frac{1}{3}\right)^2$

d) $\frac{1}{25} \leqslant \left(\frac{1}{5}\right)^x$

53. Resolva, em $\mathbb{R}$, as seguintes inequações exponenciais:

a) $6^{x-2} \geqslant \frac{1}{36}$

b) $\left(\frac{1}{5}\right)^{3x-2} > 1$

c) $(\sqrt{2})^x \leqslant \frac{1}{16}$

d) $(0{,}01)^x > \sqrt{10}$

54. Resolva, em $\mathbb{R}$, as seguintes desigualdades:

a) $3^x - (\sqrt{3})^x \geqslant 0$

b) $4^{-x+3} > -2$

c) $4^{x^2-3x} > \frac{1}{16}$

d) $\left(\frac{1}{9}\right)^{x-3} < \left(\frac{1}{27}\right)^{x^2-2}$

55. A população de peixes em um lago está diminuindo devido à contaminação da água por resíduos industriais.

Thinkstock/Getty Images

Peixes mortos devido à contaminação da água.

A lei $n(t) = 5\,000 - 10 \cdot 2^{t-1}$ fornece uma estimativa do número de espécies vivas ($n(t)$) em função do número de anos (**t**) transcorridos após a instalação do parque industrial na região.

a) Estime a quantidade de peixes que viviam no lago no ano da instalação do parque industrial.

b) Algum tempo após as indústrias começarem a operar, constatou-se que havia no lago menos de 4 920 peixes. Para que valores de **t** vale essa condição?

c) Uma ONG divulgou que, se nenhuma providência for tomada, em uma década (a partir do início das operações) não haverá mais peixes no lago. Tal afirmação procede?

56. A lei seguinte permite estimar a depreciação de um equipamento industrial:

$$v(t) = 5\,000 \cdot 4^{-0{,}02t}$$

em que v(t) é o valor (em reais) do equipamento **t** anos após sua aquisição.

a) Por qual valor esse equipamento foi adquirido?

b) Para que valores de **t** o equipamento vale menos que R$ 2 500,00?

c) Faça um esboço do gráfico da função que relaciona **v** e **t**.

57. Obtenha o domínio de cada função dada por:

a) $y = \sqrt{3^x - 1}$

b) $y = \sqrt{e^x}$

c) $y = \dfrac{x+3}{\sqrt{\left(\frac{1}{2}\right)^x - 4}}$

58. Resolva, em $\mathbb{R}$, as inequações:

a) $4^x + 16 > 10 \cdot 2^x$

b) $9^{x+1} - 8 \cdot 3^x - 1 \geqslant 0$

Enem e vestibulares resolvidos

(Enem) O sindicato de trabalhadores de uma empresa sugere que o piso salarial da classe seja de R$ 1800,00, propondo um aumento percentual fixo por cada ano dedicado ao trabalho. A expressão que corresponde à proposta salarial (**s**) em função do tempo de serviço (**t**), em anos, é $s(t) = 1800 \cdot (1{,}03)^t$.

De acordo com a proposta do sindicato, o salário de um profissional dessa empresa com 2 anos de tempo de serviço será, em reais,

a) 7416,00
b) 3819,24
c) 3709,62
d) 3708,00
e) 1909,62

Resolução comentada

Precisamos determinar o salário de um trabalhador após 2 anos de trabalho a partir da proposta de aumento estabelecida pelo sindicato.

No exercício, o piso salarial (menor salário pago a um trabalhador dentro de uma categoria profissional) é de R$ 1800,00, e a proposta é que o aumento do salário seja calculado de acordo com a função $s(t) = 1800 \cdot (1{,}03)^t$.

Para o cálculo do salário após 2 anos de serviço devemos substituir o tempo **t** por 2 na lei da função $s(t) = 1800 \cdot (1{,}03)^t$:

$s(2) = 1800 \cdot (1{,}03)^2$

$s(2) = 1800 \cdot 1{,}0609$

Então

$s(2) = 1909{,}62$

Alternativa *e*.

Exercícios complementares

1. Resolva, em $\mathbb{R}$, a equação:

$$\left(\sqrt{2\sqrt{2\sqrt{2}}}\right)^x = \sqrt[4]{2}$$

2. Sobre a função $f: \mathbb{R} \to \mathbb{R}$ definida por $f(x) = a + b \cdot \left(\frac{1}{3}\right)^x$, sabe-se que:

- $\frac{f(2)}{f(-1)} = -\frac{1}{3}$
- O conjunto imagem de **f** é $]-\infty, 5[$.

Determine o valor de $f(-2)$.

3. (Uerj) Leia a tirinha:

Joaquín Salvador Lavado (Quino)/Fotoarena

Suponha que existam exatamente 700 milhões de analfabetos no mundo e que esse número seja reduzido, a uma taxa constante, em 10% ao ano, totalizando **n** milhões daqui a três anos. Calcule o valor de **n**.

4. Especialistas estimam que um terreno adquirido por R$ 80 000,00 em certa região sofra uma desvalorização exponencial, de modo que seu valor diminui 5% a cada dois anos durante as duas primeiras décadas e, então, tende a se estabilizar ao final dessas duas décadas.

a) Qual é a lei da função que relaciona o valor (**v**) do terreno, em reais, ao tempo **t**, em anos, após sua aquisição?

b) Em qual patamar se estabiliza o valor do terreno? Considere $95^{10} \simeq 6 \cdot 10^{19}$.

c) Qual é o valor do terreno um ano após sua aquisição? Considere $\sqrt{95} \simeq 9{,}75$.

5. Sendo $a > 0$ e $b > 0$, simplifique a expressão:

$$\frac{b-a}{a+b} \cdot \left[a^{\frac{1}{2}} \cdot \left(a^{\frac{1}{2}} - b^{\frac{1}{2}}\right)^{-1} - \left(\frac{a^{\frac{1}{2}} + b^{\frac{1}{2}}}{b^{\frac{1}{2}}}\right)^{-1}\right]$$

6. Seja **x** o número real tal que $2^x + 2^{-x} = 5$.
Calcule o valor de:

a) $4^x + 4^{-x}$

b) $8^x + 8^{-x}$

7. Seja $f\colon \mathbb{R} \to \mathbb{R}$ definida pela lei $f(x) = 10^x$.
Sejam **a** e **b** números reais quaisquer pertencentes ao domínio de **f**.
Classifique como verdadeiras (**V**) ou falsas (**F**) as afirmações seguintes.

a) $f(2a) = 2 \cdot f(a)$

b) $f(a + b) = f(a) \cdot f(b)$

c) $f(a) = f(-a)$

d) $f(a^2 - b^2) = f(a + b) \cdot f(a - b)$

8. (FGV-SP)

a) Sabendo que **x** é um inteiro e $2^x + 2^{-x} = \sqrt{k+2}$ podemos afirmar que $4^x + 4^{-x} = k$? Justifique a sua resposta.

b) Se **x** e **y** são dois números reais positivos, $x < y$ e $xy = 121$, podemos afirmar que $x < 11 < y$? Justifique a sua resposta.

9. (Uerj) Um imóvel perde 36% do valor de venda a cada dois anos. O valor $V(t)$ desse imóvel em **t** anos pode ser obtido por meio da fórmula a seguir, na qual $\mathbf{V_0}$ corresponde ao seu valor atual.

$$V(t) = V_0 \cdot (0{,}64)^{\frac{t}{2}}$$

Admitindo que o valor de venda atual do imóvel seja igual a 50 mil reais, calcule seu valor de venda daqui a três anos.

10. (UEL-PR) A espessura da camada de creme formada sobre um café expresso na xícara, servido na cafeteria **A**, no decorrer do tempo, é descrita pela função $E(t) = a2^{bt}$, onde $t \geqslant 0$ é o tempo (em segundos) e **a** e **b** são números reais. Sabendo que inicialmente a espessura do creme é de 6 milímetros e que, depois de 5 segundos, se reduziu em 50%, qual a espessura depois de 10 segundos?
Apresente os cálculos realizados na resolução da questão.

11. Abaixo estão representados os gráficos de duas funções **f** e **g**, de $\mathbb{R}$ em $\mathbb{R}$, definidas por $f(x) = 1 + 2^x$ e $g(x) = \left(\frac{1}{2}\right)^x + k$, sendo **k** uma constante real.

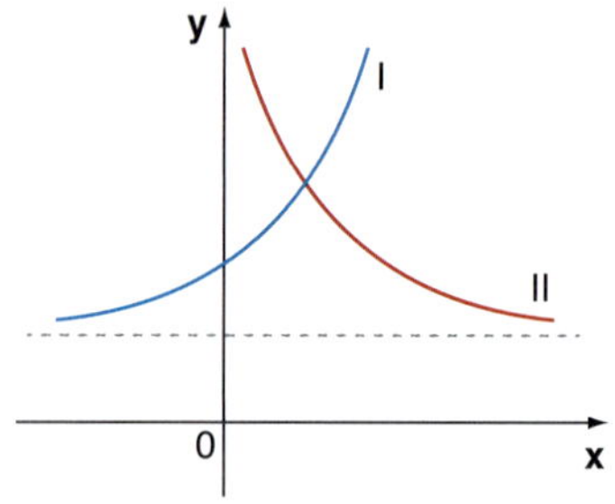

Banco de imagens/Arquivo da editora

a) Associe cada função ao seu respectivo gráfico.

b) Sabendo que o ponto de intersecção dos gráficos de **f** e **g** tem abscissa igual a $\frac{1}{2}$, determine o valor de **k**.

c) Determine $a \in \mathbb{R}$ para o qual vale:

$$f(a+1) + \frac{\sqrt{2}}{2} = g(2a)$$

12. Determine o domínio $D \subset \mathbb{R}$ e o conjunto imagem da função definida por

$$f(x) = \sqrt{-2^{6x} + 8 \cdot 8^x - 16}$$

13. Simplifique as expressões abaixo, supondo $\{a, b\} \subset \mathbb{R}_+^*$ e $a < 1$.

a) $a^{\frac{5}{6}} \cdot b^{\frac{1}{2}} \cdot \sqrt[3]{a^{-\frac{1}{2}} \cdot b^{-1}} \cdot \sqrt{a^{-1} \cdot b^{\frac{2}{3}}}$

b) $\sqrt{\left[\frac{1}{2} \cdot \left(\frac{a}{b}\right)^{-\frac{1}{2}} - \frac{1}{2} \cdot \left(\frac{b}{a}\right)^{-\frac{1}{2}}\right]^{-2} + 1}$

14. Resolva, em $\mathbb{R}$, as equações:

a) $\dfrac{3^x + 3^{-x}}{3^x - 3^{-x}} = 2$

b) $4^x + 6^x = 2 \cdot 9^x$

c) $16^{2x+3} - 16^{2x+1} = 2^{8x+12} - 2^{6x+5}$

15. (PUC-RJ) Considere as funções reais **f** e **h**, definidas por $f(x) = x(2x - 3)$ e $h(x) = 2^x - 8$.

a) Determine todos os valores de $x \in \mathbb{R}$ para os quais $f(x) \cdot h(x) = 0$.

b) Determine todos os valores de $x \in \mathbb{R}$ para os quais $f(x) \cdot h(x) > 0$.

16. Sejam os pares ordenados (a, b) e (c, d) as soluções do sistema

$$\begin{cases} 2^{2(x^2-y)} = 100 \cdot 5^{2(y-x^2)} \\ x + y = 5 \end{cases}$$

Determine os possíveis valores de $\frac{a^c}{d^b}$ na forma de uma potência.

17. Resolva, em $\mathbb{R}$, as inequações:

a) $\dfrac{2^x + 1}{1 - x^2} \leqslant 0$

b) $2^x - 1 > 2^{1-x}$

c) $2^{\frac{1}{x}} < 4 \cdot 4^{\frac{x}{2(x-1)}}$

18. Seja $f: \mathbb{R} \to \mathbb{R}$ definida por $f(x) = \left(\dfrac{1}{e}\right)^{-2x^2 + 8x + 3}$, sendo $e \simeq 2{,}718$.

a) Qual é o valor de $f(-1) \cdot f(2)$?

b) Para que valores reais de **x** tem-se $f(x) = e^7$?

c) Para que valores reais de **x** tem-se $f(x) \leqslant e$?

d) Qual é o valor mínimo que **f** assume? Use a tabela seguinte, que contém valores aproximados:

x	e^{-x}
1	0,37
2	0,14
5	$6{,}7 \cdot 10^{-3}$
10	$4{,}5 \cdot 10^{-5}$

19. (UFPE) Em uma aula de Biologia, os alunos devem observar uma cultura de bactérias por um intervalo de tempo e informar o quociente entre a população final e a população inicial. Antônio observa a cultura de bactérias por 10 minutos e informa um valor **Q**. Iniciando a observação no mesmo instante que Antônio, Beatriz deve dar sua informação após 1 hora, mas, sabendo que a população de bactérias obedece à equação $P(t) = P_0 \cdot e^{kt}$, Beatriz deduz que encontrará uma potência do valor informado por Antônio. Qual é o expoente dessa potência?

20. Resolva, em $\mathbb{R}$, as equações:

a) $\dfrac{10^x + 5^x}{20^x} = 6$

b) $\dfrac{10^x + 20^x}{1 + 2^x} = 100$

21. (Uerj) Em 1965, o engenheiro Gordon Moore divulgou em um artigo que, a cada ano, a indústria de eletrônicos conseguiria construir um processador com o dobro de transistores existentes no mesmo processador no ano anterior. Em 1975, ele atualizou o artigo, afirmando que, de fato, a quantidade de transistores dobraria a cada dois anos. Essa última formulação descreve uma progressão que ficou conhecida como Lei de Moore e que permite afirmar que um processador que possuía 144×10^2 transistores em 1975 evoluiu para um processador com 288×10^2 transistores em 1977.

Admitindo um processador com 731×10^6 transistores em 2009, calcule a quantidade de transistores que a evolução desse processador possuirá em 2019, segundo a Lei de Moore.

22. Seja $f: \mathbb{R} \to \mathbb{R}$ definida por $f(x) = 2^x$. Entre as funções seguintes, determine aquela(s) cujo gráfico não intersecta o gráfico de **f**. Explique.

a) $y = 2x$

b) $y = -x$

c) $y = x^2 - 4x - 12$

d) $y = -x^2$

e) $y = -x^2 - 3x - 5$

f) $y = \left(\dfrac{1}{2}\right)^x$

g) $y = -2 \cdot |x|$

23. Resolva em $\mathbb{R}$:

a) a equação $x^{x^2 - 7x + 12} = 1$

b) a inequação $x^{4x - 3} < 1$

c) a inequação $x^{2x + 4} \leqslant x$

24. (FGV-SP) Um televisor com DVD embutido desvaloriza-se exponencialmente em função do tempo, de modo que o valor, daqui a **t** anos, será: $y = a \cdot b^t$, com $a > 0$ e $b > 0$.

Se um televisor novo custa R$ 4 000,00 e valerá 25% a menos daqui a 1 ano, qual será o seu valor daqui a 2 anos?

25. Um trabalhador aplicou R$ 1 000,00 em uma caderneta de poupança. Vamos admitir que a taxa de rendimento anual da poupança seja constante e igual a 6% ao ano.

a) Qual é a lei que representa o valor (**v**) acumulado (valor investido + juros) dessa poupança após **n** anos de aplicação inicial?

b) Qual será o valor acumulado após 7 anos da aplicação inicial?

c) Qual será o total de juros acumulados após 10 anos da aplicação inicial?

d) Qual será o valor acumulado após 25 anos da aplicação inicial?

Considere os valores aproximados da tabela:

x	2	3	4	10
$1{,}06^x$	1,1	1,2	1,25	1,8

26. Sem usar a calculadora, determine o que é maior:

$$\left(\frac{1}{2}\right)^{\frac{1}{\pi}} \text{ ou } \left(\frac{1}{2}\right)^{\frac{1}{3}}$$

27. Qual é o maior inteiro que satisfaz a inequação $2^{2x+2} - 0{,}75 \cdot 2^{x+2} < 1$?

28. Sejam **f** e **g** duas funções de $\mathbb{R}$ em $\mathbb{R}$, definidas por $f(x) = x^2$ e $g(x) = 4 \cdot 2^{-x}$. Qual é o número de soluções reais da equação $f(x) = g(x)$? Entre quais números inteiros está(ão) essa(s) solução(ões)?

29. (UFG-GO) A teoria da cronologia do carbono, utilizada para determinar a idade de fósseis, baseia-se no fato de que o isótopo do carbono-14 (C-14) é produzido na atmosfera pela ação de radiações cósmicas no nitrogênio e que a quantidade de C-14 na atmosfera é a mesma que está presente nos organismos vivos. Quando um organismo morre, a absorção de C-14, através da respiração ou alimentação, cessa, e a quantidade de C-14 presente no fóssil é dada pela função $C(t) = C_0 \cdot 10^{nt}$, onde **t** é dado em anos a partir da morte do organismo, $\mathbf{C_0}$ é a quantidade de C-14 para $t = 0$ e **n** é uma constante. Sabe-se que 5 600 anos após a morte, a quantidade de C-14 presente no organismo é a metade da quantidade inicial (quando $t = 0$).

No momento em que um fóssil foi descoberto, a quantidade de C-14 medida foi de $\frac{C_0}{32}$. Tendo em vista estas informações, calcule a idade do fóssil no momento em que ele foi descoberto.

30. Sob efeito de um medicamento, a concentração de uma substância no sangue de um mamífero dobra a cada 40 minutos. Sabendo que no instante da ingestão desse medicamento a concentração da substância era de 0,4 mg/mL de sangue, determine:

a) a concentração da substância duas horas após a aplicação do medicamento;

b) a lei da função que expressa a concentração **c** (em mg/L) da substância de acordo com o tempo **t** (em horas) transcorrido após a aplicação do medicamento;

c) o tempo necessário para que a concentração da substância seja 102,4 mg/L.

31. (Uerj) Considere uma folha de papel retangular que foi dobrada ao meio, resultando em duas partes, cada uma com metade da área inicial da folha, conforme as ilustrações.

Banco de imagens/Arquivo da editora

Esse procedimento de dobradura pode ser repetido **n** vezes, até resultar em partes com áreas inferiores a 0,0001% da área inicial da folha.

Calcule o menor valor de **n**. Se necessário, utilize em seus cálculos os dados da tabela.

x	9	10	11	12
2^x	$10^{2,70}$	$10^{3,01}$	$10^{3,32}$	$10^{3,63}$

32. Resolva, em $\mathbb{R}$, os seguintes sistemas:

a) $\begin{cases} 4^x = 16y \\ 2^{x+1} = 4y \end{cases}$

b) $\begin{cases} 2^x \cdot 3^y = 108 \\ 4^x \cdot 2^y = 128 \end{cases}$

33. Resolva, em $\mathbb{R}$, a equação:

$$(5^x + 5^{x-1}) \cdot (2^x - 2^{x-1}) = 6000$$

34. (Unicamp-SP) O processo de resfriamento de um determinado corpo é descrito por: $T(t) = T_A + \alpha \cdot 3^{\beta t}$, onde $T(t)$ é a temperatura do corpo, em graus Celsius, no instante **t**, dado em minutos, $\mathbf{T_A}$ é a temperatura ambiente, suposta constante, e α e β são constantes.

O referido corpo foi colocado em um congelador com a temperatura de −18 °C. Um termômetro no corpo indicou que ele atingiu 0 °C após 90 minutos e chegou a −16 °C após 270 minutos.

a) Encontre os valores numéricos das constantes α e β.

b) Determine o valor de **t** para o qual a temperatura do corpo no congelador é apenas $\left(\frac{2}{3}\right)$ °C superior à temperatura ambiente.

35. (UFSC) Você sabe por que as folhas que utilizamos para impressão são chamadas A4? Esta denominação está formalizada na norma ISO 216 da *International Organization for Standartization*.

Pela norma, a série de formatos básicos de papel começa no A0, o maior, e decresce até o A10. Os formatos são construídos de maneira a obter o formato de número superior dobrando ao meio uma folha, na sua maior dimensão. Por exemplo, dobrando-se o A3 ao meio, obtém-se o A4. Em todos os formatos, a proporção entre as medidas dos lados se mantém. Sabe-se que o formato inicial A0 tem 1 m^2 de área.

Com estas informações, responda às perguntas a seguir, apresentando os cálculos.

a) Qual é a razão entre a medida do lado maior e a medida do lado menor, em qualquer formato de folha? Expresse o resultado usando radicais.

b) Quais são as dimensões do formato A0? Efetue as operações e expresse o resultado usando radicais.

c) A gramatura do papel exprime o peso, em gramas, de uma folha com 1 m^2. Sabendo que a gramatura do A0 é 75 gramas por metro quadrado, qual é o peso exato, em gramas, de uma resma (500 folhas) de papel A4?

Testes

1. (Enem) O governo de uma cidade está preocupado com a possível epidemia de uma doença infectocontagiosa causada por bactéria. Para decidir que medidas tomar, deve calcular a velocidade de reprodução da bactéria. Em experiências laboratoriais de uma cultura bacteriana, inicialmente com 40 mil unidades, obteve-se a fórmula para a população:

$$p(t) = 40 \cdot 2^{3t}$$

em que **t** é o tempo, em hora, e p(t) é a população, em milhares de bactérias.

Em relação à quantidade inicial de bactérias, após 20 min, a população será

a) reduzida a um terço.
b) reduzida à metade.
c) reduzida a dois terços.
d) duplicada.
e) triplicada.

2. (PUC-RJ) O valor de $\sqrt{(-3)^2} + (-1)^6 - (-1{,}2)^0 + \sqrt[3]{4^6}$ é:

a) 13 b) 15 c) 17 d) 19 e) 21

3. (UFRGS-RS) No estudo de uma população de bactérias, identificou-se que o número **N** de bactérias, **t** horas após o início do estudo, é dado por $N(t) = 20 \cdot 2^{1,5t}$.

Nessas condições, em quanto tempo a população de bactérias duplicou?

a) 15 min.
b) 20 min.
c) 30 min.
d) 40 min.
e) 45 min.

4. (PUC-RJ) Considere **x**, **y** e **z** reais positivos tais que $\sqrt{x} = 2015^3$, $\sqrt[3]{y^2} = 2015^4$, $z^3 = 2015^6$.

A expressão $\dfrac{1}{\sqrt{x \cdot y \cdot z}}$ vale:

a) 2015^{-7}
b) 2015^{-13}
c) 2015^{-17}
d) 2015^5
e) 2015^7

5. (UFRGS-RS) Na última década do século XX, a perda de gelo de uma das maiores geleiras do hemisfério norte foi estimada em 96 km^3. Se 1 cm^3 de gelo tem massa de 0,92 g, a massa de 96 km^3 de gelo, em quilogramas, é

a) $8{,}832 \cdot 10^{12}$.
b) $8{,}832 \cdot 10^{13}$.
c) $8{,}832 \cdot 10^{14}$.
d) $8{,}832 \cdot 10^{15}$.
e) $8{,}832 \cdot 10^{16}$.

6. (Uece) O preço de um automóvel novo da marca BLM é R$ 60 000,00. A cada ano de uso, esse valor diminui 10% do preço do ano anterior.

Imediatamente após quatro anos de uso, o preço desse automóvel é

a) menor do que R$ 39 400,00.
b) entre R$ 39 400,00 e R$ 42 100,00.
c) entre R$ 42 100,00 e R$ 43 600,00.
d) maior do que R$ 43 600,00.

7. (Enem) Admita que um tipo de eucalipto tenha expectativa de crescimento exponencial, nos primeiros anos após seu plantio, modelado pela função $y(t) = a^{t-1}$, na qual **y** representa a altura da planta em metro, **t** é considerado em ano, e **a** é uma constante maior que 1. O gráfico representa a função **y**.

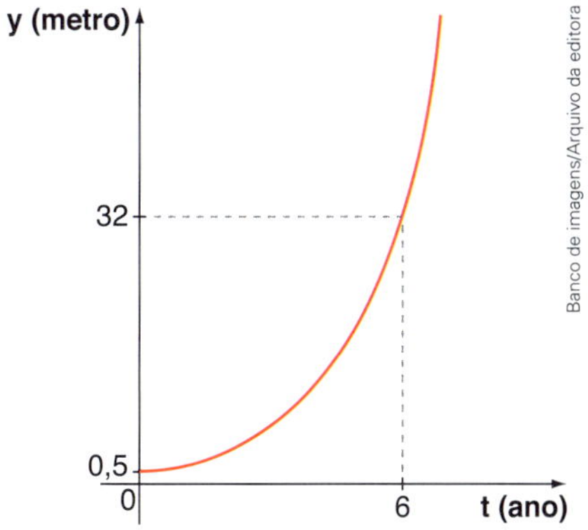

Banco de imagens/Arquivo da editora

Admita ainda que y(0) fornece a altura da muda plantada, e deseja-se cortar os eucaliptos quando as mudas crescerem 7,5 m após o plantio.

O tempo entre a plantação e o corte, em ano, é igual a

a) 3.
b) 4.
c) 6.
d) $\log_2 7$.
e) $\log_2 15$.

8. (Ufam) Seja $f: \mathbb{R} \to \mathbb{R}^+$ tal que $f(x) = a^x$ com $a \in \mathbb{R}^+ - \{1\}$, considere as seguintes afirmativas:

I. $f(x + y) = f(x) \cdot f(y)$ para todo $x, y \in \mathbb{R}$;
II. **f** é crescente se $a < 1$;
III. O ponto (0, 1) pertence ao gráfico de **f**;
IV. $f(x + y) = f(x) + f(y)$ para todo $x, y \in \mathbb{R}$;
V. $f(xy) = f(x) + f(y)$ para todo $x, y \in \mathbb{R}$.

Assinale a alternativa correta:

a) Somente as alternativas I e III são verdadeiras
b) Somente as alternativas I e IV são falsas
c) Somente as alternativas II e IV são verdadeiras
d) Somente as alternativas III, IV e V são falsas
e) Somente as alternativas II, III e IV são verdadeiras

9. (FGV-SP) Estima-se que, em determinado país, o consumo médio por minuto de farinha de trigo seja 4,8 toneladas.

Nessas condições, o consumo médio por semana de farinha de trigo, em quilogramas, será aproximadamente:

a) $4{,}2 \cdot 10^5$
b) $4{,}4 \cdot 10^6$
c) $4{,}6 \cdot 10^6$
d) $4{,}8 \cdot 10^7$
e) $5{,}0 \cdot 10^7$

10. (UPE) Os biólogos observaram que, em condições ideais, o número de bactérias Q(t) em uma cultura cresce exponencialmente com o tempo **t**, de acordo com a lei $Q(t) = Q_0 \cdot e^{kt}$, sendo $k > 0$ uma constante que depende da natureza das bactérias; o número irracional **e** vale aproximadamente 2,718 e $\mathbf{Q_0}$ é a quantidade inicial de bactérias.

Se uma cultura tem inicialmente 6000 bactérias e, 20 minutos depois, aumentou para 12000, quantas bactérias estarão presentes depois de 1 hora?

a) $1{,}8 \times 10^4$
b) $2{,}4 \times 10^4$
c) $3{,}0 \times 10^4$
d) $3{,}6 \times 10^4$
e) $4{,}8 \times 10^4$

11. (Enem) O acréscimo de tecnologias no sistema produtivo industrial tem por objetivo reduzir custos e aumentar a produtividade. No primeiro ano de funcionamento, uma indústria fabricou 8000 unidades de um determinado produto. No ano seguinte, investiu em tecnologia adquirindo novas máquinas e aumentou a produção em 50%. Estima-se que esse aumento percentual se repita nos próximos anos, garantindo um crescimento anual de 50%. Considere **P** a quantidade anual de produtos fabricados no ano **t** de funcionamento da indústria.

Se a estimativa for alcançada, qual é a expressão que determina o número de unidades produzidas **P** em função de **t**, para $t \geq 1$?

a) $P(t) = 0{,}5 \cdot t^{-1} + 8000$
b) $P(t) = 50 \cdot t^{-1} + 8000$
c) $P(t) = 4000 \cdot t^{-1} + 8000$
d) $P(t) = 8000 \cdot (0{,}5)^{t-1}$
e) $P(t) = 8000 \cdot (1{,}5)^{t-1}$

12. (UPE) Se um ano-luz corresponde à distância percorrida pela luz em um ano, qual é a ordem de grandeza, em metros, da distância percorrida pela luz em 2 anos, levando-se em consideração um ano tendo 365 dias e a velocidade da luz igual a 300000 km/s?

a) 10^8
b) 10^{10}
c) 10^{13}
d) 10^{15}
e) 10^{16}

13. (UFPR) A análise de uma aplicação financeira ao longo do tempo mostrou que a expressão $V(t) = 1000 \cdot 2^{0{,}0625 \cdot t}$ fornece uma boa aproximação do valor **V** (em reais) em função do tempo **t** (em anos), desde o início da aplicação. Depois de quantos anos o valor inicialmente investido dobrará?

a) 8.
b) 12.
c) 16.
d) 24.
e) 32.

14. (Uepa) Os dados estatísticos sobre violência no trânsito nos mostram que é a segunda maior causa de mortes no Brasil, sendo que 98% dos acidentes de trânsito são causados por erro ou negligência humana e a principal falha cometida pelos brasileiros nas ruas e estradas é usar o celular ao volante. Considere que em 2012 foram registradas 60000 mortes decorrentes de acidentes de trânsito e destas, 40% das vítimas estavam em motos.

(Texto Adaptado: Revista Veja, 19/08/2013.)

A função $N(t) = N_0\,(1{,}2)^t$ fornece o número de vítimas que estavam de moto a partir de 2012, sendo **t** o número de anos e $\mathbf{N_0}$ o número de vítimas que estavam de moto em 2012. Nessas condições, o número previsto de vítimas em moto para 2015 será de:

a) 41472
b) 51840
c) 62208
d) 82944
e) 103680

15. (Insper-SP) A partir do momento em que é ativado, um vírus de computador atua da seguinte forma:

- ao longo do primeiro minuto, ele destrói 40% da memória do computador infectado;

- ao longo do segundo minuto, ele destrói 40% do que havia restado da memória após o primeiro minuto;
- e assim sucessivamente: a cada minuto, ele destrói 40% do que havia restado da memória no minuto anterior.

Dessa forma, um dia após sua ativação, esse vírus terá destruído aproximadamente:

a) 50% da memória do computador infectado.
b) 60% da memória do computador infectado.
c) 80% da memória do computador infectado.
d) 90% da memória do computador infectado.
e) 100% da memória do computador infectado.

16. (IFSP) Leia as notícias:

"A NGC 4151 está localizada a cerca de **43 milhões** de anos-luz da Terra e se enquadra entre as galáxias jovens que possui um buraco negro em intensa atividade. Mas ela não é só lembrada por esses quesitos. A NGC 4151 é conhecida por astrônomos como o 'olho de Sauron', uma referência ao vilão do filme 'O Senhor dos Anéis'".

Disponível em: <http://www1.folha.uol.com.br/ciencia/887260-galaxia-herda-nome-de-vilao-do-filme-o-senhor-dos-aneis.shtml>. Acesso em: 27 out. 2013.

"Cientistas britânicos conseguiram fazer com que um microscópio ótico conseguisse enxergar objetos de cerca de **0,00000005 m**, oferecendo um olhar inédito sobre o mundo 'nanoscópico'".

Disponível em: <http://noticias.uol.com.br/ultnot/cienciaesaude/ultimas-noticias/bbc/2011/03/02/com-metodo-inovador-cientistas-criam-microscopio-mais-potente-do-mundo.jhtm>. Acesso em: 27.10.2013. Adaptado.

Assinale a alternativa que apresenta os números em destaque no texto, escritos em notação científica.

a) $4,3 \times 10^7$ e $5,0 \times 10^8$
b) $4,3 \times 10^7$ e $5,0 \times 10^{-8}$
c) $4,3 \times 10^{-7}$ e $5,0 \times 10^8$
d) $4,3 \times 10^6$ e $5,0 \times 10^7$
e) $4,3 \times 10^{-6}$ e $5,0 \times 10^{-7}$

17. (UFRGS-RS) A função **f**, definida por $f(x) = 4^{-x} - 2$, intersecta o eixo das abscissas em:

a) -2.
b) -1.
c) $-\frac{1}{2}$.
d) 0.
e) $\frac{1}{2}$.

18. (Enem)

As exportações de soja do Brasil totalizaram 4,129 milhões de toneladas no mês de julho de 2012, e registraram um aumento em relação ao mês de julho de 2011, embora tenha havido uma baixa em relação ao mês de maio de 2012.

Disponível em: www.noticiasagricolas.com.br. Acesso em: 2 ago. 2012.

A quantidade, em quilogramas, de soja exportada pelo Brasil no mês de julho de 2012 foi de

a) $4,129 \times 10^3$
b) $4,129 \times 10^6$
c) $4,129 \times 10^9$
d) $4,129 \times 10^{12}$
e) $4,129 \times 10^{15}$

19. (UPE) Analise as sentenças a seguir:

I. Se $2^{3a} = 729$, o resultado de 2^{-a} é igual a $\frac{1}{3}$.

II. O resultado da operação $(1,25 \cdot 10^{-4} - 1,16 \cdot 10^{-7})$ é igual a $1,09 \cdot 10^{-4}$.

III. Se $x^2 = 25^{12}$; $y^6 = 25^{12}$; $w^7 = 25^{63}$. O valor da expressão $(x \cdot y \cdot w)^{12}$ é igual a 25^{168}.

Com base nelas, é CORRETO afirmar que

a) apenas I é falsa.
b) apenas II é verdadeira.
c) apenas I e II são verdadeiras.
d) apenas I e III são verdadeiras.
e) I, II e III são falsas.

20. (Mack-SP) Sejam $f: \mathbb{R} \rightarrow \mathbb{R}$ e $g: \mathbb{R} \rightarrow \mathbb{R}$ funções definidas por $f(x) = \frac{2^x + 2^{-x}}{2}$ e $g(x) = \frac{2^x - 2^{-x}}{2}$.

Então, podemos afirmar que

a) **f** é crescente e **g** é decrescente.
b) **f** e **g** se interceptam em $x = 0$.
c) $f(0) = -g(0)$.
d) $[f(x)]^2 - [g(x)]^2 = 1$.
e) $f(x) \geqslant 0$ e $g(x) \geqslant 0$, $\forall x \in \mathbb{R}$.

21. (Ufam) O valor (em reais) de um veículo varia, após **x** anos, segundo a lei definida por $d(x) = v_0 \cdot 2^{-0,2x}$, onde $\mathbf{v_0}$ é uma constante real. Sabendo que após 5 anos esse veículo estará valendo R$ 30 000,00, então o valor desse veículo após 15 anos deve ser:

a) R$ 4 000,00
b) R$ 5 000,00
c) R$ 6 000,00
d) R$ 7 500,00
e) R$ 10 000,00

22. (PUC-RJ) Quanto vale $\frac{\sqrt[3]{3} + \sqrt[3]{9}}{\sqrt[3]{3}}$?

a) $\sqrt[3]{3}$
b) $\sqrt[3]{9}$
c) $1 + \sqrt[3]{3}$
d) $1 + \sqrt[3]{9}$
e) $2\sqrt[3]{3}$

23. (Insper-SP) É possível demonstrar que o polinômio $P(x) = \frac{x^2 + 2x + 2}{2}$ é uma boa aproximação da função $f(x) = e^x$ para valores de **x** próximos de zero. Usando essa informação, o valor aproximado de $\sqrt[10]{e}$ é

a) 1,105.
b) 1,061.
c) 0,781.
d) 0,610.
e) 0,553.

24. (Enem) Para comemorar o aniversário de uma cidade, a prefeitura organiza quatro dias consecutivos de atrações culturais. A experiência de anos anteriores mostra que, de um dia para o outro, o número de visitantes no evento é triplicado. É esperada a presença de 345 visitantes para o primeiro dia do evento.

Uma representação possível do número esperado de participantes para o último dia é

a) 3×345
b) $(3 + 3 + 3) \times 345$
c) $3^3 \times 345$
d) $3 \times 4 \times 345$
e) $3^4 \times 345$

25. (PUC-RJ) Para **n** inteiro positivo, os números da forma

$$3^{n^2+3} + 3^{n^2+4} + 3^{n^2+5}$$

são sempre múltiplos de:

a) 5
b) 7
c) 11
d) 13
e) 17

26. (UFRGS-RS) Considere a função **f** definida por $f(x) = 1 - 5 \cdot 0{,}7^x$ e representada em um sistema de coordenadas cartesianas.

Entre os gráficos abaixo, o que pode representar a função **f** é

a)
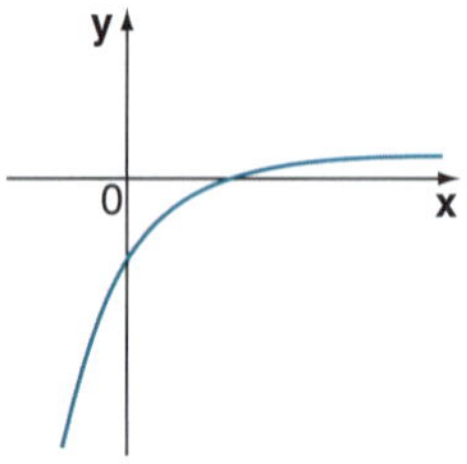

b)
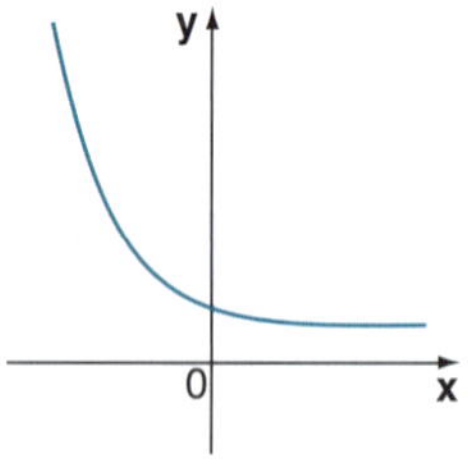

c)
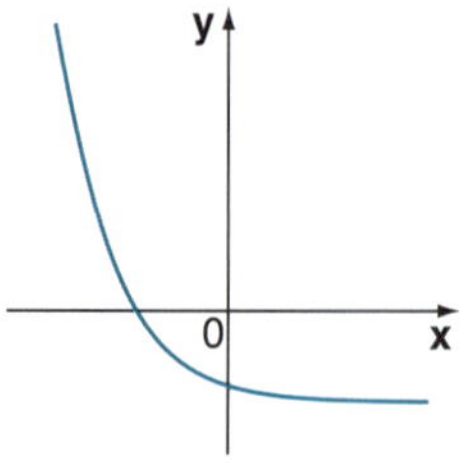

d)
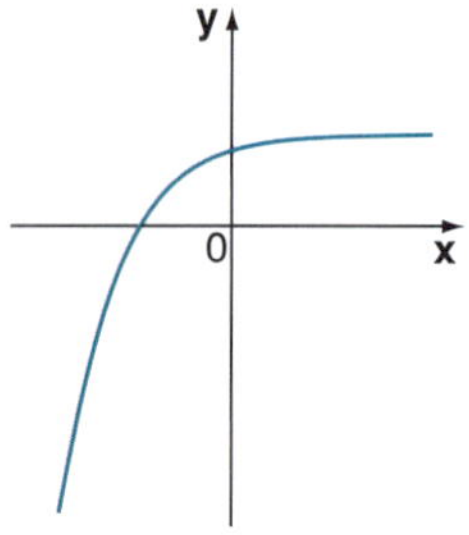

e)
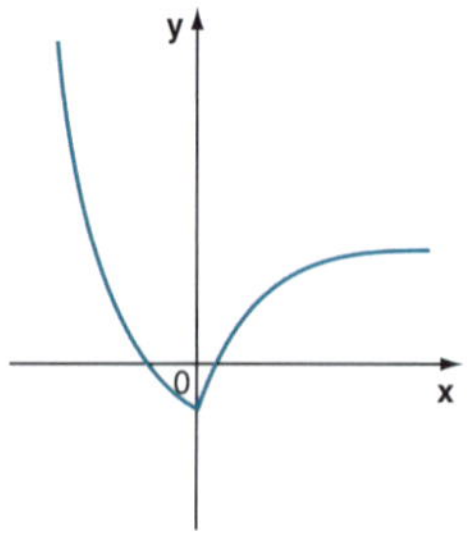

27. (FGV-SP) Um capital de R$ 5 000,00 cresce em uma aplicação financeira de modo que seu montante daqui a **t** anos será $M = 5000\,e^{0,2t}$.

Ao término do primeiro ano, o capital inicial terá crescido:

a) 10,52%
b) 22,14%
c) 34,99%
d) 49,18%
e) 64,87%

Use a tabela abaixo:

x	0	0,1	0,2	0,3	0,4	0,5
e^x	1	1,1052	1,2214	1,3499	1,4918	1,6487

28. (Unicamp-SP) Em uma xícara que já contém certa quantidade de açúcar, despeja-se café. A curva a seguir representa a função exponencial M(t), que fornece a quantidade de açúcar não dissolvido (em gramas), **t** minutos após o café ser despejado. Pelo gráfico, podemos concluir que:

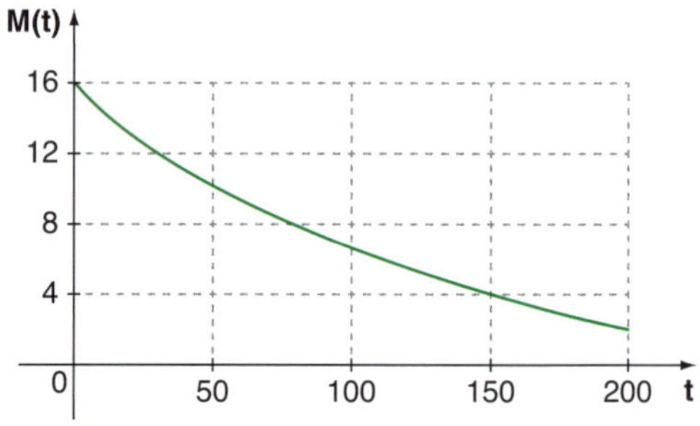

Banco de imagens/Arquivo da editora

a) $M(t) = 2^{4 - \frac{t}{75}}$
b) $M(t) = 2^{4 - \frac{t}{50}}$
c) $M(t) = 2^{5 - \frac{t}{50}}$
d) $M(t) = 2^{5 - \frac{t}{150}}$

29. (Mack-SP) O valor de **x** na equação

$$\left(\frac{\sqrt{3}}{9}\right)^{2x-2} = \frac{1}{27} \text{ é}$$

a) tal que $2 < x < 3$.
b) negativo.
c) tal que $0 < x < 1$.
d) múltiplo de 2.
e) 3.

30. (UFPE) As populações de duas cidades, em milhões de habitantes, crescem, em função do tempo **t**, medido em anos, segundo as expressões $200 \cdot 2^{\frac{t}{20}}$ e $50 \cdot 2^{\frac{t}{10}}$, com $t = 0$ correspondendo ao instante atual.

Em quantos anos, contados a partir de agora, as populações das duas cidades serão iguais?

a) 34 anos
b) 36 anos
c) 38 anos
d) 40 anos
e) 42 anos

31. (Udesc) O conjunto solução da inequação $\left[\sqrt[3]{\left(2^{x-2}\right)}\right]^{x+3} > 4^x$ é:

a) $S = \{x \in \mathbb{R} \mid -1 < x < 6\}$
b) $S = \{x \in \mathbb{R} \mid x < -6 \text{ ou } x > 1\}$
c) $S = \{x \in \mathbb{R} \mid x < -1 \text{ ou } x > 6\}$
d) $S = \{x \in \mathbb{R} \mid -6 < x < 1\}$
e) $S = \{x \in \mathbb{R} \mid x < -\sqrt{6} \text{ ou } x > \sqrt{6}\}$

32. (Fuvest-SP) De 1869 até hoje, ocorreram as seguintes mudanças de moeda no Brasil: (1) em 1942, foi criado o cruzeiro, cada cruzeiro valendo mil réis; (2) em 1967, foi criado o cruzeiro novo, cada cruzeiro novo valendo mil cruzeiros; em 1970, o cruzeiro novo voltou a se chamar apenas cruzeiro; (3) em 1986, foi criado o cruzado, cada cruzado valendo mil cruzeiros; (4) em 1989, foi criado o cruzado-novo, cada um valendo mil cruzados; em 1990, o cruzado-novo passou a se chamar novamente cruzeiro; (5) em 1993, foi criado o cruzeiro real, cada um valendo mil cruzeiros; (6) em 1994, foi criado o real, cada um valendo 2 750 cruzeiros reais.
Quando morreu, em 1869, Brás Cubas possuía 300 contos. Se esse valor tivesse ficado até hoje em uma conta bancária, sem receber juros e sem pagar taxas, e se, a cada mudança de moeda, o depósito tivesse sido normalmente convertido para a nova moeda, o saldo hipotético dessa conta seria, aproximadamente, de um décimo de

a) real.
b) milésimo de real.
c) milionésimo de real.
d) bilionésimo de real.
e) trilionésimo de real.

Dados: Um conto equivalia a um milhão de réis.
Um bilhão é igual a 10^9 e um trilhão é igual a 10^{12}.

33. (UFPR) Uma *pizza* a 185 °C foi retirada de um forno quente. Entretanto, somente quando a temperatura atingir 65 °C será possível segurar um de seus pedaços com as mãos nuas, sem se queimar. Suponha que a temperatura **T** da *pizza*, em graus Celsius, possa ser descrita em função do tempo **t**, em minutos, pela expressão $T = 160 \times 2^{-0,8 \times t} + 25$.
Qual o tempo necessário para que se possa segurar um pedaço dessa *pizza* com as mãos nuas, sem se queimar?

a) 0,25 minuto.
b) 0,68 minuto.
c) 2,5 minutos.
d) 6,63 minutos.
e) 10,0 minutos.

34. (Acafe-SC) Um dos perigos da alimentação humana são os microrganismos, que podem causar diversas doenças e até levar a óbito. Entre eles, podemos destacar a *Salmonella*. Atitudes simples como lavar as mãos, armazenar os alimentos em locais apropriados, ajudam a prevenir a contaminação pelos mesmos. Sabendo que certo microrganismo se prolifera rapidamente, dobrando sua população a cada 20 minutos, pode-se concluir que o tempo que a população de 100 microrganismos passará a ser composta de 3 200 indivíduos é:

a) 1 h e 35 min
b) 1 h e 40 min
c) 1 h e 50 min
d) 1 h e 55 min

35. (Mack-SP) O conjunto solução, em $\mathbb{R}$, da inequação $M^{x^3-1} \leq M^{x^2-1}$, com **M** real e $M > 1$, é

a) $]-\infty; 1]$
b) $[1; \infty[$
c) $[0; 1]$
d) $[-1; \infty[$
e) $[0; \infty[$

36. (ESPM-SP) A soma das raízes de equação $4^x + 2^5 = 3 \cdot 2^{x+2}$ é igual a:

a) 5
b) 3
c) 8
d) 12
e) 7

37. (Insper-SP) Sendo **x** e **y** dois números reais não nulos, a expressão $(x^{-2} + y^{-2})^{-1}$ é equivalente a:

a) $\dfrac{x^2y^2}{x^2 + y^2}$

b) $\left(\dfrac{xy}{x+y}\right)^2$

c) $\dfrac{x^2 + y^2}{2}$

d) $(x + y)^2$

e) $x^2 + y^2$

38. (IFCE) Simplificando a expressão $\left(4^{\frac{3}{2}} + 8^{-\frac{2}{3}} - 2^{-2}\right) : 0,75$, obtemos:

a) $\dfrac{8}{25}$

b) $\dfrac{16}{25}$

c) $\dfrac{16}{3}$

d) $\dfrac{21}{2}$

e) $\dfrac{32}{3}$

39. (UFPR) Um importante estudo a respeito de como se processa o esquecimento foi desenvolvido pelo alemão Hermann Ebbinghaus no final do século XIX.

Utilizando métodos experimentais, Ebbinghaus determinou que, dentro de certas condições, o percentual **P** do conhecimento adquirido que uma pessoa retém após **t** semanas pode ser aproximado pela fórmula $P = (100 - a) \cdot b^t + a$, sendo que **a** e **b** variam de uma pessoa para outra. Se essa fórmula é válida para um certo estudante, com $a = 20$ e $b = 0{,}5$, o tempo necessário para que o percentual se reduza a 28% será:

a) entre uma e duas semanas.
b) entre duas e três semanas.
c) entre três e quatro semanas.
d) entre quatro e cinco semanas.
e) entre cinco e seis semanas.

40. (Fuvest-SP) Seja $f(x) = a + 2^{bx + c}$, em que **a**, **b** e **c** são números reais. A imagem de **f** é a semirreta $]-1, \infty[$ e o gráfico de **f** intercepta os eixos coordenados nos pontos (1, 0) e $\left(0, -\dfrac{3}{4}\right)$. Então, o produto abc vale

a) 4
b) 2
c) 0
d) −2
e) −4

41. (Fuvest-SP) Uma substância radioativa sofre desintegração ao longo do tempo, de acordo com a relação $m(t) = c \cdot a^{-kt}$, em que **a** é um número real positivo, **t** é dado em anos, m(t) a massa da substância em gramas e **c**, **k** são constantes positivas. Sabe-se que $\mathbf{m_0}$ gramas dessa substância foram reduzidos a 20% em 10 anos. A que porcentagem de $\mathbf{m_0}$ ficará reduzida a massa da substância, em 20 anos?

a) 10%
b) 5%
c) 4%
d) 3%
e) 2%

42. (Enem)

Muitos processos fisiológicos e bioquímicos, tais como batimentos cardíacos e taxa de respiração, apresentam escalas construídas a partir da relação entre superfície e massa (ou volume) do animal. Uma dessas escalas, por exemplo, considera que o "cubo da área **S** da superfície de um mamífero é proporcional ao quadrado de sua massa **M**".

HUGHES-HALLETT, D. et al. Cálculo e aplicações. São Paulo: Edgard Blücher, 1999 (adaptado).

Isso é equivalente a dizer que, para uma constante $k > 0$, a área **S** pode ser escrita em função de **M** por meio da expressão:

a) $S = k \cdot M$
b) $S = k \cdot M^{\frac{1}{3}}$
c) $S = k^{\frac{1}{3}} \cdot M^{\frac{1}{3}}$
d) $S = k^{\frac{1}{3}} \cdot M^{\frac{2}{3}}$
e) $S = k^{\frac{1}{3}} \cdot M^2$

43. (Aman-RJ) Na pesquisa e desenvolvimento de uma nova linha de defensivos agrícolas, constatou-se que a ação do produto sobre a população de insetos em uma lavoura pode ser descrita pela expressão $N(t) = N_0 \cdot 2^{kt}$, sendo $\mathbf{N_0}$ a população no início do tratamento, N(t) a população após **t** dias de tratamento e **k** uma constante, que descreve a eficácia do produto. Dados de campo mostraram que, após dez dias de aplicação, a população havia sido reduzida à quarta parte da população inicial. Com estes dados, podemos afirmar que o valor da constante de eficácia deste produto é igual a

a) 5^{-1}
b) -5^{-1}
c) 10
d) 10^{-1}
e) -10^{-1}

44. (Fuvest-SP) Quando se divide o Produto Interno Bruto (PIB) de um país pela sua população, obtém-se a renda *per capita* desse país. Suponha que a população de um país cresça à taxa constante de 2% ao ano. Para que sua renda *per capita* dobre em 20 anos, o PIB deve crescer anualmente à taxa constante de, aproximadamente,

Dado: $\sqrt[20]{2} \simeq 1{,}035$.

a) 4,2%
b) 5,6%
c) 6,4%
d) 7,5%
e) 8,9%

45. (Aman-RJ) Um jogo pedagógico foi desenvolvido com as seguintes regras:

- Os alunos iniciam a primeira rodada com 256 pontos;
- Faz-se uma pergunta a um aluno. Se acertar, ele ganha a metade dos pontos que tem. Se errar, perde metade dos pontos que tem;
- Ao final de 8 rodadas, cada aluno subtrai dos pontos que tem os 256 iniciais, para ver se "lucrou" ou "ficou devendo".

O desempenho de um aluno que, ao final dessas oito rodadas, ficou devendo 13 pontos foi de:

a) 6 acertos e 2 erros.
b) 5 acertos e 3 erros.
c) 4 acertos e 4 erros.
d) 3 acertos e 5 erros.
e) 2 acertos e 6 erros.

Respostas

Capítulo 1 – Noções de conjuntos

1. $-4 \in A$, $\frac{1}{3} \notin A$, $3 \in A$ e $0{,}25 \notin A$;

$-4 \in B$, $\frac{1}{3} \in B$, $3 \notin B$ e $0{,}25 \in B$;

$-4 \notin C$, $\frac{1}{3} \in C$, $3 \notin C$ e $0{,}25 \notin C$;

$-4 \notin D$, $\frac{1}{3} \notin D$, $3 \notin D$ e $0{,}25 \in D$.

2. a) **V**
b) **F**
c) **F**
d) **V**
e) **F**
f) **V**

3. A = {b, e, t, r, a}; B = {Pará, Piauí, Paraíba, Pernambuco, Paraná}; $C = \left\{\frac{2}{3}, \frac{3}{2}\right\}$.

4. A = {−1, 0}; B = {2}; C = {0, 4, 9}; D = {−1}; E = ∅.

5. a) **F**
b) **F**
c) **V**
d) **V**
e) **V**
f) **V**

6. Unitários: **B**, **C** e **D**; vazios: **A**, **E** e **F**.

7. a) **V**
b) **F**
c) **F**
d) **V**
e) **V**
f) **F**
g) **F**
h) **F**

8. a)

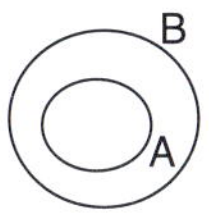

b)

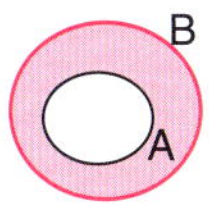

Ilustrações: Banco de imagens/Arquivo da editora

9. a)

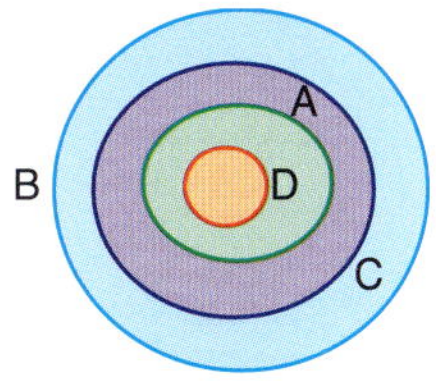

b)

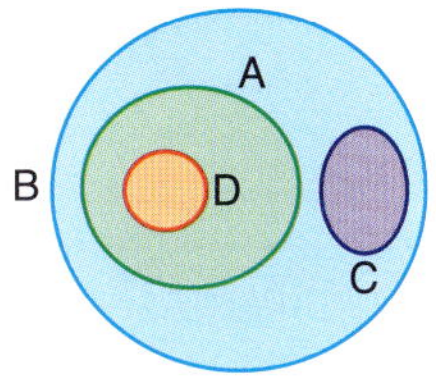

Ilustrações: Banco de imagens/Arquivo da editora

10. a) **V**
b) **F**
c) **V**
d) **V**
e) **V**
f) **F**

11. {2, 4}

12. São verdadeiras: *c*, *e*, *f*.

13. a) {1, 2, 3}, {1, 2, 4}, {1, 3, 4} e {2, 3, 4}.
b) Entre outros, temos: {0, 2, 4, 6}, {0, 4, 6, 8} e {2, 4, 6, 8}.
c) P(Z) = {∅, {0}, {1}, {2}, {0, 1}, {0, 2}, {1, 2}, {0, 1, 2}}.

14. Todas são verdadeiras.

15. I. **F** II. **V** III. **V** IV. **F**

16. a) {p, q, r, s}
b) {p, q, r, s, t}
c) {p, r, s, t}
d) {r}
e) {p}
f) {s}

17. a) {r, p, s, t}
b) ∅
c) {p, s}
d) {p, r, s, t}

18. a) {− 1}
b) U
c) {− 2, − 1, 0, 1, 2, 3, 4}
d) {− 1, 0, 1}

19. 13

20. a) 6 b) 38

21. a) **V**
b) **V**
c) **V**
d) **F**
e) **F**
f) **V**
g) **F**
h) **V**

22. X = {3}

23. Quatro.

24. 74%

25. a) 392
b) 291
c) 171
d) 213

26. a) **V**
b) **V**
c) **F**
d) **F**
e) **V**
f) **V**
g) **F**
h) **V**
i) **V**

27. a) {4, 8, 12, 14}
b) {5, 10, 15, 25}
c) ∅
d) {2}

28. 2

29.

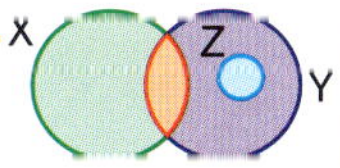

Banco de imagens/Arquivo da editora

30. a) {− 1, 1, 3}
b) R
c) {1, 2, 3}
d) {−2, 0)
e) {1, 2, 3}
f) Não se define, pois R ⊄ S.
g) {− 2, 0, 2, 4}
h) {− 2, 0}
i) {− 2, − 1, 0, 2}
j) {− 2, 0, 2, 5}
k) {4, 5}
l) {− 2, 0}

31. X = {1, 3, 5}

32. a) 14 b) 14 c) 8 d) 15 e) 21 f) 29 g) 21 h) 7

Exercícios complementares

1. a)

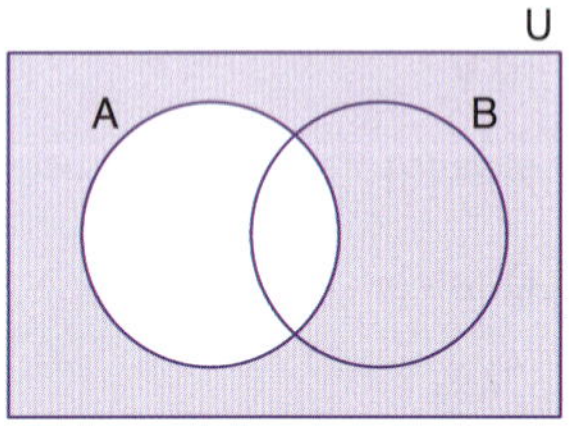

b)

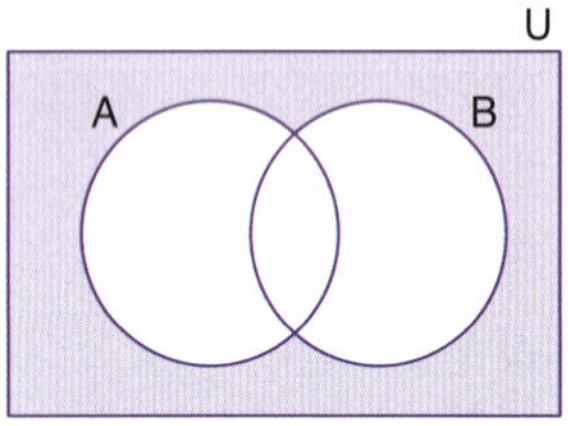

c)

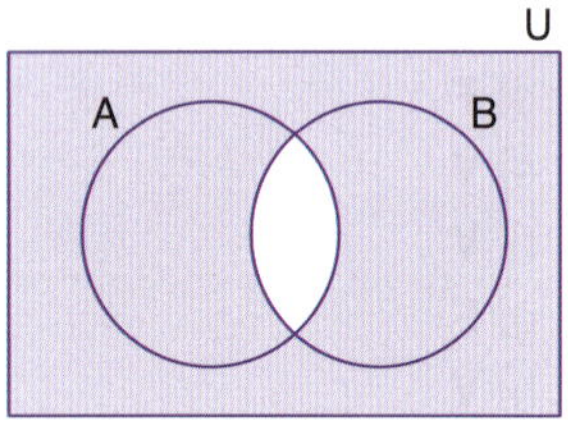

d)

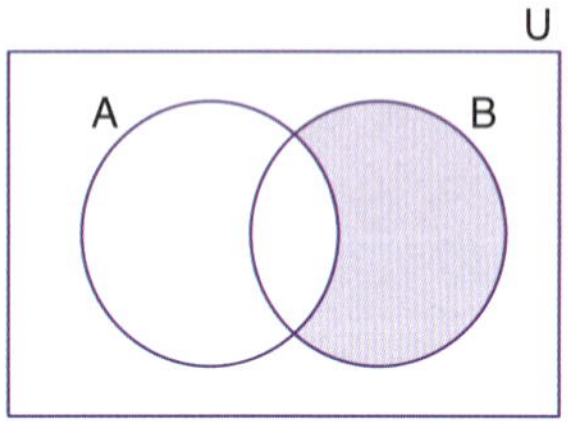

e)

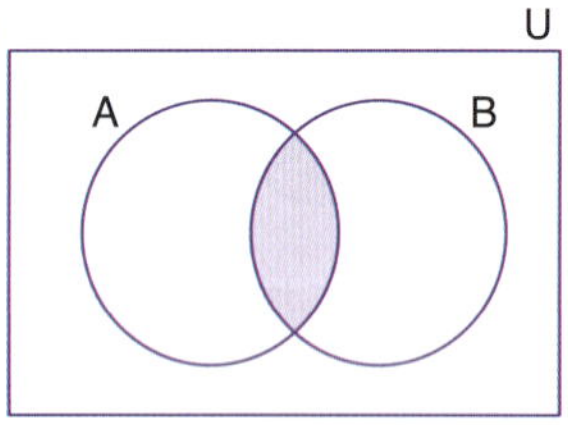

2. B

3. a) {2, 4, 5}
b) {0, 2, 6, 8}
c)

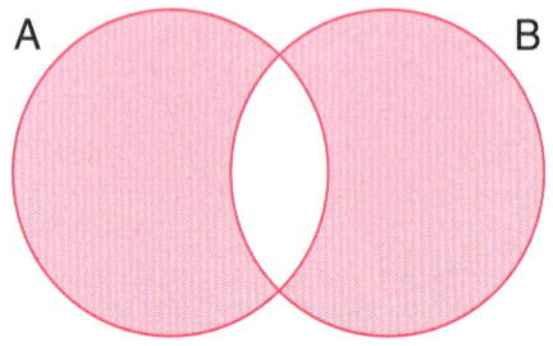

Ilustrações: Banco de imagens

4.

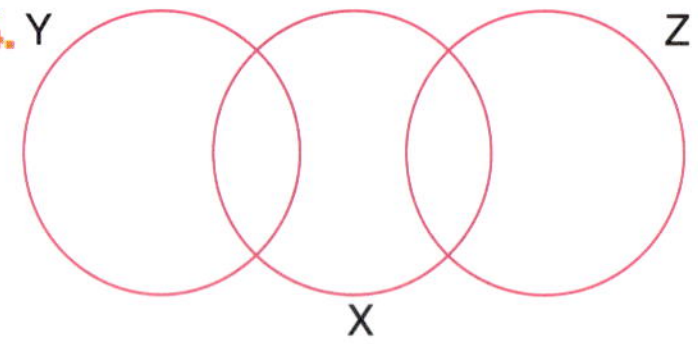

Ilustrações: Banco de imagens

5. a) 512 b) 16 c) 65 536

6. 12

7. a) 48 b) 9 c) 15

8. 204

9. 9

10. 59

11. a) 78 b) 87 c) 165

12. 70

13. a) 2 b) 150

14. a) 296 b) 150

Testes

1. a.

2. c.

3. (02) + (04) + (08) = (14)

4. b.

5. a.

6. a.

7. c.

8. e.

9. e.

10. c.

11. b.

12. c.

13. d.

14. d.

15. a.

16. e.

17. d.

18. b.

19. e.

20. c.

21. e.

Capítulo 2 – Conjuntos numéricos

1. a) $A \cap B = \{5, 6\}$; $A \cup B = \mathbb{N}$
b) $A \cap B = B$; $A \cup B = A$
c) $A \cap B = B$; $A \cup B = A$
d) $A \cap B = \{3\}$; $A \cup B = \{1, 2, 3, 4, 5\}$

2. a) $A = \{x \in \mathbb{N} \mid x < 5\}$, entre outros.
b) $B = \{x \in \mathbb{N} \mid x \leqslant 2$ ou $7 < x < 11\}$, entre outros.
c) $C = \{x \in \mathbb{Z} \mid -2 < x < 5\}$, entre outros.
d) $D = \{x \in \mathbb{Z} \mid |x| = 3\}$, entre outros.

3. a) 1
b) 11
c) 6
d) −9
e) −2
f) 1
g) 1
h) −10

4. a) −18 ou 18
b) −2, −1, 0, 1 e 2

5. 9

6. a) 2 b) −30 c) −3 d) −43 e) −46 f) 36 g) 11 h) 14

7. 510 algarismos

8. a) **F** b) **F** c) **F** d) **F** e) **F**

9. a) 1 272 operadores
b) 53 operadores; 48 ingressos

10. a) **V** b) **V** c) **F** d) **V** e) **F** f) **V** g) **F** h) **V** i) **F** j) **F**

11. a) $-5 \in \mathbb{Q}$
b) $\frac{5}{12} \in \mathbb{Q}$

12. a) $\frac{1}{20}$
b) $\frac{21}{20}$
c) $-\frac{51}{5}$

d) $\frac{33}{100}$

e) $\frac{33}{10}$

f) $-\frac{9}{4}$

13. a) 2,4
b) 0,57
c) 0,08
d) 0,024
e) – 2,8875

14. $\frac{1}{30}$, $-\frac{5}{13}$, $\frac{4}{11}$, $\frac{1000}{3}$

15. 2,5

16. Respostas possíveis: –3,32, –3,375, –3,38, etc.

17. a) $\frac{4}{9}$
b) $\frac{14}{99}$
c) $\frac{25}{9}$
d) $\frac{1714}{999}$
e) $\frac{337}{300}$
f) $\frac{23}{990}$
g) $\frac{34}{33}$
h) $\frac{34}{33}$

18. Não existe.

19. a) $\frac{16}{15}$ b) $\frac{26}{15}$ c) $\frac{4}{25}$

20.

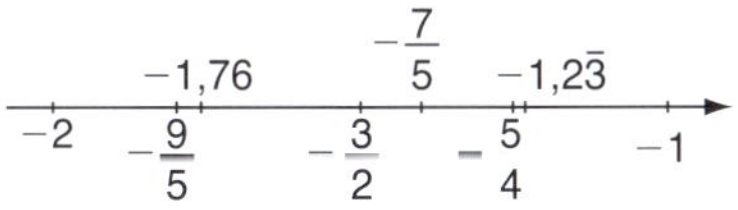

21.

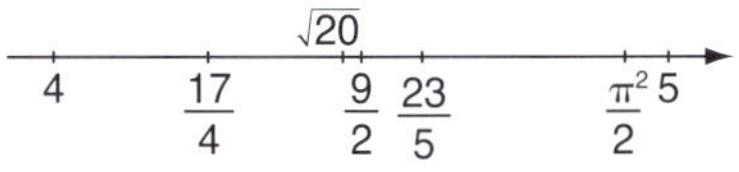

São irracionais: $\sqrt{20}$ e $\frac{\pi^2}{2}$.

22. a) irracional
b) racional
c) irracional
d) irracional
e) racional
f) racional
g) racional
h) racional
i) irracional
j) irracional
k) racional

23. a) **F**
b) **F**
c) **F**
d) **V**
e) **F**

24. a) vazio
b) unitário
c) unitário
d) vazio
e) vazio
f) unitário
g) unitário
h) vazio

25. São irracionais: $A = \sqrt{2}$, $B = \sqrt{18}$ e $E = 4\sqrt{2}$.
São racionais: $C = 6$ e $D = 3$.

26. a) 1,73 e 1,74.
b) 1,732 e 1,733.

27. $a < b < d < c$

28. a)

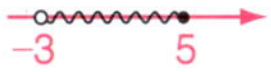

b)

c)

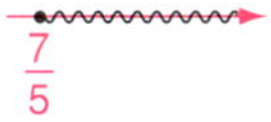

d)

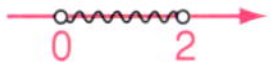

e)

f)

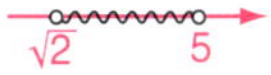

29. a) $\{x \in \mathbb{R} \mid x \geqslant -2\}$
b) $\{x \in \mathbb{R} \mid x \leqslant 3\sqrt{2}\}$
c) $\left\{x \in \mathbb{R} \,\middle|\, -\frac{1}{4} < x \leqslant 1\right\}$
d) $\left\{x \in \mathbb{R} \,\middle|\, -\frac{3}{4} < x \leqslant 0\right\}$

30. a) $\{x \in \mathbb{R} \mid x > -3\} =]-3, +\infty[$
b) $\left\{x \in \mathbb{R} \,\middle|\, -2 < x \leqslant \frac{4}{3}\right\} = \left]-2, \frac{4}{3}\right]$
c) $\left\{x \in \mathbb{R} \,\middle|\, x > \frac{4}{3}\right\} = \left]\frac{4}{3}, +\infty\right[$
d) $\{x \in \mathbb{R} \mid -3 < x \leqslant -2\} =]-3, -2]$

31. Três.

32. $\left[-1, \frac{3}{2}\right[\cup [2, +\infty[$

33. a) $\left\{x \in \mathbb{R} \,\middle|\, \frac{1}{10} < x \leqslant 1\right\}$
b) $\left\{x \in \mathbb{R} \,\middle|\, \frac{1}{10} < x \leqslant \frac{3}{2}\right\}$
c) $\left\{x \in \mathbb{R} \,\middle|\, -3 \leqslant x \leqslant \frac{1}{10}\right\}$
d) $\{x \in \mathbb{R} \mid x > 1\}$
e) $\{x \in \mathbb{R} \mid x \geqslant -3\}$
f) $\{x \in \mathbb{R} \mid -3 \leqslant x < -1\}$
g) $\left\{x \in \mathbb{R} \,\middle|\, \frac{1}{10} < x \leqslant 1\right\}$
h) $\varnothing$

Exercícios complementares

1. a)

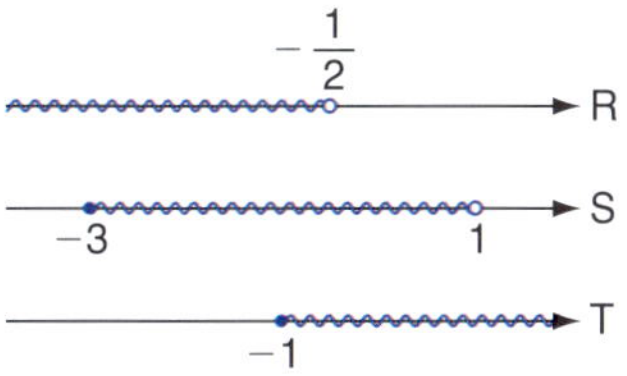

b) $\mathbb{R}$
c) $\left[-1, -\frac{1}{2}\right[$
d) $]-\infty, -1[$

2. 7

3. a) 660
b) Sábado.

4. a) **V**
b) **V**
c) **V**
d) **V**
e) **F**

5. a) **V**
b) **F**
c) **V**
d) **F**
e) **F**
f) **F**

6. 70

7. 6

8. a) 2 500
b) 998 910

9. a) **F**
b) **F**
c) **V**
d) **V**
e) **F**

10. a) 48 L
b) $\frac{3}{8}$

11. Marca 9.

12. a) $x_1 = 2,25$ e $x_2 = 2,236\overline{1}$.
b) Verificação: observe que $|(x_2)^2 - 5| = \frac{1}{5184}$.

13. 0,025; 0,8.

14. a) 1
b) $\left]-\frac{\pi}{2}, \frac{\pi}{4}\right[$; não existe.
c) $\left[\frac{\pi}{2}, 2\pi\right]$; não existe.

15. 128

16. a) **F**
b) **F**
c) **F**
d) **V**
e) **V**

17. 3

18. X = 3 e Y = 5.

19. N = 648

Testes

1. d.
2. b.
3. c.
4. e.
5. c.
6. e.
7. e.
8. d.
9. b.
10. d.
11. a.
12. a.
13. a.
14. d.
15. c.
16. c.
17. d.
18. c.
19. b.
20. c.
21. e.
22. b.
23. b.
24. c.
25. c.
26. e.
27. b.
28. b.
29. c.
30. e.
31. a.
32. e.
33. b.
34. b.
35. e.

Capítulo 3 – Funções

1. a) R$ 7 000,00; R$ 17 500,00.
b) $y = 70 \cdot x$

2. a)

Nº de litros	Distância (km)
0,25	2,25
0,5	4,5
2	18
3	27
10	90
25	225
40	360

b) $d = 9 \cdot L$

3. a)

Tempo	Distância (km)
15 min = 0,25 h	225
0,5 h	450
2 h	1 800
5 h	4 500

b) 3 horas e 12 minutos.
c) $d = 900t$

4. a) 1 dia ⇒ R$ 86,73
5 dias ⇒ R$ 86,85
10 dias ⇒ R$ 87,00
30 dias ⇒ R$ 87,60
b) $y = 86,70 + 0,03 \cdot x$

5. a)

Lado (cm)	1	3,5	5	8	10
Perímetro (cm)	4	14	20	32	40
Área (cm^2)	1	12,25	25	64	100

b) $p = 4\ell$
c) $a = \ell^2$
d) Sim; não.

6. a)

Nº de torneiras	1	4	6	8	10
Tempo (minutos)	40	10	$6,\overline{6}$	5	4

b) $t = \frac{40}{n}$
c) 25 torneiras.

7. a)

Nº de horas	1	2	3	4	5	6
Nº de células	2	4	8	16	32	64

b) 10 horas.
c) $n = 2^t$

8. a) Sim.
b) Sim.
c) Não.
d) Não.

9. a) Sim; y = x (entre outras).
b) Não
c) Sim; y = 2x.
d) Não.

10. a) Sim.
b) Sim.
c) Não.
d) Sim.

11. a) Sim.
b) Sim.
c) Não.

12. a) 6
b) 8
c) 4
d) $\frac{17}{4}$
e) $10 - \sqrt{2}$

13. a) $f(0) = 6$; $f(-2) = 4$ e $f(1) = 4$.
b) $-2a$

14. a) 1
b) 1
c) 5
d) Não existe.
e) 73

15. a) $\frac{16}{7}$
b) $-\frac{43}{2}$

16. a) 5
b) −7
c) Não existe.
d) Não existe.

17. a) R$ 1 800
b) R$ 90
c) 6 anos.

18. a) $m = -10$
b) $-\dfrac{43}{4}$
c) $\dfrac{8}{3}$

19. a) 250 pagantes.
b) R$ 32,00
c) R$ 15 750,00

20. a) 3
b) 48

21. a) 8 000 pessoas.
b) 9 500 pessoas.
c) 100 pessoas.
d) 19 anos.

22. a) 42
b) 23,2 cm
c) 3,2 cm

23. $a = \dfrac{2}{3}$

24. 800

25. a) Dm (f) = A; CD = B; Im (f) = $= \{0, 1, 2, 3, 4\}$.
b) Dm (f) = A; CD = B; Im (f) = $= \{0, 1, 4\}$.
c) Dm (f) = A; CD = B; Im (f) = $= \{-1, 0, 1, 2, 3\}$.
d) Dm (f) = A; CD = B; Im (f) = $= \{0, 1, 2\}$.

26. 6

27. $\mathbb{Z}_-$

28. a) $\mathbb{R}$
b) $\mathbb{R}$
c) $\mathbb{R}^*$
d) $\mathbb{R} - \{1\}$

29. a) $\{x \in \mathbb{R} \mid x \geqslant 2\}$
b) $\mathbb{R}$
c) $\{x \in \mathbb{R} \mid x > 3\}$
d) $\{x \in \mathbb{R} \mid x \geqslant -1 \text{ e } x \neq 0\}$

30. a) $\left\{x \in \mathbb{R} \;\middle|\; x \geqslant \dfrac{1}{2}\right\}$
b) $\left\{x \in \mathbb{R} \;\middle|\; 1 \leqslant x \leqslant \dfrac{5}{3}\right\}$
c) $\{x \in \mathbb{R} \mid x \neq -2,\ x \neq 0 \text{ e } x \neq 2\}$
d) $\mathbb{R}$

31. a) Das 10:00 às 12:00; das 12:30 às 14:00; das 15:30 às 16:00 e das 17:00 às 18:00.
b) Das 12:00 às 12:30; das 14:00 às 15:30; das 16:30 às 17:00.
c) Entre R$ 9,20 e R$ 12,00.
d) 15:00, um valor próximo das 16:00 e 17:00.
e) Alta; 2%.

32. a) Julho de 2013.
b) Fevereiro de 2015.
c) IPCA subiu: março a abril e julho a dezembro.
IPCA caiu : janeiro a março e abril a julho.
d) 6 (jan 13; jan 15; fev 15; mar 15; abr 15 e jun 15).
e) Não.

33. a) **V**
b) **F**. Em 2009 a taxa em BH caiu (em relação a 2008) de 6,8% para 6,1% e a taxa em SP subiu de 8,3% para 8,9%.
c) **V**
d) **F**. Em 2013: RJ → 4,7% e BH › 4,3%.
e) **F**. Apenas a taxa era menor; para saber o número de desempregados é preciso conhecer as populações economicamente ativas das duas regiões.

34. a) 1994 a 1995; 1997 a 1999; 2000 a 2003.
b) 1994 e 1995; aumento superior a 1 000 km^2.
c) Maior área: 2003.
d) 2005 a 2006 e 2007 a 2008.
e) 67 714 campos.

35.

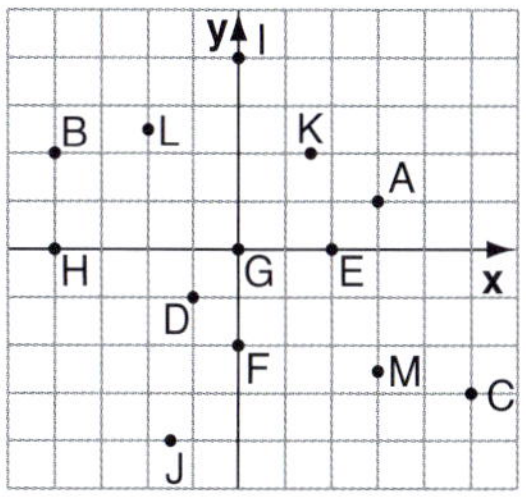

36. A(4, 2); B(−4, 6); C(−5, −3); D(4, −5); E(0, 4); F(−3, 0); G(0, −6); H(5, 0); I(0, 0).

37. a) $x = 2$ e $y = -5$.
b) $x = 1$ e $y = 4$.
c) $x = 4$ e $y = -1$.

38. $m = -4$

39. $m = 3$

40. $m = -1$ ou $m = 1$.

41. a)

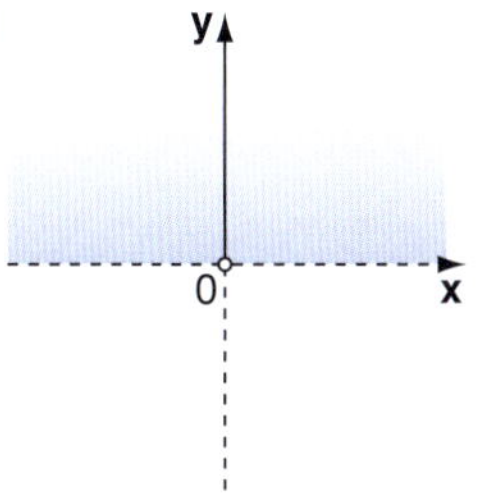

b)

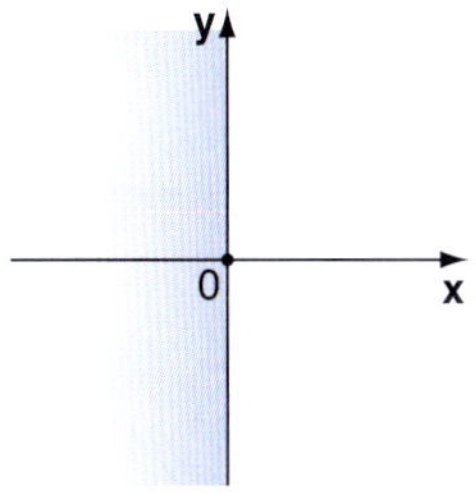

c)

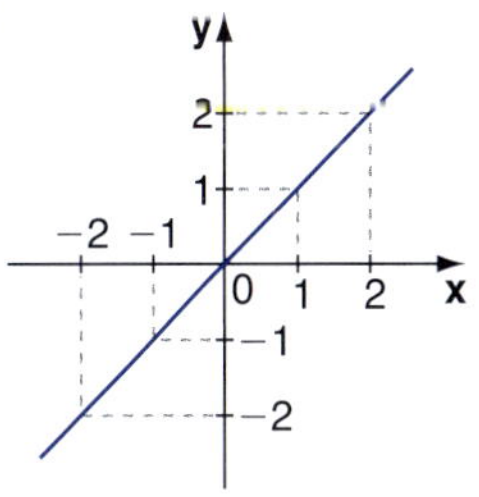

d)

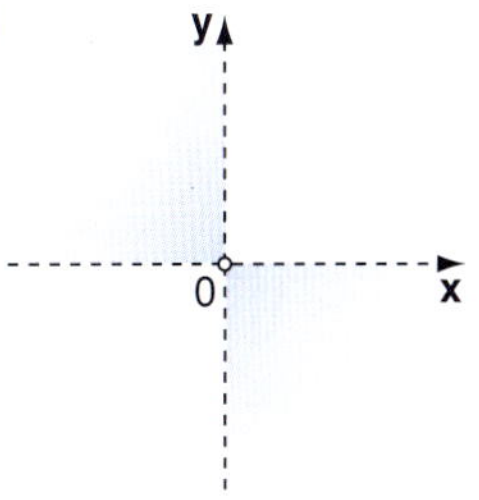

Ilustrações: Banco de imagens

e)

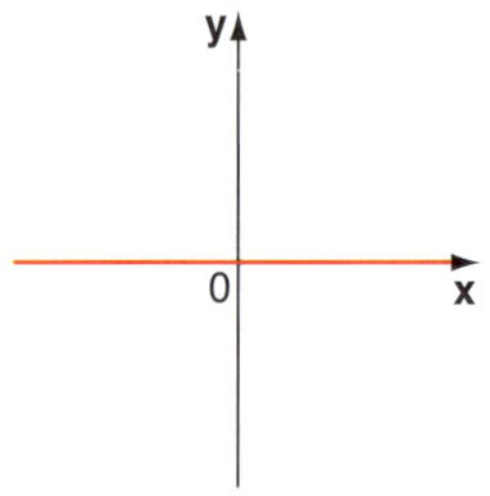

f)

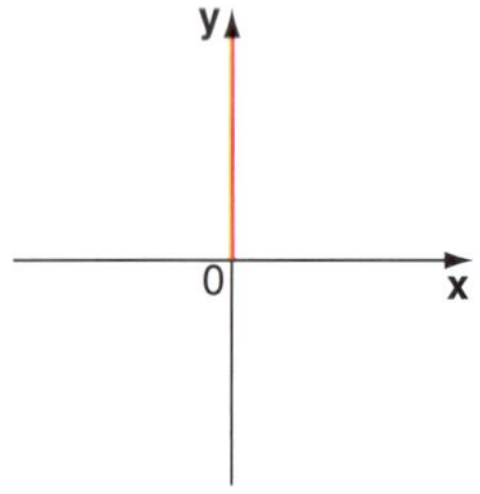

42. a) $a < 0$ e $b > 0$.

b) 1º quadrante.

43. a) $a > 0$ e $b < 0$.

b) 4º quadrante.

44. a)

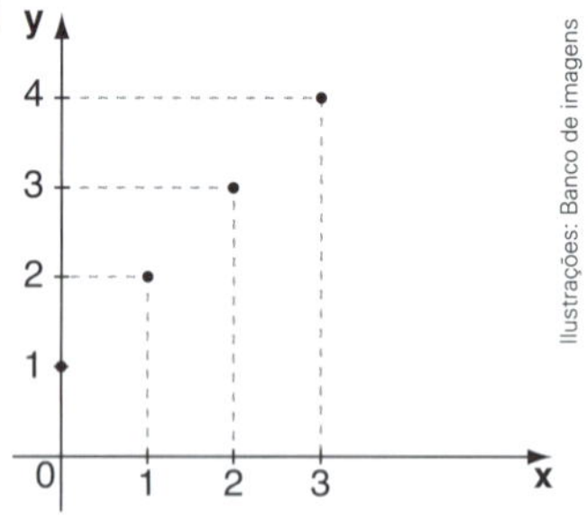

Ilustrações: Banco de imagens

b)

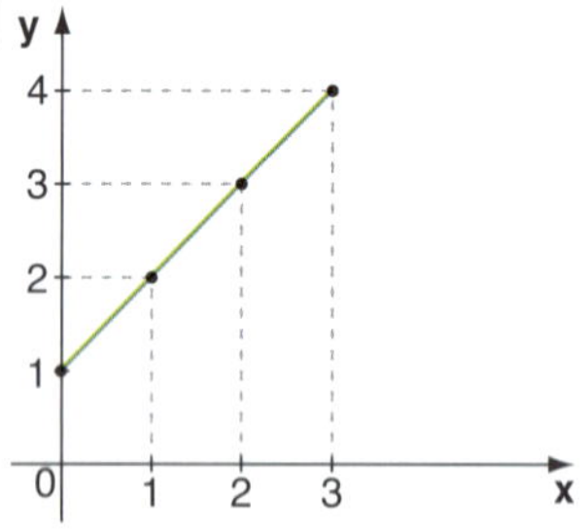

c)

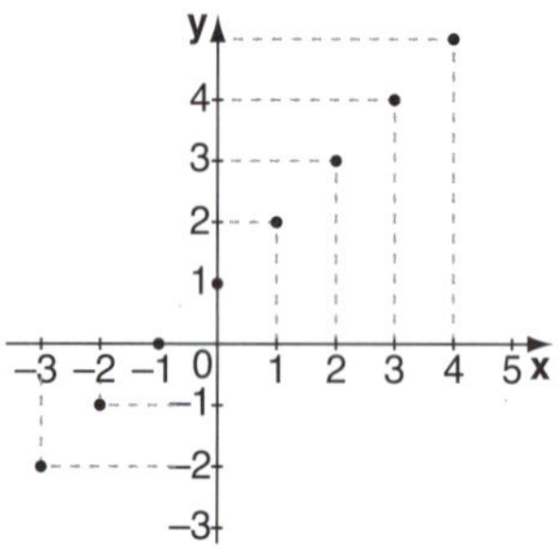

d)

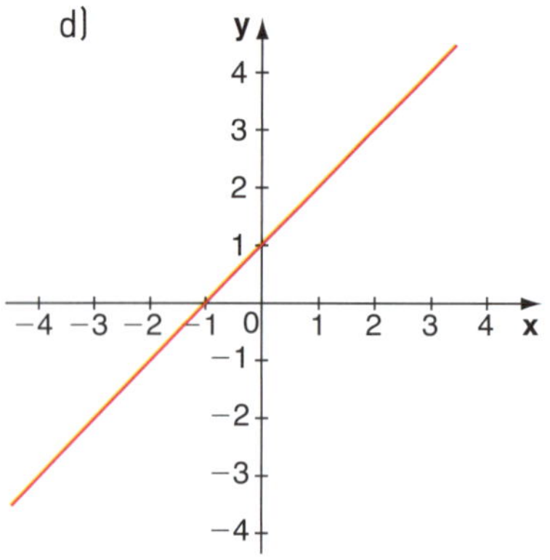

45. a)

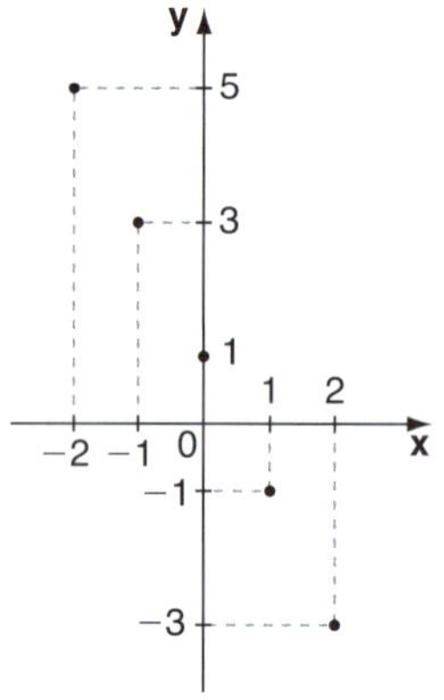

Ilustrações: Banco de imagens

b)

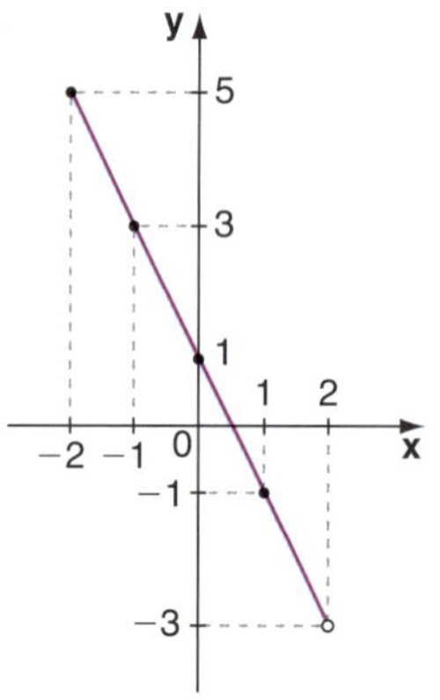

c)

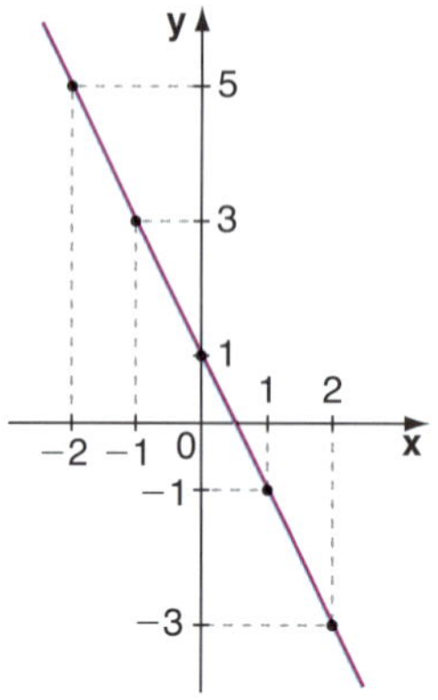

46. a)

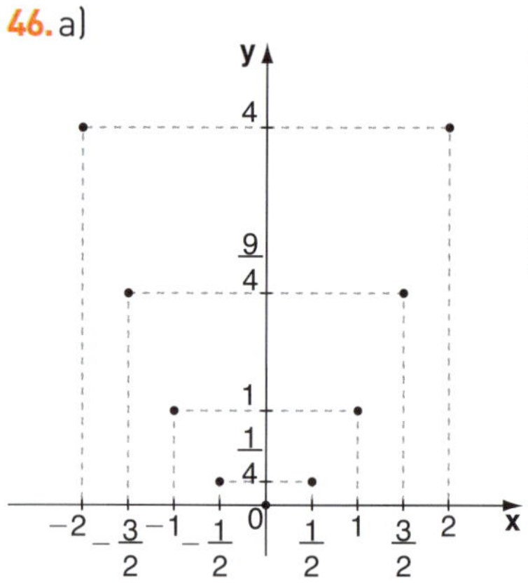

Ilustrações: Banco de imagens

b)

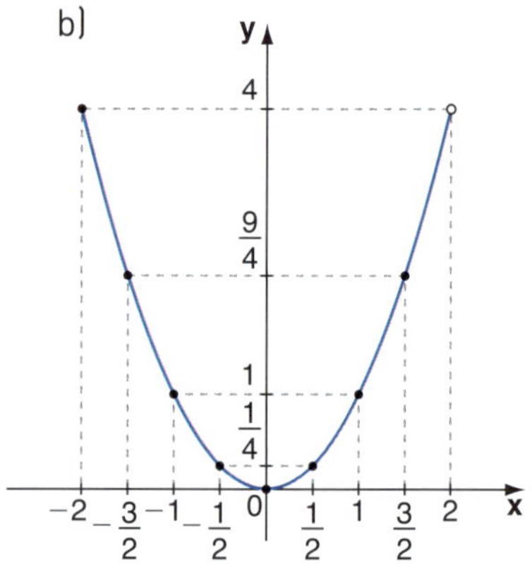

c)

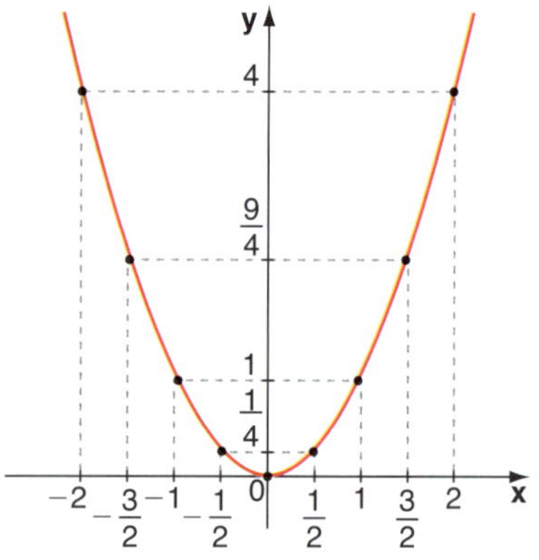

47. a)

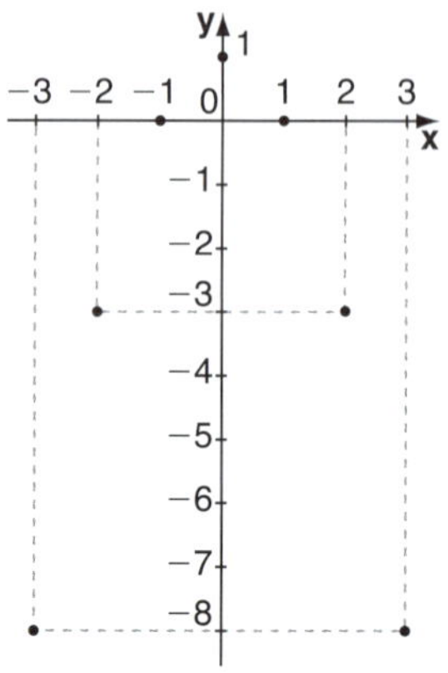

Banco de imagens

b)

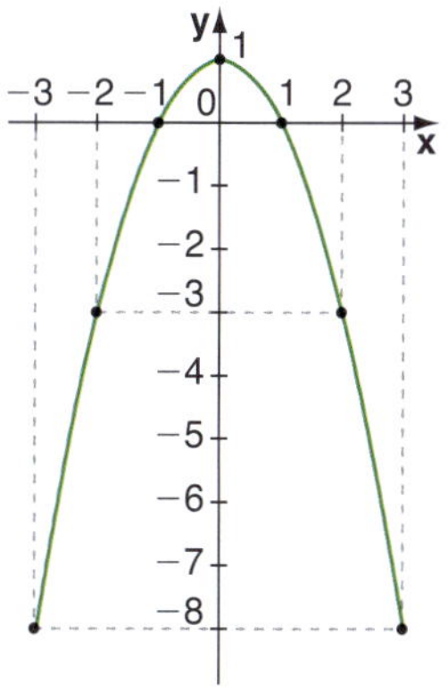

Ilustrações: Banco de imagens

c)

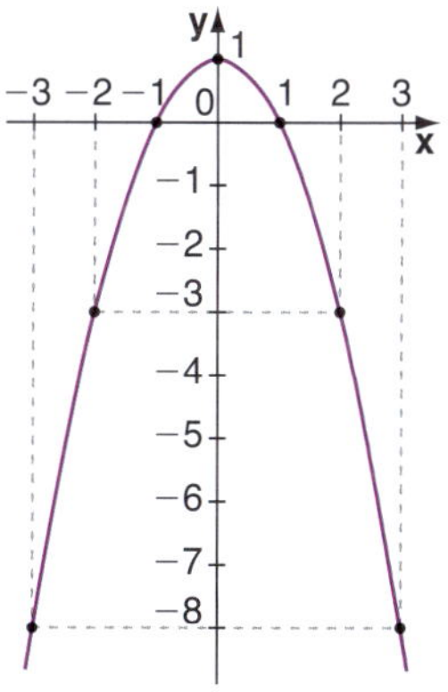

48.

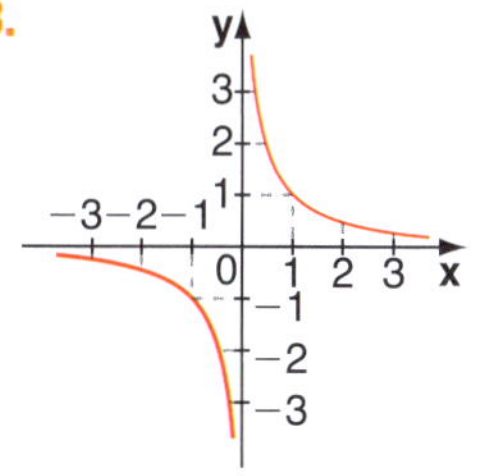

Banco de imagens

49. $b = 3$.

50. $a = 1$ e $b = 2$.

51. a) $a = -1$ e $b = 3$.

b) A abscissa de **P** é $\frac{2}{3}$.

52. Os seguintes gráficos não representam funções de domínio real, pois

- *c*: qualquer $x < 0$ está associado a dois valores de **y**.
- *d*: $x = -3$ possui duas imagens: 1 e -1.
- *e*: quando $x \in \,]-1, 1[$, não há imagem correspondente.
- *g*: $x = 1$ está associado a infinitos valores de **y**; $x \neq 1$ não possui imagem.

53. a) **f** é crescente se $x > 0$; **f** é decrescente se $x < 0$.

b) **f** é crescente se $x > -3$; **f** é decrescente se $x < -3$.

c) **f** é constante se $x < 2$; **f** é crescente se $x > 2$.

d) **f** é crescente se $-2 < x < 4$; **f** é decrescente se $x < -2$ ou $x > 4$.

e) **f** é crescente em $\mathbb{R}$.

54. a) Raiz: -3

$$\begin{cases} y > 0, \text{ se } x > -3 \\ y < 0, \text{ se } x < -3 \end{cases}$$

b) Raízes: 0 e 2

$$\begin{cases} y > 0, \text{ se } x < 0 \text{ ou } x > 2 \\ y < 0, \text{ se } 0 < x < 2 \end{cases}$$

c) Raízes: -1 e 1

$$\begin{cases} y > 0, \text{ se } x < -1 \text{ ou } x > 1 \\ y < 0, \text{ se } -1 < x < 1 \end{cases}$$

d) Raízes: -5, -3 e 1

$$\begin{cases} y > 0, \text{ se } -5 < x < -3 \text{ ou } x > 1 \\ y < 0, \text{ se } x < -5 \text{ ou } -3 < x < 1 \end{cases}$$

e) $$\begin{cases} y > 0 \text{ para todo } x \in \mathbb{R} \\ y < 0 \text{ não ocorre} \end{cases}$$

Não há raízes reais.

f) Raízes: -3 e $\frac{15}{2}$

$$\begin{cases} y > 0, \text{ se } -3 < x < \frac{15}{2} \\ y < 0, \text{ se } x < -3 \text{ ou } x > \frac{15}{2} \end{cases}$$

55. a) $f(-1) = 4$; $f(0) = 4$; $f(-3) = \frac{3}{2}$ e $f(3) = 0$.

b) $]-\infty, -2[$

c) $\left]\frac{3}{2}, \frac{9}{2}\right[$

d) $$\begin{cases} y > 0, \text{ se } x < 3 \\ y < 0, \text{ se } 3 < x < \frac{9}{2} \end{cases}$$

e) $\text{Im}(f) = \left\{y \in \mathbb{R} \;\middle|\; -\frac{7}{2} < y \leq 4\right\}$

f) 3

56. Possíveis respostas:

a)

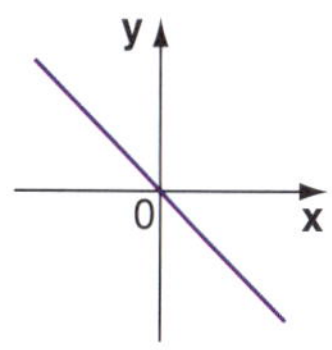

Ilustrações: Banco de imagens

b)

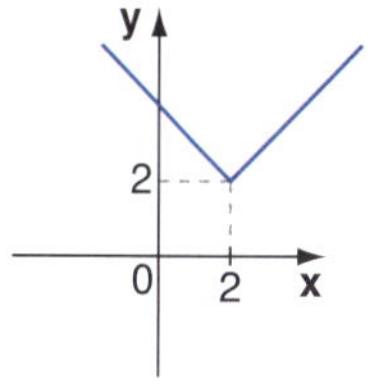

c)

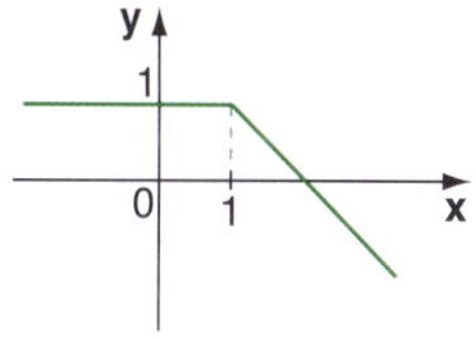

d)

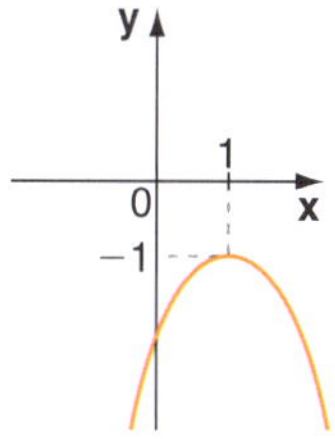

57. a) $\text{Im}(f) = \{y \in \mathbb{R} \mid y \geq 0\}$

b) $\text{Im}(g) = \{4\}$

c) $\text{Im}(h) = \{y \in \mathbb{R} \mid y \leq 3\}$

d) $\text{Im}(k) = \mathbb{R}^*_-$

58. a) P c) I

b) 0 d) P

59. a) 0 c) -3

b) 2 d) 0

60. A taxa de variação nos cinco primeiros anos é o quádruplo da taxa de variação nos cinco últimos anos.

Assim, nos cinco primeiros anos o lucro cresceu quatro vezes mais rápido do que nos cinco últimos anos.

61. a) $4,\overline{6}$

b) 4

c) $-2,5$

d) -3

62. a) i) 118,6 municípios/ano
ii) 3,9 municípios/ano
iii) Aproximadamente 61,3 municípios/ano
b) 1960-1970

Exercícios complementares

1. a) $D = \{x \in \mathbb{R} \mid x \geq 0 \text{ e } x \neq 1\}$
b) $f(0) = 2$; $f(16) = \frac{10}{3}$.
c) $f(2) < 0$
d) $x = 3 + 2\sqrt{2}$

2. a) $C = 120$ e $D = 1$.
b) Após 4 horas.

3. a) 240 b) 0,21

4. a) $a = 6$
b) 5 ou $\frac{10}{3}$.

5. a) -7
b) -19
c) -163
d) $-\frac{5}{3}$

6. a) -3 b) -9 c) -33

7. a) 20 000 pessoas.
b) 49 000 pessoas.
c) 9 horas.
d) 1,4 milhar de pessoas por hora.

8. a) 5
b) 135
c) $\frac{5}{9}$

9. a) $a = 4$, $b = 1$ e $c = -1$.
b) 4

10. a) 394
b) $x \in \{30, 31, 32, ..., 570\}$

11. a) $x > -1$
b) $x \geq 2$
c) $x > \frac{1}{2}$
d) $x < -1$ ou $x > 2$.
e) $x \neq 2$

12. a) $a = -7$ e $b = \frac{31}{2}$.
b) $Im(f) = [-11, 7[$
c) -1
d) $-7 \leq x \leq 0$ ou $10 \leq x < \frac{31}{2}$.
e) $\begin{cases} y > 0, \text{ se } -2 < x < 6 \text{ ou } 12 < x < \frac{31}{2} \\ y < 0, \text{ se } -7 \leq x < -2 \text{ ou } 6 < x < 12 \end{cases}$
f) $-\frac{1}{2}$
g) $\frac{16}{7}$
h) $0 \leq x \leq 3$

13. a) $x = -1$ ou $x = \frac{3}{2}$.
b)

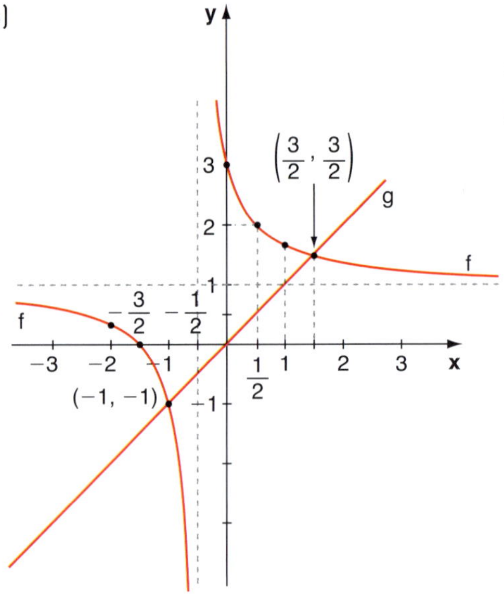

14. a) $Dm(f) = \mathbb{R}$
b) Par.
c)

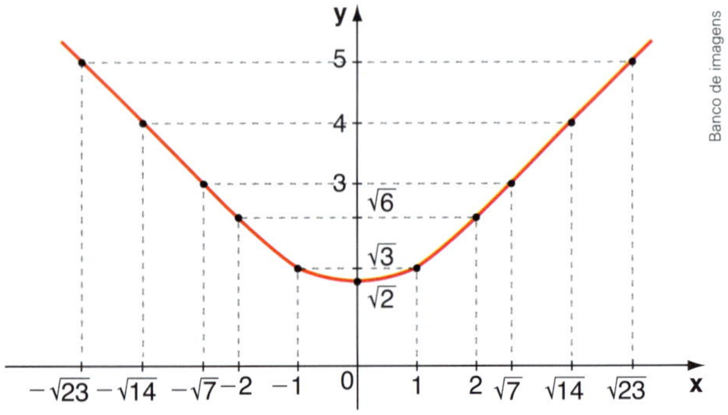

d) $Im(f) = \{y \in \mathbb{R} \mid y \geq \sqrt{2}\}$

15. a) $1 + x^2 \neq 0, \forall x \in \mathbb{R}$

b) Não; não.

c) Crescente se $x < 0$ e decrescente se $x > 0$.

d) $y > 0$ para todo $\mathbb{R}$.
$y < 0$ não ocorre.

16. a) $Dm\,(h) = \mathbb{R}$

b) $Dm\,(h) = \left]-\infty, -\frac{1}{2}\right] \cup \left[3, +\infty\right[$

c) $Dm\,(h) = \{0\}$

17. a) $\frac{1}{x-2}$

b) $f(0) = -\frac{1}{2}$; $f(1) = -1$; $f(3) = 1$ e $f(4) = \frac{1}{2}$

c)

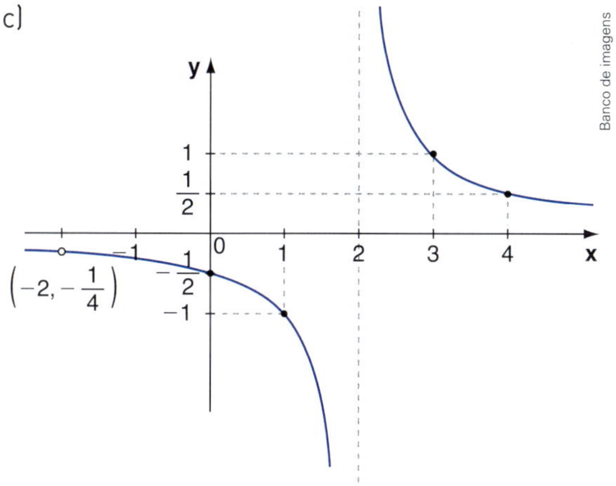

Banco de imagens

18. a) Verificação.

b) (0, 1) e (−1, 0).

c)

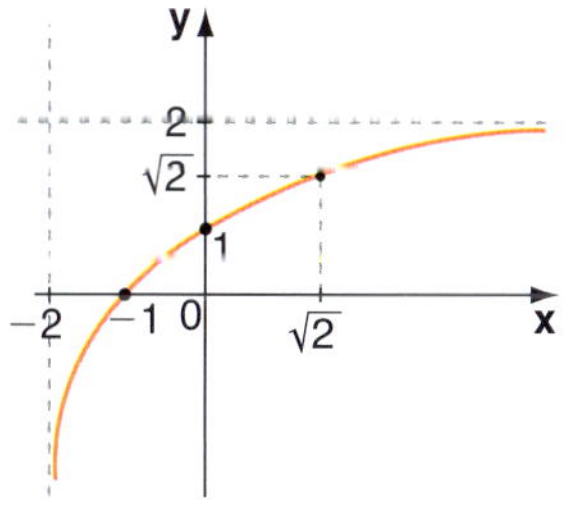

d) Não.

19.

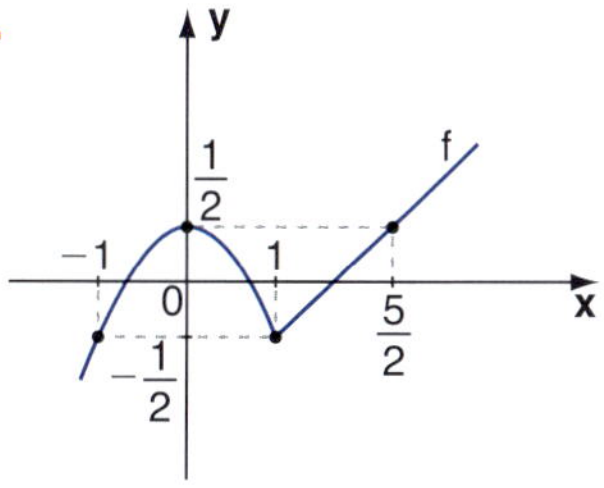

20. a) 346 m/s

b) 16 °C

21. a)

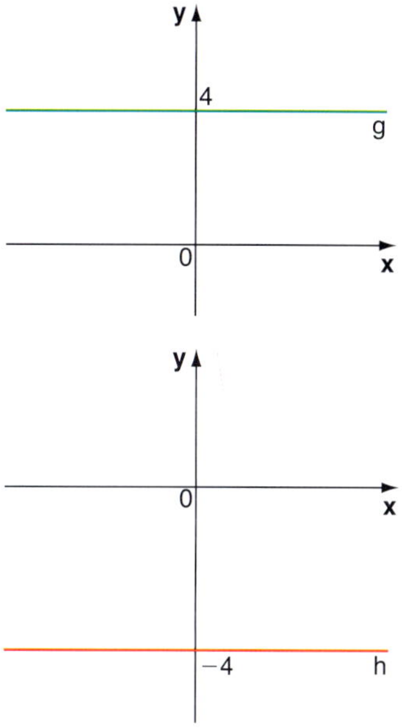

Ilustrações: Banco de imagens

b)

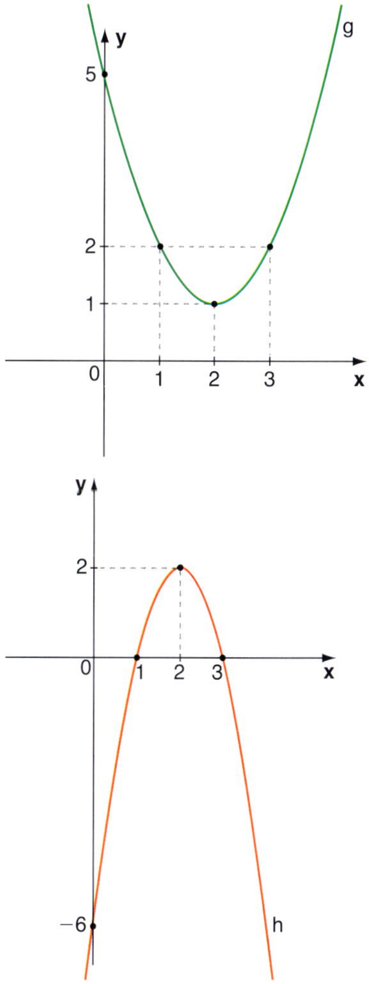

Ilustrações: Banco de imagens

c)

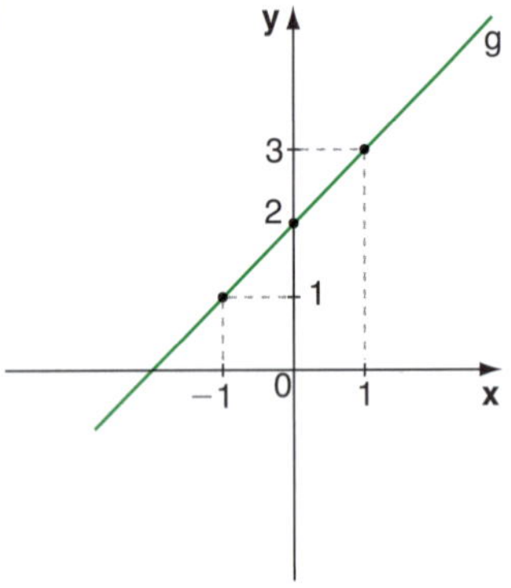

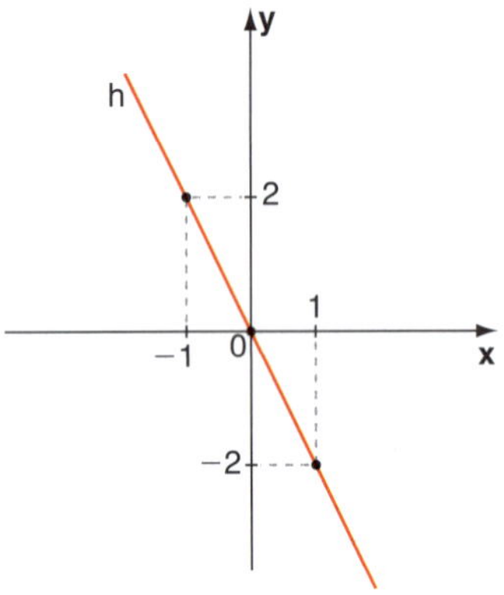

d)

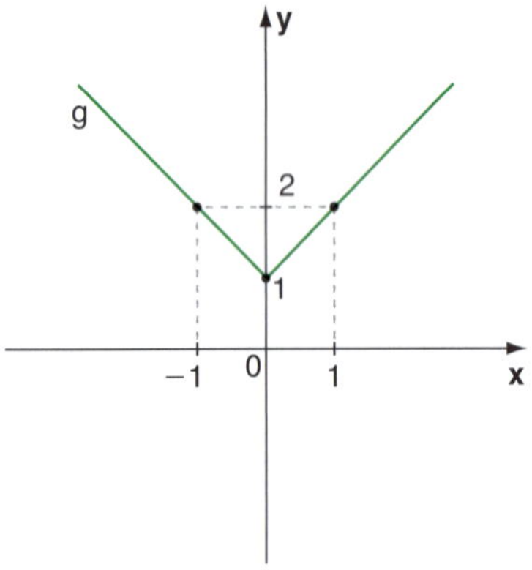

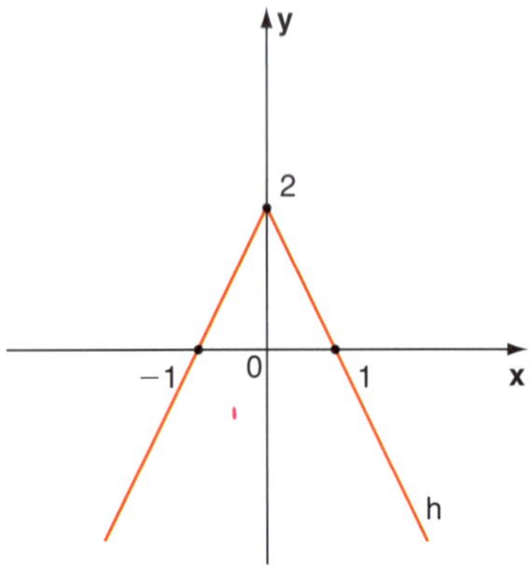

22. Resposta pessoal.

Testes

1. d.

2. e.

3. e.

4. b.

5. a.

6. a.

7. d.

8. b.

9. c.

10. b.

11. b.

12. a.

13. a.

14. d.

15. d.

16. b.

17. b.

18. b.

19. d.

20. (01) + (02) + (04) = (07)

21. e.

22. c.

23. e.

24. a.

25. e.

26. c.

27. d.

28. a.

29. a.

30. e.

31. b.

32. b.

Capítulo 4 – Função afim

1. a) R$ 245,00

b) Sim.

c) $v(x) = 45 + 80 \cdot x$

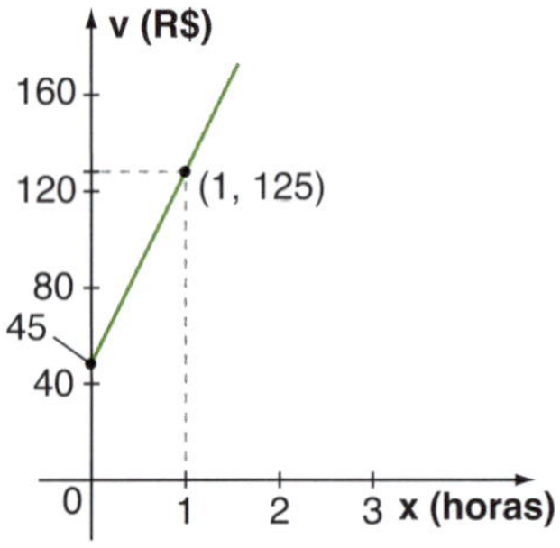

Banco de imagens

2. a) 76,26 kg

b) $m(n) = 75 + 0{,}18n$

c) Sim; após um mês ele terá 80,4 kg.

3. a) 1ª opção: $p(t) = 18$

2ª opção: $p(t) = 2{,}5 \cdot t$

b) R$ 5,50

c) 7 horas e 12 minutos.

4. a) 450 L

b) $y = 15x$

c) $y = 21\,000 - 15x$

d) 23 horas e 20 minutos.

5. a)

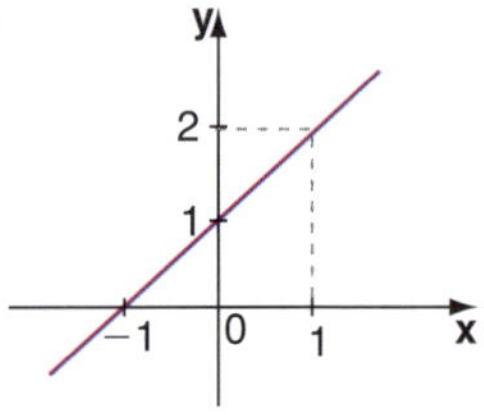

Ilustrações: Banco de imagens

b)

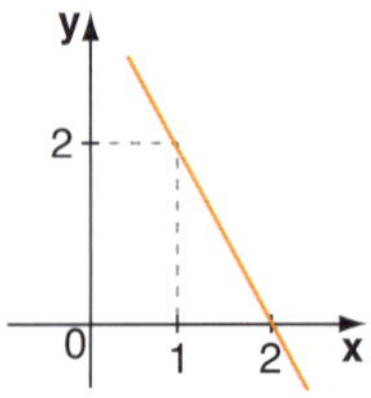

c)

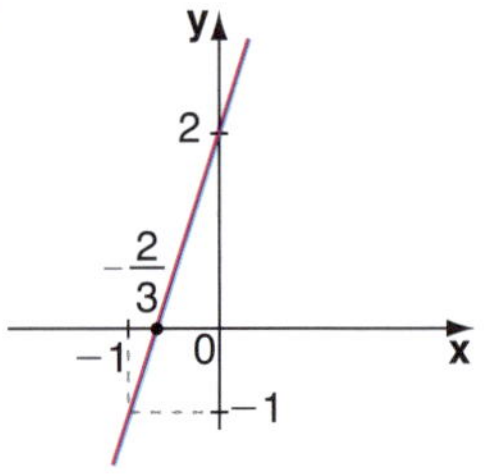

Ilustrações: Banco de imagens

d)

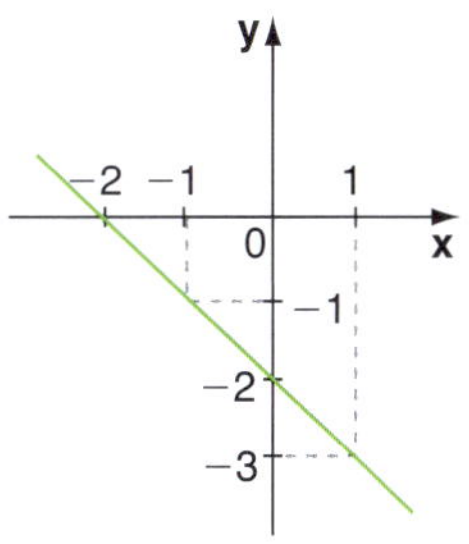

e)

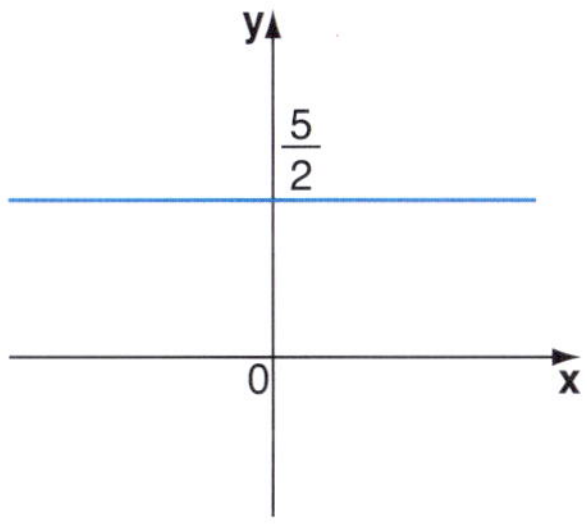

f)

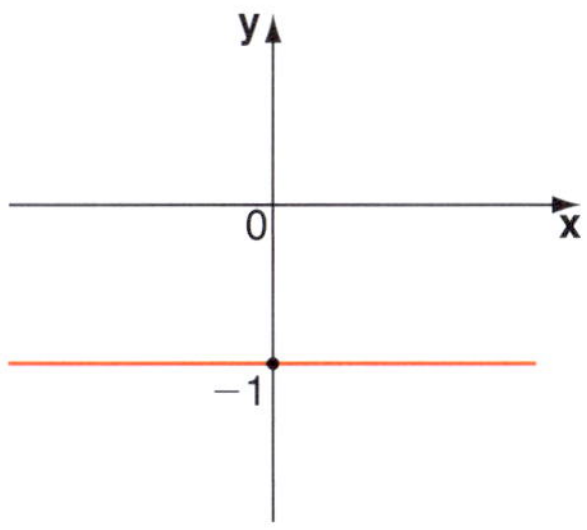

Ilustrações: Banco de imagens

6. a)

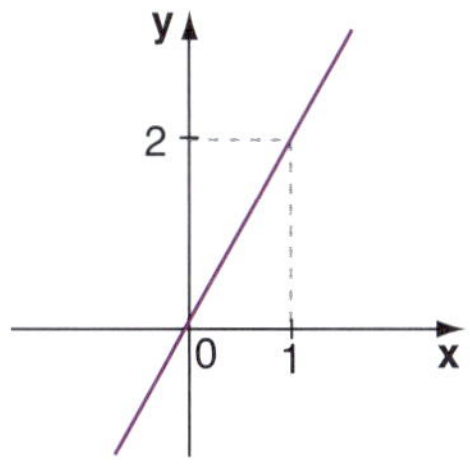

b)

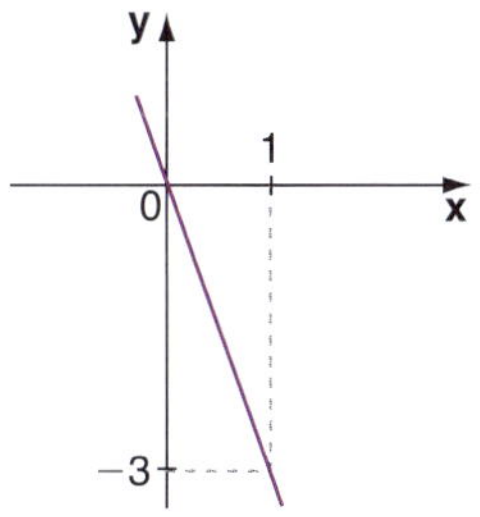

c)

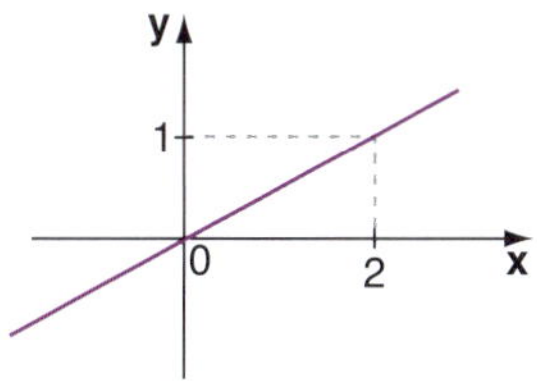

d)

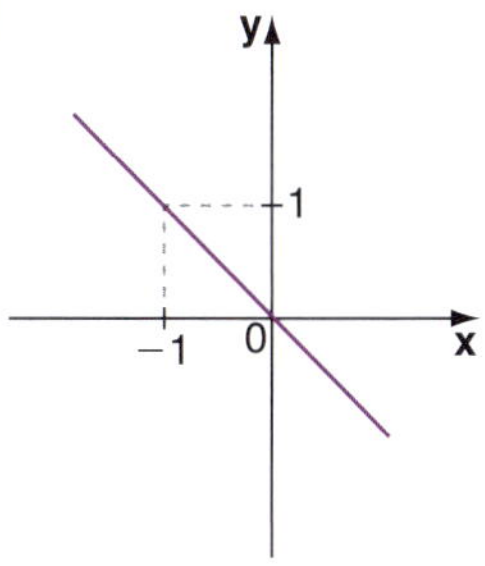

Banco de imagens

A propriedade é: todas as retas passam pela origem (0, 0).

7. $y = -3x + 2$

8. $y = \frac{1}{2}x + 4$

9. a) $y = -3x$

b) $y = 3x + 4$

c) $y = \frac{11}{3}$

10. R$ 82,40

11. a) 1

b) 2

c) 3,5

12. 7

13. a) $y = 0{,}04x + 900$

b) R$ 900,00

c) Não, pois a parte fixa não dobra.

14. a) (1, 3)

b) (3, 0)

c) Não existe ponto em comum; as retas **r** e **s** são paralelas.

15. a) 3,2

b) $\frac{1}{3}$

c) 4

d) 20

e) 2

f) 5

g) $\frac{1}{12}$

h) 16

16. a) $\frac{9}{2}$

b) $\frac{5}{7}$

c) −1

d) 4

17. Região **Z**.

18. a) $\frac{3}{10}$

b) 120

19. 800 mL

20. a) $a = 4{,}2$; $b = 1{,}7$; $c = 2$.

b) $a = 10$; $b = 40$.

21. R$ 3 000,00 a Paulo e R$ 2 400,00 a Roberto.

22. Sim; não.

23. a) Não. b) Sim.

24. a) Sim.

b) 2,5 g/cm^3

c) $m = 2{,}5 \cdot V$

25. a) R$ 9,75; R$ 19,50.

b) $y = 32{,}5 \cdot x$

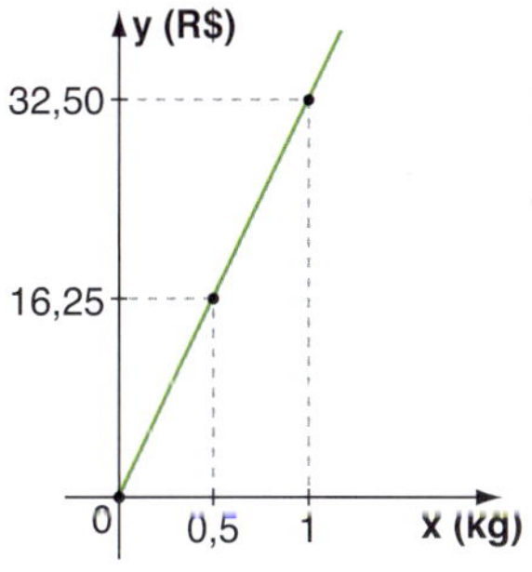

Banco de imagens

c) 540 g

26. I, II e III.

27. a) R$ 30 000,00

b) R$ 1 500,00

28. $a = 12\,500$ e $b = \frac{1}{5}$.

29. a) $\frac{1}{3}$

b) $\frac{1}{2}$

c) $\frac{5}{3}$

d) 0

e) $\frac{5}{6}$

f) 0

30. $-\frac{15}{2}$

31. a) $S = \left\{\frac{3}{10}\right\}$

b) $S = \{6\}$

c) $S = \{1\}$

d) $S = \varnothing$

e) $S = \{-1\}$

f) $S = \left\{\frac{15}{11}\right\}$

32. med $(\hat{A}) = 55°$, med $(\hat{B}) = 45°$ e med $(\hat{C}) = 80°$

33. a) André: 45 anos.
Carlos: 49 anos.

b) Há 41 anos.

34. André: 15; Bruno: 18 e Carlos: 20.

35. Paulo: R$ 90,00
Joana: R$ 75,00

36. a) $a = 4 \Rightarrow S = \left\{\frac{5}{2}\right\}$

$a = -3 \Rightarrow S = \{-1\}$

$a = 0 \Rightarrow S = \left\{-\frac{5}{2}\right\}$

b) Não; se a = 2 a equação não tem solução real.

37. R$ 65,00

38. a) 4
b) −3
c) 1
d) −1

39. a) 37,5 kg
b) 62,5 kg
c) 93,75 kg

40. a) 125 milhões de metros cúbicos.
b) 109,375 milhões de metros cúbicos.
c) Dezembro de 2026.

41. a) R$ 250,00
b) R$ 3300,00
c) $y = 4800 - 250x$

42. a) R$ 4000,00 é o custo fixo da empresa, que independe da quantidade produzida.
b) R$ 150,00
c) 20 litros.

43. a) 26,7 °C; 34,4 °C.
b) $y = 24{,}6 + 1{,}4x$

44. a) $a = 3$ e $b = -2$; crescente.
b) $a = -1$ e $b = 3$; decrescente.
c) $a = -\frac{2}{3}$ e $b = \frac{5}{3}$; decrescente.
d) $a = 9$ e $b = 0$; crescente.
e) $a = 4$ e $b = 8$; crescente.

45. a) $a = -\frac{3}{2}$ e $b = 3$.
b) $a = 1$ e $b = -1$.

46. a) 1300 L/h.
b) $a = 1300$ e $b = 0$.
c) $y = 1300x$, com **y** em litros e **x** em horas.
d) 20 horas.

47. a) $m > 0$
b) $m < -3$
c) $m < 2$

48. a) $\begin{cases} m > -1 \Rightarrow \textbf{f} \text{ é crescente} \\ m < -1 \Rightarrow \textbf{f} \text{ é decrescente} \\ m = -1 \Rightarrow \textbf{f} \text{ é constante} \end{cases}$

b) $\begin{cases} m > 0 \Rightarrow \textbf{f} \text{ é crescente} \\ m < 0 \Rightarrow \textbf{f} \text{ é decrescente} \\ m = 0 \Rightarrow \textbf{f} \text{ é constante} \end{cases}$

c) $\begin{cases} m < \frac{3}{2} \Rightarrow \textbf{f} \text{ é crescente} \\ m > \frac{3}{2} \Rightarrow \textbf{f} \text{ é decrescente} \\ m = \frac{3}{2} \Rightarrow \textbf{f} \text{ é constante} \end{cases}$

d) $\begin{cases} m < 1 \Rightarrow \textbf{f} \text{ é crescente} \\ m = 1 \Rightarrow \textbf{f} \text{ é constante} \\ m > 1 \Rightarrow \textbf{f} \text{ é decrescente} \end{cases}$

49. a) $\begin{cases} y > 0, \text{ se } x > -1 \\ y < 0, \text{ se } x < -1 \end{cases}$

b) $\begin{cases} y > 0, \text{ se } x < 2 \\ y < 0, \text{ se } x > 2 \end{cases}$

50. a) $\begin{cases} y > 0, \text{ se } x > -\frac{1}{4} \\ y < 0, \text{ se } x < -\frac{1}{4} \end{cases}$

b) $\begin{cases} y > 0, \text{ se } x < \frac{1}{3} \\ y < 0, \text{ se } x > \frac{1}{3} \end{cases}$

c) $\begin{cases} y > 0, \text{ se } x < 0 \\ y < 0, \text{ se } x > 0 \end{cases}$

d) $\begin{cases} y > 0, \text{ se } x > 3 \\ y < 0, \text{ se } x < 3 \end{cases}$

e) $\begin{cases} y > 0, \text{ se } x > 0 \\ y < 0, \text{ se } x < 0 \end{cases}$

f) $\begin{cases} y > 0, \text{ se } x < 3 \\ y < 0, \text{ se } x > 3 \end{cases}$

51. a) $S = \left\{x \in \mathbb{R} \mid x \geqslant \frac{1}{2}\right\}$

b) $S = \left\{x \in \mathbb{R} \mid x > \frac{3}{4}\right\}$

c) $S = \{x \in \mathbb{R} \mid x \geqslant 0\}$
d) $S = \{x \in \mathbb{R} \mid x > -2\}$
e) $S = \{x \in \mathbb{R} \mid x \leqslant 4\}$
f) $S = \{x \in \mathbb{R} \mid x \leqslant -1\}$
g) $S = \{x \in \mathbb{R} \mid x > 1\}$

52. a) $S = \{x \in \mathbb{R} \mid x \geqslant -8\}$

b) $S = \left\{x \in \mathbb{R} \;\middle|\; x \leqslant \frac{97}{34}\right\}$

c) $S = \varnothing$

d) $S = \left\{x \in \mathbb{R} \;\middle|\; x \leqslant \frac{14}{3}\right\}$

e) $S = \mathbb{R}$

53. 1, 2 e 3.

54. a) **B**
b) Acima de 5 horas.

55. a) $-732{,}20 + 40 \cdot n$
b) 14 meses.
c) 19 meses.

56. Maio de 2027.

57. a) $S = \left\{x \in \mathbb{R} \;\middle|\; -\frac{1}{2} < x \leqslant 2\right\}$

b) $S = \{x \in \mathbb{R} \mid 4 < x < 6\}$
c) $S = \{x \in \mathbb{R} \mid -4 < x < 1\}$

d) $S = \left\{x \in \mathbb{R} \,\middle|\, 2 \leqslant x \leqslant \frac{5}{2}\right\}$

e) $S = \{x \in \mathbb{R} \mid -2 \leqslant x \leqslant 3\}$

58. a) Locadora 1: $y = 100 + 0{,}3 \cdot x$
Locadora 2: $y = 60 + 0{,}4 \cdot x$
Locadora 3: $y = 150$

b) 401 km

c) 226 km

59. a) $S = \{x \in \mathbb{R} \mid x \leqslant 1 \text{ ou } x \geqslant 2\}$

b) $S = \left\{x \in \mathbb{R} \,\middle|\, \frac{1}{2} < x < 2\right\}$

c) $S = \left\{x \in \mathbb{R} \,\middle|\, x \leqslant -\frac{2}{5} \text{ ou } x \geqslant 1\right\}$

d) $S = \left\{x \in \mathbb{R} \,\middle|\, x \leqslant -\frac{3}{5} \text{ ou } -\frac{1}{4} \leqslant x \leqslant \frac{3}{2}\right\}$

60. Dois.

61. $\left\{x \in \mathbb{R} \,\middle|\, x \leqslant 0 \text{ ou } \frac{1}{2} \leqslant x \leqslant 3\right\}$

62. a) $S = \{2\}$

b) $S = \mathbb{R} - \{3\}$

c) $S = \varnothing$

63. a) $S = \left\{x \in \mathbb{R} \,\middle|\, -1 \leqslant x < \frac{1}{2}\right\}$

b) $S = \left\{x \in \mathbb{R} \,\middle|\, x < \frac{3}{4} \text{ ou } x > \frac{3}{2}\right\}$

c) $S = \{x \in \mathbb{R} \mid 0 \leqslant x < 3\}$

64. a) $S = \{x \in \mathbb{R} \mid x < -1 \text{ ou } 2 < x \leqslant 3\}$

b) $S = \left\{x \in \mathbb{R} \,\middle|\, x < -2 \text{ ou } -\frac{1}{3} < x < 0\right\}$

65. a) $S = \left\{x \in \mathbb{R} \,\middle|\, \frac{1}{7} \leqslant x < \frac{1}{2}\right\}$

b) $S = \left\{x \in \mathbb{R} \,\middle|\, x < -\frac{3}{2} \text{ ou } x > 2\right\}$

c) $S = \{x \in \mathbb{R} \mid x < 1\}$

66. a) $S = \{x \in \mathbb{R} \mid -1 \leqslant x \leqslant 2\}$

b) $S = \{x \in \mathbb{R} \mid x < -1 \text{ ou } x \geqslant 2\}$

67. a) $S = \{x \in \mathbb{R} \mid x < -2 \text{ ou } 1 < x \leqslant 7\}$

b) $S = \{x \in \mathbb{R} \mid x < 0 \text{ ou } x \geqslant 2\}$

68. a) $D =]-\infty, 1] \cup \left]\frac{3}{2}, +\infty\right[$

b) $D = [0, 2]$

c) $D =]4, +\infty[$

69. $a = 6$; $b = 3$; $c = 0{,}2 = \frac{1}{5}$; $d = \frac{18}{5} = 3{,}6$

70. 2 dias.

71. Alternativa *d*.

72. $\frac{4}{3}$

73. Mais novo: R$ 2 700,00; mais velho: R$ 1 800,00.

Exercícios complementares

1. a) 1 000 exemplares.

b)

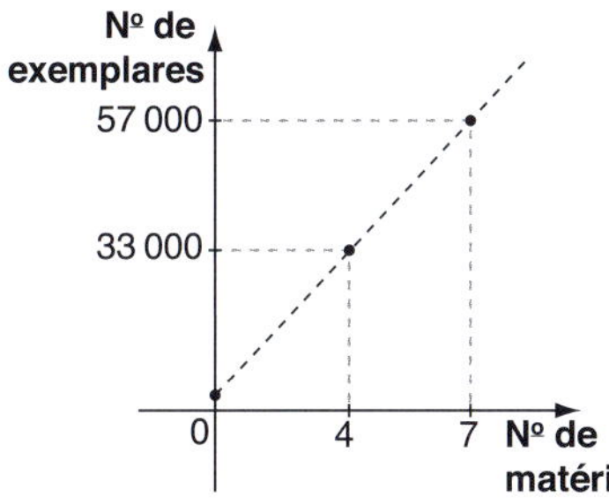

Banco de imagens/Arquivo da editora

c) $F(x) = 160\,000x + 20\,000$

2. a) Raiz de **f**: $\frac{5}{4}$; raiz de **g**: $\frac{7}{2}$.

b) $S = \left\{x \in \mathbb{R} \,\middle|\, x \leqslant \frac{5}{4} \text{ ou } x > \frac{7}{2}\right\}$

c) 4

d) $\frac{9}{32}$

3. a)

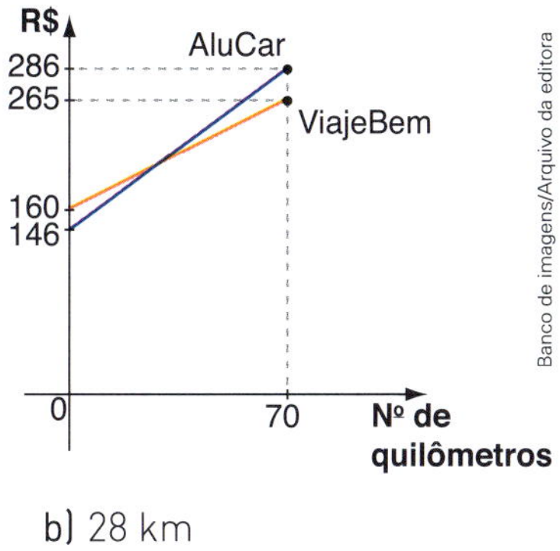

Banco de imagens/Arquivo da editora

b) 28 km

4. a) 36 mL

b) 5

5. R$ 65,00

6. $a = 96$; $b = \frac{1}{2}$; $c = 1\,536$ e $d = 8$.

7. 30 horas.

8. a) 1, 2, 3 e 4.

b) 30

9. a) $m = 2$ e $n = -6$.

b) 9 u.a.

10. a) Brasil: $y = 0{,}01x + 1{,}75$;
EUA: $y = -0{,}09x + 1{,}49$.

b) 2017 e 2018.

11. a) 15 anos.

b) US$ 1 400,00

c)

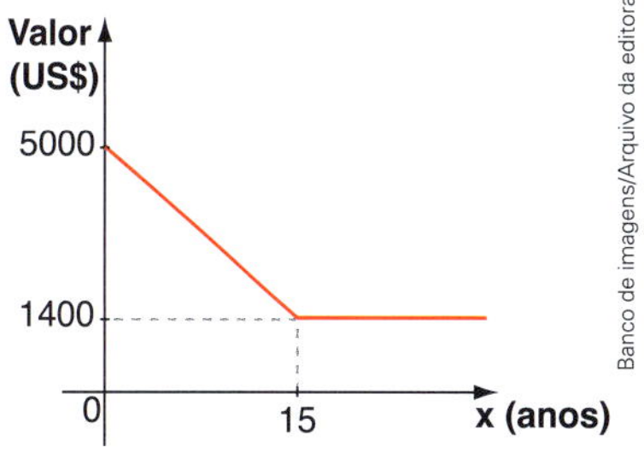

Banco de imagens/Arquivo da editora

12. a) $S = \{x \in \mathbb{R} \mid -4 < x < -2\}$

b) $S = \left\{x \in \mathbb{R} \,\middle|\, -1 < x \leqslant 0 \text{ ou } \frac{1}{3} < x < 1 \text{ ou } x \geqslant 3\right\}$

c) $S = \left\{x \in \mathbb{R} \,\middle|\, x < \frac{a-5}{a-7}\right\}$

13. Vela **A**: 8 cm, vela **B**: 6 cm.

14. a) $h = 3c + 70$

b) 1,66 m

15. $D = [-2, 0] \cup [2, +\infty[$

16. a) R$ 4 000,00

b) R$ 1 500,00

17. R$ 12 000,00 e R$ 18 000,00

18. $\frac{27}{2}$ u.a.

19. a) $F(x) = \frac{5x}{2}$

b)

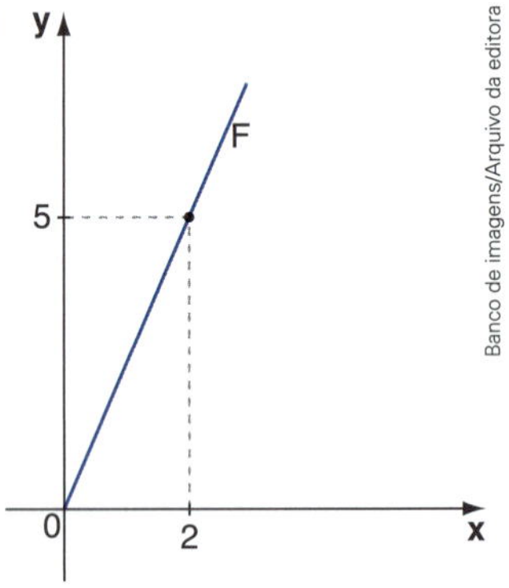

Banco de imagens/Arquivo da editora

20. 200 chamadas.

21. a) 84 anos. b) 33 anos.

22. a) R$ 42,00 b) 5 440

23. a) 12 b) 1 576 dias.

24. a) 50 m/h c) 3 h 45 min
b) 1 h

Testes

1. d.	**20.** c.
2. b.	**21.** c.
3. e.	**22.** e.
4. c.	**23.** d.
5. b.	**24.** b.
6. b.	**25.** d.
7. a.	**26.** e.
8. d.	**27.** b.
9. d.	**28.** b.
10. c.	**29.** c.
11. b.	**30.** e.
12. a.	**31.** b.
13. d.	**32.** d.
14. c.	**33.** d.
15. e.	**34.** b.
16. b.	**35.** d.
17. c.	**36.** c.
18. a.	**37.** c.
19. c.	

Capítulo 5 – Função quadrática

1. a)

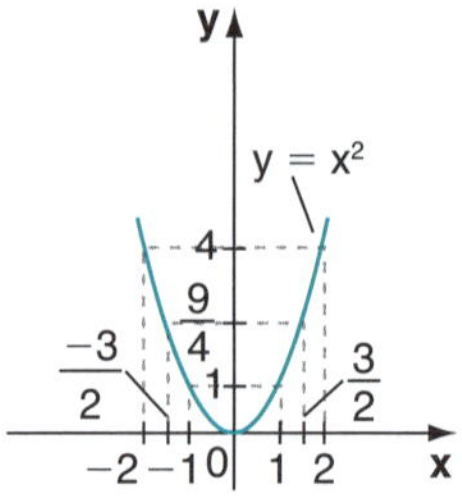

Ilustrações: Banco de imagens/Arquivo da editora

b)

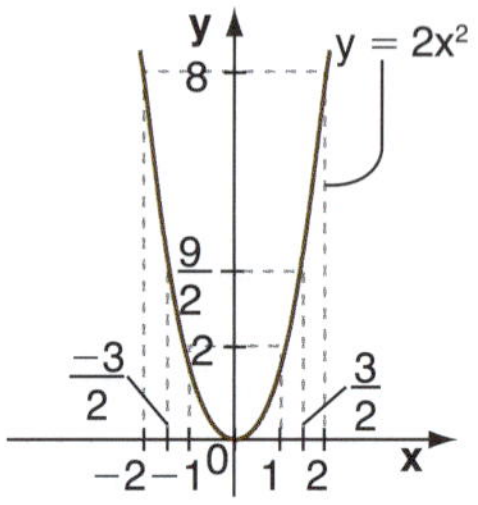

c)

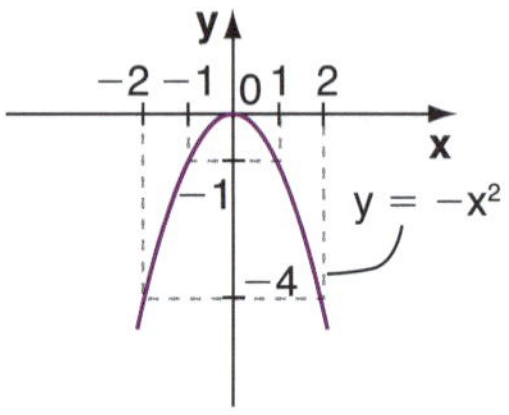

d)

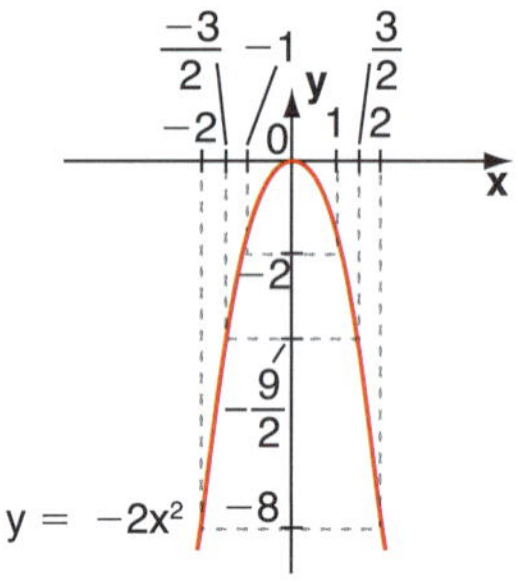

2. a)

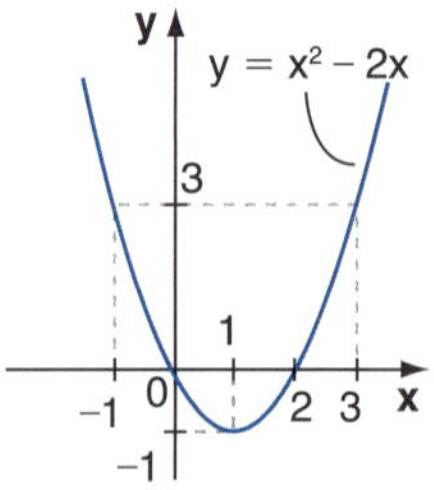

Ilustrações: Banco de imagens/Arquivo da editora

b)

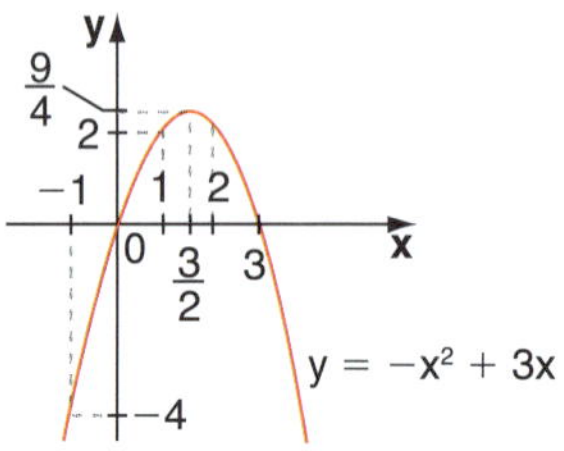

3. a)

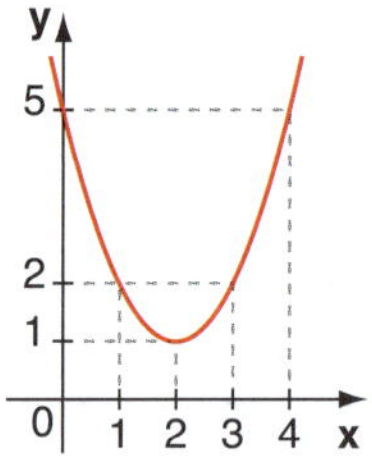

Ilustrações: Banco de imagens/Arquivo da editora

b)

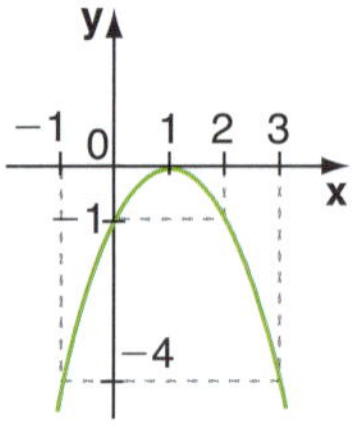

c)

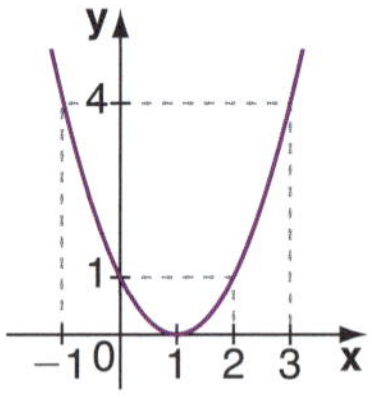

4. a) $\frac{1}{2}$ e 1.
b) 0 e 4.
c) 5 e −3.
d) $\frac{1}{3}$ e $-\frac{1}{3}$.
e) 3
f) 0
g) Não existem.
h) $-\sqrt{2}$ e $\sqrt{2}$.
i) −2 e 3.
j) −3 e 5.

5. a) $S = \{\sqrt{3}, 2\sqrt{3}\}$
b) $S = \{-1, 2\}$
c) $S = \left\{-1, -\frac{5}{2}\right\}$
d) $S = \left\{\frac{3-\sqrt{5}}{2}, \frac{3+\sqrt{5}}{2}\right\}$
e) $S = \{-4, 2\}$

6. a) $S = \{-1, 1, 2\}$
b) $S = \{-5, 1\}$
c) $S = \left\{-\frac{2}{3}, 8\right\}$
d) $S = \{0, -3, -7\}$
e) $S = \{-2, -1, 1, 2\}$

7. a) $S = \{0, 5\}$
b) $S = \{3\}$
c) $S = \{6\}$
d) $S = \{0\}$
e) $S = \{7\}$

8. $\frac{1}{2}$ e 2.

9. 100 cm

10. 10

11. a) **A**: R$ 4,20 e **B**: R$ 3,20.
b) **A**
c) 8 anos; R$ 6,20.

12. a) R$ 2,00
b) 90
c) 72

13. $p = 1$

14. $\left\{m \in \mathbb{R} \mid m < \dfrac{4}{5}\right\}$

15. $\begin{cases} m < 1 \Rightarrow 2 \text{ raízes reais e distintas} \\ m = 1 \Rightarrow 1 \text{ raiz real dupla} \\ m > 1 \Rightarrow \text{nenhuma raiz real} \end{cases}$

16. -1

17. a) $S = \dfrac{1}{3}$ e $P = -\dfrac{5}{3}$.
b) $S = 6$ e $P = 5$.
c) $S = 0$ e $P = -\dfrac{7}{2}$.
d) $S = 3$ e $P = -2$.
e) $S = -1$ e $P = -20$.

18. a) 3
b) $\dfrac{3}{2}$
c) $\dfrac{39}{2}$
d) 2
e) 6

19. a) -8 e -3. b) $p = 24$

20. As raízes são 11 e 14; $p = 77$.

21. $m = 8$

22. a) $S = \{3, -1\}$
b) $S = \{-5, -1\}$
c) $S = \{-5, 1\}$
d) $S = \{-7, 5\}$

23. a) $S > 0$ e $P > 0$.
b) $S < 0$ e $P > 0$.
c) $S > 0$ e $P < 0$.

24. $m = -3$

25. a) $f(x) = x \cdot (x - 8)$
b) $f(x) = (x - 2) \cdot (x - 5)$
c) $f(x) = -2x \cdot (x - 5)$
d) $f(x) = -(x - 5)^2$
e) $f(x) = 2 \cdot (x - 2) \cdot (x - 0{,}5) = (2x - 1) \cdot (x - 2)$

26. a) $(3, -5)$
b) $\left(-\dfrac{1}{4}, \dfrac{25}{8}\right)$
c) $(0, -9)$

27. a) Valor máximo: 450
b) Valor mínimo: 4
c) Valor máximo: -4
d) Valor mínimo: 2

28. a) $\{y \in \mathbb{R} \mid y \geq -2\}$
b) $\{y \in \mathbb{R} \mid y \leq 5\}$
c) $\left\{y \in \mathbb{R} \mid y \leq \dfrac{9}{4}\right\}$
d) $\left\{y \in \mathbb{R} \mid y \geq -\dfrac{9}{4}\right\}$

29. $b = 30$; $c = -25$.

30. a) 35 m
b) 3 s e 5 s.
c) 80 m
d) 8 s

31. a) De 2010 a 2012.
b) R$ 3 600,00
c) Em 2020; R$ 42 000,00.

32. a) 36 semanas.
b) 18 semanas; 6480 *downloads*.

33. a) $x = y = 25$ m
b) $x = 25$ m; $y = 12{,}5$ m; redução de 50%.

34. O retângulo de área máxima é um quadrado de lado de medida 5 cm; 25 cm^2.

35. $x = 1$, $y = -1$; a soma é igual a 2.

36. 10

37. a) O conjunto imagem é $\{y \in \mathbb{R} \mid y \geq -1\}$

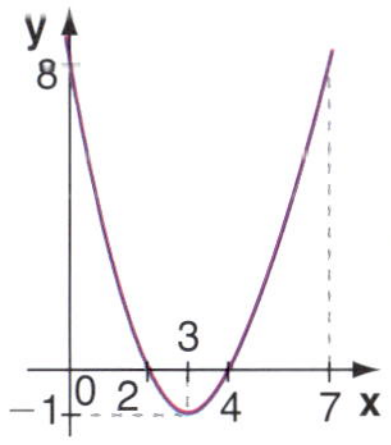

Ilustrações: Banco de imagens/ Arquivo da editora

b) O conjunto imagem é $\{y \in \mathbb{R} \mid y \leq 2\}$

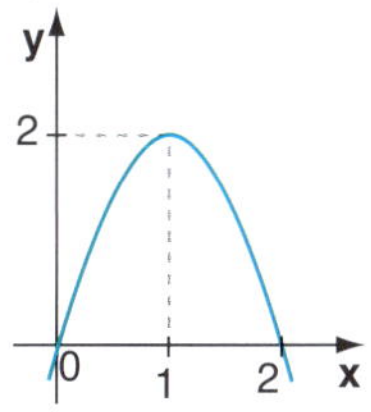

c) O conjunto imagem é $\{y \in \mathbb{R} \mid y \geq 0\}$

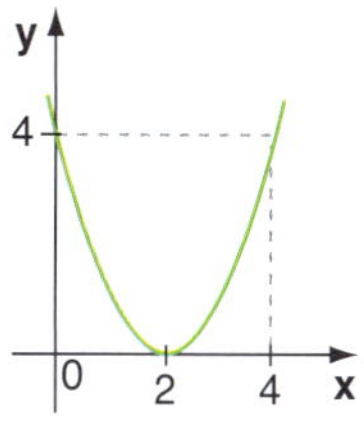

d) O conjunto imagem é $\left\{y \in \mathbb{R} \mid y \geq -\dfrac{25}{4}\right\}$

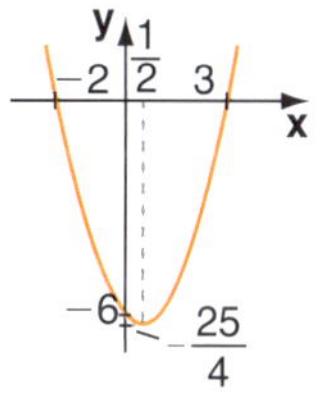

38. a) O conjunto imagem é $\left\{y \in \mathbb{R} \mid y \leq \dfrac{1}{4}\right\}$

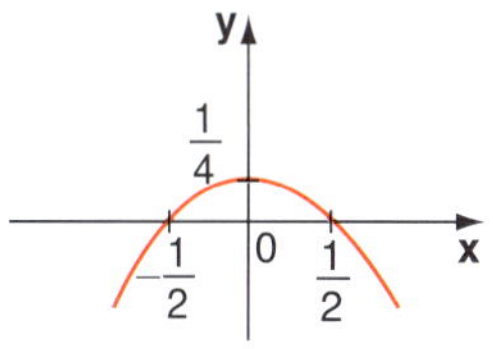

Ilustrações: Banco de imagens/ Arquivo da editora

b) O conjunto imagem é $\{y \in \mathbb{R} \mid y \geq 4\}$

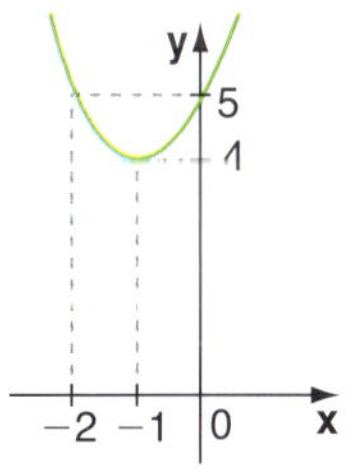

c) O conjunto imagem é $\{y \in \mathbb{R} \mid y \leq 0\}$

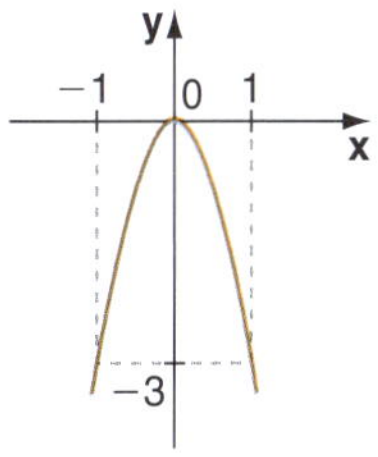

39. a) **f** é crescente se $x > \frac{1}{4}$.

f é decrescente se $x < \frac{1}{4}$.

Ilustrações: Banco de imagens

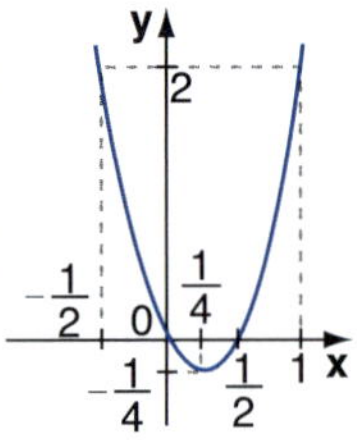

b) **f** é crescente se $x < 1$.

f é decrescente se $x > 1$.

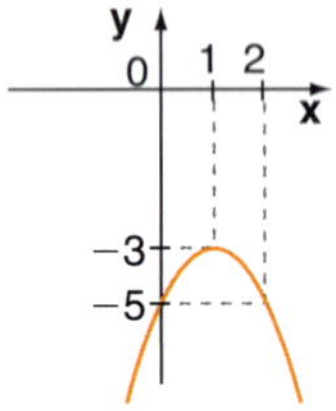

c) **f** é crescente se $x < -1$.

f é decrescente se $x > -1$.

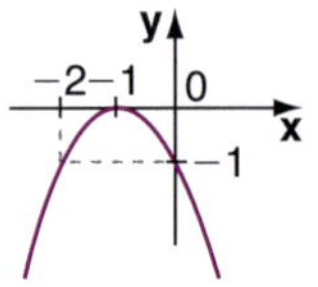

d) **f** é crescente se $x < 1$.

f é decrescente se $x > 1$.

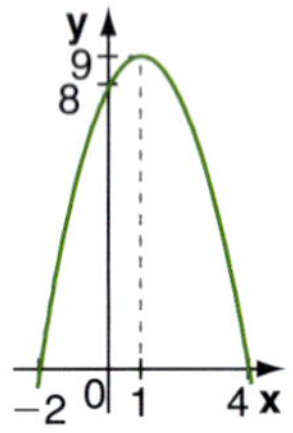

40. a) 1 cm

b) $y = 2{,}5x$

c) 5º dia; 12,5 cm.

d) **A**: 2,5 cm/dia; **B**: 2,5 cm/dia.

41. $a < 0$; $b > 0$ e $c > 0$.

42. a) $y = 2x^2 + 2x - 4$

b) $y = 4x^2 - 12x + 5$

43. a) $f(x) = -x^2 + 4x - 3$

b) $g(x) = -\frac{5}{6}x + \frac{5}{3}$

c) $\frac{5}{3}$

44. a) $y = -x^2 + 2x + 8$

b) $y = x^2 - 2x\sqrt{3} + 3$

c) $y = -2x^2 + 3x + 1$

45. a) $\begin{cases} x < 1 \text{ ou } x > 5 \Rightarrow y < 0 \\ 1 < x < 5 \Rightarrow y > 0 \end{cases}$

b) $\begin{cases} \forall x \neq 0 \Rightarrow y > 0 \\ \nexists x \in \mathbb{R} \mid y < 0 \end{cases}$

c) $\begin{cases} \forall x \neq 2 \Rightarrow y > 0 \\ \nexists x \in \mathbb{R} \mid y < 0 \end{cases}$

d) $\forall x \in \mathbb{R} \Rightarrow y < 0$

46. a) $\begin{cases} x < -3 \text{ ou } x > \frac{1}{3} \Rightarrow y < 0 \\ -3 < x < \frac{1}{3} \Rightarrow y > 0 \end{cases}$

b) $\begin{cases} x < -\frac{5}{4} \text{ ou } x > 1 \Rightarrow y > 0 \\ -\frac{5}{4} < x < 1 \Rightarrow y < 0 \end{cases}$

c) $\begin{cases} x \neq \frac{1}{3} \Rightarrow y > 0 \\ \nexists x \in \mathbb{R} \mid y < 0 \end{cases}$

d) $\begin{cases} x < -\sqrt{2} \text{ ou } x > \sqrt{2} \Rightarrow y < 0 \\ -\sqrt{2} < x < \sqrt{2} \Rightarrow y > 0 \end{cases}$

e) $\begin{cases} x \neq 1 \Rightarrow y < 0 \\ \nexists x \in \mathbb{R} \mid y > 0 \end{cases}$

f) $\forall x \in \mathbb{R}, y > 0$

g) $\begin{cases} x \neq 0 \Rightarrow y > 0 \\ \nexists x \in \mathbb{R} \mid y < 0 \end{cases}$

h) $\begin{cases} x < -2 \text{ ou } x > 0 \Rightarrow y > 0 \\ -2 < x < 0 \Rightarrow y < 0 \end{cases}$

47. a) $S = \{x \in \mathbb{R} \mid -3 < x < 14\}$

b) $S = \left\{x \in \mathbb{R} \mid x < -2 \text{ ou } x > \frac{1}{3}\right\}$

c) $S = \{x \in \mathbb{R} \mid -1 \leqslant x \leqslant 5\}$

d) $S = \mathbb{R} - \left\{\frac{3}{2}\right\}$

e) $S = \mathbb{R}$

f) $S = \left\{\frac{4}{3}\right\}$

48. a) $S = \varnothing$

b) $S = \{x \in \mathbb{R} \mid 3 \leqslant x \leqslant 5\}$

c) $S = \varnothing$

d) $S = \{x \in \mathbb{R} \mid -7 < x < 5\}$

e) $S = \{x \in \mathbb{R} \mid x \leqslant -3$ ou $x \geqslant -1\}$

f) $S = \left\{x \in \mathbb{R} \mid \frac{3 - \sqrt{13}}{2} < x < \frac{3 + \sqrt{13}}{2}\right\}$

49. a) $S = \{x \in \mathbb{R} \mid x \leqslant 0 \text{ ou } x \geqslant 3\}$

b) $S = \{x \in \mathbb{R} \mid -4 < x < 4\}$

c) $S = \left\{x \in \mathbb{R} \mid x \leqslant 0 \text{ ou } x \geqslant \frac{1}{3}\right\}$

d) $S = \mathbb{R}$

e) $S = \{x \in \mathbb{R} \mid -\sqrt{3} < x < \sqrt{3}\}$

f) $S = \left\{x \in \mathbb{R} \mid -\frac{1}{2} < x < 0\right\}$

50. a) R$ 1 200 000,00

b) $0 < x < 20$ ou $x > 100$.

c) De 43 667 a 76 333.

51. a) 6 e −4.

b) $V_f\left(1, \frac{25}{6}\right)$

$V_g\left(\frac{5}{2}, -\frac{63}{80}\right)$

c) $S = \{x \in \mathbb{R} \mid 1 < x < 4\}$

d) $S = \{x \in \mathbb{R} \mid -4 \leqslant x \leqslant 6\}$

52. $\{m \in \mathbb{R} \mid m < -1\}$

53. $D = \{x \in \mathbb{R} \mid x < -\sqrt{5} \text{ ou } x > \sqrt{5}\}$

54. a) $S = \{x \in \mathbb{R} \mid -3 \leqslant x \leqslant -2$ ou $2 \leqslant x \leqslant 3\}$

b) $S = \{x \in \mathbb{R} \mid -2 \leqslant x \leqslant 2\}$

c) $S = \{x \in \mathbb{R} \mid -3 \leqslant x < -\sqrt{3}$ ou $\sqrt{3} < x \leqslant 3\}$

55. a) $S = \{x \in \mathbb{R} \mid -3 \leqslant x < -2\}$

b) $S = \{x \in \mathbb{R} \mid -2 < x < 1\}$

c) $S = \{x \in \mathbb{R} \mid -6 < x \leqslant -5$ ou $0 \leqslant x < 2\}$

56. −2, −1, 0, 1

57. a) 60 milhões de reais; 2015

b) De 2025 a 2027.

58. a) $S = \left\{x \in \mathbb{R} \mid x \leqslant -2 \text{ ou } 0 \leqslant x \leqslant \frac{3}{2} \text{ ou } x \geqslant 4\right\}$

b) $S = \{x \in \mathbb{R} \mid -3 < x < -1$ ou $1 < x < 2\}$

c) $S = \{x \in \mathbb{R} \mid x = -2 \text{ ou } x \geqslant 2\}$

59. a) $S = \left\{x \in \mathbb{R} \mid -5 < x < 0 \text{ ou } \frac{3}{4} < x < 2\right\}$

b) $S = \{x \in \mathbb{R} \mid -2 \leqslant x \leqslant 2 \text{ ou } x = 3\}$

c) $S = \left\{x \in \mathbb{R} \mid x < -3 \text{ ou } \frac{1}{2} < x < 4\right\}$

60. Dois; infinitos

61. $S = \{x \in \mathbb{R} \mid 0 \leqslant x \leqslant 2 \text{ ou } x = 4\}$

62. a) $S = \{x \in \mathbb{R} \mid -2 \leqslant x < 0 \text{ ou } 3 < x \leqslant 7\}$

b) $S = \left\{x \in \mathbb{R} \,\middle|\, x < -1 \text{ ou } -\frac{1}{4} \leqslant x \leqslant \frac{1}{2} \text{ ou } x > 2\right\}$

c) $S = \{x \in \mathbb{R} \mid x < -2 \text{ ou } -1 \leqslant x \leqslant 0\}$

d) $S = \{x \in \mathbb{R} \mid x < 1 \text{ ou } 3 < x < 7 \text{ ou } x > 8\}$

63. a) $S = \{x \in \mathbb{R} \mid x < -2 \text{ ou } -2 < x < 2 \text{ ou } x \geqslant 3\}$

b) $S = \left\{x \in \mathbb{R} \,\middle|\, x < -4 \text{ ou } 0 \leqslant x \leqslant \frac{1}{2} \text{ ou } 2 \leqslant x < 5\right\}$

c) $S = \{x \in \mathbb{R} \mid x > 2\}$

64. a) $Dm\,(f) = \{x \in \mathbb{R} \mid -4 \leqslant x < -1 \text{ ou } x \geqslant 4\}$

b) $Dm\,(g) = \{x \in \mathbb{R} \mid -3 \leqslant x \leqslant 3 \text{ e } x \neq 2\}$

65. a) $S = \{x \in \mathbb{R} \mid x \leqslant -2 \text{ ou } 0 < x \leqslant 6\}$

b) $S = \{x \in \mathbb{R} \mid -1 < x < 0 \text{ ou } x > 1\}$

c) $S = \{x \in \mathbb{R} \mid x > 2\}$

66. $\{m \in \mathbb{R} \mid -2 < m < 2\}$

67. $Dm\,(h) = \{x \in \mathbb{R} \mid x \leqslant 0\}$

68. Não, pois:

$x - 2 > 0 \Rightarrow (x - 2) \cdot (x + 3) \leqslant 6$

$x - 2 < 0 \Rightarrow (x - 2) \cdot (x + 3) \geqslant 6$

O correto é:

$(x + 3) - \frac{6}{x - 2} \leqslant 0 \Rightarrow$

$\Rightarrow \frac{x^2 + x - 12}{x - 2} \leqslant 0$, cuja solução é:

$S = \{x \in \mathbb{R} \mid x \leqslant -4 \text{ ou } 2 < x \leqslant 3\}$.

Exercícios complementares

1. a) $1\,600$ m^2

b) $1\,800$ m^2

2. a) -8 e 8

b) $]-\infty, 8]$

3. a) $A(x) = -8x^2 + 72x$

b) $x = 4{,}5$ cm; $A_{máx} = 162$ cm^2.

4. 5

5. Retângulo de base (horizontal) 4 e altura (vertical) 3.

6. a) $a = \pm 2$ e $b = 1$.

b) $(1, 2)$

7. a) $A(-1, 0)$, $B(3, 0)$ e $V(1, 16)$.

b) $C(2, 12)$

c) 36 u.a.

8. a) 6

b) R$ 1 800,00

9. a) 230

b) 1 km; 20 habitantes/km^2.

10. a) $S = \{x \in \mathbb{R} \mid -1 \leqslant x < 0 \text{ ou } x \geqslant 1\}$

b) $S = \{x \in \mathbb{R} \mid x > 1\}$

c) $S = \{x \in \mathbb{R} \mid x \leqslant 0 \text{ ou } x > 1\}$

b) $S = \left\{x \in \mathbb{R} \mid x \leqslant -\frac{1}{2} \text{ ou } \frac{1}{2} \leqslant x \leqslant 3\right\}$

11. a) Se subir para R$ 18,00/kg.

b) $f(x) = -5x^2 + 25x + 1\,500$

c) R$ 17,50

12. a) $\{x \in \mathbb{R} \mid x < -1 \text{ ou } x > 6\}$

b) $\frac{49}{4}$

13. a) R$ 65,00

b) Não, pois o preço que proporciona maior lucro seria R$ 69,00.

14. a) $p = 5$

b) $\{p \in \mathbb{R} \mid 2 < p < 7\}$

15. a) **f**: -1 e 5; **g**: -2 e 2.

b) $h(x) > 0$ quando $-2 < x < -1$ ou $2 < x < 5$.
$h(x) < 0$ quando $x < -2$ ou $-1 < x < 2$ ou $x > 5$.

c) $S = \{x \in \mathbb{R} \mid x < -2 \text{ ou } -1 < x < 2 \text{ ou } x > 5\}$

d) $S = \{x \in \mathbb{R} \mid -2 < x \leqslant -1 \text{ ou } 2 < x \leqslant 5\}$

e) $\frac{1 - 3\sqrt{2}}{2}$ e $\frac{1 + 3\sqrt{2}}{2}$.

16. $\left\{m \in \mathbb{R} \,\middle|\, -\frac{\sqrt{2}}{2} < m < \frac{\sqrt{2}}{2}\right\}$

17. $y = x^2 - 2x + 6$

18. População atual: 17,4 milhões; a sustentabilidade é máxima se a população atual for de 1 333 333 insetos.

19. a) $A(t) = -\frac{t^2}{4} + t$

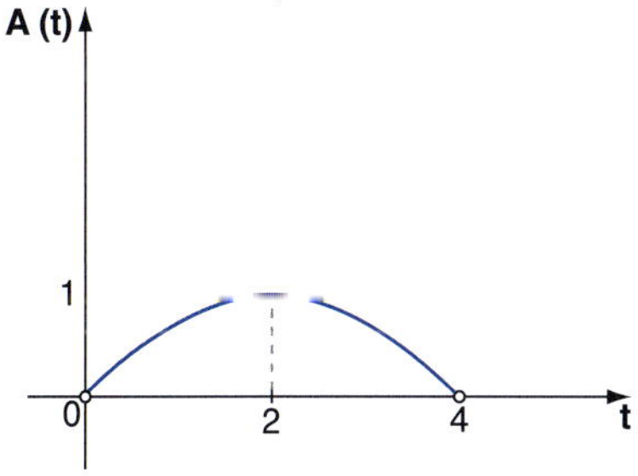

Banco de imagens

b) $k = 2$

20. a) R$ 4 160,00

b) R$ 4 340,00

c) R$ 1,32; R$ 4 356,00.

21. a) 12 s

b) 42 L

22. $g(x) = x^2 - \frac{p}{q}x + \frac{1}{q}$

23. a) Duas.
b) $m \leq 4$ ou $m \geq 16$.

24. $\left\{m \in \mathbb{R} \,\middle|\, -\frac{1}{4} \leq m < 0 \text{ ou } m > 2\right\}$

25. a) $a = -0{,}1$; $b = 1$; $c = 1{,}1$.
b) 11 m

26. a) 75,6 kg
b) $c(v) = \frac{1}{2}v^2 - 40v + 1\,000$

27. a) $A(3, -1)$
b) $C(8, 0)$
c) 5 u.a.

28. $\left\{a \in \mathbb{R} \,\middle|\, a > \frac{\sqrt{2}}{4}\right\}$

29. 12

30. a) $V\left(-\frac{m}{2}, -\frac{m^2}{4} + 2\right)$
b) $\{m \in \mathbb{R} \mid -2 \leq m \leq 2\}$
c) $m = 2$
d) $x = -1 + \sqrt{y - 1}$

31. a) $y = \frac{x^2 - x}{2}$
b) $x \geq 87$
c) 111

32. 1 hora e 20 minutos.

Testes

1. d.	**12.** a.	**23.** b.
2. c.	**13.** c.	**24.** d.
3. b.	**14.** c.	**25.** b.
4. a.	**15.** c.	**26.** a.
5. b.	**16.** b.	**27.** d.
6. d.	**17.** a.	**28.** d.
7. a.	**18.** a.	**29.** d.
8. c.	**19.** b.	**30.** b.
9. c.	**20.** b.	**31.** c.
10. a.	**21.** c.	**32.** e.
11. c.	**22.** b.	**33.** b.

34. d.	**37.** c.	**40.** a.
35. c.	**38.** e.	
36. c.	**39.** c.	

Capítulo 6 – Função modular

1. a) -1 b) -1 c) -1 d) 1 e) 1

2. a) 1 b) 10 c) 41

3. a) -3 b) -4 c) -1

4. a) $-\frac{5}{2}$ ou $\frac{3}{2}$. b) -1

5. a) 10 b) $\frac{1}{5}$ c) $\frac{3}{2}$ d) 4 e) $\frac{1}{6}$ f) 36

6. 100 minutos ou 160 minutos.

7. a) R$ 12,10
b) $p(x) = \begin{cases} 0{,}1x, \text{ se } 0 < x \leq 100 \\ 3 + 0{,}07x, \text{ se } x > 100 \end{cases}$
c) R$ 9,10
$p(x) = \begin{cases} 0{,}1x, \text{ se } 0 < x \leq 100 \\ 0{,}07x, \text{ se } x > 100 \end{cases}$

8. a) 2 unidades: R$ 13,60;
3 unidades: R$ 20,40;
4 unidades: R$ 21,60;
5 unidades: R$ 27,00.
b) $y = \begin{cases} 6{,}80 \cdot x; \text{ se } x \leq 3 \\ 5{,}40 \cdot x; \text{ se } x > 3 \end{cases} (x \in \mathbb{N})$

9. a) R$ 95,20; R$ 643,14; R$ 1 880,64.
b) Não. Valor líquido de Júlia: R$ 3 499,80; valor líquido de Joice: R$ 3 581,13.

10. a) R$ 38,40 e R$ 51,00.
b) 62 m^3
c) $v(x) = \begin{cases} 1{,}20 \cdot x, \\ \text{se } 0 \leq x \leq 20 \\ 1{,}80 \cdot x - 12, \\ \text{se } 21 \leq x \leq 50 \\ 2{,}90 \cdot x - 67, \\ \text{se } x > 50 \end{cases}$

11. a) Im (f) = $\{-1, 2\}$

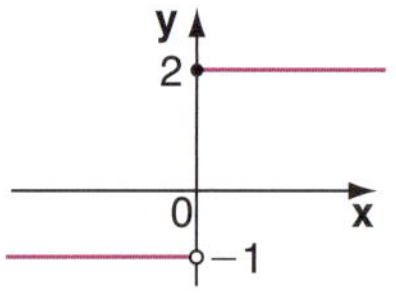

Ilustrações: Banco de imagens/Arquivo da editora

b) Im (f) = $\{y \in \mathbb{R} \mid y \geq 2\}$

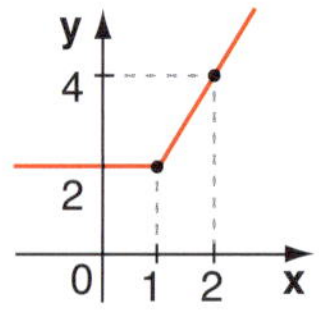

c) Im (f) = $\{y \in \mathbb{R} \mid y = 4$ ou $y \leq -2\}$

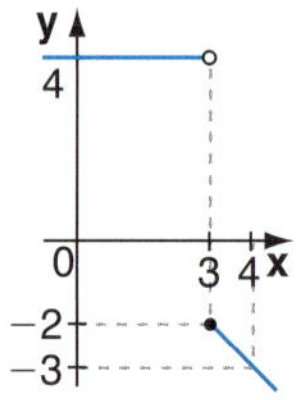

12. a) Im (f) = $\{1, 2, 3\}$

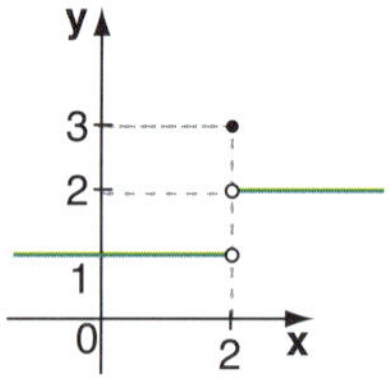

Ilustrações: Banco de imagens/Arquivo da editora

b) Im (f) = $\{y \in \mathbb{R} \mid y \geq 3\}$

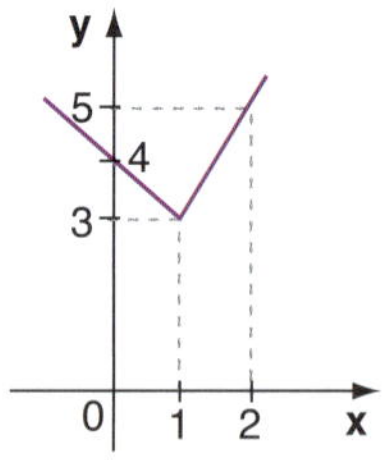

c) Im (f) = $\{y \in \mathbb{R} \mid y \geq 0\}$

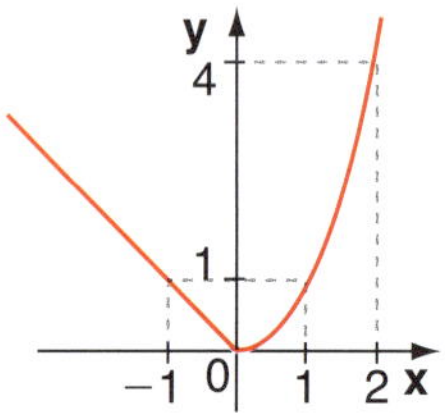

d) Im (f) = $\mathbb{R}$

Ilustrações: Banco de imagens/Arquivo da editora

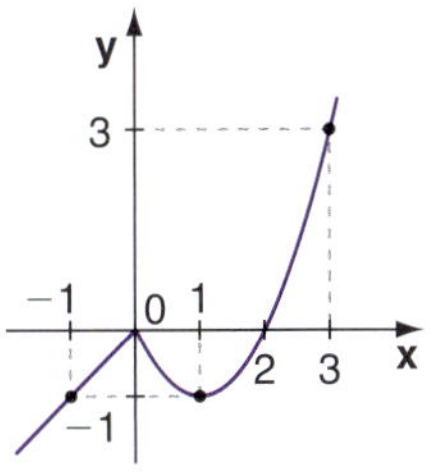

e) Im (f) = $\mathbb{R}_+$

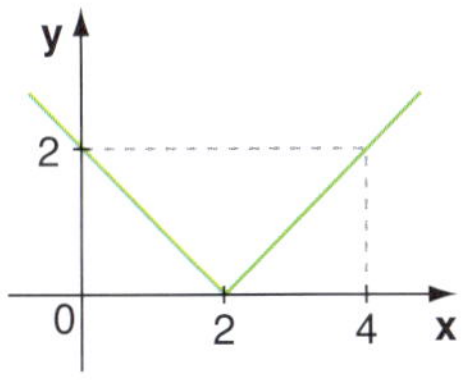

13. a) $y = \begin{cases} 3, \text{ se } x \geq -1 \\ -2, \text{ se } x < -1 \end{cases}$

b) $y = \begin{cases} 3x, \text{ se } x \geq 0 \\ 0, \text{ se } x < 0 \end{cases}$

c) $y = \begin{cases} x^2 + 4x + 4, \text{ se } x \leq 0 \\ x^2 - 4x + 4, \text{ se } x > 0 \end{cases}$

14. a) $f(x) = \begin{cases} x + 1, \text{ se } x \geq 1 \\ -2x + 4, \text{ se } x < 1 \end{cases}$

b) $S = \left\{4, -\frac{1}{2}\right\}$

c) $k \geq 2$

15. a) R$ 35,00; R$ 45,00.

b) $y = \begin{cases} 35, \text{ se } 0 \leq x \leq 200 \\ 0,1x + 15, \text{ se } x > 200 \end{cases}$

c)

Banco de imagens/Arquivo da editora

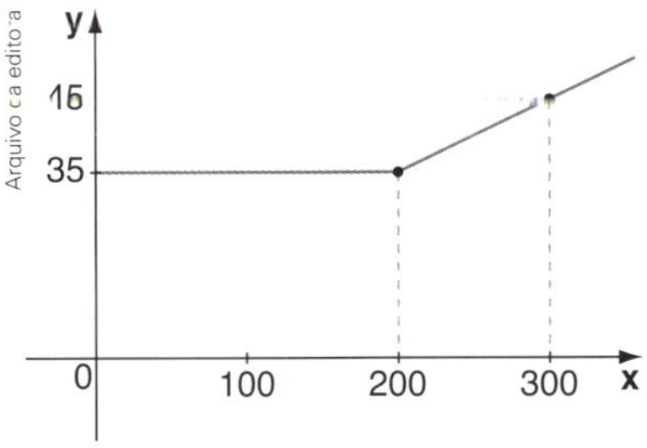

16. a) I: plano Beta; II: plano Alfa.

b) Cliente **A**: R$ 80,00;
cliente **B**: R$ 104,00.

c) 200 minutos.

d) Até 116 minutos ou de 131 minutos em diante.

17. a) 9

b) $\frac{5}{3}$

c) $\frac{1}{2}$

d) 0

e) $\sqrt{2}$

f) 0,83

g) 8

h) 8

i) $\frac{2}{9}$

18. a) 13

b) 6

c) 0,2

d) 0,2

e) $\frac{2}{5}$

f) $\frac{1}{3}$

g) $-\sqrt{7}$

h) 8

i) 8

19. a) $A = 0$

b) $B = 3\sqrt{2} - 1$

c) $C = \sqrt{10} - 3$

20. a) −1

b) 4

c) 2

d) 1

21. a) **F**; $|x + 3| = x + 3$ se $x \geq -3$

b) **V**

c) **V**

d) **F**; $|x| \geq 5 \Rightarrow x \leq -5$ ou $x \geq 5$

e) **F**; $|x|^3 = x^3$ se $x \geq 0$

f) **F**; $|x| < 4 \Rightarrow -4 < x < 4$

g) **V**

22. (I) e (II) são falsas; tome, por exemplo, $x = -5$ e $y = 4$.
(III) é verdadeira.
(IV) é falsa; tome, por exemplo, $x = -2$.

23. a)

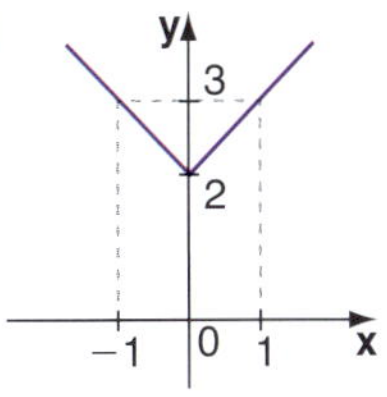

Ilustrações: Banco de imagens/Arquivo da editora

b)

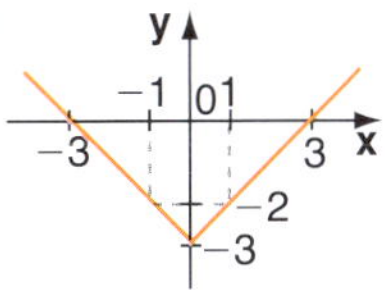

c)

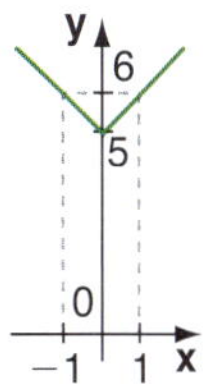

d)

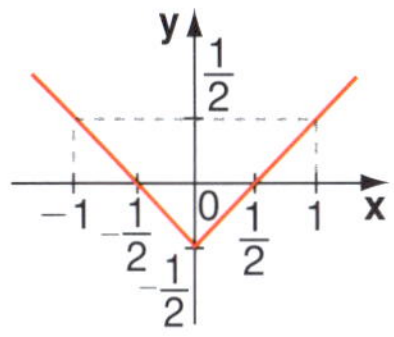

Ilustrações: Banco de imagens/Arquivo da editora

24. a)

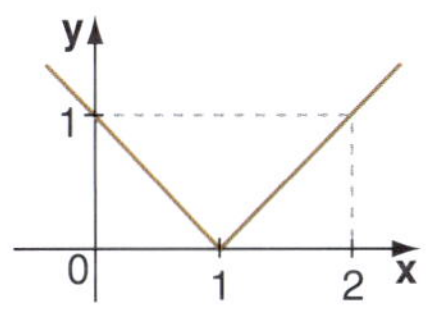

b)

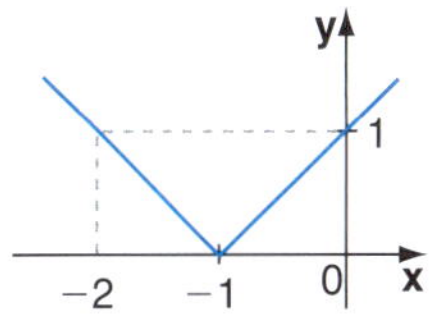

c)

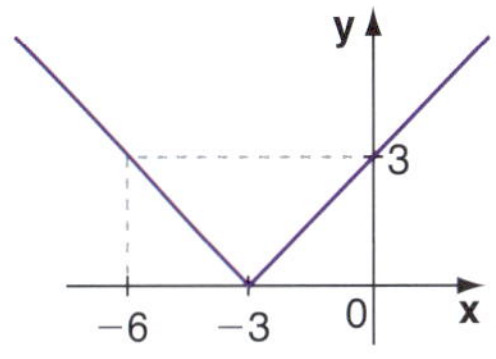

d)

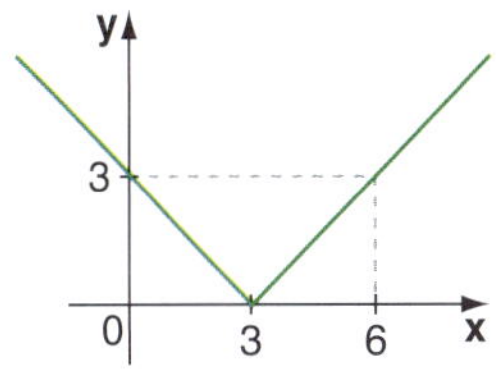

Ilustrações: Banco de imagens/Arquivo da editora

25.

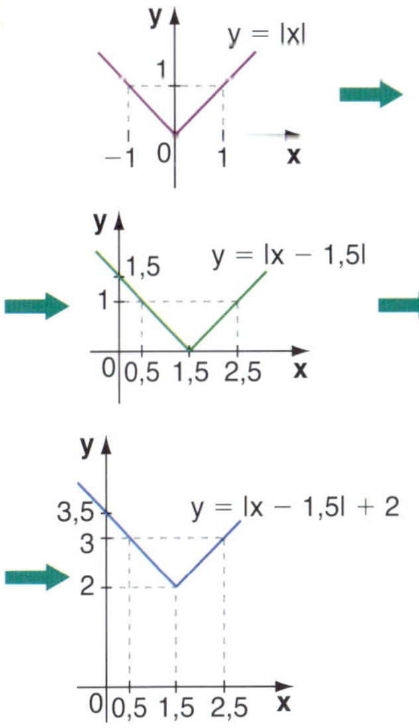

Ilustrações: Banco de imagens/Arquivo da editora

26. a) 12

b) $Im(f) = \{y \in \mathbb{R} \mid y \geqslant 3\}$

27. a) $Im(f) = \mathbb{R}_+$

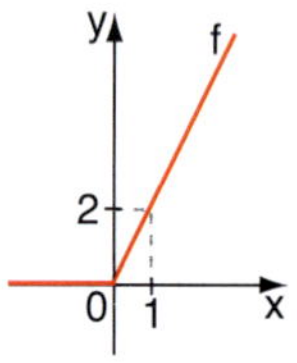

Ilustrações: Banco de imagens/Arquivo da editora

b) $Im(f) = \mathbb{R}_+$

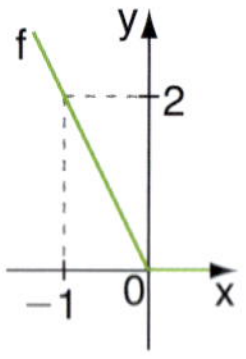

c) $Im(f) = \{y \in \mathbb{R} \mid y \geqslant 1\}$

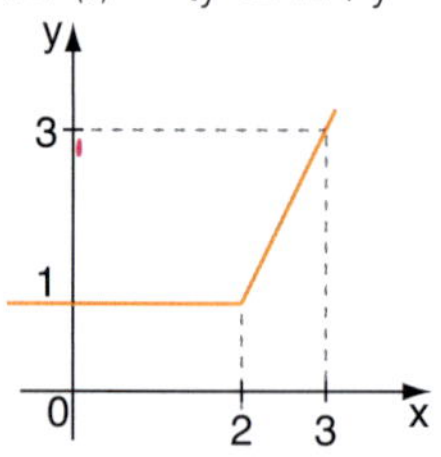

d) $Im(f) = \{y \in \mathbb{R} \mid y \geqslant -1\}$

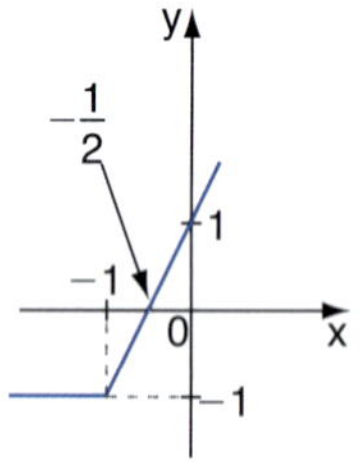

28.

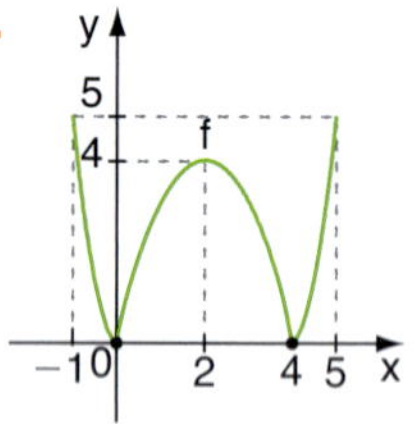

Ilustrações: Banco de imagens/Arquivo da editora

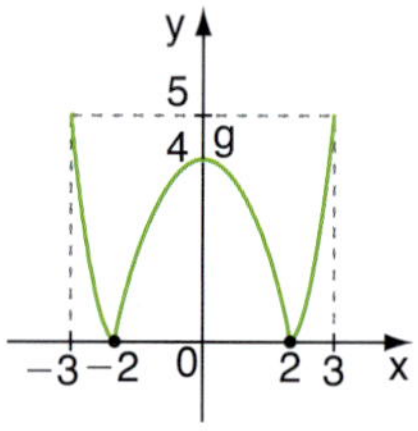

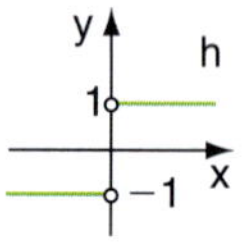

29. a) $S = \{-4, 4\}$

b) $S = \left\{-\frac{3}{2}, \frac{3}{2}\right\}$

c) $S = \{0\}$

d) $S = \varnothing$

e) $S = \varnothing$

f) $S = \{-3, 3\}$

30. a) $S = \left\{1, \frac{1}{3}\right\}$

b) $S = \{-2, -10\}$

c) $S = \{-2, 4, 1 - \sqrt{3}, 1 + \sqrt{3}\}$

d) $S = \{-3, 3\}$

e) $5 = \{-2, 0, 1, 3\}$

31. a) $S = \left\{\frac{5}{3}, 5\right\}$

b) $S = \left\{\frac{3}{2}, -\frac{1}{4}\right\}$

c) $S = \left\{\frac{15}{4}\right\}$

d) $S = \{1, -4\}$

e) $S = \left\{x \in \mathbb{R} \mid x \geqslant \frac{1}{2}\right\}$

f) $S = \{x \in \mathbb{R} \mid x \leqslant 3\}$

g) $S = \{-5, 5\}$

32. $\{p \in \mathbb{R} \mid p \geqslant 3\}$

33. a) 760 cupons; 460 cupons.

b) Dia 7 e dia 11.

c) Dia 9; 400 cupons.

34. a) Duplas: **B** e **C**.

b) 4,164 cm ou 4,188 cm.

35. a) $S = \{3, -2\}$

b) $S = \{-\sqrt{5}, \sqrt{5}, -\sqrt{3}, \sqrt{3}\}$

c) $S = \left\{\frac{1}{2}\right\}$

d) $S = \{x \in \mathbb{R} \mid x \geqslant 0\}$

36. a) $S = \{x \in \mathbb{R} \mid x < -6 \text{ ou } x > 6\}$

b) $S = \{x \in \mathbb{R} \mid -4 \leqslant x \leqslant 4\}$

c) $S = \left\{x \in \mathbb{R} \mid -\frac{1}{2} < x < \frac{1}{2}\right\}$

d) $S = \{x \in \mathbb{R} \mid x \leqslant -\sqrt{2}$ ou $x \geqslant \sqrt{2}\}$

e) $S = \mathbb{R}$

f) $S = \varnothing$

g) $S = \{0\}$

h) $S = \mathbb{R}$

37. a) $S = \{x \in \mathbb{R} \mid x < -10$ ou $x > 4\}$

b) $S = \{x \in \mathbb{R} \mid -1 \leqslant x \leqslant 2\}$

c) $S = \{x \in \mathbb{R} \mid x \leqslant 0 \text{ ou } x \geqslant 2\}$

d) $S = \left\{x \in \mathbb{R} \mid -\frac{9}{5} < x < 3\right\}$

38. a) Nos meses de janeiro, novembro e dezembro.

b) Em junho; 3.

39. a) $D = \{x \in \mathbb{R} \mid x \leqslant -2 \text{ ou } x \geqslant 2\}$

b) $D = \mathbb{R}$

40. a) $S = \{x \in \mathbb{R} \mid -2 \leqslant x \leqslant -1$ ou $2 \leqslant x \leqslant 3\}$

b) $S = \{x \in \mathbb{R} \mid x < -1$ ou $2 < x < 3$ ou $x > 6\}$

c) $S = \{x \in \mathbb{R} \mid -\sqrt{5} < x < \sqrt{5}\}$

41. a) $S = \{x \in \mathbb{R} \mid x \geqslant 3\}$

b) $S = \{x \in \mathbb{R} \mid x < 5\}$

c) $S = \{x \in \mathbb{R} \mid -1 \leqslant x \leqslant 1\}$

Exercícios complementares

1. a) $S = \left\{x \in \mathbb{R} \mid x \geqslant \frac{3}{2}\right\}$

b) $S = \left\{x \in \mathbb{R} \mid -\frac{4}{3} < x < \frac{2}{3}\right\}$

2. a)

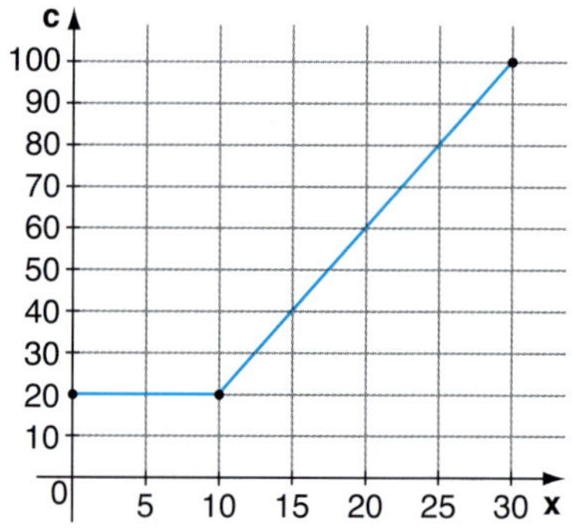

Banco de imagens/Arquivo da editora

b) 4 m^3: R$ 5,00/m^3; 25 m^3: R$ 3,20/m^3.

3. 101 kg

4. a) $x \leqslant 0$

b) $x \leqslant -1$ ou $x = 0$ ou $x \geqslant 1$

5. a) $S = \left\{-\frac{2}{5}, \frac{8}{5}\right\}$

b) $S = \left\{\frac{3}{2}\right\}$

c) $S = \{-2, 4\}$

d) $S = \{-2, 4\}$

6. a) $S = \{x \in \mathbb{R} \mid 1 \leqslant x \leqslant 3\}$

b) $S = \{x \in \mathbb{R} \mid x < 0 \text{ ou } x > 1\}$

c) $S = \left\{x \in \mathbb{R} \;\middle|\; -2 \leqslant x \leqslant \frac{5-\sqrt{17}}{2}\right\}$

7. 8 u.a.

8. a) $p = -1$

b) $x = 5$

9. a) 400 g: R$ 6,00; 750 g: R$ 7,50.

b) Taís: 560 g; André: 616 g.

c)

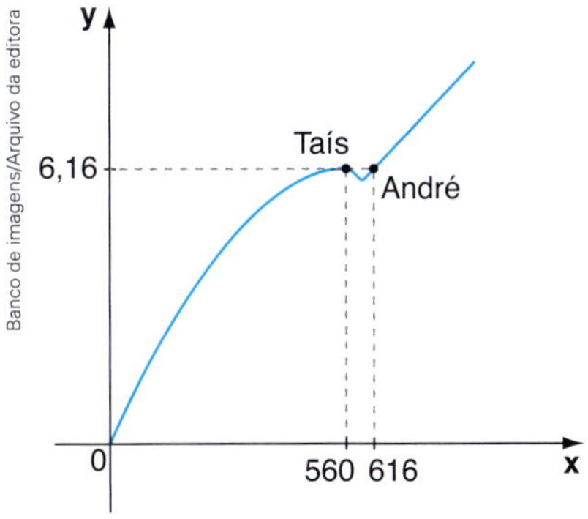

10. a) R$ 1 000,00

b) R$ 400,00

11. $S = \{1\}$

12. a) 4

b) 1 e 3.

c)

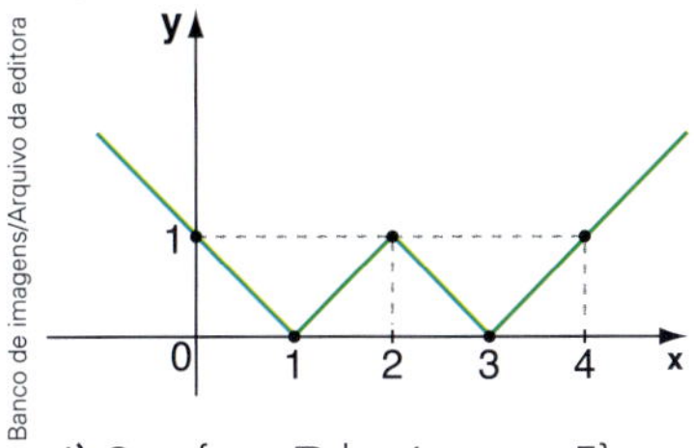

d) $S = \{x \in \mathbb{R} \mid -1 < x < 5\}$

13. a) $S = \left\{1, \frac{5}{3}\right\}$

b) $S = \{x \in \mathbb{R} \mid x \leqslant -1 \text{ ou } x = 2\}$

14. 29

15. a)

$$A(x) = \begin{cases} 18, \text{ se } x \leqslant 10 \\ 18 + 2 \cdot (x - 10) = 2x - 2, \\ \text{se } x > 10 \end{cases}$$

b) Acima de 20 m^3.

16. (01) + (02) + (16) = 19

17. a) A: 135,50; B: 254,06; C: 621,04.

b)
$$y = \begin{cases} 0{,}08x, \text{ se } x \leqslant 1693{,}72 \\ 0{,}09x, \text{ se } 1693{,}73 \leqslant \\ \leqslant x \leqslant 2822{,}90 \\ 0{,}11x, \text{ se } 2822{,}91 \leqslant \\ \leqslant x \leqslant 5645{,}80 \\ 621{,}04, \text{ se } x \geqslant 5645{,}81 \end{cases}$$

c) R$ 2 000: R$ 180,00;
R$ 4 000,00: R$ 440,00;
R$ 7 000,00: R$ 621,04.

18. a) 0,467

b) $q = \frac{9\ell}{20}$

c) 160 lb

d) {1, 2, 3, ..., 166}

19. a) $x = \pm\sqrt{6}$ ou $x = \pm\sqrt{2}$

b) $S = \{x \in \mathbb{R} \mid -\sqrt{6} \leqslant x < -\sqrt{2}$ ou $\sqrt{2} \leqslant x \leqslant \sqrt{6}\}$

20. (04) + (08) + (16) = 28

21. a) $Dm\,(f) = \mathbb{R} - \{2\}$

b) $Dm\,(f) = \{x \in \mathbb{R} \mid x > -1 \text{ e } x \neq 2\}$

c) $Dm\,(f) = \{x \in \mathbb{R} \mid x \leqslant -1 \text{ ou } x \geqslant 6\}$

22. $Im\,(f) = \{y \in \mathbb{R} \mid y \geqslant 1\}$

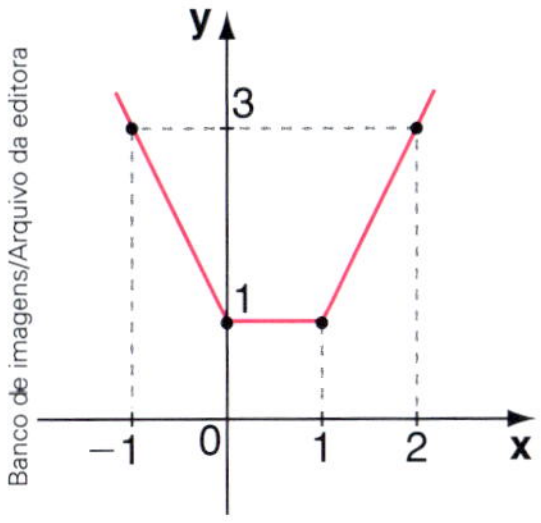

23. a) 4

b) 3 e −1.

c)

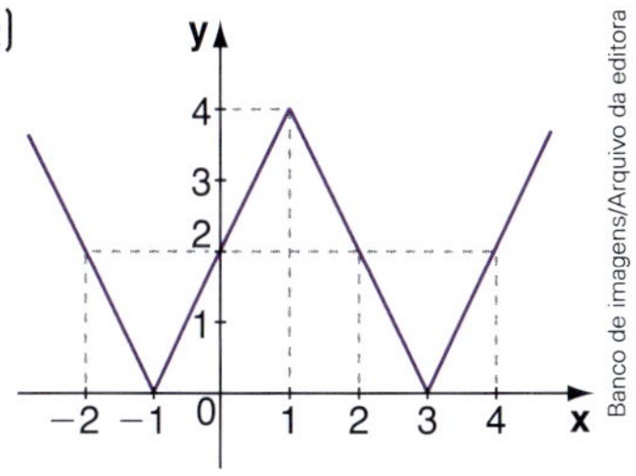

24. a) $S = \{x \in \mathbb{R} \mid x \leqslant -3$ ou $-1 \leqslant x \leqslant 0$ ou $x \geqslant 2\}$

b) $S = \varnothing$

25.

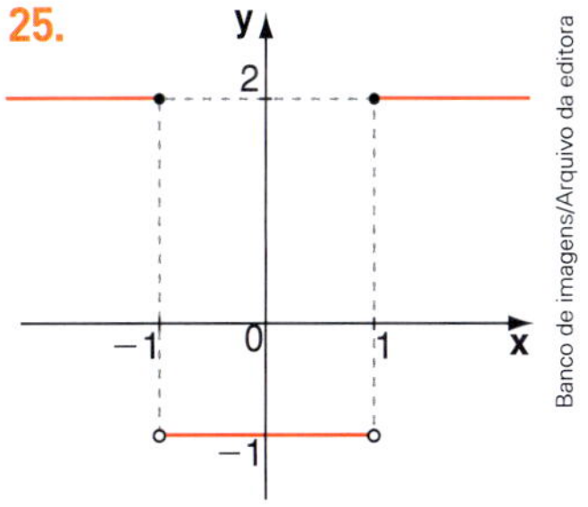

26.

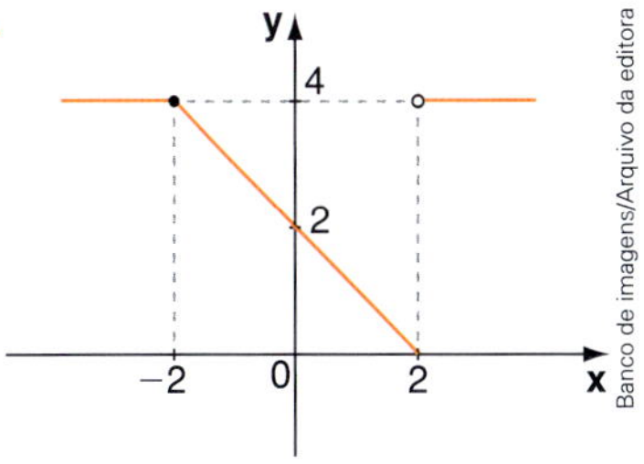

27. a)

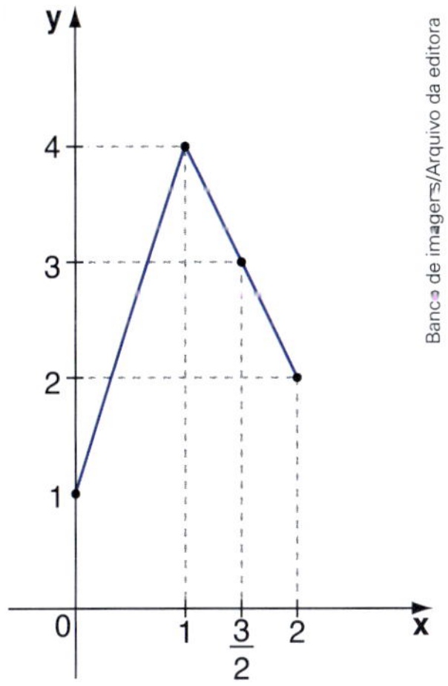

b) $\frac{11}{2}$ unidades de área.

c) $\frac{29}{3}$

28. a) $f(-1) = -\frac{8}{3}$ e $f(3) = \frac{5}{6}$.

b)

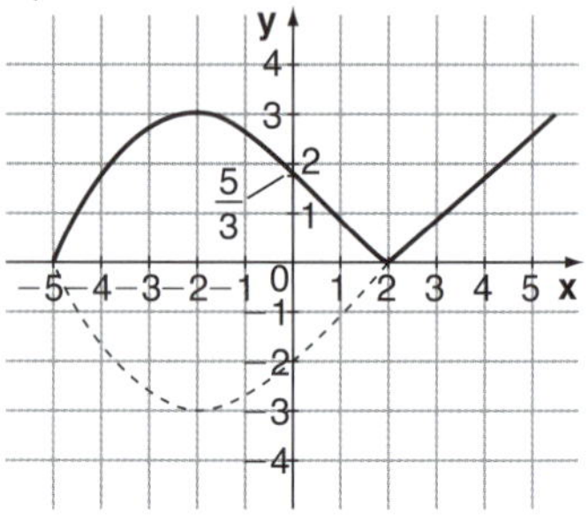

c)

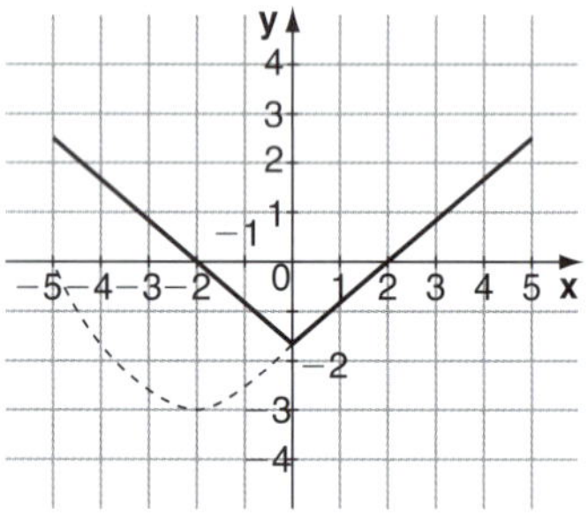

29.]10, 20[

30. $S = \{x \in \mathbb{R} \mid 1 \leqslant x \leqslant 4$ ou $6 \leqslant x \leqslant 9\}$

Testes

1. e.	**15.** b.
2. c.	**16.** a.
3. a.	**17.** e.
4. b.	**18.** d.
5. e.	**19.** d.
6. d.	**20.** c.
7. c.	**21.** c.
8. c.	**22.** d.
9. a.	**23.** d.
10. a.	**24.** c.
11. a.	**25.** c.
12. d.	**26.** c.
13. d.	**27.** c.
14. e.	**28.** a.

Capítulo 7 – Função exponencial

1. a) 125
b) –125
c) $\frac{1}{125}$
d) $-\frac{8}{27}$
e) 2 500
f) 1
g) $\frac{3}{2}$
h) 1
i) 32
j) –100
k) $\frac{1}{1\,000}$
l) –4

2. a) 0,04
b) 10
c) 3,4
d) 1
e) 400
f) 0,8
g) 1,728
h) 10,24
i) 0,216
j) 12,5
k) $-\frac{10}{3}$
l) 10 000

3. a) –5
b) 7
c) $-\frac{15}{4}$
d) –5
e) $\frac{3}{2}$
f) $\frac{40}{9}$

4. a) 11^6
b) $2^0 = 1$
c) 10^{-1}
d) 10^2
e) 6^3

5. $B < C < A \left(-\frac{3}{2} < -1 < -\frac{1}{8}\right)$

6. a) 2^{99}
b) 3^{21}
c) 2^{61}
d) 5^{42}

7. 2^{19}

8. a) $a + b$
b) $\frac{(b - a) \cdot (b + a)}{(ab)^2}$
c) $\left(\frac{a + b}{ab}\right)^2$

9. a) 13
b) 8
c) $\frac{1}{2}$
d) $\frac{1}{2}$
e) $\frac{1}{2}$
f) 10

10. a) 12
b) 2
c) 64

11. a) $3\sqrt{2}$
b) $3\sqrt{6}$
c) $3\sqrt[3]{2}$
d) $12\sqrt{2}$
e) $2\sqrt[4]{15}$
f) $10\sqrt[3]{3}$

12. a) $9\sqrt{2}$
b) $-8\sqrt{2} + 2\sqrt{3}$
c) $4\sqrt[3]{2}$
d) $21\sqrt{3}$

13. a) 5
b) $\frac{5 \cdot \sqrt[3]{2}}{2}$

14. a) 12
b) 3
c) 10
d) 4
e) 3
f) 3

15. a) $4 + 2\sqrt{3}$
b) $11 - 6\sqrt{2}$
c) $7 + 2\sqrt{10}$
d) 9
e) $\sqrt{3} + 2\sqrt[4]{3} + 1$
f) $20 + 14\sqrt{2}$

16. a) 2 b) 7 c) 2 d) 4

17 a) $2\sqrt{2}$
b) $\frac{3\sqrt{5}}{5}$
c) $\frac{\sqrt{6}}{2}$
d) $\frac{\sqrt{3}}{2}$
e) $\frac{\sqrt[3]{4}}{2}$
f) $5 \cdot \sqrt[5]{125}$
g) $\sqrt[9]{16}$

18. a) $2\sqrt{2} - 2$
b) $\sqrt{7} + \sqrt{3}$
c) $2 + \sqrt{2}$
d) $\dfrac{7 - 2\sqrt{10}}{3}$
e) $2 + \sqrt{2}$

19. a) $\dfrac{7\sqrt{2}}{2}$
b) $5 + \dfrac{2\sqrt{3}}{3}$
c) $3 - \sqrt{6}$
d) $4 - \sqrt{2}$

20. a) 16
b) $\sqrt{2}$
c) 2
d) $\sqrt[3]{4}$

21. a) $\dfrac{2\sqrt{3} + 3\sqrt{2} + \sqrt{30}}{12}$
b) $\dfrac{4 + 2\sqrt[3]{2} + \sqrt[3]{4}}{6}$

22. a) 3
b) 16
c) 2
d) 4
e) 24
f) $\dfrac{1}{2}$
g) $\dfrac{3}{10}$
h) $\dfrac{1}{3}$
i) $\dfrac{\sqrt{2}}{2}$

23. a) 4
b) $\dfrac{1}{12}$
c) $\dfrac{\sqrt{5}}{5}$
d) 1 024
e) 9
f) $\dfrac{10}{3}$
g) 8
h) $\dfrac{\sqrt{2}}{4}$
i) 100

24. 5

25. a) 1,84 m²
b) 1,80 m
c) 10

26. a) $\dfrac{\sqrt{2}}{32}$
b) $\sqrt{5}$
c) $10\,000\sqrt{10}$
d) 500

27. a) [gráfico: Im (f) = $\mathbb{R}_+^*$]

b) [gráfico: Im (f) = $\mathbb{R}_+^*$]

c) [gráfico: Im (f) = $\mathbb{R}_+^*$]

d) [gráfico: Im (f) = $\mathbb{R}_+^*$]

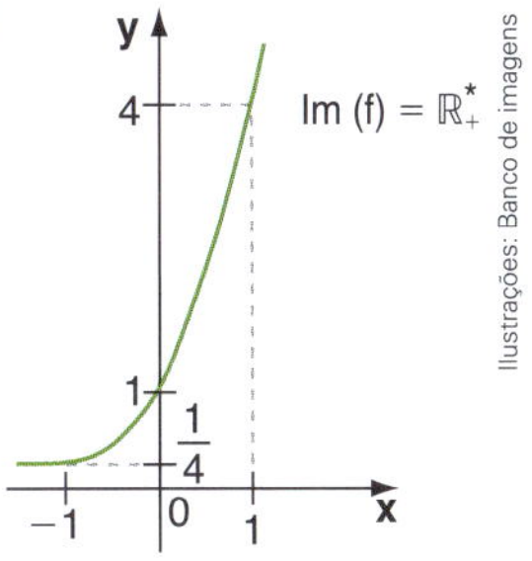

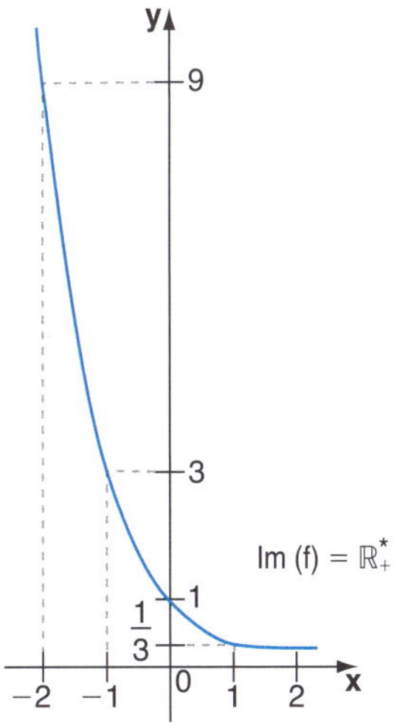

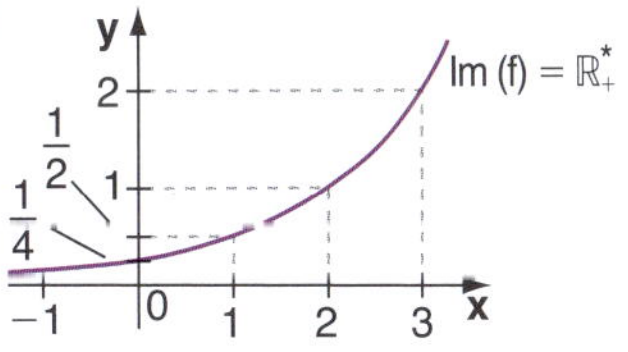

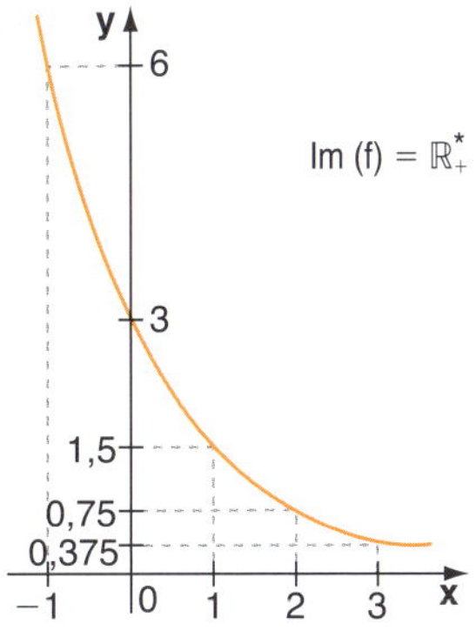

28. a) 3 b) 18 c) 3

29. a) $a = 1$ e $b = 2$.
b) Im (f) = $\{y \in \mathbb{R} \mid y > 1\}$
c) $g(x) = -\dfrac{1}{2}x + \dfrac{3}{2}$
d) **f**: não possui raízes reais.
   g: 3

30. a) [gráfico: raiz: $x = 1$; Im (f) = $\{y \in \mathbb{R} \mid y > -2\}$]

b) [gráfico: raiz: não há; Im (f) = $\{y \in \mathbb{R} \mid y > 1\}$]

c) [gráfico: raiz: não há; Im (f) = $\{y \in \mathbb{R} \mid y < 0\}$]

d) [gráfico: raiz: não há; Im (f) = $\{y \in \mathbb{R} \mid y > 3\}$]

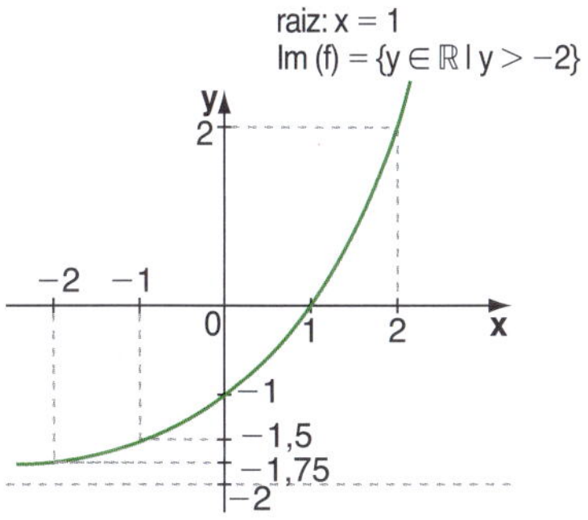

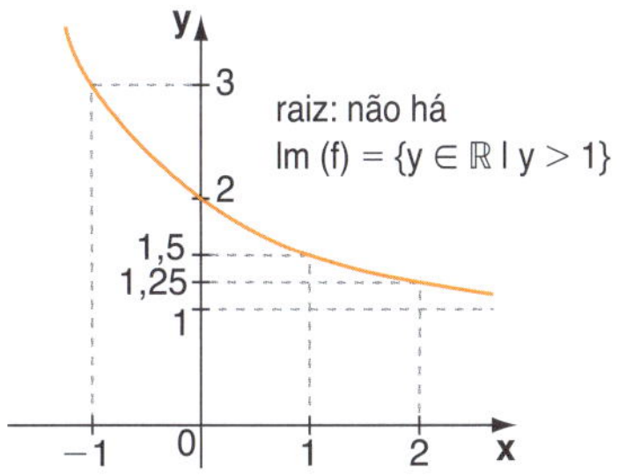

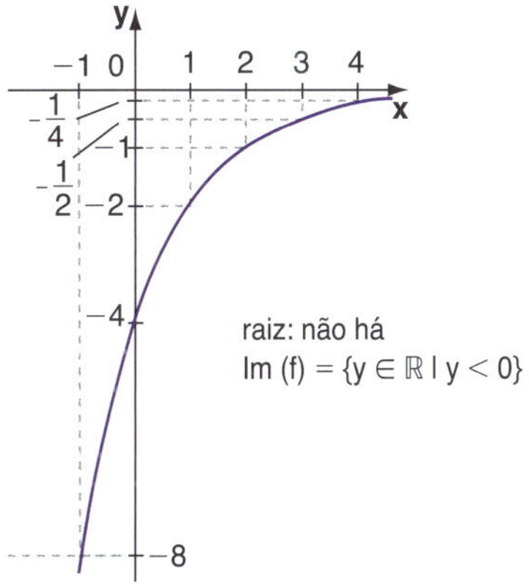

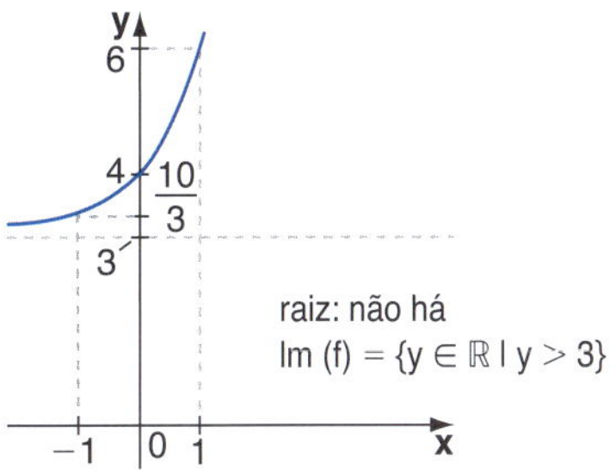

31. a)

t (horas)	Número de milhares de bactérias
0,5	30
1,0	90
1,5	270
2	810
3	7 290
5	590 490

b) $n(t) = 10 \cdot 3^{2t}$

32. a)

Anos	Saldo (R$)
1	2 120,00
2	2 247,20
3	2 382,03
4	2 524,95
5	2 676,45

b) $s(x) = 2\,000 \cdot 1{,}06^x$

c) Não.

33. a) $y = 4\,000 \cdot 1{,}75^x$

b) 21 600 m^2; 116 640 m^2 e 629 856 m^2.

34. a)

Anos	Saldo (R$)
1	10 800
2	9 720
3	8 748
4	7 873,20

b) Aproximadamente R$ 5 740,00.

c) $v(t) = 12\,000 \cdot 0{,}9^t$

35. a) **F**; será de 144 000.

b) **F**; será de 175 000.

c) **F**; o município **A** terá 200 mil habitantes e o **B**, 207 360 habitantes.

d) **F**; $y = 100\,000 + 25\,000x$

e) **V**

36. a) 25 unidades.

b) 4 unidades.

c) 55 unidades.

37. a) $S = \{4\}$

b) $S = \{8\}$

c) $S = \{1\}$

d) $S = \{5\}$

e) $S = \{1\}$

f) $S = \left\{\frac{5}{3}\right\}$

g) $S = \{4\}$

h) $S = \{-1\}$

i) $S = \{2\}$

j) $S = \varnothing$

k) $S = \varnothing$

38. a) $S = \left\{\frac{4}{3}\right\}$

b) $S = \left\{\frac{2}{3}\right\}$

c) $S = \left\{\frac{5}{2}\right\}$

d) $S = \{2\}$

e) $S = \left\{-\frac{5}{6}\right\}$

f) $S = \left\{-\frac{1}{2}\right\}$

g) $S = \left\{-\frac{5}{2}\right\}$

h) $S = \left\{\frac{3}{2}\right\}$

39. 7,5 meses.

40. a) R$ 250 000,00

b) R$ 12 500,00

c) R$ 330 625,00

d) 37 anos.

41. a) $S = \left\{2, \frac{1}{2}\right\}$

b) $S = \left\{-\frac{5}{6}\right\}$

c) $S = \{-1\}$

d) $S = \left\{-\frac{5}{2}\right\}$

e) $S = \left\{\frac{9}{4}\right\}$

f) $S = \left\{\frac{27}{7}\right\}$

42. a) $\frac{1}{2}$ b) $\frac{5}{2}$ c) $-\frac{1}{2}$

43. a) $a = 3\,000$ e $b = 1{,}5$.

b) 6 000 pessoas.

c) 192 000 pessoas.

d) 7 dias.

44. a) $S = \left\{\frac{1}{2}\right\}$

b) $S = \{-14\}$

c) $S = \{-1\}$

d) $S = \left\{-\frac{1}{2}; -2\right\}$

e) $S = \{4\}$

f) $S = \left\{\frac{2}{3}\right\}$

45. a) $S = \{3\}$

b) $S = \{0\}$

c) $S = \{2\}$

d) $S = \{-1\}$

46. a) $S = \{1\}$

b) $S = \{2\}$

c) $S = \{1\}$

d) $S = \{3, -2\}$

e) $S = \{3\}$

47. a) $S = \{(1, -2)\}$

b) $S = \{(8, 18)\}$

48. a) **A**: 122 mil reais e **B**: 249,5 mil reais.

b) **B**

c) 8 anos.

49. a) $k = -1$

b) 33 750 habitantes.

50. a) R$ 8 000,00

b) 60 meses.

51. a) $q(t) = 400\,000 \cdot \left(\frac{1}{2}\right)^{\frac{t}{3}}$

b) 27 anos.

52. a) $S = \{x \in \mathbb{R} \mid x \geqslant 7\}$

b) $S = \{x \in \mathbb{R} \mid x < 3\}$

c) $S = \{x \in \mathbb{R} \mid x > 2\}$

d) $S = \{x \in \mathbb{R} \mid x \leqslant 2\}$

53. a) $S = \{x \in \mathbb{R} \mid x \geqslant 0\}$

b) $S = \left\{x \in \mathbb{R} \mid x < \frac{2}{3}\right\}$

c) $S = \{x \in \mathbb{R} \mid x \leqslant -8\}$

d) $S = \left\{x \in \mathbb{R} \mid x < -\frac{1}{4}\right\}$

54. a) $S = \{x \in \mathbb{R} \mid x \geqslant 0\}$

b) $S = \mathbb{R}$

c) $S = \{x \in \mathbb{R} \mid x < 1 \text{ ou } x > 2\}$

d) $S = \left\{x \in \mathbb{R} \mid 0 < x < \frac{2}{3}\right\}$

55. a) 4 995 peixes.

b) $t > 4$

c) Sim.

56. a) R$ 5 000

b) $t > 25$

c)

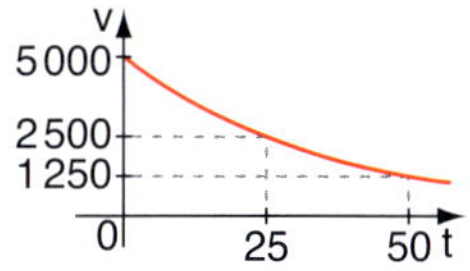

Banco de imagens

57. a) $\{x \in \mathbb{R} \mid x \geq 0\}$

b) $\mathbb{R}$

c) $\{x \in \mathbb{R} \mid x < -2\}$

58. a) $S = \{x \in \mathbb{R} \mid x < 1 \text{ ou } x > 3\}$

b) $S = \{x \in \mathbb{R} \mid x \geq 0\}$

Exercícios complementares

1. $S = \left\{\frac{2}{7}\right\}$

2. -49

3. 510 300

4. a) $v(t) = \begin{cases} 80000 \cdot 0{,}95^{\frac{t}{2}}, \text{ se } t \leq 20 \\ 48000, \text{ se } t > 20 \end{cases}$

b) R$ 48 000,00

c) R$ 78 000,00

5. -1

6. a) 23

b) 110

7. a) **F**

b) **V**

c) **F**

d) **F**

8. a) Sim, a igualdade vale para todo $k > -2$.

b) Sim.

9. R$ 25 600,00

10. 1,5 mm

11. a) I: **f**; II: **g**

b) $1 + \frac{\sqrt{2}}{2}$

c) $-\frac{1}{3}$

12. $D = \left\{\frac{2}{3}\right\}$; $Im\ (f) = \{0\}$

13. a) $a^{\frac{1}{6}} \cdot b^{\frac{1}{2}}$

b) $\frac{a + b}{b - a}$

14. a) $S = \left\{\frac{1}{2}\right\}$

b) $S = \{0\}$

c) $S = \left\{\frac{1}{2}\right\}$

15. a) 0, $\frac{3}{2}$ ou 3.

b) $\left\{x \in \mathbb{R} \,\middle|\, 0 < x < \frac{3}{2} \text{ ou } x > 3\right\}$

16. 2^{-12} ou 3^{-6}.

17. a) $S = \{x \in \mathbb{R} \mid x < -1 \text{ ou } x > 1\}$

b) $S = \{x \in \mathbb{R} \mid x > 1\}$

c) $S = \{x \in \mathbb{R} \mid x < 0 \text{ ou } x > 1\}$

18. a) e^{-4}

b) 5 e -1.

c) $2 - \sqrt{6} \leq x \leq 2 + \sqrt{6}$

d) $1{,}665 \cdot 10^{-5}$

19. 6

20. a) $S = \{-1\}$ b) $S = \{2\}$

21. 23 392 000 000

22. *d*, *e* e *g*.

23. a) $S = \{1, 3, 4\}$

b) $S = \left\{x \in \mathbb{R} \,\middle|\, \frac{3}{4} < x < 1\right\}$

c) $S = \{x \in \mathbb{R} \mid 0 \leq x \leq 1\}$

24. R$ 2 250,00

25. a) $v(n) = 1\,000 \cdot (1{,}06)^n$

b) R$ 1 500,00

c) R$ 800,00

d) R$ 4 276,80

26. $\left(\frac{1}{2}\right)^{\frac{1}{\pi}}$

27. -1

28. 1; entre 1 e 2.

29. 28 000 anos.

30. a) 3,2 mg/mL

b) $c(t) = 0{,}4 \cdot 2^{1{,}5t}$

c) 5 horas e 20 minutos.

31. 20

32. a) $S = \{(3, 4)\}$

b) $S = \{(2, 3)\}$

33. $S = \{4\}$

34. a) $\alpha = 54$ e $\beta = -\frac{1}{90}$

b) 360 minutos.

35. a) $\sqrt{2}$

b) $\sqrt[4]{2}$ e $\sqrt{\frac{\sqrt{2}}{2}}$.

c) 2 343,75 g

Testes

1. d.
2. d.
3. d.
4. a.
5. b.
6. a.
7. b.
8. a.
9. d.
10. e.
11. e.
12. e.
13. c.
14. a.
15. e.
16. b.
17. c.
18. c.
19. e.
20. d.
21. d.
22. c.
23. a.
24. c.
25. d.
26. a.
27. b.
28. a.
29. d.
30. d.
31. c.
32. d.
33. c.
34. b.
35. a.
36. a.
37. a.
38. c.
39. c.
40. a.
41. c.
42. d.
43. b.
44. b.
45. b.

Significado das siglas dos vestibulares

Acafe-SC: Associação Catarinense das Fundações Educacionais, Santa Catarina
Aman-RJ: Academia Militar das Agulhas Negras, Rio de Janeiro
Cefet-AM: Centro Federal de Educação Tecnológica do Amazonas
Cefet-MG: Centro Federal de Educação Tecnológica de Minas Gerais
Efomm-RJ: Escola de Formação de Oficiais da Marinha Mercante
Enem: Exame Nacional do Ensino Médio
Epcar-MG: Escola Preparatória de Cadetes do Ar, Minas Gerais
EsPCEx-SP: Escola Preparatória de Cadetes do Exército, São Paulo
ESPM-SP: Escola Superior de Propaganda e Marketing, São Paulo
Famerp-SP: Faculdade de Medicina de São José do Rio Preto, São Paulo
Fatec-SP: Faculdade de Tecnologia, São Paulo
FEI-SP: Centro Universitário da Faculdade de Engenharia Industrial, São Paulo
FGV-RJ: Fundação Getúlio Vargas, Rio de Janeiro
FGV-SP: Fundação Getúlio Vargas, São Paulo
FICSAE-SP: Faculdade Israelita de Ciências da Saúde Albert Einstein, São Paulo
Fuvest-SP: Fundação Universitária para o Vestibular, São Paulo
Ifal: Instituto Federal de Alagoas
IFCE: Instituto Federal de Educação, Ciência e Tecnologia do Ceará
IFSC: Instituto Federal de Educação, Ciência e Tecnologia de Santa Catarina
IFSP: Instituto Federal de Educação, Ciência e Tecnologia de São Paulo
IME-RJ: Instituto Militar de Engenharia, Rio de Janeiro
Insper-SP: Instituto de Ensino e Pesquisa, São Paulo
ITA-SP: Instituto Tecnológico de Aeronáutica, São Paulo
Mack-SP: Universidade Presbiteriana Mackenzie, São Paulo
Obmep: Olimpíada Brasileira de Matemática das Escolas Públicas
PUC-MG: Pontifícia Universidade Católica de Minas Gerais
PUC-PR: Pontifícia Universidade Católica do Paraná
PUC-RJ: Pontifícia Universidade Católica do Rio de Janeiro
PUC-RS: Pontifícia Universidade Católica do Rio Grande do Sul
PUC-SP: Pontifícia Universidade Católica de São Paulo
UCS-RS: Universidade de Caxias do Sul, Rio Grande do Sul
Udesc: Universidade do Estado de Santa Catarina
UEA-AM: Universidade do Estado do Amazonas
Uece: Universidade Estadual do Ceará
UEG-GO: Universidade Estadual de Goiás
UEL-PR: Universidade Estadual de Londrina, Paraná
Uema: Universidade Estadual do Maranhão
UEMG: Universidade Estadual de Minas Gerais
UEM-PR: Universidade Estadual de Maringá, Paraná
Uepa: Universidade do Estado do Pará
UEPB: Universidade Estadual da Paraíba
UEPG-PR: Universidade Estadual de Ponta Grossa, Paraná
Uerj: Universidade do Estado do Rio de Janeiro
Uern: Universidade do Estado do Rio Grande do Norte
Uespi: Universidade Estadual do Piauí
UFABC-SP: Universidade Federal do ABC, São Paulo
Ufam: Universidade Federal do Amazonas
UFBA: Universidade Federal da Bahia
UFC-CE: Universidade Federal do Ceará
UFCG-PB: Universidade Federal de Campina Grande, Paraíba
Ufes: Universidade Federal do Espírito Santo
UFF-RJ: Universidade Federal Fluminense, Rio de Janeiro
UFG-GO: Universidade Federal de Goiás
UFJF-MG: Universidade Federal de Juiz de Fora, Minas Gerais
UFJF/Pism-MG: Universidade Federal de Juiz de Fora/Programa de Ingresso Seletivo Misto, Minas Gerais
Ufla-MG: Universidade Federal de Lavras, Minas Gerais
UFMA: Universidade Federal do Maranhão
UFMG: Universidade Federal de Minas Gerais
UFMS: Universidade Federal de Mato Grosso do Sul
Ufop-MG: Universidade Federal de Ouro Preto, Minas Gerais
UFPA: Universidade Federal do Pará
UFPB: Universidade Federal da Paraíba
UFPE: Universidade Federal de Pernambuco
Ufpel-RS: Universidade Federal de Pelotas, Rio Grande do Sul
UFPI: Universidade Federal do Piauí
UFPR: Universidade Federal do Paraná
UFRGS-RS: Universidade Federal do Rio Grande do Sul
UFRJ: Universidade Federal do Rio de Janeiro
UFRN: Universidade Federal do Rio Grande do Norte
UFSC: Universidade Federal de Santa Catarina
Ufscar-SP: Universidade Federal de São Carlos, São Paulo
UFSJ-MG: Universidade Federal de São João del-Rei, Minas Gerais
UFSM-RS: Universidade Federal de Santa Maria, Rio Grande do Sul
UFTM-MG: Universidade Federal do Triângulo Mineiro, Minas Gerais
UFU-MG: Universidade Federal de Uberlândia, Minas Gerais
UFV-MG: Universidade Federal de Viçosa, Minas Gerais
UnB-DF: Universidade de Brasília, Distrito Federal
Uneb-BA: Universidade do Estado da Bahia
Unesp-SP: Universidade Estadual Paulista "Júlio de Mesquita Filho", São Paulo
Unicamp-SP: Universidade Estadual de Campinas, São Paulo
Unifesp: Universidade Federal de São Paulo
Unifor-CE: Fundação Edson Queiroz Universidade de Fortaleza, Ceará
Unioeste-PR: Universidade Estadual do Oeste do Paraná
UPE: Universidade de Pernambuco
UPF-RS: Universidade de Passo Fundo, Rio Grande do Sul
Vunesp: Fundação para o Vestibular da Unesp, São Paulo